中国国家标准汇编

488

GB 25928～25955

（2010 年制定）

中国标准出版社　编

中国质检出版社
中国标准出版社
北　京

图书在版编目（CIP）数据

中国国家标准汇编：2010年制定．488：GB 25928～25955/
中国标准出版社编．—北京：中国标准出版社，2012
ISBN 978-7-5066-6518-6

Ⅰ．①中… Ⅱ．①中… Ⅲ．①国家标准-汇编-中国-2010
Ⅳ．①T-652.1

中国版本图书馆CIP数据核字(2011)第187920号

中国质检出版社
中国标准出版社 出版发行
北京市朝阳区和平里西街甲2号(100013)
北京市西城区三里河北街16号(100045)

网址：www.spc.net.cn
总编室：(010)64275323 发行中心：(010)51780235
读者服务部：(010)68523946
中国标准出版社秦皇岛印刷厂印刷
各地新华书店经销

*

开本 880×1230 1/16 印张 36.75 字数 986 千字
2012年1月第一版 2012年1月第一次印刷

*

定价 220.00 元

出 版 说 明

1.《中国国家标准汇编》是一部大型综合性国家标准全集。自1983年起,按国家标准顺序号以精装本、平装本两种装帧形式陆续分册汇编出版。它在一定程度上反映了我国建国以来标准化事业发展的基本情况和主要成就,是各级标准化管理机构,工矿企事业单位,农林牧副渔系统,科研、设计、教学等部门必不可少的工具书。

2.《中国国家标准汇编》收入我国每年正式发布的全部国家标准,分为"制定"卷和"修订"卷两种编辑版本。

"制定"卷收入上一年度我国发布的、新制定的国家标准,顺延前年度标准编号分成若干分册,封面和书脊上注明"20××年制定"字样及分册号,分册号一直连续。各分册中的标准是按照标准编号顺序连续排列的,如有标准顺序号缺号的,除特殊情况注明外,暂为空号。

"修订"卷收入上一年度我国发布的、修订的国家标准,视篇幅分设若干分册,但与"制定"卷分册号无关联,仅在封面和书脊上注明"20××年修订-1,-2,-3,……"字样。"修订"卷各分册中的标准,仍按标准编号顺序排列(但不连续);如有遗漏的,均在当年最后一分册中补齐。需提请读者注意的是,个别非顺延前年度标准编号的新制定的国家标准没有收入在"制定"卷中,而是收入在"修订"卷中。

读者配套购买《中国国家标准汇编》"制定"卷和"修订"卷则可收齐上一年度我国制定和修订的全部国家标准。

3.由于读者需求的变化,自1996年起,《中国国家标准汇编》仅出版精装本。

4.2010年我国制修订国家标准共2846项。本分册为"2010年制定"卷第488分册,收入国家标准GB 25928～25955的最新版本。

中国标准出版社

2011年8月

目　　录

目 录

ICS 25.040.40
N 10

中华人民共和国国家标准

GB/T 25928—2010/IEC 62381:2006

过程工业自动化系统 出厂验收测试(FAT)、现场验收测试(SAT)、现场综合测试(SIT)规范

Automation systems in the process industry—
Factory acceptance test (FAT),
site acceptance test (SAT), and site integration test (SIT)

(IEC 62381:2006,IDT)

2011-01-14 发布　　2011-05-01 实施

中华人民共和国国家质量监督检验检疫总局
中国国家标准化管理委员会　发布

前言

本标准等同采用IEC 62381:2006《过程工业自动化系统——出厂验收测试(FAT)、现场验收测试(SAT)、现场综合测试(SIT)规范》(英文版)。

本标准等同翻译IEC 62381:2006,在技术内容上没有差异,为方便国内用户使用,在文本结构编排上进行了适当调整,并按GB/T 1.1—2000《标准化工作导则 第1部分:标准的结构和编写规则》和GB/T 20000.2—2001《标准化工作指南 第2部分:采用国际标准的规则》的有关规定进行了编辑性修改。

本标准所做的主要编辑性修改如下:

a) 删除了国际标准的前言;

b) "本文件"改为"本标准";

c) 按GB/T 1.1—2000对列项的要求(5.2.5),对全文范围内列项的标点符号进行规范,并对5.3.2节的两层列项内容增加了序号以便于识别。

本标准的附录A、附录B、附录C、附录D、附录E、附录F、附录G、附录H、附录I、附录J为资料性附录。

本标准由中国机械工业联合会提出。

本标准由全国工业过程测量和控制标准化技术委员会(SAC/TC 124)归口。

本标准负责起草单位:上海工业自动化仪表研究所。

本标准参加起草单位:上海西门子工业自动化有限公司、上海爱默生过程控制有限公司、上海市政工程设计研究总院、江苏金智科技股份公司、上海海德控制股份公司、上海东电自动控制有限公司、帕克环保技术(上海)有限公司、华东理工大学信息科学与工程学院、上海仪器仪表自控系统检验测试所。

本标准主要起草人:徐青、张光平、缪学勤、陈廷炯、吴国伟、高铭、武亚奇。

本标准参加起草人:李明华、顾幸生、王鸥、严伟达、丁宁、石朝珠、刘静波、陆祖明、柳健、易凡、邱宣振。

引　言

目前的过程控制领域有这样一个现象，工程项目的周期被要求压缩得越来越短，同时，自控系统的复杂程度却由于各种原因而呈上升趋势，这些原因包括涉及通信层的增加和各种新技术的使用，比如现场总线系统。

经验表明，业主、总承包商和分包商常常通过耗时巨大的讨论协商来分清各自承担的工本标准将有助于改进协商效果和缩减协商时间，使各方能尽快就各自的负责内容达成共识。

本标准的附录包含了在测试过程中可能会用到的表格。这些附录表格采用 Excel 格式。购买本标准后，用户可以根据各自的需要复制这些表格，但复制的数量不得超过所规定的数量。

对于制药工业或其他专业性较强的工业应用领域，一些专用的规范、说明和约束文件将与目前已有的标准文件共同起作用。

过程工业自动化系统
出厂验收测试(FAT)、现场验收测试(SAT)、现场综合测试(SIT)规范

1 范围

本标准定义了出厂验收测试(FAT)、现场验收测试(SAT)和现场综合测试(SIT)的程序和规范。这些测试是为了证明自动化控制系统完全符合标准规范。

系统测试之前的工程和生产活动不在本标准涉及的范围内。

本标准的各项内容可作为实际工作中的指导,适用于各种工艺、工厂和设备的实际要求。图1描述了整个活动和事件的典型顺序,图2和图3给出了各阶段间的相互关系。

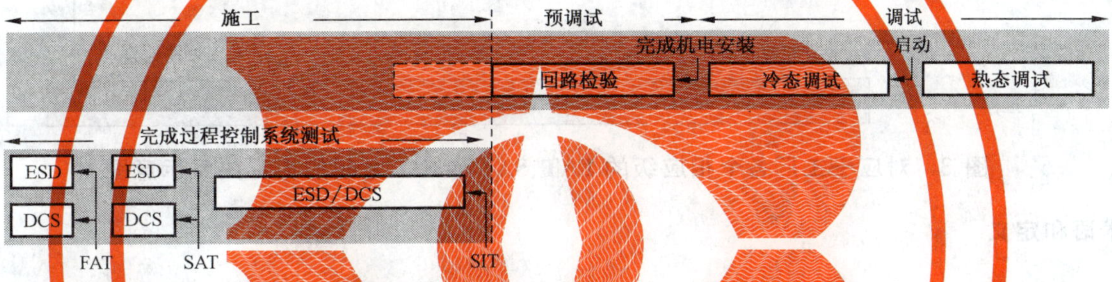

FAT 的先决条件:
——完成软件编制;
——完成系统连接;
——完成供应商内部测试。

SAT 的先决条件:
——系统已运至现场;
——已正确安装;
——系统启动。

SIT 的先决条件:
——系统间正确连接;
——完成 SAT。

注:实际上,在施工阶段,一旦完成所要求的基础部件安装即可开始回路检验。

图1 对应于工程项目节点的 FAT、SAT 和 SIT 事件的典型顺序示意图

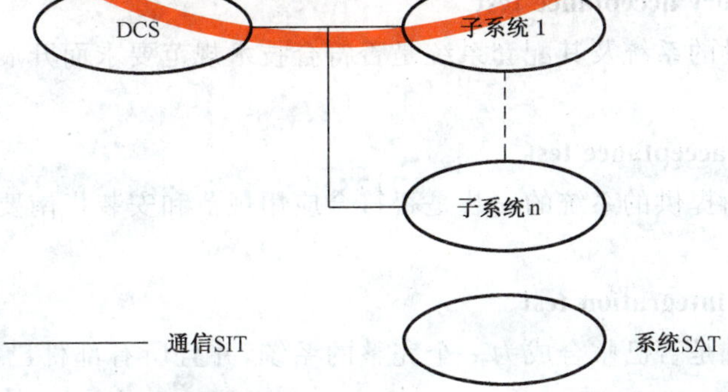

图2 DCS 及其子系统在 SAT 阶段和 SIT 阶段相互关系示意图

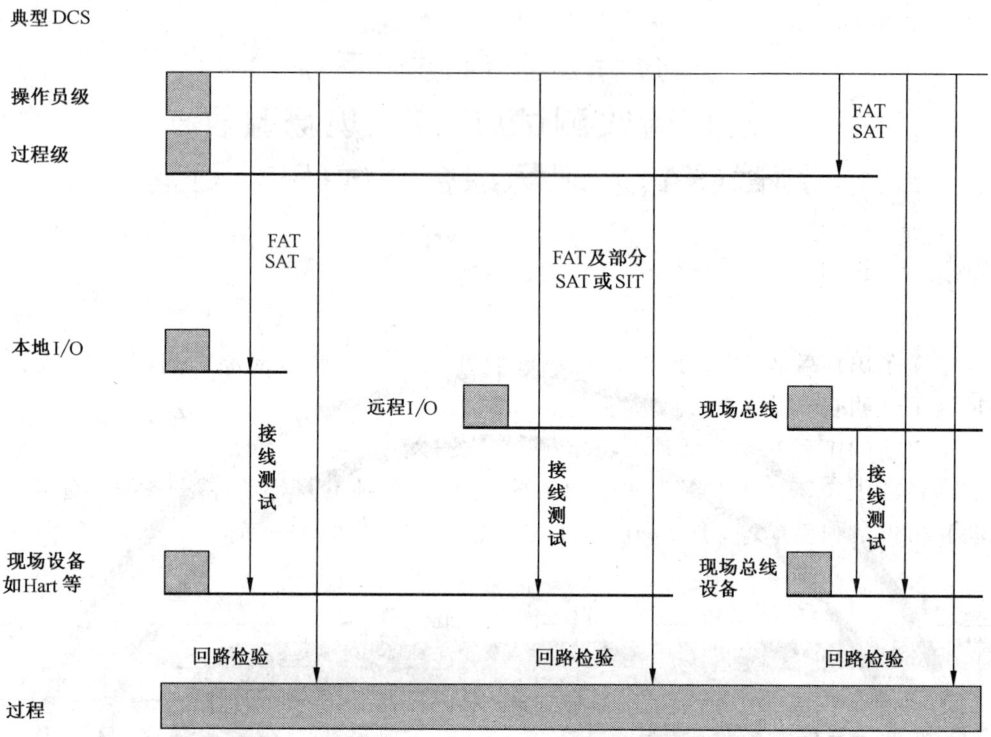

图 3　对应于工厂各个相应级的 FAT、SAT 和 SIT 之间的相互关系示意图

2　术语和定义

下列术语和定义适用于本标准。

2.1

自动化系统　automation system

在过程工业中用于监视和控制生产设备、基于 DCS 或 PLC 的系统，包括采用了现场总线技术的控制系统。

2.2

位号　tag

用于明确标识传感器和执行器的字符数字描述符。

2.3

出厂验收测试　factory acceptance test

用来验证供应商提供的系统及其配套系统是否符合技术规范要求而开展的一系列活动。

2.4

现场验收测试　site acceptance test

用来验证不同供应商提供的系统的安装是否符合应用规范和安装指南要求而开展的一系列活动。

2.5

现场综合测试　site integration test

用来验证不同的系统是否已整合成为一个完整的系统，并且所有部件已按要求正常协同工作而开展的一系列活动。

2.6

买家　buyer

从供应商处直接购买自控系统并对其负责的企业，既可以是业主也可以是总承包商。

2.7

业主 owner

雇佣总承包商去建设诸如化工厂、石化厂之类工厂的企业。

2.8

总承包商 contractor

被业主雇佣承接建设诸如化工厂、石化厂之类工厂的企业。

注：总承包商的功能可由业主兼任。

2.9

供应商 vendor

自动化系统的制造商或分包商。

2.10

过程工业 process industry

采用化学反应、分离或混合技术，以生产新产品、改良已有产品或者处理废弃物为目的的工业产业，包括以下各类工业：化工、石化、废弃物处理、造纸、水泥等；但不包括诸如设备/机器制造之类的工业，也不包括那些与特殊需求有关的工业。

2.11

工程项目设计规范 project design specification

PDS

为实现 PFS 中所述功能详细定义了必要信息的文件。

2.12

工程项目功能规范 project functional specification

PFS

包含了供应商在启动工程项目之前对买家规定的要求进行响应的文件。

3 缩略语

C&E	Cause and effect diagram	因果图
DCS	Distributed control system	分散控制系统
ESD	Emergency shut-down system	紧急停车系统
FAT	Factory acceptance test	出厂验收测试
FBD	Functional block diagram	功能块图
FUP	Function plan	功能规划
HMI	Human machine interface	人机界面
HW	Hardware	硬件
MC	Mechanical completion	完成机电设备安装
PDS	Project design specifications	工程项目设计规范
PFS	Project functional specification	工程项目功能规范
PLC	Programmable logic controller	可编程逻辑控制器
SAT	Site acceptance test	现场验收测试
SIT	Site integration test	现场综合测试
SW	Software	软件

4 实施 FAT 之前必须的准备工作

在开始着手进行 FAT 之前，供应商应完成所有的内部测试，并提供可供复查的测试报告，准备好所有相关文件以备 FAT 测试时使用。下面列出了常用文件的清单，该清单可根据工程项目实际情况进行取舍和增减。

4.1 业主/总承包商通常要准备的文件

——各种规范；
——各种已签协议；
——功能规划；
——因果图；
——顺序功能图；
——操作画面及其相关文本；
——控制说明；
——仪表索引，例如：位号—说明文本—输入/输出类型—量程—单位；
——报警信息列表，例如：位号—报警类型—分类原则(优先级、工厂区域)；
——设定值、控制、作用和安全说明；
——联锁清单，例如：每个传感器/执行器、软件(DCS)和硬件(ESD)上的联锁。

4.2 供应商通常要准备的文件

——系统文件；
——使用手册、系统数据资料、证书；
——系统设计说明；
——硬件设计说明；
——接口说明；
——I/O 清单和位号命名约定；
——操作画面打印清册；
——组态打印清册；
——内部测试报告；
——典型回路(硬件、软件)移交清单(分为硬件、软件、应用软件和许可权)；
——测试计划。

5 出厂验收测试 FAT

5.1 总则

FAT 主要由供应商实施，买家监督。有些买家可能习惯自己进行某些部分的 FAT，但按规定必须事先在工程项目合同中说明。

FAT 应包含以下内容：

——工程项目相关的供货范围；
——从信号源开始的、与应用软件相关的自控系统功能；
——系统相关的功能；
——供应商应提供适当的测试条件。

附录 A 列出的清单有助于顺利实施 FAT。

根据规范说明，FAT 过程中发现的未完成工作或不符合规范的部分将被记录在 FAT 不符合项表中(附录 H)。

不符合项将被归为以下几类：

- 当场整改，然后继续进行 FAT；
- 在 FAT 过程中同时进行整改；
- 需再次进行 FAT；

- FAT 后，系统运至现场之前进行整改；
- 留待现场整改。

当供应商根据 FAT 程序和规范完成测试，并证实了除双方已认可的不符合项外，所有必须的功能已实现后，可认为系统成功通过 FAT 测试。

当成功通过 FAT 后，买家的授权代表和供应商应当共同在 FAT 验收报告(见附录 D 中的范例)上签名。

5.2 FAT 测试进度表

买家和供应商应当共同制定一份包含有测试项目和时间进度的测试进度表，表中应当包括，但不仅限于以下内容：

项目	内容
1	启动会议(文档检查、进度表等)
2	供应商文件(包括内部测试报告)检查
3	软硬件清单核对
4	机电安装检查
5	接线和端子检查
6	启动测试
7	系统常规功能检查，包括硬件冗余和诊断
8	监视/操作检查
9	根据第 4 章的文件进行功能测试
10	复杂逻辑功能和操作模式检测(例如批控制、顺序控制等)
11	子系统接口测试
12	FAT 复检，列出不符合项表便于现场(SAT)工作
13	FAT 总结会议

5.3 测试规程

5.3.1 测试方法

5.3.1.1 本地/远程 I/O

采用以下一个或多个典型方法，应可完成一个完整的本地/远程 I/O 测试。

下面的方法是常用的：

- 使用仿真设备在 I/O 模块上强制本地/远程 I/O。

下面列出的方法可根据合同/规范的要求采用：

- 使用软件仿真在处理器上进行 I/O 强制。
- 使用软件仿真在 I/O 模块上进行 I/O 强制。
- 使用外接在现场端子上的仿真设备进行 I/O 强制(这种测试包括端子接线、过程接口(Ex)、互连线、系统缆线和 I/O 模块)。

5.3.1.2 总线接口

一个常规的测试应测试每一指定类型的现场设备是否符合相关的标准。这个测试应包括自动化系统和设备的互操作性。

- 建立一个网段，并测试所有链接到这个网段的相关设备。网段的选择应由双方共同认可。
- 对具有分散控制功能的系统，应测试所有相关的网段。
- 涉及到的尚未组建网段的信号应进行仿真。
- 所有网段的所有相关文件、数据表、图(负荷率、循环时间、结构)都应复查。

5.3.1.3 子系统连接

下面的方法是常用的：

对子系统连接本身和所选回路的测试应借助子系统仿真设备完成，信号值在仿真设备/自动化系统中进行强制/监视。特殊的架构(如冗余)、通信介质(如玻璃光纤或铜缆)等应采用尽可能接近实际运行的方式进行测试。

其他方法(如下面列出的)可根据合同/规范的要求采用：

- 通过自动化系统对子系统进行仿真测试，信号在自动化系统中进行强制/监视。
- 只包括处理器及其连接设备的子系统可进行实际通信的测试，信号在子系统中仿真。
- 如果是完整的子系统，且连接设备和自动化系统均可使用，则既可以在子系统亦可在自动化系统对 I/O 进行强制和监视。

测试的方法应在考虑工程项目的要求后对每一子系统单独制定。

5.3.2 测试引导

测试工作分为系统特性检验、工程项目相关的供货范围和应用软件检验。检验清单参见附录 A。

5.3.2.1 系统特性检验表

——启动测试；

——系统常规功能检查，包括硬件冗余和诊断。

5.3.2.2 工程项目的供货范围检查表

——文件检查；

——软硬件规格数量检查；

——机电安装检查；

——接线和端子检查。

5.3.2.3 参考文件

以下列出的文件是功能测试的基础。完成测试的位号应作上记号，产生的文件应作为 FAT 的记录：

——P&ID 图；

——功能规划；

——控制功能说明；

——因果联锁清单；

——功能逻辑图；

——复杂控制说明；

——接口文件；

——颜色码规定(工艺管线颜色、设备状态颜色等)；

——工厂单元划分和报警方式定义；

——基于工厂单元的操作员站分配；

——操作方式(从图形显示、分组显示或设备画面访问的方式)；

——历史记录定义。

5.3.3 应用软件的检验规程

5.3.3.1 人机界面显示检查

在回路测试前，应先检查静态人机界面显示。

应验证以下的显示功能(静态)：

——容器、管线、阀门、传感器、电机、泵等的表示符号；

——静态部分的颜色，比如手动阀、工艺管线等；

——管线流向和路径，比如管线箭头；

——分区域控制方案的正确链接；

——显示画面的分级和链接；

——颜色、子画面和显示数据的动态变化。

5.3.3.2 位号测试

在进行FAT之前，应先确定一份主要文件，它必须确保完整地覆盖所有位号。仪表索引是首选的主要文件，它包括了所有连到DCS上的位号及所有在DCS上可见的子系统（ESD、PLC、单元控制器、分析仪表子系统等）。

所有位号应进行如下测试：

a) 检查设备画面的功能、说明文字、量程、单位等：
   1) 与I/O的连接；
   2) 相关的组显示；
   3) 相关的趋势显示。
b) 验证位号的对象是否在画面上的正确位置？对动态对象，如阀门、电机、棒图等还应验证颜色变化是否正确？
c) 检查报警分配-分类原则（优先级、工厂区域等）；
d) 检查用户操作和控制的登录级别。

5.3.3.3 复杂功能及联锁的测试

复杂功能及联锁的测试应在相关位号的位号测试完成后进行。

5.3.3.4 附加功能（报表）

由工程项目具体确定。

5.3.3.5 与子系统的通信连接测试

信号的仿真应根据所选的方法进行。

相关功能的测试应遵照位号的测试规范进行。

除了与应用软件有关的测试外，还应检验如下的系统特性：

——从故障中恢复；

——冗余；

——备用操作模式。

5.3.3.6 系统功能检验

除了与应用软件有关的测试外，还应检验如下的系统特性：

——从故障中恢复；

——冗余；

——用户登录策略和级别；

——报警处理策略和确认；

——保证的系统性能（刷新率等）。

5.4 FAT的复查

所有纠正及其复检应在FAT期间进行。如果做不到，可在双方同意的情况下，延后到FAT结束后进行。

——复查内容的确认；

——工作计划/进度表；

——执行复查工作；

——完成复检工作；

——复查完成通知。

5.5 FAT的文件（参照附录A）

a) 打印并在测试过的功能表上签名；
b) 在FAT中产生的所有其他文件上签名并标注日期；

c） 复查不符合项清单；

d） 记录被测试的软硬件的真实情况，并对完整的系统和应用软件进行备份；

e） 记录余量和系统的负荷率；

f） 提供一份所有可用图形画面的索引和彩色备份。

6 现场验收测试 SAT

6.1 总则

SAT 测试将在系统运抵买家的现场并完成安装后进行。

SAT 测试的目的是为了验证系统经运输和安装后功能正常。

准备 SAT 之前，相关的硬件/软件部件应已运抵现场并正确安装完毕。下面的内容应在 DCS/PLC 系统安装期间完成，以便能够进行 SAT：

——硬件的安装（控制器、I/O 模块、插槽和安装背板、操作员/工程师站）；

——被测硬件供电系统的安装；

——被测硬件接地系统的安装；

——通信网络的安装（比如集线器、交换机、光缆、以太网等）。

SAT 所用的检验清单见附录 B。

6.2 SAT 测试进度表

买家和供应商应当共同制定一份包含有测试项目和时间进度的测试进度表，表中应包括，但不仅限于以下内容：

项目	内容
1	测试启动会议（文档检查、进度表等）
2	供应商文件检查
3	软硬件清单核对
4	机电安装检查（接地系统、供电系统、网络连接等）
5	启动/诊断检查（开启电源，初始化/启动控制器，执行诊断检验）
6	下载软件

7 现场综合测试 SIT

7.1 总则

SIT 应由买家在每一系统成功通过 SAT 后进行。

SIT 的目的是为了确保两个或两个以上独立系统整合后能够实现工程项目控制方案所要求实现的功能。例如，当以下类型的系统进行整合时，能够而且应该进行 SIT：

——拥有各自独立的 DCS/PLC 或者单元控制器的成套单元；

——使用非常规 I/O 信号与 DCS/PLC 进行通信的在线分析系统；

——ESD 系统；

——不同厂商和品牌的 DCS/PLC 系统的组合；

——DCS 与上一层工厂网络的整合；

——其他需要进行 SIT 的系统整合。

SIT 能够保证两个系统整合后其功能达到控制方案所要求的结果。SIT 的主要内容是测试自动化系统和子系统之间的通信和相互作用，以保证正常有效地实现功能。

SIT 所用的基本检验清单见附录 C。

7.2 SIT 测试进度表

买家和供应商应当共同制定一份包含有测试项目和时间进度的测试进度表，表中应包括，但不仅限于以下内容：

项目	内容
1	测试启动会议（文档检查、进度表等）
2	供应商文件检查
3	软硬件清单核对
4	机电安装检查（系统间的通信连接）
5	诊断检查（观察系统间的通信、波特率等）
6	如果需要和可行，下载软件

附　录　A
（资料性附录）
出厂验收测试(FAT)检验表

A.1　文件检查

目的

审查所有FAT相关文件。

编　　号	查 验 文 件	查 验 结 果	备　　注
1	……	□P □F □NA	

注释

不一致之处记录在不符合项表中，按启动会议确定的协议分类和处理。

P——合格

F——不合格

NA——不适用

签名：

A.2 软硬件一般检查

目的

验证硬件结构、数量、尺寸、喷漆等内容与相关文档的一致性。此外，也应检查软件授权、备品备件、耗材等内容。

参考文件：

- 经认可的供应商硬件图纸；
- 定单。

注：

建议：相关图纸的副本应由用户和其所聘的检验人员核对并签字确认。

编　号	说　　明	查验结果
1	硬件检查	□P □F □NA
2	软件授权、版本(包括固件)检查	□P □F □NA
3	备品备件、耗材和工具检查	□P □F □NA

注释

不一致之处记录在不符合项表中，按启动会议确定的协议分类和处理。

P——合格

F——不合格

NA——不适用

签名：

A.3 机电安装检查

目的

对照已经被认可的文件检查硬件结构及设计。

参考文件：

- 经认可的供应商硬件图纸；
- 工程项目规范书；
- 适用标准及规范。

注：

项目编号4以下的项目可随机选择测试。

编　号	说　明	查验结果
1	电缆引入方式、支座及附件（电缆固定夹、固定头等）	□P □F □NA
2	标注、标签	□P □F □NA
3	组件和模块的安装	□P □F □NA
4	螺丝紧固连接、端子连接	□P □F □NA
5	接地、等电位连接	□P □F □NA
6	电击防护、警示标志	□P □F □NA
7	机柜风扇和机柜结构的可维护性	□P □F □NA
8	备用容量	□P □F □NA

注释

不一致之处记录在不符合项表中，按启动会议确定的协议分类和处理。

P——合格

F——不合格

NA——不适用

签名：

A.4 接线和端子检查

目的

检验接线符合工程项目规范书中所提供的指导方针，经认可的硬件文档及工艺符合工业标准。

参考文件：

- 经认可的供应商硬件图纸；
- 工程项目规范书；
- 适用标准及规范。

注：

项目5和6可随机选择测试。

编　号	说　明	查验结果
1	接线和布线、内部电路布线	□P □F □NA
2	熔断、断路开关	□P □F □NA
3	标签、标注	□P □F □NA
4	线缆、颜色、横截面、电压、防爆等级等的划分	□P □F □NA
5	线缆弯曲检查	□P □F □NA
6	人工线缆弯曲、拉紧试验	□P □F □NA
7	线缆管道负荷	□P □F □NA
8	I/O 至端子的接线及连接标注	□P □F □NA
9	系统线缆插头方向	□P □F □NA
10	系统电压绝缘测试	□P □F □NA

注释

不一致之处记录在不符合项表中，按启动会议确定的协议分类和处理。

P——合格

F——不合格

NA——不适用

签名：

A.5 启动测试和系统基本功能

目的

检验系统能够正常启动、从电源故障中恢复并且能够实现在线加载。此外，还应检查系统是否是在给定的限制范围内运行。

参考文件：

- 相关的产品文件；
- 系统限制范围说明。

编　　号	说　　明	查验结果
1	重新启动（从零点[a]启动、停止/启动）	□P □F □NA
2	在线更改	□P □F □NA
3	控制器周期时间	□P □F □NA
4	显示调用时间	□P □F □NA
5	数值更新时间	□P □F □NA
6	系统负载（内存容量、存储容量等）	□P □F □NA
7	登录策略和级别	□P □F □NA
8	报警处理策略及其确认方式	□P □F □NA
[a] 零点指使用新的存储卡并且移去控制器的备用电池。		

注释

不一致之处记录在不符合项表中，按启动会议确定的协议分类和处理。

P——合格

F——不合格

NA——不适用

签名：

A.6 系统报警测试

目的

检验系统中出现的报警报告，包括系统相关的故障、控制柜报警以及系统产生的报警。

参考文件：

- 产品相关的文件；
- 报警信息清单。

编　号	说　　明	查验结果
1	电源故障、UPS 监控	□P □F □NA
2	保险丝、短路器监测	□P □F □NA
3	冷却风扇	□P □F □NA
4	通信、网络监测	□P □F □NA
5	短路、断线、超量程、接地故障	□P □F □NA
6	看门狗(若有的话)	□P □F □NA

注释

不一致之处记录在不符合项表中，按启动会议确定的协议分类和处理。

P——合格

F——不合格

NA——不适用

签名：

A.7 硬件冗余和诊断检查

目的
确保冗余部件能够正常地操作和监控。

参考文件：
- 产品相关的文件。

注：任何单一故障都不应影响到整个系统的运行。

编　　号	说　　明	查验结果
1	控制器的冗余运行和监视	□P □F □NA
2	通信和网络的冗余运行和监视	□P □F □NA
3	电源的冗余运行和监视	□P □F □NA
4	操作员站的冗余运行和监视	□P □F □NA
5	I/O 设备的冗余(若有的话)运行和监视	□P □F □NA
6	所有其他上述未提及的设备冗余运行和监视	□P □F □NA

注释
不一致之处记录在不符合项表中，按启动会议确定的协议分类和处理。
P——合格
F——不合格
NA——不适用

签名：

A.8 监视/操作

目的

验证标准功能及图形显示方案与规范书的一致性。

参考文件：

- 相关产品信息；
- 移交的画面草图。

注：

此项测试只涉及静态画面显示部分，动态部分将在以后联同组态功能一起进行测试。

建议：图形设计应预先与最终用户取得一致意见。

编　号	说　明	查验结果
1	背景颜色及颜色变化	□P □F □NA
2	符号	□P □F □NA
3	静态文本及动态变化	□P □F □NA
4	画面组织（折叠、转换、子画面）	□P □F □NA

注释

不一致之处记录在不符合项表中，按启动会议确定的协议分类和处理。

P——合格

F——不合格

NA——不适用

签名：

A.9 根据 FBD、FUP 等进行的功能测试

目的

验证系统功能与给定文件要求的一致性。

参考文件：

工程项目相关文件，如：

- 功能块图 FBD；
- 功能规划 FUP；
- 因果图 C&E；
- 联锁说明；
- 控制描述；
- 约定的标准。

注：

按照规范书中的约定进行测试，如：100%、抽样检查等。

下面是系统测试需要进行的项目，应编写针对具体项目的详细测试清单用于评估各个单独回路。后一页提供了一个测试例子的表格。

编　号	说　明	查验结果
1	回路/功能的识别和标注	□P □F □NA
2	测试相关 I/O 到画面的显示	□P □F □NA
3	在投入所有相关的联锁、报警、报文、显示、趋势、图形画面与设备画面上的信号更新后，进行详细的功能检验	□P □F □NA
4	位号操作和趋势采集功能（内部的和外部的）	□P □F □NA
5	报警的优先级处理	□P □F □NA

注释

不一致之处记录在不符合项表中，按启动会议确定的协议分类和处理。

P——合格

F——不合格

NA——不适用

签名：

单个回路评估测试表举例

<table>
<tr><td>

回路

功能：LIRCA+－

DCS/PLC：Controller 12

回路信号类型：Analog Input

硬件回路：V0108 AB86 L001

测量范围：0～800

测量单位：mbar

报警/开关设定值(mbar)：

S+	A+	712
S++	A++	
S+++	A+++	
S－	A－	152
S－－	A－－	
S－－－	A－－－	

操作方式：

就地

DCS/PLC　X

其他

DCS 输入		DCS 输出	
模拟量	1	模拟量	1
数字量	0	数字量	1

测量技术：差压变送器

设备制造商：××××

设备型号：××××

</td><td>

测试结果

	合格	不合格
回路文本：	□	□
联锁：	□	□
在软件显示中的位置：	□	□
报警设置/切换点：	□	□
至 DCS 的回路信号：	□	□
动态显示/颜色设置：	□	□

不合格时的注释：

</td></tr>
</table>

签名：

A.10 复杂功能和操作模式

目的

检查系统功能与给定文件要求的一致性。

参考文件

工程项目相关文件，如：

- 功能块图 FBD；
- 功能规划 FUP；
- 因果图 C&E；
- 联锁说明；
- 控制描述；
- 约定的标准。

注：

此处，复杂功能是指大规模顺序控制、配方控制、高级控制、耦合回路等。

编　　号	说　　明	查验结果
1	在投入所有相关的联锁、报警、报文、显示、趋势，以及图形画面与设备画面上的信号更新，进行详细的功能检验	□P □F □NA

注释

不一致之处记录在不符合项表中，按启动会议确定的协议分类和处理。

P——合格

F——不合格

NA——不适用

签名：

A.11 子系统集成测试

目的

验证各相关系统的互操作性。

参考文件：

- 相关信号的 I/O 清册；
- 相关的 FBD、C&E 等。

注：

大多数子系统是串行通信连接的(软 I/O)，故测试应在考虑串行通讯的附加因素(如传送时间)后进行，使其就像用硬接线 I/O 测试一样。

编　　号	说　　明	查验结果
1	在投入所有相关的联锁、报警、报文、显示、趋势，以及图形画面与设备画面上的信号更新，进行详细的功能检验	□P □F □NA

注释

不一致之处记录在不符合项表中，按启动会议确定的协议分类和处理。

P——合格

F——不合格

NA——不适用

签名：

附 录 B
（资料性附录）
现场验收测试(SAT)检验表

目的

评估所有与SAT相关的项目。

参考文件：

- 安装说明书；
- 制造厂商系统说明书；
- 系统用户手册；
- FAT报告文件；
- 授权信息：
  ——所购买/安装的软件/固件版本信息；
  ——可获取的或新的软件/固件更新或补丁。

编号	说　　明	查验结果	备注
1	控制系统文件检查	□P □F □NA	
2	硬件规格数量检查	□P □F □NA	
3	软件规格数量检查（正确的软件/固件版本等）	□P □F □NA	
4	机电安装检查： 接地系统正确连接； 供电系统正确连接； 网络系统正确连接	□P □F □NA □P □F □NA □P □F □NA □P □F □NA	
5	启动/诊断检查： 相关硬件的上电； 调试/初始化相关硬件并进行诊断检查	□P □F □NA □P □F □NA	
6	下载软件	□P □F □NA	
7	完成SAT证书	□P □F □NA	

注释

不一致之处记录在不符合项表中，按启动会议确定的协议分类和处理。

P——合格

F——不合格

NA——不适用

签名：

附　录　C
（资料性附录）
现场综合测试(SIT)检验表

目的

评估所有与SIT相关的项目。

参考文件：

- 安装说明书；
- 制造厂商系统说明书；
- 系统用户手册；
- 工程项目的系统索引表。

所要测试的系统：

主系统：________________________________

子系统：________________________________

编号	说　　明	查验结果	备注
1	控制系统文件检查	□P □F □NA	
2	机电安装检查： 系统间正确安装连接(串口连接、以太网、光纤等)； 通信波特率正确设置(硬件上的拨码开关、软件设置等)	□P □F □NA □P □F □NA	
3	验证不同系统之间的系统I/O信号之间的通信正常	□P □F □NA	
4	自动化系统中的子系统画面是按照规范要求设立的	□P □F □NA	

注释

不一致之处记录在不符合项表中，按启动会议确定的协议分类和处理。

P——合格

F——不合格

NA——不适用

签名：

附　录　D
（资料性附录）
FAT 证书

接受 ☐　　　　不接受 ☐

用户名称			
工程项目名称		工程项目编号	
工厂/装置名称			
FAT 地点		FAT 结束日期	

负责人/签名：

买家		部门	
供应商		部门	

特殊要求：	
无不合格项 ☐	
有不合格项 ☐　详见下面的备注或所附的清单	
需要重新进行测试 ☐	不需要重新进行测试 ☐
系统具备发运条件 ☐	
将发运通知交给：	
备注：	

附　录　E
（资料性附录）
SAT 证书

接受 ☐　　　　　　　　　　　　　　　　　不接受 ☐

用户名称			
工程项目名称		工程项目编号	
被测系统名称			
工厂/装置名称			
SAT 地点		SAT 结束日期	

负责人/签名：

买家		部门	
供应商		部门	

附　录　F
（资料性附录）
SIT 证书

接受 ☐　　　　不接受 ☐

用户名称			
工程项目名称		工程项目编号	
工厂/装置名称			
集成的主系统			
集成的子系统			
SIT 地点		SIT 结束日期	

负责人/签名：

买家		部门	
供应商		部门	

附 录 G
（资料性附录）
自动化系统验收证书

接受 ☐ 不接受 ☐

用户名称			
工程项目名称		工程项目编号	
工厂/装置名称			
集成的系统名称			
集成的子系统			
FAT 完成	☐	FAT 完成日期	
SAT 完成	☐	SAT 完成日期	
SIT 完成	☐	SIT 完成日期	

负责人：

买家		部门	
供应商		部门	

以下签名表示确认该自动化系统已按照规范通过了 FAT、SAT 和 SIT。

地点			
日期			
签名		部门	

附 录 H
（资料性附录）
FAT 不符合项表

参与者：

任何未完成的工作或者不符合项都应被记录在 FAT 不符合项表中，并按照如下类型被分类：

a） 当场整改，然后继续进行 FAT；

b） 在 FAT 过程中同时进行整改；

c） 需再次进行 FAT；

d） FAT 后，系统运至现场之前进行整改；

e） 留待至现场整改。

注：

项目	说 明	责任方	类型	完成整改
1				
2				
3				
4				
5				
6				
7				
8				
9				
10				

附 录 I
（资料性附录）
SAT 不符合项表

参与者：

任何未完成的工作或者不符合项都应被记录在 SAT 不符合项表中，并按照如下类型被分类：

a） 当场整改，然后继续进行 SAT；

b） 在 SAT 过程中同时进行整改；

c） 需再次进行 SAT；

d） 在 SAT 完成之后进行整改。

注：

项目	说　明	责任方	类型	完成整改
1				
2				
3				
4				
5				
6				
7				
8				
9				
10				

附 录 J
（资料性附录）
SIT 不符合项表

参与者：

任何未完成的工作或者不符合项都应被记录在 SIT 不符合项表中，并按照如下类型被分类：

a） 能当场整改，然后继续进行 SIT；

b） 在 SIT 过程中同时进行整改；

c） 需再次进行 SIT；

d） 在 SIT 完成之后进行整改。

注：

项目	说　　明	责任方	类型	完成整改
1				
2				
3				
4				
5				
6				
7				
8				
9				
10				

ICS 71.040.01
N 53

中华人民共和国国家标准

GB/T 25929—2010

红外线气体分析器　技术条件

Specification of infrared gas analyzers

2011-01-14 发布　　2011-05-01 实施

中华人民共和国国家质量监督检验检疫总局
中国国家标准化管理委员会　发布

前　言

本标准的附录 A 为资料性附录。

请注意本标准的某些内容有可能涉及专利,本标准的发布机构不应承担识别这些专利的责任。

本标准由中国机械工业联合会提出。

本标准由全国工业过程测量和控制标准化技术委员会(SAC/TC 124)归口。

本标准起草单位:北京北分麦哈克分析仪器有限公司、重庆川仪分析仪器有限公司、南京分析仪器厂有限公司、北京市华云分析仪器研究所有限公司、聚光科技(杭州)有限公司、国家分析仪器质量监督检验中心。

本标准主要起草人:宋志华、姜培刚、胡体宝、徐淮明、唐青云、郭晓维、袁正。

本标准为首次发布。

红外线气体分析器 技术条件

1 范围

本标准规定了红外线气体分析器的要求、试验方法、检验规则、标志、包装、运输和贮存等。

本标准适用于连续测定混合气体中某一组分或几种组分的不分光红外线气体分析器(以下简称仪器)。

2 规范性引用文件

下列文件中的条款通过本标准的引用而成为本标准的条款。凡是注日期的引用文件,其随后所有的修改单(不包括勘误的内容)或修订版均不适用于本标准,然而,鼓励根据本标准达成协议的各方研究是否可使用这些文件的最新版本。凡是不注日期的引用文件,其最新版本适用于本标准。

GB/T 191—2008 包装储运图示标志(ISO 780:1997,MOD)

GB/T 2829—2002 周期检验计数抽样程序及表(适用于对过程稳定性的检验)

GB 4793.1—2007 测量、控制和实验室用电气设备的安全要求 第1部分:通用要求(IEC 61010-1:2001,IDT)

GB/T 11606—2007 分析仪器环境试验方法

GB/T 13384—2008 机电产品包装通用技术条件

GB/T 18268—2000 测量、控制和实验室用的电气设备电磁兼容性要求(idt IEC 61326-1:1997)

GB/T 25930 红外线气体分析器 试验方法

3 术语和定义

下列术语和定义适用于本标准。

3.1

红外线气体分析器 infrared gas analyzer

不分光红外线气体分析器,是一种没有色散光学元件的电光光度仪器。它由红外辐射光源、红外线检测器及通过试样流的气室组成,用以测量被测组分对红外线特征光谱的吸收程度。

4 要求

4.1 仪器正常工作条件

仪器在工作条件下应符合表1的规定。

表1 正常工作条件

序号	影响量	单位	工作条件
1	环境温度	℃	5～40
2	相对湿度	%	≤90
3	大气压力	kPa	70.0～106.0
4	阳光辐射	—	无直接照射
5	空气流速	m/s	0～0.5
6	工作位置	—	按制造厂规定
7	通风	—	按制造厂规定
8	机械振动	—	按制造厂规定

表 1（续）

序　号	影 响 量	单　位	工 作 条 件
9	有害性气体	—	按制造厂规定
10	电源电压	V	额定电压(1±10%)
11	电源频率	Hz	额定频率(1±2%)

4.2 仪器外观

4.2.1 仪器内应保持清洁，不得有污物积垢等。

4.2.2 仪器表面应光洁平整，漆色镀层均匀，无剥落锈蚀现象。

4.2.3 零件结合处应整齐，无毛刺、锐棱和粗糙不平现象，刚性连接部件不得松动。

4.2.4 所有铭牌及标志应清楚、持久，紧固件牢固可靠，不允许有松动、脱落等现象。

4.3 安全性

4.3.1 标志和文件

应符合 GB 4793.1—2007 中第 5 章的有关规定。

4.3.2 防电击要求

4.3.2.1 接触电流

由交流电网供电的仪器，其接触电流应符合 GB 4793.1—2007 中 6.3 的有关规定。

4.3.2.2 保护接地

由交流电网供电的仪器，其保护接地应符合 GB 4793.1—2007 中 6.5.1 的有关规定。

4.3.2.3 介电强度

由交流电网供电的仪器，电源输入端与可触及导电零部件之间施加 1 500 V 的试验电压，历时 1 min，不应出现击穿或重复飞弧现象。

注：仪器设计时，可参照附录 A 确定试验电压值。

4.3.3 其他要求

如果仪器存在 GB 4793.1—2007 所规定的涉及安全的机械性危险，机械冲击和撞击，火焰蔓延，温度和耐热，液体危险，辐射、声压力和超声压力，有释放气体、爆炸或内爆，涉及安全的元器件，有连锁装置等情况，则应满足 GB 4793.1—2007 的相关规定。

4.4 预热时间

仪器的预热时间应从下列时间中选取：

15 min，30 min，1 h，3 h，7 h，24 h。

4.5 气路密封性

4.5.1 用正压试验时，用气路系统额定工作压力的 1.5 倍做压力试验，15 min 内压降应不大于试验压力的 2%。

4.5.2 用负压试验时，用 10 kPa 做压力试验，15 min 内压差应不大于 0.2 kPa。

4.6 线性误差

仪器的线性误差应从下列值中选取：

±1%FS，±1.5%FS，±2%FS，±3%FS，±5%FS。

注：未经线性化的仪器的误差用示值误差表示。

4.7 零点漂移和量程漂移

仪器连续运行到规定的时间间隔后，零点漂移和量程漂移应从下列值中选取：

±1%，±1.5%，±2%，±3%，±5%(满量程)。

零点漂移及量程漂移限定的时间间隔应与使用目的相适应，时间间隔应从下列数值中选取：

1 h、3 h、7 h、24 h、3 d、7 d、30 d、3 months、6 months。

4.8 输出波动

输出波动应不大于线性误差绝对值的三分之一。

其中线性误差限优于±2%的仪器，输出波动应不大于线性误差限绝对值的二分之一。

4.9 重复性

仪器的重复性应从下列值中选取：

0.5%，0.75%，1%，1.5%，2.5%。

4.10 滞后时间、上升时间、下降时间和响应时间

仪器的滞后时间、上升时间和下降时间应在下列时间中选取：

滞后时间：5 s、10 s、15 s、30 s；

上升时间：10 s、20 s、30 s、40 s、60 s、90 s；

下降时间：10 s、20 s、30 s、40 s、60 s、90 s。

响应时间 T_{90} 为滞后时间和上升时间（或下降时间）之和。

4.11 环境温度的影响

仪器由于环境温度的变化所引起的偏差应不大于线性误差的二倍。

4.12 大气压力的影响

大气压力每变化 1 kPa，示值变化不应超过测量量程的±1.5%。

4.13 电源电压变化的影响

由电源电压变化引起的偏差应不超过线性误差的二分之一。

4.14 电源频率变化的影响

由电源频率变化引起的偏差应不超过线性误差的二分之一。

4.15 位置倾斜的影响

仪器位置倾斜所产生的示值变化应不大于线性误差。

4.16 干扰误差

4.16.1 水蒸气干扰误差应不超过测量量程的±2%。

4.16.2 制造厂和用户指定的干扰组分所引起的干扰误差均应不超过测量量程的±2%。

4.16.3 特殊情况下的干扰误差限可由制造厂和用户协商确定。

4.17 电磁兼容性

在线仪器抗扰度试验要求见 GB/T 18268—2000 中附录 A，便携式仪器抗扰度试验要求见 GB/T 18268—2000 中附录 C，性能判据参照 GB/T 18268—2000 中 6.5。

4.18 输出接口和输出信号

仪器应具备相应的信号输出接口，信号输出应包括模拟量和/或数字量等。

4.19 运输、运输贮存

仪器在运输包装状态下，包括低温贮存、高温贮存、跌落、碰撞、交变湿热，按 GB/T 11606—2007 表 1 中运输、运输贮存的要求进行试验，其中高温 55 ℃；低温 −40 ℃（带液晶显示可选 −20 ℃）；交变湿热：相对湿度 95%、温度 40 ℃；倾斜跌落高度 250 mm，碰撞 1 000 次。试验后，包装箱不应有较大变形和损伤，受试仪器不应有变形松脱、涂覆层剥落等机械损伤，其性能特性应符合产品标准规定。

4.20 成套性

由制造厂自行规定。

5 试验方法

按 GB/T 25930 红外线气体分析器试验方法进行。

6 检验规则

6.1 每台仪器须经检验合格后方可出厂，并附有产品合格证书。

6.2 仪器检验分为出厂检验和型式检验。

6.2.1 出厂检验

每台仪器均应进行出厂检验，出厂检验项目及每项质量特性的不合格类别见表 2 中的规定。

6.2.2 型式检验

在下列情况之一时，应按 4.2～4.20 要求进行型式检验：

a) 仪器设计定型或生产定型时；

b) 仪器转厂或转移生产地时；

c) 仪器正式生产后，如结构、材料、工艺有较大改变，可能影响仪器性能时；

d) 仪器长期停产，恢复生产时；

e) 仪器正常生产时，定期或积累一定产量后，应周期进行一次检验，一般为 3 年；

f) 国家各级质量监督检验要求时；

g) 出厂检验结果与上次型式检验有较大差异时。

6.2.2.1 型式检验的样本应从出厂检验合格的批中随机抽取，样本量一般不少于 3 台。

6.2.2.2 型式检验的抽样程序应按 GB/T 2829—2002 第 5 章的规定。所选用的抽样方案、不合格质量水平、判别水平、样本量和判定数组等见表 2。

6.2.2.3 合格与不合格的判定应按 GB/T 2829—2002 中 5.11 的规定进行。

6.2.2.4 若型式检验不合格，应分析原因，采取纠正措施，验证有效后，重新提交检验。若型式检验再次不合格，则对进行抽样的该批产品应停止出厂，再重复上述分析、纠正、验证、重新提交的步骤，直至合格为止。

6.2.2.5 若型式检验合格，对进行抽样的该批产品可以提交鉴定、定型或出厂、入库。

表 2 型式检验和检验分类表

序号	不合格分类	检验项目及对应的条目			不合格质量水平（RQL）	判别水平（DL）	抽样方案		检验分类	
		检验项目		要求条目			样本量（n）	判定数组（Ac,Re）	出厂检验	型式检验
1	A	安全性		4.3	30			(0,1)	●	●
2		线性误差		4.6					●	●
3		零点漂移和量程漂移		4.7					●	●
4		重复性		4.9					●	●
5	B	气路密封性		4.5					●	●
6		预热时间		4.4					○	●
7		输出波动		4.8					●	●
8		响应时间		4.10					●	●
9		环境温度的影响		4.11					○	●
10		大气压力的影响		4.12					—	○
11		电源电压变化的影响		4.13	65	I	3	(1,2)	—	●
12		电源频率变化的影响		4.14					—	○
13		位置倾斜的影响		4.15					—	○
14		干扰误差	水蒸气	4.16.1					○	●
			干扰气	4.16.2					○	○
15		电磁兼容		4.17					—	○
16		输出接口和输出信号		4.18					●	●
17		运输、运输贮存		4.19					—	●
18		外观质量		4.2					●	●
19		成套性		4.20					●	●

注 1：●——表示应进行检验的项目。

注 2：○——表示需要时，进行检验的项目。

注 3：— ——不进行检验的项目。

7 仪器的标志、包装、运输和贮存

7.1 仪器应在明显的位置标志下列内容：

a) 仪器的型号、名称、规格及商标；

b) 制造厂名称及地址；

c) 仪器出厂日期及编号；

d) 电源电压和电源频率；

e) 执行标准；

f) 必须标志的重要标志。

7.2 仪器包装箱应写出下列标志内容：

a) 仪器的型号、名称及规格；

b) 制造厂名称、地址；

c) 外形尺寸：长(mm)×宽(mm)×高(mm)；毛重和净重(kg)；

d) 包装储运图示标志："易碎物品"、"向上"、"怕雨"等应符合 GB/T 191—2008 的规定；

e) 收货单位及地址。

7.3 仪器包装按 GB/T 13384—2008 中防潮、防震规定进行。

7.4 随行仪器至少包括：

a) 装箱清单；

b) 附件备件清单；

c) 产品合格证明书；

d) 使用说明书。

7.5 仪器在运输过程中和贮存时必须防止受到剧烈冲击、雨淋、暴晒及辐射。

7.6 仪器的贮存

仪器应原包装箱存放保管，仓库环境温度为 0 ℃～40 ℃，相对湿度不大于 85%，同时不应有能引起仪器腐蚀及电气绝缘性能降低的有害物质存在。

8 质量保证期

在用户遵守保管和使用规则的条件下，在制造厂发货给用户之日起一年内，产品因制造质量不良而发生的损坏或不能正常工作时，制造厂应无偿地为用户修理产品或更换零件。

附 录 A
（资料性附录）
介电强度试验电压值的确定

A.1 目的

通过仪器电路的电气间隙限值、爬电距离限值确定介电强度试验电压值，确保达到 GB 4793.1—2007 的相关要求。

A.2 确定试验电压值的步骤

基本步骤是：认定基本情况—落实电气间隙、爬电距离限值—确定介电强度的试验电压值。

A.2.1 认定仪器的基本情况

根据仪器设计工况（供电方式、电压、工作海拔高度等）、结构（型式、材料、微区环境等），结合设计图纸等认定下列状态：

绝缘类别：共有基本绝缘，双重绝缘（基本绝缘＋附加绝缘），加强绝缘等三类。

电路类别：共有电网电源电路，非电网电源电路，测量电路（含Ⅰ、Ⅱ、Ⅲ、Ⅳ四种）等三类。

污染等级：共有 1、2、3 等三级。

材料等级：共有Ⅰ、Ⅱ、ⅢB、Ⅲb 等四级。

A.2.2 按所认定的仪器基本情况落实电气间隙、爬电距离限值

A.2.2.1 电网电源电路的电气间隙、爬电距离下限值（见 GB 4793.1—2007 中表 4）。

如：供电电源为交流 220 V，污染等级 1，材料等级Ⅲb，得电气间隙 1.5 mm、爬电距离 1.5 mm。

供电电源为直流 30 V，污染等级 1，材料等级Ⅲb，得电气间隙 0.1 mm、爬电距离 0.1 mm。

以上数值适用于基本绝缘或附加绝缘。对加强绝缘，则电气间隙、爬电距离是其两倍。

A.2.2.2 由电网电源电路供电的电路的电气间隙下限值（见 GB 4793.1—2007 中表 5）。

如：供电电源为交流 220 V，污染等级 1，材料等级Ⅲb，得电气间隙 0.84 mm。

供电电源为直流 30 V，污染等级 1，材料等级Ⅲb，得电气间隙 0.05 mm。

A.2.2.3 由电网电源电路供电的电路的爬电距离下限值（见 GB 4793.1—2007 中表 7）。

如：工作电压为交流 50 V，污染等级 1，材料等级Ⅲb，得印制板爬电距离 0.025 mm/非印制板爬电距离 0.18 mm。

工作电压为直流 30 V，污染等级 1，材料等级Ⅲb，得印制板爬电距离 0.025 mm/非印制板爬电距离 0.14 mm。

A.2.2.4 测量电路（Ⅱ、Ⅲ、Ⅳ类）的电气间隙下限值（见 GB 4793.1—2007 中表 8）、爬电距离（见 GB 4793.1 中表 7）。

如：工作电压为交流或直流 100 V，基本绝缘、污染等级 1，材料等级Ⅲb，测量类别Ⅱ，得电气间隙爬电距离 0.1 mm；得印制板爬电距离 0.1 mm/非印制板爬电距离 0.25 mm。

A.2.3 确定介电强度的试验电压值

A.2.3.1 基本绝缘类型的试验电压值（见 GB 4793.1—2007 中表 9）

如：电气间隙为 0.1 mm，则试验电压为交流有效值 500 V，或直流 700 V、1.2/50 μs 脉冲 806 V。

电气间隙为 0.5 mm，则试验电压为交流有效值 840 V，或直流 1 200 V、1.2/50 μs 脉冲 1 550 V。

电气间隙为 1.0 mm，则试验电压为交流有效值 1 060 V，或直流 1 500 V、1.2/50 μs 脉冲 1 950 V。

电气间隙为 1.4 mm，则试验电压为交流有效值 1 330 V，或直流 1 880 V、1.2/50 μs 脉冲

2 440 V。

A.2.3.2 双重绝缘或加强绝缘类型，则试验电压是基本绝缘的 1.6 倍。

A.2.4 已采取限制电源脉冲电压措施，且由电网电源电路供电的电路的脉冲试验电压值(见 GB 4793.1—2007 中表 17)。

如：电网电源电压为交流/直流 150 V 时，对Ⅱ类测量电路(其他电路与此类等同)的脉冲试验电压是 1 500 V。

电网电源电压为交流/直流 300 V 时，对Ⅱ类测量电路(其他电路与此类等同)的脉冲试验电压是 2 500 V。

ICS 71.040.01
N 53

中华人民共和国国家标准

GB/T 25930—2010

红外线气体分析器　试验方法

Test method of infrared gas analyzers

2011-01-14 发布　　2011-05-01 实施

中华人民共和国国家质量监督检验检疫总局
中国国家标准化管理委员会　发布

前　　言

请注意本标准的某些内容有可能涉及专利，本标准的发布机构不应承担识别这些专利的责任。

本标准由中国机械工业联合会提出。

本标准由全国工业过程测量和控制标准化技术委员会(SAC/TC 124)归口。

本标准起草单位：北京北分麦哈克分析仪器有限公司、重庆川仪分析仪器有限公司、南京分析仪器厂有限公司、北京市华云分析仪器研究所有限公司、聚光科技(杭州)有限公司、国家分析仪器质量监督检验中心。

本标准主要起草人：宋志华、姜培刚、胡体宝、徐淮明、唐青云、郭晓维、袁正。

本标准为首次发布。

红外线气体分析器　试验方法

1　范围

本标准规定了红外线气体分析器的试验条件、试验项目和试验方法。

本标准适用于连续测定混合气体中某一组分或几种组分的不分光红外线气体分析器(以下简称仪器)。

2　规范性引用文件

下列文件中的条款通过本标准的引用而成为本标准的条款。凡是注日期的引用文件,其随后所有的修改单(不包括勘误的内容)或修订版均不适用于本标准,然而,鼓励根据本标准达成协议的各方研究是否可使用这些文件的最新版本。凡是不注日期的引用文件,其最新版本适用于本标准。

GB 4793.1—2007　测量、控制和实验室用电气设备的安全要求　第1部分:通用要求(IEC 61010-1:2001,IDT)

GB/T 11606—2007　分析仪器环境试验方法

GB/T 17626.2—2006　电磁兼容　试验和测量技术　静电放电抗扰度试验(IEC 61000-4-2:2001,IDT)

GB/T 17626.3—2006　电磁兼容　试验和测量技术　射频电磁场辐射抗扰度试验(IEC 61000-4-3:2002,IDT)

GB/T 17626.4—2008　电磁兼容　试验和测量技术　电快速瞬变脉冲群抗扰度试验(IEC 61000-4-4:2004,IDT)

GB/T 17626.5—2008　电磁兼容　试验和测量技术　浪涌(冲击)抗扰度试验(IEC 61000-4-5:2005,IDT)

GB/T 17626.6—2008　电磁兼容　试验和测量技术　射频场感应的传导骚扰抗扰度(IEC 61000-4-6:2006,IDT)

GB/T 17626.8—2006　电磁兼容　试验和测量技术　工频磁场抗扰度试验(IEC 61000-4-8:2001,IDT)

GB/T 17626.11—2008　电磁兼容　试验和测量技术　电压暂降、短时中断和电压变化的抗扰度试验(IEC 61000-4-11:2004,IDT)

3　试验条件

3.1　仪器的正常工作条件和参比工作条件见表1。仪器应在正常工作条件范围内,且相对稳定的条件下进行下列试验;若有争议,应在参比工作条件下进行。

表1　工作条件

序号	影响量	单位	正常工作条件	参比工作条件
1	环境温度	℃	5～40	23±2
2	相对湿度	%	≤90	45～75
3	大气压力	kPa	70.0～106.0	86.0～106.0
4	阳光辐射		无直接照射	

表 1（续）

序号	影响量	单位	正常工作条件	参比工作条件
5	空气流速	m/s	0～0.5	0～0.2
6	工作位置		按制造厂规定	正常工作位置±1°
7	通风		按制造厂规定	无阻碍，但不得对流
8	机械振动		按制造厂规定	达到可忽略不计的程度
9	有害性气体		按制造厂规定	可忽略不计
10	电源电压	V	额定值(1±10%)	额定值(1±1%)
11	电源频率	Hz	额定值(1±2%)	额定值(1±1%)

3.2 试验用校准气应采用国家二级或二级以上的标准气。

3.3 试验用测量装置和记录设备其准确度应优于受试仪器准确度。

3.4 在试验期间，不准用外部方法调整仪器。除非能证明这种调整不影响试验结果。如果有自动调整功能，则应说明。

3.5 多量程或多组分仪器应对所有量程分别试验。

3.6 仪器操作应遵守有关安全规程。

4 试验方法

4.1 仪器外观和成套性检查

用目视和手感等方法进行。

4.2 安全性试验

4.2.1 标志和文件

目测检查。

4.2.2 防电击试验

4.2.2.1 接触电流

4.2.2.1.1 试验豁免条件

在正常工作条件下，当可触及零部件与参考地之间，或在同一台上在 1.8 m(沿表面或通过空气)的距离内的任意两个可触及零部件之间电压值不超过 33 V(交流有效值)或直流 70 V，可以不进行该项试验。

4.2.2.1.2 试验方法

按 GB 4793.1—2007 的有关规定进行试验。

4.2.2.2 保护接地

按 GB 4793.1—2007 中附录 F 的有关规定进行试验。

4.2.2.3 介电强度

4.2.2.3.1 试验要求

潮湿预处理按 GB 4793.1—2007 中 6.8.2 规定进行(该项试验仅在需要时进行)。

在正常工作条件下，仪器处于非工作状态，电源开关置于接通位置，按表 2 规定的试验电压值对受试仪器进行试验。

可任选交流、直流或峰值脉冲试验，仪器能通过三者之一即可。但在产品标准中应明确一种试验方法。

脉冲试验在每个极上至少进行三个脉冲，最小间隔时间为 1 s。

4.2.2.3.2 试验方法

用耐电压测试仪，在一端为连接在一起的电源线插头的相线和中线，另一端为连接在一起的所有可触及导电零部件之间，在 5 s 内升至规定的试验电压值，并保持 1 min。电源线与可接触导电件间的抗干扰电容不应开路；若这些电容不能用于进行试验，则可以用一个数值为交流电压 1.4 倍的直流电压试验。

表 2 试验电压

单位为伏特

相线-中线电压交流有效值或直流值	交流有效值	直流或交流峰值	脉冲电压峰值(1.2/50 μs)
0～≤60	500	707	806
60～≤130	1 000	1 420	1 950
130～≤250	1 500	2 120	2 890
250～≤660	2 000	2 830	3 600

4.2.2.3.3 施加试验电压应遵循的基本规定

试验电压(交流有效值)不超过 2 000 V 时，仪器在 100% 试验电压下可进行多次重复试验。

试验电压(交流有效值)超过 2 000 V 时，仪器在 100% 试验电压下最多只允许进行二次试验，若要再进行试验，则只应施加 80% 的试验电压。

注：其他电路可参照 GB 4793.1—2007 中附录 F。

4.2.3 其他安全试验

按 GB 4793.1—2007 对应的方法进行。

4.3 预热时间

接通仪器电源，连续地向仪器通入规定浓度的校准气，用准确度等于或优于 0.5 级的记录装置，记录仪器的输出信号。

仪器接通电源起，至记录线出现在 30 min 内输出信号的误差不大于所规定的量程漂移的二分之一为止的时间为预热时间。

按式(1)计算相对误差 δ_W：

$$\delta_W = \frac{A_{max} - A_{min}}{R} \times 100\% \qquad \cdots\cdots(1)$$

式中：

A_{max}、A_{min}——分别为记录的最大值及最小值；

R——满量程值(以下同)。

注 1：如无特别说明，通入气体均按规定流量进行，以下同。

注 2：规定浓度校准气指浓度为满量程 70%～95% 的校准气，以下同。

4.4 气路密封性

4.4.1 仪器的气路密封性用空气或氮气试验，要求外接管路的容积不大于 0.5 L。

4.4.2 用正压试验时，气体出口端接一个 0.5 级气体压力表(压力表分辨率优于试验压力的 2.5%)，气体入口端通入气体使压力达到仪器额定工作压力的 1.5 倍后密封入口，5 min 后开始计时，记录 15 min 内的压力降，并按式(2)计算。

$$p = \frac{p_1 - p_2}{p_1} \times 100\% \qquad \cdots\cdots(2)$$

式中：

p——压力变化率；

p_1——开始的压力值；

p_2——15 min 后的压力值。

4.4.3 用负压试验时，气体出口端接一台负压力测量装置，密封入口，用负压设备抽取使其压差达到 10 kPa 后，密封负压力测量装置出口 A 处，5 min 后开始计时，记录 15 min 内的压力差(见图 1)。

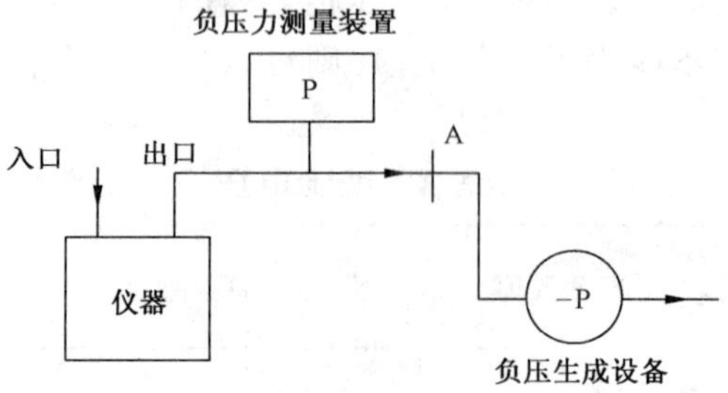

图 1 负压试验示意图

4.5 线性误差

校准零点和量程。依次通入至少三种在量程范围内均匀分布的标准气，稳定后，分别记录仪器的示值。按照上述步骤重复三次，求出相应示值的平均值。求这些平均值与标准气标称值的最大偏差 ΔA_{max}，线性误差 δ_L 按式(3)计算：

$$\delta_L = \frac{\Delta A_{max}}{R} \times 100\% \quad \cdots\cdots(3)$$

4.6 零点漂移和量程漂移

启动仪器，按规定时间预热后，通入零点校准气，指示调到量程的 5% 与测量下限之和处（以下简称规定处），稳定后，记录仪器的示值。通入规定浓度的校准气，记录稳定后的仪器的示值（至少六次，在试验周期内近似均匀分布）。分别记录零点值为 A_i 和终点值 S_i（$i=1,2,\cdots,n;n\geqslant 6$）。计算差值 $\Delta A_i=(A_i-A_1)$ 及 $\Delta S_i=(S_i-A_i)-(S_1-A_1)$，各取绝对值最大者为 ΔA_{max}、ΔS_{max}。

零点漂移量按式(4)计算：

$$\delta_0 = \frac{\Delta A_{max}}{R} \times 100\% \quad \cdots\cdots(4)$$

量程漂移量按式(5)计算：

$$\delta_S = \frac{\Delta S_{max}}{R} \times 100\% \quad \cdots\cdots(5)$$

注：如果大气压力变化对仪器指示值的影响不可忽略，应记录大气压力值，以便对测量结果进行修正。A_i、S_i 值应为受压力影响的修正值。

4.7 输出波动

仪器预热后，向仪器连续通入零点校准气，调整指示值至规定处，记录 5 min 内随机的最大峰－峰值 A_{max}；重复测量三次，取其平均值 $\overline{A}$。测量过程中如有判明由电源或机械振动等引起的尖峰，应重新测量。按式(6)计算仪器由输出波动引起的偏差(δ_u)：

$$\delta_u = \frac{\overline{A}}{R} \times 100\% \quad \cdots\cdots(6)$$

4.8 重复性

仪器通入零点校准气指示稳定后，再通入规定浓度的校准气，记录仪器示值 A_i。上述步骤重复六次，取平均值 $\overline{A}$，按式(7)计算标准偏差(S)。

$$S = \sqrt{\frac{\sum_{i=1}^{6}(A_i - \overline{A})^2}{5}} \quad \cdots\cdots(7)$$

重复性以相对标准偏差 C_V 表示，按式(8)计算。

$$C_V = \frac{S}{\overline{A}} \times 100\% \quad \cdots\cdots(8)$$

4.9 滞后时间(T_{10})、上升时间(T_r)和下降时间(T_f)、响应时间(T_{90})

4.9.1 仪器的输出信号值用记录设备记录，校准气压力、流量恒定。

4.9.2 向仪器分别通入零点校准气和规定浓度的校准气,记录稳定后的示值 A_1 和 A_2。分别计算 $A_{T10}=A_1+0.1\times(A_2-A_1)$ 和 $A_{T90}=A_1+0.9\times(A_2-A_1)$ 的值。

4.9.3 重新通入零点校准气,待示值稳定后,通入规定浓度的校准气。从仪器入气口通入校准气起,用秒表分别记录仪器指示到 A_{T10} 处所经过的时间和从 A_{T10} 到 A_{T90} 处所经过的时间。这两个时间分别为滞后时间(T_{10})和上升时间(T_r)。

再通入规定浓度的校准气,待示值稳定后,向仪器通入零点校准气,用秒表记录示值从 A_{T90} 到达 A_{T10} 处所经过的时间,此时间为下降时间(T_f)。

响应时间(T_{90})为滞后时间和上升时间(或下降时间)之和。

4.9.4 上述测量结果如有争议,可根据记录设备记录的图形来确定滞后时间、上升时间、下降时间和响应时间。

4.10 环境温度变化对仪器示值的影响

试验在环境试验箱(室)内进行。实验用气源放在箱(室)外。

仪器经预热后,通入规定浓度的校准气,稳定后记录示值 A_{T0}。分别调节试验箱温度至温度下限、温度上限,温度变化速率不大于 1 ℃/min,并保持 4 h,记录温度下限仪器示值 A_{T1} 和温度上限仪器示值 A_{T2},分别求出与 A_{T0} 之差 ΔA_{T1} 和 ΔA_{T2},取 ΔA_{T1}、ΔA_{T2} 的绝对值最大者为 ΔA_{max},按式(9)计算偏差 δ。

$$\delta=\frac{\Delta A_{max}}{R}\times 100\% \qquad \cdots\cdots(9)$$

4.11 大气压力变化对仪器指示值的影响

将仪器安装在大气压力试验室(箱)内,室内压力在 70.0 kPa~106.0 kPa 范围内可调。向仪器连续通入规定浓度的校准气,调节室内压力到 70 kPa,测定仪器的示值 A_1;调节室内压力到 106 kPa,测定仪器的示值 A_2,按式(10)计算 ΔA。

$$\Delta A=\frac{A_2-A_1}{36} \qquad \cdots\cdots(10)$$

$$\delta_i=\frac{\Delta A}{R}\times 100\% \qquad \cdots\cdots(11)$$

大气压力变化 1 kPa 时对输出信号的影响按式(11)计算。

4.12 电源电压变化的影响

向仪器通入规定浓度的校准气,分别测定仪器在电源电压为额定值(有效值)和相对于该额定值变化±10%时仪器的示值,分别求出与参比条件下仪器的示值之差 ΔA_{U1} 和 ΔA_{U2},取 ΔA_{U1}、ΔA_{U2} 绝对值最大者为 ΔA_{max},参照式(9)计算偏差 δ。如果成套仪器包括单独的稳压电源,电压变化在稳压电源输入端进行。

4.13 电源频率变化的影响

用优于 0.5 级的频率计测定。

向仪器通入规定浓度的校准气,分别测定仪器在额定频率和额定频率变化规定值时仪器的示值,分别求出与参比条件下仪器的示值之差 ΔA_{f1} 和 ΔA_{f2},取 ΔA_{f1}、ΔA_{f2} 最大值为 ΔA_{max},参照式(9)计算偏差 δ。如果成套仪器包括单独的稳压电源,则频率的变化应在稳压电源的输入端进行。

4.14 仪器工作位置倾斜对输出信号的影响

仪器放在试验装置上,处于正常工作位置,连续通入规定浓度的校准气,示值为 A_0。再使仪器分别向前、后、左、右四个方向倾斜规定角度(10°±1°),仪器应在每一位置待示值稳定后读数。分别测定示值 A_i,求出与正常工作位置的变化量 ΔA。

取 ΔA 的最大值 ΔA_{max},由仪器偏离正常工作位置引起的偏离参照式(9)计算。

4.15 干扰误差

4.15.1 原则

凡是被测气体中存在干扰组分(水蒸气除外),均应按用户要求或双方协议分别测定其干扰误差。

4.15.2 气体的干扰误差

干扰误差应按用户要求或双方协议的干扰组分浓度(C)及其一半的浓度(C/2)进行测定。

仪器通入零点气,并将示值调到规定处,示值为A_{0i},然后依次分别通入两种浓度的干扰气体,示值分别为A_i及A'_i。分别重复三次。若平均干扰误差为$\overline{A}$,干扰误差为δ,则按式(14)、式(15)分别计算δ_C和$\delta_{C/2}$:

$$\overline{A}_C = \frac{\sum_{i=1}^{3}(A_i - A_{0i})}{3} \qquad (12)$$

$$\overline{A}_{C/2} = \frac{\sum_{i=1}^{3}(A'_i - A_{0i})}{3} \qquad (13)$$

$$\delta_C = \frac{\overline{A}_C}{R} \times 100\% \qquad (14)$$

$$\delta_{C/2} = \frac{\overline{A}_{C/2}}{R} \times 100\% \qquad (15)$$

4.15.3 水蒸气的干扰误差

仪器通入干燥的零点校准气(其含水量体积比低于0.1%),记录示值A_{0C},再使零点气通过水蒸气发生装置,大约产生1.9%~2.0%水蒸气浓度时,重复测定三次。干扰误差的计算方法与4.15.2的计算方法相同。试验中应避免水蒸气进入仪器之前发生冷凝现象。

注1:如用鼓泡器,鼓泡器的温度控制在17℃~18℃。

注2:制备的干扰气的准确度可低于通常制备校准气的准确度。

4.16 电磁兼容性要求

4.16.1 静电放电抗扰度

按GB/T 17626.2—2006规定的接触放电试验程序试验。

4.16.2 射频电磁场辐射抗扰度

按GB/T 17626.3—2006规定的试验程序试验。

4.16.3 电快速瞬变脉冲群抗扰度

按GB/T 17626.4—1998规定的试验程序试验。

4.16.4 浪涌(冲击)抗扰度试验

按GB/T 17626.5—2008规定的试验程序试验。

4.16.5 射频场感应的传导骚扰抗扰度

按GB/T 17626.6—2008规定的试验程序试验。

4.16.6 工频磁场抗扰度试验

按GB/T 17626.8—2006规定的试验程序试验。

4.16.7 电压暂降、短时中断和电压变化的抗扰度试验

按GB/T 17626.11—2006规定的试验程序试验。

4.17 输出接口和输出信号

用相应的设备检查。

4.18 运输、运输贮存试验

包括低温贮存、高温贮存、跌落、碰撞试验,试验方法均按GB/T 11606—2007有关章条进行。

ICS 25.040
N 10

中华人民共和国国家标准

GB/T 25931—2010/IEC 61588:2009

网络测量和控制系统的精确时钟同步协议

Precision clock synchronization protocol for networked measurement and control systems

(IEC 61588:2009,IDT)

2011-01-14 发布 2011-05-01 实施

中华人民共和国国家质量监督检验检疫总局
中国国家标准化管理委员会 发布

前　言

本标准等同采用 IEC 61588:2009《网络测量和控制系统的精确时钟同步协议》(英文版)。本标准与 IEC 61588:2009 在技术内容上没有差异,仅对文本按 GB/T 1.1—2000 的要求进行编辑性修改。

所做的编辑性修改主要有:

——删除 IEC 61588:2009 的前言,按 GB/T 1.1—2000 重新编写了本标准的前言;

——删除 IEC 61588:2009 的引言,根据 IEC 61588:2009 的引言、第 1 章概述以及其他技术内容形成本标准的引言;

——删除 IEC 61588:2009 的第 1 章概述,重新编写本标准的第 1 章范围;

——根据标准制定要求,对部分脚注进行修改或删除;

——将原文中的"IEEE Std 1588:2008"用"本标准"代替,将原文中的 IEEE 1588 用 IEC 61588 代替;

——将原文中的"本标准版本 1"和"本标准版本 2"分别用"PTP 版本 1"和"PTP 版本 2"代替。PTP 版本 1 对应于 IEC 61588:2004,PTP 版本 2 对应于本标准;

——根据 GB/T 1.1 进行编辑性修改。

本标准的附录 D、附录 E、附录 F、附录 G、附录 H、附录 I、附录 J 为规范性附录,附录 A、附录 B、附录 C、附录 K、附录 L、附录 M 为资料性附录。

本标准由中国机械工业联合会提出。

本标准由全国工业过程测量和控制标准化技术委员会归口。

本标准起草单位:机械工业仪器仪表综合技术经济研究所。

本标准主要起草人:刘丹、王麟琨、谢素芬、丁露、潘长清。

引　言

本标准规定了在使用网络通信、本地计算和分布式对象等技术实现的测量和控制系统中，实现时钟精确同步的精确时间协议(Precision Time Protocol,PTP)，以及支持该精确时间协议所需的节点、系统和通信特性。

本标准主要阐述了以下几部分内容：

——时间同步模型

提供了PTP协议的基本模型。给出了PTP系统、报文类、设备类型、同步机制和PTP协议通信等主要方面的概述。阐明了PTP设备类型模型和内部相关的校正过程、请求-响应延时机制和对等延时机制下的报文交换以及延时测量、时间戳产生、PTP通信拓扑等。

——PTP数据类型、数据集和报文格式

定义了PTP系统中使用的基本数据类型和派生数据类型。给出了数据集的通用规范，以及普通时钟、边界时钟和透明时钟的数据集规范。规定了通用报文和事件报文的格式。

——PTP协议要求和校正

分别针对普通时钟和边界时钟，以及透明时钟规定了通用协议要求。给出了实现普通时钟和边界时钟的协议状态机和最佳主时钟算法。并针对时钟同步过程中的时钟偏移、路径延时、驻留时间和不对称规定了校正机制。

——管理要求

规定了管理机制和管理报文处理过程，并针对不同实现规定了通用可选特性，包括：单播报文协商、路径追踪和备选时标等。此外为协同使用最佳主时钟算法，还规定了可选状态配置以提高性能或对端口状态选择执行更多控制。

——兼容性和一致性

为保证实现不同PTP协议版本的设备兼容性，对报文格式、数据类型和命名等规定了兼容性要求。也规定了一致性要求，以保证不同设备的可互操作性。

——PTP在不同通信网络上的传输及缺省PTP行规

规定了PTP在UDP/IPV4、UDP/IPV6、IEEE 802.3/Ethernet、DeviceNET、ControlNET和IEC 61158类型10上的传输。规定了本标准使用的缺省PTP行规。

网络测量和控制系统的精确时钟同步协议

1 范围

本标准规定了在使用网络通信、本地计算和分布式对象等技术实现的测量和控制系统中，实现时钟精确同步的精确时间协议，以及支持该精确时间协议所需的节点、系统和通信特性。

本标准适用于工业自动化、电信、制造、军事以及电力等领域的测量和控制系统。

2 规范性引用文件

下列文件中的条款通过本标准的引用而成为本标准的条款。凡是注日期的引用文件，其随后所有的修改单(不包括勘误的内容)或修订版均不适用于本标准，然而，鼓励根据本标准达成协议的各方研究是否可使用这些文件的最新版本。凡是不注日期的引用文件，其最新版本适用于本标准。

IEC 61158-3-2:2007 工业通信网络 现场总线规范 第3-2部分:数据链路层服务定义 类型2元素

IEC 61158-4-2:2007 工业通信网络 现场总线规范 第4-2部分:数据链路层协议规范 类型2元素

IEC 61158-5-2:2007 工业通信网络 现场总线规范 第5-2部分:应用层服务定义 类型2元素

IEC 61158-5-10:2007 工业通信网络 现场总线规范 第5-10部分:应用层服务定义 类型10元素

IEC 61158-6-2:2007 工业通信网络 现场总线规范 第6-2部分:应用层协议规范 类型2元素

IEC 61158-6-10:2007 工业通信网络 现场总线规范 第6-10部分:应用层协议规范 类型10元素

IEC 61784-1:2007 工业通信网络 行规 第1部分:现场总线行规

IEC 61784-2:2007 工业通信网络 行规 第2部分:基于ISO/IEC 8802.3实时网络的附加现场总线行规

IEC 61588:2004/IEEE Std 1588:2002 网络测量和控制系统的精确时钟同步协议

IEC 62026-3:2007 低压开关设备和控制设备 控制器-设备接口(CDI) 第3部分:DeviceNet

IEEE Std 802 用于局域网和城域网的IEEE标准:概述和体系结构

IEEE Std 802.1AB 用于局域网和城域网的IEEE标准 第1AB部分:站和媒体访问控制连接发现

IEEE Std 802.1Q:2005 用于局域网和城域网的IEEE标准 第1Q部分:虚拟桥接局域网

IEEE Std 802.3:2005 用于信息技术的IEEE标准 远程通信和系统间信息交换 局域网和城域网 规范要求 第3部分:载波侦听多路访问/冲突检测(CSMA/CD)访问方法和物理层规范

ISO/IEC 10646:2003 信息技术 通用多八位编码字符集(UCS) 第1部分:体系结构与基本多文种平面

3 术语和定义、缩略语

3.1 术语和定义

下列术语和定义适用于本标准。

3.1.1

精度 accuracy

在一个测量集上，待测时钟与理想参考时钟的时间或频率误差的平均值。稳定性是度量平均值如何随着时间、温度等变量的变化而改变。精度是度量对平均值误差的偏离。

3.1.2

原子性过程 atomic process

具有如下特点的过程是原子性过程：直到过程的所有结果被实例化后，过程的所有输入值才允许改变，并且直到每个输出的处理完成后，过程的输出对其他过程才可见。

3.1.3

边界时钟 boundary clock

边界时钟是在一个域中具有多个精确时间协议（PTP）端口，并维护该域中所用时标的时钟。它可作为时间源，即为主时钟；也可与另一个时钟同步，即为从时钟。

3.1.4

时钟 clock

参与精确时钟协议（PTP）的一个节点，该节点能提供从一个已定义历元开始的时间消逝的测量。

注：对于完全同步的 PTP 普通时钟和边界时钟，该历元是所用时标上的时间点。对于 PTP 透明时钟，该历元是本地定义的，无需与时标关联[1)]。

3.1.5

缺省 default

当用于属性值和选项时，缺省表示精确时钟协议（PTP）设备的配置与制造商提供的一致。

3.1.6

直接通信 direct communication

精确时钟协议（PTP）信息在两个普通时钟或边界时钟之间的通信，该通信中间不通过边界时钟。

3.1.7

域 domain

时钟的一个逻辑组，组内的时钟可使用协议实现彼此同步，但无需与另一域内的时钟同步。

3.1.8

端到端透明时钟 end-to-end transparent clock

在从时钟和主时钟之间，支持使用端到端（end-to-end）延时测量机制的透明时钟。

3.1.9

历元 epoch

时标的原点。

3.1.10

事件 event

用于产生和表示信号或条件的机制的抽象。

3.1.11

外部主（时钟） foreign master

向其他时钟发送 Announce 报文的一个普通时钟或边界时钟，该普通时钟或边界时钟不是其他时钟所认可的当前主（时钟）。

3.1.12

小数频率偏移 fractional frequency offset

在被测频率和参考频率之间，定义小数频率偏移（FFO）如下：

---

1) 在本标准中，给出的表和图只用于提供信息，不包含标准实现需要的要求。

$$FFO=\frac{(FO-FR)}{FR}$$

其中:FO是被测频率,FR是参考频率。

3.1.13

最高级时钟　grandmaster clock

在一个域中,最高级时钟是使用协议进行时钟同步的最终时间源。

3.1.14

保持　holdover

一个时钟之前已与另一个时钟(通常为主参考或主时钟)同步/谐振,但目前基于自身内部振荡器自激振荡。当该时钟同步/谐振到其他时钟时,使用所获得的数据调整其内部振荡器的频率。也就是说,只要在精度要求范围内,时钟就处于保持或保持模式。

3.1.15

链路　link

在两个支持本标准中对等延时机制的精确时间协议(PTP)端口之间的一个网络段。对等延时机制被设计用于测量在该链路上的传输时间。

3.1.16

管理节点　management node

对时钟进行配置和监视的设备。

3.1.17

主时钟　master clock

在单个精确时间协议(PTP)通信路径情况下,作为时间源的时钟。在该路径上的所有其他时钟都同步到该时钟。

3.1.18

报文时间戳点　message timestamp point

在精确时间协议(PTP)事件报文内,作为该报文参考点的点。时间戳定义为报文时间戳点通过时钟参考面的时刻。

3.1.19

多播通信　multicast communication

一种通信模型,在该模型中从任何PTP端口发出的每个精确时间协议(PTP)报文,能被在同一个PTP通信路径上的所有PTP端口接收和处理。

3.1.20

节点　node

在网络上能发布或接收精确时间协议(PTP)通信的设备。

3.1.21

单步时钟　one-step clock

使用单个事件报文来提供时间信息的时钟。

3.1.22

普通时钟　ordinary clock

在一个域中具有单个精确时间协议(PTP)端口,并维护该域中所用时标的时钟。它可作为时间源,即为主时钟;或与另一个时钟同步,即为从时钟。

3.1.23

父时钟　parent clock

一个时钟与之同步的主时钟。

3.1.24

点到点透明时钟　peer-to-peer transparent clock

该透明时钟除了提供精确时间协议(PTP)事件传输时间信息外,还提供对连接到接收 PTP 事件报文端口的链路的传输延时校正。当存在点到点透明时钟时,在从时钟和主时钟之间的延时测量使用点到点延时测量机制完成。

3.1.25

相位变化率　phase change rate

观察到的被测时间相对于参考时间的变化率。相位变化率等于在被测频率和参考频率之间的小数频率偏移。见 3.1.12。

3.1.26

端口号　portNumber

在 PTP 节点上标识一个特定精确时间协议(PTP)端口的索引。

3.1.27

精度　precision

见 3.1.1。

3.1.28

精确时间协议　Precision Time Protocol (PTP)

本标准定义的协议。当作为形容词时,表示它所修饰的名词是在本标准的上下文环境中进行规定或解释的。

3.1.29

主参考　primary reference

可溯源至国际标准的时间或频率源。见 3.1.44 可溯源性。

3.1.30

行规　profile

适用于设备的允许的精确时间协议(PTP)特征集。

3.1.31

精确时间协议(PTP)通信　Precision Time Protocol (PTP) communication

在协议运行时所使用的信息,该信息在 PTP 通信路径上以 PTP 报文进行传输。

3.1.32

精确时间协议(PTP)通信路径　Precision Time Protocol (PTP) communication path

一个特定网络的信号传输路径部分,该路径可实现在普通时钟和边界时钟之间的直接通信。

3.1.33

精确时间协议(PTP)报文　Precision Time Protocol (PTP) message

本标准中定义的报文类型之一。

3.1.34

精确时间协议(PTP)节点　Precision Time Protocol (PTP) node

PTP 普通时钟、边界时钟、透明时钟、产生或解析 PTP 报文的设备。

3.1.35

精确时间协议(PTP)端口　Precision Time Protocol (PTP) port

用于与通信网络进行 PTP 通信的时钟的逻辑访问点。

3.1.36

被认可的标准时间源　recognized standard time source

被认可的标准时间源是精确时间协议(PTP)的外部源,提供可溯源到国际标准实验室的合适的时间和/或频率。这些国际标准实验室维护的时钟作为国际原子时(TAI)和协调世界时(UTC)时标的基础。这样的例子有:全球定位系统(GPS)、NTP 和美国国家标准与技术研究所(NIST)时间服务器。

3.1.37

请求方　requestor

实现点到点延时机制并通过发送 Pdelay_Req 报文启动该机制的端口。

3.1.38

响应方　responder

对 Pdelay_Req 报文的接收做出响应的端口,Pdelay_Req 报文的接收是点到点延时机制运行的一部分。

3.1.39

稳定性　stability

见 3.1.1。

3.1.40

同步的时钟　synchronized clocks

如果两个时钟有相同的历元,并且在任意时刻对单一事件的时间测量差异不超过规定的不确定度,则两个时钟是在该规定不确定度下的同步。

3.1.41

谐振的时钟　syntonized clocks

如果两个时钟的短时持续时间相同,即被每次时钟测量的时间按相同的速率增加,则两个时钟是谐振的。这两个时钟可共用或不共用同一个历元。

3.1.42

超时　timeout

终止被请求活动的机制,该活动至少从请求方观点看没有在规定的时间内完成。

3.1.43

时标　timescale

从一个历元开始的时间的线性测量。

3.1.44

可溯源性　traceability

测量结果或标准值的一种属性,该属性可通过不间断的、都具有规定不确定度的比较链,将测量结果或标准值与规定的参考(通常为国家或国际标准)相关联(源自国际通用计量学基本术语[B15][2])。

3.1.45

转换设备　translation device

在实现不同传输和报文协议的区域之间,或在本标准的不同版本之间,或在不同精确时间协议(PTP)行规之间,进行协议报文转换的边界时钟或在某些情况下的透明时钟。

3.1.46

透明时钟　transparent clock

测量精确时间协议(PTP)事件报文通过该设备的时间,并向接收该 PTP 事件报文的时钟提供该信息的设备。见 3.1.8、3.1.24。

3.1.47

双步时钟　two-step clock

使用事件报文和后续通用报文的组合来提供时间信息的时钟。见 3.1.21。

---

2) 方括号中的数字对应于参考文献的那些数字。

3.2 缩略语

ARB	arbitrary	任意
BMC	best master clock	最佳主时钟
CAN	Controller Area Network	控制器局域网络
CP	Communication Profile [根据 IEC 61784-1:2007[3]]	通信行规
CPF	Communication Profile Family [根据 IEC 61784-1:2007]	通信行规族
DS	differentiated service	区分服务
E2E	end-to-end	端到端
GPS	Global Positioning System	全球定位系统
IANA	Internet Assigned Numbers Authority	国际因特网地址分配委员会
ICV	integrity check value	完整性校验值
ID	identification	标识符
IM/ST	IEEE/TC 9 Measurement Sensor Technology Committee	IEEE/TC 9 测量传感器技术委员会
IPv4、IPv6	Internet Protocol version 4/6	因特网协议版本 4/6
JD	Julian Date	儒略日
JDN	Julian Day Number	儒略日数
MAC	media access control [根据 IEEE Std 802.3:2005]	媒体访问控制
MJD	Modified Julian Day	修改的儒略日
NIST	National Institute of Standards and Technology(见 www.nist.gov)	美国国家标准与技术研究所
NTP	Network Time Protocol(见 IETF RFC 1305 [B7])	网络时间协议
OUI	organizational unique identifier(IEEE 分配) 注：典型地，在设备的规范或实现中使用 OUI 用于标识目的。OUI 可标识拥有 OUI 相关子标识符的组织，但不要求该组织定义规范或提供硬件。可访问 http://standards.ieee.org/regauth/oui/index.shtml 获得 IEEE OUI 列表。	组织唯一标识符
P2P	peer-to-peer	点到点
PHY	physical layer [根据 IEEE Std 802.3:2005]	物理层
POSIX	Portable Operating System Interface (见 ISO/IEC 9945:2003 [B16])	可移植操作系统接口
PPS	pulse per second	脉冲/s
PTP	Precision Time Protocol	精确时间协议
SA	security associations	安全联盟
SNTP	Simple Network Time Protocol	简单网络时间协议
SOF	Start of Frame	帧起始
TAI	International Atomic Time	国际原子时
TC	traffic class	业务类别

3) 参考信息见第 2 章。

TLV	type、length、value［根据 IEEE Std 802.1AB］	类型、长度、值
ToS	type of service	服务类型
UCMM	UnConnect Message Manager	无连接报文管理器
UDP/IP	User Datagram Protocol(见 IETF RFC 768［B5］)/ Internet Protocol(见 IETF RFC 791［B6］)	用户数据报协议/因特网协议
UTC	Coordinated Universal Time	协调世界时

4 约定

4.1 描述性词汇形式的语法

4.1.1 词汇形式的语法

词汇形式指：

——名称；

——数据类型。

在本标准中使用的关于词汇形式的约定如下：

——类型名称：例如：ClockQuality(无词间隔，每个词的首字母大写)；

——枚举成员和全局常数：例如：ATOMIC_CLOCK(词间用下划线分隔，所有字母大写)；

——报文内的字段、结构实例和变量：例如：secondsField，clockQuality，clockIdentity(字段名称至少为 2 个词，无词间隔，第一个词的首字母不需大写，后续词的首字母大写)；

——结构成员：例如：clockQuality. clockClass(结构名称后为点"."，然后为成员名称)；

——数据集名称：例如：defaultDS、parentDS、portDS、currentDS、timePropertiesDS(无词间隔，字母 DS 前的第一个词的首字母不大写)；

——数据集成员：例如：defaultDS. clockQuality. clockClass(数据集名称后为点"."，然后为类型名称，其后为点"."，最后为变量名称)；

——报文名称：例如：Sync、Delay_Req(词间用下划线分隔，每个词的首字母大写)；

——〈localNameForSomething〉：角括号〈〉中的文本用于标准需要参考某些内容的场合，该内容的语法和词汇格式取决于本地实现和语言。

当词汇格式在文本中，而不是在类型或格式定义中出现时，将该格式解释为符合文本上下文的单数、复数或所有格。

4.2 词用法

4.2.1 应(Shall)

"应"的含义等效于"要求"，用于指示强制性要求，为符合本标准，强制性要求应严格遵循且不允许任何偏离。

4.2.2 推荐(Recommended)

"推荐"用于指示选择的灵活性，但该选择带有强的倾向性。

4.2.3 必须(Must)

"必须"指示不可避免的状况。

4.2.4 宜(Should)

"宜"等效于"推荐"，用于指示：

——在几个可能性中，推荐其中一个特别适合的，而不提及或不排斥其他可能性；

——某一组动作是首选的，但不是必需的；

——某一组动作(以否定形式)不被赞成，但不禁止。

4.2.5　**可以(May)**

"可以"等效于"允许",用于指示在本标准范围内允许的一组动作。

4.2.6　**能(Can)**

"能"用于指示物质上或物理上的可能性和能力。

4.2.7　**可选的(Optional)**

标记为"可选的"条和文本不要求实现。如果实现可选项,则该条或文本的所有规范应根据本标准分别实现。

注:该定义是递归的,这意味着可选项内的可选项服从相同的规则。

4.2.8　**保留(Reserved)**

"保留"指示:

——如用在为枚举或属性赋值,则表示值被保留用于 PTP 的后续版本,且不用于任何其他目的;

——如用在报文中的字段,则表示该字段被保留用于 PTP 的后续版本。该字段应以规定长度出现在报文中。PTP 的当前版本对保留字段没有做出解释,保留字段不应用于任何其他目的。

4.3　**行为规范表示法**

状态转换图用于规定如图 1 所示的行为特性。每个状态转换图由下列部分构成:

——名称框,表示状态;

——有向箭头,指示从一个状态到另一个状态的转换。

每个转换使用下列标记:

——转换的使能事件标记或谓词标记;

——转换的转换动作标记。

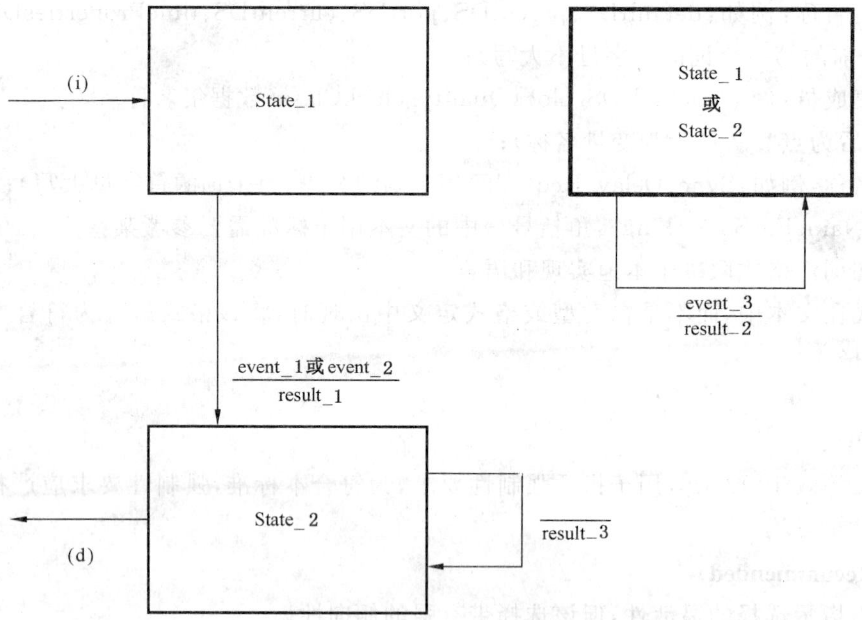

图 1　Mealy 型状态转换图

使用的表示法以抽象方式描述了状态转换图,在该转换图中动作与从一个状态到另一个状态的转换相关联。

事件(Event),例如"event_1"、"event_2"和"event_3"标识状态机的输入。事件可以是操作请求和操作响应,或内部发生事件如定时器超时。

谓词,例如"event_1 或 event_2"标识转换的使能条件。从左向右计算,找到第一个为 TRUE 的谓词,并选择要执行的转换,然后进入下一状态。

转换动作,例如"result_1",是转换到下一状态前执行的动作。

下一状态标识在完成选择的转换动作后状态机的状态。当下一状态的转换发生时,当前状态值改变。

粗线状态框指示该状态框代表多个状态。由该状态框开始并终止的任何转换指示在状态上无变化。

没有指示使能条件的转换,例如产生"result_3"的转换,通过未规定机制发生。除非在 PTP 中另有说明,引起这些机制的事件是实现特定的,不在本标准范围内。

进入状态机的转换,例如"(i)",通过没有源状态的转换箭头表示。离开状态机的转换,例如"(d)",通过没有目的状态的转换箭头表示。

注:例如:当 event_1 或 event_2 的一个结果为 TRUE 时,state_1 被下一状态值取代。在本例中,下一状态是 state_2,该状态被规定为转换箭头的目标状态框的名称。在转换前,result_1 发生。event_3 可在 state_1 或 state_2 下发生。状态不改变,但动作 result_2 作为 event_3 的结果发生。

5 PTP 系统的数据类型和传输格式

5.1 概述

为不同 PTP 变量和报文字段规定的数据类型定义了逻辑属性,这些逻辑属性是正确操作该协议或解释 PTP 报文内容所必需的。

实现可自由使用 PTP 数据类型的任意内部表示。然而,内部表示不应改变通过 PTP 通信的可见的任何量的语义,或协议的任何规定操作的语义。

5.2 基本数据类型规范

所有非基本 PTP 数据类型源自表 1 所列的基本类型。这些类型不受任何特定编程语言的约束。每个类型的主要特性如下:

——整型(Integer):所有整型具有确定长度,与每个类型相关联的数字指示该长度。例如:UInteger 48,通过带或不带首字母"U"来指示无符号或有符号。具有这些数据类型的数遵从长度表示范围内的算术法则。数据类型范围的模数用作算术运算;例如:2 个 UInterger48 值的和用模数 2^{+48} 计算。有符号整数用二进制补码形式表示。

——枚举型(Enumeration):所有枚举类型具有确定字段长度,与每个类型相关联的数字指示该长度。例如:Enumeration4。除非在本标准中另有说明,在枚举字段比特模式的唯一解释即为比特模式和枚举指定含义间的关联。

——布尔型(Boolean):唯一的解释是在布尔代数中的逻辑值。

——四位位组(Nibble)和八位位组(Octet):分别为 4 bit 和 8 bit 字段。唯一解释在本标准中明确定义。

表 1 基本 PTP 数据类型

数 据 类 型	定 义
Boolean	TRUE 或 FALSE
Enumeration4	4 bit 枚举值
Enumeration 8	8 bit 枚举值
Enumeration16	16 bit 枚举值
UInterger4	4 bit 无符号整数
Interger8	8 bit 有符号整数
UInteger 8	8 bit 无符号整数
Integer16	16 bit 有符号整数

表 1（续）

数 据 类 型	定 义
UInteger 16	16 bit 无符号整数
Integer 32	32 bit 有符号整数
UInteger 32	32 bit 无符号整数
UInteger 48	48 bit 无符号整数
Integer64	64 bit 有符号整数
Nibble	4 bit 字段，不解释为数字
Octet	8 bit 字段，不解释为数字

5.3 派生数据类型规范

5.3.1 概述

任何基本数据类型数组的表示格式为〈data type〉[lengthField]〈label〉，其中〈lengthField〉指示数组中数据类型实例的个数，〈label〉是定义的数组数据类型的词汇名称。

结构由成员的有序列表组成，用下列语法表示：

```
struct〈StructureName〉
{
    〈DataType1〉〈memberName1〉;
    〈DataType2〉〈memberName2〉;
    …
};
```

其中〈StructureName〉是定义的数据类型的词汇名称，〈DataType1〉是第一个成员的数据类型，〈memberName1〉是第一个成员的词汇名称，依此类推。

语法 typedef〈DataType〉〈TypeName〉解释为：定义了派生数据类型，它与〈DataType〉定义的数据类型具有相同的属性，该派生数据类型的新名称由〈TypeName〉给出。

语法 typedef〈DataType〉〈lengthField〉〈TypeName〉解释为：定义了由类型〈DataType〉的元素数组组成的派生数据类型，该派生数据类型的新名称由〈TypeName〉给出。

5.3.2 TimeInterval

TimeInterval 类型表示时间间隔。

```
struct TimeInterval
{
    Integer64 scaledNanoseconds;
};
```

scaledNanoseconds 成员是以纳秒(ns)为单位，并乘以 2^{+16} 的时间间隔。

超出本数据类型最大范围的正或负时间间隔，应分别编码为该数据类型的最大正值或负值。

例如：2.5 ns 被表示为 $0000\ 0000\ 0002\ 8000_{16}$。

5.3.3 Timestamp

Timestamp 类型表示关于历元的正时间。

```
struct Timestamp
{
    UInteger 48 secondsField;
```

```
    UInteger 32 nanosecondsField;
};
```

secondsField 成员是以 s 为单位的 timestamp 的整数部分。

nanosecondsField 成员是以 ns 为单位的 timestamp 的小数部分。

nanosecondsField 成员总是小于 10^9。

例如：+ 2. 000 000 001 s 被表示为 secondsField = $0000\ 0000\ 0002_{16}$，nanosecondsField = $0000\ 0001_{16}$。

5.3.4 ClockIdentity

类型 ClockIdentity 标识一个时钟。

```
typedef Octet[8] ClockIdentity;
```

5.3.5 PortIdentity

类型 PortIdentity 标识一个 PTP 端口。

```
struct PortIdentity
{
    ClockIdentity clockIdentity;
    UInteger 16 portNumber;
};
```

5.3.6 PortAddress

类型 PortAddress 表示 PTP 端口的协议地址。

```
struct PortAddress
{
    Enumeration16 networkProtocol;
    UInteger 16 addressLength;
    Octet[addressLength] addressField;
};
```

networkProtocol 成员的值应从 networkProtocol 枚举中获得，见 7.4.1。addressLength 是按八位位组个数来表示的地址长度，其范围应为 1～16 个八位位组。

addressField 成员以协议的映射附录定义的格式来保存端口的协议地址，协议由 networkProtocol 成员标识。addressField 的最高有效八位位组被映射到 addressField 成员中索引为 0 的八位位组。

5.3.7 ClockQuality

ClockQuality 表示时钟质量。

```
struct ClockQuality
{
    UInteger 8 clockClass;
    Enumeration 8 clockAccuracy;
    UInteger 16 offsetScaledLogVariance;
};
```

5.3.8 TLV

TLV 类型表示 TLV 扩展字段。

```
struct TLV
{
```

```
    Enumeration16 tlvType;
    UInteger 16 lengthField;
    Octet[lengthField ] valueField;
};
```

所有 TLV 的长度应为偶数个八位位组。

5.3.9 PTPText

PTPText 数据类型用于表示 PTP 报文中的文本资料。

```
struct PTPText
{
    UInteger 8 lengthField;
    Octet[lengthField] textField;
};
```

textField 成员应编码为 UTF-8 符号(见 ISO/IEC 10646:2003)。起始文本符号的最高有效八位位组应为数组中索引为 0 的元素。

注：一个单一 UTF-8 符号的长度可以是 1～4 个八位位组,因此 lengthField 值可大于符号个数。

5.3.10 FaultRecord

FaultRecord 类型用于构建故障日志。

```
struct FaultRecord
{
    UInteger 16 faultRecordLength;
    Timestamp faultTime;
    Enumeration 8 severityCode;
    PTPText faultName;
    PTPText faultValue;
    PTPText faultDescription;
};
```

faultRecordLength 成员应指示 FaultRecord 中八位位组的个数,不包括 faultRecordLength 成员的 2 个八位位组。

5.4 传输格式

5.4.1 概述

PTP 协议数据单元基于 5.2、5.3 和 17.2 中定义的数据类型,由在第 13 章～第 17 章定义的 PTP 报文组成。PTP 协议数据单元字段的内部顺序在 5.4.2～5.4.4 中规定。

5.4.2 基本数据类型

5.2 中定义的数值型基本数据类型格式化为:最高有效八位位组最靠近协议数据单元的起始,其后的八位位组按有效性递减顺序排列。

Boolean 数据类型 TRUE 应格式化为等于 1 的单个比特,FALSE 格式化为等于 0 的单个比特。

任何长度的枚举类型应格式化为同样长度的无符号整型的值,例如:Enumeration16 应格式化为数据类型 UInterger16 的值。

5.4.3 基本类型数组

所有数组应格式化为:最低数字索引的成员最靠近协议数据单元的起始,其后的成员按逐次递增数字索引顺序排列。对于八位位组数组,带有最低数字索引的八位位组被称为最高有效八位位组。

当包含多个八位位组的字段用于表示一个数值时，最高有效八位位组应最靠近协议数据单元的起始，其后的八位位组按有效性递减排列。

当单个八位位组包含基本数据类型的多个字段时，在报文字段规范中定义的每个基本类型八位位组的比特位应保持不变。例如：PTP 报文头的第一个八位位组由两个字段构成的，一个是 Nibble 类型的比特 4～7，一个是 Enumeration4 类型的比特 0～3(见 13.3.1)。

5.4.4 派生数据类型

定义为结构体的派生数据类型格式化为：结构体的第一个成员最靠近协议数据单元的起始，其后依次跟随后续成员。每个成员应根据其数据类型被格式化。

用 typedef 定义的派生数据类型应根据其参考数据类型被格式化。

5.4.5 PTP 协议数据单元映射为传输格式

除非另有说明，PTP 协议数据单元和传输格式的映射应基于底层物理层传输规则。任何异常在本标准的某个传输特定附录或在适用的 PTP 行规中说明。

注：PTP 协议机制工作在协议栈的上层(即 PTP 是使用网络层或链路层服务的“应用”)。物理层传输指示传输格式。

6 时钟同步模型

6.1 概述

本条提供一个模型以理解精确时间协议的运行。这些交互作用的准确规定见后续条。

PTP 标准规定了时钟同步协议。该协议适用于由 1 个或多个节点构成的、通过网络通信的分布式系统。节点被模型化为包含一个实时时钟，该实时时钟在该节点内可被用于各种目的的应用，如为数据产生时间戳，或对由节点管理的事件进行排序。该协议提供一种机制，将参与节点的时钟同步到高精度。本标准规定了：

——精确时间协议；

——支持 PTP 所需的节点、系统和通信特性。

6.2 关于网络的基本假设和实现推荐

为确保协议的正确运行，应遵循下述基本假设和推荐，在后面条款中将对其展开详细讨论：

a) PTP 假设网络在每个通信路径内消除了 PTP 报文的循环转发(例如：通过使用生成树协议)。PTP 消除了在通信路径间的 PTP 报文的循环转发。

b) PTP 能容忍偶尔发生的报文丢失、重复的报文或报文到达错序。但 PTP 假设这些错误很少发生。

c) 设计的 PTP 假定多播通信模型。只要保持协议行为，PTP 也支持单播通信模型。PTP 假设 Announce 报文被一个端口周期性地发送，且在通信路径内被传递到普通时钟或边界时钟的所有其他端口。如果通信路径由两个以上端口组成，则假设 Announce 报文以多播方式发送，或使用单播报文将 Announce 信息复制到通信路径内所有端口。PTP 端口通过接收多播 Announce 报文发现通信路径内的其他端口。当多播通信不可用时，要求另一形式的发现(例如：通过组态)，见 17.5 示例。向所有端口发送的 PTP 管理报文，也要求通过多播发送报文或将管理报文复制到通信路径内的所有端口。

d) 像所有基于报文的时间传输协议一样，事件报文选择路径的不对称会降低 PTP 时间精度，见 7.4.2。特别地，时间偏移误差是不对称值的 1/2。不对称对 PTP 是不可检测的，然而，如可知该不对称，则 PTP 可对其进行校正。物理层可以引入不对称，例如，传输媒体不对称：通过网桥和路由器，以及在大型系统中由于事件报文采用不同路由通过网络的前向和反向路径。

系统组态及部件选择应根据要求的时间精度使这些影响最小化。在几米距离范围内的单一子网系统，对于超过几十纳秒的时间精度，不对称的影响很小。

e) 如果使用双步时钟，则网络必须被设计成通用报文采用与事件报文相同的路径通过透明时钟。如果无法做到这点，则将导致透明时钟不能正确计算路径延时；这种情况是不可检测的，且可能引入额外抖动和漂移，但不会中断协议。

f) PTP 假设从最高级时钟到任何从时钟之间形成主从同步层次的边界时钟的数量少于 255，见 9.3.2.5。

g) 网络部件(例如网桥)引入时间抖动和漂移，如果不对它们进行校正，则会降低时间传输精度。鉴于抖动和漂移经常是与流量相关的，所以网络流量模式应设计为使流量最小化以及使流量负荷变化最小化。推荐用比其他数据报文更高的优先级发送 PTP 事件报文，见 A.5.3.3。只要可能，应使用 PTP 边界时钟或透明时钟替换这类设备。

h) 将网络协议结构化，以定义报文时间戳点。

6.3 PTP 系统

PTP 系统是由 PTP 设备和非 PTP 设备的组合组成的分布式网络化系统。PTP 设备包括普通时钟、边界时钟、端到端透明时钟、点到点透明时钟和管理节点。非 PTP 设备包括网桥、路由器、其他基础设备和可能使用的设备，如计算机、打印机和其他应用设备。

本协议是分布式协议，它规定了系统中的实时时钟如何实现彼此间同步。这些时钟被组织为主-从同步层次结构，主-从同步层次结构的最顶端为最高级时钟，最高级时钟决定了整个系统的参考时间。通过与使用时间信息的从时钟交换 PTP 时间报文来实现同步，以将从时钟的时钟调整到层次结构中主时钟的时间。

PTP 系统中的设备通过通信网络进行彼此间通信。网络可以包括实现不同网络通信协议的段之间的转换设备。

协议在被称为域的逻辑范围内执行。除非另有说明，所有 PTP 报文、数据集、状态机和所有其他 PTP 实体总是与一个特定域相关联。一个给定的物理网络和连接到该网络的单个设备可与多个域相关联。在本标准范围内，在一个域通过本协议建立的时间独立于其他域的时间。

6.4 PTP 报文类

协议定义事件报文和通用 PTP 报文。事件报文是计时的报文，其中的精确时间戳在发送和接收时产生，见 6.6.5。通用报文不要求精确时间戳。

事件报文集包括：

——Sync(见 13.6)；

——Delay_Req(见 13.6)；

——Pdelay_Req(见 13.9)；

——Pdelay_Resp(见 13.10)。

通用报文集包括：

——Announce(见 13.5)；

——Follow_Up(见 13.7)；

——Delay_Resp(见 13.8)；

——Pdelay_Resp_Follow_up(见 13.11)；

——Management(管理，见第 15 章)；

——Signaling(信号，见 13.12)。

Sync、Delay_Req、Follow_Up 和 Delay_Resp 报文用于产生并传递时间信息，时间信息用于同步普通时钟和边界时钟，通过延时请求-响应机制实现。

Pdelay_Req、Pdelay_Resp 和 Pdelay_Resp_Follow_Up 报文用于测量实现对等延时机制的两个时钟端口间的链路延时。在由点到点透明时钟组成的系统内，链路延时用于校正 Sync 和 Follow_Up 报文的时间信息。实现对等延时机制的普通时钟和边界时钟可使用测量的链路延时和 Sync 及 Follow_Up 报文中的信息实现同步。

Announce 报文用于建立同步层次结构。

管理报文用于查询和更新由时钟维护的 PTP 数据集。这些报文也用于定制 PTP 系统、初始化和故障管理。管理报文在管理节点和时钟间使用。

信号报文用于时钟间所有其他目的的通信。例如：信号报文可用于协商主时钟与其从时钟间的单播报文速率。

所有报文可通过标准类型、长度、值(TLV)扩展机制进行扩展。例如：PATH_TRACE 报文扩展可用于检测欺诈帧，关于欺诈帧的详细内容见 16.2.1。

6.5 PTP 设备类型

6.5.1 概述

PTP 设备有 5 种基本类型，如下：

——普通时钟；

——边界时钟；

——端到端透明时钟；

——点到点透明时钟；

——管理节点。

5 类设备实现协议的一个或多个部分。

PTP 使用 2 种机制测量 PTP 端口间的传输延时。第一个是延时请求-响应机制，该机制使用 Sync、Delay_Req、Delay_Resp 和 Follow_Up 报文(如需要)，见 11.3。第二个是对等延时机制，该机制使用 Pdelay_Req、Pdelay_Resp、和 Pdelay_Resp_Follow_Up 报文(如需要)，见 11.4。普通时钟和边界时钟的端口可以实现其中任意一个机制。端到端透明时钟的端口与这些机制无关。点到点透明时钟的端口使用对等延时机制。这两个机制不在同一通信路径上交互使用。此外，对等延时机制被限制用在某些拓扑结构，在这些拓扑结构中每个点到点端口与至多一个其他同类端口进行 PTP 报文通信，见 11.4.4。

对不同时钟类型的使用限制如下：

——具有实现了对等延时机制的端口的普通时钟和边界时钟，以及点到点透明时钟，仅能连接到某些拓扑结构，在这些拓扑结构下实现了对等延时机制的端口与也实现了对等延时机制的单个端口进行 PTP 报文通信，见 11.4.4。除了仔细设计的网络外，这将排除使用端到端透明时钟和不支持使用对等延时机制的 PTP 的网桥，例如普通网桥。

——实现了延时请求-响应机制的普通时钟和边界时钟端口，以及端到端透明时钟，可被连接到不使用对等延时机制的端口的任何拓扑结构。这排除了在这样的系统里使用点到点透明时钟。

——带有支持两种机制的端口的边界时钟，可用于桥接支持不同机制的区域。

6.5.2 普通时钟

普通时钟的模型见图 2。

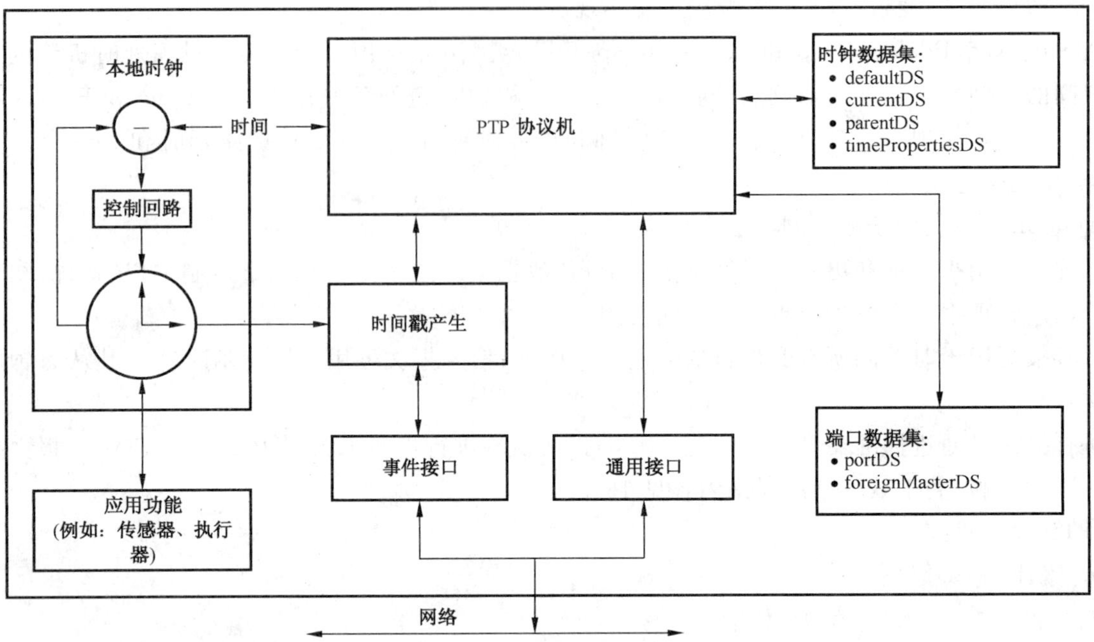

图 2　普通时钟模型

普通时钟通过基于单一物理端口的两个逻辑接口与网络通信。事件接口用于发送和接收事件报文，该事件报文由基于本地时钟值的时间戳发生块加入时间戳。通用接口用于发送和接收通用报文。在一个域内的普通时钟支持协议的单一副本且具有单一 PTP 状态。在一个系统中，普通时钟可以作为最高级时钟，或作为主从层次结构内的从时钟。

普通时钟维护两类数据集，分别是时钟数据集和端口数据集。

时钟数据集如下：

a) defaultDS：描述普通时钟的属性；
b) currentDS：与同步相关的属性；
c) parentDS：描述父时钟(普通时钟与之同步的时钟)和最高级时钟(在主从层次结构中最高层的时钟)的属性；
d) timePropertiesDS：时标属性。

端口数据集包含端口属性，端口属性包括 PTP 状态。

协议机：

——发送和接收 PTP 报文；
——维护数据集；
——执行与端口关联的状态机；
——如果端口处于从时钟状态(同步到一个主时钟)，端口基于接收到的 PTP 时间报文和产生的时间戳计算主时钟时间。

如果普通时钟的端口处于从时钟状态，则本地时钟的控制回路将其时钟调整到与主时钟的时间一致。如果该端口处于主时钟状态，则本地时钟自由运行或可能同步到外部时间源，如全球定位系统(GPS)。如果该端口处于主时钟状态且普通时钟是该域的最高级时钟，则本地时钟典型地同步到可溯源到 TAI 和 UTC 的外部时间源，如 GPS 系统。

在一些应用中，如工业自动化，普通时钟也可与应用设备相关联，如传感器或执行器。在电信应用中，普通时钟可以与时间分界设备相关联。本地时钟对这些设备提供时间支持，如图 2 中所示。

6.5.3　边界时钟

边界时钟的模型如图 3 所示。

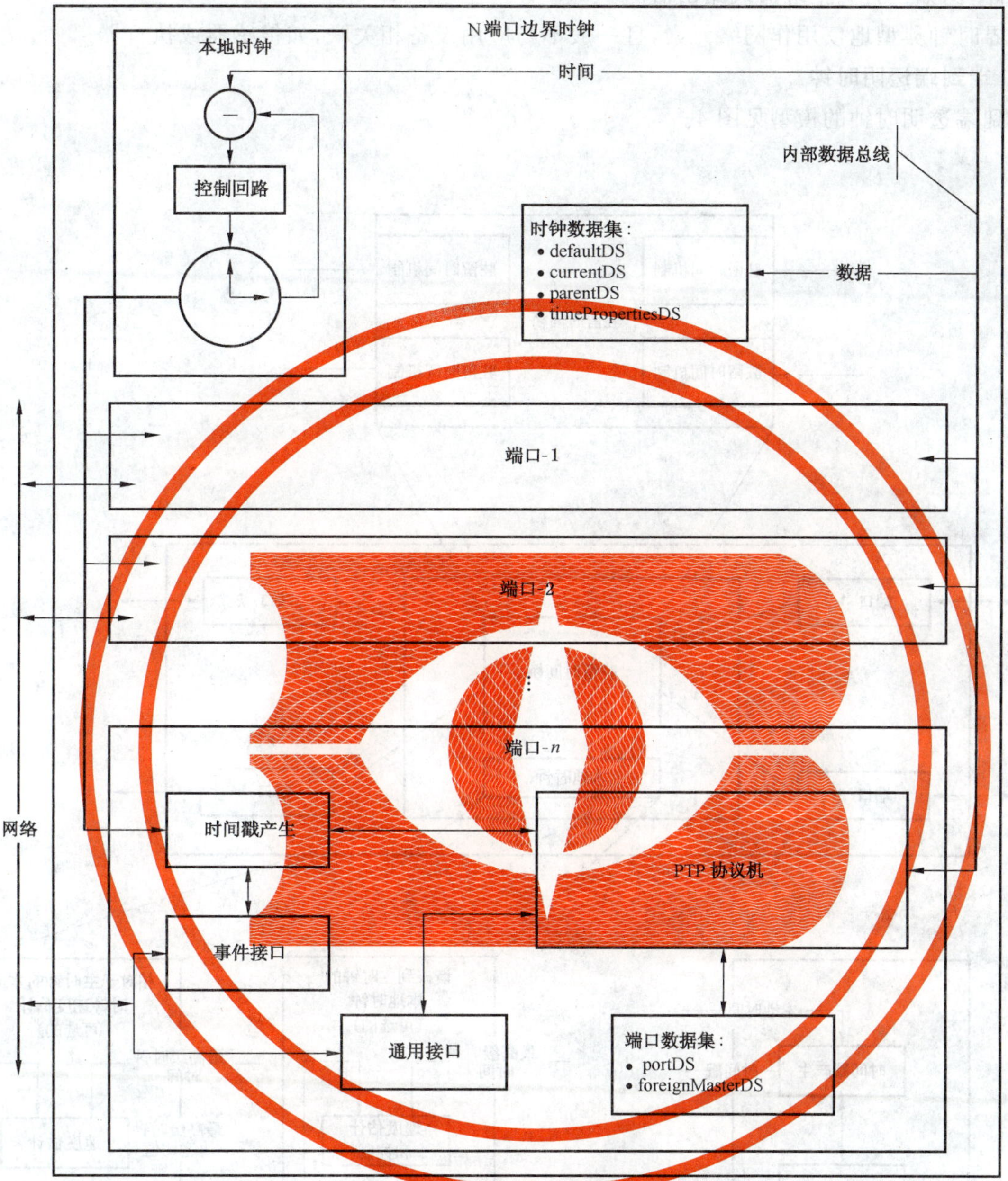

图3 边界时钟模型

边界时钟典型地具有几个物理端口，且每个物理端口通过两个逻辑接口：事件接口和通用接口，与网络通信。除了下述特性外，边界时钟的每个端口与普通时钟的端口类似：

a) 时钟数据集对边界时钟的所有端口是共用的；

b) 本地时钟对于所有边界时钟的所有端口是共用的；

c) 每个协议机具有解析所有端口状态的附加功能，以确定哪个端口提供了用于同步本地时钟的时间信号。

与同步相关的报文建立了主从层次结构，并发送信号（见6.4），这些报文在边界时钟的协议机内终止，不被转发。管理报文被边界时钟的其他端口转发，且管理报文的转发应服从系统内对这些报文传输的限制。

图 3 所示边界时钟模型仅对于 PTP 报文是适用的。对于所有非 PTP 报文，边界时钟相当于普通网络部件，例如：网桥、中继器或路由器。

边界时钟典型地仅用作网络元素，且一般不与应用设备相关联，如传感器或执行器。

6.5.4 端到端透明时钟

端到端透明时钟的模型见图 4。

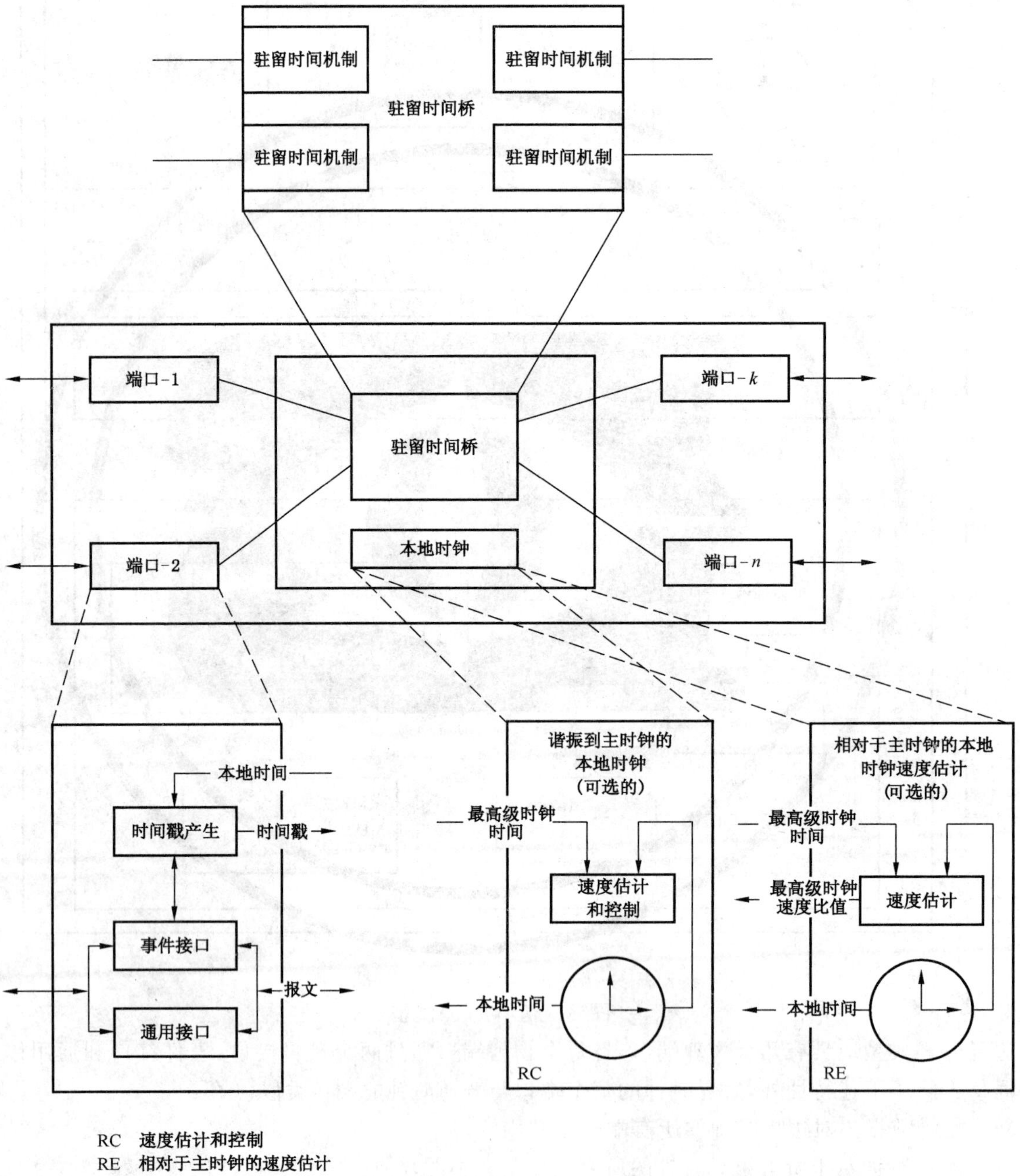

图 4 端到端透明时钟模型

端到端透明时钟像普通的网桥、路由器或中继器一样，转发所有的报文。但是对于 PTP 事件报文，如图 4 所示的驻留时间桥测量 PTP 事件报文的驻留时间（报文通过透明时钟所需的时间）。这些驻留时间在一个特定字段进行累积，该特定字段是 PTP 事件报文或相关的后续报文（Follow_Up 或 Pdelay_

Resp_Follow_Up)的 correctionField 字段。校正是基于事件报文在进入和离开透明时钟时产生的时间戳的差来完成的。实现了网络协议要求的对校验和的任何更新。注意:对于通过透明时钟的所有路径或在同一路径的连续报文,驻留时间不要求相同,所以对于每个输出端口和报文,校正更新值和校验和是特定的。任意一对端口的校正过程如图 5 所示。

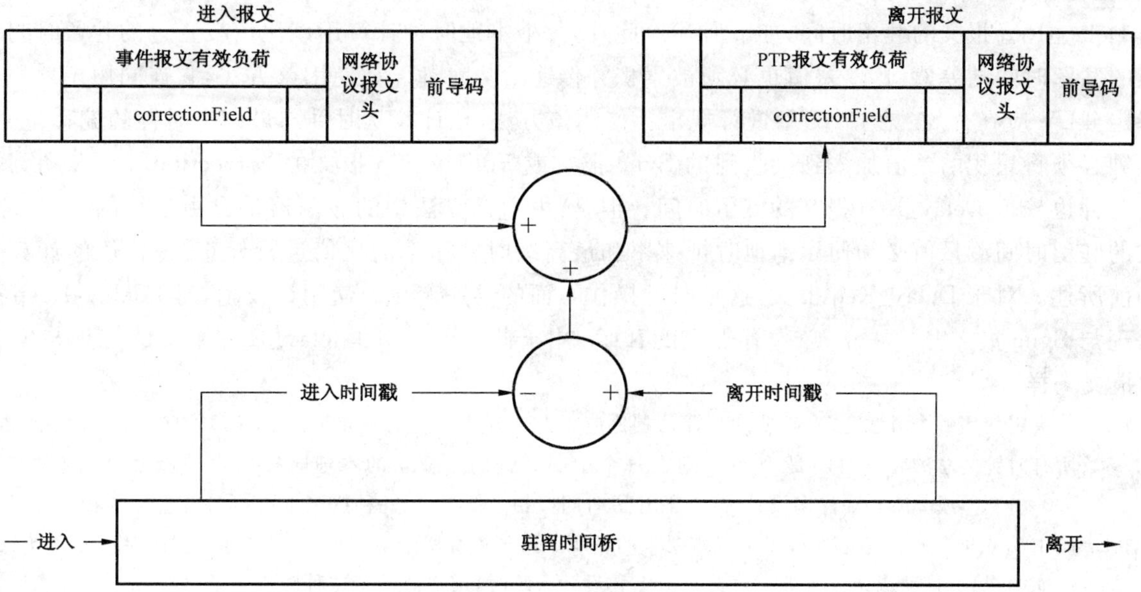

图 5　端到端驻留时间校正模型

计算驻留时间所使用的时间戳是基于本地时钟产生的时间戳。由于从时钟使用这些累积的驻留时间调整由主时钟提供的时间,所以重要的是:对于应用要求的精度,由主时钟和透明时钟的速率差异导致的任何误差应是可以忽略的。主时钟和本地时钟的速率(本质上是两个时钟对时刻的定义)可能相差 0.02%,则引入的误差能达到测量的驻留时间的 0.02%。这样,对于 1 ms 的驻留时间,最大误差是 200 ns。这个误差可能是大的不可接受,可通过几个可能的方法降低该误差。

一种方法(在 11.3 中对其展开讨论)是使本地时钟的速率与主时钟的相同,即本地时钟与主时钟同步。该同步可通过观测接收到的 Sync 报文和 Follow_Up 报文(如出现)中的时间信息来完成,此时间信息已做过上行驻留时间校正,见图 4 中的块 RC(速率控制)。已做过上行驻留时间校正的最高级时间是 RC 中速率估计和控制块的输入(见标记为"最高级时间"的箭头)。相应的本地时间也是该块的输入。速率估计和控制块使用主时钟和对应的本地时间序列,以估计主时钟和本地时钟速率的比值。然后速率估计和控制块使用此估计的速率比值来调整(即控制)本地时钟速率。注意:本地时钟速率的调整不需要物理上调整振荡器频率(即模拟实现);使用固定频率的本地振荡器来计算主时钟速率和本地速率的比值,并将本地时钟的时间戳乘以该比值(即数字实现)也是可以接受的。RC 描述方案的关键在于该方案是以闭环方式运行,即速率估计和驻留时间测量时使用的本地时间是相对于速率调整后的本地振荡器的。这意味着在一个节点上对振荡器的速率调整会影响到下行节点的调整,因为在下行节点中使用驻留时间来调整主时钟的时间。

另一种在某些应用中可能有用的降低驻留时间误差影响的方法是:使用自由运行的本地时钟,见图 4 中块 RE(速率估计)。在这种情况下,不调整本地振荡器的频率,允许它自由运行。每个时钟基于自由运行时钟测量 Sync 报文的本地驻留时间。测量的驻留时间被加入到 Sync 或 Follow_Up 报文的

correctionField 字段，见 11.3。每个本地时钟也计算本地自由运行时钟速率与最高级时钟速率的比值。该比值是基于接收到的 Sync 和 Follow_Up 报文中的时间戳计算得到的，这里的时间戳已经通过加入 correctionField 进行了校正。尽管 correctionField 没有反映准确的驻留时间，得到的比值相比简单使用原时间戳，仍然极大地降低了抖动，而且仍然具有正确的平均值。此外，如果驻留时间相对于速率比值的测量间隔足够大，在最坏情况下连续通过透明时钟的相位误差累积将小于使用第一种方法的误差累积，但对于许多非最坏情况下会导致更大相位累积。速率比值的本地值必须在每个时钟内维护，用于校正 Delay_Req 报文的驻留时间，如下所述。此外，每个本地时钟计算用该比值校正过的驻留时间和未校正的驻留时间的差值，这些差值也必须被累积并传递给从时钟。如使用该方法，它连同用于累积的行规特定 TLV 应在行规(见 19.3)中进行规定。使用该方法，在计算从时钟与最高级时钟的偏移量之前，从时钟必须将累积的差值加入到接收到的 Sync 报文或 Follow_Up 报文的 correctionField。端到端的透明时钟也校正 Delay_Req 报文的驻留时间。但是，由于该方法中的振荡器是自由运行的，Delay_Req 报文的驻留时间测量值必须使用本地时钟速率和最高级时钟速率的比值进行校正，该比值的计算和保存如前所述。对于 Delay_Req 报文，这是时钟操作方面的唯一变化。使用该技术，对 Pdelay_Resp 报文的处理与 Sync 报文完全一样，必须有规定的 TLV 用于此目的。对 Pdelay_Req 报文的处理与 Delay_Req 报文一样。

注 1：在决定使用哪个方法之前，重要的是评估相比应用误差预算可能的误差。例如：如果主时钟和从时钟之间的所有时钟的总的驻留时间是 10 ms，则在每个中间时钟的未校正的本地时钟速率的最大误差小于该值的 200×10^{-6}，或 2 μs。在许多设计中，总的驻留时间应相当低，且任一种机制都可给出满意的结果。

注 2：PTP 节点的实现需考虑支持多个域所要求的资源。由于资源所限造成的无法实时处理协议可能会导致同步性能的退化、抖动或协议失效。当选择节点和设计系统时，用户需清楚这种限制。

端到端透明时钟可能被用作网络元件，或可以与应用设备关联，如传感器或执行器。在后一种情况下，将普通时钟与透明时钟结合，以提供对应用设备的实时支持。这种组合设备的模型见图 6。

在图 6 中，当普通时钟是从时钟时，时间信息包含进入时间戳。当普通时钟是主时钟时，时间信息包含离开时间戳。驻留时间桥将进入的 PTP 时间报文、Announce 报文、由进入 Sync 报文产生的进入时间戳以及任何内部时间校正传递给普通时钟协议机。协议机计算基于此信息的准确时间，并将其作为输入发送给本地时钟。如果普通时钟是主时钟，它应发起带有报文时间戳的 Sync 报文和 Follow_Up 报文，该报文时间戳参考普通时钟的本地时钟，并且基于内部时间校正和离开时间戳。实际上端到端透明时钟和普通时钟功能可以共享一个公共物理时钟。

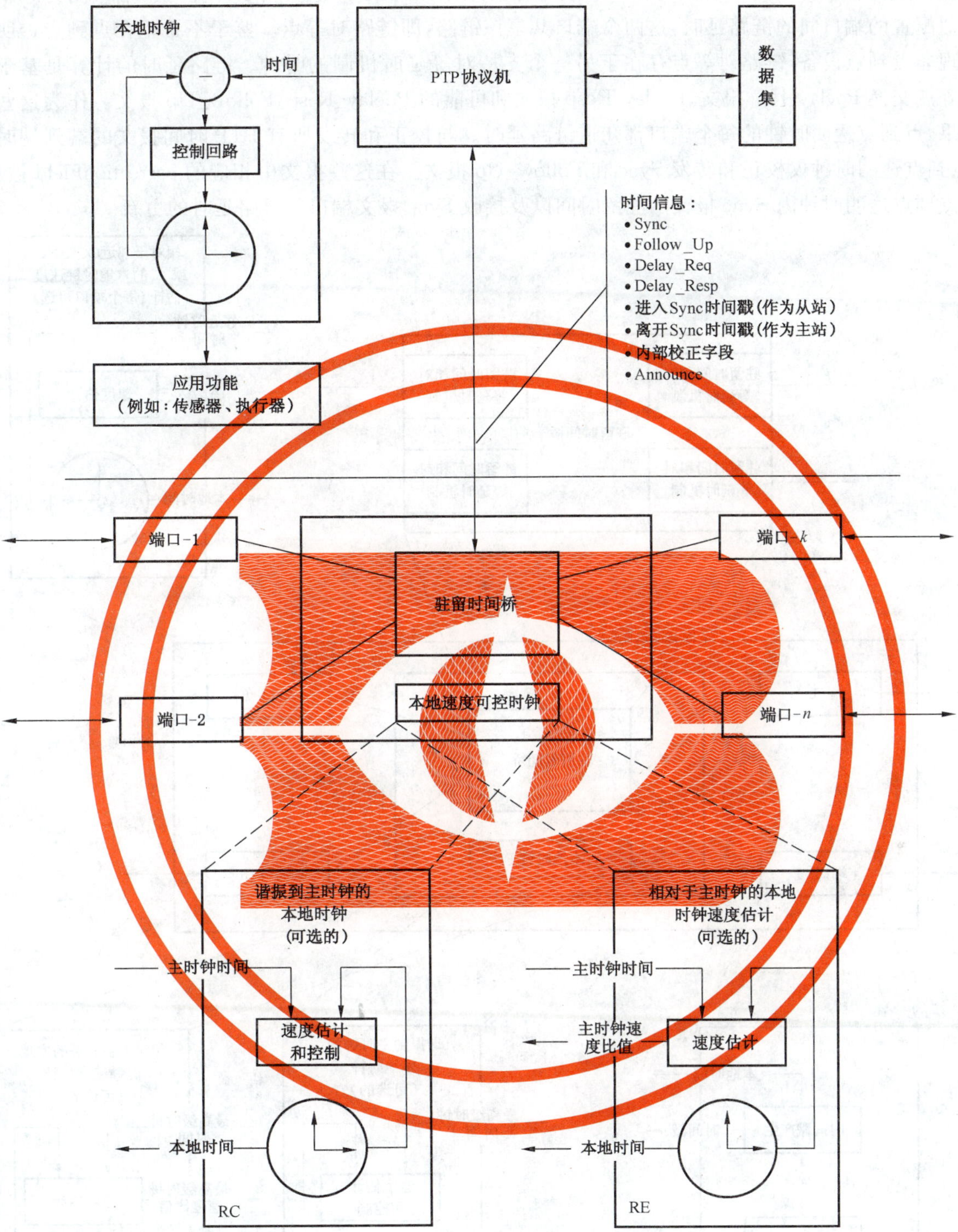

RC　速度估计和控制
RE　相对于主时钟的速度估计

图6　组合的普通时钟和端到端透明时钟

6.5.5　点到点透明时钟

点到点透明时钟的模型如图7所示。

点到点透明时钟与端到端透明时钟在校正和处理PTP时间报文的方式上不同，在其他所有方面，两者完全一致。

点到点透明时钟的每个端口具有一个额外的块，如图 7 所示。该块用于计算每个端口同另一个节点上相似配置的端口间的链路延时，这两个端口共享该链路，即链路对等点。鉴于不希望在点到点透明时钟间出现非点到点设备，链路对等点存在于另一个支持对等延时机制的时钟。链路延时的计算是基于与链路对等点交换 Pdelay_Req 报文、Pdelay_Resp 报文和可能的 Pdelay_Resp_Follow_Up 报文。作为这些交换的结果，点到点透明时钟的每个端口都知道链路延时。与校正和转发所有 PTP 时间报文的端到端时钟不同，点到点透明时钟仅校正和转发 Sync 和 Follow_Up 报文。在这些报文中相应的 correctionField 被更新，包括点到点透明时钟内 Sync 报文的驻留时间以及接收 Sync 报文端口的链路延时的更新。

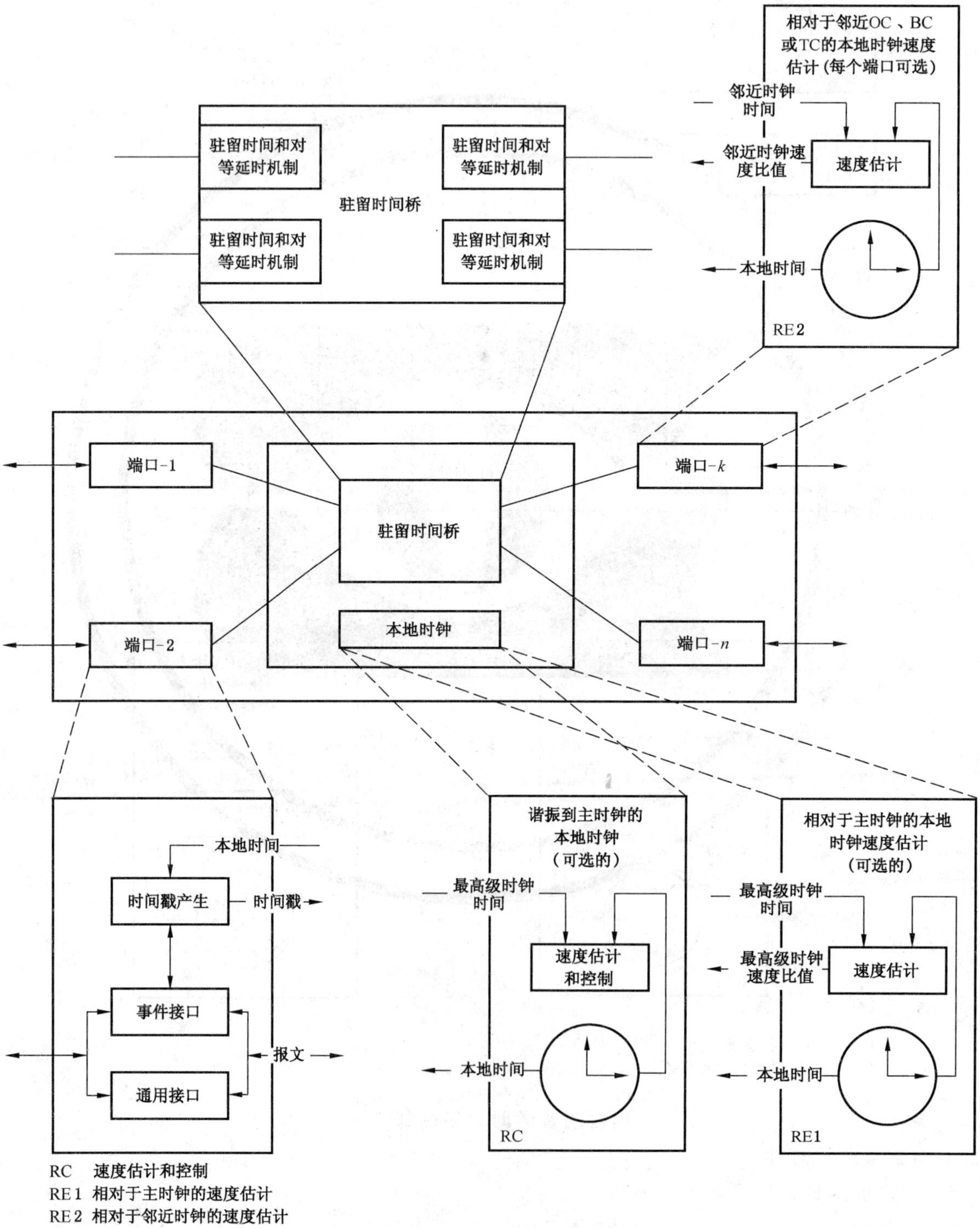

图 7 点到点透明时钟模型

校正过程如图8所示。离开PTP时间报文包含Sync数据包驻留时间和其通过实际进入链路的链路延时的校正。通过点到点时钟系统的Sync包路由的改变可能导致Sync包从不同的链路进入点到点透明时钟。鉴于点到点透明时钟基于每个Sync包选择的实际链路和内部路径来校正驻留时间和路径时间,在测量精度范围内的离开时间信息总是准确的。因此,为从时钟提供的时间信息总是反映通过点到点透明时钟网络的实际路径。对比端到端校正情况,从时钟等待基于Sync报文和Delay_Resp报文的组合的新路径延时值,鉴于在校正值出现在从时钟之前这些报文需要通过整个新路径,将等待更长的时间。

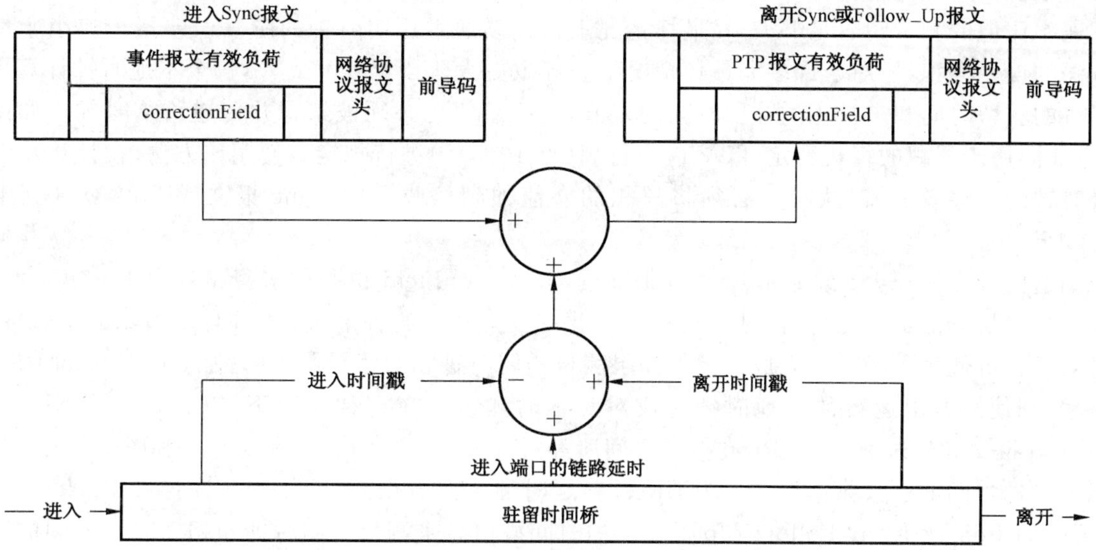

图8　点到点驻留时间和链路延时校正模型

使用对等延时机制的路径延时测量不与基于延时请求-响应机制的路径延时测量相互作用。结果是,点到点透明时钟仅能与支持对等延时机制的时钟端口工作。使用点到点透明时钟,主时钟仅需要发布Sync报文和Follow_Up报文,及响应Pdelay_Req报文。它不接收Delay_Req报文,所以处理工作负荷独立于一个给定端口服务的点到点时钟数目。同样地,端到端透明时钟仅支持延时请求-响应机制,不支持对等延时机制。如果网络在一个区域内包含点到点透明时钟,在另一个区域内包含端到端透明时钟,则这些区域仅能通过边界时钟连接。

计算驻留时间和链路延时时间使用的时间戳,是基于本地时钟产生的时间戳。因为从时钟使用这些累积的驻留时间和链路延时时间校正主时钟提供的时间,重要的是:任何由于主时钟和透明时钟速率差异所导致的误差对于应用要求的精度应是可忽略的。因为主时钟和本地时钟(本质上是两个时钟对时刻的定义)的速率可能相差0.02%,则引入的误差为测量的驻留时间的0.02%。这样对于1 ms的驻留时间,最大误差是200 ns。该误差可能大的无法接受,有几个可能降低误差的方法。

一种降低最大误差的方法(在11.4中对其展开讨论)是使本地时钟的速率与主时钟相同,即本地时钟与主时钟同步。该同步可通过观测的时间信息来完成,时间信息在接收到的Sync报文和Follow_Up报文(如存在)中,且已校正过上行驻留时间和链路延时,见图7中的块RC(速率控制)。已校正过任何上行驻留时间的最高级时间是RC中速率估计和控制块的输入(见标记为“最高级时钟时间”的箭头)。相应的本地时间也是该块的输入。速率估计和控制块使用主时钟和对应的本地时间序列,以估计主时钟和本地时钟速率的比值。速率估计和控制块使用此估计的速率比值来调整(即控制)本地时钟速率。注意:本地时钟速率的调整不必物理改变(即模拟实现)振荡器频率;使用固定频率的本地振荡器来计算主时钟速率和本地速率的比值,并将本地时钟的时间戳乘以该比值(即数字实现)也是可以接受的。RC描述的方案的关键方面在于该方案是以闭环方式运行,即速率估计和驻留时间测量时使用的本地时间是相对于速率调整过的本地振荡器的。这意味着在一个节点上对振荡器的速率调整影响到下行节点的调整，因为在下行节点中驻留时间被用于调整主时钟时间。

另一种在某些应用中可能有用的降低驻留时间误差影响的方法是使用自由运行的本地时钟，见图 7 中块 RE1（主时钟速率比值估计）。在这种情况下，不调整本地振荡器的频率，允许它自由运行。每个时钟测量基于自由运行时钟的 Sync 报文的本地驻留时间。测量的驻留时间被加到 Sync 或 Follow_Up 报文的 correctionField 字段，见 11.4。每个本地时钟也计算本地自由运行时钟速率与最高级时钟速率的比值。该比值是基于接收到的 Sync 和 Follow_Up 报文中的时间戳计算得到的，这里的时间戳已经通过加入 correctionField 进行了校正。尽管 correctionField 没有反映准确的驻留时间，得到的比值相比简单使用原时间戳，仍然极大地降低了抖动，而且仍然具有正确的平均值。此外，如果驻留时间相对于速率比值的测量间隔足够大，在最坏情况下在连续通过透明时钟的阶段误差累积将小于使用第一种方法的误差累积，但对于许多非最坏情况下会导致更大阶段累积。此外，每个本地时钟计算用该比值校正过的驻留时间和未校正的驻留时间的差值，这些差值也必须被累积并传递给从时钟。如使用该方法，它连同用于累积的行规特定 TLV 应在行规（见 19.3）中进行规定。使用该方法，在计算从时钟与最高级时钟的偏移量之前，从时钟必须将累积的差值加到接收到的 Sync 报文或 Follow_Up 报文的 correctionField。

使用这两种方法，Sync 或 Follow_Up 报文的 correctionField 也必须进行链路延时校正，见 11.4。使用对等延时机制测量链路延时（见 6.6.4）。如果点到点透明时钟谐振到如 RC 块所示的主时钟，则对等延时测量也可使用谐振时钟完成。但是如果测量透明时钟相对于最高级时钟的速率，并如 RE1 块使用该速率，则使用自由运行的本地时钟完成对等延时测量。在这种情况下，链路延时误差等于接收 Pdelay_Req 报文和发送 Pdelay_Resp 报文之间所经过的时间，即 t_3-t_2（见 6.6.4 和图 13）乘以透明时钟和相邻时钟之间的小数频率偏移。为消除链路延时的这部分误差，使用包含在连续 Pdelay_Resp 报文，和可能的 Pdelay_Resp_Follow_Up 报文中的时间戳信息来测量透明时钟和相邻时钟之间的频率偏移，见图 7 中 RE2（相邻速率比值估计）块。注意：为完成该测量，分开发送 Pdelay_Req 接收时间（t_2）和 Pdelay_Resp 发送时间（t_3）是必要的（见 11.4.3）。

点到点透明时钟可用作网络元件，或可以与应用设备关联，如传感器或执行器。在后一种情况下，将普通时钟与透明时钟结合，以提供对应用设备的实时支持。这种组合设备的模型见图 9。

在图 9 中，当普通时钟是从时钟时，时间信息包含进入时间戳。当普通时钟是主时钟时，时间信息包含离开时间戳。当时钟是从时钟时，驻留时间桥将进入的 PTP 时间报文、Announce 报文、由进入 Sync 报文产生的进入时间戳，以及任何内部时间校正传递给普通时钟协议机。协议机计算基于这些报文的准确时间，并作为输入发送给本地时钟。如果普通时钟是主时钟，它应发送带有发送时间戳的 Sync 报文和 Follow_Up 报文，该时间戳参考普通时钟的本地时钟，并且基于内部时间校正和离开时间戳。实际上点到点透明时钟和普通时钟功能可以共享一个公共物理时钟。

6.5.6 管理节点

管理节点是具有下述特点的 PTP 设备：

a） 具有一个或多个到网络的物理连接；

b） 作为 PTP 管理报文的人机接口或编程接口；

c） 可以与任何时钟类型结合。

6.6 同步综述

6.6.1 概述

在协议的正常执行中有两个阶段：

——建立主从层次结构；

——同步时钟。

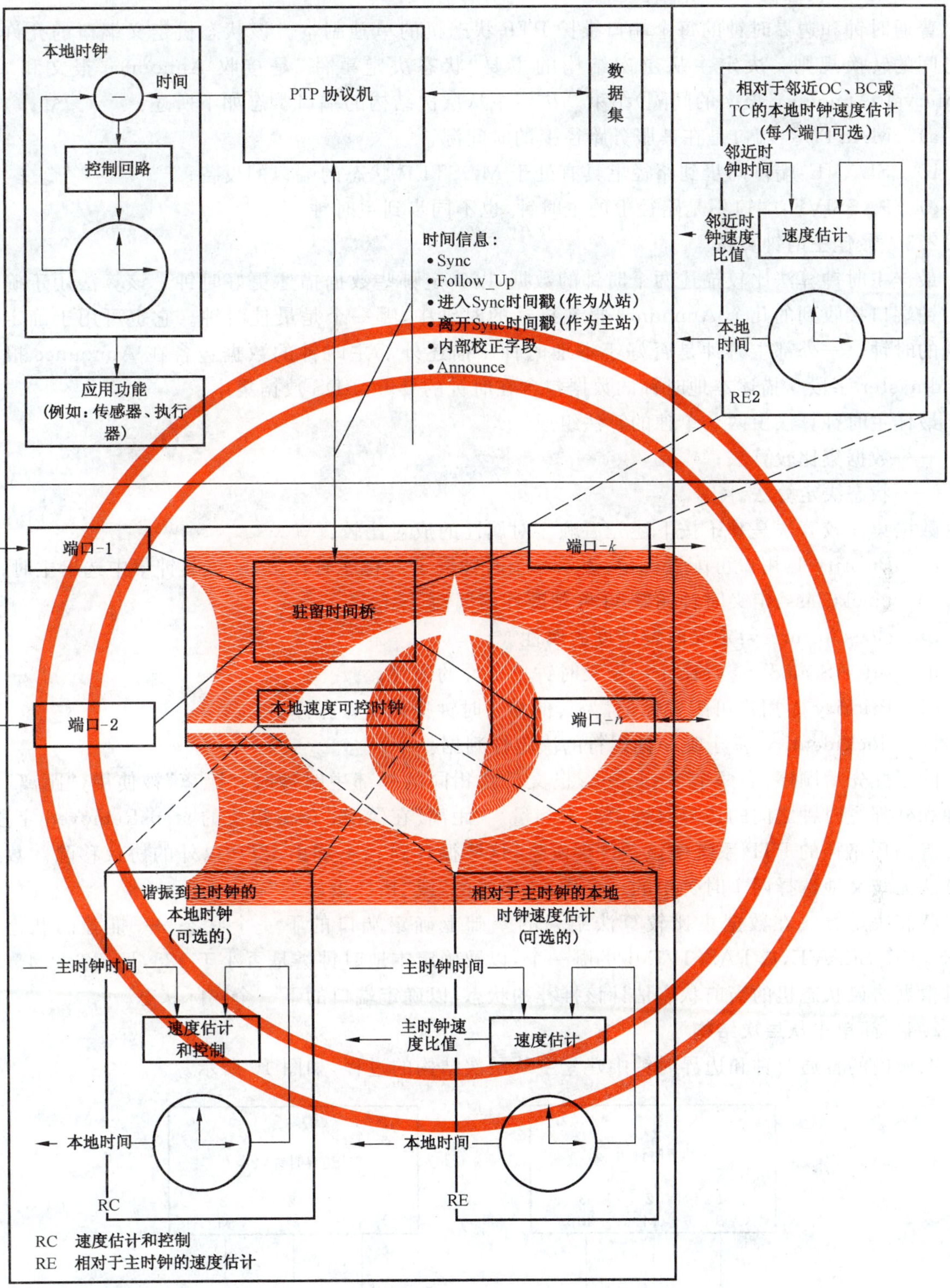

图 9 组合的普通时钟和点到点透明时钟

6.6.2 建立主从层次结构

6.6.2.1 概述

在域内，普通时钟和边界时钟的每个端口执行协议状态机的单独副本。对于“状态决定事件”，每个端口检查该端口接收到的所有 Announce 报文的内容。使用最佳主时钟算法，对 Announce 报文内容和与普通时钟或边界时钟相关联的数据集进行分析，以决定时钟每个端口的状态。

6.6.2.2 PTP 状态机

普通时钟和边界时钟的每个端口维护 PTP 状态机的单独副本。该状态机定义端口的允许状态和状态间的转换规则。决定主从层次结构的主要“状态决定事件”是接收 Announce 报文和 announceInterval(Announce 报文的间隔)结束。决定主从层次结构的端口状态如下所述：

a) MASTER:端口是在其服务路径上的时间源；

b) SLAVE:端口同步到路径上具有处于 MASTER 状态的端口的设备；

c) PASSIVE:端口不是路径上的主时钟，也不同步到主时钟。

6.6.2.3 最佳主时钟算法

最佳主时钟算法比较描述两个时钟的数据，以确定哪些数据描述更好时钟。该算法用于确定由本地时钟端口接收到的几个 Announce 报文描述的时钟中，哪一个是最佳时钟。它也可用于确定一个新发现的时钟——外部主时钟是否好于本地时钟。描述外部主时钟的数据包含在 Announce 报文中的 grandmaster 字段。描述本地时钟的数据包含在时钟的 defaultDS 数据集中。

最佳主时钟算法由两个单独的算法组成：

——数据集比较算法；

——状态决定算法。

数据集比较算法是基于按下述先后顺序对属性的成对比较：

a) Priority 1:用户可配置标记，表示一个时钟属于一有序时钟集，从该时钟集中选出主时钟。

b) clockClass:定义时钟的 TAI 可溯源性的属性。

c) clockAccuracy:定义时钟精度的属性。

d) offsetScaledLogVariance:定义时钟稳定性的属性。

e) Priority 2:用户可配置标记，为其他相当时钟提供良好排序。

f) clockIdentity:基于唯一标识符的决定性判据。

除了此先后顺序，当两个 Announce 报文反映相同的外部主时钟时，“距离”被使用，“距离”由本地时钟和外部主时钟之间的边界时钟个数来测量。“距离”在 Announce 报文的 stepsRemoved 字段指示。在带有循环路径的 PTP 系统中该条件会发生，这些循环路径不能由 PTP 以外的协议移除。数据集比较算法无歧义地选择两个时钟中的一个作为“更好的”或“拓扑更好的”。

状态决定算法在数据集比较算法结果的基础上确定端口的下一个状态——推荐的状态——是 MASTER、SLAVE，或 PASSIVE 中的哪一个，以及确定本地时钟类是否小于 128，见 7.6.2.4。端口协议机根据协议状态机的当前状态估计该推荐的状态，以确定端口的下一个实际状态。

6.6.2.4 简单主从层次结构

在域内的普通时钟和边界时钟中建立主从层次结构的过程，如图 10 所示。

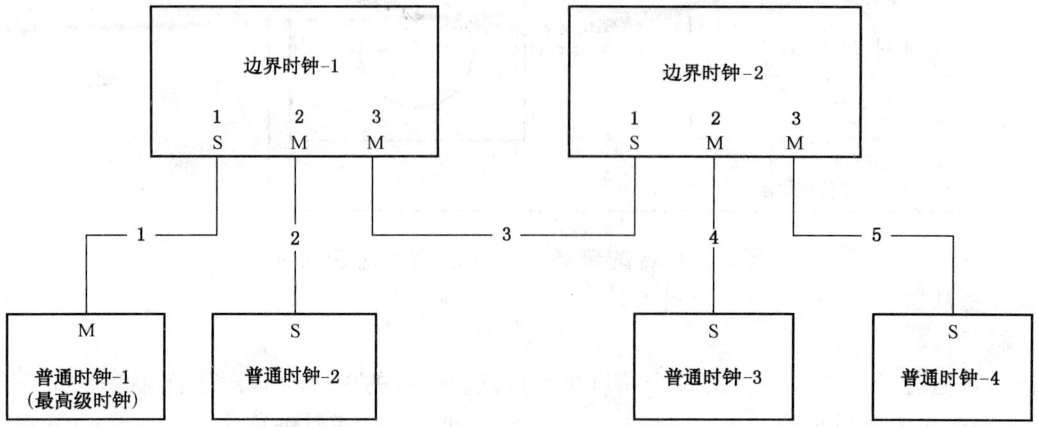

图 10 简单主从时钟层次结构

在这个示例中,普通时钟-1 处于层次结构中的最高级位置,被称为最高级时钟。边界时钟-1 的端口-1 对于最高级时钟是从时钟(被标记为 S)。在边界时钟-1 上的所有其他端口对于连接到这些端口的时钟是主时钟。这样,边界时钟-2 的端口-1 对于边界时钟-1 是从时钟,依此类推。仅普通时钟和边界时钟维护这种形式的状态,且仅边界时钟建立主从层次结构中的分支点(即路径 1、2、3、4、5 可能包含透明时钟,但这些时钟不加入到主从层次结构,也不维护这种形式的状态)。

6.6.2.5 裁剪网状拓扑

图 11 所示为协议将一个网状网络简化为树形主从层次结构的案例。当底层的桥接或路由协议不能消除循环路径时,上述处理发生。在图 11 中,认为普通时钟-1 已被最佳主时钟算法选定为最高级时钟。在边界时钟中,最佳主时钟算法已选择了端口状态以构建树,如图所示。裁剪的路径用虚线标记。对于每个边界时钟,最佳主时钟算法选择一个端口作为从时钟端口,其他端口被设置为 MASTER 状态或 PASSIVE 状态。最佳主时钟算法确保在每个段上只选择一个单主时钟端口。

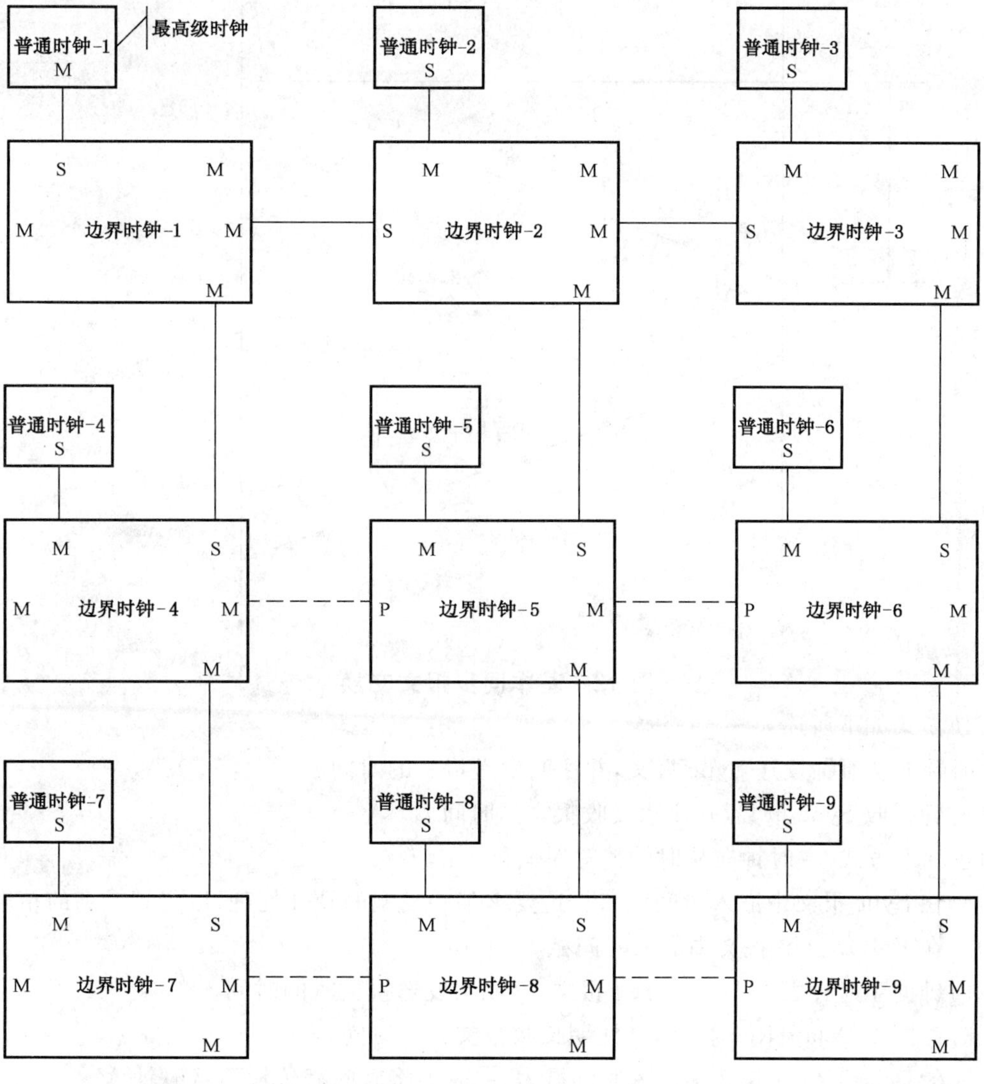

图 11 裁剪的网状拓扑

6.6.3 同步普通时钟和边界时钟

在 PTP 系统中,通过在链接两个时钟的通信路径上交换 PTP 时间报文,实现普通时钟或边界时钟的同步。例如:在图 10 中,边界时钟-1 通过在通信路径-1 上交换报文实现与普通时钟-1 的同步。同步报文交换的基本模式如图 12 所示。

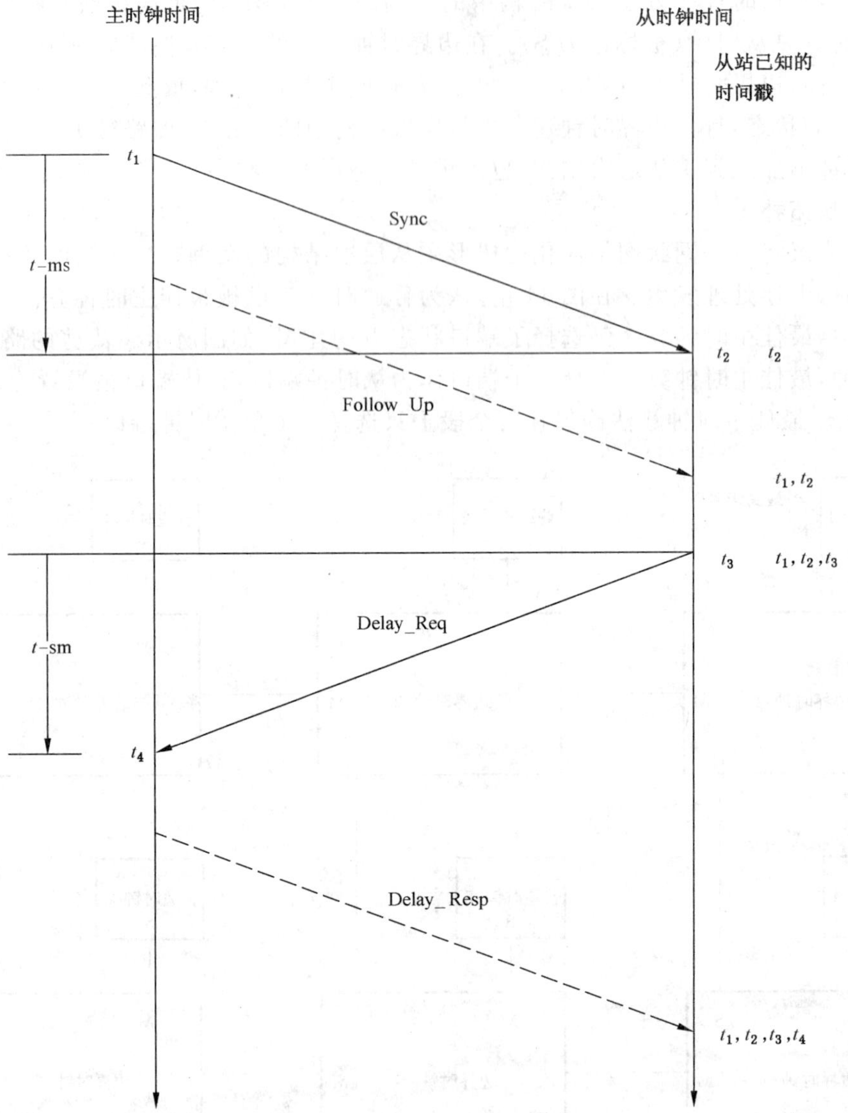

图 12　基本同步报文交换

报文交换模式如下所述：

a)　主时钟向从时钟发送 Sync 报文，并注明发送报文的时间 t_1。

b)　从时钟接收 Sync 报文，并注明接收报文的时间 t_2。

c)　通过如下方式，主时钟向从时钟传输时间戳 t_1：

　1)　在 Sync 报文中嵌入时间戳 t_1。这要求某些类型的硬件处理，以得到最高的精度。

　2)　在 Follow_Up 报文中嵌入时间戳 t_1。

d)　从时钟向主时钟发送 Delay_Req 报文，并注明发送报文时的时间 t_3。

e)　主时钟接收 Delay_Req 报文，并注明接收报文时的时间 t_4。

f)　通过在 Delay_Resp 报文中嵌入时间戳 t_4，主时钟将时间戳传输给从时钟。

在交换报文结束时，从时钟拥有所有 4 个时间戳。这些时间戳可被用于计算从时钟与主时钟的偏移量，以及计算报文在两个时钟间的平均传输时间(在图 12 中即为 t-ms 和 t-sm 的平均值)。

偏移量和传输时间的计算是假设主时钟到从时钟的传输时间与从时钟到主时钟的传输时间相等。任何在传输时间上的不对称将导致时钟偏移量计算值的误差。不对称会造成计算的平均传输时间与实际的传输时间不同。

6.6.4 支持点到点路径校正的时钟的链路传输延时测量

在实现对等延时机制(见 6.5.5)的两个端口间测量链路延时的机制如图 13 所示。该测量被所有实现此机制的端口执行。共享一个链路的两个端口独立实现测量,因此两个端口都知道链路延时。这允许在 6.5.5 中描述的校正不考虑 Sync 报文的方向。重要的是:即使端口被用于消除循环拓扑的非 PTP 算法所阻塞(blocked),仍可在其上进行该测量,以便如果 Sync 报文通过的路径发生改变时,最新的链路延时测量仍可在所有链路上进行(见 6.5.5)。

链路延时测量开始时,端口-1 发出 Pdelay_Req 报文并为 Pdelay_Req 报文产生时间戳 t_1。端口-2 接收 Pdelay_Req 报文并为该报文产生时间戳 t_2。端口-2 返回 Pdelay_Resp 报文并为该报文产生时间戳 t_3。为最小化由于两个端口之间的频率偏移产生的误差,端口-2 在接收到 Pdelay_Req 报文后应尽快返回 Pdelay_Resp 报文。

端口-2 执行下面任意一个动作:

a) 在 Pdelay_Resp 报文中返回时间戳 t_2 和 t_3 的差值;

b) 在 Pdelay_Resp_Follow_Up 报文中返回时间戳 t_2 和 t_3 的差值;

c) 分别在 Pdelay_Resp 和 Pdelay_Resp_Follow_Up 报文中返回时间戳 t_2 和 t_3。

当端口-1 接收到 Pdelay_Resp 报文时产生时间戳 t_4。端口-1 使用这 4 个时间戳计算平均链路延时。

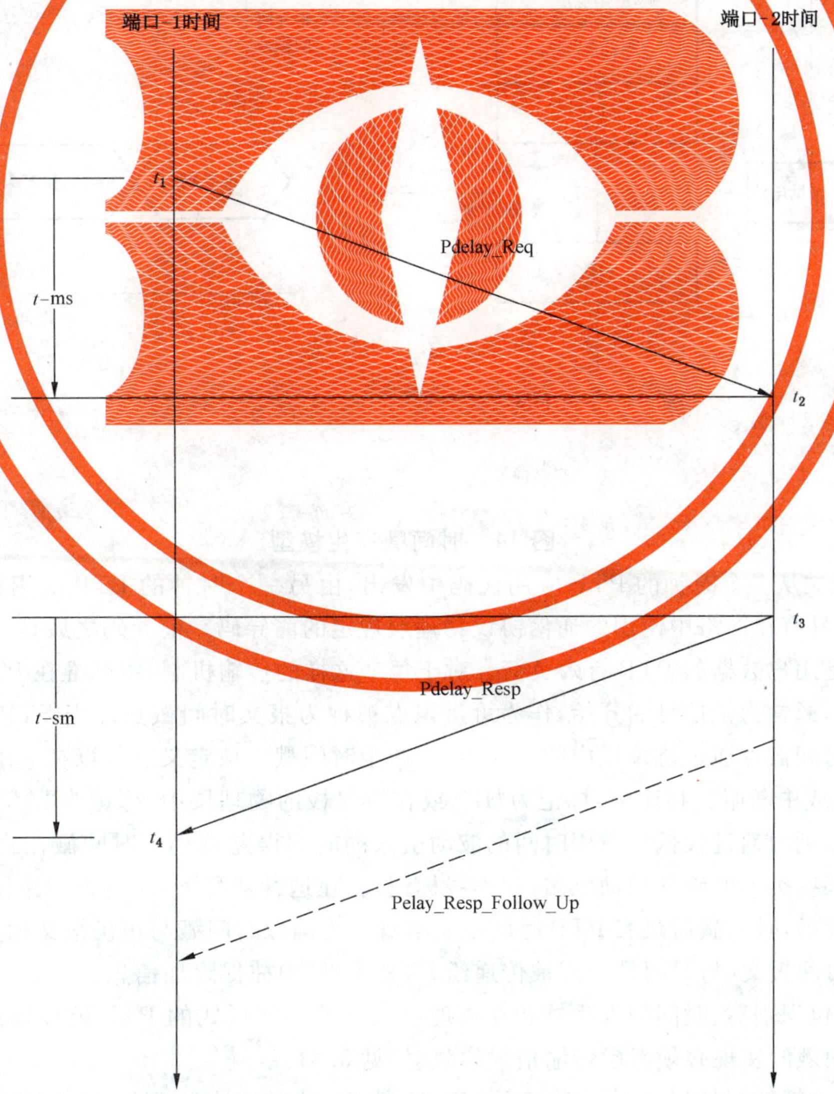

图 13 链路延时测量

传输时间 t-ms 和 t-sm 的任何不对称会将误差引入链路延时的计算值中。如果产生时间戳 t_1、t_2、t_3 和 t_4 的机制不与发出 Sync 报文的最高级时钟使用相同的时刻定义，则小的但可能很严重的误差被引入链路延时测量。该误差的源是在最高级时钟和点到点时钟中振荡器频率的微小差异。此外，如果在两个点到点时钟的振荡器频率之间有差异时，则周转时间 t_3-t_2 会造成在点到点时钟中存在小的但可能很严重的误差。如果该误差很严重，则在点到点时钟中的振荡器能频率同步（即谐振）到最高级时钟的振荡器，或在计算的两个振荡器间的频率差异基础上，计算和校正该误差。

6.6.5　报文时间戳产生

在发送和接收任何事件报文时，产生时间戳事件。当报文的时间戳点通过节点和网络间的边界时，时间戳事件发生。

时间戳（见图 12 和图 13）产生的模型见图 14。

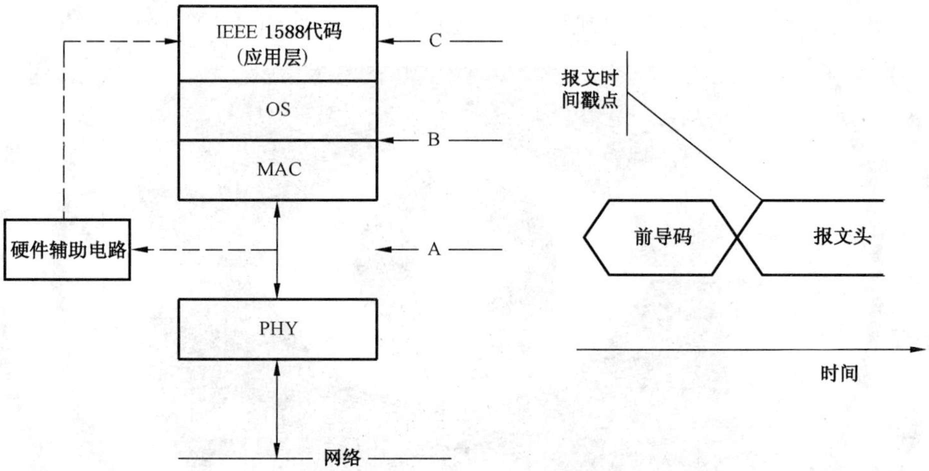

图 14　时间戳产生模型

PTP 时间报文从一个时钟的 PTP 应用代码中发出，由另一个时钟的 PTP 应用代码接收和处理。这些报文典型地具有在网络中使用的通信协议物理层规定的前导码。前导码之后是一个或多个协议特定报文头，然后是用户数据如 PTP 有效负荷。对于每个这样的传输机制，本标准在 PTP 时间报文中规定了一个特定点，通常为帧信号的开始，作为可辨识点被称为报文时间戳点。当 PTP 报文通过节点的协议栈，且报文时间戳点通过协议栈内的定义点时，产生时间戳。该定义点可以在应用层，在图 14 中标记为“C”；在内核或中断服务程序中，标记为“B”；或在协议栈的物理层中，标记为“A”。通常，该点离实际网络连接越近，则由通过较低层所用时间的波动引入的时间误差越小。时间戳在物理层产生的情况下，经常会使用某些类型的硬件辅助电路（用虚线标记）。在这种情况下，通过正常路径外的路径将时间戳传递给 PTP 代码，时间戳后跟着 PTP 时间报文本身。为确保时间戳与正确报文相关联，硬件辅助电路经常从 PTP 时间报文（与时间戳一起被传递给 PTP 代码）中捕捉附加信息。

当设计数据包识别器、时间戳发生器和在物理层完成的任何形式的 PTP 硬件辅助电路时，在物理层产生 PTP 时间戳的实现必须考虑传输格式的映射（见 5.4）。

设计在媒体访问控制（MAC）层和物理层（PHY）之间，或甚至在物理层内产生时间戳的设备是可能的。在这样的设备内，所有或部分 PTP 代码很可能在低级半导体内嵌入并执行，而不使用操作系统。

6.7 PTP 通信综述

6.7.1 PTP 通信拓扑

6.7.1.1 概述

在仅由边界时钟和普通时钟组成的系统中，PTP 操作为 PTP 报文产生非循环图结构，而不考虑实际底层网络连接，后续技术由 Perlman[B22]描述。

在所有其他情况下，PTP 假设底层桥接或路由协议确保 PTP 报文转发避免环路。特别地，协议假设在通信路径内多播 PTP 报文不会形成不确定的环路。协议不假设：由 PTP 端口发送的多播报文仅在接收边界时钟的一个端口接收。协议不假设在一个 PTP 端口发送的多播报文的仅一个副本被另一个 PTP 端口接收；然而，对多个副本的接收影响传输时间的精度，因此应对网络进行设计以避免这种行为。

6.7.1.2 层次拓扑

不同的应用倾向不同的拓扑。对于许多系统，优先使用图 15 所示的层次拓扑。

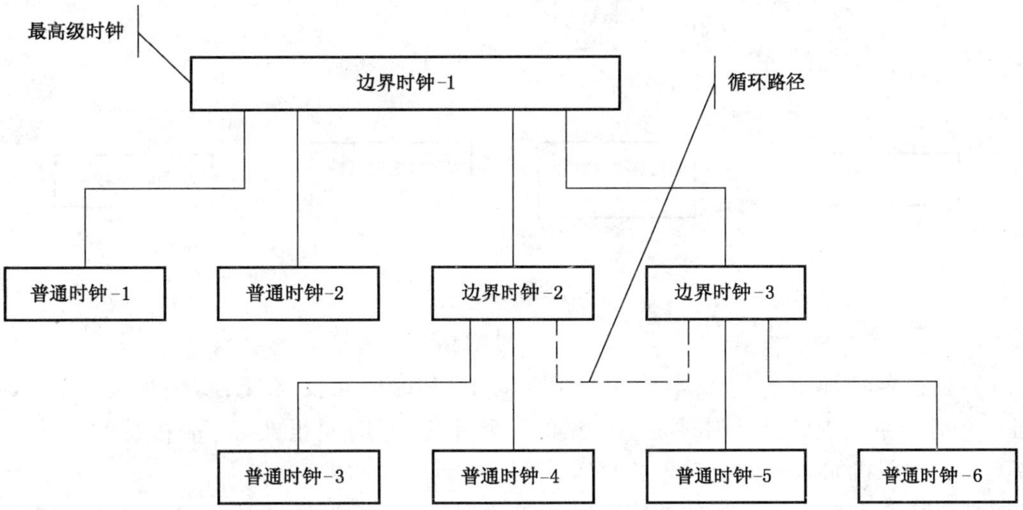

图 15 层次拓扑

除了用虚线标记的“循环”路径，图 15 中所示的其他设备形成树型层次结构，边界时钟在树中形成了分支点。因为边界时钟可有许多端口，这种拓扑允许大量的设备与在任何从时钟和最高级时钟之间的少数边界时钟同步。在此例中，假定虚线路径不存在。如果边界时钟-1 被选为最高级时钟，如图所示，则中间边界时钟的最大数量是 1。最坏的情况是其中一个普通时钟，如时钟-3，被选为最高级时钟。则到最远从时钟，如时钟-6，边界时钟的最大数量是 3。

如 6.2 所述，协议期望底层拓扑避免转发环路。在图 15 中，如果有虚线路径，则存在涉及到 3 个边界时钟的环路。在 6.6.2 中描述最高级时钟和状态决定算法的操作为 PTP 报文打开该环路。

6.7.1.3 线型拓扑

一些应用要求如图 16 所示的长线型拓扑，而不是图 15 所示的星型或层次拓扑。图 16 中所示为端到端透明时钟的两个长线型链，其中边界时钟-1 作为最高级时钟。

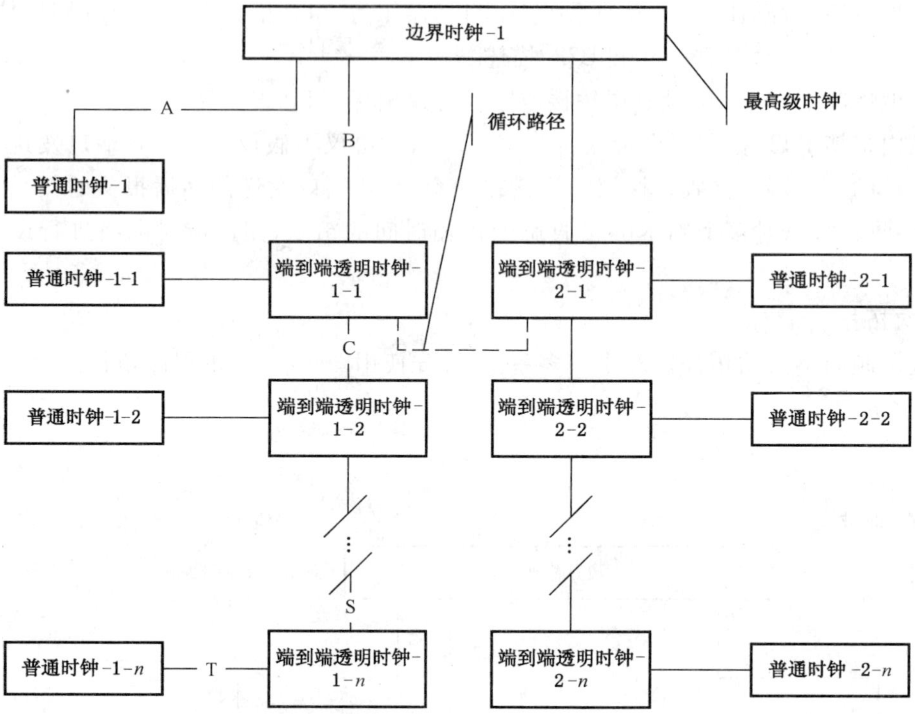

图 16 线型拓扑

普通时钟和边界时钟间的同步涉及两个时钟间 PTP 时间报文的交换，例如在路径-A 上。这些 PTP 时间报文对于系统中的其他时钟是不可见的。基于 PTP 时间报文，这种主-从时钟对中的从时钟执行某些类型的伺服机制以降低时钟偏移误差。

按普通网桥或路由器方式工作的透明时钟通过该时钟转发 PTP 时间报文。此外透明时钟测量在其内部 PTP 时间报文所用的时间。这些"驻留"时间在 PTP 时间报文的 correctionField 字段中累积，这允许从时钟校正时间戳，从而有效移除可能由网桥引入的时间波动。缺点是：主时钟，本例中的边界时钟-1，不得不处理来自线型链中所有从时钟的 PTP 时间报文(即 Delay_Req)，而不是来自一个临近的边界时钟。

注：这种缺点对主时钟的影响能通过使用点到点透明时钟或边界时钟避免。

6.7.1.4 在多连接拓扑中的快速重新配置

在许多应用中，设备被放置在多个相连的拓扑中，例如：图 17 所示的网状或环路。在这些网状或环路中，备选路径被非 PTP 协议逻辑地移除以形成非循环拓扑。路径失效的情况下，这些外部协议重新配置网络以恢复连接。由于 PTP 运行在底层快速重新配置的网络的顶部，在重新配置后，PTP 可能不得不重新调整在主时钟和从时钟之间路径长度的校正。

点到点透明时钟被设计用于在本环境下使用。

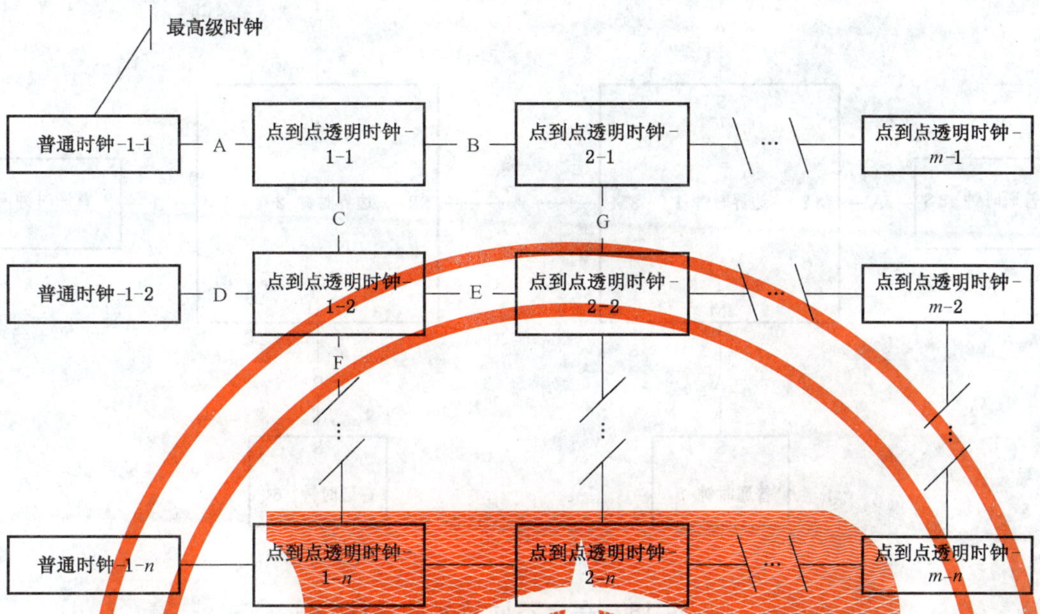

图 17 多连接拓扑

图 17 所示是连接到网状拓扑的几个点到点透明时钟。点到点透明时钟的运行依赖一些能消除网络中循环路径的外部协议。与端到端透明时钟的情况一样，点到点透明时钟常与普通时钟相关联用于传感器或其他设备。两类时钟的差异在于路径长度校正的方法。

假设在普通时钟-1-1(最高级时钟)和普通时钟-1-2(从时钟)间的初始路径是非 PTP 协议确定的 A、B、G、E、D。来自普通时钟-1-1 的 Sync 报文，由点到点时钟-1-1 针对其在点到点时钟内的驻留时间和链路延时 A 进行校正。同样，点到点时钟-2-1 进一步对其驻留时间和链路延时 B 进行校正，依此类推。所以普通时钟-1-2 接收到的 Sync 报文，其在点到点时钟-1-1、2-1、2-2 和 1-2 中的驻留时间和链路延时 A、B、G 和 E 已校正。也支持对等链路延时机制的普通时钟-1-2 校正最后一个链路延时 D。

假设对网络进行重新配置，使这两个时钟之间的新路径是 A、C、D。点到点时钟-1-1 完成与之前相同的校正。但是在此情况下，点到点时钟-1-2 直接从点到点时钟-1-1 接收 Sync 报文，所以对驻留时间和之前已经测量过的链路延时 C 进行校正。正是由于对所有链路的链路延时的预先测量(无论是否起作用)，才允许这种快速重新配置。

6.7.1.5 在不同网络协议间的桥接

不要求所有 PTP 通信路径使用相同的底层通信媒体或技术。边界时钟用于在不同网络传输技术间桥接，如图 18 所示。

在图 18 中，边界时钟-1 和普通时钟-1、普通时钟-3 和普通时钟-5 被假定通过标记为 A 的实现了一种技术(例如：UDP/IP)的网络路径进行通信。边界时钟-2 和普通时钟-2、普通时钟-4 和普通时钟-6 通过标记为 B 的实现了第二种技术(例如：DeviceNet)的网络路径进行通信。其中一个边界时钟，图 18 中的边界时钟-2，是一个在端口-2 支持技术 A 以及在其他端口支持技术 B 的网桥。

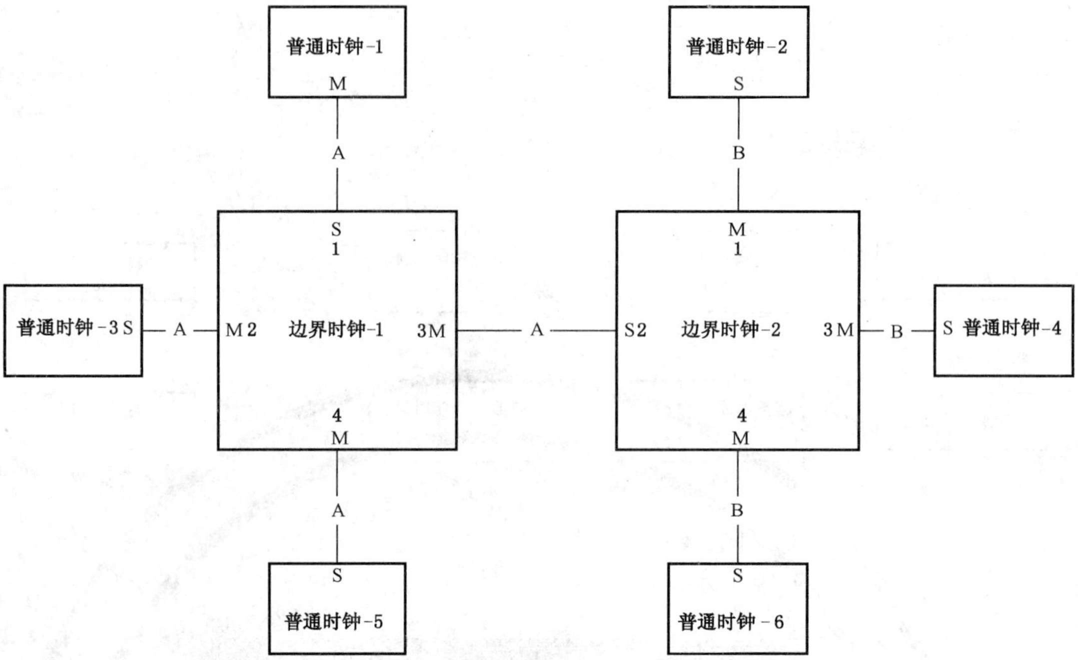

图 18　完全不同技术的桥接

在大多数情况下，这种网桥不仅涉及网络传输协议的改变，如在上面例子中 UDP/IP 和 DeviceNet 之间，也可能涉及其他 PTP 特性，如更新速率。在这种情况下，边界时钟是维护足够的 PTP 状态以完成桥接功能的唯一设备。在一些情况下，要求的唯一桥接功能是转换数据包格式或其他物理层发出的(信号)。在这些情况下，因为不要求 PTP 状态信息，所以设计透明时钟完成桥接是可能的。

6.7.2　系统启动

当时钟上线时，为提供更多有序行为，普通时钟或边界时钟在可配置的时间间隔内侦听来自主时钟的 Announce 报文。如果在这个时间段内没有接收到 Announce 报文，该时钟假定在“更好的”时钟出现前它就是主时钟。

当时钟被加入或删除、时钟特性改变或连接拓扑改变，在 PRE_MASTER 状态下实现了一个支持系统更有序重新配置的附加机制。在这种状态下，除了不将某些报文类放置在端口通信路径上，时钟端口的行为应与它处于 MASTER 状态时的行为一致。时钟端口应保持在 PRE_MASTER 状态足够长的时间，以允许在系统内点间传输的改变，这些点在本地时钟和该端口可见的可能主时钟之间。

7　PTP 实体的特性

7.1　域

域由一个或多个 PTP 设备组成，这些设备按照协议的定义相互通信。域应定义 PTP 报文通信范围、状态、操作、数据集和时标。PTP 设备可以加入多个域中，但除非在本标准中另有说明，不同域的协议运行和时标是独立的。

注 1：限制 PTP 在一个域内运行和通信的机制可能涉及到，例如：通信特定技术，如路由器表配置，限制物理连接以及应用层处理 PTP 报文的 domainNumber 字段的可靠性。

注 2：PTP 节点的实现者需要考虑支持多个域所要求的资源。这对于普通时钟和边界时钟尤为正确，因为普通时钟和边界时钟相比透明时钟需维护更多的状态。由于资源的限制造成不能以实时模式处理协议，可能导致协议同步性能降低、波动，或协议失效。当选择节点和设计系统时，用户需要意识到该限制。

由取值范围为 0～255 的整数(见表 2)，domainNumber，对域进行标识。

表 2 domainNumber 取值

值(十进制)	定　义
0	缺省域
1	备选域 1
2	备选域 2
3	备选域 3
4～127	用户定义域
128～255	保留

domainNumber 为 0 的域作为缺省域。domainNumber 的值应是可配置的,且遵从 PTP 行规规定限制。

7.2 PTP 时标

7.2.1 概述

域的时标由最高级时钟建立。

PTP 支持下述两类时标:

——时标 PTP:在正常运行时,历元是 PTP 历元且时标是连续的,见 7.2.4,时间测量的单位是 SIs(在旋转的大地水准面上实现);

——时标 ARB(任意):在正常运行时,历元由管理程序设置,且在正常运行期间允许对其复位,在管理程序调用之间,时标是连续的。额外的调用管理程序可能导致整个时标的不连续。

7.2.2 历元

历元是一个域的时标的原点。

PTP 历元是 1970 年 1 月 1 日 00:00:00 TAI,也是 1969 年 12 月 31 日 23:59:51.999918 UTC。

注 1:PTP 历元与通用可移植操作系统接口(POSIX)算法的历元相同,该算法将从历元开始经过的时间转换到日时的 ISO 8601:2004 印刷表示法,见 ISO/IEC 9945:2003 [B16]和 ISO 8601:2004 [B17]。

注 2:在通用时标间转换的信息见附录 B。

7.2.3 UTC 偏移量

当历元是 PTP 历元时,使用 timePropertiesDS. currentUtcOffset 的值计算 UTC 时间是可行的。

timePropertiesDS. currentUtcOffset 的值应为:

timePropertiesDS. currentUtcOffset＝TAI－UTC。

注:在 2006 年 1 月 1 日 0 时 UTC,UTC 比 TAI 延迟 33 s。在该时刻 currentUtcOffset 的 PTP 定义的值为＋33 s(Service de la Rotation Terrestre,Observatoire de Paris [B23])。

7.2.4 域内的时间测量

在域内,时间是从历元开始测量的经过时间。

7.3 PTP 通信

7.3.1 报文传输模型

尽管本标准是基于多播模型制定的,如果协议的行为被保持也允许基于单播模型的实现。

7.3.2 报文属性

所有 PTP 相关通信通过 PTP 报文实现。PTP 报文具有下述属性:

——报文类;

——报文 sourcePortIdentity;

——报文类型;

——报文的 sequenceId;

——定义可选项的标记。

7.3.3 报文类

7.3.3.1 事件报文

事件报文类由下述报文类型组成：

a) Sync：主时钟将 Sync 报文发送给它的从时钟。Sync 报文包含其发送时间或跟随的 Follow_Up 报文包含该时间。接收节点可以使用 Sync 报文测量从主时钟到从时钟的数据包传输延时。Sync 报文在 PTP 端口参考面的出现是一个事件，本地时钟应基于本地时钟值为该事件分配时间戳〈syncEventIngressTimestamp〉或〈syncEventEgressTimestamp〉。

b) Delay_Req：Delay_Req 报文请求接收节点使用 Delay_Resp 返回 Delay_Req 报文被接收到的时间。Delay_Req 报文在 PTP 端口参考面的出现是一个事件，本地时钟应基于本地时钟值为该事件分配时间戳〈delayReqEventIngressTimestamp〉或〈delayReqEventEgressTimestamp〉。

c) Pdelay_Req：PTP 端口将 Pdelay_Req 报文发送给作为对等延时机制（见 11.4）一部分的另一个端口，以确定端口间链路的延时。Pdelay_Req 在 PTP 端口的参考面的出现是一个事件，本地时钟应基于本地时钟值为该事件分配时间戳〈pdelayReqEventIngressTimestamp〉或〈pdelayReqEventEgressTimestamp〉。

d) Pdelay_Resp：PTP 端口发送 Pdelay_Resp 报文作为对接收 Pdelay_Req 报文的响应。在 Pdelay_Resp 报文中传输时间戳信息有如下几个选项：
   1) Pdelay_Resp 报文发送时间和相应 Pdelay_ Req 报文的接收时间的差值在 Pdelay_Resp 报文中传输；
   2) Pdelay_Resp 报文发送时间和相应 Pdelay_ Req 报文的接收时间的差值在跟随 Pdelay_Resp 报文的Pdelay_Resp_Follow_Up 报文中传输；
   3) 相应 Pdelay_Req 报文的接收时间在 Pdelay_Resp 报文中传递，Pdelay_Resp 报文的发送时间在跟随Pdelay_Resp 报文的 Pdelay_Resp_Follow_Up 报文中传递。

   Pdelay_Resp 报文在 PTP 端口的参考面的出现是一个事件，本地时钟应基于本地时钟值为该事件分配时间戳〈pdelayRespEventIngressTimestamp〉或〈pdelayRespEventEgressTimestamp〉。

应按 7.3.4 中的规定为事件报文分配上述时间戳。

7.3.3.2 通用报文

通用报文类由下述报文类型组成：

a) Announce：Announce 报文提供发送节点和它的最高级时钟的状态和特性的信息。当执行最佳主时钟算法时接收节点使用该信息；

b) Follow_Up：在双步普通时钟或边界时钟（见 3.1.4.7）中，Follow_Up 报文为特殊 Sync 报文传送〈syncEventEgressTimestamp〉值；

c) Delay_Resp：Delay_Resp 报文向发送 Delay_Req 报文的从时钟端口传送〈delayReqEventIngressTimestamp〉值；

d) Pdelay_Resp_Follow_Up：在支持对等延时机制的双步时钟中，Pdelay_Resp_Follow_Up 报文传递发送时间戳〈pdelayRespEventEgressTimestamp〉，该时间戳由 PTP 端口在发送Pdelay_Resp 报文时产生；

e) Management：管理报文传输用来管理时钟的信息和命令；

f) Signaling：信号报文在时钟间传递信息、请求和命令。

不要求为通用报文加上时间戳。

7.3.4 事件报文时间戳的产生

7.3.4.1 事件报文时间戳点

除非在本标准的传输特定附录中另有说明，事件报文的报文时间戳点应在帧起始定界符（SOF）之后第一个符号的起始处。

7.3.4.2 事件时间戳产生

所有 PTP 事件报文在进入和离开时被加上时间戳。时间戳应是事件报文时间戳点通过参考面的时间，该参考面标记了 PTP 节点和网络的边界。

注 1：如果实现使用一个点而不是报文时间戳点产生事件报文时间戳，则产生的时间戳应由检测的实际时间和报文时间戳点通过参考面时间的时间间隔进行适当校正。校正失败会导致从时钟和主时钟之间的时间偏移量。

注 2：通常，时间戳可以从参考面移开的点上产生。此外，与参考面的时间偏移量可能对于进入和离开事件报文是不同的。为满足本条的要求，应对产生的时间戳进行偏移校正。图 19 示出这些偏移。基于该模型，合适的校正如下：

〈egressTimestamp〉＝〈egressMeasuredTimestamp〉＋egressLatency

〈ingressTimestamp〉＝〈ingressMeasuredTimestamp〉－ingressLatency

其中在参考面上测量的实际时间戳〈egressTimestamp〉和〈ingressTimestamp〉根据它们相应的等待时间从检测（即测量）的时间戳中计算得到。无法完成校正会导致从时钟和主时钟之间的时间偏移。

7.3.5 报文的 sourcePortIdentity

每个 PTP 报文包含标识离开端口的 sourcePortIdentity 字段，见 13.3.2.8。

7.3.6 报文类型

每个 PTP 报文包含命名 PTP 报文的 messageType 字段，见 13.3.2.2。

注：PTP 报文头也包含一个附加字段“controlField”（见 13.3.2.10），提供该字段以保持基于 PTP 版本 1 的硬件设计的向后兼容性。

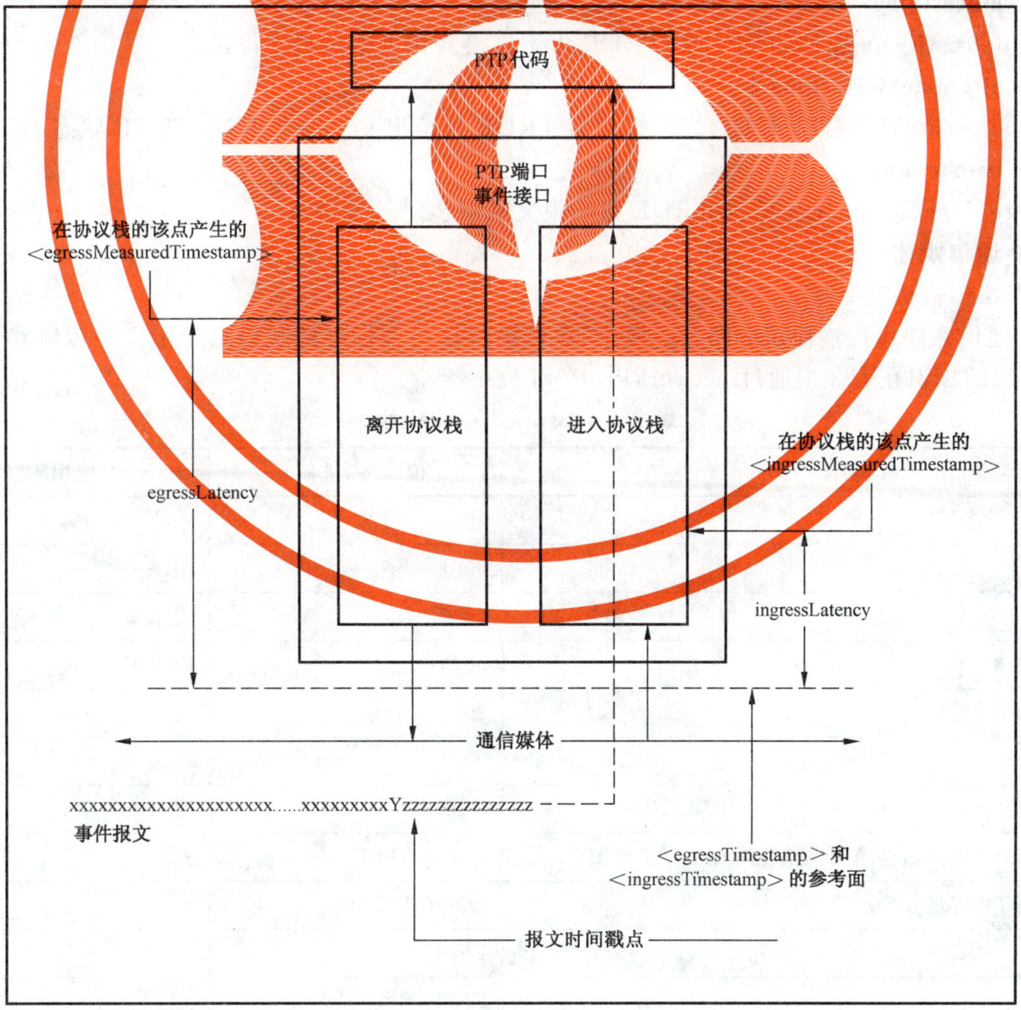

图 19 内部延时常数定义

7.3.7 报文的 sequenceId

除了后面提到的例外情况，在 PTP 普通时钟、边界时钟或透明时钟的每个端口应为发送到目的地址的每个报文类型维护一个单独的 sequenceId 池。多播地址被认为是一组目的地址，每个单播地址被认为是一个目的地址。

报文的 sequenceId 应比发送端口发送给同一报文目的地址的相同报文类型的前一个报文的 sequenceId 大一，这要服从 sequenceId 字段使用的 UInteger 16 数据类型的翻转约束。

如果两个 PTP 报文的 sequenceId 字段的值相同，且符合上面定义的 sequenceId 的翻转特性，具有相同的 messageType 和 domainNumber 字段值，并且是从 PTP 节点的同一发送协议地址发送的，则两个 PTP 报文是完全相同的。

sequenceId 的单独池的维护不用于下列报文类型：

——Pdelay_Resp

——Follow_Up

——Delay_Resp

——Pdelay_Resp_Follow_Up

——响应另一个管理报文的管理报文

对于这些例外，sequenceId 值在 13.3.2.9 和 15.4.1.2 中规定。

7.3.8 基于标志的指示器

7.3.8.1 unicastFlag

标志 unicastFlag(见 13.3.2.6)为 TRUE 指示将报文作为单播报文传送。

7.3.8.2 alternateMasterFlag

标志 alternateMasterFlag(见 13.3.2.6)为 TRUE 指示报文从一个非 MASTER 状态的端口发送。

7.3.8.3 twoStepFlag

twoStepFlag(见 13.3.2.6)为 TRUE 指示报文从双步时钟发送。

7.4 PTP 通信媒体

7.4.1 网络传输协议

PTP 通信在使用传输协议的路径上发生，该传输协议由本标准的映射附录定义。传输路径上使用的传输协议的标识在表 3 中通过 networkProtocol 枚举指示。

表 3 networkProtocol 枚举

名　称	值(十六进制)	应用附录
保留	0000	—
UDP/IPv4	0001	附录 D
UDP/IPv6	0002	附录 E
IEEE 802.3	0003	附录 F
DeviceNet	0004	附录 G
ControlNet	0005	附录 H
PROFINET	0006	附录 I
保留，由 IM/ST 委员会精确网络化时钟工作组分配	0007～EFFF	—
保留，由 PTP 行规分配	F000～FFFD	—
未知协议	FFFE	—
保留	FFFF	—

注：其他传输机制的枚举分配可以通过向 IM/ST 委员会精确网络化时钟工作组申请获得。

7.4.2 通信路径不对称

在任何网络路径上包含双步时钟的系统中，主时钟到从时钟的报文和从时钟到主时钟的报文应通过同一网络路径。在任何网络路径上包含双步时钟的系统中，从请求方到响应方的报文和从响应方到请求方的报文应通过同一网络路径。在所有的系统中报文应通过同一路径，以使不对称最小化。

精确时间协议要求在主时钟和从时钟以及从时钟和它的主时钟之间测量某些报文的传输时间。对于对等延时机制，要求测量响应方和请求方，以及该请求方和该响应方之间的传输时间。典型地，这些时间并不相同，PTP 使用以下属性描述传输时间：

——〈meanPathDelay〉；

——delayAsymmetry。

这些属性的基础在图 20 中描述。

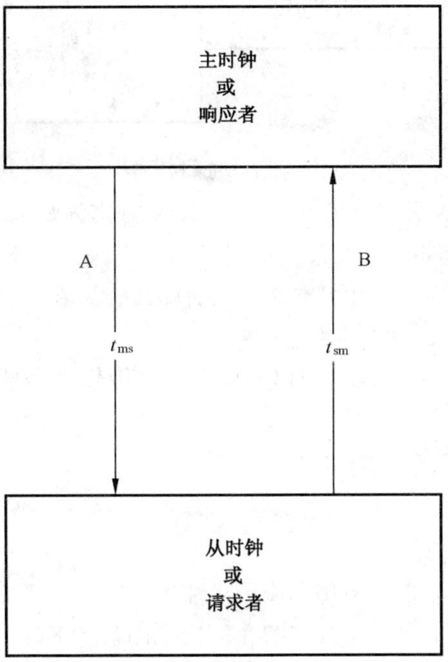

图 20 传输不对称

〈meanPathDelay〉是 t_{ms} 和 t_{sm} 的均值，即〈meanPathDelay〉$=(t_{ms}+t_{sm})/2$。delayAsymmetry 的值对于计算主时钟到从时钟或响应方到请求方方向的实际延时（即在 11 章中使用的 t_{ms}）是必需的。在许多情况下，delayAsymmetry 的值低于同步应用的误差要求。

属性 delayAsymmetry 的定义如下：

$t_{ms}=$〈meanPathDelay〉$+$delayAsymmetry

$t_{sm}=$〈meanPathDelay〉$-$delayAsymmetry

换句话说，当主时钟到从时钟或响应方到请求方的传输时间大于从时钟到主时钟或请求方到响应方的传输时间时，定义 delayAsymmetry 为正。

对 delayAsymmetry 的测量不在本标准范围内。但是如可知，则应按照本条规定，模型化传输不对称用于校正时间计算，见 11.6。

7.5 PTP 端口

7.5.1 概述

PTP 系统中的节点通过被称为端口的实体与网络进行交互，见图 21。

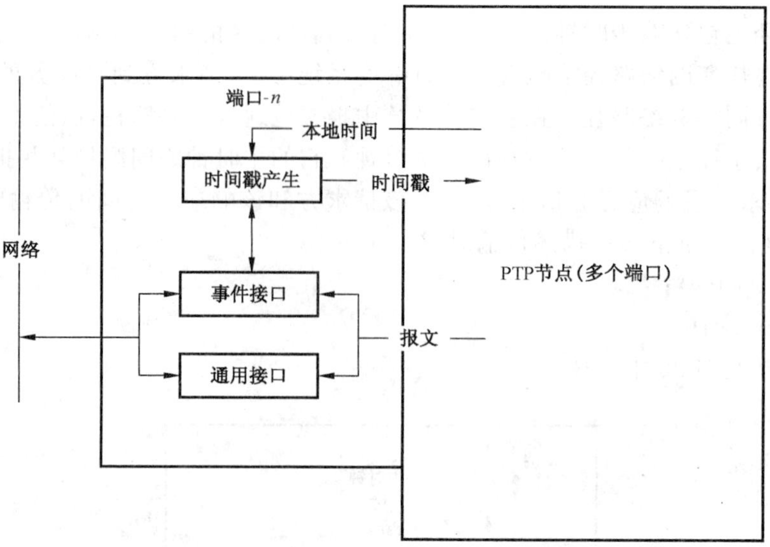

图 21 端口模型

PTP 普通时钟、边界时钟或透明时钟的每个端口被模型化为支持 2 个接口:事件接口和通用接口,如图 21 所示。该模型说明为事件报文(见 7.3.4.2)产生时间戳,但不要求为普通报文产生时间戳。

注:图 21 所示为端口模型,除非在本标准中另有说明,不排除其他实现,例如:有单一接口、为所有报文打上时间戳并之后选出事件报文的实现。

每个 PTP 端口实现该协议的单一版本,且使用单一的传输协议。多个 PTP 端口能通过单一物理端口连接到网络。

PTP 端口的属性在 7.5.2~7.5.5 中描述。

7.5.2 **PortIdentity**

7.5.2.1 **概述**

PTP 端口用类型 PortIdentity 的 portIdentity 属性标识,见 5.3.5。portIdentity 的值在 portDS 数据集的成员 portIdentity 中维护,见 8.2.5.2.1。portIdentity 由下述两个属性组成:

——portIdentity.clockIdentity;

——portIdentity.portNumber。

7.5.2.2 **clockIdentity**

7.5.2.2.1 **概述**

clockIdentity 是 8 个八位位组的数组。

clockIdentity 值应从 7.5.2.2.2 规定的 IEEE EUI-64 单个分配数[4] 中获得,或从 7.5.2.2.3 规定的数值集中获得。

7.5.2.2.2 **IEEE EUI-64 clockIdentity 值**

clockIdentity 的最高有效 3 个八位位组应为 OUI。OUI 的最高有效八位位组的两个最低有效位都应为 0。OUI 的最高有效八位位组的最低有效位用于区分本条规定的 clockIdentity 值和 7.5.2.2.3 中规定的 clockIdentity 值。

注 1:OUI 的最高有效八位位组的最低有效位和次低有效位的值分别指示该地址是组地址或单个地址,以及该地址由 IEEE 统一管理或本地管理。

ClockIdentity 应为 EUI-64 或从 EUI-48 构造的 EUI-64。

4) IEEE EUI-64、IEEE EUI-48、IEEE MAC-48 分配数可从 IEEE 注册管理委员会获得,见 http://standards.ieee.org/regauth/。这些分配数的指南也可从该网址获得。

对于将 IEEE EUI-64 用于 clockIdentity 值的设备：

——OUI 应由依据本条规定创建 clockIdentity 实例的组织拥有。

——拥有 OUI 的组织应确保 EUI-64 的剩余 5 个八位位组在该组织分配的 clockIdentity 值范围内是唯一的。

——将 IEEE EUI-64 的 8 个八位位组按序分配给 8 个八位位组数组 clockIdentity，其中将 IEEE EUI-64 的最高有效八位位组分配给八位位组数组 clockIdentity 中索引为 0 的成员。

示例：

X 公司的 OUI 是 $ACDE48_{16}$。如果 X 公司希望产生 EUI-64 clockIdentity，则合法值应为 $ACDE48234567ABCD_{16}$，X 公司确保 5 个八位位组数组 $234567ABCD_{16}$ 在 X 公司用作 clockIdentity 值的所有 EUI-64 分配数中是唯一的。来自 IEEE 注册管理委员会的 ClockIdentity 的字节表示和比特表示如下所示[4]：

OUI			扩展标识符					字段
addr+0	addr+1	addr+2	addr+3	addr+4	addr+5	addr+6	addr+7	顺序
AC	DE	48	23	45	67	AB	CD	十六进制
10101100	11011110	01001000	00100011	01000101	01100111	10101011	11001101	比特

组地址比特

最高有效字节

最高有效位

最低有效字节

最低有效位

实现者可以选择使用 EUI-48 产生 EUI-64 clockIdentity，在此情况下则：

——EUI-48 应为以太网 MAC 地址，以太网 MAC 地址由依据本条规定创建 clockIdentity 实例的组织拥有。拥有 MAC 地址的该组织应确保 MAC 地址用于产生仅仅一个 clockIdentity 实例，例如：通过要求 MAC 地址是嵌入到由 clockIdentity 标识的设备的 MAC 地址。

——从 EUI-48 中构造 EUI-64 的映射规则应由 IEEE 注册管理委员会规定。

——应将生成的 IEEE EUI-64 的 8 个八位位组按序分配给 8 个八位位组数组 clockIdentity，其中将 IEEE EUI-64 的最高有效八位位组分配给八位位组数组 clockIdentity 中索引为 0 的成员。

注 2：当使用 EUI-48 时，将 IEEE EUI-48 的前 3 个八位位组，即 OUI 部分，按序分配给 clockIdentity 的前 3 个八位位组，其中将 IEEE EUI-64 的最高有效八位位组，即 OUI 部分的最高有效八位位组，分配给八位位组数组 clockIdentity 中索引为 0 的成员，索引为 3 和 4 的八位位组的值分别为 FF 和 FE(十六进制)。IEEE EUI-48 的余下 3 个八位位组按序分配给 clockIdentity 的最后 3 个八位位组。

注 3：IEEE 注册管理委员会不赞成将 MAC-48 用于任何新设计中[4]。

示例：

如果 X 公司希望在自己的设备 $ACDE48234567_{16}$ 内使用基于 MAC 地址的 EUI-48 作为 clockIdentity 的一部分，则产生的 clockIdentity 应为：$ACDE48FFFE234567_{16}$。来自 IEEE 注册管理委员会的 ClockIdentity 的字节表示和比特表示如下所示[4]：

OUI			扩展标识符					字段
addr+0	addr+1	addr+2	addr+3	addr+4	addr+5	addr+6	addr+7	顺序
AC	DE	48	FF	FE	23	45	67	十六进制
10101100	11011110	01001000	11111111	11111110	00100011	01000101	01100111	比特

组地址比特

最高有效字节

最高有效位

最低有效字节

最低有效位

除了在本标准定义的说明和功能行为外，不允许其他任何依赖 IEC 61588 的 clockIdentity 值的说明和功能行为。

注 4：PTP 使用 clockIdentity 值作为唯一标识符，而不是作为网络地址。尽管对于使用用于此目的的 IEEE 分配数的技术，网络地址可能从 clockIdentity 推断出来，但这种说明不在本标准范围内。

7.5.2.2.3 non-IEEE EUI-64 clockIdentity 值

对于不使用 IEEE EUI-64 或基于 EUI-48 的 clockIdentity 值的设备：

——最高有效八位位组应被设置为 FF_{16}。该八位位组的最高有效位用于区分本条规定的 clockIdentity 值和在 7.5.2.2.2 中规定的值。

——紧接的 8 个 bit，即索引为 1 的八位位组，应分配来自表 4 的 non-EUI-64 addressTechnology 枚举。

——应对索引为 2～7 的八位位组分配值：使得到的 6 个八位位组数组的值在索引为 0 和 1 的八位位组定义的协议技术内是唯一的。使用此选项且唯一技术特定标识符小于 6 个八位位组的技术，应在该字段内左对齐设备的该唯一特定技术标识符，且将未使用的八位位组填 0。换句话说，索引为 2 的 clockIdentity 八位位组对于所有使用此选项的技术应有效。

——协议技术特定的唯一标识符的分配应由管理应用技术规范的标准化团体或工业团体负责。

Non-IEEE 管理号的 16 比特值，及 non-EUI-64 addressTechnology 的 16 比特值的定义见表 4。

表 4 Non-EUI-64addressTechnology 枚举

八位位组[0]（十六进制）	八位位组[1]（十六进制）	通信协议
FF	00	保留
	01	DeviceNet
	02	ControlNet
	03	PROFINET
	04～FD	保留，由 IM/ST 委员会精确网络化时钟工作组分配
	FE	版本 1 设备
	FF	不在本标准范围内的封闭系统

注 1：PTP 使用 clockIdentity 作为唯一标识符，而不是网络地址。对于使用用于此目的的 IEEE 分配数的技术，网络地址可能从 clockIdentity 可以推断出来，但这种说明不在本标准范围内。

注 2：在表 4 中列出的协议使用不准备映射到 EUI-64 框架的地址。IEC 61588 版本 1 的设备使用以太网 MAC 地址用于版本 1 的 UUID 字段。在边界时钟内版本 1 和版本 2 之间的转换可通过将版本 1 设备的特定规定加入到本表来简化，见 18.3.7。

示例：

XYZ 协会是标准化组织，负责管理当前或将来作为本标准附录的 XYZ 网络协议。为 XYZ 协会分配来自表 4 的值 FF05(十六进制)。假设其中一个成员，Y 公司从 XYZ 协会获得 6 个八位位组的唯一 clockIdentity：$23456789ABCD_{16}$。产生的 8 个八位位组 clockIdentity 应为：$FF0523456789ABCD_{16}$。字节和比特的表示如下所示[4)]：

OUI			扩展标识符					字段
addr+0 FF	addr+1 05	addr+2 23	addr+3 45	addr+4 67	addr+5 89	addr+6 AB	addr+7 CD	顺序 十六进制
11111111	00000101	00100011	01000101	01100111	10001001	10101011	11001101	比特

组地址比特

最高有效字节　　　　　　　　　　　　　　最低有效字节

最高有效位　　　　　　　　　　　　　　　最低有效位

7.5.2.2.4 **保留的 clockIdentity 值**

全为 1 的 clockIdentity 值应保留用于指定域内的所有时钟。

注：这符合 IEEE 注册管理委员会制定的规则[4)]。

7.5.2.3 **portNumber**

支持单一 PTP 端口的 PTP 节点的端口的 portNumber 值应为 1。支持 N 个 PTP 端口的 PTP 节点的 N 个端口的端口号应分别为 1,2,…,N。全 0 和全 1 的 portNumber 值被保留。全 1 的 portNumber，即 $FFFF_{16}$，用作管理报文（见 15.3.1）和信号报文（见 13.12.1）中的“所有端口”指示器。全 0 的 portNumber 用在 portIdentity 和 clockIdentity（见 7.5.2.4 和表 12）之间的数据集比较，表示时钟的内部 portNumber。全 0 的 portNumber 也可用于表示 portNumber 值为 NULL，例如它可表示未初始化或无效的 portNumber 值。

7.5.2.4 **clockIdentity 值和 portIdentity 值的排序**

两个 clockIdentity 值 X 和 Y 进行如下比较：

a) 如果 X 内的每个八位位组等于 Y 内的对应八位位组，则 X＝Y；

b) 否则，考虑八位位组不同的最高有效位置，并将此位置所在的八位位组作为无符号整数。如果属于 X 的八位位组小于属于 Y 的八位位组，则 X＜Y；否则 X＞Y。

具有属性 clockIdentity 和 portNumber 的类型 PortIdentity 的两个 portIdentity A 和 B 进行如下比较：

a) 如果 A.clockIdentity 小于 B.clockIdentity，则 A＜B；

b) 否则，如果 A.clockIdentity 大于 B.clockIdentity，则 A＞B；

c) 否则，如果 A.portNumber 值小于 B.portNumber 值，则 A＜B；

d) 否则，如果 A.portNumber 值大于 B.portNumber 值，则 A＞B；

e) 否则，A＝B。

具有属性 clockIdentity 和 portNumber 的类型 PortIdentity 的 portIdentity A 和类型 ClockIdentity 的 clockIdentity B 进行如下比较：

a) 如果 A.clockIdentity 小于 B.clockIdentity，则 A＜B；

b) 否则，如果 A.clockIdentity 大于 B.clockIdentity，则 A＞B；

c) 否则，B＜A。

7.5.3 **状态**

有 2 种 PTP 端口：有状态和无状态。PTP 有状态的端口支持 9.2 中的状态机。有状态的 PTP 端口由与该端口关联的 PTP 状态机的当前状态描述。无状态的 PTP 端口不支持 PTP 状态机和不具有该状态属性。

注：有状态 PTP 端口和无状态 PTP 端口的定义不排除 9.2 以外的可能适用 PTP 端口的状态机。

7.5.4 **路径延时测量机制**

用于测量事件报文传输时间的两个机制如下：

——延时请求-响应机制（见 11.3），测量两个有状态 PTP 端口间的传输时间；

——对等延时机制（见 11.4），测量两个支持对等延时机制的端口间的传输时间。

注：对等延时机制可以被有状态以及无状态的 PTP 端口支持。

7.5.5 **versionNumber**

属性 versionNumber 指示端口实现 PTP 的版本。对于 PTP 当前版本，versionNumber 的值为 2。

注：VersionNumber 的改变指示 PTP 报文的格式或语义或协议的运行已经改变，这使得早期版本将无法正确解析 PTP 报文。定义新的 TLV 或之前保留的 PTP 报文字段将不一定会导致 versionNumber 的改变，仅会导致 PTP 当前版本日期的改变。符合 PTP 早期版本的节点不能利用这些 TLV 或以前保留字段的定义所产生的新功能。尽管不在当前版本的范围之内，但将来版本可规定自主协商或其他技术，能够兼容实现 PTP 早期版本的节点。在本版本中，第 18 章定义了版本 1 和版本 2 间的转换。

7.6 PTP 设备特性

7.6.1 PTP 设备类型

有如下 5 种类型的 PTP 设备：

——普通时钟；

——边界时钟；

——端到端透明时钟；

——点到点透明时钟；

——管理节点。

所有 PTP 设备由 clockIdentity 属性标识。

此外，普通时钟和边界时钟的特点由下述属性描述：

——Priority 1；

——Priority 2；

——clockClass；

——clockAccuracy；

——timeSource；

——offsetScaledLogVariance；

——numberPorts。

普通时钟和边界时钟可以使用下述属性保留父时钟性能的统计数据：

——observedParentOffsetScaledLogVariance；

——observedParentClockPhaseChangeRate。

7.6.2 PTP 设备属性

7.6.2.1 clockIdentity

时钟或管理节点的 clockIdentity 值应在 7.5.2.2 中规定。

7.6.2.2 Priority 1

属性 Priority 1 用于执行最佳主时钟算法，见 9.3.2，较低值优先。Priority 1 的初始化值在 PTP 行规中规定。Priority 1 的值应可配置为 0～255 范围内的任何值，除非受适用的 PTP 行规规定限值的限定。

注：最佳主时钟算法的执行从具有较低 Priority 1 值的时钟集中选择时钟，而不是从具有较高 Priority 1 值的时钟集中选择时钟。

7.6.2.3 Priority 2

属性 Priority 2 用于执行最佳主时钟算法，见 9.3.2。较低值优先。Priority 2 的初始化值在 PTP 行规中规定。Priority 2 的值应可配置为 0～255 范围内的任何值，除非受适用的 PTP 行规规定限值的限定。

注：如果最佳主时钟算法执行基于 Priority 1、clockClass、clockAccuracy 和 scaledOffsetLogVariance 的值选择时钟失败，Priority 2 属性允许在决定性判据前产生最高 256 个优先级用于计算。决定性判据是基于 clockIdentity。

7.6.2.4 clockClass

普通时钟或边界时钟的 clockClass 属性指示最高级时钟分发的时间或频率的可溯源性。clockClass 的解释和允许值应基于表 5 中的定义。

注 1：clockClass 数范围 68～122 和 133～170 被保留用于备选 PTP 行规的定义。例如：这些范围预期由定义了只分发频率的应用的 PTP 行规使用。值 128 允许这些 PTP 行规选择没有被最佳主时钟算法选为主时钟的时钟的端口处于 PASSIVE 还是 SLAVE 状态。

注 2：被设计为将其时钟与当前主时钟同步的节点，只要它没有被选作主时钟，该节点不应将其 clockClass 数设置为小于 128。例如：由用户使用管理报文 TIME 设置时间（见 15.5.3.2.1），并随后同步到当前主时钟的时钟，应设置 clockClass 数为 187，而不是 6 或 7。“HAND_SET”的描述见表 7。

注 3：clockClass 数范围 216～232 预期由 PTP 行规使用，PTP 行规要求基于某些应用特定优先级为时钟分配优先级。例如：在工业应用中，控制器可能优先于传感器。

除非在 PTP 行规中另有说明，应选择降级可选 B。

除非时钟被特别设计为在导致执行 POWERUP 事件的环境下维护时钟精度，该事件的执行不应为 clockClass 分配 6、7、13 或 14。

在一个给定域中，clockClass 值小于 128 的时钟至少应固有地与任何 clockClass 值大于其自身的时钟一样稳定(低方差)。

表 5　clockClass 规范

clockClass(十进制)	规　范
0	保留，以兼容将来版本
1～5	保留
6	应指定同步到主参考时间源的时钟，分发的时标为 PTP。clockClass 6 时钟不应是此域内另一个时钟的从时钟
7	应指定一个时钟，该时钟之前已指定为 clockClass 6 但已失去同步到主参考时间源的能力，且处于保持状态并符合保持规范。分发的时标为 PTP。ClockClass 7 时钟不应是此域内另一个时钟的从时钟
8	保留
9～10	保留，以兼容将来版本
11～12	保留
13	应指定同步到应用特定时间源的时钟，分发的时标为 ARB。clockClass 13 时钟不应是此域内另一个时钟的从时钟
14	应指定一个时钟，该时钟之前已指定为 clockClass13 但已失去同步到应用特定时间源的能力，且处于保持状态并符合保持规范。分发的时标为 ARB。ClockClass 14 时钟不应是此域内另一个时钟的从时钟
15～51	保留
52	不符合保持规范的 clockClass 7 时钟的降级可选 A，ClockClass 52 时钟不应是此域内另一个时钟的从时钟
53～57	保留
58	不符合保持规范的 clockClass 14 时钟的降级可选 A，ClockClass 58 时钟不应是此域内另一个时钟的从时钟
59～67	保留
68～122	由备选 PTP 行规使用
123～127	保留
128～132	保留
133～170	由备选 PTP 行规使用
171～186	保留
187	不符合保持规范的 clockClass 7 时钟的降级可选 B，ClockClass 187 时钟可以是此域内另一个时钟的从时钟
188～192	保留
193	不符合保持规范的 clockClass 14 时钟的降级可选 B，ClockClass 193 时钟可以是此域内另一个时钟的从时钟
194～215	保留

表 5（续）

clockClass(十进制)	规　　范
216～232	由备选 PTP 行规使用
233～247	保留
248	缺省值，如果没有其他的定义适用，则使用该 clockClass
249～250	保留
251	保留，以兼容版本 1，见 18 章
252～254	保留
255	应为仅作为从时钟的时钟的 clockClass，见 9.2.2

如果时钟的固有特性改变，使得 clockClass 或 clockAccuracy 的指示不再适用，时钟应：

——升级或降级 clockClass 或 clockAccuracy，以正确规定当前时钟特性；

——或者被置于 FAULTY 状态。

7.6.2.5 clockAccuracy

clockAccuracy 为最佳主时钟(BMC)算法描述时钟特性。clockAccuracy 值应从表 6 中的枚举获得。该时钟以符合选定枚举值的精度来估计该属性的值。例如：23_{16}表示精度为±0.5 μs。该估计应基于 timeSource 属性(7.6.2.6)、从上一次同步到该时间源开始的经过时间和时钟的保持规范。如果确定该估计的信息不可用，则应使用“未知”枚举规范。

clockAccuracy 指示当时钟是最高级时钟或成为最高级时钟时期望的时钟精度。

在执行最佳主时钟算法时，对时钟精度的排序规定如下。当比较时钟精度时，如果时钟 A 的 clockAccuracy 值比时钟 B 的低，则认为时钟 A 好于时钟 B。

注：备选 PTP 行规保留 80～FD_{16}范围。期望此范围由定义了应用的 PTP 行规使用，该应用仅分发频率，以定义与频率分发相适用的精度规范。

表 6　clockAccuracy 枚举

值(十六进制)	规　　范
00～1F	保留
20	时间精度为 25 ns
21	时间精度为 100 ns
22	时间精度为 250 ns
23	时间精度为 1 μs
24	时间精度为 2.5 μs
25	时间精度为 10 μs
26	时间精度为 25 μs
27	时间精度为 100 μs
28	时间精度为 250 μs
29	时间精度为 1 ms
2A	时间精度为 2.5 ms
2B	时间精度为 10 ms
2C	时间精度为 25 ms
2D	时间精度为 100 ms

表 6（续）

值(十六进制)	规　范
2E	时间精度为 250 ms
2F	时间精度为 1 s
30	时间精度为 10 s
31	时间精度大于 10 s
32～7F	保留
80～FD	由备选 PTP 行规使用
FE	未知
FF	保留

7.6.2.6 timeSource

该纯信息属性指示最高级时钟使用的时间源。该值不用于选择最高级时钟，见表 7。这些值标识分类。例如：GPS 登录项应不仅包括美国国防部的 GPS 系统，也包括欧洲 Galileo 系统和其他目前及将来的基于人造卫星的时间系统。

表 7　timeSource 枚举

值(十六进制)[a]	timeSource	描　述
10	ATOMIC_CLOCK	基于原子共振产生频率，并已按国际标准对频率和时间(如果使用 PTP 时标)进行校准的任何设备，或直接连接到此类设备的设备。
20	GPS	同步到人造卫星系统的任何设备，人造卫星系统按照国际标准分发时间和频率。
30	TERRESTRIAL_RADIO	通过任何电波配时系统同步的任何设备，电波配时系统按照国际标准分发时间和频率。
40	PTP	同步到位于域外部的基于 PTP 的时间源的任何设备。
50	NTP	通过 NTP 或简单网络时间协议(SNTP)与服务器同步的任何设备，服务器按照国际标准分发时间和频率。
60	HAND_SET	基于观测的国际标准时间源，通过人机接口将其时间设定到声明时钟精度范围内的设备。
90	OTHER	没有被其他值覆盖的其他时间和/或频率源
A0	INTERNAL_OSCILLATOR	其频率不是基于原子共振也不按国际标准进行校准，且其时间是基于自由运行振荡器(其历元在任意或未知模式下确定)的任意设备。
F0～FE	由备选 PTP 行规使用	—
FF	保留	—

[a] 保留所有在表 7 中未使用的值。

注 1：clockClass、clockAccuracy 和 timeSource 的值应是一致的。例如：被直接同步到 GPS 系统的类 6 原子时钟可能声明的精度为 25 ns，但对于没有直接同步到 GPS 系统，而是用户通过网络观察美国标准技术研究院(NIST)服务器，使用用户接口设置的同一原子时钟，可能声明为类 6 但精度为 10 s；

注 2：$F0_{16}$～FE_{16}范围被保留用于备选 PTP 行规。该范围预期由定义了仅分发频率的应用的 PTP 行规使用，以定义与频率分发相适应的源的特性。

注 3：这些指定在电源故障重启后可能存在也可能不存在，但无论如何应反应节点的当前状态。例如：一个简单石英振荡器在启动后状态应为 INTERNAL_OSCILLATOR。如果稍后手动设置历元，则为 HAND_SET；而如果稍后同步到 GPS，则为 GPS；如果是有备份电池的实时时钟，尽管在电源故障重启下 clockAccuracy 和 clockClass 可能降低，但该状态仍存在。

7.6.2.7 numberPorts

属性 numberPorts 应指示 PTP 设备的 PTP 端口数量。

7.6.3 PTP 方差

7.6.3.1 概述

两个方差估计(见 7.6.3.2)表示了 PTP 系统中普通时钟和边界时钟的特性:

——每个此类时钟应维护一个对其固有精度的估计,offsetScaledLogVariance(见 7.6.3.5)。当时钟没有同步到使用协议的另一个时钟时,该估计是包含在时钟发布报文中的时间戳精度;

——如果此类时钟 clock_A 被同步到另一个使用 PTP 协议的时钟。clock_A 可以维护其观察到的与之同步的时钟的精度估计,observedParentOffsetScaledLogVariance(见 7.6.4.3)。

7.6.3.2 方差算法

offsetScaledLogVariance 和 observedParentOffsetScaledLogVariance 源自 PTP 方差,PTP 方差基于下述 Allan 偏差理论:

Allan 偏差 $\sigma_y(\tau)$ 按下式估计(见 ITU-T Recommendation G.810 [B19]):

$$\sigma_y(\tau) = \left[\frac{1}{2(N-2)\tau^2} \times \sum_{k=1}^{N-2}(x_{k+2} - 2x_{k+1} + x_k)^2\right]^{\frac{1}{2}}$$

其中,x_k,x_{k+1} 和 x_{k+2} 是在时间 t_k,$t_k+\tau$ 和 $t_k+2\tau$ 时刻完成的时间差测量,τ 是测量之间的采样周期,N 是数据采样个数。“差”意味着不变的系统影响已从数据中移除。

按照规定,Allan 偏差是振荡器频率变化的二阶统计量,振荡器作为时间基的基础。

PTP 方差定义如下:

$$\sigma_{\mathrm{PTP}}^2 = \tau^2 \times \frac{1}{3}\sigma_y^2$$

PTP 方差的无偏估计应按下式计算:

$$\sigma_{\mathrm{PTP}}^2 = \frac{1}{3}\left[\frac{1}{2(N-2)} \times \sum_{k=1}^{N-2}(x_{k+2} - 2x_{k+1} + x_k)^2\right]$$

其中,x_k,x_{k+1} 和 x_{k+2} 是在时间 t_k,$t_k+\tau$ 和 $t_k+2\tau$ 时刻完成的在测量时钟和本地参考时钟之间的时间差测量,τ 是采样周期,N 是数据采样个数。对于 PTP 方差,采样周期 τ 应是在适用的 PTP 行规中定义的值。8.2.1.3.1.3 和 8.2.3.4 规定了使用本条规定计算的方差。如果在执行期间计算这些方差,只有是 syncInterval 倍数时数据才是可用的,见 7.7.2.3。在此情况下,τ 应该是 syncInterval 的倍数。

实现可以计算 PTP 方差的保守估计值,而不是计算此处给定的准确值。注意:在有限计算资源或存储资源的实现中这可能是必要的。

注:Allan 偏差对采样周期的依赖提供了关于基本噪声过程类型的信息。Allan 偏差对于时间或频率的常数偏移不敏感,即使这些偏移可能在本标准的一些应用中是重要的。此外,例如当噪声频谱包含“亮线”(电力线引入的 50 Hz 变化),Allan 偏差不提供有用的诊断。最后,Allan 偏差作为观察集的平均值被计算,且当数据是统计不变时 Allan 偏差最有效。偏差不提供对偶然干扰的频率或幅值的良好测量,即使这些事件可能在本标准的一些应用中是重要的。

7.6.3.3 方差表示

PTP 方差应表示如下:

a) 在 7.6.3.2 中规定的 σ_{PTP}^2 的估计以秒平方(s^2)为单位来计算。

b) 计算此估计以 2 为底的对数。该对数的计算不必比该方差估计的精度更精确。

c) 该对数乘以 2^8 产生一个标定值。

d) 根据本条的滞后规范修改该标定值以产生报告值。

e) 该报告值被表示为二进制补码形式的 Integer 16。将值 8000_{16} 加到以此形式表示的报告值,并忽略任何溢出。其结果(即该偏移标定的报告值)为 UInteger 16。

f) 该偏移标定的报告值(表示为 UInteger 16)应是方差(见 7.6.3.1)的对数。

注 1：例如，假设 PTP 方差值是 $1.414\times2^{-73}=1.497\times10^{-22}\ s^2$，则 $\log_2(1.414\times2^{-73})=-73+0.5=-72.5$。如果将它表示为 Integer16，则它应截短为 −72。为保持一定的精度，通过该值乘以 2^8 来标定以产生 scaledLogVariance 为 −18560(即 $B780_{16}$)，它保持更高的 8 比特精度。对此值加上 $8\,000_{16}$ 以产生偏移标定报告值 3780_{16}。

注 2：可以表示的最小方差是 2^{-128} 或约等于 $3\times10^{-39}\ s^2$，它产生 offsetScaledLogVariance 为 0000_{16}。可以表示的最大方差是约等于 $2^{+127.996\,09}$，它产生 offsetScaledLogVariance 为 $FFFF_{16}$。

注 3：本表示确保 7.6.3.4 中的方差算法的计算顺序在所有实现中产生同样结果。使用浮点表示不能保证这样的结果。

offsetScaledLogVariance 属性的最大可能正数($FFFF_{16}$)指示方差太大以致不能表示或还没有计算方差。

方差值用于选择最佳主时钟(见 9.3.2)，因此在运行期间计算方差值的实现应包含方差估计的滞后，以排除选择主时钟过程中的波动。报告估计值以 2 为底对数的 2^8 标定值使用的滞后的量值为 PTP_SCALED_LOG_VARIANCE_HYSTERESIS，如图 22 所示。该滞后用于估计值对数的标定值，该估计值用于产生实际报告的估计值对数的偏移标定值，并用于最佳主时钟算法的计算(见 9.3)。需要维护足够的本地状态，以允许正确实现在实际方差估计中增加或减少趋势的滞后特性，PTP_SCALED_LOG_VARIANCE_HYSTERESIS 的值是 2^7。

注：2^7 对应 $\log_2$(实际估计值)为 1/2 的改变。因为滞后要求，$\log_2$(方差估计)低于 1/2 的波动不被报告。

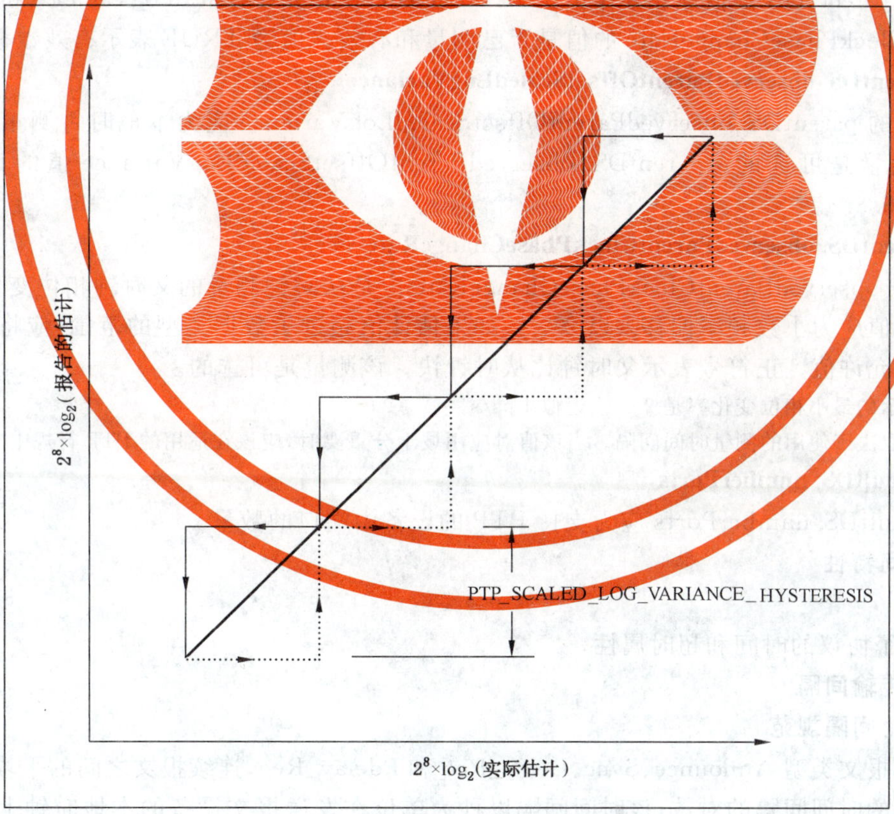

图 22 方差对数标定值滞后

7.6.3.4 方差计算顺序

方差应按对数表示、标定值、偏移量的顺序计算。

7.6.3.5 计算 defaultDS. offsetScaledLogVariance

defaultDS. offsetScaledLogVariance 值的计算应基于由理想时钟测量的本地时钟的特性。defaultDS. offsetScaledLogVariance 值如下：

——由制造商确定的静态常数；

——基于本地时钟部件测量行为或模型化行为和环境计算得到。

defaultDS. offsetScaledLogVariance 值的计算和表示见 7.6.3.2 和 7.6.3.3。

当本地时钟没有与使用协议的另一个时钟同步时，其 defaultDS. offsetScaledLogVariance 值应为相对于线性时标的本地时钟变化的估计。当没有与另一个时钟同步时，其参考时钟可能是原子时钟、GPS 接收器、稳定本地振荡器、通过 NTP 被同步的时钟组，等等。这些源可能影响方差估计。

defaultDS. offsetScaledLogVariance 值应为适用于一个测量集的方差，测量包括来自下述方面的误差：

——同步到它的参考时钟；

——时钟相位变化率的变化和本地振荡器的噪声特性；

——采样量化误差、进入延时和离开延时的波动和本地时钟的其他波动。

7.6.4 父时钟统计数据

7.6.4.1 概述

在从时钟状态的时钟可维护观测到的其父时钟性能的统计数据。这两个可选统计数据如下：

——parentDS. observedParentOffsetScaledLogVariance

——parentDS. observedParentClockPhaseChangeRate

7.6.4.2 parentDS. parentStats

parentDS. parentStats 的值应指示 parentDS. observedParentOffsetScaledLogVariance 和 parentDS. observedParentClockPhaseChangeRate 的值是否已测量和有效。值为 TRUE 表示有效数据。

7.6.4.3 parentDS. observedParentOffsetScaledLogVariance

本地时钟的 parentDS. observedParentOffsetScaledLogVariance 应为本地时钟测量的父时钟相位的方差。该测量是可选的。parentDS. observedParentOffsetScaledLogVariance 值的计算和表示见 7.6.3.2 和 7.6.3.3。

7.6.4.4 parentDS. observedParentClockPhaseChangeRate

parentDS. observedParentClockPhaseChangeRate 应是从时钟测量的父时钟相位变化率的估计，见 3.1.25。报告值应为小数频率偏移乘以 2^{+40}。如果估计值超过了数据类型的范围，应将该值设为适当的最大或最小允许值。正符号表示父时钟比从时钟快。该测量是可选的。

注 1：能表示的最小相位变化率是 2^{-40} 或近似 1 ps/s。

注 2：该值取决于使用的测量时间间隔。当该值对应用域十分重要时，应该在适用的 PTP 行规中规定时间间隔。

7.6.4.5 defaultDS. numberPorts

属性 defaultDS. numberPorts 应为支持 PTP 的设备中端口的数量。

7.7 PTP 时间特性

7.7.1 概述

7.7 规定了协议的时间和超时属性。

7.7.2 报文传输间隔

7.7.2.1 通用间隔规范

对于每个报文类型 Announce、Sync、Delay_Req 和 Pdelay_Req，连续报文之间的平均时间间隔应表示为以 2 为底的时间间隔的对数，该时间间隔以秒为单位在发送报文设备的本地时钟上测量。这些以对数表示的属性值应选择 −128～127 范围内的整数，并且服从适用的 PTP 行规规定的更多限制。这些间隔通过 PTP 报文的 logMessageInterval 字段传送。logMessageInterval 的解释取决于报文类型，见 13.3.2.11。除了 Delay_Req 报文（见 9.5.11.2），节点应以一定的间隔发送报文，该间隔在属性设定值的 ±30% 范围内，置信度为 90%。

7.7.2.2 Announce 报文发送间隔

portDS. logAnnounceInterval 应规定连续 Announce 报文间的平均时间间隔，即 announceInterval。

portDS. logAnnounceInterval 应该在整个域内是统一的，与之不符的域的行为不在本标准范围内。

注1：portDS. logAnnounceInterval 值是对域内确定主从层次结构的网络内的变化作出期望的响应速度，同发送报文造成的通信和计算工作量之间的折衷值。

注2：在使用不同通信技术的区域，例如：有线和无线技术，采用不同 portDS. logAnnounceInterval 是理想的。portDS. logAnnounceInterval 随区域改变的系统仍应正常工作。但是相比系统使用统一间隔值的情况，当等待较慢区域使用最佳主时钟算法选择主时钟时，短间隔的区域可能进行更多的重新配置。

7.7.2.3 Sync(多播)报文发送间隔

portDS. logSyncInterval 应规定作为多播报文发送的连续 Sync 报文间的平均时间间隔，即 syncInterval。

注1：在使用不同通信技术的区域，例如：有线和无线技术，采用不同 portDS. logSyncInterval 是理想的。

注2：portDS. logSyncInterval 值是在本地时钟稳定性和精度，同发送这些报文造成的通信和计算工作量之间的折衷值。

7.7.2.4 Delay_Req 报文发送间隔

portDS. logMinDelayReqInterval 应规定在连续 Delay_Req 报文间所允许的最小平均时间间隔，即 minDelayRequestInterval。Delay_Req 报文由从时钟发送给主时钟的一个特定端口，见 9.5.11.2。

主时钟根据其处理 Delay_Req 报文流量的能力确定并通报该值。该值应为一整数，最小值为 portDS. logSyncInterval，即与 Sync 报文的速率相同，最大值为 logSyncInterval＋5，即每 32 个 Sync 报文有 1 个 Delay_Req 报文。

注：portDS. logDelayReqInterval 值是对路径延时改变的响应速度，同发送报文造成的通信和计算工作量之间的折衷值。

7.7.2.5 Pdelay_Req 报文发送间隔

portDS. logMinPdelayReqInterval 应规定在链路上发送的连续 Pdelay_Req 报文间允许的最小平均时间间隔，即 minPdelayReqInterval。

注：portDS. logMinPdelayReqInterval 值是在链路延时和启动时间波动，同发送报文造成的通信和计算工作量之间的折衷值。

7.7.3 PTP 超时

7.7.3.1 portDS. announceReceiptTimeout

portDS. announceReceiptTimeout 值应规定在 ANNOUNCE_RECEIPT_TIMEOUT_EXPIRES (见 9.2.6.11)事件发生前无 Announce 报文接收情况下必须经过的 announceInterval 个数。值范围应为 2～255，且要符合 PTP 行规中的其他限定。最小值宜为 3。

(portDS. announceReceiptTimeout)×$2^{\text{portDS. logAnnounceInterval}}$的值应该在整个域内统一，与之不符的域的行为不在本标准范围内。

注：portDS. announceReceiptTimeout 值是对失效设备或失效网络的快速响应，同由于偶然性的 Announce 报文丢失所造成的用于确定主-从层次结构的最佳主时钟算法过度波动之间的折衷值。

8 PTP 数据集

8.1 数据集成员通用规范

8.1.1 数据集概述

8.1.1.1 数据集规范概述

每个数据集成员规范包括：

——成员的正式名称；

——成员关联语义的参考或定义；

——特性的初始化及组态，见 8.1.3。

8.1.1.2 普通时钟和边界时钟

对于每个普通时钟和边界时钟，应本地维护以下“时钟数据集”，作为协议判定和为报文字段提供值的基础：

——defaultDS(见 8.2.1)；

——currentDS(见 8.2.2)；

——parentDS(见 8.2.3)；

——timePropertiesDS(见 8.2.4)；

——portDS(普通时钟或边界时钟每个端口的一个数据集，见 8.2.5)。

8.1.1.3 透明时钟

对于每个透明时钟，应本地维护以下“透明时钟数据集”，作为协议判定和为报文字段提供值的基础：

——transparentClockDefaultDS 数据集(见 8.3.2)；

——transparentClockPortDS 数据集(见 8.3.3)。

8.1.2 初始化分类

8.1.2.1 概述

一个数据集的每个成员都分类为静态的、动态的或可组态的。

8.1.2.1.1 静态成员

静态成员的值是时钟或协议固有的物理或操作特性。

8.1.2.1.2 动态成员

动态成员的值不可直接被用户修改，但可进行改变：

——作为协议运行的结果。例如，portDS. portState 可由于协议事件而改变。一个管理报文可引发一个事件而导致 portDS. portState 的改变，但只能通过状态机的动作间接修改。在一些设计中，portDS. portState 能通过管理报文进行设置。

——由于时钟内部特性的变化而改变。例如，defaultDS. offsetScaledLogVariance 可由于温度对本地振荡器的影响而改变。

——由于同 PTP 外部时间系统的交互而改变。例如，一个能够与 GPS 系统同步的时钟，当第一次锁定 GPS 时，可改变其 defaultDS. clockQuality、时间或 timePropertiesDS 数据集成员的值。

8.1.2.1.3 可组态成员

可组态成员的值仅能通过管理报文或实现特定的组态方式来修改。

除非在本标准中另有说明，否则当可组态成员值更新时，其更新值应立即起作用。

除非在本标准中另有说明，可组态成员值的更新应限制在第 7 章或在适用 PTP 行规中规定的最大限制范围值的范围内。

注：例如，defaultDS. domainNumber 的值可通过管理报文修改，但不受协议或时钟内部变化的影响。

8.1.3 时钟数据集初始化特性

8.1.3.1 通用初始化规范

数据集成员的初始化特性应根据其分类(静态、动态或可组态)来决定。

对于普通时钟或边界时钟，数据集成员的初始化应在离开 INITIALIZATION 状态之前进行；对于透明时钟，数据集成员的初始化应在正常操作开始之前进行，见 8.1.3.2～8.1.3.4。

8.1.3.2 静态数据集成员的初始化

静态成员应被初始化为实现特定的值以满足成员规范。

8.1.3.3 动态数据集成员的初始化

动态成员应被初始化为以下值中首先适用的值：

a) 在规范中对数据集成员要求的值；

b) 表示时钟或协议在初始化时的特性值；

注：例如，defaultDS. clockQuality 的值可取决于初始化时刻时钟是否与 GPS 同步。

c) 如实现，在非易失读写存储器中的值；

注：例如，假定网络不太可能被频繁重新配置，currentDS. meanPathDelay 的值可被保存在非易失存储器中。

d) 实现特定的值。

如果动态成员的值被保存在非易失读写内存中，制造商应使用 a)、b)或 d)的适用值预加载该内存。

a)、b)或 d)的值被称为动态数据集的初始化值。

8.1.3.4 **可组态数据集成员的初始化**

可组态成员应被初始化为以下值中首先适用的值：

a) 在成员规范中说明作为初始化值的值而非根据 PTP 行规规范的值；

b) 上一个由管理报文或实现特定方式组态且保存在非易失读写存储器中(如实现)的值；

c) 设备实现的 PTP 行规中规定的成员的缺省初始化值。

如果组态值被保存在非易失读写内存中，制造商应使用 a)或 c)的适用初始化值预加载该内存。

a)或 c)的值被称为可组态数据集的初始化值。

8.1.3.5 **数据集成员的非易失读写存储操作**

一个或多个动态或可组态数据集成员的当前值可保存在非易失读写存储器中。

注：例如，本方式允许系统停电后更快速的组态。

当接收到管理报文 RESET_NON_VOLATILE_STORAGE 或实现特定的等效报文，非易失读写内存的内容应被复位为适用的动态或可组态数据集的初始化值(见 8.1.3.3 和 8.1.3.4)。

适用的动态和可组态数据集成员的当前值应被复制到非易失读写内存中：

——当接收到管理报文 SAVE_IN_NON_VOLATILE_STORAGE 或实现特定的等效报文；

——在实现特定时间。

8.2 **普通时钟和边界时钟的数据集**

8.2.1 **defaultDS 数据集成员规范**

8.2.1.1 **概述**

该数据集的成员如下：

——defaultDS. twoStepFlag；

——defaultDS. clockIdentity；

——defaultDS. numberPorts；

——defaultDS. clockQuality；

——defaultDS. Priority 1；

——defaultDS. Priority 2；

——defaultDS. domainNumber；

——defaultDS. slaveOnly。

8.2.1.2 **defaultDS 数据集的静态成员**

8.2.1.2.1 **defaultDS. twoStepFlag**

如果时钟是一个双步时钟，则 defaultDS. twoStepFlag 的值应为 TURE；否则，值应为 FALSE。

8.2.1.2.2 **defaultDS. clockIdentity**

defaultDS. clockIdentity 的值应为本地时钟的 clockIdentity(见 7.6.2.1)。

8.2.1.2.3 **defaultDS. numberPorts**

defaultDS. numberPorts 的值应为设备上 PTP 端口的个数。对于普通时钟，该值应为 1。

8.2.1.3 **defaultDS 数据集的动态成员**

8.2.1.3.1 **defaultDS. clockQuality**

8.2.1.3.1.1 **defaultDS. clockQuality. clockClass**

defaultDS. clockQuality. clockClass 的值应遵循 7.6.2.4 的 clockClass 规范。

defaultDS. clockQuality. clockClass 的初始化值应按如下选择：

a) 该值取决于 defaultDS 数据集成员 defaultDS. slaveOnly 的初始化值，defaultDS. slaveOnly 应在 defaultDS. clockQuality. clockClass 成员初始化之前被初始化；

b) 如果 defaultDS. slaveOnly 是 TRUE，则该初始化值应为 255，见 7.6.2.4；

c) 如果 defaultDS. slaveOnly 是 FALSE，并且 PTP 行规规定 clockClass 为 52、58、187、193 或在 68～122、133～170 或 216～232 范围内，则应使用 PTP 行规规定的 clockClass 值进行初始化；

d) 如果 defaultDS. slaveOnly 是 FALSE，并且设备按照 clockClass 6 或 13 进行设计，若这些数字表示时钟离开 INITIALIZING 状态的 clockClass，则 clockClass 初始化值应分别设为 6 或 13；若 clockClass 6 或 13 不表示离开 INITIALIZING 状态的时钟，则 clockClass 初始化值应为：

   1) 对于被设计为 class 6 的时钟，根据行规规定，应为 52、187 或 248；

   2) 对于被设计为 class 13 的时钟，根据行规规定，应为 58、193 或 248。

e) 否则，值应为 248。

注：设计为 clockClass 6 或 13 的时钟，在初始化 defaultDS. clockClass 成员之前，可包括实现特定的措施以确保其满足 7.6.2.4 对这些 clockClass 的规范。例如，在初始化 defaultDS. clockClass 成员之前，可将时钟与 GPS 系统同步作为在 INITIALIZING 状态的部分动作。如果这样的时钟在离开 INITIALIZING 状态之前不能满足 7.6.2.4 的规范，则使用时钟的降级或缺省可选值之一。

8.2.1.3.1.2 defaultDS. clockQuality. ClockAccuracy

defaultDS. clockQuality. ClockAccuracy 的值是 defaultDS. clockQuality 成员的 clockAccuracy 成员，见 5.3.7。

defaultDS. clockQuality. ClockAccuracy 的初始化按如下选择：

a) 该值取决于 defaultDS. clockQuality. clockClass 的初始化值(见 8.2.1.3.1.1)，defaultDS. clockQuality. clockClass 应在 clockAccuracy 初始化之前被初始化；

b) clockAccuracy 初始化值应表示初始化时刻时钟的 clockAccuracy，见 7.6.2.5。

8.2.1.3.1.3 defaultDS. clockQuality. offsetScaledLogVariance

defaultDS. clockQuality. offsetScaledLogVariance 的值是 defaultDS. clockQuality 成员的 offsetScaledLogVariance 成员，见 5.3.7。

defaultDS. clockQuality. offsetScaledLogVariance 的初始化值应反映初始化时刻本地时钟的固有特性，见 7.6.3.5。

8.2.1.4 defaultDS 数据集的可组态成员

8.2.1.4.1 defaultDS. Priority 1

defaultDS. Priority 1 的值是本地时钟的 Priority 1 属性(见 7.6.2.2)。

8.2.1.4.2 defaultDS. Priority 2

defaultDS. Priority 2 的值是本地时钟的 Priority 2 属性(见 7.6.2.3)。

8.2.1.4.3 defaultDS. domainNumber

defaultDS. domainNumber 是本地时钟的域的属性(见 7.1)。

8.2.1.4.4 defaultDS. slaveOnly

如果时钟是 slave-only 时钟，则 defaultDS. slaveOnly 的值应为 TRUE，见 9.2.2。如果时钟是 non-slave-only 时钟，则 defaultDS. slaveOnly 的值应为 FALSE，见 9.2.3。

8.2.2 currentDS 数据集成员规范

8.2.2.1 概述

该数据集的成员如下：

——currentDS. stepsRemoved；

——currentDS. offsetFromMaster；

——currentDS. meanPathDelay。

currentDS 数据集的所有成员都是动态的。

8.2.2.2 currentDS. stepsRemoved

currentDS. stepsRemoved 的值为本地时钟和最高级时钟之间穿过的通信路径的个数。

初始化值应为 0。

注：例如，处于与最高级时钟相同 PTP 通信路径的从时钟，其 currentDS. stepsRemoved 的值为 1，表示仅一个路径被穿过。

8.2.2.3 currentDS. offsetFromMaster

currentDS. offsetFromMaster 的值是主时钟与从时钟之间时间差当前值的实现特定表示，该值由从时钟计算；即〈offsetFromMaster〉=〈从时钟的时间〉-〈主时钟的时间〉(见 11.2)。数据类型应为 TimeInterval。初始化值应为：

——如实现，为非易失读写存储器中的值；

——或实现特定。

8.2.2.4 currentDS. meanPathDelay

currentDS. meanPathDelay 的值是主时钟与从时钟之间平均传输时间当前值的实现特定表示，该值由从时钟计算，即〈meanPathDelay〉；见 11.3 和 11.4。数据类型应为 TimeInterval。初始化值应为：

——如实现，为非易失读写存储器中的值；

——或实现特定。

8.2.2.5 parentDS 数据集成员规范

8.2.2.6 概述

该数据集的成员如下：

——parentDS. parentPortIdentity；

——parentDS. parentStats；

——parentDS. observedParentOffsetScaledLogVariance；

——parentDS. observedParentClockPhaseChangeRate；

——parentDS. grandmasterIdentity；

——parentDS. grandmasterClockQuality；

——parentDS. grandmasterPriority 1；

——parentDS. grandmasterPriority 2。

parentDS 数据集的值应在 defaultDS 数据集的值的初始化之后被初始化。

parentDS 数据集的所有成员都是动态的。

8.2.2.7 parentDS. parentPortIdentity

parentDS. parentPortIdentity 的值是主时钟端口的 portIdentity，该主时钟发出用于同步本时钟的 Sync 报文。

初始化值应为：

——parentDS. parentPortIdentity. clockIdentity 成员是 defaultDS. clockIdentity 字段的值；

——parentDS. portNumber 成员为 0。

8.2.2.8 parentDS. parentStats

如果满足所有下列条件，则 parentDS. parentStats 的值应为 TRUE：

——时钟有一个端口处于 SLAVE 状态；

——时钟已统计计算了 parentDS. observedParentOffsetScaledLogVariance 和 parentDS. observedParentClockPhaseChangeRate 成员的有效估计。

否则,值应为 FALSE。

初始化值应为 FALSE。

8.2.2.9 **parentDS. observedParentOffsetScaledLogVariance**

parentDS. observedParentOffsetScaledLogVariance 的值应为从时钟观察到的父时钟 PTP 方差的估计,计算和表示见 7.6.3.5。该值的计算是可选的。若不计算,则 parentDS. parentStats 的值应为 FALSE。

初始化值应为 $FFFF_{16}$,见 7.6.3.3。

8.2.2.10 **parentDS. observedParentClockPhaseChangeRate**

parentDS. observedParentClockPhaseChangeRate 的值应为从时钟观察到的父时钟相位变化率的估计,见 7.6.4.4。如果估计超出该数据类型的范围(见 15.5.3.5.1.4),该值应被适当地设为 $7FFFFFFF_{16}$或 $80\ 000\ 000_{16}$。正号表示父时钟的相位变化率大于从时钟的。该值的计算是可选的。若不计算,则 parentDS. parentStats 的值应为 FALSE。

不论本地时钟是否实现该计算,初始化值应为 $7FFFFFFF_{16}$。

值为 $7FFFFFFF_{16}$时表示该值超出了数据类型范围,或者值未被计算。

注:该值取决于所用的测量时间间隔。当该值对于应用领域至关重要时,时间间隔应在适用的 PTP 行规中规定。

8.2.2.11 **parentDS. grandmasterIdentity**

parentDS. grandmasterIdentity 的值是最高级时钟的 clockIdentity 属性(见 7.6.2.1)。

初始化值应为 defaultDS. clockIdentity 成员的值。

8.2.2.12 **parentDS. grandmasterClockQuality**

parentDS. grandmasterClockQuality 的值是最高级时钟的 clockQuality 属性(见 7.6.2.4、7.6.2.5 和 7.6.3)。

初始化值应为 defaultDS. clockQuality 成员的值。

8.2.2.13 **parentDS. grandmasterPriority** 1

parentDS. grandmasterPriority 1 的值是最高级时钟的 Priority 1 属性(见 7.6.2.2)。

初始化值应为 defaultDS. Priority 1 成员的值。

8.2.2.14 **parentDS. grandmasterPriority** 2

parentDS. grandmasterPriority 2 的值是最高级时钟的 Priority 2 属性(见 7.6.2.3)。

初始化值应为 defaultDS. Priority 2 成员的值。

8.2.3 **timePropertiesDS 数据成员规范**

8.2.3.1 **概述**

该数据集的成员如下:

——timePropertiesDS. currentUtcOffset;

——timePropertiesDS. currentUtcOffsetValid;

——timePropertiesDS. leap59;

——timePropertiesDS. leap61;

——timePropertiesDS. timeTraceable;

——timePropertiesDS. frequencyTraceable;

——timePropertiesDS. ptpTimescale;

——timePropertiesDS. timeSource。

timePropertiesDS 数据集的所有成员都是动态的。

timePropertiesDS. ptpTimescale 成员应在该数据集其他成员的初始化之前被初始化。

8.2.3.2 **timePropertiesDS.currentUtcOffset**

PTP 历元的 PTP 系统中，timePropertiesDS.currentUtcOffset 的值是 TAI 和 UTC 之间的偏移；否则该值没有意义。值的单位为 s。

初始化值应按如下选择：

a) 如果 timePropertiesDS.ptpTimescale(见 8.2.4.8)为 TRUE，若该值在初始化时刻是已知的，则为从主参考获得的值；否则

b) 该值应为节点被设计时闰秒(见 7.2.3)的当前个数。

注：设计为 clockClass 6 的时钟，在初始化 timePropertiesDS.currentUtcOffset 成员之前，可包括实现特定的措施以确保其满足 7.6.2.4 中 clockClass 6 的规范，并因此可访问 UTC 偏移值。例如，在初始化 currentUtcOffset 成员之前，时钟可将与 GPS 系统同步作为在 INITIALIZING 状态的部分动作。

8.2.3.3 **timePropertiesDS.currentUtcOffsetValid**

如果 timePropertiesDS.currentUtcOffset 已知是正确的，则 timePropertiesDS.currentUtcOffsetValid 的值是 TRUE。

如果 timePropertiesDS.currentUtcOffset 的值已知是正确的，则 timePropertiesDS.currentUtcOffsetValid 的初始化值是 TRUE；否则，是 FALSE。

8.2.3.4 **timePropertiesDS.leap 59**

PTP 历元的 PTP 系统中，timePropertiesDS.leap 59 为 TRUE 时表示当前 UTC 日的最后 1 min 包含 59 s。

如果不是 PTP 历元，则值应设为 FALSE 见 7.6.3.3。

初始化值应按如下选择：

a) 如果 timePropertiesDS.ptpTimescale(见 8.2.4.8)的值为 TRUE，若在初始化时刻是已知的，则该值为从主参考获得的值；否则

b) 该值应为 FALSE。

8.2.3.5 **timePropertiesDS.leap 61**

PTP 历元的 PTP 系统中，timePropertiesDS.leap 61 为 TRUE 时表示当前 UTC 日的最后 1 min 包含 61 s。

如果不是 PTP 历元，则值应设为 FALSE。

初始化值应按如下选择：

a) 如果 timePropertiesDS.ptpTimescale(见 8.2.4.8)的值为 TRUE，若在初始化时刻是已知的，则该值为从主参考获得的值；否则

b) 该值应为 FALSE。

8.2.3.6 **timePropertiesDS.timeTraceable**

如果时标和 timePropertiesDS.currentUtcOffset 的值可溯源到主参考，则 timePropertiesDS.timeTraceable 的值为 TRUE；否则，值应为 FLASE。

初始化值应按如下选择：

a) 如果 timePropertiesDS.ptpTimescale(见 8.2.4.8)为 TRUE，并且在初始化时刻 timePropertiesDS.currentUtcOffset 可溯源到主参考，则该值应为 TRUE；否则

b) 该值应为 FALSE。

8.2.3.7 **timePropertiesDS.frequencyTraceable**

如果决定时标的频率可溯源到主参考，则 timePropertiesDS.frequencyTraceable 的值为 TRUE；否则，值应为 FALSE。

初始化值应按如下选择：

a) 如果在初始化时刻频率可溯源到主参考,则该值应为 TRUE;否则

b) 该值应为 FALSE。

8.2.3.8 **timePropertiesDS. ptpTimescale**

如果最高级时钟的时标是 PTP,则 timePropertiesDS. ptpTimescale 的值为 TRUE;否则,值为 FALSE。

初始化值应按如下选择:

a) 如果在初始时刻可知时标(见 7.2.1)是 PTP,则该值应设为 TRUE;否则

b) 该值应为 FALSE,表示时标为 ARB。

8.2.3.9 **timePropertiesDS. timeSource**

timePropertiesDS. timeSource 的值为最高级时钟使用的时间源。

初始化值应按如下选择:

a) 如果在初始化时刻时间源是可知的,则该值应被设为那个值;否则

b) 该值应为 INTERNAL_OSCILLATOR。

8.2.4 **portDS 数据集规范**

8.2.4.1 **概述**

对于普通时钟的单个端口和边界时钟的每个端口,应维护以下“端口数据集”,作为协议判定和为报文字段提供值的基础。这样的数据集的个数应为 defaultDS. numberPorts 的值。

该数据集的成员如下:

——portDS. portIdentity;

——portDS. portState;

——portDS. logMinDelayReqInterval;

——portDS. peerMeanPathDelay;

——portDS. logAnnounceInterval;

——portDS. announceReceiptTimeout;

——portDS. logSyncInterval;

——portDS. delayMechanism;

——portDS. logMinPdelayReqInterval;

——portDS. versionNumber。

8.2.4.2 **portDS 数据集静态成员**

8.2.4.2.1 **portDS. portIdentity**

portDS. portIdentity 的值应为本地端口的 PortIdentity 属性,见 7.5.2。

8.2.4.3 **portDS 数据集动态成员**

8.2.4.3.1 **portDS. portState**

portDS. portState 的值应为与本端口相关联协议机的当前状态值(见 9.2),并应取自表 8 中的枚举。

表 8 PTP 状态枚举

PTP 状态枚举	值(十六进制)
INITIALIZING	01
FAULTY	02
DISABLED	03
LISTENING	04
PRE_MASTER	05

表 8（续）

PTP 状态枚举	值(十六进制)
MASTER	06
PASSIVE	07
UNCALIBRATED	08
SLAVE	09
—	其他值保留

初始化值应为 INITIALIZING。

8.2.4.3.2 **portDS. logMinDelayReqInterval**

portDS. logMinDelayReqInterval 的值是以 2 为底 minDelayReqInterval 的对数，见 7.7.2.4。初始化值是实现特定的，并符合 7.7.2.4。

8.2.4.3.3 **portDS. peerMeanPathDelay**

如果 portDS. delayMechanism 成员的值是点到点(P2P)，则 portDS. peerMeanPathDelay 的值应为链路上当前单向传输延时的估计值，即附加到本端口并使用对等延时机制进行计算的〈meanPathDelay〉，见 11.4。数据类型应为 TimeInterval。如果 portDS. delayMechanism 成员的值是端到端(E2E)，则值应为 0。初始化值应为 0。

8.2.4.4 **portDS 数据集可组态成员**

8.2.4.4.1 **portDS. logAnnounceInterval**

portDS. logAnnounceInterval 的值应为以 2 为底 announceInterval 平均值的对数，见 7.7.2.2。

8.2.4.4.2 **portDS. announceReceiptTimeout**

portDS. announceReceiptTimeout 的值应为 announceInterval 的整数倍，见 7.7.3.1。

注：announceInterval 等于 $2^{portDS.\,logAnnounceInterval}$ 的值。

8.2.4.4.3 **portDS. logSyncInterval**

portDS. logSyncInterval 的值应为以 2 为底用于多播报文的 SyncInterval 平均值的对数，见 7.7.2.3。

注：对于单播传输速率应在单个端口基础上分别协商，不受本条约束。

8.2.4.4.4 **portDS. delayMechanism**

portDS. delayMechanism 的值应指出端口在计算〈meanPathDelay〉时所用的传输延时测量选项，值应取自表 9 中的枚举。除了在 PTP 行规中说明外，初始化值是实现特定的。

表 9 延时机制枚举

延时机制	值(十六进制)	规 范
E2E	01	端口被配置为使用延时请求-响应机制
P2P	02	端口被配置为使用对等延时机制
DISABLED	FE	端口未实现延时机制，见注。
注：除非适用 PTP 行规规定时钟仅谐振且不使用任何路径延时机制，否则都不应设为该值。		

注：9.1 允许重新配置。允许自动配置，但超出本标准范围。

8.2.4.4.5 **portDS. logMinPdelayReqInterval**

portDS. logMinPdelayReqInterval 的值应是以 2 为底 minPdelayReqInterval 的对数，见 7.7.2.5。

8.2.4.4.6 **portDS. versionNumber**

portDS. versionNumber 的值应指出端口所使用的 PTP 版本。

8.3 透明时钟的数据集

8.3.1 概述

可选地，透明时钟应维护每个缺省数据集和端口数据集的单个副本。

注：不同于普通时钟和边界时钟，透明时钟不为每个域维护单独的数据集。除了谐振外，透明时钟是域无关的。

8.3.2 transparentClockDefaultDS 数据集成员规范

8.3.2.1 概述

该数据集成员如下：

——transparentClockDefaultDS. clockIdentity；

——transparentClockDefaultDS. numberPorts；

——transparentClockDefaultDS. delayMechanism；

——transparentClockDefaultDS. primaryDomain。

8.3.2.2 transparentClockDefaultDS 数据集静态成员

8.3.2.2.1 transparentClockDefaultDS. clockIdentity

transparentClockDefaultDS. clockIdentity 的值应是本地时钟的 clockIdentity 属性（见 7.6.2.1）。

8.3.2.2.2 transparentClockDefaultDS. numberPorts

transparentClockDefaultDS. numberPorts 的值应为设备 PTP 端口的个数。

8.3.2.3 transparentClockDefaultDS 数据集的可组态成员

8.3.2.3.1 transparentClockDefaultDS. delayMechanism

如果透明时钟是端到端透明时钟，则 transparentClockDefaultDS. delayMechanism 的值应为 E2E，见表 9。如果透明时钟是点到点透明时钟，则值应为 P2P。

8.3.2.3.2 transparentClockDefaultDS. primaryDomain

transparentClockDefaultDS. primaryDomain 的值应是主谐振域的 domainNumber，见 10.1。初始化值应为 0。

8.3.3 transparentClockPortDS 数据集成员规范

8.3.3.1 概述

该数据集成员如下：

——transparentClockPortDS. portIdentity；

——transparentClockPortDS. logMinPdelayReqInterval；

——transparentClockPortDS. faultyFlag；

——transparentClockPortDS. peerMeanPathDelay。

8.3.3.2 portDS 数据集静态成员

8.3.3.2.1 transparentClockPortDS. portIdentity

transparentClockPortDS. portIdentity 的值应是本地端口的 PortIdentity 属性，见 7.5.2。

8.3.3.3 portDS 数据集动态成员

8.3.3.3.1 transparentClockPortDS. logMinPdelayReqInterval

transparentClockPortDS. logMinPdelayReqInterval 的值应是以 2 为底 MinPdelayReqInterval 的对数，见 7.7.2.5。

8.3.3.3.2 transparentClockPortDS. faultyFlag

如果端口故障，则 transparentClockPortDS. faultyFlag 的值应为 TRUE；如果端口运行正常，则值应为 FALSE。初始化值应为 FALSE。

8.3.3.3.3 transparentClockPortDS. peerMeanPathDelay

如果 transparentClockDefaultDS. delayMechanism 成员的值是 P2P，则 transparentClockPortDS.

peerMeanPathDelay 的值应为链路上当前单向传输延时的估计值，即附加到本端口并使用对等延时机制进行计算的〈meanPathDelay〉，见 11.4。如果 transparentClockDefaultDS.delayMechanism 成员的值是 E2E，则值应为 0。数据类型应为 TimeInterval。初始化值应为 0。

9 PTP 普通时钟和边界时钟

9.1 PTP 普通时钟和边界时钟的通用协议要求

普通时钟和边界时钟：

a) 可在多个域(见 7.1)中运行。每个域的运行应独立于其他域；

b) 当 9.2 中的状态机要求时，应根据 12.2 同步；

c) 应通过使用以下选项对路径延时进行校正：

  1) 延时请求-响应机制，见 11.3；

  2) 对等延时机制，见 11.4。

只要任意时刻仅有一个机制是活动的，一个端口可同时实现延时请求-响应机制和对等延时机制。选择的方法不属于本标准范围。不禁止自动配置。

时钟仅与使用最佳主时钟算法所选的时钟同步。

除满足第 17 章条件外，当接收到的 Announce、Sync、Follow_Up 或 Delay_Resp 报文的报文头标志 altermateMasterFlag 值为 TRUE 时，普通时钟或边界时钟应丢弃该报文。

普通时钟应包含一个 PTP 端口，该端口遵循 9.2 的要求。

边界时钟应包含多个 PTP 端口，每个 PTP 端口都遵循 9.2 的要求。

9.2 状态协议

9.2.1 通用状态要求

所有普通时钟和边界时钟都应实现 9.2 的状态机和状态行为。

9.2.2 slave-only(只作为从时钟)普通时钟

普通时钟可被设计为 slave-only 时钟或 non-slave-only 时钟。实现可以通过管理报文 SLAVE_ONLY 或实现相关方法，可选地提供配置到 slave-only 模式的能力。slave-only 时钟应实现图 24 所示的状态机。

注：slave-only 时钟不能进入 MASTER 状态。因此，系统应至少包含一个 non-slave-only 时钟。slave-only 时钟使用的状态机不同于 non-slave-only 时钟，并且具有不同的 clockClass 号，见 7.6.2.4。

9.2.3 non-slave-only(不仅仅作为从时钟)时钟

边界时钟不应为 slave-only 时钟。边界时钟以及不被设计为或不被配置为 slave-only 的普通时钟，应实现图 23 所示的状态机。

9.2.4 状态定义

除了 16.1 定义的单播报文条件外，与图 23 和图 24 状态机相关联的端口状态的行为应如表 10 定义。

除了 DISABLED 状态外，端口可使用接收到的 PTP 报文中的任何信息，只要该用法不违反协议要求。

9.2.5 状态机

本条的状态机应决定具有状态的 PTP 端口的允许状态转换。

4.3 规定图 23 和图 24 所用的符号。

表 10 PTP portState 定义

PTP portState	描　述
INITIALIZING	当端口处于INITIALIZING状态时，端口初始化其数据集、硬件和通信设备。时钟端口不应向其通信路径放置任何PTP报文。如果边界时钟有一个端口处于INITIALIZING状态，则其所有端口都应处于INITIALIZING状态
FAULTY	协议的故障状态。当端口处于该状态时，除了要求的对另外管理报文响应的管理报文外，端口不应向其通信路径放置任何PTP报文。在边界时钟，故障端口的行为不应影响设备的其他端口。如果处于该状态的端口的故障行为，不能限制在故障端口，则所有端口都应处于FAULTY状态
DISABLED	端口不应向通信路径放置任何PTP报文。在边界时钟，该端口的行为不允许影响边界时钟任何其他端口的行为。除管理报文外，处于该状态的端口应丢弃所有接收到的PTP报文
LISTENING	端口等待announceReceiptTimeout超时，或者等待接收来自主时钟的Announce报文。该状态的目的是允许有序地将时钟增加到一个域。当端口处于该状态时，除Pdelay_Req、Pdelay_Resp、Pdelay_Resp_Follow_Up、信号报文或要求的对另外管理报文响应的管理报文外，端口不应向其通信路径放置任何PTP报文
PRE_MASTER	除了处于该状态的端口不能向其通信路径上放置除Pdelay_Req、Pdelay_Resp、Pdelay_Resp_Follow_Up、信号报文或管理报文以外的任何报文外，端口在所有方面的行为应同处于MASTER状态一样
MASTER	端口作为主时钟端口进行动作
PASSIVE	除Pdelay_Req、Pdelay_Resp、Pdelay_Resp_Follow_Up、信号报文或要求的对另外管理报文响应的管理报文外，端口不应向其通信路径放置任何报文
UNCALIBRATED	在域中检测到一个或多个主时钟端口。已选择了合适的主时钟端口，并且本地端口正准备同步到所选的主时钟端口。这是一个暂态，以便允许初始化同步动作，当选择一个新主时钟端口时的数据集更新，以及其他实现特定行为
SLAVE	端口同步到所选的主时钟端口

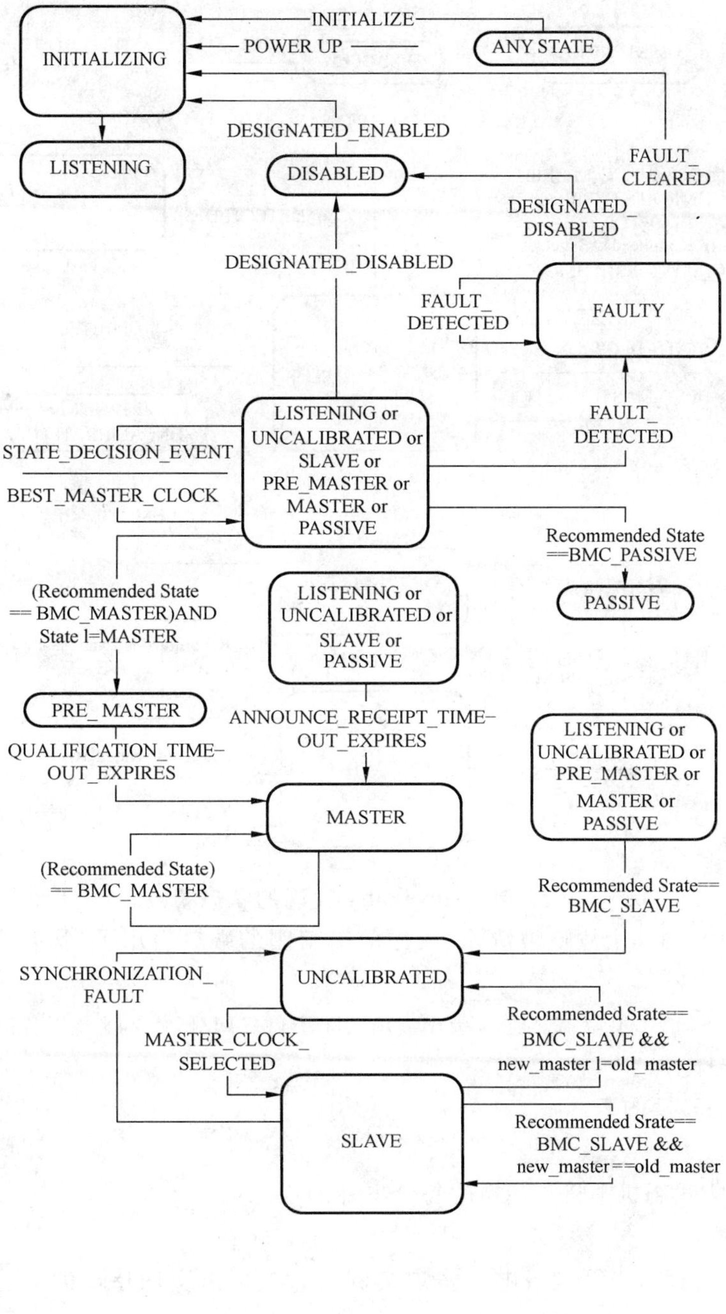

图 23　完整实现的状态机

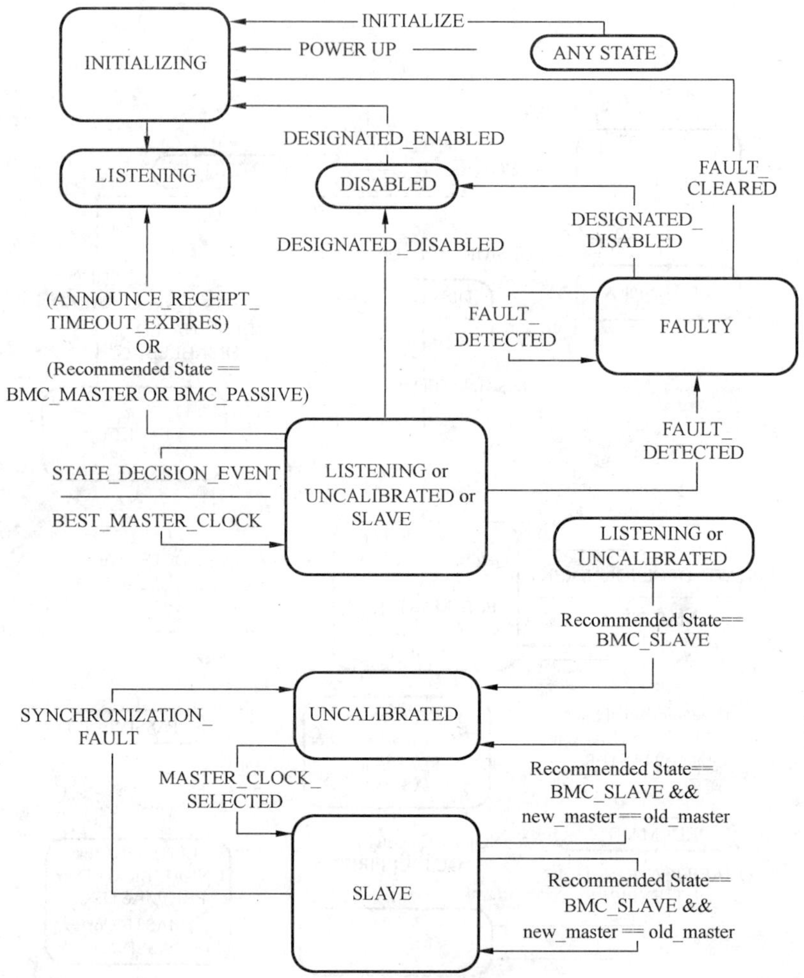

图 24 slave-only 实现的状态机

在图 23 和图 24 中，当一个故障被清除，或先前被禁用的端口启用了，状态机就转换到 INITIALIZING 状态。

注：在后续转换到 LISTENING 状态之前，不要求实现执行 INITIALIZE 命令、上电或复位之后的所有步骤，但要求达到执行这些步骤的结果。

9.2.6 引发 PTP 状态转换的事件

9.2.6.1 概述

引发图 23 和图 24 状态机中状态转换的每个事件的规范见 9.2.6。

9.2.6.2 POWERUP

POWERUP 事件应通过打开设备电源实现实例化。也可由实现特定的复位机制实例化，如复位按钮。

9.2.6.3 INITIALIZE

INITIALIZE 事件应由 INITIALIZE 管理报文的接收实例化，或如果该报文 initializationKey 字段要求，由其等价方法实例化。

9.2.6.4 DESIGNATED_ENABLED

DESIGNATED_ENABLED 事件应由 ENABLE_PORT 管理报文的接收实例化。

9.2.6.5 DESIGNATED_DISABLED

DESIGNATED_DISABLED 事件应由 DISABLE_PORT 管理报文的接收实例化。

9.2.6.6 **FAULT_CLEARED**

FAULT_CLEARED事件应由故障条件或阻止端口正确操作条件的清除实例化。

注：所有检测到的故障条件的清除可源于管理报文的动作或内部规程。

9.2.6.7 **FAULT_DETECTED**

FAULT_DETECTED事件应由阻止端口正确操作的内部条件的发生实例化。

9.2.6.8 **STATE_DECISION_EVENT**

STATE_DECISION_EVENT机制通过使用接收到的Announce报文中的数据判断哪个是最佳主时钟，以及本地时钟端口是否需改变状态。每个时钟应实现一个生成STATE_DECISION_EVENT的机制，并且该事件的发生应实现图25所示逻辑。图25中所示的最佳主时钟算法为本标准规定的缺省最佳主时钟算法。如果规定可选最佳主时钟算法(见9.3.1)，则图中方框标记的最佳主时钟算法的部分可不同。

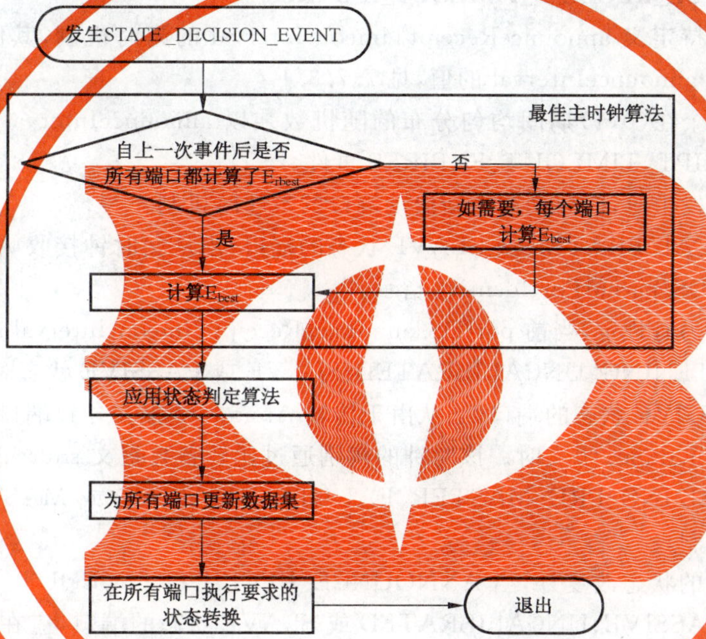

图25 STATE_DECISION_EVENT逻辑

STATE_DECISION_EVENT应：

——在一个时钟的所有端口逻辑地同时发生；

——每Announce报文传输间隔内至少发生一次；

——当任意端口处于INITIALIZING状态时不得发生。

对于实现缺省最佳主时钟算法(见9.3.1)的节点，在STATE_DECISION_EVENT逻辑的第一个动作之前，或作为STATE_DECISION_EVENT逻辑的第一个动作，每个不处于DISABLED或FAULTY状态的端口N，应计算E_{rbest}的更新值，以反映自上一次STATE_DECISION_EVENT以后对Announce报文的接收。所有端口都计算E_{rbest}集之后，时钟应计算E_{best}。

对所有节点，时钟应按给定顺序完成以下任务：

a) 采用最佳主时钟算法；

b) 更新相应的数据集；

c) 在状态机中实例化推荐状态事件；

d) 在所有端口执行要求的状态改变。

这些任务应原子性地执行，见3.1.2。该输入信息应包含E_{rbest}值的集合。这些任务的执行见9.3定义。

9.2.6.9 **推荐状态**

推荐状态事件是由 STATE_DECISION_EVENT 引发的执行最佳主时钟算法的结果。

9.2.6.10 **QUALIFICATION_TIMEOUT_EXPIRES**

〈qualificationTimeoutInterval〉的超时定义 QUALIFICATION_TIMEOUT_EXPIRES 事件。该超时机制决定了时钟处于 PRE_MASTER 状态的时间。

当端口进入 PRE_MASTER 状态时，启动〈qualificationTimeoutInterval〉。应在按如下方法计算出的时间间隔后发生超时：

qualificationTimeoutInterval 应为 announceInterval(见 7.7.2.2)的 N 倍，单位为秒(s)，当：

a) 如果根据图 26 的判定点 M1 或 M2，使得推荐状态＝MASTER 事件，则 N 应为 0；

b) 如果根据图 26 的判定点 M3，使得推荐状态＝MASTER 事件，则 N 应为 currentDS. stepsRemoved 字段值加 1。

9.2.6.11 **ANNOUNCE_RECEIPT_TIMEOUT_EXPIRES**

每个协议机应支持定义 announceReceiptTimeoutInterval 的超时机制，其值为 portDS. announceReceiptTimeout 乘以 announceInterval 的值，见 7.7.3.1。

该超时值加上一个在(0,1)期间均匀分布的随机数乘以 announceInterval 的值，该和超时将引发 ANNOUNCE_RECEIPT_TIMEOUT_EXPIRES 事件。

当任何以下事件发生时，应启动或重新启动端口的本超时机制：

a) 对处于 UNCALIBRATED 或 SLAVE 状态的端口，当从父时钟接收 Announce 报文时。父时钟由 parentDS. parentPortIdentity 指示。

b) 除非第 9 章另有规定，当前 portDS. announceReceiptTimeoutInterval 超时时刻。

c) 当进入 LISTENING、UNCALIBRATED、SLAVE 或 PASSIVE 状态时。

d) 对处于 PASSIVE 状态的端口，当从由于传输 Announce 报文导致端口进入 PASSIVE 状态的时钟接收 Announce 报文时。该时钟的辨别通过比较各自报文 sourcePortIdentity 字段实现。

当进入 INITIALIZING、PRE_MASTER、FAULTY、DISABLED 或 MASTER 状态时，应停止或不重新启动本超时机制。

除图 23 和图 24 的状态改变外，当 ANNOUNCE_RECEIPT_TIMEOUT_EXPIRES 事件发生时，处于 LISTENING、PASSIVE、UNCALIBRATED 或 SLAVE 状态的端口，应在进入 MASTER 状态前更新数据集，操作如下：

——对于普通时钟，按判据 M1 规定将端口数据集更新为 MASTER 状态配置(见 9.3.5)；

——对于没有其他端口处于 SLAVE 状态的边界时钟，按判据 M1 规定将端口数据集更新为 MASTER 状态配置(见 9.3.5)；

——对于有其他端口处于 SLAVE 状态的边界时钟，按判据 M3 规定更新端口数据集为 MASTER 状态配置(见 9.3.5)。

9.2.6.12 **SYNCHRONIZATION_FAULT**

SYNCHRONIZATION_FAULT 事件的实例化是实现特定的。只要时钟处于 SLAVE 状态，并且实现检测到要求重新执行发生在 UNCALIBRATED 状态下的功能的实现环境(重新执行保证正确的同步)，该事件应被实例化。

9.2.6.13 **MASTER_CLOCK_SELECTED**

MASTER_CLOCK_SELECTED 事件的实例化是实现特定的。只要处于 UNCALIBRATED 状态的时钟，已满足保证在 SLAVE 状态同步的所有实现和协议必备要求，该事件应被实例化。

9.2.7 **边界时钟端口使用 PTP 事件**

对于边界时钟，引发图 23 和图 24 状态机状态转换的事件(见 9.2.6)应被用于设备端口的状态机，如表 11 所示。

表 11 边界时钟事件的可用性

事件名称	端口可用性
POWERUP	所有端口
NITIALIZE	所有端口
FAULT_DETECTED	所有受故障影响的端口
FAULT_CLEARED	所有受故障影响的端口
STATE_DECISION_EVENT	所有端口
推荐状态,见注	所有端口
ANNOUNCE_RECEIPT_TIMEOUT_EXPIRES,或 QUALIFICATION_TIMEOUT_EXPIRES	发出超时机制到时信号的端口
DESIGNATED_ENABLED,或 DESIGNATED_DISABLED	初始化管理报文规定的端口
MASTER_CLOCK_SELECTED	发出事件信号的端口
SYNCHRONIZATION_FAULT	发出事件信号的端口
注:推荐状态是由 STATE_DECISION_EVENT 引发的最佳主时钟算法执行结果的状态。	

9.3 最佳主时钟算法

9.3.1 最佳主时钟算法的选择

PTP 允许使用 2 种方式的最佳主时钟算法:

——缺省地,9.3.2~9.3.4 规定的机制;

——如果 PTP 行规中有规定,备选最佳主时钟算法。

任何备选最佳主时钟算法应满足以下要求:

a) 算法的输出应提供执行 9.2.5、9.2.6.8 和 9.2.6.9 中 PTP 状态机和状态判定事件所要求的推荐状态。推荐状态应满足 9.2.4 的要求。可选地,备选算法可以是动态算法,或是在运行节点的端口上简单配置推荐状态值的静态算法。

b) 算法的输出应提供用于更新数据集(见 9.3.5)的状态判定代码,以及根据这些代码进行更新所要求的任意数据。这些判定代码应如下:

   1) M1:端口处于 MASTER 状态,因为端口在 clockClass 1~127 节点上,并且是系统最高级时钟的端口;

   2) M2:端口处于 MASTER 状态,因为端口在 clockClass 128 或更高节点上,并且是系统最高级时钟的端口;

   3) M3:端口处于 MASTER 状态,但并不是系统最高级时钟的端口;

   4) S1:端口处于 SLAVE 状态;

   5) P1:端口处于 PASSIVE 状态,因为端口在 clockClass 1~127 节点上,并且不在系统最高级时钟上,或者处于 PASSIVE 以中断一个时间环;

   6) P2:端口处于 PASSIVE 状态,因为端口在 clockClass 128 或更高节点上,并且处于 PASSIVE 以中断一个时间环。

域中每个普通时钟和边界时钟的所有端口都本地运行 BMC 算法。因为连续运行,该算法不断重新适应网络或时钟的改变。

9.3.2 BMC 算法

9.3.2.1 概述和术语定义

9.3.2 规定了本地时钟用来判断在所有时钟(包括自身)中哪个是“最佳”时钟的方法,以决定其所有端口的下一状态,见表 10。在域中每个时钟独立执行算法。换言之,时钟并不协商哪个应为主时钟哪个应为从时钟——相反，每个时钟仅计算自己端口的状态。该算法避免了两个主时钟、没有主时钟，或主时钟来回替换的配置。

最佳主时钟算法 BMC 包括两部分：

a) 数据集比较算法，用于判定两个时钟端口中哪个是较好的，见 9.3.4；

b) 用于计算涉及端口的推荐状态的算法，见 9.3.3。

本判据是基于给定时钟端口接收到的 Announce 报文中包含的信息，以及该给定时钟的 defaultDS 数据集的值。

9.3.2.2 通用 BMC 规范

通过 defaultDS 数据集 D_0 和其他数据集描述特性，普通时钟 C_0 或具有“N”个端口的边界时钟 C_0 上的 BMC 算法应遵循以下：

a) 对于 C_0 的每个端口“r”，应比较合格的 Announce 报文(见 9.3.2.5)。这些报文是从连接到端口“r”所在通信路径的其他时钟的端口接收到的。

b) 对于 C_0 的每个端口“r”，报文中的最佳报文 E_{rbest}，应通过使用数据集比较算法判定。

c) 对于时钟 C_0 的 N 个端口的集合，报文中的最佳报文 E_{best}，应通过使用数据集比较算法从 N 个 E_{rbest} 报文中判定。

d) 对于时钟 C_0 N 个端口的每个端口，报文 E_{best}、E_{rbest} 和 defaultDS 数据集 D_0 应同状态判定算法一起使用，以决定适用每个端口状态机(见 9.2.5)的 BMC 事件。

e) 除了主时钟簇选项的条款外(17.3)，当根据 9.3.2 执行最佳主时钟算法时，端口应丢弃所有 alternateMasterFlag 为 TRUE 的 Announce 报文。这些报文不应进入用于最佳主时钟算法的 foreignMasterDS。备选主时钟选项(见 17.4)规定了该标志为 TRUE 的 Announce 报文的其他用法。

9.3.2.3 E_{rbest} 的计算

每个端口可判定 E_{rbest} 而与其他端口活动无关。E_{best} 的判定、状态判定算法的使用，以及这些判定结果应用所要求的任何状态改变的实例化，都是原子性的，见 3.1.2。

当计算 E_{rbest} 时，端口“r”应：

a) 仅考虑端口“r”上接收到的合格的 Announce 报文(见 9.3.2.5)。

b) 包括至少两个合格的来自外部主时钟的 Announce 报文(如果这样的报文存在)。在这种情况下，“r”应从其实现特定的 foreignMasterDS 数据集(见 9.3.2.4)中，删除所有被考虑但未被选为 E_{rbest} 的记录。

c) 如果端口“r”处于 SLAVE 状态，包括先前在端口“r”上的 E_{rbest} 计算结果。然而，如果端口“r”从相同发送端口接收到一个更新的合格 Announce 报文，则应考虑该报文中的值。如果在端口“r”上先前 E_{rbest} 计算期间，为所选时钟发生了一个 ANNOUNCE_RECEIPT_TIMEOUT_EXPIRES 事件，则不应包括先前在端口“r”上的 E_{rbest} 计算值。

注：应包括来自许多外部主时钟的 Announce 报文，外部主时钟的个数与端口资源允许的一样多。

9.3.2.4 foreignMasterDS 数据集规范

9.3.2.4.1 概述

每个端口应维护一个实现特定的 foreignMasterDS 数据集，以便对 Announce 报文进行合格判定。数据集中的每个登入项包含两个成员：

——foreignMasterDS. foreignMasterPortIdentity；

——foreignMasterDS. foreignMasterAnnounceMessages。

9.3.2.4.2 foreignMasterDS. foreignMasterPortIdentity

foreignMasterDS. foreignMasterPortIdentity 的值应是从外部主时钟接收到的 Announce 报文中 sourcePortIdentity 字段的值。

9.3.2.4.3 **foreignMasterDS. foreignMasterAnnounceMessages**

foreignMasterDS. foreignMasterAnnounceMessages 的值应是从 foreignMasterDS. foreignMasterPortIdentity 成员标识的外部主时钟接收到的 Announce 报文的个数，这些 Announce 报文是在 FOREIGN_MASTER_TIME_WINDOW 的时间窗内接收到的。

9.3.2.4.4 **FOREIGN_MASTER_TIME_WINDOW 和 FOREIGN_MASTER_THRESHOLD**

这两个属性值决定了在执行最佳主时钟算法时，考虑是否从先前静默的外部主时钟接受 Announce 报文的准则。这些属性值应为：

——FOREIGN_MASTER_TIME_WINDOW：4 倍的 announceInterval；

——FOREIGN_MASTER_THRESHOLD：在 FOREIGN_MASTER_TIME_WINDOW 内接收到的 2 个 Announce 报文。

9.3.2.4.5 **foreignMasterDS 数据集大小**

实现特定的 foreignMasterDS 数据集应具有最小 5 个外部主时钟记录的容量。

9.3.2.5 **Announce 报文的合格判定**

端口“r”接收到的 Announce 报文 S，应按如下方法判定其是否合格，以用于 BMC 算法：

a) 如果 S 是端口“r”发出的，或从包含端口“r”的时钟的其他任何端口发出（见 9.5.2），则 S 不应是合格的；

b) 如果 S 不是端口“r”从给定时钟接收到的最新 Announce 报文，则 S 应是不合格的；

c) 如果 S 的发送方是外部主时钟 F，并且在最新的 FOREIGN_MASTER_TIME_WINDOW 间隔内，从 F 接收了少于 FOREIGN_MASTER_THRESHOLD 个不完全相同的 Announce 报文，则 S 应是不合格的；

注：本时间窗口和阈值的目的是为了只对稳定的潜在主时钟进行合格判定，并防止最佳主时钟的伪转移。

d) 如果 S 的 stepsRemoved 字段为 255 或更大，则 S 应是不合格的；

注：本条确保杜绝欺诈帧。这是对出于此目的的 PATH_TRACE 选项的必要后备，见 16.2。如果网络规模大到可能存在涉及 255 个边界时钟的回路，则该基于 stepsRemoved 的机制可能导致 PTP 失效。这在实际应用中极不可能发生。

e) 否则，S 是合格的。

9.3.3 **状态判定算法**

图 26 定义了在最佳主时钟算法中使用的状态判定算法。当使用该算法获得一个判定后，本地时钟的数据集应更新，见 9.3.5。

D_0 表示时钟 C_0 的特性，见 C_0 数据集。

D_0 同 E_{best} 或 E_{rbest} 的比较应使用数据集比较算法。对于图 26 中的判定块“根据拓扑 E_{best} 比 E_{rbest} 好”，E_{best} 和 E_{rbest} 的比较应使用数据集比较算法。

应根据 D_0 的 defaultDS. clockQuality. clockClass 成员的值，判断 D_0 是否为 clockClass 1～127。

图 23 和图 24 的协议机状态机中所用的推荐状态值，应为图 26 给定的推荐状态值。

9.3.4 **数据集比较算法**

最佳主时钟算法通过比较代表各自时钟的数据集，实现一个时钟同另一个时钟的比较。数据集比较算法定义如图 27 和图 28 所示。数据集在这些图中被表示为集 A 和集 B。表 12 给出数据集值的来源。如果在比较 D_0、E_{best} 或 E_{rbest} 的任意两个数据集中，一个数据集是空集，则非空集被视为较好集。D_0 从来不是空集，但 E_{best}、E_{rbest} 或两个都可能是空集。

注：该比较随后的通用过程如下：

a) 寻找哪个时钟将自己的时间溯源到最佳最高级时钟。找到这个时钟而不是较好时钟，对于算法的稳定性是很重要的。

b) 如果特性都相同，则使用决定性判断技术。

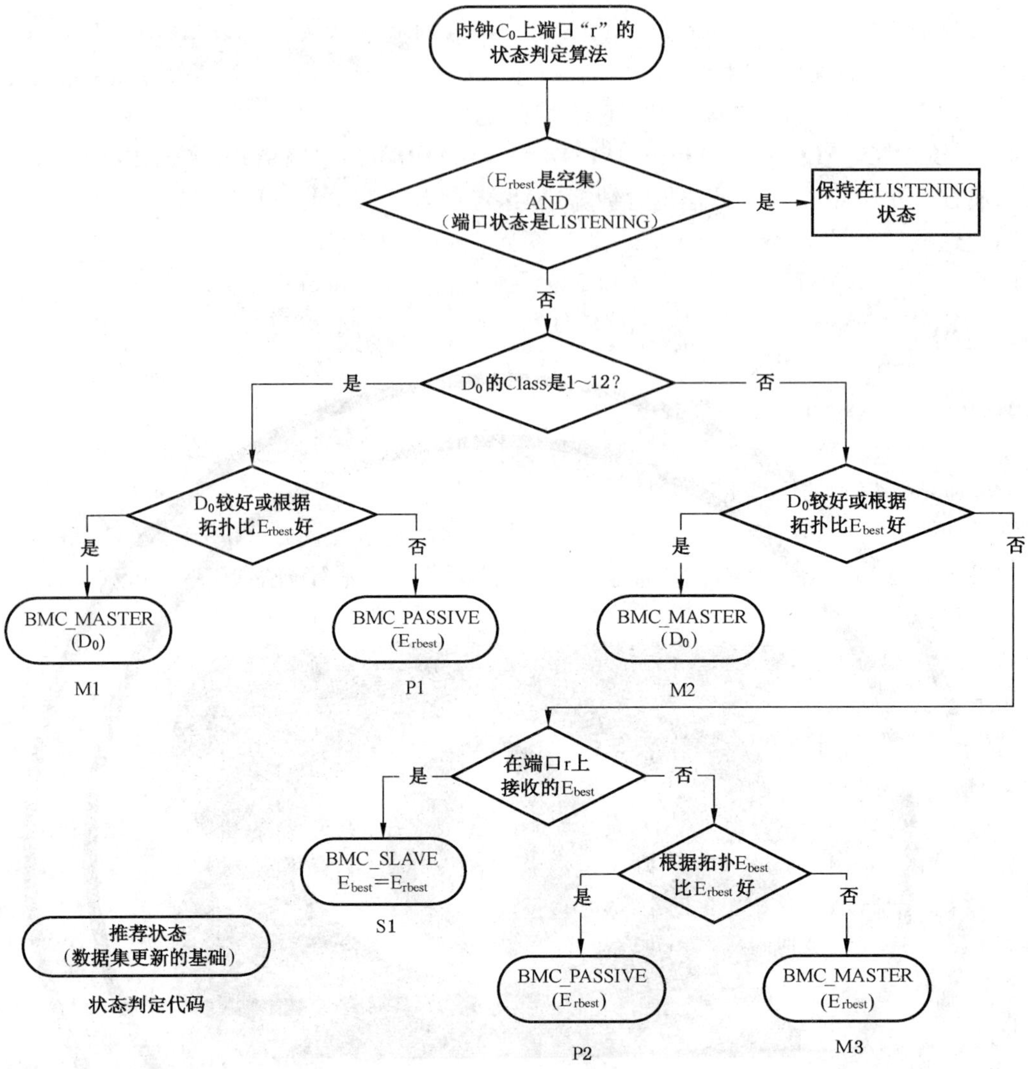

图 26 状态判定算法

表 12 数据集比较算法的信息源

当按照图 27 和图 28 考虑本特性时	如果数据集是 E_{best} 或 E_{rbest}，使用相关联的 Announce 报文的这些字段	如果数据集是 D_0，使用本地时钟 defaultDS 数据集的这些字段
GM Priority 1	grandmasterPriority 1	defaultDS. Priority 1
GM identity	grandmasterIdentity	defaultDS. clockIdentity
GM class	grandmasterClockQuality. clockClass	defaultDS. clockQuality. clockClass
GM accuracy	grandmasterClockQuality. clockAccuracy	defaultDS. clockQuality. clockAccuracy
GM offsetScaledLogVariance	grandmasterClockQuality. offsetScaledLogVariance	defaultDS. clockQuality. offsetScaledLogVariance
GM Priority 2	grandmasterPriority 2	defaultDS. Priority 2
经过几步(Steps Removed)	stepsRemoved	值为 0
发送方的 Identity	sourcePortIdentity	defaultDS. clockIdentity

表 12（续）

当按照图 27 和图 28 考虑本特性时	如果数据集是 E_{best} 或 E_{rbest}，使用相关联的 Announce 报文的这些字段	如果数据集是 D_0，使用本地时钟 defaultDS 数据集的这些字段
接收方的 Identity	parentDS. portIdentity（接收报文端口的 portDS 数据集的）	defaultDS. clockIdentity
接收方的端口号	parentDS. portIdentity. portNumber（接收报文端口的 portDS 数据集的）	值为 0

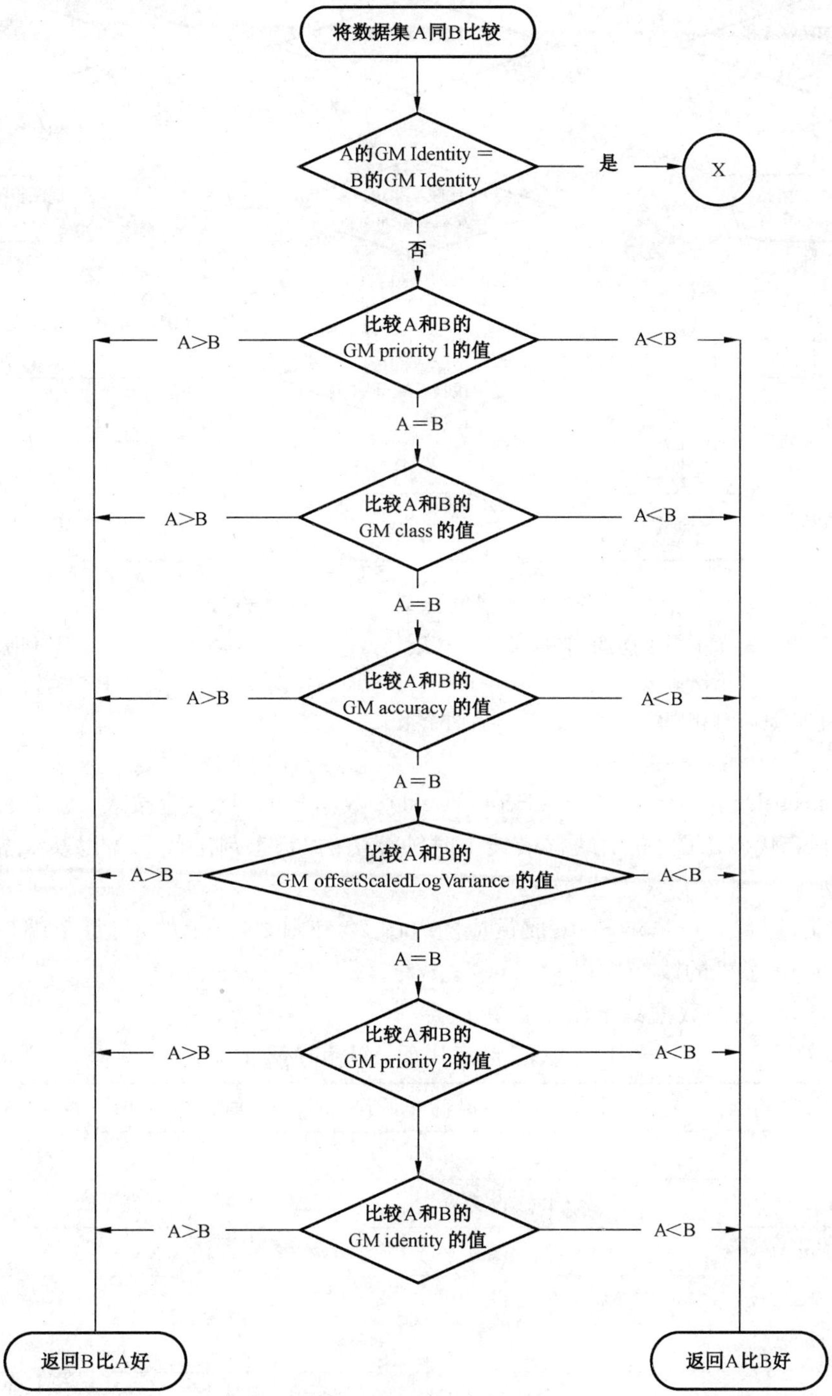

图 27　数据集比较算法，第 1 部分

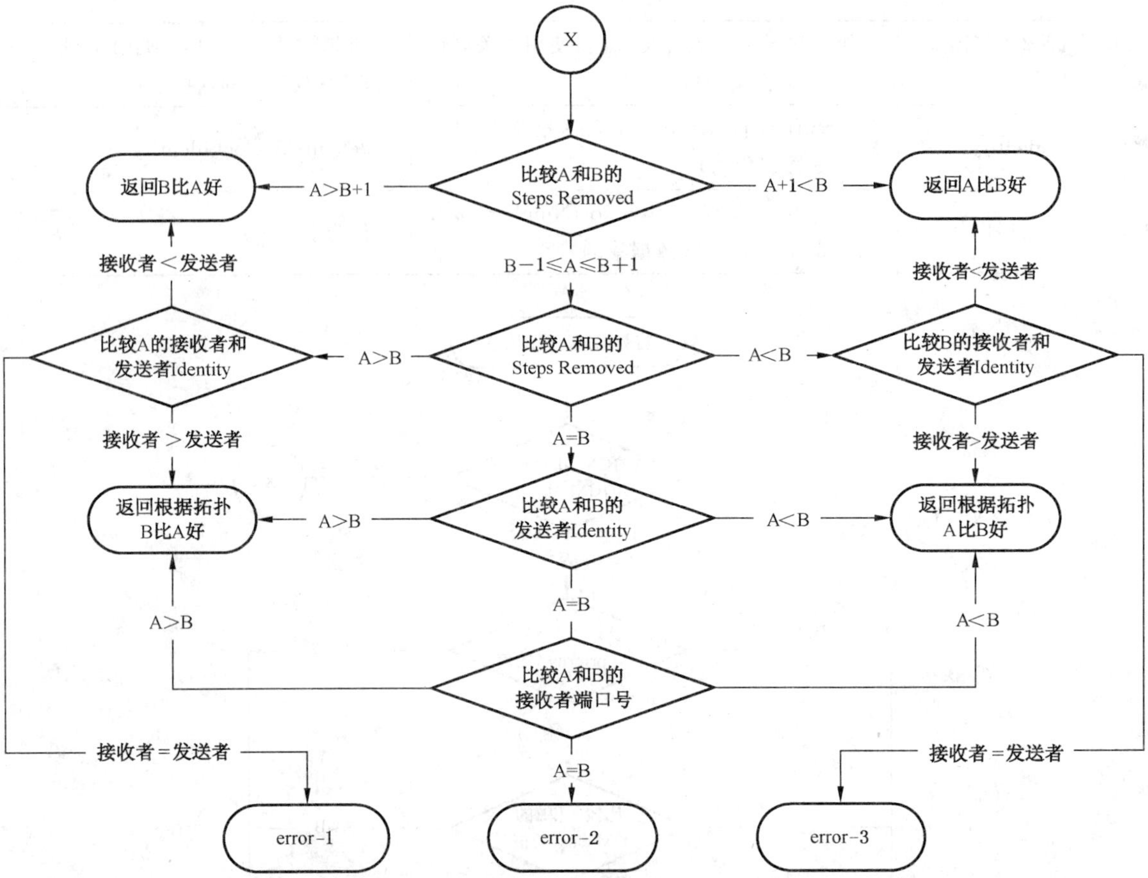

图 28　数据集比较算法，第 2 部分

注：图 28 所示返回的错误不用于图 26 的状态判定算法。这些返回值不属于 9.3.2.5，但有助于诊断或错误检测。当违反 9.3.2.5 时，错误情况就产生。Error-1 是指在相同端口发送和接收了其中一个报文。Error-2 是指有重复报文，或它们是来自相同最高级时钟的前后两个报文。

9.3.5　数据集的更新

currentDS、parentDS、portDS 和 timePropertiesDS 数据集的更新，应按表 13～表 16 定义的状态判定代码的更新。判定代码由图 26 中缺省最佳主时钟算法的“状态判定代码”，以及 9.3.1PTP 行规定义的替代算法所表示。

portDS 数据集的 portDS. portState 成员应随着图 23 和图 24 所示的、与每个端口相关联的协议状态机的改变而更新，状态机的改变根据 9.2.6.8。

表 13～表 16 未包括的数据集字段不更新。

表 13　状态判定代码 M1 和 M2 的更新

需更新的字段	除非另有说明，来自时钟 defaultDS 数据集的指定字段
currentDS 数据集	
currentDS. stepsRemoved	设为 0
currentDS. offsetFromMaster	设为 0
currentDS. meanPathDelay	设为 0
parentDS 数据集	
parentDS. parentPortIdentity	parentDS. clockIdentity 成员设为 defaultDS. clockIdentity 字段的值，parentDS. parentPortIdentity. portNumber 成员设为 0

表 13（续）

需更新的字段	除非另有说明，来自时钟 defaultDS 数据集的指定字段
parentDS. grandmasterIdentity	defaultDS. clockIdentity
parentDS. grandmasterClockQuality	defaultDS. clockQuality
parentDS. grandmasterPriority 1	defaultDS. Priority 1
parentDS. grandmasterPriority 2	defaultDS. Priority 2
timePropertiesDS 数据集	
timePropertiesDS. currentUtcOffset	遵循 9.4 的规则
timePropertiesDS. currentUtcOffsetValid	遵循 9.4 的规则
timePropertiesDS. leap59	遵循 9.4 的规则
timePropertiesDS. leap61	遵循 9.4 的规则
timePropertiesDS. timeTraceable	遵循 9.4 的规则
timePropertiesDS. frequencyTraceable	遵循 9.4 的规则
timePropertiesDS. ptpTimescale	遵循 9.4 的规则
timePropertiesDS. timeSource	遵循 9.4 的规则
portDS 数据集	
portDS. portState	状态是将图 26 中的推荐状态应用到相应的图 23 或图 24 状态机的结果

表 14　状态判定代码 M3 的更新

更新该字段	来自指定源
portDS 数据集	
portDS. portState	状态是将图 26 中的推荐状态应用到相应的图 23 或图 24 状态机的结果

表 15　状态判定代码 P1 和 P2 的更新

更新该字段	来自指定源
portDS 数据集	
portDS. portState	状态是将图 26 中的推荐状态应用到相应的图 23 或图 24 状态机的结果

表 16　状态判定代码 S1 的更新

更新该字段	来自指定源
currentDS 数据集	
currentDS. stepsRemoved	1＋E_{best} 的 stepsRemoved 值
parentDS 数据集	
parentDS. parentPortIdentity	E_{best} 的 sourcePortIdentity
parentDS. grandmasterIdentity	E_{best} 的 grandmasterIdentity
parentDS. grandmasterClockQuality	E_{best} 的 grandmasterClockQuality
parentDS. grandmasterPriority 1	E_{best} 的 grandmasterPriority 1
parentDS. grandmasterPriority 2	E_{best} 的 grandmasterPriority 2
timePropertiesDS 数据集	

表 16（续）

更新该字段	来自指定源
timePropertiesDS. currentUtcOffset	E_{best} 的 currentUtcOffset 字段
timePropertiesDS. currentUtcOffsetValid	E_{best} 的 flagField 的 currentUtcOffsetValid 位的逻辑值
timePropertiesDS. leap59	E_{best} 的 flagField 的 leap59 位的逻辑值
timePropertiesDS. leap61	E_{best} 的 flagField 的 leap61 位的逻辑值
timePropertiesDS. timeTraceable	E_{best} 的 flagField 的 timeTraceable 位的逻辑值
timePropertiesDS. frequencyTraceable	E_{best} 的 flagField 的 frequencyTraceable 位的逻辑值
timePropertiesDS. ptpTimescale	E_{best} 的 flagField 的 ptpTimescale 位的逻辑值
timePropertiesDS. timeSource	E_{best} 的 timeSource 字段的值
portDS 数据集	
portDS. portState	状态是将图 26 中的推荐状态应用到相应的图 23 或图 24 状态机的结果
注：E_{best} 是一个 Announce 报文。	

9.4 最高级时钟

最高级时钟决定域的时标以及相关时标属性。

注：作为图 26 中状态判定算法 M1 和 M2 的结果而处于 MASTER 状态的时钟是最高级时钟。

如果时标是 PTP，并且时钟是 class 6、7 或 52，则 timePropertiesDS 数据集成员应按如下设置：

——timePropertiesDS. leap59 和 timePropertiesDS. leap61：如果已知，设为从主参考获得的值；否则，设为 FALSE。

——timePropertiesDS. currentUtcOffset：当节点被设计时，如果已知，设为从主参考获得的值；否则，设为当前闰秒数，见 7.2.3。

——timePropertiesDS. currentUtcOffsetValid：如果已知 currentUtcOffset 的值是正确的，设为 TRUE；否则，设为 FALSE。

——timePropertiesDS. ptpTimescale：设为 TRUE。

——timePropertiesDS. timeTraceable：如果时间可溯源到主参考，设为 TRUE；否则，设为 FALSE。

——timePropertiesDS. frequencyTraceable：如果频率可溯源到主参考，设为 TRUE；否则，设为 FALSE。

——timePropertiesDS. timeSource：如果已知，设为表 7 中的适当值；否则，设为 INTERNAL_OSCILLATOR。

如果时标是 ARB，则对于除 6、7 或 52 之外的所有 clockClass，除非另有说明，timePropertiesDS 数据集成员应被设为：

——timePropertiesDS. leap59 和 timePropertiesDS. leap61：设为 FALSE；

——timePropertiesDS. currentUtcOffset：当节点被设计时，设为当前闰秒数，见 7.2.3；

——timePropertiesDS. currentUtcOffsetValid：如果已知 currentUtcOffset 是正确的，设为 TRUE；否则，设为 FALSE；

——timePropertiesDS. ptpTimescale：设为 FALSE；

——timePropertiesDS. timeTraceable：如果时间可溯源到主参考，设为 TRUE；否则，设为 FALSE；

——timePropertiesDS. frequencyTraceable：如果频率可溯源到主参考，设为 TRUE；否则，设为 FALSE；

——timePropertiesDS. timeSource：如果已知，设为表 7 中的适当值；否则，设为 INTERNAL_OSCILLATOR。

如果 timePropertiesDS. leap59 或 timePropertiesDS. leap61 是 TRUE，则在当日结束的午夜(UTC)之前的时间段里都应被设为 TRUE，以及在以下时间段之后被设为 TRUE：

——当最高级时钟判定该值为 TRUE 时；

——当日午夜(UTC)之前的 12 个小时。

当第一个具有 timePropertiesDS. currentUtcOffset 更新值的 Announce 报文出现时，这些变量值应被设为 FALSE。

timePropertiesDS. currentUtcOffset、timePropertiesDS. leap59 和 timePropertiesDS. leap61 的更新应在午夜(UTC)的±2 个 announceInterval 时间内完成。

注 1：闰秒数和 currentUtcOffset 的改变在午夜(UTC)按照国际标准进行。但在实际实现中，由于代码执行时间的差异，currentUtcOffset 的实际更新以及 timePropertiesDS. leap59 和 timePropertiesDS. leap61 的 FALSE 值设置，可在午夜(UTC)稍微提前或错后的时间进行。±2 个 announceInterval 更新的要求可在主时钟很容易地实现，以确保即使在非常大的拓扑结构中，信息在下一个 UTC 日的中午之前被传送给所有从时钟。这避免混淆 UTC 所指跳变在哪个午夜完成。

注 2：使用经认可的标准时间源的最高级时钟应分发 PTP 时标。

9.5 报文处理语义

9.5.1 普通时钟和边界时钟的报文传输行为

9.5 规定了在普通时钟或边界时钟的每个 PTP 端口，可能发生的以下事件的行为：

——报文的接收；

——报文的发送。

由这些事件产生的行为可取决于普通时钟或边界时钟 PTP 端口的当前状态，见 9.2.5。

除管理报文外，所有多播 PTP 报文应在边界时钟或普通时钟终止。

同时是网桥或路由器的边界时钟，根据网络转发规则转发所有单播 PTP 报文。任何其他行为不在本标准范围内。

除 9.5 规定外，协议的执行不应导致通信路径上的任何通信。

由于任何事件或合格事件序列的发生，而导致本地时钟的任何状态或数据的改变，或数据集的更新都是原子性的，见 3.1.2。合格事件序列被定义为在相同 announceInterval 内接收到多个 Announce 报文(见 7.7.2.2)。

状态或数据改变，或一个事件发生而导致发送一个 PTP 报文的请求，应按先进先出顺序(FIFO)由报文类处理。应为事件和通用报文维护一个逻辑独立的 FIFO 排序。一旦报文请求进入队列，无论发生什么后续事件，都应发送该报文。

只有当 PTP 报文头(见 13.3.2.5)中的 domainNumber 字段与 defaultDS. domainNumber 一致时，PTP 报文才被协议接受并进行处理。

9.5.2 时钟对任何自己发出报文的接收

9.5.2.1 概述

精确时间协议不使用时钟自己发出并接收到的报文，并且实现应防止协议处理这样的报文。9.5.2.2 和 9.5.2.3 规定了这样的报文被接收时应如何处理。

9.5.2.2 普通时钟和边界时钟的任何单个端口

在一个端口上发出的又被同一端口接收到的报文应被忽略。由于实现特定的诊断目的可能存在特例，这超出本标准范围。

这种情况的识别可通过将接收报文的 sourcePortIdentity 字段成员同进入端口 portDS. portIdentity 的相应成员进行比较来实现。可能性和解释见表 17。

注：由于通信路径的正常或非正常特性可发生本情况。

9.5.2.3 边界时钟的附加限制

边界时钟上的端口"N"可能直接接收相同边界时钟的其他端口"M"发出的 Announce 报文。如果端口 N 和 M 在相同的通信路径通信,则可发生该情况。这是最佳主时钟算法不能检测的非正常情况。当该情况在一组端口被检测出时,除具有最小 portNumber 端口(假定 N)外,边界时钟应将涉及的其他所有端口状态都置为 PASSIVE 状态,直到协议正常运行不再判定端口 N 处于 MASTER 状态为止。

这种情况的识别可通过将接收报文的 sourcePortIdentity 字段成员同进入端口 portDS.portIdentity 的相应成员进行比较来实现。可能性和解释见表 17。

表 17 源标识符比较

假设报文 m 到达时钟 c 的端口 n,n 的 portDS.portIdentity 字段具有 clockIdentity 为 a 和 portNumber 为 n 的成员:	
如果 m 的 sourcePortIdentity 包含:	解释为:
clockIdentity a,portNumber n	m 是由时钟 c 的端口 n 发出的
clockIdentity f≠a,portNumber n	m 是由其他时钟(不是时钟 c)的端口发出的
clockIdentity a,portNumber q≠n	m 是由时钟 c 发出的,但不是从 n 端口

9.5.3 来自其他时钟的 Announce 报文的接收

处理 Announce 报文的逻辑见图 29。图中表示的状态是指接收 Announce 报文的端口的当前状态。

如果端口在 INITIALIZING 或 DISABLED 状态接收 Announce 报文,则报文应被丢弃。如果端口在 FAULTY 状态接收 Announce 报文,则除出于实现特定目的以满足 9.2 要求外,报文应被丢弃。

如果接收到的 Announce 报文 sourcePortIdentity 字段的成员与接收时钟的数据集的 parentDS.parentPortIdentity 相应成员相同,则报文来自当前父时钟,即该时钟同步到的主时钟。

当来自端口 F 的 Announce 报文被端口 N 在与 N 相关的通信路径上接收时,如果任何以下条件为 TRUE,则端口 F 被指定为外部主时钟:

——端口 N 不处于 SLAVE 状态;

——端口 N 处于 SLAVE 状态,并且接收报文的 sourcePortIdentity 字段的成员不完全与接收时钟的数据集的 parentDS.parentPortIdentity 相应成员相同。

如果从外部主时钟接收 Announce 报文,则进入端口的实现特定的 foreignMasterDS 数据集(见 9.3.2.4)应按如下更新:

a) 如果接收到的 Announce 报文 sourcePortIdentity 字段的成员与进入端口数据集的 foreignMasterDS.foreignMasterPortIdentity 的相应成员相同,则该记录的 foreignMasterAnnounceMessages 字段应增加。

b) 如果接收到的 Announce 报文 sourcePortIdentity 字段的成员与进入端口数据集的 foreignMasterDS.foreignMasterPortIdentity 的相应成员不相同,则在数据集中应创建一个新记录,该记录 foreignMasterDS.foreignMasterPortIdentity 字段被设为接收到的 Announce 报文的 sourcePortIdentity 字段值,并且其 foreignMasterDS.foreignMasterAnnounceMessages 字段值应设为 0。对 foreignMasterDS 数据集容量的实现特定的局限性,限制了这样记录的个数。如果 foreignMasterDS 满,则应丢弃 Announce 报文。

如果从当前父时钟接收一个 Announce 报文,则进入端口的数据集应根据表 16 进行更新,除非每个字段的源都应为接收到的 Announce 报文而不是 E_{best}。

注:在 foreignMasterDS 数据集(见 9.3.2.4.5)中可保存的最大记录个数不影响协议运行的正确性,但是可能影响选择主时钟和从时钟的收敛速度。更高容量允许节点在每个 announceInterval 内处理并排除考虑更多外部主时钟,而不必等到数据集中存储来自任何剩余外部主时钟的后续报文的空间可用。

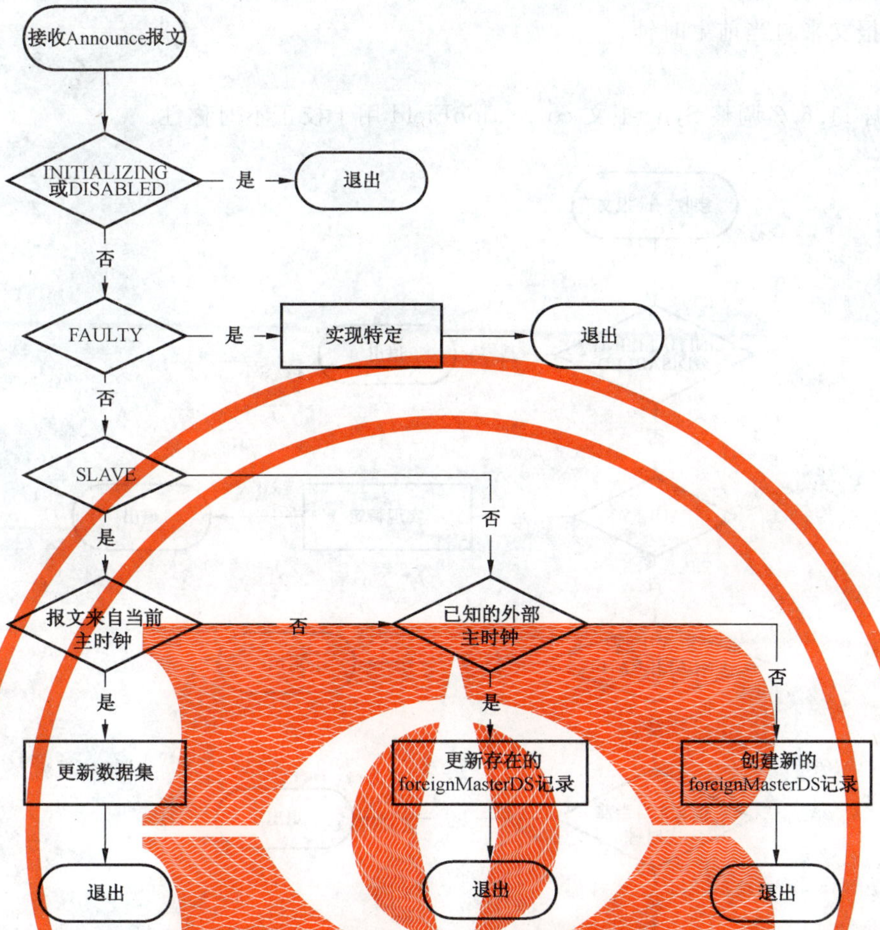

图 29　Announce 报文接收逻辑

9.5.4　来自其他时钟的 Sync 报文的接收

处理 Sync 报文的逻辑见图 30。图中表示的状态是指接收 Sync 报文的端口的当前状态。

如果端口在 INITIALIZING 或 DISABLED 状态接收 Sync 报文，则报文应被丢弃。如果端口在 FAULTY 状态接收 Sync 报文，则除出于实现特定目的以满足 9.2 要求外，报文应被丢弃。

应为 Sync 报文的接收生成满足 7.3.4 要求的〈syncEventIngressTimestamp〉。

接收到的 Sync 报文应在接收后尽快处理。

如果接收到的 Sync 报文 sourcePortIdentity 字段的成员与接收时钟数据集的 parentDS. parentPortIdentity 相应成员相同，则报文来自当前主时钟。

当 Sync 报文被接收并满足以下所有条件时：

——接收 Sync 报文的端口处于 SLAVE 或 UNCALIBRATED 状态；

——接收到的 Sync 报文 flagField 的 twoStepFlag 比特为 FALSE（表示将不接收 Follow_Up 报文）；

——Sync 报文来自当前主时钟；

则：

——应根据 11.6.2 调整 Sync 报文 correctionField 用于校正不对称性；

——应基于接收到的 Sync 报文内容和〈syncEventIngressTimestamp〉，根据 12.2 将本地时钟同步；

当 Sync 报文被接收并满足以下所有条件时：

——接收 Sync 报文的端口处于 SLAVE 或 UNCALIBRATED 状态；

——接收到的 Sync 报文 flagField 的 twoStepFlag 位为 TRUE(表示将接收 Follow_Up 报文)；
——Sync 报文来自当前主时钟；
则：
——应根据 11.6.2 调整 Sync 报文 correctionField 用于校正不对称性。

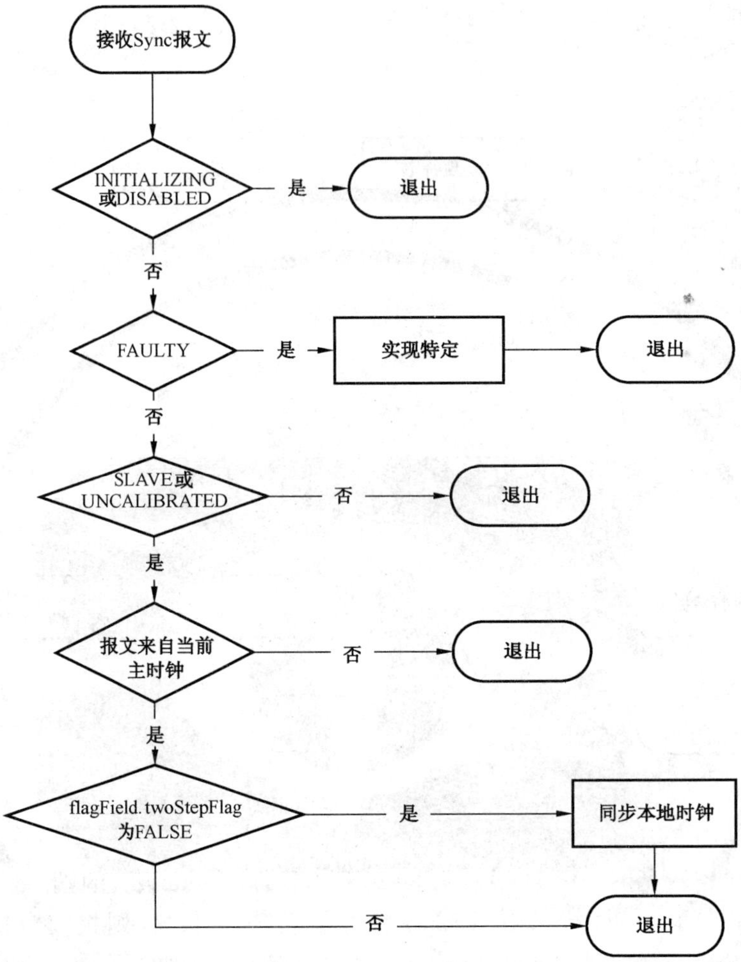

图 30 Sync 报文接收逻辑

9.5.5 来自其他时钟的 Follow_Up 报文的接收

处理 Follow_Up 报文的逻辑见图 31。图中表示的状态是指接收 Follow_Up 报文的端口的当前状态。

如果端口在 INITIALIZING 或 DISABLED 状态接收 Follow_Up 报文，则报文应被丢弃。如果端口在 FAULTY 状态接收 Follow_Up 报文，则除出于实现特定目的以满足 9.2 要求外，报文应被丢弃。

如果接收到的 Follow_Up 报文 sourcePortIdentity 字段的成员与先前 Sync 报文的 sourcePortIdentity 字段的相应成员相同，并且接收到的 Follow_Up 报文的 sequenceId 字段与相同先前的 Sync 报文的 sequenceId 字段相匹配，则该 Follow_Up 报文和该 Sync 报文是相关联的。

如果相关 Sync 报文的 sourcePortIdentity 字段的成员与接收时钟数据集的 parentDS. parentPortIdentity 成员的相应成员相同，则报文是从当前主时钟发出的。

Follow_Up 报文应在接收后尽快处理。

当相关 Sync 报文被接收并满足以下所有条件时：
——接收 Follow_Up 报文的端口处于 SLAVE 或 UNCALIBRATED 状态；
——Sync 报文来自当前主时钟；

——Follow_Up 报文与该 Sync 报文相关联；

则应根据 12.2，并基于接收到的 Follow_Up 报文、相关 Sync 报文和相关 Sync 报文的〈syncEventIngressTimestamp〉，将本地时钟同步。

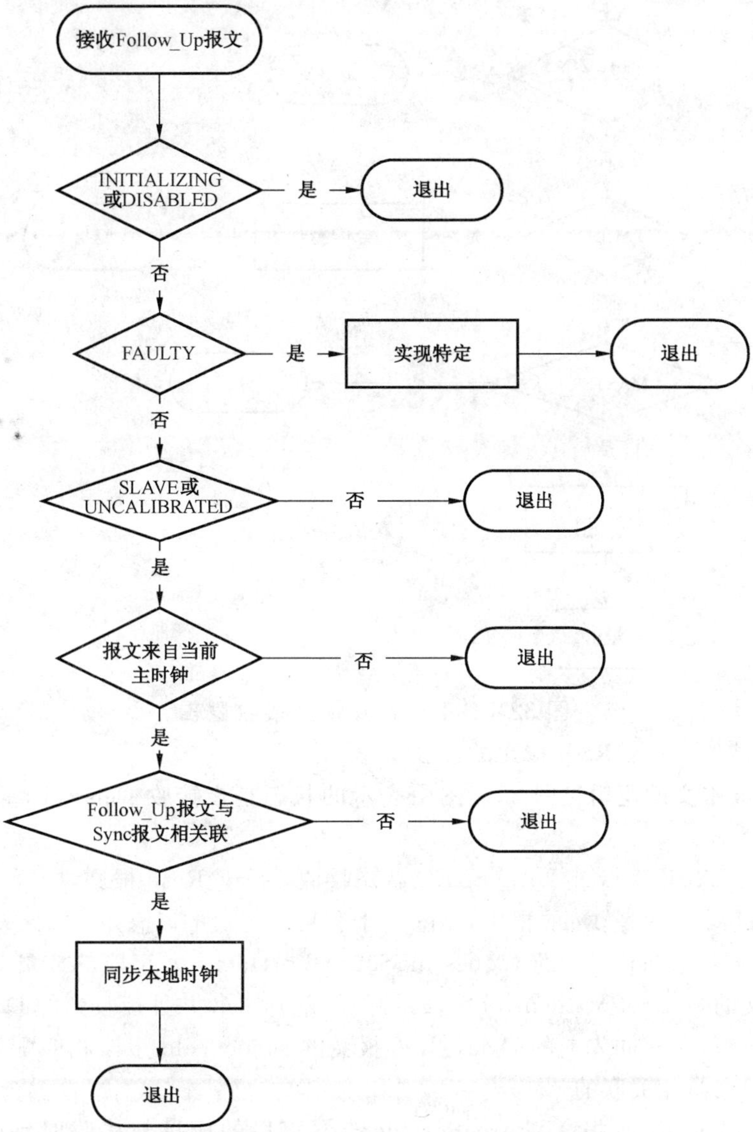

图 31　**Follow_Up 报文接收逻辑**

9.5.6　来自其他时钟的 Delay_Req 报文的接收

处理 Delay_Req 报文的逻辑见图 32。图中表示的状态是指接收 Delay_Req 报文的端口的当前状态。

如果端口在 INITIALIZING 或 DISABLED 状态接收 Delay_Req 报文，则报文应被丢弃。如果端口在 FAULTY 状态接收 Delay_Req 报文，则除出于实现特定目的以满足 9.2 要求外，报文应被丢弃。

除非本标准另有规定，如果接收 Delay_Req 报文的端口不处于 MASTER 状态，则报文应被丢弃。

当接收 Delay_Req 报文时，应生成满足 7.3.4 要求的〈delayReqEventIngressTimestamp〉。

如果接收 Delay_Req 报文的端口处于 MASTER 状态，该端口应传输符合 11.3 和 9.5.12 条件的 Delay_Resp 报文。

Delay_Req 报文应在接收后尽快处理。

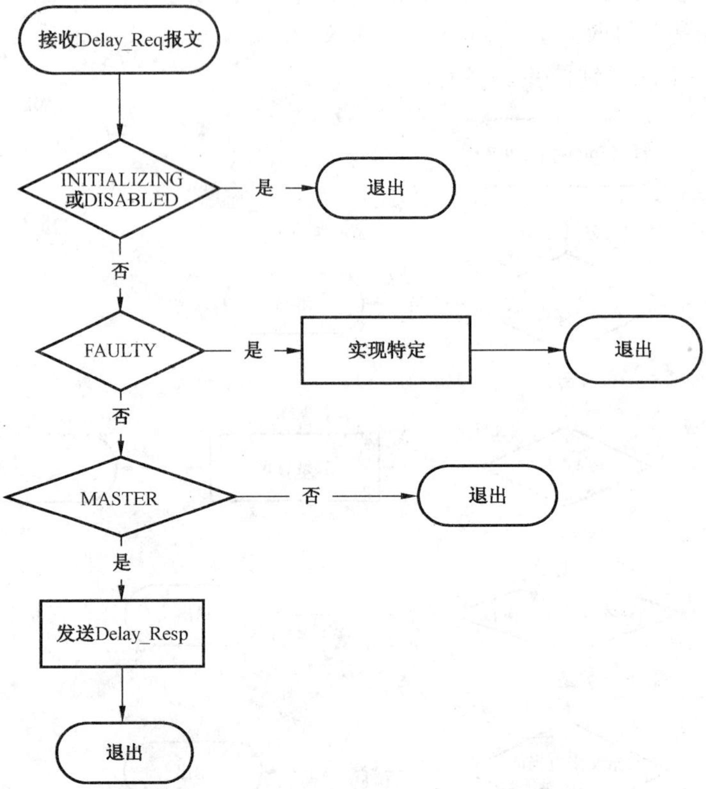

图 32 **Delay_Req 报文接收逻辑**

9.5.7 来自其他时钟的 Delay_Resp 报文的接收

处理 Delay_Resp 报文的逻辑见图 33。图中表示的状态是指接收 Delay_Resp 报文的端口的当前状态。

如果端口在 INITIALIZING 或 DISABLED 状态接收 Delay_Resp 报文，则报文应被丢弃。如果端口在 FAULTY 状态接收 Delay_Resp 报文，则除出于实现特定目的以满足 9.2 要求外，报文应被丢弃。

如果接收到的 Delay_Resp 报文的 requestingSourcePortIdentity 字段的成员与该接收时钟先前发送的 Delay_Req 报文的 sourcePortIdentity 字段的相应成员相同，并且接收到的 Delay_Resp 报文的 requestingSequenceId 字段与相同先前的 Delay_Req 报文的 sequenceId 字段相匹配，则该 Delay_Resp 报文与该 Delay_Req 报文是相关联的。

如果接收到的 Delay_Resp 报文 sourcePortIdentity 字段的成员与接收时钟数据集的 parentDS.parentPortIdentity 成员的相应成员相同，则 Delay_Resp 报文是从当前主时钟发出的。

Delay_Resp 报文应在接收后尽快处理。

当端口发送相关联的 Delay_Req 报文之后接收 Delay_Resp 报文，并满足以下所有条件：

——接收 Delay_Resp 报文的端口处于 SLAVE 或 UNCALIBRATED 状态；

——Delay_Resp 来自当前主时钟；

——Delay_Resp 报文与发送的 Delay_Req 报文相关联，

则接收时钟应：

a) 基于接收到的 Delay_Resp 报文和相关 Delay_Req 报文的内容，执行 11.3 要求的延时请求-响应机制动作；

b) 将数据集 portDS.logMinDelayReqInterval 成员的值更新为 Delay_Resp 报文的 logMessageInterval 成员的值。

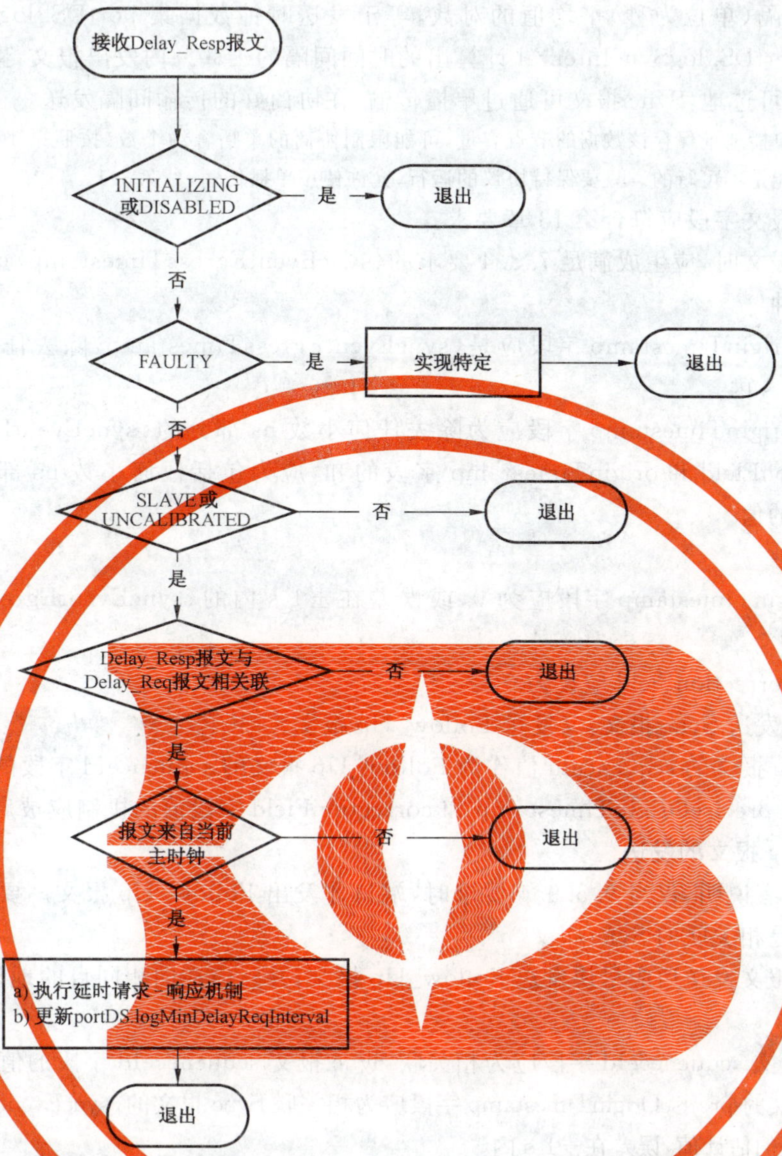

图 33 **Delay_Resp 报文接收逻辑**

9.5.8 Announce 报文的发送

除非本标准另有规定，除本条要求外，端口不应发送 Announce 报文。

处于 MASTER 状态的端口应周期性发送 Announce 报文。

Announce 报文应通过多播(见 7.3.1)发送，以 2 为底报文传输间隔(单位为秒(s))的平均值的对数，等于发送时钟数据集 portDS. logAnnounceInterval 的值。一个节点应以 90%置信度，在由 portDS. logAnnounceInterval 计算出的时间间隔的±30%内发出报文。

根据第 16 章，可选地，Announce 报文可通过单播传输，在协商好的传输间隔发送。

注：用于为每个单播地址保存该数据的节点容量，可能限制协商的单播合约个数(按照第 16 章)。在一些环境中，多播传输可能是不可行的。只要保持协议的运行，允许使用单播传输，见 7.3.1。

9.5.9 Sync 报文的发送

9.5.9.1 通用规范

除非本标准另有说明，除 9.5.9.2～9.5.9.4 要求外，端口不应发送 Sync 报文。

9.5.9.2 通用要求

处于 MASTER 状态的端口应周期性发送 Sync 报文。Sync 报文应通过多播(见 7.3.1)发送，以 2

为底的报文传输间隔(单位为秒)平均值的对数,等于发送时钟数据集 portDS. logSyncInterval 的值。一个节点应在由 portDS. logSyncInterval 计算出的时间间隔的±30%内发出报文,置信度为 90%。

根据第 16 章,可选地,Sync 报文可通过单播传输,在协商好的传输间隔发送。

注:用于为每个单播地址保存该数据的节点容量,可能限制协商的单播合约个数(按照第 16 章)。在一些环境中,多播传输可能是不可行的。只要保持协议的运行,允许使用单播传输,见 7.3.1。

发送的 Sync 报文字段应符合第 13 章要求。

当发送 Sync 报文时,应生成满足 7.3.4 要求的〈syncEventEgressTimestamp〉。

9.5.9.3 单步时钟

Sync 报文的 originTimestamp 字段应是〈syncEventEgressTimestamp〉除去任何小数纳秒部分的估计值,误差在±1 s 内。

Sync 报文的 originTimestamp 字段应为除去任何小数 ns 部分的〈syncEventEgressTimestamp〉。Sync 报文 correctionField 和 originTimestamp 字段的和,应为包括任何小数 ns 部分的〈syncEventEgressTimestamp〉的值。

9.5.9.4 双步时钟

Sync 报文 originTimestamp 字段应为 0,或误差在±1 s 内的〈syncEventEgressTimestamp〉的估计值。

Sync 报文的 correctionField 应设为 0。

双步时钟应既发送 Sync 报文,又发送 Follow_Up 报文。

端口应将 Sync 报文的 sequenceId 值作为 Follow_Up 报文的 sequenceId 字段的输入。获得相关联 Follow_Up 报文的 preciseOriginTimestamp 和 correctionField 字段值的机制应被启动。

9.5.10 Follow_Up 报文的发送

除非本标准另有说明,仅当 9.5.9.4 要求时,端口才发出 Follow_Up 报文。要求发送 Follow_Up 报文的 Sync 报文是相关联的 Sync 报文。

相关联 Sync 报文发送后应尽快发送 Follow_Up 报文,并且应在向相同目的地址发送后续 Sync 报文之前完成发送。

Follow_Up 报文 sequeneceId 字段应为相关联 Sync 报文 sequeneceId 字段的值。

Follow_Up 报文的 preciseOriginTimestamp 字段应为相关联 Sync 报文的〈syncEventEgressTimestamp〉除去任何小数 ns 部分的估计值,误差在±1 s 内。

Follow_Up 报文的 preciseOriginTimestamp 字段应为相关联 Sync 报文的除去任何小数 ns 部分的〈syncEventEgressTimestamp〉的估计值。将 Follow_Up 报文的 correctionField 与相关 Sync 报文的 correctionField 的和,加入到 Follow_Up 报文的 preciseOriginTimestamp 字段,应为相关 Sync 报文的包括任何小数 ns 部分的〈syncEventEgressTimestamp〉的精确值。

根据 9.5.9.2,如果 Follow_Up 报文与一个可选单播 Sync 报文相关联,则 Follow_Up 报文也应作为单播报文,被发送到与相关联 Sync 报文相同的单播地址。这些单播 Follow_Up 报文应满足本条的所有其他要求。

9.5.11 Delay_Req 报文的发送

9.5.11.1 通用要求

只有当满足以下所有条件时,时钟才应在一个端口发出 Delay_Req 报文:

——端口处于 SLAVE 或 UNCALIBRATED 状态;

——配置设备执行延时请求-响应机制,见 8.2.5.4.4;

——允许设备按照 9.5.11.2 的时间要求进行这种操作。

Delay_Req 报文通过广播发送,除非:

a) 使用第 16 章的可选单播内容;

b） 或者行规规定。

本 Delay_Req 报文字段应符合 11.3 要求。

注 1：如果时钟使用的 PTP 行规规定了仅谐振(syntonize-only)，则不要求时钟发送 Delay_Req 报文。在该情况下，不要求维护延时请求状态信息。

注 2：对于使用对等延时机制的时钟，见 9.5.13。

9.5.11.2 时间要求

在一个端口发送 Delay_Req 报文应有如下限制：

——当要求时，可发送初始 Delay_Req 报文。

——后续 Delay_Req 报文的发送，应使得报文发送间隔（单位为 s）的平均值不小于 $2^{portDS.logMinDelayReqInterval}$ s，具有 90％置信度。

注：portDS.logMinDelayReqInterval 的值为最近接收到的 Delay_Resp 报文的 logMessageInterval 字段，该 Delay_Resp 报文是对端口发出的 Delay_Req 报文的响应。

当满足 Delay_Req 报文平均发送间隔规范，Delay_Req 报文的发送时间应使用以下时间选项之一：

——发送时间的选择应使得连续 Delay_Req 报文的时间间隔按照随机分布。除非在适用 PTP 行规中另有规定，随机分布应为 0～$2^{logMinDelayReqInterval+1}$ 秒之间的均匀随机分布。应为每个发送的报文计算一个新发送间隔的随机值。该分布的粒度是实现特定的，但应不大于 $2^{logSyncInterval-4}$ s。当采用多播通信模型时应使用该选项，单播模型也可使用，见 7.3.1。例如，对于 logMinDelayReqInterval＝logSyncInterval(见 7.7.2.4)，分布的最小值为 0，最大值为 $\{2^{logSyncInterval+1}\}$ ＝ 2×syncInterval；即分布的最大值为 2 倍 syncInterval，由此而得到的平均发送间隔为 1 倍 syncInterval。

——当接收 Sync 报文后，Delay_Req 报文应尽快发送。单播模型(见 7.3.1)可使用该选项。当采用多播模型时，除非在适用 PTP 行规中另有规定，都不应使用改选项。

9.5.12 Delay_Resp 报文的发送

除非本标准中另有规定，当端口与 Delay_Req 报文的接收相关联并满足 9.5.11 其他要求时，端口应发出 Delay_Resp 报文。Delay_Req 报文的接收应满足 9.5.6。

要求发送 Delay_Resp 报文的 Delay_Req 报文是相关联的 Delay_Req 报文。

当满足以下所有条件时，时钟应在一个端口上发送 Delay_Resp 报文：

——端口处于 MASTER 状态，或者可选单播合约(见第 16 章)要求；

——配置设备执行延时请求-响应机制，见 8.2.5.4.4；

——发送是由相关联 Delay_Req 报文的接收而引发的，见 9.5.6。

如果相关联 Delay_Rep 报文是通过多播发送的，则 Delay_Resp 报文也应通过多播发送。

如果相关联 Delay_Rep 报文是通过单播发送的，则 Delay_Resp 报文也应通过单播发送。

本 Delay_Resp 报文字段应符合 11.3 要求。

Delay_Resp 报文的 receiveTimestamp 字段应为相关联 Delay_Rep 报文的〈delayReqEventIngressTimestamp〉。

在发送 Delay_Resp 报文之前，按顺序端口应：

a） 为 logMinDelayReqInterval 字段计算更新值，见 7.7.2.4；

b） 使用该计算值更新发送 Delay_Resp 报文的端口的数据集 portDS.logMinDelayReqInterval 成员的值，见 8.2.5.3.2；

c） 按照 11.3.2 规定，确保报文字段的值为当前值；

d） 将表 24 中规定的值插入到报文的 logMessageInterval 字段。

接收相关联 Delay_Rep 报文后应尽快发送 Delay_Resp 报文。

9.5.13 Pdelay_Req 报文的发送

9.5.13.1 通用要求

只有当满足以下所有条件时，时钟在端口上发出 Pdelay_Req 报文：

——配置设备执行对等延时机制，见 8.2.5.4.4；

——允许设备按照 9.5.13.2 的时间要求进行操作。

本 Pdelay_Req 报文的字段应符合 11.4.3 要求。

注：如果时钟使用的 PTP 行规规定了仅谐振(syntonize-only)，则不要求时钟启动对等延时机制或延时请求-响应机制。在该情况下，不要求维护对等延时机制状态信息。

9.5.13.2 时间要求

从请求端口发送 Pdelay_Req 报文应遵循如下限制：

——如要求，可发送初始的 Pdelay_Req 报文；

——后续 Pdelay_Req 报文的发送，应使得以 2 为底的报文发送间隔(单位为 s)的平均值的对数，不小于由发送时钟数据集 portDS.logMinPdelayReqInterval 成员的值计算出的时间间隔。

9.5.14 Pdelay_Resp 报文的发送

接收相关联的 Pdelay_Req 报文后应尽快发送 Pdelay_Resp 报文。

9.5.15 Pdelay_Resp_Follow_Up 报文的发送

发送相关联的 Pdelay_Resp 报文后应尽快发送 Pdelay_Resp_Follow_Up 报文。

9.6 本地时钟的改变

由于 1)本地时钟内部特性的变化(如本地振荡器干扰)；或 2)同 PTP 外部交互的变化，如从与本地时钟直接同步的 GPS 接收器接收到的信息变化，可导致数据集的更新。

所有导致的数据集变化，对于任何其他数据集访问动作而言，包括 9.2.6.8 规定的动作，都应是原子性的。

10 透明时钟的 PTP

10.1 端到端和点到点透明时钟的通用要求

所有透明时钟都应按照网络寻址规则转发所有的非 PTP 报文。

对于所有透明时钟，PTP 版本 1 的所有报文：

——应按照网络寻址规则被转发；

——透明时钟不应对 PTP 版本 1 的报文进行任何驻留时间或路径延时的校正；

——不禁止对 PTP 版本 1 报文的驻留时间或路径延时的校正。这超出本标准范围。

所有透明时钟应根据第 12 章谐振到最高级时钟。

应支持到多个域的谐振。

对于实现谐振的时钟，术语“主谐振域”被定义为 domainNumber 0，或者如果缺省为配置到新域，则被定义为配置的缺省域。

如果透明时钟实现了谐振，应按照以下动作：

a) 缺省地，它应谐振到主谐振域的主时钟；

b) 主谐振域可被配置为非 domainNumber 0 的域；

c) 如果实现了谐振到多个域，应维护到每个域的主时钟的谐振；

d) 透明时钟对事件报文进行的所有驻留时间和链路延时的校正，都应基于驻留时间和链路延时测量的先后顺序：

   1) 由谐振到相同域的其他时钟完成测量，域通过进入事件报文的 domainNumber 字段指示；

   2) 由谐振到主谐振域的时钟完成测量。

如果透明时钟未实现谐振，由透明时钟进行的对事件报文的所有驻留时间和链路延时的校正，都应基于非谐振自由运行的时钟对驻留时间和链路延时的测量。

10.2 端到端透明时钟要求

所有 PTP 版本 2 的报文都应按照网络寻址规则被转发。

对所有 PTP 版本 2 的事件报文和任何受影响的通用报文的处理，应满足 11.5 的驻留时间校正要求。

端到端透明时钟不应实现 11.4 的对等延时机制。

10.3 点到点透明时钟要求

应实现 11.4 的对等延时机制。

所有 PTP 版本 2 的 Announce、Sync、Follow_Up、Management 和信号报文，应按照网络寻址规则被转发。

对所有 PTP 版本 2 的 Sync 和 Follow_Up 报文的处理，应满足 11.5 的驻留时间校正要求和 11.4.5 的路径延时校正要求。

所有 PTP 版本 2 的 Delay_Req 和 Delay_Resp 报文都应被丢弃。

11 时钟偏移，路径延时，驻留时间和不对称校正

11.1 通用规范

第 11 章规范中给出的机制用于传输事件报文源产生的时间戳和任何所需的校正，以保证事件报文接收方接收到可能的最精确的时间戳。originTimestamp 或 preciseOriginTimestamp 与 correctionField 字段之间的时间信息的实际分发是实现相关的，假设分发应为：执行时间戳字段和 correctionField 计算的接收设备（见下面各章条的规定）获得可能最精确的时间戳。

第 11 章规定了：

a) 主从时钟之间的时间偏移计算，即〈offsetFromMaster〉；

b) 延时请求-响应机制：该机制测量一对端口间的〈meanPathDelay〉，各端口都支持 9.2.5 的状态机；

c) 对等延时机制：该机制测量一对端口间的〈meanPathDelay〉，各端口都支持对等延时机制；

d) 对点到点透明时钟中的〈meanPathDelay〉的校正；

e) 基于透明时钟内驻留时间的测量，对透明时钟的事件报文的校正；和

f) 路径不对称时间戳的校正。

注 1：推荐时间戳自身作为时间的最佳可能估计，使得仅需近似时间的简单设备忽略 correctionField。

注 2：时间戳和 correctionField 间的时间分发范围允许灵活的设备设计。例如，当组合好报文时，一台设备可产生近似的时间，并将产生的所需校正插入到合适的 correctionField。一个不可避免的情况为小数纳秒的表示。小数纳秒不能表示为 Timestamp 数据类型。它在 correctionField 中进行传输，由接收设备综合两部分来得到实际的时间戳。

这些校正机制的示例见附录 C。

11.2 普通时钟和边界时钟的时钟偏移的计算

从时钟同主时钟（边界时钟或者普通时钟作为主时钟）间的时间误差定义如下：

〈offsetFromMaster〉=〈从时钟时间〉−〈主时钟时间〉，

其中所有时间是在同一时刻测量的。

〈offsetFromMaster〉的值应由从时钟按如下步骤计算：

a) 当接收到 Sync 报文时，从时钟应按照 7.3.4 生成一个用于校正内部延时的时间戳〈syncEventIngressTimestamp〉。如果已知连接进入端口路径的 delayAsymmetry（见 7.4.2），则应进行 11.6 的校正；

b) 如果 Sync 报文的 flagField 的 twoStepFlag 比特为 FALSE，表明将不接收 Follow_Up 报文，则：
〈offsetFromMaster〉=〈syncEventIngressTimestamp〉—〈originTimestamp〉—〈meanPathDelay〉—Sync 报文的 correctionField；

c) 如果 Sync 报文的 flagField 的 twoStepFlag 为 TRUE，表明将接收 Follow_Up 报文，则：
〈offsetFromMaster〉=〈syncEventIngressTimestamp〉—〈preciseOriginTimestamp〉—〈meanPathDelay〉—Sync 报文的 correctionField—Follow_Up 报文的 correctionField
其中：
——〈originTimestamp〉应为接收到的 Sync 报文中 originTimestamp 字段的值；
——〈preciseOriginTimestamp〉应为接收到的 Follow_Up 报文中 preciseOriginTimestamp 字段的值；
——如果端口被配置为使用延时请求-响应机制，则〈meanPathDelay〉应按 11.3 规定；
——如果端口被配置为使用对等延时机制，则〈meanPathDelay〉应按 11.4 规定。

11.3 延时请求-响应机制

11.3.1 延时请求-响应机制通用要求

延时请求-响应机制测量一对 PTP 端口间的〈meanPathDelay〉，其每个端口都支持 9.2.5 的状态机。延时请求-响应机制使用的报文有 Sync、Delay_Req、Delay_Resp 和可能的 Follow_Up，如图 34 的时序图所示。该机制应在两个时钟的各支持域中独立执行。

图 34 中，Sync 报文的时间戳 t_1 和 t_2，以及 Delay_Req 报文的时间戳 t_3 和 t_4，应按照 7.3.4.2 定义的方法进行测量。时间戳 t_1 和 t_4 应使用主时钟节点时间进行测量，时间戳 t_2 和 t_3 使用从时钟节点时间进行测量。

如果已知连接进入端口和离开端口的路径的 delayAsymmetry（见 7.4.2），应进行 11.6 的校正。

注：〈meanPathDelay〉的标称值可按照下式计算，〈meanPathDelay〉$=[(t_2-t_1)+(t_4-t_3)]/2=[(t_2-t_3)+(t_4-t_1)]/2$。

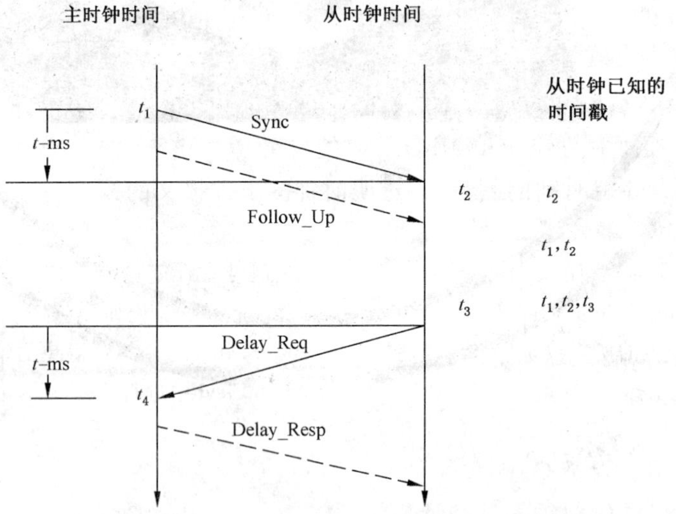

图 34 延时请求-响应路径长度的测量

11.3.2 延时请求-响应机制操作规范

对于每个延时请求-响应测量的实例，〈meanPathDelay〉的实际值应按如下进行测量和计算：

a) 主时钟节点按照 9.5.9 准备并发出一个 Sync 报文。如果节点为双步时钟，还按照 9.5.9.4 准备并发出一个 Follow_Up 报文。

b) 从时钟节点应：

1) 当接收到主时钟的 Sync 报文，生成时间戳 t_2；

2） 如果要求不对称校正，则按 11.6.2 修改接收到的 Sync 报文的 correctionField；

3） 如果要求基于 9.5.11.2 的时间要求来发送 Delay_Req 报文：

i） 准备一个 Delay_Req 报文，并将其 correctionField（见 13.3.2.7）设为 0。originTimestamp 应设为 0，或者设为 Delay_Req 报文离开时间的估计值，其误差不大于±1 s；

ii） 如果要求不对称校正，则按 11.6.3 修改 correctionField；

iii） 发送 Delay_Req 报文，生成并保存时间戳 t_3。

c） 当接收到 Delay_Req 报文，主时钟节点应：

1） 生成时间戳 t_4；

2） 准备 Delay_Resp 报文；

3） 从 Delay_Req 报文复制 sequenceId 字段到 Delay_Resp 报文的 sequenceId 字段；

4） 从 Delay_Req 报文复制 sourcePortIdentity 字段到 Delay_Resp 报文的 sourcePortIdentity 字段；

5） 从 Delay_Req 报文复制 domainNumber 字段到 Delay_Resp 报文的 domainNumber 字段；

6） 将 Delay_Resp 报文的 correctionField 设为 0；

7） 将 Delay_Req 报文的 correctionField 加到 Delay_Resp 报文的 correctionField；

8） 将 Delay_Req 报文的 receiveTimestamp 字段设为时间 t_4 的秒和纳秒部分（s 和 ns）；

9） 从 Delay_Req 报文的 correctionField 中减去 t_4 的小数纳秒（ns）部分；

10） 发出 Delay_Req 报文。

d） 当从时钟接收到 Delay_Resp 报文时：

1） 如果接收到的 Sync 报文指示将不接收 Follow_Up 报文，则〈meanPathDelay〉的计算如下：

〈meanPathDelay〉=[（t_2-t_3）+（Delay_Resp 报文的 receiveTimestamp－Sync 报文的 originTimestamp）－Sync 报文的 correctionField－Delay_Resp 报文的 correctionField]/2。

2） 如果接收到的 Sync 报文指示将接收 Follow_Up 报文，则〈meanPathDelay〉的计算如下：

〈meanPathDelay〉=[（t_2-t_3）+（Delay_Resp 报文的 receiveTimestamp－Follow_Up 报文的 preciseOriginTimestamp）－Sync 报文的 correctionField－Follow_Up 报文的 correctionField－Delay_Resp 报文的 correctionField]/2。

注：延时请求-响应路径长度测量通常使用 Delay_Req 报文前最近一次的 Sync 报文与相应的 Follow_Up 报文的时间戳和 correctionField。然而，延时请求-响应测量可使用任何的 Sync 报文和相应的 Follow_Up 报文，尽管这将降低计算出的〈meanPathDelay〉的精度。

11.4 对等延时机制

11.4.1 对等延时机制通用要求

对等延时机制测量端口到端口的传播时间，即两个支持对等延时机制的通信端口间的链路延时。

应在设备的所有端口中执行该测量，包括那些被较低层协议所阻塞（blocked）的端口。支持这一要求的寻址或其他机制是网络特定的，并在本标准的相关附录中进行规定。

该链路延时测量应由每个实现对等机制的端口独立地进行。

注：此要求意味着链路两端的端口已知链路延时。它允许网络重新配置时立即校正路径长度。

在普通时钟和边界时钟里，对等延时机制应与各端口是主时钟或从时钟无关。

对等延时机制使用的报文有：Pdelay_Req、Pdelay_Resp，和可能的 Pdelay_Resp_Follow_Up，如图 35 的时序图所示。

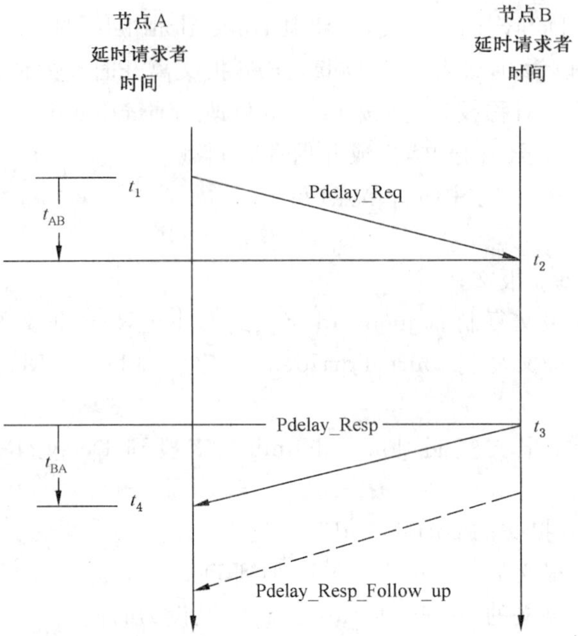

图 35　对等延时链路测量

在图 35 中，Pdelay_Req 报文的时间戳 t_1 和 t_2，以及 Pdelay_Resp 报文的时间戳 t_3 和 t_4 按照 7.3.4 的定义进行测量。如果已知连接进入端口和离开端口的链路的 delayAsymmetry（见 7.4.2），应进行 11.6 的校正。

时间戳 t_1 和 t_4 由节点 A 按如下步骤测量：

——如果节点 A 为点到点透明时钟，则所用时标规定见 10.1；

——如果节点 A 为普通时钟或边界时钟，则所用时标为时钟域的时标。

时间戳 t_2 和 t_3 由节点 B 按如下步骤测量：

——如果节点 B 为点到点透明时钟，则所用时标规定见 10.1；

——如果节点 B 为普通时钟或边界时钟，则所用时标为时钟域的时标。

注：〈meanPathDelay〉的标称值的计算为：〈meanPathDelay〉$=[(t_2-t_1)+(t_4-t_3)]/2=[(t_2-t_3)+(t_4-t_1)]/2$。实际值的规定见 11.4.3。

11.4.2　对等延时报文时序

Pdelay_Req 报文从请求端口的发送应有如下限制：

——当要求时发送初始 Pdelay_Req 报文；

——应发送后续的 Pdelay_Req 报文，使得以 2 为底报文传输间隔（以秒(s)为单位）的平均值的对数，不小于请求时钟数据集的成员 portDS.logMinPdelayReqInterval 的值。

在接收到相关联的 Pdelay_Req 报文后，应尽快发送 Pdelay_Resp 报文。

在发送相关联的 Pdelay_Resp 报文后，应尽快发送 Pdelay_Resp_Follow_Up 报文。

11.4.3　对等延时机制操作规范

对于每个对等延时请求-响应测量的实例，meanPathDelay 的实际值应按如下进行测量和计算：

a)　延时请求方，节点 A：

　1)　准备 Pdelay_Req 报文，correctionField（见 13.3.2.7）应设为 0：

　　i)　如果节点 A 是普通时钟或边界时钟，则报文头的 domainNumber 字段应设为节点 A

的域。

ii) 如果节点 A 是谐振的点到点透明时钟,则报文头的 domainNumber 字段应设为正被测量的域,即主谐振域;或者如果节点 A 实现了谐振到多个域,则为备选域之一。

iii) 如果节点 A 不是谐振的点到点透明时钟,则报文头的 domainNumber 字段应设为 0。

2) 如果要求不对称校正,则应按 11.6.4 修改 correctionField。

3) originTimestamp 应设为 0,或者设为 Pdelay_Req 报文的离开时间戳 t_1 的估计值,其误差不大于±1 s。

4) 应发送 Pdelay_Req 报文,生成并保存时间戳 t_1。

b) 如果延时响应方节点 B 是单步时钟,它应:

1) 当接收到 Pdelay_Req 报文时,生成时间戳 t_2;

2) 准备 Pdelay_Resp 报文;

3) 从 Pdelay_Req 报文复制 sequenceId 字段到 Pdelay_Resp 报文的 sequenceId 字段;

4) 从 Pdelay_Req 报文复制 sourcePortIdentity 字段到 Pdelay_Resp 报文的 requestingPortIdentity 字段;

5) 从 Pdelay_Req 报文复制 domainNumber 字段到 Pdelay_Resp 报文的 domainNumber 字段;

6) 从 Pdelay_Req 报文复制 correctionField 到 Pdelay_Resp 报文的 correctionField;

7) 然后:

i) 将 Pdelay_Resp 报文的 requestReceiptTimestamp 字段设为 0;

ii) 发出 Pdelay_Resp 报文,并在发送时生成时间戳 t_3;

iii) 在生成 t_3 后,当 Pdelay_Resp 报文即将离开响应方时,应将周转时间 t_3-t_2 加到 Pdelay_Resp 报文的 correctionField,并且对校验和或 Pdelay_Resp 报文的其他内容相关字段做任何需要的校正。

注:如需要并且响应方支持该精度,则 correctionField 的数据类型允许将时间间隔 t_3-t_2 表示到小数纳秒(ns)。

c) 如果延时响应方是双步时钟,它应:

1) 当接收到 Pdelay_Req 报文时,生成时间戳 t_2;

2) 准备 Pdelay_Resp 报文和 Pdelay_Resp_Follow_Up 报文;

3) 从 Pdelay_Req 报文复制 correctionField 到 Pdelay_Resp_Follow_Up 报文的 correctionField,并将 Pdelay_Resp 报文的 correctionField 设为 0;

4) 从 Pdelay_Req 报文复制 sequenceId 字段到 Pdelay_Resp 报文和 Pdelay_Resp_Follow_Up 报文的 sequenceId 字段;

5) 从 Pdelay_Req 报文复制 sourcePortIdentity 字段到 Pdelay_Resp 报文和 Pdelay_Resp_Follow _Up 报文的 requestingPortIdentity 字段;

6) 从 Pdelay_Req 报文复制 domainNumber 字段到 Pdelay_Resp 报文和 Pdelay_Resp_Follow_Up 报文的 domainNumber 字段;

7) 然后:

i) 将 Pdelay_Resp 报文的 requestReceiptTimestamp 字段设为 0;

ii) 发出 Pdelay_Resp 报文,并在发送时生成时间戳 t_3;

iii) 在 Pdelay_Resp_Follow_Up 报文中,将 responseOriginTimestamp 字段设为 0,并将周转时间 t_3-t_2 加到 correctionField;

iv) 发出 Pdelay_Resp_Follow_Up 报文;

8) 或者：

i) 在 Pdelay_Resp 报文中，将 requestReceiptTimestamp 字段设为时间 t_2 的秒和纳秒(s 和 ns)部分，并从 correctionField 中减去 t_2 的任何小数纳秒(ns)部分；

ii) 发出 Pdelay_Resp 报文，并在发送时生成时间戳 t_3；

iii) 在 Pdelay_Resp_Follow_Up 报文中，将 responseOriginTimestamp 字段设为 t_3 的秒(s)和纳秒(ns)部分，并将 t_3 的任何小数纳秒(ns)部分加到 correctionField；

iv) 发出 Pdelay_Resp_Follow_Up 报文。

d) 延时请求方，节点 A，应：

1) 当接收到 Pdelay_Resp 报文时，生成时间戳 t_4；

2) 如果要求不对称校正，则按 11.6.5 修改 Pdelay_Resp 报文的 correctionField；

3) 如果接收到的 Pdelay_Resp 报文的 twoStepFlag 是 FALSE，表明将不接收 Pdelay_Resp_Follow_Up 报文，则计算〈meanPathDelay〉如下：

〈meanPathDelay〉=[(t_4−t_1)−Pdelay_Resp 的 correctionField]/2

4) 如果接收到的 Pdelay_Resp 报文的 twoStepFlag 是 TRUE，表明将接收 Pdelay_Resp_Follow_Up 报文，则计算〈meanPathDelay〉如下：

〈meanPathDelay〉=[(t_4−t_1)−(responseOriginTimestamp−requestReceiptTimestamp)−Pdelay_Resp 的 correctionField-Pdelay_Resp_Follow_Up 的 correctionField]/2

当接收到 Pdelay_Req 报文时，延时响应方节点 B 应尽快发出相关联的 Pdelay_Resp 报文，并符合本条的其他要求，使周转时间 t_3-t_2 最小。

注：可按 10.1 的谐振来减小由过大的周转时间值引入的误差。

11.4.4 对等延时机制使用中的限制

对于每个发送的 Pdelay_Req 报文，延时请求方节点 A 可接收到 0、1 或者多个 Pdelay_Resp 报文。通过观察 Pdelay_Resp 报文不同的 sourcePortIdentity 字段，可检测出多个响应。

注：如果在节点 A 与多个节点 B 设备之间存在端到端透明时钟或普通网桥，或者其他类似的多播和多端口设备，则会出现多个响应。尽管可以区分多个响应，但是在本标准中没有这样的机制，以允许与多个节点 B 设备的每个响应相关联的路径长度，被正确地分配到接收到的 Sync 报文。

在这些情况下应有如下动作：

a) 当没有接收到 Pdelay_Resp 时，节点 A 应周期性的重传 Pdelay_Req 报文来检查节点 B 的存在。这种情况下的重传率是实现特定的；

b) 当接收到单个 Pdelay_Resp 时，应按规定执行 11.4 的协议；

c) 当接收到多个 Pdelay_Resp 时，节点 A 应：

1) 如果是普通时钟或边界时钟，则进入 FAULTY 状态；或如果是点到点透明时钟，则进入故障状态。这种情况下，设备可周期性地重传 Pdelay_Req 报文来检查对该状态的处理。此时的重传率是实现特定的，应丢弃端口接收到的 Sync 和 Follow_Up 报文。

2) 采取实现特定措施来解决此问题。

11.4.5 透明时钟的路径延时校正

11.4.5.1 点到点透明时钟

当接收到 Sync 报文时，点到点透明时钟的端口应：

a) 如果时钟是单步点到点时钟，在各离开端口发送完 Sync 报文之前，将〈meanPathDelay〉的值加到 Sync 报文的 correctionField。其中〈meanPathDelay〉的值是按照对等延时机制，对连接接收 Sync 报文的进入端口的链路进行测量得到的。

b) 如果时钟是双步点到点时钟，则在各离开端口上发送 Follow_Up 报文之前，将〈meanPathDelay〉

的值加到相关联的 Follow_Up 报文的 correctionField。其中〈meanPathDelay〉的值是按照对等延时机制,对连接接收 Sync 报文的进入端口的链路进行测量得到的。应在任何驻留时间的校正之后,将〈meanPathDelay〉加到 correctionField,见 11.5.2.2。

注 1:为了正确关联 Sync 和 Follow_Up 报文,要求透明时钟维护 Sync 报文的 sequenceId 和 sourcePortIdentity 的记录,来同 Follow_Up 报文的 sourcePortIdentity 和 sequenceId 字段进行比较。

注 2:如果透明时钟支持该精度,则 correctionField 的数据类型允许将〈meanPathDelay〉表示到小数纳秒(ns)。

11.4.5.2 端到端透明时钟

一个端到端透明时钟不应校正进入端口或离开端口的路径延时。

11.5 对于 PTP 版本 2 事件的透明时钟驻留时间校正

11.5.1 驻留时间计算

透明时钟应对于所有版本 2 事件报文生成一个进入时间戳(见 7.3.4.2),指示在进入端口接收到事件报文的时间。

透明时钟应对于所有版本 2 事件报文生成一个离开时间戳(见 7.3.4.2),指示在离开端口发送事件报文的时间。

注:通常,离开时间戳在透明时钟的各离开端口有一个不同的值。

所有的时间戳应按 10.1 在域内进行测量。

如果已知连接进入和离开端口的路径的 delayAsymmetry(见 7.4.2),应进行 11.6 的校正。

对于各离开端口,每个这样的事件报文的驻留时间计算如下:

〈residenceTime〉=离开时间戳-进入时间戳。

11.5.2 Sync 报文的驻留时间校正

11.5.2.1 单步透明时钟

当正在发送 Sync 事件报文时,〈residenceTime〉应通过时钟的离开端口加到 Sync 事件报文的 correctionField。对于校验和或者报文的其他内容相关字段,离开端口应进行任何需要的校正。

注:如果透明时钟支持该精度,则 correctionField 的数据类型允许将〈residenceTime〉表达到小数纳秒(ns)。

对于任何接收到的 Follow_Up 报文应不进行修改。

11.5.2.2 双步透明时钟

如果接收到的 Sync 报文的 twoStepFlag 是 FALSE,则表明将不接收 Follow_Up 报文,然后:

a) 应将接收到的 Sync 报文的 twoStepFlag 设为 TRUE,指示随后将有 Follow_Up 报文。尽快在离开端口发送 Sync 报文,并对校验和或者该报文的其他内容相关字段进行任何需要的校正。修正后的 Sync 报文应用于生成离开时间戳,来计算 Sync 报文的驻留时间。
b) 应在离开端口准备发送 Follow_Up 报文,步骤如下:
    1) 应将接收到的 Sync 报文的 originTimestamp 复制到 Follow_Up 报文的 preciseOriginTimestamp 字段;
    2) 应将接收到的 Sync 报文的 sequenceId 复制到 Follow_Up 报文的 sequenceId 字段;
    3) 应将接收到的 Sync 报文的 sourcePortIdentity 复制到 Follow_Up 报文的 sourcePortIdentity 字段;
    4) 应将接收到的 Sync 报文的 domainNumber 复制到 Follow_Up 报文的 domainNumber 字段;
    5) 应将接收到的 Sync 报文的 logMessageInterval 复制到 Follow_Up 报文的 logMessageInterval 字段;
    6) 应将接收到的 Sync 报文报文头的 flagField 复制到 Follow_Up 报文的 flagField,并且将 twoStepFlag 设为 TRUE;
    7) 应将 Follow_Up 报文的 correctionField 设为〈residenceTime〉。对于点到点透明时钟,这应在

校正〈meanPathDelay〉之前完成。见 11.4.5.1。

注：如果透明时钟支持该精度，则 correctionField 的数据类型允许将〈residenceTime〉表达到小数纳秒(ns)。

如果接收到的 Sync 报文的 twoStepFlag 是 TRUE，则表明将接收 Follow_Up 报文，然后：

a) 应通过离开端口发送接收到的 Sync 报文。该 Sync 报文应用于生成离开时间戳，以计算 Sync 报文的驻留时间。

b) 在离开端口发送之前，应将〈residenceTime〉加到与 Sync 报文相关联的 Follow_Up 报文的 correctionField。

注：为了正确关联 Sync 和 Follow_Up 报文，要求透明时钟维护 Sync 报文的 sourcePortIdentity 和 sequenceId 字段的记录，以同 Follow_Up 报文的 sourcePortIdentity 和 sequenceId 进行比较。如果透明时钟支持该精度，correctionField 的数据类型允许将〈residenceTime〉表达到小数纳秒(ns)。

11.5.3 Delay_Req 报文的驻留时间校正

11.5.3.1 通用规范

11.5.3 应用于端到端透明时钟。点到点透明时钟不支持 Delay_Req 报文。

11.5.3.2 单步端到端透明时钟

当正在发送 Sync 事件报文时，〈residenceTime〉应被通过时钟的离开端口加到 Delay_Req 报文的 correctionField。对于校验和或者报文的其他内容相关字段，离开端口应进行任何必需的修改。

注：如果透明时钟支持该精度，correctionField 的数据类型允许将〈residenceTime〉表达到小数纳秒(ns)。

对于任何接收到的 Delay_Resp 报文应不进行修改。

11.5.3.3 双步端到端透明时钟

接收到的 Delay_Req 报文应在离开端口发送。该 Delay_Req 报文应用于生成离开时间戳，以计算 Delay_Req 报文的〈residenceTime〉。

在通过离开端口发送 Delay_Resp 报文之前，应将〈residenceTime〉加到与 Delay_Req 报文相关联的 Delay_Resp 报文的 correctionField。

注：为了正确关联 Delay_Req 报文和 Delay_Resp 报文，要求透明时钟维护 Delay_Req 报文的 sourcePortIdentity 和 sequenceId 字段的记录，以同 Delay_Resp 报文的 sourcePortIdentity 和 sequenceId 进行比较。如果透明时钟支持该精度，则 correctionField 的数据类型允许将〈residenceTime〉表达到小数纳秒(ns)。

11.5.4 Pdelay_Req 和 Pdelay_Resp 报文的驻留时间校正

11.5.4.1 概述

11.5.4 应用于端到端透明时钟。Pdelay_Req 和 Pdelay_Resp 报文终止于点到点透明时钟。

注：点到点时钟通常只用在点到点时钟的同构系统中。基于 PTP 的后续版本，11.5.4 的规定允许系统中使用端到端透明时钟。后续版本中可规定如何去实现点到点时钟间的一对多连接的混合系统。

11.5.4.2 单步端到端透明时钟

当正在发送 Pdelay_Req 报文时，Pdelay_Req 报文的〈residenceTime〉应通过时钟的离开端口加到 Pdelay_Req 报文的 correctionField。对于校验和或者报文的其他内容相关字段，离开端口应进行任何必需的修改。

对于 Pdelay_Req 报文的〈residenceTime〉，不应对任何接收到的 Pdelay_Resp_Follow_Up 或 Pdelay_Resp 报文进行修改。

当正在发送 Pdelay_Resp 报文时，Pdelay_Req 报文的〈residenceTime〉应通过时钟的离开端口加到 Pdelay_Resp 报文的 correctionField。对于校验和或者报文的其他内容相关字段，离开端口应进行任何必需的修改。

对于 Pdelay_Resp 报文的〈residenceTime〉，不应对任何接收到的 Pdelay_Resp_Follow_Up 报文进行修改。

11.5.4.3 双步端到端透明时钟

测量并保存 Pdelay_Req 报文的〈residenceTime〉，以加入到与 Pdelay_Req 报文相关联的Pdelay_Resp_Follow_Up 报文的 correctionField 中。

测量并保存与 Pdelay_Req 报文相关联的 Pdelay_Resp 报文的〈residenceTime〉，以加入到与 Pdelay_Req 报文相关联的 Pdelay_Resp_Follow_Up 报文的 correctionField 中。

如果接收到的与 Pdelay_Req 报文相关联的 Pdelay_Resp 报文的 twoStepFlag 是 FALSE，则表明将不接收 Pdelay_Resp_Follow_Up 报文，然后：

a) 应将接收到的 Pdelay_Resp 报文的 twoStepFlag 设为 TRUE，表明随后将有 Pdelay_Resp_Follow_Up 报文。尽快在离开端口发送 Pdelay_Resp 报文，并且对校验和或者报文的其他内容相关字段进行任何必需的修改。该修改后的 Pdelay_Resp 报文应用于生成离开时间戳，以计算 Pdelay_Resp 报文的〈residenceTime〉。
b) 应准备发送 Pdelay_Resp_Follow_Up 报文，步骤如下：
    1) 将接收到的 Pdelay_Resp 报文的 sequenceId 复制到 Pdelay_Resp_Follow_Up 报文的 sequenceId 字段；
    2) 将接收到的 Pdelay_Resp 报文的 requestingPortIdentity 复制到 Pdelay_Resp_Follow_Up 报文的 requestingPortIdentity 字段；
    3) 将 responseOriginTimestamp 设为 0；
    4) 将接收到的 Pdelay_Resp 报文的 domainNumber 字段复制到 Pdelay_Resp_Follow_Up 报文的 domainNumber 字段；
    5) 应将 Pdelay_Resp_Follow_Up 报文的 correctionField 设为 Pdelay_Resp 的〈residenceTime〉同与 Pdelay_Resp 报文相关联的 Pdelay_Req 报文的〈residenceTime〉之和。

如果接收到的 Pdelay_Resp 报文的 twoStepFlag 是 TRUE，则表明将接收 Pdelay_Resp_Follow_Up 报文，然后：

a) 接收到的 Pdelay_Resp 报文应在离开端口发送。该 Pdelay_Resp 报文应用于生成离开时间戳，以计算 Pdelay_Resp 报文的驻留时间。
b) 在离开端口发送之前，应将 Pdelay_Resp 的〈residenceTime〉同与 Pdelay_Resp 报文相关联的 Pdelay_Req 报文的〈residenceTime〉之和，加到与 Pdelay_Req 报文相关联的 Pdelay_Resp_Follow_Up 报文的 correctionField。

注 1：为了正确关联 Pdelay_Req、Pdelay_Resp 和 Pdelay_Resp_Follow_Up 报文，要求透明时钟维护 Pdelay_Req 报文的 sourcePortIdentity 和 sequenceId 字段的记录，以同 Pdelay_Resp 和 Pdelay_Resp_Follow_Up 报文的 requestingPortIdentity 和 sequenceId 进行比较。

注 2：如果透明时钟支持该精度，则 correctionField 的数据类型允许将〈residenceTime〉表达到小数纳秒(ns)。

11.6 对于 PTP 版本 2 事件报文的不对称校正

11.6.1 通用规范

如果已知连接时钟进入和离开端口的路径的 delayAsymmetry(见 7.4.2)，PTP 报文应按如下规定进行校正。

11.6.2 Sync 报文的不对称校正

Sync 报文：

a) 对于连接离开端口路径的不对称，应不进行校正；
b) 对于一个边界时钟或者普通时钟，在使用 correctionField 进行任何计算之前，当进入端口进行接收时，应通过把进入路径的 delayAsymmetry 值加到接收到的 Sync 报文的 correctionField，来校正连接进入端口的路径的不对称；

c) 对于透明时钟，在该透明时钟的离开端口发送 Sync 报文之前，在进入端口进行接收时，应校正连接进入端口的路径的不对称：

1) 如果透明时钟是单步时钟，则在离开端口进行发送之前，应通过把进入路径的 delayAsymmetry 值加到接收到的 Sync 报文的 correctionField 进行校正；

2) 如果透明时钟是双步时钟，则在离开端口发送 Follow_Up 报文之前，应通过把进入路径的 delayAsymmetry 值加到与接收到的 Sync 报文相关联的 Follow_Up 报文的 correctionField 进行校正。

注：该 Follow_Up 报文可由一个端到端透明时钟的上游双步时钟生成，或者由端到端透明时钟自身生成。这要求透明时钟维护 Sync 报文的 sourcePortIdentity 和 sequenceId 字段的记录，以同 Follow_Up 报文的 requestingPortIdentity 和 sequenceId 进行比较。

11.6.3 Delay_Req 报文的不对称校正

Delay_Req 报文：

a) 对于连接离开端口路径的不对称，应不进行校正。

b) 对于一个边界时钟或者普通时钟，在离开端口进行发送之前，应通过从发送的 Delay_Req 报文的 correctionField 中减去离开路径的 delayAsymmetry 值，来修改发送的 Delay_Req 报文的 correctionField。

c) 对于端到端透明时钟，在进入端口进行接收时，并在离开端口发送后续的 Delay_Req 报文之前：

1) 如果端到端透明时钟是单步时钟，则在离开端口发送之前，应通过从接收到的 Delay_Req 报文的 correctionField 中减去离开路径的 delayAsymmetry 值来进行校正；

2) 如果端到端透明时钟是双步时钟，则在发送 Delay_Resp 报文之前，应通过从与原始 Delay_Req 报文相关联的接收到的 Delay_Resp 报文的 correctionField 中，减去连接 Delay_Req 报文离开端口的离开路径的 delayAsymmetry 值来进行校正。

11.6.4 Pdelay_Req 报文的不对称校正

Pdelay_Req 报文：

a) 对于连接进入端口路径的不对称，应不校正。

b) 对于一个边界时钟、普通时钟或者点到点透明时钟，在离开端口进行发送之前，应通过从发送的 Pdelay_Req 报文的 correctionField 中，减去离开路径的 delayAsymmetry 值，来修改发送的 Pdelay_Req 报文的 correctionField。

c) 对于端到端透明时钟，在进入端口进行接收时，并在离开端口发送后续的 Pdelay_Req 报文之前：

1) 如果端到端透明时钟是单步时钟，则在离开端口进行发送之前，应通过从接收到的 Pdelay_Req 报文的 correctionField 中，减去离开路径的 delayAsymmetry 值来进行校正；

2) 如果端到端透明时钟是双步时钟，则在发送 Pdelay_Resp_Follow_Up 报文之前，应通过从与原始 Pdelay_Req 报文相关联的 Pdelay_Resp_Follow_Up 报文的 correctionField 中，减去连接 Pdelay_Req 报文离开端口的离开路径的 delayAsymmetry 值来进行校正。

注：该 Pdelay_Resp_Follow_Up 报文可由一个端到端透明时钟的上游双步时钟生成，或者由端到端透明时钟自身生成。这要求透明时钟维护 Delay_Req 报文的 sourcePortIdentity 和 sequenceId 字段的记录，以同 Delay_Resp 报文的 requestingPortIdentity 和 sequenceId 进行比较。

11.6.5 Pdelay_Resp 报文的不对称校正

Pdelay_Resp 报文：

a) 对于连接离开端口的路径的不对称，应不进行校正；

b) 对于一个边界时钟、普通时钟或者点到点透明时钟，在进入端口进行接收时，并在使用 correctionField 进行任何计算之前，应通过将进入路径的 delayAsymmetry 值加到接收到的 Pdelay_Resp 报文的 correctionField，来校正连接进入端口路径的不对称；

c) 对于端到端透明时钟，在进入端口进行接收时，并在端到端透明时钟的离开端口发送 Pdelay_Resp 报文之前，应校正连接进入端口路径的不对称：

   1) 如果端到端透明时钟是单步时钟，则在离开端口进行发送之前，应通过将进入路径的 delayAsymmetry 值加到接收到的 Pdelay_Resp 报文的 correctionField 来进行校正；

   2) 如果端到端透明时钟是双步时钟，则在离开端口发送 Pdelay_Resp_Follow_Up 报文之前，应通过将进入路径的 delayAsymmetry 值加到与发送的 Pdelay_Resp 报文相关联的 Pdelay_Resp_Follow_Up 报文的 correctionField 来进行校正。

注：该 Pdelay_Resp_Follow_Up 报文可由一个端到端透明时钟的上游双步时钟生成，或者由端到端透明时钟自身生成。这要求透明时钟维护 Pdelay_Resp 报文的 requestingPortIdentity 和 sequenceId 字段的记录，以同Pdelay_Resp_Follow_Up 报文的 requestingPortIdentity 和 sequenceId 进行比较。

12 时钟的同步与谐振

12.1 谐振

12.1.1 通用规范

在一个域内，有一个端口处于 SLAVE 状态的任何时钟，以及任何透明时钟，都应与最高级时钟谐振。

12.1.2 基于 Sync 报文的谐振

时钟 A 可以与另一个时钟 B 谐振，如下：

对于来自时钟 B 的 Sync 和可能的 Follow_Up 报文序列，时钟 A 按如下步骤计算〈correctedMasterEventTimestamp〉和〈syncEventIngressTimestamp〉：

a) 当接收到 Sync 报文时，时钟 A 生成并记录一个按 7.3.4 内部延时已校正的时间戳〈syncEventIngressTimestamp〉。如果已知连接进入端口路径的 delayAsymmetry（见 7.4.2），应按 11.6 进行校正。

b) 如果 Sync 报文的 flagField 的 twoStepFlag 比特是 FALSE，表明将不接收 Follow_Up 报文，则〈correctedMasterEventTimestamp〉＝〈originTimestamp〉＋〈meanPathDelay〉＋Sync 报文的 correctionField。

c) 如果 Sync 报文的 flagField 的 twoStepFlag 比特是 TRUE，表明将接收 Follow_Up 报文，则〈correctedMasterEventTimestamp〉＝〈preciseOriginTimestamp〉＋〈meanPathDelay〉＋Sync 报文的 correctionField＋Follow_Up 报文的 correctionField。

   其中：

   ——〈originTimestamp〉是接收到的 Sync 报文的 originTimestamp 字段值；

   ——〈preciseOriginTimestamp〉是接收到的 Sync 报文的 preciseOriginTimestamp 字段值；

   ——如果端口被配置为使用延时请求-响应机制，那么〈meanPathDelay〉应如 11.3 所规定；

   ——如果端口被配置为使用对等延时机制，那么〈meanPathDelay〉应为如 11.4 所规定。

然后利用〈syncEventIngressTimestamps〉的序列和〈correctedMasterEventTimestamps〉的序列，来调整时钟 A 的时间变化率，以使其对准到最高级时钟的时间变化率。

注：作为一个示例，主时钟频率和时钟 A 频率的比值，可以估计为在一个接收到的时间戳和若干 syncInterval 后接收到的第二个时间戳之间，时钟 A 经过时间与主时钟经过时间的比值，即：

$$\frac{\langle \text{syncEventIngressTimestamp} \rangle_N - \langle \text{syncEventIngressTimestamp} \rangle_0}{\langle \text{correctedMasterEventTimestamp} \rangle_N - \langle \text{correctedMasterEventTimestamp} \rangle_0}$$

其中 N 是隔开时间戳的 syncInterval 的个数（N＞0）。这样，时钟 A 的频率可以根据这个因子进行调节。

12.1.3 基于其他机制的谐振

在一些网络中,存在对时钟是可访问的、用于谐振两个时钟的物理信号。如果时钟 A 到时钟 B 的谐振与最佳主时钟算法(见 9.3)建立的同步层次结构相匹配,即 Sync 报文是由时钟 B 发送到时钟 A 的,就可以使用这样的信号。这些不在本标准范围内。

12.2 同步

在一个域内,一个端口处于 SLAVE 状态的普通时钟或边界时钟,应同步到同步层次结构中它的主时钟,该同步层次结构由最佳时钟算法建立。同步的特定含义不在本标准范围之内,但会使从时钟按 11.2 计算出的〈offsetFromMaster〉值的最小化。

13 PTP 报文格式

13.1 概述

本章中的格式和定义规定了发起方如何填充 PTP 报文的字段。本标准的其他部分定义了接收方对它们的处理。

本章的表格中,"八位位组"列表示字段的八位位组长度。"偏移"列表示从报文的 PTP 定义字段开始到该字段第一个八位位组的偏移。

13.2 通用报文格式要求

所有的报文应包括报文头、报文体和报文尾。报文尾长度可以为 0。

保留字段应以所有比特为 0 来发送,并被接收方忽略。

除非另有规定,所有字段值应:

——是报文的一个固有特性,在本章中规定;

——或者,基于发起设备的数据集或协议操作,由发起报文的设备,即由发起节点实例化;

——或者,如果是双步透明时钟,任何生成的 Follow_Up 或 Pdelay_Resp_Follow_Up 报文,除了进行透明时钟操作所要求的调整外,报文看起来应就像是由 Sync 和 Pdelay_Resp 报文的发起方分别生成的;见第 11 章。

字段的数据类型应为各条标题括号中指示的类型。

13.3 报文头

13.3.1 通用报文头规范

所有 PTP 报文的公共报文头的规定见表 18。

表 18 公共报文头

比特								八位位组	偏移
7	6	5	4	3	2	1	0		
transportSpecific				messageType				1	0
保留				versionPTP				1	1
messageLength								2	2
domainNumber								1	4
保留								1	5
flagField								2	6
correctionField								8	8
保留								4	16
sourcePortIdentity 10								10	20
sequenceId								2	30
controlField								1	32
logMessageInterval								1	33

13.3.2 报文头规范

13.3.2.1 **transportSpecific**（**Nibble**）

transportSpecific 字段可被低层传输协议使用，并在本标准传输附录中（规范性附录 D～I）该协议的映射规范中定义。

13.3.2.2 **messageType**（**Enumeration4**）

messageType 值应指示报文的类型，定义见表 19。

表 19 **messageType** 字段的值

报文类型	报文类	值(十六进制)
Sync	事件	0
Delay_Req	事件	1
Pdelay_Req	事件	2
Pdelay_Resp	事件	3
保留	—	4～7
Follow_Up	通用	8
Delay_Resp	通用	9
Pdelay_Resp_Follow_Up	通用	A
Announce	通用	B
Sigaling	通用	C
Management	通用	D
保留	—	E～F

由 messageType 字段的最高有效位将该字段分为事件报文和通用报文。

注：messageType 后保留的四位位组为 messageType 字段的今后扩展所保留。

13.3.2.3 **versionPTP**（**UInteger4**）

versionPTP 字段的值应为发起节点的数据集的 portDS. versionNumber 成员的值。

13.3.2.4 **messageLength**（**UInteger 16**）

messageLength 的值应为构成 PTP 报文的八位位组总的个数。所计算的八位位组从报文头的第一个八位位组开始，到所有报文尾的最后八位位组结束，或者如果没有报文尾成员，则到本条定义的报文的最后八位位组结束。

注：messageLength 不包含附录 D 中规定的任何填充比特。

13.3.2.5 **domainNumber**（**UInteger 8**）

对于普通时钟或者边界时钟，domainNumber 的值为发起普通时钟或边界时钟数据集的 defaultDS. domainNumber 成员的值。

对于由点到点透明时钟发起的对等延时机制报文，该值应为 11.4.3 中定义的值。

对于管理报文，该值应为 15.4.1.1 中定义的值。

13.3.2.6 **flagField**（**Octet**[2]）

flagField 数组各比特值的定义见表 20。对于没有在表 20 中定义的报文类型，该值应为 FALSE。

表 20 **flagField 的值**

八位位组	比特	报文类型	名　　称	描　　述
0	0	Announce，Sync，Follow_Up，Delay_Resp	alternateMasterFlag	如果发起方的端口处于 MASTER 状态，则该值为 FALSE。将该标志设为 TRUE 的情况见 17.3 和 17.4
0	1	Sync，Pdelay_Resp	twoStepFlag	对于单步时钟，twoStepFlag 值应为 FALSE；对于双步时钟，twoStepFlag 值应为 TRUE
0	2	ALL	unicastFlag	如果该报文发送到的传输层协议地址为单播地址，则值为 TRUE；如果该报文发送到的传输层协议地址为多播地址，则值为 FALSE
0	5	ALL	PTP profile Specific 1	按备选 PTP 行规定义；否则，为 FALSE
0	6	ALL	PTP profile Specific 2	按备选 PTP 行规定义；否则，为 FALSE
0	7	ALL	保留	见注
1	0	Announce	leap61	timePropertiesDS. leap61 的值
1	1	Announce	leap59	timePropertiesDS. leap59 的值
1	2	Announce	currentUtcOffsetValid	timePropertiesDS. currentUtcOffsetValid 的值
1	3	Announce	ptpTimescale	timePropertiesDS. ptpTimescale 的值
1	4	Announce	timeTraceable	timePropertiesDS. timeTraceable 的值
1	5	Announce	frequencyTraceable	timePropertiesDS. frequencyTraceable 的值
注：保留的比特用于附录 K 的实验性安全机制。				

保留所有未使用的标志。

13.3.2.7 correctionField（Integer64）

correctionField 为以纳秒（ns）为单位的测量的校正值再乘以 2^{16}。比如，2.5 ns 表示为 0000000000028000_{16}。

除了最高有效位，字段所有比特全为 1 的值，应指示校正值太大，无法表示。

correctionField 的值取决于表 21 中描述的报文类型。

表 21 **correctionField 语义**

报文类型	CorrectionField 描述
Sync	对小数纳秒、透明时钟的驻留时间（见 11.5.2）、点到点时钟的路径延时（见 11.4.5.1），以及不对称校正（见 11.6.2）的校正
Delay_Req	对小数纳秒、透明时钟的驻留时间（见 11.5.3）、以及不对称校正（见 11.6.3）的校正
Pdelay_Req	对小数纳秒、透明时钟的驻留时间（见 11.5.4）、以及不对称校正（见 11.6.4）的校正
Pdelay_Resp	对小数纳秒、透明时钟的驻留时间（见 11.5.4）、以及不对称校正（见 11.6.5）的校正
Follow_Up	对小数纳秒、透明时钟的驻留时间（见 11.5.2）、点到点时钟的路径延时（见 11.4.5.1）、以及不对称校正（见 11.6.2）的校正
Delay_Resp	对小数纳秒、透明时钟的驻留时间（见 11.5.3）、以及不对称校正（见 11.6.3）的校正
Pdelay_Resp_Follow_Up	对小数纳秒、透明时钟的驻留时间（见 11.5.4）、以及不对称校正（见 11.6.4 和 11.6.5）的校正
Announce	0
Signaling	0
Management	0

13.3.2.8 **sourcePortIdentity (PortIdentity)**

字段 sourcePortIdentity 的值应为发起该报文端口的数据集的 portDS. portIdentity 成员。

13.3.2.9 **sequenceId (UInteger 16)**

除 Follow_Up、Delay_Resp、Pdelay_Resp、Pdelay_Resp_Follow_Up 报文,以及作为另一个管理报文的响应的管理报文外,字段 sequenceId 的值应是由报文的发起方根据 7.3.7 分配。对于这些例外情况,字段 sequenceId 值的定义见表 22 的参考。

表 22 sequenceId 值的例外情况的参考

报文类型	参考
Follow_Up	9.5.10、11.5.2.2
Delay_Resp	11.3.2
Pdelay_Resp	11.4.3
Pdelay_Resp_Follow_Up	11.4.3
Management	15.4.1.2

13.3.2.10 **controlField (UInteger 8)**

controlField 的值取决于 messageType 字段定义的报文类型(见 13.3.2.2),并应具有表 23 规定的值。不赞成接收方使用该字段。

注:该字段是为了与按 PTP 版本 1 设计的硬件兼容。

表 23 controlField 枚举

报文类型	controlField 值(十六进制)
Sync	00
Delay_Req	01
Follow_Up	02
Delay_Resp	03
Management	04
其他	05
保留	06～FF

13.3.2.11 **logMessageInterval (Integer 8)**

字段 logMessageInterval 的值是由报文类型决定的,且其定义见表 24。

表 24 字段 logMessageInterval 的值

报文类型	LogMessageInterval 的值
Announce	数据集成员 portDS. logAnnounceInterval 的值
Sync,Follow_Up	多播报文数据集成员 portDS. logSyncInterval 的值;单播报文为 $7F_{16}$
Delay_Resp	多播报文数据集成员 portDS. logMinDelayReqInterval 的值;单播报文为 $7F_{16}$
Delay_Req	$7F_{16}$
Singaling	$7F_{16}$
Management	$7F_{16}$
Pdelay_Req	$7F_{16}$
Pdelay_Resp	$7F_{16}$
Pdelay_Resp_Follow_Up	$7F_{16}$

13.4 报文尾

应用层报文的报文尾为一个连续的零或多个数据类型为 TLV 的实体序列。在第 14 章中描述了这些实体的含义。TLV 实体“n+1”的第一个八位位组应紧跟在 TLV 实体“n”的最后一个八位位组之后。TLV 的解释不应取决于它在报文中的位置。节点不应为事件报文附加 TLV 实体。

注：当通过非 PTP 网桥时，将 TLV 实体附加到事件报文上可能改变报文的传输延时。

13.5 Announce 报文

13.5.1 通用 Announce 报文规范

Announce 报文字段的规定见表 25。

表 25 Announce 报文字段

比特								八位位组	偏移
7	6	5	4	3	2	1	0		
报文头(见 13.3)								34	0
originTimestamp								10	34
currentUtcOffset								2	44
保留								1	46
grandmasterPriority 1								1	47
grandmasterClockQuality								4	48
grandmasterPriority 2								1	52
grandmasterIdentity								8	53
stepsRemoved								2	61
timeSource								1	63

13.5.2 Announce 报文字段规范

13.5.2.1 originTimestamp (Timestamp)

当发送 Announce 报文时，originTimestamp 的值应为 0，或者为发起时钟本地时间的估计值，误差不大于±1 s。

13.5.2.2 currentUtcOffset (Integer 8)

currentUtcOffset 的值应是数据集 timePropertiesDS. currentUtcOffset 成员的值。

13.5.2.3 grandmasterPriority 1 (UInteger 8)

grandmasterPriority 1 的值应是数据集 parentDS. grandmasterPriority 1 成员的值。

13.5.2.4 grandmasterClockQuality (ClockQuality)

grandmasterClockQuality 的值应是数据集 parentDS. grandmasterClockQuality 成员的值。

13.5.2.5 grandmasterPriority 2 (UInteger 8)

grandmasterPriority 2 的值应是数据集 parentDS. GrandmasterPriority 2 成员的值。

13.5.2.6 grandmasterIdentity (ClockIdentity)

grandmasterIdentity 的值应是数据集 parentDS. grandmasterIdentity 成员的值。

13.5.2.7 stepsRemoved (UInteger 16)

stepsRemoved 的值应是发出该报文时钟的数据集 currentDS. stepsRemoved 成员的值。

13.5.2.8 timeSource (Enumeration 8)

timeSource 的值应是数据集 timePropertiesDS. timeSource 成员的值。

13.6 Sync 和 Delay_Req 报文

13.6.1 通用 Sync 和 Delay_Req 报文规范

Sync 和 Delay_Req 报文字段的规定见表 26。

表 26 Sync 和 Delay_Req 报文的字段

比特								八位位组	偏移
7	6	5	4	3	2	1	0		
报文头(见 13.3)								34	0
originTimestamp								10	34

13.6.2 Sync 和 Delay_Req 报文的字段规范

13.6.2.1 originTimestamp (Timestamp)

字段 originTimestamp 值的规定见 9.5.9 和 11.3。

13.7 Follow_Up 报文

13.7.1 通用 Follow_Up 报文规范

Follow_Up 报文字段的规定见表 27。

表 27 Follow_Up 报文字段

比特								八位位组	偏移
7	6	5	4	3	2	1	0		
报文头(见 13.3)								34	0
preciseOriginTimestamp								10	34

13.7.2 Follow_Up 报文字段规范

13.7.2.1 preciseOriginTimestamp (Timestamp)

preciseOriginTimestamp 值的规定见 9.5.10 和 11.3。

13.8 Delay_Resp 报文

13.8.1 通用 Delay_Resp 报文规范

Delay_Resp 报文字段的规定见表 28。

表 28 Delay_Resp 报文字段

比特								八位位组	偏移
7	6	5	4	3	2	1	0		
报文头(见 13.3)								34	0
receiveTimestamp 10									34
requestingPortIdentity 10									44

13.8.2 Delay_Resp 报文字段规范

13.8.2.1 receiveTimestamp (Timestamp)

receiveTimestamp 值的规定见 9.5.12 和 11.3。

13.8.2.2 requestingPortIdentity (PortIdentity)

requestingPortIdentity 值的规定见 11.3。

13.9 Pdelay_Req 报文

13.9.1 通用 Pdelay_Req 报文规范

Pdelay_Req 报文字段的规定见表 29。

表 29 **Pdelay_Req 报文字段**

比特								八位位组	偏移
7	6	5	4	3	2	1	0		
报文头(见 13.3)								34	0
originTimestamp								10	34
保留								10	44

注：Pdelay_Req 报文中保留的字段是为了让报文长度与 Pdelay_Resp 报文的长度相匹配。在一些网络和网桥中，不同长度的报文具有不同的传输时间，这样就引入了不对称误差。

13.9.2 Pdelay_Resp 报文字段规范

13.9.2.1 originTimestamp (Timestamp)

字段 originTimestamp 值的规定见 11.4.3。

13.10 Pdelay_Resp 报文

13.10.1 通用 Pdelay_Resp 报文规范

Pdelay_Resp 报文字段的规定见表 30。

表 30 **Pdelay_Resp 报文字段**

比特								八位位组	偏移
7	6	5	4	3	2	1	0		
报文头(见 13.3)								34	0
requestReceiptTimestamp								10	34
requestingPortIdentity								10	44

13.10.2 Pdelay_Resp 报文字段规范

13.10.2.1 requestReceiptTimestamp (Timestamp)

requestReceiptTimestamp 值的规定见 11.4.3。

13.10.2.2 requestingPortIdentity (PortIdentity)

requestingPortIdentity 值的规定见 11.4.3。

13.11 Pdelay_Resp_Follow_Up 报文

13.11.1 通用 Pdelay_Resp_Follow_Up 报文规范

Pdelay_Resp_Follow_Up 报文字段的规定见表 31。

表 31 **Pdelay_Resp_Follow_Up 报文字段**

比特								八位位组	偏移
7	6	5	4	3	2	1	0		
报文头(见 13.3)								34	0
responseOriginTimestamp								10	34
requestingPortIdentity								10	44

13.11.2 Pdelay_Resp_Follow_Up 报文字段规范

13.11.2.1 responseOriginTimestamp (Timestamp)

responseOriginTimestamp 值的规定见 11.4.3。

13.11.2.2 requestingPortIdentity (PortIdentity)

requestingPortIdentity 值的规定见 11.4.3。

13.12 信号报文

13.12.1 来自其他节点的信号报文的接收

基于接收到的信号报文所指示的字段,应按照表 32 接受并应用该报文。

表 32 信号报文的接受

<table>
<tr><th>targetPortIdentity. clockIdentity 等于:</th><th>targetPortIdentity. portNumber 等于:</th><th>TLV 规范指示适用于:</th><th>应用动作到:</th></tr>
<tr><td rowspan="4">defaultDS. clockIdentity</td><td rowspan="2">全为 1</td><td>时钟</td><td>时钟</td></tr>
<tr><td>端口</td><td>全部端口</td></tr>
<tr><td rowspan="2">portDS. portNumber</td><td>时钟</td><td>时钟</td></tr>
<tr><td>端口</td><td>目标端口</td></tr>
<tr><td rowspan="4">全为 1</td><td rowspan="2">全为 1</td><td>时钟</td><td>时钟</td></tr>
<tr><td>端口</td><td>全部端口</td></tr>
<tr><td rowspan="2">portDS. portNumber</td><td>时钟</td><td>时钟</td></tr>
<tr><td>端口</td><td>目标端口</td></tr>
</table>

应忽略不被接受的报文。

13.12.2 信号报文的发送

端口应发出一个信号报文,当:

——接收到的信号报文中的 TLV 要求时;

——本标准的可选或强制特性要求时;

——本标准以外的实现特定考虑要求时。

信号报文用来传输一个或多个 TLV 实体序列。信号报文从一个时钟发送到一个或多个其他时钟。

信号报文的公共字段的规定见表 33。

表 33 信号报文字段

<table>
<tr><th colspan="8">比特</th><th rowspan="2">八位位组</th><th rowspan="2">偏移</th></tr>
<tr><th>7</th><th>6</th><th>5</th><th>4</th><th>3</th><th>2</th><th>1</th><th>0</th></tr>
<tr><td colspan="8">报文头(见 13.3)</td><td>34</td><td>0</td></tr>
<tr><td colspan="8">targetPortIdentity</td><td>10</td><td>34</td></tr>
<tr><td colspan="8">一个或多个 TLV</td><td>M</td><td>44</td></tr>
</table>

13.12.2.1 targetPortIdentity (PortIdentity)

targetPortIdentity 的值应为 PortIdentity 类型。targetPortIdentity 的值应是该报文要寻址端口的 PortIdentity(见 7.5.2)。

注:见 13.12.1。

13.13 管理报文

管理报文的定义见第 15 章。

14 TLV 实体规范

14.1 通用要求

所有 TLV 扩展应具有数据类型 TLV,见 5.3.8。

不能解析一个 TLV 扩展的 PTP 节点应忽略该 TLV 扩展,并尝试解析报文的下一个 TLV。

在第14章的表格中,“八位位组”列表示字段的八位位组长度。“TLV偏移”列表示从TLV开始处到字段的第一个八位位组的偏移。

14.1.1 tlvType (Enumeration16)

tlvType标识TLV。其值见表34。

表34 tlvType值

tlvType值	值(十六进制)	在标准中的定义
保留	0000	—
标准TLV	—	—
MANAGEMENT	0001	15.5.3
MANAGEMENT_ERROR_STATUS	0002	15.5.4
ORGANIZATION_EXTENSION	0003	14.3
可选单播报文协商TLV	—	16.1
REQUEST_UNICAST_TRANSMISSION	0004	—
GRANT_UNICAST_TRANSMISSION	0005	—
CANCEL_UNICAST_TRANSMISSION	0006	—
ACKNOWLEDGE_CANCEL_UNICAST_TRANSMISSION	0007	—
可选路径溯源机制TLV	—	16.2
PATH_TRACE	0008	—
可选备选时标TLV	—	16.3
ALTERNATE_TIME_OFFSET_INDICATOR	0009	—
保留用作标准TLV	000A～1FFF	—
实验性TLV	—	14.2
安全TLV	—	Annex K
AUTHENTICATION	2000	—
AUTHENTICATION_CHALLENGE	2001	—
SECURITY_ASSOCIATION_UPDATE	2002	—
累积频标因子偏移	—	Annex L
CUM_FREQ_SCALE_FACTOR_OFFSET	2003	—
保留用作实验性TLV	2004～3FFF	—
保留	4000～FFF	—

实验性的TLV值应保留,并由IM/ST委员会精确网络化时钟工作组进行分配,见14.2。

14.1.2 lengthField (UInteger 16)

lengthField的值为TLV的valueField的八位位组长度,见5.3.8。

14.1.3 valueField (tlvType特定)

对本标准定义的各tlvType,TLV的valueField成员的格式和含义在后续条中定义。

14.2 实验性TLV

实验性TLV目的是便于操作经验的扩展,这些扩展可能成为将来的标准扩展。组织或公司可以向IM/ST委员会精确网络化时钟工作组申请实验性tlvType的值。实验性tlvType的值、提出的TLV

格式和语义、以及 TLV 负责方的联系方式，将作为公开信息。

实验性 TLV 的值不是持久不变的。他们可以被重新分配：

——如果 TLV 成为标准的 TLV；

——如果各方都明确它不再需要；

——分配数据的 5 年后。

14.3 制造商和标准组织扩展 TLV

14.3.1 概述

制造商和标准组织扩展 TLV 可以由制造商和标准组织分别使用，以根据他们的特殊需要来扩展协议。

14.3.2 TLV 成员规范

所有组织特定 TLV 扩展都应具有如表 35 规定的格式。

表 35 组织特定 TLV 字段

比特								八位位组	TLV 偏移
7	6	5	4	3	2	1	0		
tlvType								2	0
lengthField								2	2
organizationId								3	4
organizationSubType								3	7
dataField								N	10

14.3.2.1 tlvType (Enumeration 16)

tlvType 应为 ORGANIZATION_EXTENSION，表示制造商和标准组织定义的扩展。

14.3.2.2 lengthField (UInteger 16)

lengthField 的值为 6+N，其中 N 为偶数，见 5.3.8。

14.3.2.3 organizationId (Octet[3])

该值应是 IEEE[5] 分配给制造商或标准组织的 OUI 的值。长度为 3 的八位位组数组的赋值顺序为：将数组索引 0 的八位位组成员赋值为 OUI 的最高有效八位位组。由 OUI 标识的组织应保证 organizationalSubType 字段(14.3.2.4)在 organizationId 值定义的范围内是唯一的。

不能识别特定 organizationId 或 organizationalSubType 的 PTP 节点，应丢弃除 lengthField 字段以外的 TLV 内容。

14.3.2.4 organizationSubType (Enumeration 24)

organizationSubType 字段在 organizationId 字段的范围内定义了一个子类型。organizationSubType 的值由 organizationId 标识的制造商或标准组织来分配。

14.3.2.5 数据(organizationSubType 和 organizationId 特定)

数据字段的格式和含义应由{organizationId，organizationSubType}的所有者来定义。

15 管理

15.1 概述

管理报文用于访问属性和生成本标准定义的某些事件。

---

5) OUI 可从 IEEE 注册管理委员会获得，见 http://standards.ieee.org/regauth/。这些分配号的指南也可在该网址获得。

15.1.1 管理机制的选择

应使用如下 3 个 PTP 管理机制之一：

——默认的，15.2 规定的机制；

——提供 PTP 行规所规定的等价功能的备选管理机制；

——未规定管理机制。PTP 行规应规定定义好的固定值或/和状态，使得可通过实现特定的方式来寻址所有可组态的变量，见 8.1.2.1.3。

15.2 PTP 管理机制

该管理机制是由第 15 章的剩余部分，以及在本标准可选条中定义的任意管理 TLV 一起定义的。

15.3 管理报文的处理

15.3.1 来自其他节点的管理报文的接收

基于接收到的管理报文所指示的字段，应按照表 36 接受并应用该报文。

表 36 管理报文的接受

targetPortIdentity. clockIdentity 等于：	argetPortIdentity. portNumber 等于：	managementId 适用于(见表 40)	应用动作到
defaultDS. clockIdentity	全为 1	时钟	时钟
		端口	所有端口
	portDS. portNumber	时钟	时钟
		端口	目标端口
全为 1	全为 1	时钟	时钟
		端口	所有端口
	portDS. portNumber	时钟	时钟
		端口	目标端口

注 1：当一个"GET"报文是发送给"所有端口"的，响应节点给每个端口发送一个单独的回复。

应忽略不被接受的管理报文。

注 2：CLOCK_DESCRIPTION TLV 可以用来发现系统中支持 PTP 管理报文的任意时钟。

15.3.2 管理报文的发送

管理报文用来传输单独的管理 TLV 实体。管理报文将信息从一个时钟发送到一个节点管理者，以及从一个节点管理者发送到一个或多个时钟，见 15.3.1。

15.3.3 边界时钟对管理报文的转发

基于端口的状态和接收到的管理报文的 boundaryHops 字段的值，根据如下规则，边界时钟应通过其他端口转发一个端口接收到的多播管理报文：

a) 仅转发处于 MASTER、SLAVE、UNCALIBRATED 或 PRE_MASTER 状态的端口所接收到的多播管理报文。

b) 如果接收到的 boundaryHops 字段值为 0，则不应转发该管理报文；否则，在转发报文前，边界时钟应将该管理报文的 boundaryHops 字段的值减 1。

c) 如果接收到的 boundaryHops 字段的值大于 0，则应仅通过状态为 MASTER、SLAVE、UNCALIBRATED 或 PRE_MASTER 的端口转发管理报文。

15.4 管理报文格式

15.4.1 公共字段

管理报文的公共字段的规定见表 37。

表 37 管理报文字段

比特								八位位组	偏移
7	6	5	4	3	2	1	0		
报文头(见 13.3)								34	0
targetPortIdentity								10	34
startingBoundaryHops								1	44
boundaryHops								1	45
保留				actionField				1	46
保留								1	47
管理 TLV								M	48

15.4.1.1 报文头的 domainNumber

管理报文的公共报文头的 domainNumber(见 13.3)应规定目标域。

15.4.1.2 报文头的 sequenceId

响应管理报文的公共报文头的 sequenceId,应设为接收到的引起响应的管理报文的 sequenceId。否则,sequenceId 见 7.3.7。

15.4.1.3 targetPortIdentity (PortIdentity)

targetPortIdentity 字段是管理报文起作用的端口或节点的 portIdentity。

注:targetPortIdentity 所标识的端口不必是接收管理报文的端口。

如果管理报文是由时钟发送给管理者的,则 targetPortIdentity 字段应设为它作为响应的请求管理报文的 sourcePortIdentity。

15.4.1.4 startingBoundaryHops (UInteger 8)

对于不是作为其他管理报文请求的响应而被发出的报文,startingBoundaryHops 字段的值应是实现相关的。对于作为其他管理报文请求的响应而被发出的管理报文,startingBoundaryHops 的值应是由请求报文的 startingBoundaryHops 和 boundaryHops 字段计算出的值,计算式为(startingBoundaryHops-boundaryHops)。

注:当接收到一个管理报文时,该差值的绝对值指示报文通过的边界时钟的转发次数。

15.4.1.5 boundaryHops (UInteger 8)

boundaryHops 字段的值指示了管理报文的连续转发的剩余次数,其中转发是由接收报文的边界时钟按 15.3.3 完成的。当发出时钟第一次发送时,boundaryHops 的值应和 startingBoundaryHops 字段的值相同。

15.4.1.6 actionField (Enumeration4)

actionField 的值应指示当接收表 38 定义的报文时所采取的动作。

表 38 actionField 的值

动　作	采取的动作	值(十六进制)
GET	管理报文应包含单个管理 TLV。TLV 的 managementId 字段指示需要取回的特定信息。managementId 标识的数据当前值应在一个管理 TLV 中返回,并将其 actionField 的值设为 RESPONSE。如果发生错误,则应返回一个管理错误状况 TLV,并将其 actionField 的值设为 RESPONSE	0

表 38（续）

动　作	采取的动作	值(十六进制)
SET	管理报文应包含单个管理 TLV。TLV 中的数据应用来更新 managementId 字段标识的数据的当前值。试图设置一个静态值或不可组态值，应返回一个管理错误状况 TLV，见 15.5.4。如果更新成功，则应返回管理报文，并将其 actionField 的值设为 RESPONSE。如果发生错误，则应返回管理错误状况 TLV，并将其 actionField 的值设为 RESPONSE。如果 managementId 字段标识的数据由几个字段组成，则更新应被视为原子性的 actionField，并且对任何项更新的失败都应认为是 SET 执行中的错误。具有可组态和不可组态数据相混合的数据定义的 TLV 是不允许的	1
RESPONSE	TLV 中的数据应为管理报文的 managementId 字段标识的当前数据值，该管理报文具有 GET 或 SET 的 actionField。 managementId 的值应同请求报文中 managementId 的值相同。如果 GET 或 SET 的 actionField 所要求的 actionField 不能完全执行，则响应应为一个管理错误状况 TLV，见 15.5.4	2
COMMAND	managementId 字段所指示的事件应被引发。该命令的结果应通过一个将 actionField 设为 ACKNOWLEDGE 的管理报文进行确认	3
ACKNOWLEDGE	确认管理报文是命令管理报文的响应。managementId 的值应同命令报文中的 managementId 值相同。如果命令不能执行，确认报文应为一个管理错误状况 TLV	4
保留	—	5-F

15.4.1.7　managementTLV

管理报文应用 0 个或 1 个 TLV 作为报文尾。

15.5　管理 TLV

15.5.1　管理 TLV 简介

15.5.1.1　概述

15.5 详述了管理 TLV 和管理错误状况 TLV 的结构。

有两种管理 TLV 的形式：处理数据集或单独数据集成员的管理 TLV；引发事件的管理 TLV。

15.5.1.1.1　数据集的管理

PTP 定义的可组态属性，不论是在第 8 章的数据集中维护或是以实现特定方式维护，都由 actionField 的值为 GET 和 SET 的管理报文分别读出和更新。这些报文的 TLV 数据结构仅包含可组态的变量。

PTP 定义的静态、动态和可组态属性，不论是在第 8 章的数据集中维护或是以实现特定方式维护，都由 actionField 的值为 GET 的管理报文读出。SET 可以不被用于这些报文。

15.5.1.1.2　事件的管理

对于引发事件的 TLV，管理报文的 actionField 的值为 COMMAND。对于每个 TLV 的 managementId，都定义或参考了事件和引发语义。

15.5.2　管理 TLV 的字段格式

管理 TLV 应具有表 39 规定的格式。

表 39 管理 TLV 字段

比特								八位位组	TLV 偏移
7	6	5	4	3	2	1	0		
tlvType								2	0
lengthField								2	2
managementId								2	4
dataField								N	6

15.5.2.1 **tlvType**（**Enumeration16**）

tlvType 应为 MANAGEMENT。

15.5.2.2 **lengthField**（**UInteger 16**）

lengthField 的值为 2+N,其中 N 是偶数,见 5.3.8。

15.5.2.3 **managementId**（**Enumeration16**）

managementId 字段值的定义见表 40。对每个 managementId 值的 TLV 语义应按本标准 15.5、第 16 章和第 17 章进行定义。

表 40 允许动作列中的条目指示了管理报文公共字段中 actionField 字段的允许值,见 15.4.1.6。当接收具有不允许的 actionField 值的管理报文时,应采取以下动作:

——丢弃管理 TLV 的内容;

——返回一个管理错误状况 TLV(见 15.5.4),NOT_SUPPORTED。

表 40 **managementId 值**

managementId 名称	managementId 值(十六进制)	允许动作	应用到
可应用到所有节点类型	0000～1FFF	—	—
NULL_MANAGEMENT	0000	GET、SET、COMMAND	端口
CLOCK_DESCRIPTION	0001	GET	端口
USER_DESCRIPTION	0002	GET、SET	时钟
SAVE_IN_NON_VOLATILE_STORAGE	0003	COMMAND	时钟
RESET_NON_VOLATILE_STORAGE	0004	COMMAND	时钟
INITIALIZE	0005	COMMAND	时钟
FAULT_LOG	0006	GET	时钟
FAULT_LOG_RESET	0007	COMMAND	时钟
保留	0008～1FFF	—	—
可应用到普通时钟和边界时钟	2000～3FFF	—	—
DEFAULT_DATA_SET	2000	GET	时钟
CURRENT_DATA_SET	2001	GET	时钟
PARENT_DATA_SET	2002	GET	时钟
TIME_PROPERTIES_DATA_SET	2003	GET	时钟

表 40（续）

managementId 名称	managementId 值(十六进制)	允许动作	应用到
PORT_DATA_SET	2004	GET	端口
Priority 1	2005	GET、SET	时钟
Priority 2	2006	GET、SET	时钟
DOMAIN	2007	GET、SET	时钟
SLAVE_ONLY	2008	GET、SET	时钟
LOG_ ANNOUNCE_INTERVAL	2009	GET、SET	端口
ANNOUNCE_RECEIPT_TIMEOUT	200A	GET、SET	端口
LOG_ SYNC_INTERVAL	200B	GET、SET	端口
VERSION_NUMBER	200C	GET、SET	端口
ENABLE_PORT	200D	COMMAND	端口
DISABLE_PORT	200E	COMMAND	端口
TIME	200F	GET、SET	时钟
CLOCK_ACCURACY	2010	GET、SET	时钟
UTC_PROPERTIES	2011	GET、SET	时钟
TRACEABILITY_PROPERTIES	2012	GET、SET	时钟
TIMESCALE_PROPERTIES	2013	GET、SET	时钟
UNICAST_NEGOTIATION_ENABLE	2014	GET、SET	端口
PATH_TRACE_LIST	2015	GET	时钟
PATH_TRACE_ENABLE	2016	GET、SET	时钟
GRANDMASTER_CLUSTER_TABLE	2017	GET、SET	时钟
UNICAST_MASTER_TABLE	2018	GET、SET	端口
UNICAST_MASTER_MAX_TABLE_SIZE	2019	GET	端口
ACCEPTABLE_MASTER_TABLE	201A	GET、SET	时钟
ACCEPTABLE_MASTER_TABLE_ENABLED	201B	GET、SET	端口
ACCEPTABLE_MASTER_MAX_TABLE_SIZE	201C	GET	时钟
ALTERNATE_MASTER	201D	GET、SET	端口
ALTERNATE_TIME_OFFSET_ENABLE	201E	GET、SET	时钟
ALTERNATE_TIME_OFFSET_NAME	201F	GET、SET	时钟
ALTERNATE_TIME_OFFSET_MAX_KEY	2020	GET	时钟
ALTERNATE_TIME_OFFSET_PROPERTIES	2021	GET、SET	时钟
保留	2020～3FFF	—	—
可应用到透明时钟	4000～5FFF	—	—
TRANSPARENT_CLOCK_DEFAULT_DATA _SET	4000	GET	时钟
TRANSPARENT_CLOCK_PORT_DATA_SET	4001	GET	端口
PRIMARY_DOMAIN	4002	GET、SET	时钟

表 40（续）

managementId 名称	managementId 值（十六进制）	允许动作	应用到
保留	4003～5FFF	—	—
可应用到普通时钟、边界时钟和透明时钟	6000～7FFF	—	—
DELAY_MECHANISM	6000	GET、SET	端口
LOG_MIN_ PDELAY_REQ_INTERVAL	6001	GET、SET	端口
保留	6002～BFFF	—	—
此范围用于实现特定标识符	C000～DFFF	—	—
此范围是由备选 PTP 行规分配的	E000～FFFF	—	—
保留	FFFF	—	—

注：managementId 的实现特定范围是由制造商分配的，来对他们自己的设备定义唯一的管理功能。不期望互操作性，并且用户必须保证这样的 TLV 指向合适的设备。

15.5.3 每个 managementId 的管理 TLV 数据字段规范

15.5.3.1 可用于所有时钟的 TLV 数据字段

15.5.3.1.1 NULL_MANAGEMENT

管理 TLV 数据字段的长度为 0。接收该 TLV 应不导致影响数据集或状态的动作发生。NULL_管理报文的接收应符合 actionField 的要求，见 15.4.1.6。

注：NULL_管理报文典型用于通过执行管理程序且不改变协议运作来对实现进行测试。例如，可发送这样的报文，以测试接收到的管理报文是否正在被记录到实现特定的事件日志中。

15.5.3.1.2 CLOCK_DESCRIPTION

包含该 TLV 的管理报文字段的 targetPortIdentity. portNumber 成员（见 15.4.1.3）应指示 physicalAddress、protocolAddress 和 profileIdentity 适用的端口。

该 TLV 的所有其他字段应用于整个节点，并应由一个指向节点任意端口的询问返回。

该数据字段的规定见表 41。

表 41 CLOCK_DESCRIPTION 管理 TLV 数据字段

比特								八位位组	TLV 数据偏移
7	6	5	4	3	2	1	0		
ClockType								2	0
PhysicalLayerProtocol								L	2
PhysicalAddressLength								2	2+L
PhysicalAddress								S	4+L
ProtocolAddress								N	4+L+S
ManufacturerIdentity								3	4+L+S+N
保留								1	4+L+S+N+3
ProductDescription								P	4+L+S+N+4
RevisionData								Q	4+L+S+N+4+P
UserDescription								R	4+L+S+N+4+P+Q
ProfileIdentity								6	4+L+S+N+4+P+Q+R
填充								M	4+L+S+N+4+P+Q+R

15.5.3.1.2.1 **ClockType (Boolean[16])**

ClockType 值应指示表 42 定义的 PTP 节点的类型。ClockType 字段中比特的 TRUE 值指示该描述适用于节点。

注：几个元素可能为 TRUE，例如，一个普通时钟和一个端到端透明时钟的组合。这是一个静态值，且不属于第 8 章的时钟数据集部分。

表 42 ClockType 规范

数组索引(十六进制)	描述
0	该节点实现了一个普通时钟
1	该节点实现了一个边界时钟
2	该节点实现了一个点到点透明时钟
3	该节点实现了一个端到端透明时钟
4	该节点实现了一管理节点
5～F	保留

15.5.3.1.2.2 **PhysicalLayerProtocol (PTPText)**

PhysicalLayerProtocol 的值应指示定义 PhysicalAddress 成员的物理层协议。这是一个静态值，而非第 8 章的时钟数据集部分。

该字段中的符号个数最多应为 32 个，见 5.3.9。

15.5.3.1.2.3 **PhysicalAddressLength (UInteger 16)**

PhysicalAddressLength 的值是 PhysicalAddress 字段的八位位组长度。范围是 1～16 个八位位组。这是一个静态值，而非第 8 章的时钟数据集部分。

15.5.3.1.2.4 **PhysicalAddress (Octet[PhysicalAddressLength])**

PhysicalAddress 的值应是由字段的 targetPortIdentity. portNumber 成员指示的端口的物理地址，例如，IEEE 802.3 终端站的 MAC 地址。如果对于一个没有物理地址的特定网络技术，该值长度应为 0。

这是一个静态值，而非第 8 章的时钟数据集部分。

15.5.3.1.2.5 **protocolAddress (PortAddress)**

protocolAddress 的值应是由字段的 targetPortIdentity. portNumber 成员指示的端口的协议地址。这是一个静态值(不能使用协议对其修改)，而非第 8 章的时钟数据集部分。

15.5.3.1.2.6 **manufacturerIdentity (Octet [3])**

manufacturerIdentity 的值为节点制造商所拥有的一个 OUI。

示例：

公司 X 的 OUI 为 ACDE48(十六进制)。公司 X 的 manufacturerIdentity 的字节和比特表示如下。

OUI			顺序 十六进制
addr+0 AC	addr+1 DE	addr+2 48	
10101100	11011110	01001000	比特

10101100：组地址比特；最高有效字节；最高有效位

01001000：最低有效字节；最低有效位

这是一个静态值，而非第 8 章的时钟数据集部分。

15.5.3.1.2.7 **productDescription (PTPText)**

productDescription 字段应依次指示：

a) 节点制造商的名称，manufacturerName，后面跟一个分号(;)；

b) 节点的模型编号，modelNumber，后面跟一个分号(;)；

c) 此模式实例的标识符，instanceIdentifier，如 MAC 地址或序列号。

productDescription. textField 字段中(见 5.3.9)符号个数最多应为 64 个。

这是一个静态值，而非第 8 章的时钟数据集部分。

manufacturerName、modelNumber 和 instanceIdentifier 字符串的内容和含义都是由制造商决定的。

15.5.3.1.2.8 **revisionData (PTPText)**

该值应指示对节点硬件(HW)、固件(FW)和软件(SW)的修改。该信息应是用分号隔开的文本字段，依次为 HW;FW;SW。不适用的元素应用长度为 0 的文本字段指示。这是一个静态值，而非第 8 章的时钟数据集部分。

RevisionData. textField 字段的符号个数最多应为 32 个。

15.5.3.1.2.9 **userDescription (PTPText)**

userDescription 字段应依次指示：

a) 用户定义的设备名称，如 Sensor-1，后跟一个分号(;)；

b) 用户定义的设备物理位置，如 Rack-2 Shelf-3。

任何字段都可以缺少，如(;Rack-2 Shelf-3)或者(Sensor-1)。缺省地，不要求任何内容。这是一个可组态的值，而非第 8 章的时钟数据集部分。

在 userDescription. textField 字段(见 5.3.9)的符号最多应为 128 个。

15.5.3.1.2.10 **profileIdentity (Octet[6])**

profileIdentity 的值应标识端口实现的 PTP 规范，该端口由字段的 targetPortIdentity. portNumber 成员指示。

profileIdentity 的值应由 19.3.3 定义的行规的制定者来分配。

这是一个静态值，而非第 8 章的时钟数据集部分。

示例：

附录 J 的 J.4.1 定义“使用对等延时机制的缺省 PTP 行规”的 profileIdentity 为 6 个八位位组的字段 $001B19000200_{16}$。该 profileIdentity 的字节和比特表示如下。

OUI			行规索引			字段
addr+0	addr+1	addr+2	addr+3	addr+4	addr+5	顺序
00	1B	19	00	02	00	十六进制
00000000	00011011	000110011	00000000	00000010	00000000	比特

组地址比特
最高有效字节
最高有效位
最低有效字节
最低有效位

15.5.3.1.2.11 **填充(Octet[M])**

填充字段应是一个长度为 M 的八位位组数组，其中 M 为 1 或 0。如果 M 等于 1，则八位位组中所有比特都应为 0，见 15.5.2.2。

15.5.3.1.3 **USER_DESCRIPTION**

该数据字段的规定见表 43。

表 43 USER_DESCRIPTION 管理 TLV 数据字段

比特								八位位组	TLV 数据偏移
7	6	5	4	3	2	1	0		
userDescription								L	0
填充								M	L

15.5.3.1.3.1 **userDescription(PTPText)**

该 TLV 用于对 CLOCK_DESCRIPTION TLV 返回的用户描述的值进行组态。

userDescription 字段应依次指示:

a) 用户定义的设备名称,如 Sensor-1,后跟一个分号(;);

b) 用户定义的设备物理位置,如 Rack-2 Shelf-3。

任何字段都可以缺少,如(;Rack-2 Shelf-3)或者(Sensor-1)。缺省不要求任何内容。

在 userDescription.textField 字段(见 5.3.9)的符号个数最多应为 128 个。

15.5.3.1.3.2 **填充(Octet[M])**

填充字段应是一个长度 M 的八位位组数组,其中 M 为 1 或者 0。如果 M 为 1,则八位位组中所有比特应为 0,见 15.5.2.2。

15.5.3.1.4 **SAVE_IN_NON_VOLATILE_STORAGE**

该数据字段长度为 0。该 TLV 的接收应导致将适用的动态和可组态数据集成员的当前值复制到非易失读写内存,见 8.1.3.5。

15.5.3.1.5 **RESET_NON_VOLATILE_STORAGE**

该数据字段长度为 0。该 TLV 的接收应导致将非易失读写内存的内容重新设置到适用的动态和可组态数据集成员的初始值,见 8.1.3.5。

15.5.3.1.6 **INITIALIZE**

该数据字段的规定见表 44。

表 44 INITIALIZE 管理 TLV 数据字段

比特								八位位组	TLV 数据偏移
7	6	5	4	3	2	1	0		
initializationKey								2	0

15.5.3.1.6.1 **initializationKey(Enumeration16)**

报文的 initializationKey 字段的值定义应如表 45 规定。

表 45 initializationKey 枚举

INITIALIZATION_KEY	值(十六进制)	定义
INITIALIZE_EVENT	0000	在普通时钟和边界时钟,带有该值的 INITIALIZE 报文应引发 INITIALIZE 事件(见 9.2.6.3)。在其他节点,这应引起实现特定的初始化程序的执行
保留	0001~7FFF	保留。接收带有该 initializationKey 的 INITIALIZE 报文不应引发任何动作
实现特定	8000~FFFF	结果是实现特定的

15.5.3.1.7 **FAULT_LOG**

FAULT_LOG TLV 的数据字段应如表 47 规定。FAULT_LOG TLV 返回一个故障记录列表。每个故障记录由 FaultRecord 结构来规定,见 5.3.10。

FaultRecord.faultTime 的值应指示故障发生的时间,该时间由节点的本地时钟指示。对于时间戳中的字段,全为 1 的值应指示发生的时间是无效的。

FaultRecord.severityCode 成员的值应从表 46 中的枚举中选择。

表 46 故障日志 severityCode 枚举

值(十六进制)	Fault Record. Severity Code description
00	Emergency:系统不可用
01	Alert:需要立即动作
02	Critical:危急状况
03	Error:错误状况
04	Warning:警告状况
05	Notice:正常且重要状况
06	Informational:信息报文
07	Debug:调试级报文
08～FF	保留

FaultRecord. faultName、FaultRecord. faultValue 和 FaultRecord. faultDescription 成员的值是实现特定的,并且可长度为 0;即,PTPText 结构的 lengthField 成员为 0。

FaultRecord. faultName 应为在实现中故障的唯一名称。

FaultRecord. faultValue 应为与故障相关的任意值,它对故障诊断是必要的。

FaultRecord. faultDescription 应为故障的任意补充描述。

故障日志的大小是实现特定的。到接收 FAULT_LOG_RESET TLV(见 15.5.3.1.8)之前,故障日志是由时钟维护的。

表 47 FAULT_LOG 管理 TLV 数据字段

比特								八位位组	TLV 数据偏移
7	6	5	4	3	2	1	0		
numberOfFaultRecords								2	0
faultRecord								N	2
填充								M	2+N

15.5.3.1.7.1 numberOfFaultRecords (UInteger 16)

numberOfFaultRecords 字段的值应为要返回的故障记录的个数。

15.5.3.1.7.2 faultRecord (FaultRecord[numberOf FaultRecords])

faultRecord 字段的值应为一个故障记录数组。

15.5.3.1.7.3 填充(Octet[M])

填充字段应是一个长度为 M 的八位位组数组,其中 M 为 1 或者 0。如果 M 为 1,则八位位组中所有比特应为 0,见 15.5.2.2。

15.5.3.1.8 FAULT_LOG_RESET

该 TLV 不包含数据。

FAULT_LOG_RESET 命令应导致 FAULT_LOG 被清空。

15.5.3.2 适用于普通时钟和边界时钟的 TLV 数据字段

15.5.3.2.1 TIME

该 TLV 用于设置时间。时间源于最高级时钟,并由 PTP 分发给域中的其他时钟。

最高级时钟的时间通常是通过同一个主参考(如 GPS)进行交互来确定的,并依据本标准范围外的方法。当通过 actionField 为 SET 的管理报文将该 TLV 发送给一个非最高级时钟的节点时,节点应返回一个管理错误状况 TLV。当 actionField 为 GET 时,节点应返回时间的当前值。

注:如果时间是在非最高级时钟的时钟内设置的,它应在接收到下一个 Sync 报文时被覆盖,因此它仅作为瞬态值存在。

当发送给一个可设置的最高级时钟,应采用关于 GET 和 SET 的通常规则,见 15.4.1.6。

数据字段规定见表 48。

表 48 TIME 管理 TLV 数据字段

比特								八位位组	TLV 数据偏移
7	6	5	4	3	2	1	0		
currentTime								10	0

15.5.3.2.1.1 currentTime (Timestamp)

currentTime 的值为要设置给目标时钟的值。

注:由于该 TLV 是通过网络传输的,设置时间的精度受到网络波动的限制。因为这个原因,不规定设置时间精确到小数纳秒。多数情况下,实际精度是毫秒级或者更低,取决于构成数据字段的信息源和网络特性。

15.5.3.2.2 CLOCK_ACCURACY

该 TLV 可用于设置目标时钟的精度。

注:最高级时钟的精度和时间通常是通过同一个主参考或应用特定的时间源(如 GPS)进行交互来确定的,且依据本标准范围外的方法。如果最高级时钟的时间是通过 TIME TLV 设置的,则精度也应被相应设置。因为在 BMC 算法的执行中考虑 clockAccuracy 属性,所以通过该 TLV 对任意时钟的 clockAccuracy 属性进行设置,可能导致下一次 BMC 算法执行时最高级时钟的改变。

当发送给一个可设置的最高级时钟时,应采用关于 GET 和 SET 的通常规则,见 15.4.1.6。

数据字段的规定见表 49。

表 49 CLOCK_ACCURACY 管理 TLV 数据字段

比特								八位位组	TLV 数据偏移
7	6	5	4	3	2	1	0		
clockAccuracy								1	0
保留								1	1

15.5.3.2.2.1 clockAccuracy (Enumeration 8)

clockAccuracy 的值应为数据集 defaultDS. clockQuality. clockAccuracy 成员的值。该值应从 clockAccuracy 枚举中选取,见表 6。

15.5.3.2.3 ENABLE_PORT

该 TLV 不包含数据。

在一个普通时钟和边界时钟,ENABLE_PORT 报文的接收应引发 DESIGNATED_ ENABLED 事件,见 9.2.6.4。

15.5.3.2.4 DISABLE_PORT

该 TLV 不包含数据。

在一个普通时钟和边界时钟,DISABLE_PORT 报文的接收应引发 DESIGNATED_ DISABLE 事件,见 9.2.6.5。

15.5.3.3 适用于普通时钟和边界时钟的 defaultDS 数据集的 TLV 数据字段

15.5.3.3.1 DEFAULT_DATA_SET

该数据字段的规定见表 50。

表 50　DEFAULT_DATA_SET 管理 TLV 数据字段

比特								八位位组	TLV 数据偏移
7	6	5	4	3	2	1	0		
0	0	0	0	0	0	SO	TSC	1	0
保留								1	1
numberPorts								2	2
Priority 1								1	4
clockQuality								4	5
Priority 2								1	9
clockIdentity								8	10
domainNumber								1	18
保留								1	19

15.5.3.3.1.1　**TSC（Boolean）**

TSC 的值应为数据集的 defaultDS. twoStepFlag 成员的值。

15.5.3.3.1.2　**SO（Boolean）**

SO 的值应为数据集的 defaultDS. slaveOnly 成员的值。

15.5.3.3.1.3　**numberPorts（UInteger 16）**

numberPorts 的值应为数据集的 defaultDS. numberPorts 成员的值。

15.5.3.3.1.4　**priority 1（UInteger 8）**

priority 1 的值应为数据集的 defaultDS. priority 1 成员的值。

15.5.3.3.1.5　**clockQuality（clockQuality）**

clockQuality 的值应为数据集的 defaultDS. clockQuality 成员的值。

15.5.3.3.1.6　**priority 2（UInteger 8）**

Priority 2 的值应为数据集的 defaultDS. Priority 2 成员的值。

15.5.3.3.1.7　**clockIdentity（clockIdentity）**

clockIdentity 的值应为数据集的 defaultDS. clockIdentity 成员的值。

15.5.3.3.1.8　**domainNumber（UInteger 8）**

domainNumber 的值应为数据集的 defaultDS. domainNumber 成员的值。

15.5.3.3.2　**Priority 1**

该数据字段的规定见表 51。

表 51　Priority 1 管理 TLV 数据字段

比特								八位位组	TLV 数据偏移
7	6	5	4	3	2	1	0		
Priority 1								1	0
保留								1	1

15.5.3.3.2.1　**Priority 1（UInteger 8）**

Priority 1 的值应为数据集的 defaultDS. Priority 1 成员的值。

15.5.3.3.3　**Priority 2**

该数据字段的规定见表 52。

表 52 **Priority 2 管理 TLV 数据字段**

比特								八位位组	TLV 数据偏移
7	6	5	4	3	2	1	0		
Priority 2								1	0
保留								1	1

15.5.3.3.3.1 **Priority** 2 (**UInteger** 8)

Priority 2 的值应为数据集的 defaultDS. Priority 2 成员的值。

15.5.3.3.4 **DOMAIN**

该数据字段的规定见表 53。

表 53 **DOMAIN 管理 TLV 数据字段**

比特								八位位组	TLV 数据偏移
7	6	5	4	3	2	1	0		
domainNumber								1	0
保留								1	1

15.5.3.3.4.1 **domainNumber** (**UInteger** 8)

domainNumber 的值应为数据集的 defaultDS. domainNumber 成员的值。

15.5.3.3.5 **SLAVE_ONLY**

该数据字段的规定见表 54。

表 54 **SLAVE_ONLY 管理 TLV 数据字段**

比特								八位位组	TLV 数据偏移
7	6	5	4	3	2	1	0		
0	0	0	0	0	0	0	SO	1	0
保留								1	1

15.5.3.3.5.1 **SO** (**Boolean**)

SO 的值应为数据集的 defaultDS. slaveOnly 成员的值。

15.5.3.4 **适用于普通时钟和边界时钟的 currentDS 数据集的 TLV 数据字段**

15.5.3.4.1 **CURRENT_DATA_SET**

该数据字段的规定见表 55。

表 55 **CURRENT_DATA_SET 管理 TLV 数据字段**

比特								八位位组	TLV 数据偏移
7	6	5	4	3	2	1	0		
stepsRemoved								2	0
offsetFromMaster								8	2
meanPathDelay								8	10

15.5.3.4.1.1 **stepsRemoved** (**UInteger** 16)

stepsRemoved 的值应为数据集的 currentDS. stepsRemoved 成员的值。

15.5.3.4.1.2 **offsetFromMaster** (**TimeInterval**)

offsetFromMaster 的值应为数据集的 currentDS. offsetFromMaster 成员的值。

15.5.3.4.1.3 **meanPathDelay（TimeInterval）**

meanPathDelay 的值应为数据集的 currentDS. meanPathDelay 成员的值。

15.5.3.5 **适用于普通时钟和边界时钟的 parentDS 数据集的 TLV 数据字段**

15.5.3.5.1 **PARENT_DATA_SET**

该数据字段的规定见表 56。

表 56 PARENT _DATA_SET 管理 TLV 数据字段

比特								八位位组	TLV 数据偏移
7	6	5	4	3	2	1	0		
parentPortIdentity								10	0
0	0	0	0	0	0	0	PS	1	10
保留								1	11
observedParentOffsetScaledLogVariance								2	12
observed ParentClockPhaseChangeRate								4	14
grandmasterPriority 1								1	18
grandmasterClockQuality								4	19
grandmasterPriority 2								1	23
grandmasterIdentity								8	24

15.5.3.5.1.1 **parentPortIdentity（PortIdentity）**

parentPortIdentity 的值应为数据集的 parentDS. parentPortIdentity 成员的值。

15.5.3.5.1.2 **PS（Boolean）**

PS 的值应为数据集的 parentDS. PS 成员的值。

15.5.3.5.1.3 **observedParentOffsetScaledLogVariance（UInteger 16）**

observedParentOffsetScaledLogVariance 的值应为数据集的 parentDS. observedParentOffsetScaledLogVariance 成员的值。

15.5.3.5.1.4 **observedParentClockPhaseChangeRate（UInteger 32）**

observedParentClockPhaseChangeRate 的值应为数据集的 parentDS. observedParentClockPhaseChangeRate 成员的值。

15.5.3.5.1.5 **grandmasterPriority 1（UInteger 8）**

grandmasterPriority 1 的值应为数据集的 parentDS. grandmasterPriority 1 成员的值。

15.5.3.5.1.6 **grandma ClockQuality sterIdentity（ClockIdentity）**

grandmasterIdentity 的值应为数据集的 parentDS. grandmasterIdentity 成员的值。

15.5.3.5.1.7 **grandmasterPriority 2（UInteger 8）**

grandmasterPriority 2 的值应为数据集的 parentDS. grandmasterPriority 2 成员的值。

15.5.3.5.1.8 **grandmasterClockQuality（ClockQuality）**

grandmasterClockQuality 的值应为数据集的 parentDS. grandmasterClockQuality 成员的值。

15.5.3.6 **适用于普通时钟和边界时钟的 timePropertiesDS 数据集的 TLV 数据字段**

15.5.3.6.1 **TIME_PROPERTIES _DATA_SET**

该数据字段的规定见表 57。

表 57 TIME_PROPERTIES _DATA_SET 管理 TLV 数据字段

比特								八位位组	TLV 数据偏移
7	6	5	4	3	2	1	0		
currentUtcOffset								2	0
0	0	FTRA	TTRA	PTP	UTCV	LI-59	LI-61	1	2
timeSource								1	3

15.5.3.6.1.1 **currentUtcOffset (UInteger 16)**

currentUtcOffset 的值应为数据集的 timePropertiesDS. currentUtcOffset 成员的值。

15.5.3.6.1.2 **LI-61 (Boolean)**

LI-61 的值应为数据集的 timePropertiesDS. leap61 成员的值。

15.5.3.6.1.3 **LI-59 (Boolean)**

LI-59 的值应为数据集的 timePropertiesDS. Leap59 成员的值。

15.5.3.6.1.4 **UTCV (Boolean)**

UTCV 的值应为数据集的 timePropertiesDS. currentUtcOffsetValid 成员的值。

15.5.3.6.1.5 **PTP (Boolean)**

PTP 的值应为数据集的 timePropertiesDS. ptpTimescale 成员的值。

15.5.3.6.1.6 **TTRA (Boolean)**

TTRA 的值应为数据集的 timePropertiesDS. timeTraceable 成员的值。

15.5.3.6.1.7 **FTRA (Boolean)**

FTRA 的值应为数据集的 timePropertiesDS. frequencyTraceable 成员的值。

15.5.3.6.1.8 **timeSource (Enumeration 8)**

timeSource 的值应为数据集的 timePropertiesDS. timeSource 成员的值。

15.5.3.6.2 **UTC_PROPERTIES**

该数据字段的规定见表 58。

表 58 UTC_PROPERTIES 管理 TLV 数据字段

比特								八位位组	TLV 数据偏移
7	6	5	4	3	2	1	0		
CurrentUtcOffset								2	0
0	0	0	0	0	UTCV	LI-59	LI-61	1	2
保留								1	3

15.5.3.6.2.1 **currentUtcOffset (UInteger 16)**

currentUtcOffset 的值应为数据集的 timePropertiesDS. currentUtcOffset 成员的值。

15.5.3.6.2.2 **LI-61 (Boolean)**

LI-61 的值应为数据集的 timePropertiesDS. leap61 成员的值。

15.5.3.6.2.3 **LI-59 (Boolean)**

LI-59 的值应为数据集的 timePropertiesDS. Leap59 成员的值。

15.5.3.6.2.4 **UTCV (Boolean)**

UTCV 的值应为数据集的 timePropertiesDS. currentUtcOffsetValid 成员的值。

15.5.3.6.3 **TRACEABILITY_PROPERTIES**

该数据字段的规定见表 59。

表 59 TRACEABILITY_PROPERTIES 管理 TLV 数据字段

比特								八位位组	TLV 数据偏移
7	6	5	4	3	2	1	0		
0	0	FTRA	TTRA	0	0	0	0	1	0
保留								1	1

15.5.3.6.3.1 TTRA（Boolean）

TTRA 的值应为数据集的 timePropertiesDS. timeTraceable 成员的值。

15.5.3.6.3.2 FTRA（Boolean）

FTRA 的值应为数据集的 timePropertiesDS. frequencyTraceable 成员的值。

15.5.3.6.4 TIMESCALE_PROPERTIES

该数据字段的规定见表 60。

表 60 TIMESCALE_PROPERTIES 管理 TLV 数据字段

比特								八位位组	TLV 数据偏移
7	6	5	4	3	2	1	0		
0	0	0	0	PTP	0	0	0	1	0
保留								1	1

15.5.3.6.4.1 PTP（Boolean）

PTP 的值应为数据集的 timePropertiesDS. ptpTimescale 成员的值。

15.5.3.6.4.2 timeSource（Enumeration 8）

timeSource 的值应为数据集的 timePropertiesDS. timeSource 成员的值。

15.5.3.7 适用于普通时钟和边界时钟的 portDS 数据集的 TLV 数据字段

15.5.3.7.1 PORT_DATA_SET

该数据字段的规定见表 61。

表 61 PORT_DATA_SET 管理 TLV 数据字段

比特								八位位组	TLV 数据偏移
7	6	5	4	3	2	1	0		
portIdentity								10	0
portState								1	10
logMinDelayReqInterval								1	11
peerMeanPathDelay								8	12
logAnnounceInterval								1	20
announceReceiptTimeout								1	21
logSyncInterval								1	22
delayMechanism								1	23
logMinPdelayReqInterval								1	24
保留				versionNumber				1	25

15.5.3.7.1.1 portIdentity（portIdentity）

portIdentity 的值应为数据集的 portDS. portIdentity 成员的值。

15.5.3.7.1.2 portState（Enumeration 8）

portState 的值应为数据集的 portDS. portState 成员的值。

15.5.3.7.1.3 **logMinDelayReqInterval (Integer 8)**

logMinDelayReqInterval 的值应为数据集的 portDS. logMinDelayReqInterval 成员的值。

15.5.3.7.1.4 **peerMeanPathDelay (TimeInterval)**

peerMeanPathDelay 的值应为数据集的 portDS. peerMeanPathDelay 成员的值。

15.5.3.7.1.5 **logAnnounceInterval (Integer 8)**

logAnnounceInterval 的值应为数据集的 portDS. logAnnounceInterval 成员的值。

15.5.3.7.1.6 **announceReceiptTimeout (UInteger 8)**

announceReceiptTimeout 的值应为数据集的 portDS. announceReceiptTimeout 成员的值。

15.5.3.7.1.7 **logSyncInterval (Integer 8)**

logSyncInterval 的值应为数据集的 portDS. logSyncInterval 成员的值。

15.5.3.7.1.8 **delayMechanism (Enumeration 8)**

delayMechanism 的值应为数据集的 portDS. delayMechanism 成员的值。

15.5.3.7.1.9 **logMinPdelayReqInterval (Integer 8)**

logMinPdelayReqInterval 的值应为数据集的 portDS. logMinPdelayReqInterval 成员的值。

15.5.3.7.1.10 **versionNumber (UInteger4)**

versionNumber 的值应为数据集的 portDS. versionNumber 成员的值。

15.5.3.7.2 **LOG_ANNOUNCE_INTERVAL**

该数据字段的规定见表 62。

表 62 LOG_ANNOUNCE_INTERVAL 管理 TLV 数据字段

比特								八位位组	TLV 数据偏移
7	6	5	4	3	2	1	0		
logAnnounceInterval								1	0
保留								1	1

15.5.3.7.2.1 **logAnnounceInterval (Integer 8)**

logAnnounceInterval 的值应为数据集的 portDS. logAnnounceInterval 成员的值。

15.5.3.7.3 **ANNOUNCE_RECEIPT_TIMEOUT**

该数据字段的规定见表 63。

表 63 ANNOUNCE_RECEIPT_TIMEOUT 管理 TLV 数据字段

比特								八位位组	TLV 数据偏移
7	6	5	4	3	2	1	0		
announceReceiptTimeout								1	0
保留								1	1

15.5.3.7.3.1 **announceReceiptTimeout (UInteger 8)**

announceReceiptTimeout 的值应为数据集的 portDS. announceReceiptTimeout 成员的值。

15.5.3.7.4 **LOG_SYNC_INTERVAL**

该数据字段的规定见表 64。

表 64 LOG_SYNC_INTERVAL 管理 TLV 数据字段

比特								八位位组	TLV 数据偏移
7	6	5	4	3	2	1	0		
logSyncInterval								1	0
保留								1	1

15.5.3.7.4.1 **logSyncInterval（Integer 8）**

logSyncInterval 的值应为数据集的 portDS. logSyncInterval 成员的值。

15.5.3.7.5 **DELAY_MECHANISM**

DELAY_MECHANISM 数据字段的值应为表 65 规定的 portDS. delayMechanism 的值。

表 65 DELAY_MECHANISM 管理 TLV 数据字段

比特								八位位组	TLV 数据偏移
7	6	5	4	3	2	1	0		
delayMechanism								1	0
保留								1	1

15.5.3.7.5.1 **delayMechanism（Enumeration 8）**

对于普通时钟和边界时钟，delayMechanism 的值应为数据集的 portDS. delayMechanism 成员的值。对于透明时钟，如果实现，该值应为数据集 transparentClockDefaultDS 的 transparentClockDefaultDS. delayMechanism 成员；否则，该值应从该值的实现特定存储器中获得。

15.5.3.7.6 **LOG_MIN_PDELAY_REQ_INTERVAL**

该数据字段的规定见表 66。

表 66 LOG_MIN_PDELAY_REQ_INTERVAL 管理 TLV 数据字段

比特								八位位组	TLV 数据偏移
7	6	5	4	3	2	1	0		
logMinPdelayReqInterval								1	0
保留								1	1

15.5.3.7.6.1 **logMinPdelayReqInterval（Integer 8）**

logMinPdelayReqInterval 的值应为数据集的 portDS. logMinPdelayReqInterval 成员的值。

15.5.3.7.7 **VERSION_NUMBER**

该数据字段的规定见表 67；见 7.5.5。

表 67 VERSION_NUMBER 管理 TLV 数据字段

比特								八位位组	TLV 数据偏移
7	6	5	4	3	2	1	0		
保留				Version Number				1	0
保留								1	1

15.5.3.7.7.1 **versionNumber（UInteger4）**

versionNumber 的值应为数据集的 portDS. versionNumber 成员的值。

15.5.3.8 **适用于普通时钟和边界时钟的 defaultDS 数据集的 TLV 数据字段**

15.5.3.8.1 **TRANSPARENT_CLOCK_DEFAULT_DATA_SET**

该数据字段的规定见表 68。

表 68 TRANSPARENT_CLOCK_DEFAULT_DATA_SET 管理 TLV 数据字段

比特								八位位组	TLV 数据偏移
7	6	5	4	3	2	1	0		
clockIdentity								8	0
numberPorts								2	8
delayMechanism								1	10
primaryDomain								1	11

15.5.3.8.1.1 **clockIdentity（clockIdentity）**

clockIdentity 的值应为数据集的 defaultDS. clockIdentity 成员的值。

15.5.3.8.1.2 **numberPorts（UInteger 16）**

numberPorts 的值应为数据集的 defaultDS. numberPorts 成员的值。

15.5.3.8.1.3 **delayMechanism（Enumeration 8）**

delayMechanism 的值应为数据集的 defaultDS. delayMechanism 成员的值。

15.5.3.8.1.4 **primaryDomain（UInteger 8）**

primaryDomain 的值应为数据集的 defaultDS. primaryDomain 成员的值。

15.5.3.9 **DELAY_MECHANISM**

使用与可用于普通时钟或边界时钟 portDS 数据集的相同 TLV，见 15.5.3.7.5。

15.5.3.9.1 **PRIMARY_DOMAIN**

该数据字段的规定见表 69。

表 69 PRIMARY_DOMAIN 管理 TLV 数据字段

比特								八位位组	TLV 数据偏移
7	6	5	4	3	2	1	0		
primaryDomain								1	0
保留								1	1

15.5.3.9.1.1 **primaryDomain（UInteger 8）**

如果实现，则 primaryDomain 的值应为数据集 transparentClockDefaultDS 的成员 transparentClockDefaultDS. primaryDomain 的值；否则，该值应从该值的实现特定存储器获得。

15.5.3.10 **适用于透明时钟的 transparentClockDefaultDS 数据集的 TLV 数据字段**

15.5.3.10.1 **TRANSPARENT_CLOCK_PORT_DATA_SET**

该数据字段的规定见表 70。

表 70 TRANSPARENT_CLOCK_PORT_DATA_SET 管理 TLV 数据字段

比特								八位位组	TLV 数据偏移
7	6	5	4	3	2	1	0		
portIdentity								10	0
0	0	0	0	0	0	0	FLT	1	10
logMinPdelayReqInterval								1	11
peerMeanPathDelay								8	12

15.5.3.10.1.1 **portIdentity（portIdentity）**

portIdentity 的值应为数据集的 transparentClockDefaultDS. portIdentity 成员的值。

15.5.3.10.1.2 **FLT（Boolean）**

FLT 的值应为数据集的 transparentClockDefaultDS. FLT 成员的值。

15.5.3.10.1.3 **logMinPdelayReqInterval（Integer 8）**

logMinPdelayReqInterval 的值应为数据集的 transparentClockDefaultDS. logMinPdelayReqInterval 成员的值。

15.5.3.10.1.4 **peerMeanPathDelay（Integer 8）**

peerMeanPathDelay 的值应为数据集的 transparentClockDefaultDS. peerMeanPathDelay 成员的值。

15.5.3.10.2 **LOG_MIN_PDELAY_REQ_INTERVAL**

使用与适用于普通时钟或边界时钟的 portDS 数据集相同的 TLV，见 15.5.3.7.6。

15.5.4 MANAGEMENT_ERROR_STATUS 的 TLV

15.5.4.1 概述

该 TLV 在响应或确认管理报文中返回，见 15.4.1.6。MANAGEMENT_ERROR_STATUS 的格式见表 71。

表 71 MANAGEMENT_ERROR_STATUS 的 TLV 格式

比特								八位位组	TLV 偏移
7	6	5	4	3	2	1	0		
tlvType								2	0
lengthField								2	2
managementErrorId								2	4
managementId								2	6
保留								4	8
displayData								N	12
填充								M	12+N

15.5.4.2 tlvType

tlvType 的值应为 MANAGEMENT_ERROR_STATUS。

15.5.4.3 lengthField

lengthField 应为 8+N+M，其中 N 为 displayData 字段的长度，M 为填充字段的长度。

15.5.4.4 managementErrorId（Enumeration16）

managementErrorId 的值应从表 72 定义的枚举中选取。

表 72 managementErrorId 枚举

managementErrorId	规　范	值（十六进制）
保留	—	0000
RESPONSE_TOO_BIG	要求的操作不适合放在一个单独的响应报文中	0001
NO_SUCH_ID	无法识别 managementId	0002
WRONG_LENGTH	可以识别 managementId，但数据长度有误	0003
WRONG_VALUE	managementId 和长度都正确，但一个或多个值有误	0004
NOT_SETABLE	SET 命令中的一些变量没有被更新，因为它们是不可组态的	0005
NOT_SUPPORTED	该节点不支持所要求的操作	0006
保留	—	0007～BFFF
实现特定	此范围被用于实现特定的错误	C000～DFFF
PTP profile defined	此范围是由备选 PTP 行规分配的	E000～FFFD
GENERAL_ERROR	发生的错误不能由其他 managementErrorId 值所覆盖	FFFE
保留	—	FFFF

15.5.4.5 managementId（Enumeration16）

managementId 字段的值定义见表 40。managementId 字段包含的 managementId 应与发生错误的管理 TLV 的 managementId 相对应。

15.5.4.6 displayData（PTPText）

这是一个可选文本字段，提供了可读的错误解释。

displayData.textField 字段(见 5.3.9)中的符号个数最多应为 50 个。

15.5.4.7 填充(Octet[M])

填充字段应是一个长度为 M 的八位位组数组,其中 M 为 1 或 0。如果 M 为 1,则八位位组中所有比特都为 0,见 15.5.2.2。

16 通用可选特征

16.1 单播报文协商(可选)

16.1.1 通用单播协商端口操作规范

一个端口(请求方)可以通过发送一个 REQUEST_UNICAST_TRANSMISSION TLV 实体,以请求另一个端口(授权者)发送单播 Announce、Sync、Delay_Resp 或者 Pdelay_Resp 报文。

单播发送请求的产生、授权、确认、取消可以不考虑 PTP 端口状态,但是在普通时钟或者边界时钟的任何端口处于 INITIALIZING、FAULTY 或 DISABLED 状态下,或者透明时钟的任何端口处于故障情况下,这些操作不应发生。

接收到一个 REQUEST_UNICAST_TRANSMISSION TLV 实体的端口应以一个 GRANT_UNICAST_TRANSMISSION TLV 实体进行响应。被发送的 GRANT_UNICAST_TRANSMISSION TLV 实体授权或拒绝请求。

通过发送一个 CANCEL_UNICAST_TRANSMISSION TLV 实体,获得授权的端口(被授权者)可以通知授权者,它不再需要所授权的服务。授权者在接收到 CANCEL_UNICAST_TRANSMISSION TLV 时,总是以一个 ACKNOWLEDGE_CANCEL_UNICAST_TRANSMISSION TLV 进行响应,并可以立即停止提供所指示的服务。

通过发送一个 CANCEL_UNICAST_TRANSMISSION TLV 实体,授权者可以通知被授权者不能再提供所授权的服务。

被授权者在接收到 CANCEL_UNICAST_TRANSMISSION TLV 时,总是以一个 ACKNOWLEDGE_CANCEL_UNICAST_TRANSMISSION TLV 进行响应,并应立即停止使用所指示的服务。授权者应该继续提供已授权的服务,直到接收到一个 ACKNOWLEDGE_CANCEL_UNICAST_TRANSMISSION TLV 或者已经发送了实现特定数量的 CANCEL_UNICAST_TRANSMISSION TLV 为止。

当授权是关于 Announce 或 Sync 报文的,授权者应以一个平均报文间隔来发送报文,该间隔近似等于被授权的报文间隔。除非授权者或者被授权者取消该授权,从授权报文发送时刻开始,这种发送应至少持续该授权期间。

当授权是关于 Delay_Resp 报文的,并且被授权者接收到 Delay_Req 报文的平均报文间隔不小于所授权的报文间隔时,授权者应以 Delay_Resp 报文来响应接收到的每个 Delay_Req 报文。除非授权者或者被授权者取消了该授权,从授权报文发送时刻开始,这种操作应至少持续整个授权期间。如果接收 Delay_Req 报文的平均间隔小于授权的报文间隔,授权者可以忽略多余的 Delay_Req 报文。

在发送报文中,报文间隔应在授权的±30%的授权报文间隔内,置信度为 90%。

对每种报文类型,在任何时刻只有一个授权是活动的。如果接收了一个授权给特定 messageId 发送的授权报文,将取消任何之前与授权者达成的协议。

如果在两个端口间为特定报文类型协商了一个单播合约,那么这两个端口间的任何该类型的多播报文将被忽略。

当为发送 Delay_Resp 报文协商了一个单播合约时,则与 Delay_Resp 报文相关联的 Delay_Req 报文也应是单播的。

16.1.2 单播协商使能

通过 UNICAST_NEGOTIATION_ENABLE 的管理报文可以使能或禁止单播协商机制。该机制缺省情况下是禁止的,除非在 PTP 行规中另有规定。

如果禁止该机制,节点应响应 UNICAST_NEGOTIATION_ENABLE TLV 实体。一个被禁节点不应:

——响应 REQUEST_UNICAST_TRANSMISSION TLV 实体；
——发送 REQUEST_UNICAST_TRANSMISSION TLV 实体；
——发送 GRANT_UNICAST_TRANSMISSION TLV 实体。

16.1.3 授权端口操作

如果请求方在当前协议到期之前发出一个新的发送请求，若资源允许，则授权者应以一个授权(至少与之前授权未超期部分一样长)来响应该请求。

如果授权端口认为报文间隔和授权持续时间的组合是不合理的，则该端口应优先减少它的授权持续时间而不是降低速率。

16.1.4 单播 TLV

16.1.4.1 REQUEST_UNICAST_TRANSMISSION TLV 规范

REQUEST_UNICAST_TRANSMISSION TLV 格式的规定见表 73。

表 73 REQUEST_UNICAST_TRANSMISSION TLV 格式

比特								八位位组	TLV 偏移
7	6	5	4	3	2	1	0		
tlvType								2	0
lengthField								2	2
messageType				保留				1	4
logInterMessagePeriod								1	5
durationField								4	6

16.1.4.1.1 tlvType

tlvType 的值应是 REQUEST_UNICAST_TRANSMISSION。

16.1.4.1.2 lengthField

lengthField 的值是 6。

16.1.4.1.3 messageType (Enumeration4)

messageType 的值应指示请求发送的单播报文的报文类型。枚举的编码与报文头中 messageType 字段中所使用的相同，见 13.3.2.2。总应拒绝除 Announce、Sync、Delay_Resp 或者 Pdelay_Resp 报文外的单播报文请求。如果一个双步时钟授权单播发送 Sync 或者 Pdelay_Resp 报文，则相应的 Follow_Up 和 Pdelay_Resp_Follow_Up 报文也应采用单播发送。

16.1.4.1.4 logInterMessagePeriod (Integer 8)

logInterMessagePeriod 的值应是以 2 为底，被请求的单播报文间所请求的平均间隔(以秒为单位)的对数。

16.1.4.1.5 durationField (UInteger 32)

durationField 的值应是发送被请求报文所需的秒数。

16.1.4.2 GRANT_UNICAST_TRANSMISSION TLV 规范

GRANT _UNICAST_TRANSMISSION TLV 格式的规定见表 74。

表 74 GRANT _UNICAST_TRANSMISSION TLV 格式

比特								八位位组	TLV 偏移
7	6	5	4	3	2	1	0		
tlvType								2	0
lengthField								2	2
messageType				保留				1	4

表 74（续）

比特								八位位组	TLV 偏移
7	6	5	4	3	2	1	0		
logInterMessagePeriod								1	5
durationField								4	6
保留								1	10
0	0	0	0	0	0	0	R	1	11

16.1.4.2.1 **tlvType**

tlvType 的值应是 GRANT_UNICAST_TRANSMISSION。

16.1.4.2.2 **lengthField**

lengthField 的值是 8。

16.1.4.2.3 **messageType（Enumeration4）**

messageType 的值应指示授权发送的单播报文的报文类型。枚举的编码与报文头中 messageType 所使用的一致，见 13.3.2.2。该值应与 REQUEST_UNICAST_TRANSMISSION TLV 请求中 messageType 字段相同。

16.1.4.2.4 **logInterMessagePeriod（Integer 8）**

logInterMessagePeriod 的值应是以 2 为底，被请求的单播报文间的授权平均间隔（以秒为单位）的对数。

16.1.4.2.5 **durationField（UInteger 32）**

durationField 的值应是发送报文所需的秒数。0 值表示请求已被拒绝。

16.1.4.2.6 **R（请求续订）（Boolean）**

当请求端口重复它的请求，授权端口认为授权可以被续订时，R 值应为 TRUE。

16.1.4.3 **CANCEL_UNICAST_TRANSMISSION TLV 规范**

CANCEL_UNICAST_TRANSMISSION TLV 格式的规定见表 75。

表 75　CANCEL _UNICAST_TRANSMISSION TLV 格式

比特								八位位组	TLV 偏移
7	6	5	4	3	2	1	0		
tlvType								2	0
lengthField								2	2
messageType				保留				1	4
保留								1	5

16.1.4.3.1 **tlvType**

tlvType 的值应是 CANCEL_UNICAST_TRANSMISSION。

16.1.4.3.2 **lengthField**

lengthField 的值为 2。

16.1.4.3.3 **messageType（Enumeration4）**

messageType 的值应指示要取消发送的单播报文的类型。枚举的编码与报文头中 messageType 字段所使用的相同，见 13.3.2.2。

16.1.4.4 **ACKNOWLEDGE_CANCEL_UNICAST_TRANSMISSION TLV 规范**

ACKNOWLEDGE_CANCEL _UNICAST_TRANSMISSION TLV 格式的规定见表 76。

表 76 ACKNOWLEDGE_CANCEL _UNICAST_TRANSMISSION TLV 格式

比特								八位位组	TLV 偏移
7	6	5	4	3	2	1	0		
tlvType								2	0
lengthField								2	2
messageType				保留				1	4
保留								1	5

16.1.4.4.1 **tlvType**

tlvType 的值应为 ACKNOWLEDGE_CANCEL _UNICAST_TRANSMISSION。

16.1.4.4.2 **lengthField**

lengthField 的值为 2。

16.1.4.4.3 **messageType（Enumeration4）**

messageType 的值应指示正在被确认的取消发送单播报文的类型。该值应与 CANCEL_UNICAST_TRANSMISSION TLV 中 messageType 字段相同，本报文是对 CANCEL_UNICAST_TRANSMISSION TLV 的确认。

16.1.4.5 **UNICAST_NEGOTIATION_ENABLE**

该报文用于使能或禁止单播协商机制。

一个单播协商机制被使能的节点，在接收到一个 EN 字段值为 FALSE 的 UNICAST_NEGOTIATION_ENABLE TLV 时，应通过使用 16.1.4.3 中定义的 CANCEL_UNICAST_TRANSMISSION TLV 来取消所有的协商授权。直到 CANCEL_UNICAST_TRANSMISSION TLV 已被发送到所有的被授权者，该节点应在对任何 UNICAST_NEGOTIATION_ENABLE TLV 的响应中报告，协商机制已被使能。

UNICAST_NEGOTIATION_ENABLE 管理 TLV 的格式定义见表 77。

表 77 UNICAST_NEGOTIATION_ENABLE 管理 TLV 数据字段

比特								八位位组	TLV 数据偏移
7	6	5	4	3	2	1	0		
0	0	0	0	0	0	0	EN	1	0
保留								1	1

16.1.4.5.1 **EN（Boolean）**

EN 为 TRUE 表示单播发送机制可运行；反之，表示该机制不能运行。

16.2 路径追踪（可选）

16.2.1 概述

16.2 规定了一种机制：用 TLV 追踪 PTP Announce 报文经过时间系统的路由。这是一个可在边界时钟上实现的可选机制。

当接收到 TLV 时，一个边界时钟扫描该 TLV 的 pathSequence 成员，以检查它自身的 clockIdentity 是否存在，这将指示一个环路的存在。边界时钟把它的 clockIdentity 附加到 TLV 的 pathSequence 成员的尾端，并把 TLV 附加到正要离开的 Announce 报文。

该机制的主要用途之一是检测在边界时钟的环路中无休止地循环的 Announce 报文，即所谓的欺诈帧。如果检测到这样的环路，接收到的 Announce 报文应被丢弃。这样的环路通过在底层网络上执行生成树协议而被移除，见 6.2。

注：9.3.2.5 的机制提供了一种保护措施，防止生成树协议运行中的失败或瞬态引起的欺诈帧。

通常,边界时钟可以从多个源接收 Announce 报文:当前父时钟以及任意数量的外部主时钟。应只为来自当前父时钟的 Announce 报文维护〈pathTraceList〉(16.2.3)。将该机制应用到来自当前父时钟的除 Announce 报文外的报文超出了本标准的范围。

16.2.2 路径追踪使能

应维护一个实现特定的使能控制。如果被使能,则路径追踪机制应是可操作的。如果被禁止,则除了处理 PATH_TRACE_ENABLE 管理 TLV 外,路径追踪机制是不活动的。缺省地,路径追踪机制应是禁止的,除非在 PTP 行规中另有规定。

16.2.3 路径追踪列表

应维护类型 ClockIdentity 的成员的一个实现特定的列表〈pathTraceList〉,其初始化值应为空列表。

16.2.4 状态变化

无论何时时钟更新基于判定代码 M1 或 M2 的数据集(见 9.3.5),〈pathTraceList〉都应被初始化为空列表。

16.2.5 Announce 报文的接收

下列附加规范须应用于对接收到的 Announce 报文的处理,见 9.5.3。接收 Announce 报文的边界时钟的一个端口应:

a) 扫描存在的任何 PATH_TRACE TLV,比较其 clockIdentity 字段与 defaultDS 数据集的 clockIdentity 字段是否相等;

b) 如果 TLV 存在并找到了匹配者,则报文应被丢弃;

c) 如果 TLV 存在且未找到匹配者,则时钟应将 TLV 的 pathSequence 成员复制到〈pathTraceList〉,见 16.2.3。

16.2.6 Announce 报文的发送

下列附加规范用于 Announce 报文的发送,见 9.5.8。

发送 Announce 报文的端口应给将一个 PATH_TRACE TLV 附加到报文。PATH_TRACE TLV 的数据字段的值应为〈pathTraceList〉(见 16.2.3),在列表的尾部附加时钟的 clockIdentity。如果得到的 Announce 报文大小超出了网络技术所允许的最大帧长度,则不应附加 PATH_TRACE TLV。

16.2.7 PATH_TRACE TLV 规范

PATH_TRACE TLV 格式的规定见表 78。

表 78 PATH_TRACE TLV 格式

比特								八位位组	TLV 偏移
7	6	5	4	3	2	1	0		
tlvType								2	0
lengthField								2	2
pathSequence								8N	4

16.2.7.1 tlvType

tlvType 的值应为 PATH_TRACE。

16.2.7.2 lengthField

lengthField 的值应为 8 N。

16.2.7.3 pathSequence (ClockIdentity[N])

pathSequence 的值应为时钟标识符的一个列表。

16.2.8 PATH_TRACE_LIST 管理报文

该管理报文的 TLV 可用于从一个普通时钟或边界时钟取回当前〈pathTraceList〉(见 16.2.3)。数据字段的规定见表79。

表79 PATH_TRACE_LIST管理TLV数据字段

比特								八位位组	TLV偏移
7	6	5	4	3	2	1	0		
pathSequence								8N	0

16.2.8.1 **pathSequence (ClockIdentity[N])**

pathSequence的值是〈pathTraceList〉中时钟标识符的列表,见16.2.3。

16.2.9 PATH_TRACE_ENABLE管理报文

该管理报文可用于使能或禁止路径追踪机制。PATH_TRACE_ENABLE TLV数据字段的规定见表80。

表80 PATH_TRACE_ENABLE管理TLV数据字段

比特								八位位组	TLV数据偏移
7	6	5	4	3	2	1	0		
0	0	0	0	0	0	0	EN	1	0
保留								1	1

16.2.9.1 **EN (Boolean)**

EN的值为TRUE指示路径追踪机制是可运行的;反之,指示该机制是不可运行的。

16.3 备选时标(可选)

16.3.1 概述

通过发送一个ALTERNATE_TIME_OFFSET_INDICATOR TLV实体,最高级时钟可以指示备选时间与它的节点时间之间的偏移。

可以维护多个备选时标。设计为支持该选项的节点是最高级时钟时,应维护资源以支持一个实现特定的备选时标个数。每个支持的备选时标可以由该选项的TLV中的keyField字段值标识,并由ALTERNATE_TIME_OFFSET_INDICATOR TLV中的displayName字段描述。键值应为从0开始到〈maxKey〉值结束的连续值。可以使能或禁止每个支持的备选时标。

注:不要求来自不同制造商的节点发送的键值对应到相同的备选时标。

一个节点应在所有Announce报文中为每个被使能的备选时标发送一个ALTERNATE_TIME_OFFSET_INDICATOR TLV。如果一个备选时标被禁止,则节点不应发送该ALTERNATE_TIME_OFFSET_INDICATOR TLV实体。

一个备选时标可以具有不连续性(例如,在夏令时间的开始和结束时刻)。

备选时间偏移指示器不应用于指示UTC相对PTP时标的偏移或即将发生的偏移的变化。

如果一个不连续(跳跃)即将发生,节点应在不连续即将发生前所发送的至少portDS.announceReceiptTimeout+1个Announce报文的连续序列中指示该情况。该不连续的时间和大小应按表81中规定的jumpSeconds和timeOfNextJump字段来指示。

如果一个接收到的ALTERNATE_TIME_OFFSET_INDICATOR TLV实体的jumpSeconds字段是非零值,则指示即将发生一个不连续;如果接收节点的时间大于接收到的TLV中timeOfNextJump字段的值,则该节点应忽略这个TLV。

备选时标机制的属性可以用ALTERNATE_TIME_OFFSET_ENABLE、ALTERNATE_TIME_OFFSET_NAME和ALTERNATE_TIME_OFFSET_PROPERTIES管理TLV来管理。

16.3.2 边界时钟转发

不是最高级时钟且实现了备选时标选项的边界时钟,应在它发送的任何Announce报文中,转发包含在所有 ALTERNATE_TIME_OFFSET_INDICATOR TLV 实体中的信息，而这些 TLV 实体是包含在该边界时钟最近从其主时钟接收到的 Announce 报文中的。

注：从时钟和它最高级时钟间的系统中的所有边界时钟都应实现备选时标选项。

16.3.3 ALTERNATE_TIME_OFFSET_INDICATOR TLV 规范

16.3.3.1 概述

ALTERNATE_TIME_OFFSET_INDICATOR TLV 格式定义见表 81。

表 81 ALTERNATE_TIME_OFFSET_INDICATOR TLV 格式

比特								八位位组	TLV 偏移
7	6	5	4	3	2	1	0		
tlvType								2	0
lengthField								2	2
keyField								1	4
currentOffset								4	5
jumpSeconds								4	9
timeOfNextJump								6	13
diplayName								L	19
填充								M	19+L

16.3.3.2 tlvType

tlvType 的值应是 ALTERNATE_TIME_OFFSET_INDICATOR。

16.3.3.3 keyField（UInteger 8）

keyField 的值应指示本 TLV 实体中报告的备选时标。

16.3.3.4 currentOffset（Integer 32）

currentOffset 的值是备选时间对节点时间的偏移，以秒为单位。备选时间是该值与节点时间的和。

16.3.3.5 jumpSeconds（Integer 32）

jumpSeconds 的值应是备选时间的下一个不连续时间的长度，以秒为单位。零值表示无不连续。正值表示不连续将引起备选时间的 currentOffset 增加。

16.3.3.6 timeOfNextJump（UInteger 48）

timeOfNextJump 的值应是下一个不连续将发生时的发送节点时间的秒值部分。不连续发生在 timeOfNextJump 值指示的秒的开始时刻。

16.3.3.7 displayName（PTPText）

dispayName 的值是备选时标的文本名称。

注：应使用通用首字母缩略词，例如：NTP、PT、PST、PDT 分别表示网络时间协议、太平洋时间、太平洋标准时间以及太平洋夏令时间。

displayName. textField 字段（见 5.3.9）的最大符号数应为 10。

16.3.3.8 填充（Octet[M]）

填充字段是长度为 M 的八位位组数组，其中 M 为 1 或 0。如果 M 为 1，则八位位组中所有比特应为 0，见 15.5.2.2。

16.3.4 ALTERNATE_TIME_OFFSET_ENABLE 管理报文

ALTERNATE_TIME_OFFSET_ENABLE 管理 TLV 允许在一个时钟中使能或禁止指示的备选时标。

该数据的维护是实现特定的。

ALTERNATE_TIME_OFFSET_ENABLE 管理 TLV 数据格式规定见表 82。

表 82　**ALTERNATE_TIME_OFFSET_ENABLE 管理 TLV 数据字段**

比特								八位位组	TLV 数据偏移
7	6	5	4	3	2	1	0		
keyField								1	0
0	0	0	0	0	0	0	EN	1	1

16.3.4.1　**keyField（UInteger 8）**

keyField 的值应指示被该 TLV 实体使能或禁止的备选时标。值 FF_{16} 应指示最高级时钟维护的所有备选时标被使能或禁止。如果该值不与一个被维护的备选时标相关，则应忽略内容并返回一个 MANAGEMENT_ERROR_STATUS TLV。

16.3.4.2　**EN（Boolean）**

如果 EN 为 TRUE，应将 keyField 值指示的时标的 ALTERNATE_TIMESCALE_OFFSET_INDICATOR TLV 附加到 Announce 报文。如果 EN 为 FALSE，不应附加该 TLV。

16.3.5　**ALTERNATE_TIME_OFFSET_NAME TLV 规范（可选）**

ALTERNATE_TIME_OFFSET_NAME 管理 TLV 允许用一个备选时标的时标偏移描述属性配置时钟。

该数据的维护是实现特定的。

ALTERNATE_TIME_OFFSET_NAME 管理 TLV 数据格式规定见表 83。

表 83　**ALTERNATE_TIME_OFFSET_NAME 管理 TLV 数据字段**

比特								八位位组	TLV 数据偏移
7	6	5	4	3	2	1	0		
keyField								1	0
displayName								L	1
填充								M	1+L

16.3.5.1　**keyField（UInteger 8）**

keyField 的值应指示该 TLV 实体更新或查询的备选时标。

如果值是 FF_{16} 或者与任何被维护的备选时标不相关，该 TLV 应被忽略并返回 MANAGEMENT_ERROR_STATUS TLV。

16.3.5.2　**displayName（PTPText）**

displayName 的值应为备选时标的文本名，见 16.3.3.7。

16.3.5.3　**填充（Octet[M]）**

填充字段是长度为 M 的八位位组数组，其中 M 为 1 或 0。如果 M 为 1，八位位组中所有比特应为 0，见 15.5.2.2。

16.3.6　**ALTERNATE_TIME_OFFSET_MAX_KEY 管理 TLV**

ALTERNATE_TIME_OFFSET_MAX_KEY 管理 TLV 允许一个管理节点确定维护的备选时标个数。

该数据的维护是实现特定的。

ALTERNATE_TIME_OFFSET_MAX_KEY 管理 TLV 数据格式规定见表 84。

表 84　**ALTERNATE_TIME_OFFSET_MAX_KEY 管理 TLV 数据字段**

比特								八位位组	TLV 数据偏移
7	6	5	4	3	2	1	0		
maxKey								1	0
保留								1	1

16.3.6.1 **maxKey (UInteger 8)**

maxKey 的值应指示最大键值。

16.3.7 ALTERNATE_TIME_OFFSET_PROPERTIES 管理 TLV(可选)

ALTERNATE_TIME_OFFSET_PROPERTIES 管理 TLV 允许用备选时标的时标偏移属性配置时钟。

如果接收到该 TLV 并且报文的 actionField 为 SET,则 currentOffset、jumpSeconds、timeOfNextJump 的更新应是原子性的。如果这些值中的任一个更新失败,将返回 MANAGEMENT_ERROR_STATUS TLV。

该数据的维护是实现特定的。

ALTERNATE_TIME_OFFSET_PROPERTIES 管理 TLV 数据格式定义见表 85。

表 85 ALTERNATE_TIME_OFFSET_PROPERTIES 管理 TLV 数据字段

比特								八位位组	TLV 偏移
7	6	5	4	3	2	1	0		
keyField								1	0
currentOffset								4	1
jumpSeconds								4	5
timeOfNextJump								6	9
保留								1	15

16.3.7.1 **keyField (UInteger 8)**

keyField 的值应指示该 TLV 实体更新或查询的备选时标。

如果值是 FF_{16} 或与任何被维护的备选时标不相关,该 TLV 应被忽略并返回 MANAGEMENT_ERROR_STATUS TLV。

16.3.7.2 **currentOffset (Integer 32)**

currentOffset 的值是备选时间的偏移,见 16.3.3.4。

16.3.7.3 **jumpSeconds (Integer 32)**

jumpSeconds 的值应是下一个不连续的大小,见 16.3.3.5。

16.3.7.4 **timeOfNextJump (UInteger 48)**

timeOfNextJump 的值应是下一个不连续将发生时的时间,见 16.3.3.6。

17 状态配置选项

17.1 概述

本章规定附加可选特征,可用来与最佳主时钟算法联合使用以增强性能或者加强对端口状态选择的更多控制。

许多应用要求一个或多个下列性能:

——通信网络中中断的自动恢复;

——时钟失效的自动恢复;

——对端口状态选择的明确控制。

本标准提供几种设计特征以满足这些要求。

普通时钟与边界时钟(第 9 章)中的最佳主时钟算法以及状态机的运行,保证系统中存在的最佳时钟是最高级时钟的主-从层次结构的建立。这提供了从网络失效以及单个时钟失效中自动恢复的功能。恢复的速度取决于 announceInterval 以及网络拓扑。

点到点透明时钟(第10章)提供网络重新配置情况下的快速恢复。由于对等延时机制(见11.4)测量重新配置情况下所有链路上的路径延时,所以所需的路径延时校正信息立即可用。

注:这些选项应小心使用。例如,如果有些连接到通信路径的时钟被配置为使用可接受主时钟表,有些没有,则可能超过一个以上的时钟自认为是最佳主时钟。如果用不兼容的可接受主时钟表配置连接到通信路径的时钟,可能超过一个以上的端口自认为是最佳主时钟。可能发生与任何这些选项的配置机制不一致的类似误配置。

17.2 选项的数据类型

17.2.1 概述

17.2的数据类型规范可用于第17章的任何实现的选项,如下:

——PortAddressQueryTable;

——AcceptableMaster;

——AcceptableMasterTable;

——第5章的所有规范适用于17.2定义的数据类型。

17.2.2 PortAddressQueryTable

PortAddressQueryTable类型表示端口地址以及查询间隔的列表。

```
struct PortAddressQueryTable
{
    UInteger 16 maxTableSize;
    Integer 8 logQueryInterval;
    UInteger 16 actualTableSize;
    PortAddress[actualTableSize] portAddress;
};
```

maxTableSize是实现特定的,应是actualTableSize的最大允许值。

17.2.3 AcceptableMaster

```
struct AcceptableMaster
{
    PortAddress acceptableAddress;
    UInteger 8 alternatePriority 1;
};
```

17.2.4 AcceptableMasterTable

```
struct AcceptableMasterTable
{
    UInteger 16 maxTableSize;
    UInteger 16 actualTableSize;
    AcceptableMaster[actualTableSize] acceptableMaster;
};
```

maxTableSize是实现特定的,应是actualTableSize的最大允许值。

17.3 最高级时钟簇(可选)

17.3.1 通用规范

最高级时钟簇选项要求在最高级时钟簇的成员间单播传输。当使用最佳主时钟算法的正常操作时,从一个最高级时钟的失效中恢复所需的时间取决于announceInterval。如果从一个最高级时钟切换到另一个最高级时钟的要求时间与多播announceInterval不兼容,17.3的机制可用来减少选择一个新最高级时钟的所需时间。如果实现了该选项,单播协商选项(见16.1)也应实现。

2~5个普通时钟或边界时钟可指定为一个最高级时钟簇。为正确运行,簇中的每个时钟应将defaultDS. Priority 1的值配置为:簇中所有成员的defaultDS. Priority 1的值小于域中所有其他时钟的

defaultDS. Priority 1 的值。

注：尽管设计用于增强最高级时钟的切换性能，在有些拓扑中，该机制对将主-从层次结构中处于最高级时钟下的主时钟指定为簇可能有用。用于这种目的的主时钟簇的配置不在本标准的范围内。

17.3.2 最高级时钟簇的运行

簇中的每个时钟应：

a) 用数据类型 PortAddressQueryTable(见 17.2.2)，维护一个已配置的潜在最高级时钟的表〈grandmasterClusterTable〉。表的每个 portAddress 成员都应保存最高级时钟簇成员的一个端口协议地址，以使能成员间的单播传输；

b) 用单播报文协商选项(见 16.1)周期性地请求来自〈grandmasterClusterTable〉portAddress 成员所列的所有端口的单播 Announce 报文；

c) 如果端口正在依据本条发送一个单播 Announce 报文，并处于 MASTER 状态，将 flagField. alternateMasterFlag 设为 FALSE，否则将其设为 TRUE；

d) 将〈grandmasterClusterTable〉的 logQueryInterval 成员的值插入到 REQUEST_UNICAST_TRANSMISSION TLV 的 logInterMessageInterval 字段；

e) 在每个协商的单播发送超时前请求一个续订；

f) 不管 alternateMasterFlag 的值，使用接收到的来自簇成员的单播 Announce 报文，执行最佳主时钟算法以确定它的每个端口的 portState。

如果〈grandmasterClusterTable〉为空(actualTableSize 是 0)，除了处理 GRANDMASTER_CLUSTER_TABLE 管理 TLV，该选项应是不活动的。除非在 PTP 行规中另有规定，actualTableSize 的缺省值为 0。

该信息的维护是实现特定的，不属于第 8 章节点的数据集的部分。

17.3.3 GRANDMASTER_CLUSTER_TABLE 管理 TLV 数据字段规范

17.3.3.1 通用规范

tableSize 为 0 的 GRANDMASTER_CLUSTER_TABLE TLV 的接收将引起接收时钟把所有成员从〈grandmasterClusterTable〉中的端口地址的数组中清除。

如果 GRANDMASTER_CLUSTER_TABLE TLV 的 tableSize 成员非零，且无接收节点的端口地址包含在该 TLV 的 grandmasterClusterMembers 的列表中，则管理报文应被拒绝，并且〈grandmasterClusterTable〉不应更新。对于这种情况，managementErrorId 应为 WRONG_VALUE。

如果该 TLV 的 grandmasterClusterMembers 中的 PortAddress 数组不能完全存储，则不应更改〈grandmasterClusterTable〉并拒绝管理报文。对这种情况，如果是由于长度不匹配，managementErrorId 应为 WRONG_LENGTH，其他失败应为 GENERAL_ERROR。

另外，一旦接收到 managementId 为 GRANDMASTER_CLUSTER_TABLE 以及 actionField 值为 SET 的管理报文，时钟应用该管理报文的 grandmasterClusterMembers 替代〈grandmasterClusterTable〉的当前 portAddress 成员。标识接收时钟的成员不应进入〈grandmasterClusterTable〉中。如果任何成员更新失败，则应返回一个 managementErrorId 为 GENERAL_ERROR 的 MANAGEMENT_ERROR_STATUS TLV。

17.3.4 GRANDMASTER_CLUSTER_TABLE 管理 TLV

管理 TLV 的数据字段规定见表 86。

表 86 GRANDMASTER_CLUSTER_TABLE 管理 TLV 数据字段

比特								八位位组	TLV 数据偏移
7	6	5	4	3	2	1	0		
logQueryInterval								1	0
tableSize								1	1
grandmasterClusterMembers								L	2
填充								M	2+L

17.3.4.1 **logQueryInterval (Integer 8)**

logQueryInterval 的值应是以 2 为底，簇成员的单播 Announce 报文间的平均间隔(以秒为单位)的对数。

17.3.4.2 **tableSize (UInteger 8)**

tableSize 的值应是 grandmasterClusterMembers 数组中的条目个数。条目个数的最大值应为 5。

17.3.4.3 **grandmasterClusterMembers (PortAddress[tableSize])**

grandmasterClusterMembers 数组的 PortAddress 元素应传送 17.3.2 的〈grandmasterClusterTable〉的成员的相应的协议地址。

17.3.4.4 **填充(Octet[M])**

填充字段是长度为 M 的八位位组数组，其中 M 为 1 或 0。如果 M 为 1，八位位组中所有比特应为 0，见 15.5.2.2。

17.4 备选主时钟(可选)

17.4.1 概述

该选项允许不是当前最佳主时钟的备选主时钟与从时钟端口交换 PTP 时间信息，并且从时钟端口获取它本身与每个备选主时钟间的传输路径特征。当最佳主时钟失效时，允许一个从时钟以一个小相位偏移切换到一个备选主时钟。

17.4.2 备选主时钟的报文发送

一个端口应按表 87 的限制发送多播 Announce 报文。依据 17.4 的条款发送 Announce 报文的端口应将 alternateMasterFlag(见 13.3.2.6)设为 TRUE。这些报文应以 logAnnounceInterval 定义的间隔发送，见 8.2.5.4.1。

一个端口应按表 87 的限制发送多播 Sync 报文，如果是一个双步时钟还应发送 Follow_Up 报文。依据 17.4 的条款发送 Sync 或 Follow_Up 报文的端口应将 alternateMasterFlag 设为 TRUE。这些报文应以表 87 中〈logAlternateMulticastSyncInterval〉定义的间隔发送。

注：不想使用来自备选主时钟信息的从时钟节点仅仅忽略 alternateMasterFlag 为 TRUE 的所有报文。

端口应维护表 87 中规定的可配置属性。该信息的维护是实现特定的，不属于第 8 章中节点的数据集部分。

表 87 备选主时钟属性

名称	类型	描述
〈numberOfAlternateMasters〉	UInteger 8	不处于 MASTER 状态的端口 A，当其他端口的数量小于〈numberOfAlternateMasters〉，并且这些端口： ● 当前正在发送合格的(见 9.3.2.5)flagField.alternateMasterFlag 为 TRUE 的 Announce 报文，这些报文正在被端口 A 接收； ● 将通过最佳主时钟算法优先于端口 A 被选为最佳主时钟； 端口 A 应发送多播 Announce 报文。〈numberOfAlternateMasters〉的缺省值应为 0
〈transmitAlternateMulticastSync〉	Boolean	如果为 TRUE 且端口当前正在发送 alternateMasterFlag 为 TRUE 的多播 Announce 报文，则端口也应发送多播 Sync 报文，如果是一个双步时钟，还应发送 Follow_Up 报文
〈logAlternateMulticastSyncInterval〉	Interger 8	以 2 为底的，依据 17.4 发送的 Sync 报文间的平均间隔(以秒为单位)的对数

注：〈numberOfAlternateMasters〉的缺省值导致多播 Announce 报文仅在端口处于 MASTER 状态时才被发送。

17.4.3 ALTERNATE_MASTER 管理 TLV 数据字段

表 87 中的备选主时钟属性可以用 managementId 为 ALTERNATE_MASTER 的一个管理报文更新。

如果 actionField 值为 SET 时接收到 ALTERNATE_MASTER 管理 TLV，〈logAlternateMulticastSyncInterval〉和〈numberOfAlternateMasters〉的更新应是原子性的。如果两者有一个更新失败，应返回一个 MANAGEMENT_ERROR_STATUS TLV。

ALTERNATE_MASTER 管理 TLV 数据格式规定见表 88。

表 88 ALTERNATE_MASTER 管理 TLV 数据字段

比特								八位位组	TLV 数据偏移
7	6	5	4	3	2	1	0		
0	0	0	0	0	0	0	S	1	0
logAlternateMulticastSyncInterval								1	1
numberOfAlternateMasters								1	2
保留								1	1

17.4.3.1 S (Boolean)

S 的值应为〈transmitAlternateMulticastSync〉的值。

17.4.3.2 logAlternateMulticastSyncInterval (Integer 8)

logAlternateMulticastSyncInterval 的值应为〈logAlternateMulticastSyncInterval〉的值。

17.4.3.3 numberOfAlternateMasters (UInteger 8)

numberOfAlternateMasters 的值应为〈numberOfAlternateMasters〉的值。

17.5 单播发现(可选)

17.5.1 概述

单播发现选项允许将 PTP 用于不提供多播的网络(例如，多个 IP 网络)。从时钟端口的配置通过潜在的主时钟地址实现。从时钟可请求这些主时钟发送单播 Announce、Sync、Delay_Resp 报文给它。如果实现了该选项，则单播协商选项(见 16.1)也应实现。

17.5.2 单播发现的运行

一个普通时钟或边界时钟应维护一个已配置的主时钟表〈unicastMasterTable〉。该表应具有数据类型 PortAddressQueryTable，见 17.2.2。表的每个 portAddress 成员，都保存该节点试图与之建立通信的一个远程端口的协议地址。

节点应使用单播报文协商选项(见 16.1)周期性地请求来自〈unicastMasterTable〉所列的所有端口的单播 Announce 报文。如果一个请求没有被一个端口授权，则该请求应在表的 logQueryInterval 成员所指示的延时后重复。

端口应维护数据类型 PortAddressQueryTable 规定的可配置属性。这些属性的维护是实现特定的。

如果〈unicastMasterTable〉为空(〈unicastMasterTable〉. actualTableSize 为 0)，则除了对 UNICAST_MASTER_TABLE 和 UNICAST_MASTER_MAX_TABLE_SIZE 管理 TLV 的处理，该选项应不起作用。

〈unicastMasterTable〉. actualTableSize 的缺省值为 0，除非在 PTP 行规中另有规定。

〈unicastMasterTable〉. logQueryInterval 的值应为以 2 为底，节点请求单播 Announce 报文的平均请求间隔(以秒为单位)的对数。

〈unicastMasterTable〉. portAddress 成员应传送〈unicast Master Table〉中每个成员的相应协议地址。

17.5.3 UNICAST_MASTER_TABLE 管理 TLV 数据字段

UNICAST_MASTER_TABLE 管理 TLV 的数据字段规定见表 89。

表 89 UNICAST_MASTER_TABLE 管理 TLV 数据字段

比特								八位位组	TLV 数据偏移
7	6	5	4	3	2	1	0		
logQueryInterval								1	0
tableSize								2	1
unicastMasterTable								L	3
填充								M	3+L

如果 actionField 为 SET 时接收到该 TLV，则 logQueryInterval、tableSize、unicastMasterTable 的更新应是原子性的。如果这些值的任何一个更新失败，则应返回一个 MANAGEMENT_ERROR_STATUS TLV。

tableSize 字段值为 0 时 UNICAST_MASTER_TABLE TLV 的接收应引起接收端口从〈unicastMasterTable〉中清除所有的〈unicastMasterTable〉. portAddress 成员。

17.5.3.1 logQueryInterval（Integer 8）

logQueryInterval 的值应是〈unicastMasterTable〉. logQueryInterval 的值。

17.5.3.2 tableSize（UInteger 16）

tableSize 的值应是〈unicastMasterTable〉. actualTableSize 的值且不大于〈unicastMasterTable〉. maxTableSize 的值。

17.5.3.3 unicastMasterTable（PortAddress[tableSize]）

unicastMasterTable 数组的 PortAddress 成员应传送 17.5.2 中〈unicastMasterTable〉每个成员的相应协议地址。

17.5.3.4 填充（Octet[M]）

填充字段是长度为 M 的八位位组数组，其中 M 为 1 或 0。如果 M 为 1，则八位位组中所有比特应为 0，见 15.5.2.2。

17.5.4 UNICAST_MASTER_MAX_TABLE_SIZE 管理 TLV 数据字段

UNICAST_MASTER_MAX_TABLE_SIZE 管理 TLV 数据字段的规定见表 90。

表 90 UNICAST_MASTER_MAX_TABLE_SIZE 管理 TLV 数据字段

比特								八位位组	TLV 数据偏移
7	6	5	4	3	2	1	0		
maxTableSize								2	0

17.5.4.1 maxTableSize（UInteger 16）

maxTableSize 的值应是〈unicastMasterTable〉的〈unicastMasterTable〉. maxTableSize 的值。

17.6 可接受主时钟表（可选）

17.6.1 概述

可接受主时钟表选项允许将从时钟端口配置为拒绝与不在可接受主时钟列表中的时钟同步。

注：这可用于排除与可疑的欺骗或伪装主时钟的同步。

17.6.2 可接受主时钟表的操作

普通时钟或边界时钟应维护一个已配置好的表，即 AcceptableMasterTable 类型的〈acceptableMasterTable〉，并为每个端口维护一个可配置 Boolean 值〈acceptableMasterTableEnabled〉。

〈acceptableMasterTableEnabled〉的缺省值为 FALSE，除非在 PTP 行规中另有规定。

〈acceptableMasterTable〉. actualTableSize 的缺省值为 0，除非在 PTP 行规中另有规定。

〈acceptableMasterTable〉. acceptableMaster 成员应传送〈acceptableMasterTable〉中每个成员的相应协议地址以及 alternatePriority 1 值。

该信息的维护是实现特定的，不属于第 8 章节点的数据集部分。

每个端口上的可接受主时钟表选项的操作规定见表 91。

表 91 可接受主时钟表选项的操作

〈acceptableMasterTableEnabled〉	操作规范
FALSE	〈acceptableMasterTable〉不用于该端口。协议正常运行。该端口应处理 ACCEPTABLE_MASTER_TABLE_ENABLED 管理 TLV
TRUE	由最佳主时钟算法（见 9.3）确定的 E_{rbest} 所指示的端口应是 AcceptableMasterTable 的一个成员。 如果正在从一个以上的〈acceptableMasterTable〉成员接收合格的 Announce 报文（见 9.3.2.5），则应使用 9.3.4 的数据集比较算法来选择 E_{rbest}，以从该表的成员中选择作为主时钟的端口。 如果端口的表的 AcceptableMaster 成员的 alternatePriority 1 成员是 0，则 alternatePriority 1 成员对 E_{rbest} 的计算不起作用。如果 alternatePriority 1 成员的值大于 0，则为了计算 E_{rbest}，应使用该表的 alternatePriority 1 成员的值取代来自远程端口的 Announce 报文中的 Priority 1 的值

17.6.3 ACCEPTABLE_MASTER_TABLE 管理 TLV 数据字段

ACCEPTABLE_MASTER_TABLE 管理 TLV 数据字段的规定见表 92。

如果 actionField 为 SET 时接收到该 TLV，则 tabelSizeacceptable、MasterTable 的更新应是原子性的。如果这些值中任一个更新失败，则将返回一个 MANAGEMENT_ERROR_STATUS TLV。

表 92 ACCEPTABLE_MASTER_TABLE 管理 TLV 数据字段

比特								八位位组	TLV 数据偏移
7	6	5	4	3	2	1	0		
tableSize								2	0
acceptableMasterTable								L	2
填充								M	2+L

17.6.3.1 tableSize (Integer16)

tableSize 的值应是〈acceptableMasterTable〉. actualTableSize 的值，且不应大于〈acceptableMasterTable〉. maxTableSize 的值。

17.6.3.2 acceptableMasterTable (acceptableMaster[tableSize])

acceptableMasterTable 数组的 acceptableMaster 成员应传送 17.6.2 中〈acceptableMasterTable〉的每个成员的相应协议地址以及 alternatePriority 1 值。

17.6.3.3 填充 (Octet[M])

填充字段是长度为 M 的八位位组数组，其中 M 为 1 或 0。如果 M 为 1，则八位位组中所有比特应为 0，见 15.5.2.2。

17.6.4 ACCEPTABLE_MASTER_MAX_TABLE_SIZE 管理 TLV 数据字段

ACCEPTABLE_MASTER_MAX_TABLE_SIZE 管理 TLV 数据字段的规定见表 93。

表 93　ACCEPTABLE_MASTER_MAX_TABLE_SIZE 管理 TLV 数据字段

比特								八位位组	TLV 数据偏移
7	6	5	4	3	2	1	0		
maxTableSize								2	0

17.6.4.1　**maxTableSize（UInteger 16）**

maxTableSize 的值应是〈acceptableMasterTable〉的〈acceptableMasterTable〉. maxTableSize 的值。

17.6.5　**ACCEPTABLE_MASTER_TABLE_ENABLED 管理 TLV 数据字段**

该管理 TLV 数据字段的规定见表 94。

表 94　ACCEPTABLE_MASTER_TABLE_ENABLED 管理 TLV 数据字段

比特								八位位组	TLV 数据偏移
7	6	5	4	3	2	1	0		
0	0	0	0	0	0	0	EN	1	0
保留								1	1

17.6.5.1　**EN（Boolean）**

EN 的值应是〈acceptableMasterTableEnabled〉的值。

18　兼容性要求

18.1　版本 2 与未来版本的兼容性

当节点接收到 versionNumber 大于 2(见 7.5.5)的 PTP 报文时，节点应丢弃该报文。

18.2　版本 1 与版本 2 之间的兼容性

不要求节点支持版本 1 与版本 2 间的转换。如果支持该转换，则应按 18.3 和 18.4 实现。

依据 PTP 版本 1 实现的 PTP 节点，与依据 PTP 版本 2 实现的节点应通过一个为该目的而设计的边界时钟进行通信。这样的一个边界时钟：

a)　与版本 1 节点的通信是通过实现版本 1 报文发送和协议要求的端口来实现的；

b)　与版本 2 节点的通信是通过实现版本 2 报文发送和协议要求的端口来实现的；

c)　两种协议版本运行差别的内部解决，包括报文格式的转换以及属性值差别的解决，见 18.3、18.4、18.5 中的规定。

透明时钟转换设备不在本标准的范围内。

转换设备应只在 portDS. versionNumber 设为 1 的 PTP 端口上发送版本 1 报文。portDS. versionNumber 设为 2 的 PTP 端口上接收到的版本 1 报文应被忽略。

注 1：在通信路径内使用的版本自动检测不在本标准范围之内。

注 2：版本 1 与版本 2 端口间转发的多播管理报文不在本标准范围之内。

在版本 1 与版本 2 边界时钟或普通时钟节点间的转换的特定要求和限制见 18.3、18.4、18.5。

18.3　报文格式和数据类型

18.3.1　域

转换设备应：

a)　映射版本 1 的子域值_DFLT 到版本 2 的 domainNumber 值 0，反之亦然；

b)　映射版本 1 的子域值_ALT1 到版本 2 的 domainNumber 值 1，反之亦然；

c)　映射版本 1 的子域值_ALT2 到版本 2 的 domainNumber 值 2，反之亦然；

d)　映射版本 1 的子域值_ALT3 到版本 2 的 domainNumber 值 3，反之亦然。

非以上规定的域的映射不在本标准范围内。

18.3.2 版本 1 的 Stratum 与版本 2 的 clockClass

转换设备应将版本 1 的 Stratum 值映射到版本 2 的 clockClass 的值，见表 95。

表 95 版本 1 的 Stratum 到版本 2 的 clockClass

版本 1 的 Stratum	版本 2 的 clockClass
0	6
1	9
2	10
3	248
4	251
255	255

除了表 98 规定的外，转换设备应将版本 2 的 clockClass 的值映射到版本 1 的 Stratum 的值，见表 96。

表 96 版本 2 的 clockClass 到版本 1 的 Stratum

版本 2 的 clockClass	版本 1 的 Stratum
6	0
7	0
9	1
10	2
13～248	3
251	4
255	255

18.3.3 版本 1 的 grandmasterIsPreferred 和版本 2 的 Priority 1

转换设备应将版本 1 的 grandmasterIsPreferred 字段映射到版本 2 的 Priority 1 字段，见表 97。

表 97 版本 1 的 grandmasterIsPreferred 字段到版本 2 的 Priority 1 字段的转换

grandmasterIsPreferred	Priority 1
0	128
1	127

转换设备应将版本 2 的 Priority 1 字段映射到版本 1 的 grandmasterIsPreferred 和 grandmaster-ClockStratum 字段，见表 98。

表 98 版本 2 的 Priority 1 字段到版本 1 的转换

版本 2	版本 1	
Priority 1	grandmasterIsPreferred	grandmasterClockStratum
0～126	1	0
127	1	按表 96
128	0	按表 96
＞128	0	255

18.3.4 版本 1 的 clockIdentifier 和版本 2 的 clockAccuracy 以及 timeSource

版本 1 的 clockIdentifier 同版本 2 的 clockAccuracy 和 timeSource 的映射不保留这些属性的语义。

转换设备应将版本 1 的 clockIdentifier 映射到版本 2 的 clockAccuracy 的值,见表 99。版本 2 的 timeSource 属性值应按表 99 所示设置。

表 99　版本 1 的 clockIdentifier 到版本 2 的 clockAccuracy 的映射

版本 1 的 clockIdentifier	版本 2 的 clockAccuracy	版本 2 的 timeSource
ATOM	22_{16}	ATOMIC_CLOCK
GPS	22_{16}	GPS
NTP	$2F_{16}$	NTP
HAND	30_{16}	HAND_SET
INIT	FD_{16}	OTHER
DFLT	FE_{16}	INTERNAL_OSCILLATOR

转换设备应将版本 2 的 clockAccuracy 映射到版本 1 的 clockIdentifier 值,见表 100。当转换到版本 1 时,版本 2 的 timeSource 值应不予考虑。

表 100　版本 2 的 clockAccuracy 到版本 1 的 clockIdentifier 的映射

版本 2 的 clockAccuracy	版本 1 的 clockIdentifier
$20 \sim 22_{16}$	ATOM
$23 \sim 2F_{16}$	NTP
30_{16}	HAND
$31 \sim FD_{16}$	INIT
FE_{16}	DFLT

18.3.5　版本 1 的 grandmasterIsBoundaryClock 字段与版本 2 的 Priority 2 字段

转换设备应将版本 1 的 grandmasterIsBoundaryClock 字段映射到版本 2 的 Priority 2 字段,见表 101。

表 101　版本 1 的 grandmasterIsBoundaryClock 字段到版本 2 的 Priority 2 字段的转换

grandmasterIsBoundaryClock	Priority 2
FALSE	128
TRUE	127

转换设备应将版本 2 的 Priority 2 字段映射到版本 1 的 grandmasterIsBoundaryClock 字段,见表 102。

表 102　版本 2 的 Priority 2 字段到版本 1 的 grandmasterIsBoundaryClock 字段的转换

V2 Priority 2	V1 grandmasterIsBoundaryClock
0～127	TRUE
128～255	FALSE

18.3.6　版本 1 的 control 和版本 2 的 messageType 字段

转换设备对版本 1 的 control 和版本 2 的 messageType 字段间的映射见表 103。

表 103　版本 1 的 control 和版本 2 的 messageType 字段的映射

报文	报文类	版本 2 的 messageType 的值	版本 1 的 control 的值	版本 1 的 messageType
Sync	事件	0_{16}	00_{16}	01_{16}
Delay_Req	事件	1_{16}	01_{16}	01_{16}
Pdelay_Req	事件	2_{16}	N/A	N/A

表 103(续)

报文	报文类	版本 2 的 messageType 的值	版本 1 的 control 的值	版本 1 的 messageType
Pdelay_Resp	事件	3_{16}	N/A	N/A
保留	—	$4\sim7_{16}$	N/A	N/A
Follow_up	通用	8_{16}	02_{16}	02_{16}
Delay_Resp	通用	9_{16}	03_{16}	02_{16}
Pdelay_Resp_Follow_Up	通用	A_{16}	N/A	N/A
Announce	通用	B_{16}	N/A	N/A
Signaling	通用	C_{16}	N/A	N/A
Management	通用	D_{16}	04_{16}	02_{16}
保留	—	$E\sim F_{16}$	N/A	N/A
保留	—	N/A	$05\sim FF_{16}$	所有其他值

18.3.7 版本 2 的 sourcePortIdentity 和版本 1 的 sourceCommunicationTechnology、sourceUuid、sourcePortId

将版本 1 的 sourceCommunicationTechnology(其值 1 用于所有一致的设备),映射到表 4 中的版本 2 的通信技术“版本 1 设备”,反之亦然。

注:尽管版本 1 表 2 枚举了 sourceCommunicationTechnology 的许多值,但是在版本 1 中仅定义了到以太网(版本 1 附录 D)的传输映射,对应于 sourceCommunicationTechnology 的值 1。

将版本 1 的 sourceUuid 映射到 sourcePortIdentity 字段中 clockIdentity 成员的八位位组 2~7,见 7.5.2.2.3。

版本 2 的 sourcePortIdentity 的 clockIdentity 成员:

——如果依据 7.5.2.2.3:将八位位组 2~7 映射到 clockUuid;将通信协议映射到版本 1 中为相同协议定义的 communicationId;

——如果依据 7.5.2.2.2:版本 1 的 communicationId 应为 0。应将 EUI-64 版本 2 的 clockIdentity 的 6 个最低有效八位位组映射到版本 1 的 clockUuid 字段的 6 个八位位组。

将版本 1 的 sourcePortId 映射到版本 2 的 sourcePortIdentity 字段的 PortNumber 成员,反之亦然。

18.3.8 版本 2 的 grandmasterIdentity 和版本 1 的 grandmasterCommunicationTechnology、grandmasterClockUUID、grandmasterPortId

映射规则与 18.3.7 中的映射规则相同。

18.3.9 版本 2 的 parentPortIdentity 和版本 1 的 parentCommunicationTechnology、parentClockUuid、parentPortId

映射规则与 18.3.7 中的映射规则相同。

18.3.10 公共报文头的 FlagField

版本 1 到版本 2 的公共报文头标志的转换规定见表 104。

表 104 flagField 从版本 1 到版本 2 的转换

版本 2 的 flagField 比特	设为版本 1 属性值
currentUtcOffsetValid	如果 Stratum=1 或 2 且标识符不是 INIT 或 DFLT,为 TRUE;否则,为 FALSE
leap61	PTP_LI_61
leap59	PTP_LI_59
alternateMasterFlag	FALSE

表 104（续）

版本 2 的 flagField 比特	设为版本 1 属性值
twoStepFlag	PTP_ASSIT
timeTraceable	如果 Stratum=1 或 2 且标识符不是 INIT 或 DFLT，为 TRUE。否则，为 FALSE
frequencyTraceable	如果 Stratum=1 或 2 且标识符不是 INIT 或 DFLT，为 TRUE。否则，为 FALSE
ptpTimeScale	如果标识符不是 INIT 或 DFLT，为 TRUE。否则，为 FALSE
unicastFlag	FALSE
所有其他 flagField	设为 FALSE

版本 2 到版本 1 的公共报文头标志的转换规定见表 105。

表 105　flagField 从版本 2 到版本 1 的转换

版本 1 标志	设为版本 2 的 flagField 比特值
忽略该信息	currentUtcOffsetValid
PTP_LI_61	leap61
PTP_LI_59	leap59
如果 ALTERNATE_MASTER 为 TRUE，版本 2 的报文不应被传输到版本 1 区域	alternateMasterFlag
PTP_ASSIST	twoStepFlag
如果 unicastFlag 为 TRUE，版本 2 的报文不应被传输到版本 1 区域	unicastFlag
PTP_SYNC_BURST	FALSE
PARENT_STATS	FALSE
PTP_EXT_SYNC	FALSE
PTP_BOUNDARY_CLOCK	FALSE
忽略该信息	所有其他标志

18.3.11　版本 2 的 logMessageInterval 和版本 1 的 Sync 报文的 syncInterval

在转换到版本 1 时忽略版本 2 的 Announce、Delay_Req、Delay_Resp 报文的 logMessageInterval。

将版本 2 的 Sync 或 Follow_Up 报文的 logMessageInterval 转换为版本 1 的 Sync 报文的 syncInterval。

将版本 1 的 Sync 报文的 syncInterval 转换为版本 2 的 Announce、Sync、Follow_Up 报文的 logMessageInterval。

将版本 1 的 Sync 报文的 syncInterval+5 转换为版本 2 的 Delay_Req 和 Delay_Resp 的 logMessageInterval。

注：通过将版本 1 的 syncInterval 加 5 来获得版本 2 的 Delay_Req 和 Delay_Resp 的 logMessageInterval 是必要的，以满足 7.7.2.4 的要求。

18.3.12　版本 2 的类型 ClockQuality 字段和版本 1 的 Stratum、标识符和方差字段

版本 2 的 grandmasterClockQuality 字段在版本 1 的对应字段映射如下：

——版本 2 的 clockClass 成员到 grandmasterClockStratum 的映射是依据 18.3.2；

——版本 2 的 clockAccuracy 成员到 grandmasterClockIdentifier 的映射是依据 18.3.4；

——版本 2 的 offsetScaledLogVariance 成员在用 8 000_{16} 校正偏移后直接映射到 grandmasterClockVariance，见 7.6.3.3。

18.3.13　版本 2 的类型 Timestamp 字段与版本 1 的 epochNumber 和类型 TimeRepresentation 字段

版本 2 的 nanosecondsField 成员（UInteger 32）映射到版本 1 的 nanoseconds 成员（Integer 32）。

版本 1 的 nanoseconds 成员如果为正，则映射到版本 2 的 nanosecondsField 成员；如果为负，由于版本 2 不允许负的时间戳，则将产生一个错误。

版本 2 的 secondsField 字段(UInteger 48)的最低有效 32 比特直接映射到版本 1 的 seconds 字段，反之亦然。

版本 2 的 secondsField 字段(UInteger 48)的最高有效 16 比特直接映射到版本 1 的 epochNumber，反之亦然。

18.3.14 与版本 1 无对应部分的版本 2 的字段

对表 106 中每个版本 2 的字段，转换设备应采取规定的动作。

表 106 与版本 1 无对应部分的版本 2 的字段

版本 2 的字段	报文	版本 2 到版本 1	版本 1 到版本 2
transportSpecific	公共报文头	忽略该信息	依据适用附录 D～附录 I 设置
messageLength	公共报文头	忽略该信息	依据 13.3.2.4 设置
correctionField	公共报文头	不在本标准范围内	设为 0

18.3.15 与版本 2 无对应部分的版本 1 的字段

对表 107 中每个版本 1 的字段，在转换到版本 2 时，转换设备应采取规定的动作。

表 107 与版本 2 无对应部分的版本 1 的字段

版本 1 的字段	报文	动作
versionNetwork	公共报文头	忽略该信息
messageType		
utcReasonable	Sync 和 Delay_Req	忽略该信息
localClockVariance		
localClockStratum		
localClockIdentifier		
associatedSequenceId	Follow_Up	映射到版本 2 中的公共报文头的 sequenceId
requestingSourceSequenceId	Delay_Resp	映射到版本 2 中的公共报文头的 sequenceId
managementMessageKey	Management	每个管理报文的格式和语义在版本 1 和版本 2 间映射
parameterLength		
messageParameters		

18.4 命名变化

表 108 给出了语义保持不变的情况下同样的参量在版本 1 和版本 2 中名称的对应。

注：语义已发生变化的参量包含在前面的章节中。

表 108 名称对应

版本 1 名称	版本 2 名称
estimatedMasterVariance	portDS.observedParentOffsetScaledLogVariance
estimatedMasterDrift	portDS.observedParentClockPhaseChangeRate

18.5 对混合版本 1 和版本 2 系统的限制

第 18 章的转换规范允许符合本条规定限制的版本 1 和版本 2 的混合系统，版本 1 和版本 2 的混合系统应按图 36 所示进行配置，并遵从表 109 的任意一行的限制。版本 1 的 Stratum 3 时钟不应用于版本 1 和版本 2 的混合系统的实现中。

也可能有其他的系统配置和限制，但不在本标准范围内。

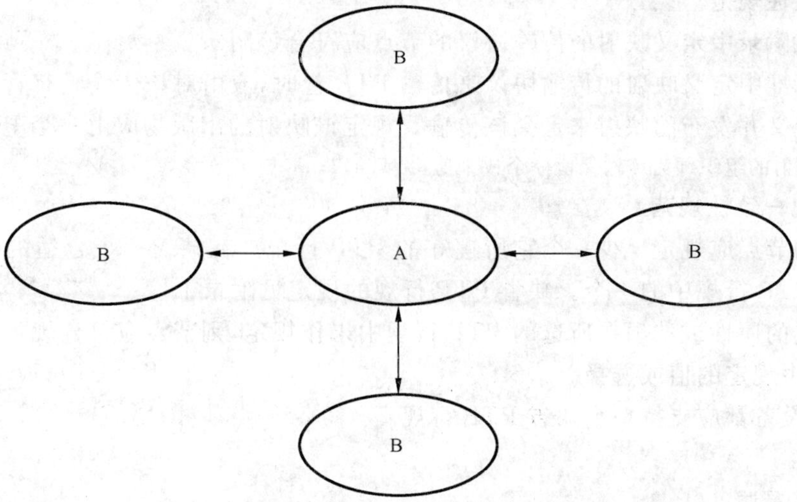

图 36 允许的混合系统配置

图 36 示出区域 A 实现了一个 PTP 版本，且与一个或多个实现了第二个 PTP 版本的区域相连接。

表 109 混合系统限制

区域 A 特征	区域 B 特征	限制
版本 2 的时钟	版本 1 的时钟	系统中无 clockClass 6 或 7 的时钟，或 Stratum 1 或 Stratum 2 的时钟
版本 2 的时钟	版本 1 的时钟	区域 A 至少包含一个 clockClass 6 或 7 的时钟，并且时钟 Priority 1 ＜128
版本 2 的时钟	版本 1 的时钟	任意 Stratum 1 或 2 的时钟包含在一个单一 B 区域
版本 1 的时钟	版本 2 的时钟	所有区域 B 的时钟的 Priority 1＞128
版本 1 的时钟	版本 2 的时钟	所有区域 B 的时钟的 Priority 1＞127 且有一个区域 A 的时钟的 grandmasterIsPreferred＝TRUE
版本 1 的时钟	版本 2 的时钟	任意 clockClass 6 或 7 的时钟以及 Priority 1＜128 的任意时钟均包含在一个单一 B 区域中

19 一致性

19.1 一致性目标

本章中一致性要求的基本原则是：

——提高依据本标准建立的系统的互操作水平；

——用可能最广泛的应用范围来鼓励 PTP 组件制造商；

——为持续的技术改进和演变提供机会。

19.2 PTP 一致性要求

19.2.1 通用一致性规范

一致性要求是针对节点规定的。

节点应符合本标准的所有条款，除了：

——明确标有“可选的”；

——对只发布频率且不要求测量路径延时的应用，一个备选 PTP 行规可规定不实现或激活 11.3 和 11.4 的路径延时机制。

对每个实现的选项，节点应符合规定该选项的条款。

19.2.2 传输一致性规范

使用在本标准附录中定义映射的传输协议的节点应符合该附录。

使用没在本标准中定义映射的传输协议来传输 PTP 包时，应由对该传输具有管理权限的标准化组织或其指定机构定义并发布的映射来定义该传输。规定该映射的出版物应由一个 PTP 行规引用。

注：定义传输映射的组织须为传输保留一个枚举值，见 7.4.1。

19.2.3 PTP 行规一致性规范

声称兼容性的节点应规定至少一个它所遵守的 PTP 行规。在缺乏一个合适的备选 PTP 行规时，应使用两个缺省 PTP 行规中的一个。缺省 PTP 行规的规定见附录 J。

如果一个特定的属性或选项在所选的 PTP 行规中未作规定，则节点应符合规定相同路径延时机制的缺省 PTP 行规中规定的值或选择。

所有的 PTP 设备都应支持一个缺省 PTP 行规。

19.3 PTP 行规

19.3.1 PTP 行规概述

19.3.1.1 概述

PTP 行规的目的是允许组织对 PTP 的属性值和可选特征规定特定的选择。当使用相同的传输协议时，这些特定的选择交互工作并获得满足特定应用要求的性能。

一个 PTP 行规是一组要求选项、禁止选项以及可配置属性的范围和缺省。行规规范应与 19.2.1 和 19.2.2 中的规范一致。

19.3.1.2 PTP 行规推荐

一个 PTP 行规应定义：

——要实现的最佳主时钟算法选项(见 9.3.1)；

——要实现的配置管理选项(见 15.1.1)；

——要实现的路径延时机制，延时请求-响应(见 11.3)或对等延时(见 11.4)；

——PTP 所有可配置的属性和数据集成员的范围及缺省值；

——要求的、允许的或禁止的传输机制；

——要求的、允许的或禁止的节点类型；

——要求的、允许的或禁止的选项。

一个 PTP 行规只能通过以下方式扩展本标准：

a) 使用 14.3 的 TLV 机制；

b) 可选最佳主时钟算法规范，见 9.3.1；

c) 可选管理机制规范，见 15.1.1；

d) 19.2.2 的规定；

e) 7.3.1 的规定。

19.3.2 特定的 PTP 行规

可以开发 PTP 行规的外部组织包括：

a) 在行业中拥有管理权限的公认的标准化组织，例如：IEC、IEEE、IETF、ANSI 或 ITU；

b) 行业贸易协会或其他类似的在行业中拥有行业标准权威的公认的组织；

c) 其他合适的组织。

PTP 行规开发组织应咨询 IM/ST 委员会精确网络化时钟同步工作组进行技术审查。

19.3.3 PTP 行规规范

PTP 行规应由行规文档起始处印刷的以下文本标识，如图 37 所示。

在图 37 中指示的各条定义如下：

——profileName:该字段应是行规制定组织指定的行规文本标题,见 J.3.1 的示例。

——profileVersion:该字段应是行规制定组织指定的行规版本,版本号有两个字段组成:一个 primaryVersion (UInteger 16)和一个 revisionNumber (UInteger 8)。ProfileVersion 应印刷为“版本 primary.Version.revisionNumber”。

——profileIdentifier:该字段应为一个 EUI-48。EUI-48 的 OUI 部分由行规制定组织拥有。该组织应保证对组织规定的每个行规和版本 profileIdentifier 是唯一的。EUI-48 剩余的八位位组应依次为 primaryVersion 和 revisionNumber。见 J.3.1 的示例。

——organizationName:该字段应是制定行规以及拥有行规标识符 OUI 的组织的文本名称。

——sourceIdentification:该字段应是一个 URL、e-mail 或常规邮件地址,可向其发送关于行规的查询或复制请求。

PTP 行规:

profileName

profileVersion

profileIdentifier

本行规由 organizationName 规定

可从 sourceIdentification 获得副本

图 37 行规印刷形式

附 录 A
（资料性附录）
使用 PTP

A.1 概述

在分布式系统中，PTP 为精确时钟同步提供了简单的算法。当设计这样的系统时，需要解决下列问题：

物理设计问题：

——时钟是如何物理分布的？

——应用什么网络技术？

逻辑问题：

——系统是单一时钟组，还是时钟被分为几个逻辑组，每个组有自己的时间观念。

组件问题：

——时钟需同步到怎样的精度？

——什么是系统的时钟源？它应溯源到 UTC 吗？

本地实现问题：

——如何满足时序要求？

——共享通信网络其他应用如何影响 PTP？

——精度要求如何影响实现？

——本地振荡器的设计问题是什么？

系统实现问题：

——系统如何划分？

——使用哪些选项？

——使用哪些行规？

性能问题：

——网络延时和波动如何影响时间精度？

——时钟振荡器的稳定性如何影响时间精度？

一致性测试问题：

——有助于一致性和性能测试的特征；

——有助于校准设备时间的特征。

A.2～A.9 分别阐述每个主题。

A.2 物理设计

时钟通过网络彼此通信。典型地，网络技术的选择是基于主要应用。PTP 工作在任何基于数据包的系统中。尽管有可能设计单播 PTP 组件和系统，但仍将 PTP 设计成工作在多播的环境。以太网是实现 PTP 的理想网络，该附录的其余部分将以太网为例。

任何网络都要受到距离、允许节点个数和流量的限制。如果要同步的时钟分布超出网络技术的范围，则可以将系统设计为分隔的"时间岛"，同步这些时间岛超出 PTP 范围。

例如，如果系统由相距几英里的两个紧凑的区域组成，在每个区域内可使用 PTP，则区域间的同步由另一种技术如 GPS 提供。

在一个区域内，距离、流量和节点个数问题通常通过特定网络组件解决。对于以太网，局部化的节点一般通过网桥通信。对于更大、更复杂的系统,用路由器将系统分为几个仅使用网桥的区域。通常,用这些设备分隔出的每个层次,会给报文在节点间的传输时间引入额外的统计延时和延时波动。

PTP 被设计为使延时和延时波动的影响最小。为达到最好 PTP 性能,在具有最严格的时钟同步要求的时钟之间,网络拓扑应将分隔设备的数量限制为最小。

边界时钟能改进由路由器进行分隔的网络性能,或代替普通网桥。透明时钟也能代替普通网桥,尤其在许多设备连接成线性拓扑的环境中。

没有实现 PTP 的网桥可能引入明显的时间抖动和路径不对称。尽管在实现 PTP 的系统中可能包含这样的网桥,但不应使用这些网桥,除非应用可以容忍由它们的时间抖动和路径不对称引入的时间误差,或者通过适当的滤波算法将时间误差减小。

A.3 逻辑设计

大多数应用包含要实现同步的一组时钟。在这种情况下,所有时钟可以放置在单个域中。如果使用在本标准中规定的缺省值和适用的 PTP 行规,通常不必要组态这些时钟。

如果应用需要几组时钟,每组时钟保持一个不同的自相容时基,那么可以应用下列两种方案的一种:

——如果应用的其余部分被分在同一个组,也可能用分离的非通信网络;在那种情况下,每组能使用缺省的域。网络路由器通常就是用于这个目的。

——如果各个组必须共享同一个网络,那么每个组可能被分配到不同的域中。按期望逻辑地划分时钟。在每个时钟上的处理负荷可能受影响,也可能不受影响,这取决于到网络底层物理地址的映射。

除了将 PTP 节点分配到一个域中,在缺省的情况下,PTP 定义一个自由管理系统。在一个域内,只要组件使用推荐的多播通信模型,PTP 节点可被增加或被移除,而不必修改地址列表。增加或移除 PTP 节点可能使一个不同的时钟成为系统的最高级时钟。当系统自动重新校准新延时模式到新的最高级时钟,这可能在时基中引起一个瞬变。

本标准为用户提供了几个组态选项,这些用户要求对主时钟的选择或者决定系统性能的不同时序和其他属性实施更多控制。例如,使用 Priority 1 的属性,允许系统设计者为最高级时钟的选择,按优先级顺序指定最多 254 个设备。

A.4 组件问题

选择 PTP 系统组件的基本问题是要求的同步精度。

——应选择支持给定精度要求的协议特性的时钟;

——网络组件和物理设计决策也影响前面章节所述精度。

合理设计的以太网 PTP 系统能容易的实现亚微秒级精度。

第二个问题是建立 PTP 系统历元的技术。在每个域中,历元由根据最佳主时钟算法选择的最高级时钟定义。

如果 TAI 或者 UTC 可溯源的时间是必须的,那么最高级时钟必须维护一个 PTP 时基。

在一个域中,如果最高级时钟的 clockClass 的最小值是 6,7,52 或 187,则时基是 PTP。从 PTP 时标,可使用 PTP 分发的 currentUtcOffset 值计算 UTC。断电后这样系统可维护也可不维护该历元;见 7.6.2.4。

在一个域中,如果最高级时钟的 clockClass 的最小值是 13,14,58,193,216 或者更大,则时基是 ARB 或者是由用户建立的一个时基;见 7.6.2.4。这样的系统断电后可维护也可不维护历元。

主时钟失效可能是由于它的时间或频率不正确。该问题的检测和恢复不在本标准范围内。某些信息,如在 parentDS 数据集中维护的父时钟统计数据,可用来帮助检测一个"false-ticking"(伪标)主时钟。建议实现者考虑来自尽可能多的时钟信息,并根据时钟固有稳定性来衡量来自每个时钟的信息。

DISABLE_PORT 管理报文可用来帮助从"false-ticking"主时钟的恢复。注意停用或降级一个主时钟有副作用(尤其当它是一个边界时钟),因此决定是否那样做还要考虑除了它的计时质量以外的因素。这个决定超出本标准的范围。

A.5 本地实现问题

A.5.1 概述

本条为 PTP 普通时钟、边界时钟和透明时钟的实现提供了一些指南。尽管实现不在本标准的范围内,但实现必须考虑在通过 PTP(或其他协议)进行同步的时钟顶部建立的服务,不得降低时钟精度。

A.5.2 时序问题

实现必须满足报文处理和时序要求,也必须满足操作基于 PTP 报文信息同步本地时钟的伺服系统所必需的任何时序要求。

实现必须确保有足够的计算和内存资源可用以满足这些要求。实现也必须确保执行 PTP 所需的资源比其他共享这些资源的应用具有足够高的优先级,以满足 PTP 和伺服系统的时序要求。在一个实现中,PTP 任务应该被分配最高的优先级,与分配给协议栈和其他操作系统资源的优先级类似。

在每个 syncInterval 中,PTP 实现通常需要一个短时的资源占有。系统 syncInterval 的选择必须与所有系统组件中的可用资源一致。

其他应用对网络资源的使用会影响 PTP 精度,见 A.5.3。

A.5.3 精度问题

A.5.3.1 概述

PTP 系统可达到的精度受以下因素限制:

——时钟协议栈的延时波动;

——延时的不对称;

——网络组件的延时波动;

——时间戳的精度;

——稳定性问题。

A.5.3.2 协议栈延时波动

最简单的 PTP 实现像普通应用一样运行在网络协议栈的顶部。时间戳在应用级生成。协议栈的延时波动导致这些时间戳的偏差。典型地,取决于操作系统,这些偏差处于几百微秒到毫秒(μs 到 ms)的范围。

实现可在中断级而不在应用级生成时间戳。这种情况下典型地,延时波动可被降低到几十微秒(μs),这取决于其他应用对其他中断的使用以及网络的通信模式。

使用硬件辅助技术可最大程度降低由协议栈延时波动引起的偏差。这些硬件辅助技术在协议栈的物理层生成时间戳。典型地,在该点上的延时波动可在纳秒(ns)范围内。例如,在以太网系统中,这些偏差是由 PHY 芯片的锁相特性引入的,该 PHY 芯片从输入数据流中修复时钟和数据的同步。该延时波动的影响可通过时钟伺服算法的合理设计来减低。

A.5.3.3 网络组件延时波动

网络组件会在报文的传播时间中引入波动。这直接影响 currentDS. offsetFromMaster 和 currentDS. meanPathDelay 值的精度。

网桥和路由器会受到存储-转发延时波动的影响。典型的以太网网桥具有通过高速背板或交换结构进行通信的输入和输出缓冲器。每个端口典型地直接连接到一个终端设备或其他以太网网桥。产生延时波动的最主要因素是输出缓冲和输出排队。如果输出子网总是可用的,这个延时波动典型地在纳秒范围内,并且可通过平均技术将其减小。到一个包含时钟的节点的密集通信可增大由于其输出缓冲而导致的延时波动。该增大的延时波动更不易被降低。正确的 PTP 系统设计必须考虑该影响并采取措施来降低影响。

大多数网桥和路由器支持通信优先级划分。高优先级通信受到的传输时间波动较小。只要有可能,PTP 事件报文与其他数据相比,应按高优先级发送。为每种传输协议推荐的特定优先级,见附录 D～附录I。

A.5.4 时间戳精度

PTP 要求的生成时间戳的时钟分辨率必须与期望精度一致。注意该分辨率与 PTP 方差相关,见7.6.3。

A.5.5 稳定性问题

如上所述,引入到 currentDS. offsetFromMaster 和 currentDS. meanPathDelay 成员计算的延时波动,可通过对本地时钟任何同步伺服算法的适当设计而减小。必须在平均次数(采样数)和对延时波动以外影响(如振荡器的稳定性)的响应速度之间进行权衡。

本地时钟的基本时间稳定性必须与要求的 syncInterval 和精度规范一致。在比平均值算法间隔小的时间间隔中,用来减小延时波动的算法不校正本地时钟的漂移。伺服算法不能校正 syncInterval 内发生的随机漂移。

在高精度情况下,要满足驱动本地时钟的本地振荡器的稳定性规范十分困难。在成本与稳定性之间进行权衡。典型地,本地晶振器是石英晶体。石英晶体的频率典型地由于热量、机械和老化影响而漂移。这些影响中,热量影响是大多数应用中最难解决的。

例如,一个典型无补偿的晶体的热规格是每摄氏度 1 PPM。2 s 的 syncInterval 内温升 1 ℃会产生大约 2 μs 的偏差。因此,几十纳秒范围内的精度意味着,通过更好的晶体热规格、减小的 syncInterval,和更好的热管理的一些组合来降低两个数量级的热漂移。

随着计算和网络带宽要求的相应增加,PTP 允许根据所选的 PTP 行规将 syncInterval 降低到小数秒。

1 PPM/摄氏度以下的晶体热规格越来越难以达到。温度环境的控制必须认真管理,尤其在高精度实现中。典型地,很长的平均时间需要耐高温晶体或使用更稳定的振荡器。PTP 系统的短时热漂移和典型平均时间,经常通过周围设备的散热、节点内的冷却方式、增加振荡器的热质量和类似技术来管理。见 Sullivan,Allan etal[B24]对时钟特性的详细讨论。

A.6 系统实现问题

PTP 系统是在一起运行的以满足应用需求的 PTP 组件集合。可互操作 PTP 系统的协议按本标准规定运行,节点的选择和配置使得协议成功地构建一个主—从时钟层次结构,且在一个端口处于 SLAVE 状态的节点能够与一个端口处于 MASTER 状态的节点同步。一个最佳的 PTP 系统是可互操作的、可管理的,且可满足应用同步要求的系统。确保由一致的 PTP 节点组成的系统是最佳系统,这对于系统集成者而言是一个问题。以下推荐有益于构建可互操作的系统。

——在整个域中使用单一的传输,或将域划分成数个区域,每个区域使用单一传输,区域间使用边界时钟连接。

——在整个系统中使用单一的管理方法。无论是本标准的管理报文机制还是 PTP 行规中的可选管理机制都是可接受的。

——在整个域中使用相同的最佳主时钟算法选择。即使使用边界时钟连接,不保证其几个区域使用不同最佳时钟算法选择的域具有可互操作性。可使用本标准定义的最佳时钟算法,或 PTP 行规中规定的可选算法。

——在整个域中使用相同的状态配置选项的选择(第 17 章)。如果使用了状态配置选项,系统集成者有责任确保所选的配置产生一个可互操作的系统。即使使用边界时钟连接,不保证其几个区域使用不同配置选项选择的域具有可互操作性。

——在整个域中使用单一的路径延时机制(见 11.3 和 11.4),或将域划分成几个区域,每个区域使用单一的路径延时机制。区域间使用一个或多个边界时钟连接。

——在整个域中使用可互操作的属性和可组态数据集的值集,或者将域划分成几个区域,每个区域使用单一的可互操作集。区域间使用一个或多个边界时钟连接。

——对系统中所有节点的每个属性和可组态数据集成员,使用相同的缺省值。

——对系统中所有节点的每个属性,使用相同的要求最大范围值和要求最小范围值。

——为了使选项按设计运行并避免可互操作性问题,一些选项必须在系统中的每个节点都存在并激活,例如实验性安全选项。其他选项在实现它们的节点子集上是有效的,即使系统中的其他节点不支持这些选项。而且,这样节点的存在不影响没有实现这些选项的节点,例如单播选项。

——在整个域中只使用实现相同 PTP 行规的节点,或者将域划分为几个区域,每个区域使用同样的 PTP 行规。区域间使用边界时钟连接,该边界时钟具有解决 PTP 行规差异的能力。不保证两个 PTP 行规规范可用于设计能解决差异的边界时钟。例如,不可能确保使用本标准的最佳主时钟算法实现自配置的区域,能够与使用主—从层次结构配置的区域实现互操作。

——在整个域中只使用实现 PTP 相同版本的节点,或者将域划分成几个区域,每个区域使用同样的版本(版本 1、版本 2 或者将来的版本)。区域间使用一个边界时钟连接。

A.7 性能

为实现最佳时钟同步性能,应满足下列条件:

a) 主时钟和从时钟之间网络延时应对称。

b) 时钟的时间戳机制或协议路径可能存在不对称延时。如果这些不对称不可忽视,则它们应得到正确的解决,见 11.6。

c) 主时钟和从时钟之间的网络延时,在 Delay_Req 报文间时间间隔内应为常量。

d) 由于网络组件和时钟协议栈引起的延时波动应通过以下两个技术来减小:

  1) 对于一个给定时钟的实现,PTP 中所用的时间戳应尽量靠近物理层产生。只有报文确实被发送后才能产生最精确时间戳的情况下,实际值在主时钟发出的 Follow_Up 报文或者在点到点透明时钟发出的 Pdelay_Resp_Follow_Up 报文中传输。

注:对于帮助生成这些时间戳的机制,参见 Eidson,etal.[B4],IETF RFC1589[B8]和 IETF RFC2783[B13]。

  2) 由协议栈和网络组件引入的、且不能通过边界时钟或透明时钟隔离的残余延时波动,可以通过求平均值来减小。平均值算法超出本标准的范围。

e) 实现协议的时钟的计算能力必须足够大,并且时钟数量必须足够小,才能满足时间限制。例如,边界时钟和普通时钟的实现者,需考虑处理与节点通信的从时钟发出的 Delay_Req 报文所需的资源。由于资源限制而不能处理这些报文可能导致错过路径延时测量而使同步性能降低。当选择节点和设计系统时,用户需意识到这些限制。

f) 时钟振荡器必须有足够的固有稳定性和精度,见 A.5.4 和 A.5.5。

A.8 有助于一致性测试的推荐

为帮助:

——测试 PTP 系统的性能;

——校准 PTP 设备;

——校验一致性。

所有 PTP 普通时钟和边界时钟应每秒钟提供一个脉冲(PPS)信号,并且脉冲的上升沿与时钟秒计时部分的每次增加相一致。如果实现了但不一致，则设备规范应包括1 PPS信号与秒增加事件时间的时间偏移。该信号可以是一个可访问的内部测试点，而不必作为嵌入时钟的设备（如传感器）的可见外部输出。

A.9 在单播网络或具有非PTP网桥和路由器网络中的实现推荐

A.9.1 概述

在具有不支持PTP标准的网桥和路由器的网络中，引入PTP主时钟和从时钟。此外，许多网络不支持多播传输。

单播通信模式能用来解决这些问题的一些。只要保留协议行为，7.3.1允许使用单播模型。

本条描述当使用单播通信模型时在备选PTP行规中必须规定的问题，以便完成的实现能够在满足宽范围时间要求的网络中工作。一些广域网的要求，如安全性和恢复性，超出本探讨的范围。

A.9.2 单播模型中的边界时钟和透明时钟

在多播模型中，普通时钟和边界时钟自动创建一个同步层次结构而不必事先知道网络拓扑。除管理报文外，保证边界时钟终止所有PTP报文。而且，如果只存在PTP网桥、路由器、透明时钟和普通时钟，保证对等延时机制所使用的报文在相邻点到点时钟终止，从而确保机制正常运行。然而，在单播模型中，上述条件不适用。

为了保留协议行为，当使用单播模型时，必须实现下列功能：

——正确创建同步层次结构；

——正确交换同步所用的时间报文和相关联通用报文；

——正确运行测量路径延时的对等延时或延时请求-响应机制；

——配置时钟的管理机制。

实现这些功能的一个方法是，对所有普通时钟、边界时钟和点到点透明时钟进行预先配置，使得从每个端口可看见相邻时钟的单播协议地址。上述的一个例外是，如果使用16.1的单播选项，对于使用延时请求-响应机制的只能作为从时钟的时钟，其地址不必在其他时钟上预先配置。如果使用对等延时机制，配置必须确保从每个端口只能看见一个一点到点时钟，见11.4.4。

即使端口之间有网桥、路由器或透明时钟，时钟端口也可能是相邻的。如果端口之间是一个边界时钟，那么时钟端口不是相邻的。当网络重配置时，相邻关系可能改变；在这种情况下，两个端口可通过单播穿过边界时钟进行通信。如果一种可学习拓扑改变的机制可用，时钟能停止非相邻节点之间的所有单播通信，以生成优化的同步层次结构并较好地利用网络资源。如果这样的学习机制不可用，取决于网络拓扑，可使用端到端透明时钟来代替边界时钟或点到点透明时钟。在所有情况下，为实现协议的正确运行，实现必须提供一种可打破转发环路的机制。

A.9.3 单播选项

第17章的配置选项可用来为每个端口配置所需的单播协议地址。

16.1的单播选项可用来为Announce、Sync、Delay_Resp、Pdelay_Resp报文和任何相关通用报文建立单播通信。

可选地，可通过管理程序创建两个节点间的单播合约。这些合约包括单播地址信息和Sync、Announce和Delay_Req报文各自规定的数据包速率。

16.2的路径追踪选项可用于定义一种打破转发环路的机制。

因为15.2的管理机制依赖多播模型的使用和边界时钟的转发，用来配置时钟的可选管理机制必须按15.1.1允许的进行规范。

A.9.4 单播一致性

A.9.4.1 概述

19.2.3规定要声明一致性，一个节点除必须符合PTP标准外，还必须符合一个PTP行规。该行规必须说明与附录J中缺省PTP行规规范的任何差异。A.9.4.2包括了一些规范的示例,这些规范是实现单播模型以满足A.9.1和A.9.2所讨论的要求所必需的。没有讨论的可能是可选的最佳主时钟算法和可选的基于单播的管理机制。

A.9.4.2 PTP选项和属性值

须支持16.1和17.5中定义的单播选项,且缺省是可运行的。允许15.5.4.1.7和第17章的所有其他选项,但缺省地须是非激活的。

如7.3.1允许的,缺省使用单播通信模型式。如果也实现了多播通信型,缺省地必须是非激活的。多播通信是一个推荐选项,为了在这些网络中扩展将来的多播支持,并且允许与支持PTP缺省行规的设备实现互操作。

单播报文的时序由单播协商REQUEST_UNICAST_TRANSMISSION TLV中的logInterMessagePeriod字段的值决定。

REQUEST_UNICAST_TRANSMISSION TLV的logInterMessagePeriod字段的推荐值如下:

——请求单播Announce报文:logInterMessagePeriod的缺省初始化值是1(每2次1 s),可组态范围是−3(每8次1 s)～3(每8次1 s);

——请求单播Sync报文:logInterMessagePeriod的缺省初始化值是−4(每16次1 s),可组态范围是−7(每128次1 s)～1(每2次1 s);

——请求单播Delay_Resp报文:logInterMessagePeriod的缺省初始化值是−4(每16次1 s),可组态范围是−7(每128次1 s)～6(每64次1 s)。

每个REQUEST_UNICAST_TRANSMISSION TLV的durationField值的缺省初始化值为300(300 s),可组态范围是10～1 000。

这些缺省值和组态范围值的维护和配置是实现特定。

在实现GRANT_UNICAST_TRANSMISSION TLV的机制中,只要请求在可组态范围内,准入值应与接收到的REQUEST_UNICAST_TRANSMISSION TLV中所请求的值相同。

注:由于传输可能是不可靠的,请求端口在一个实现特定的超时以后,如果没有接收到准入TLV,应重复该请求。对于接收连续服务,请求方应在准入周期结束之前重新发出该请求。如果没有接收到准入值,推荐的提前量应包含足够的空余时间来至少重发请求两次以上。

defaultDS.announceReceiptTimeout、defaultDS.Priority 1、defaultDS.Priority 2、defaultDS.slaveOnly和τ的值与J.3中的规定一致。

物理要求与J.3中的规定一致。

附 录 B
（资料性附录）
PTP 中的时间戳和历元

B.1 总则

本附录中许多主题的详细讨论见 Allan 等[B1]、Allan 等[B2]、IETF RFC 1305(1992)[B7]、ISO 8601:2004[B17]、http://tycho.usno.navy.mil/time.html[B18]和 Sullivan 等[B24]。

在一个域内部，时间特性由该域的最高级时钟决定。

最高级时钟决定：

a) 时间增长速率。最高级时钟频率精度由任意两个事件之间决定的时间间隔的精度进行测量的，正如最高级时钟测量的，对应于使用符合国际定义时刻的时钟测量的同一时间间隔。国际定义时刻(SI)是定义 TAI 时标的时间测量，该 TAI 时标由巴黎附近的国际度量衡办公署维护。

b) 时标的原点或历元

PTP 最高级时钟可用的可能时标和历元如下：

——PTP 时标：由 timePropertiesDS.ptpTimescale 值为 TRUE 指示。该历元是 PTP 历元。

——ARB 时标：由 timePropertiesDS.ptpTimescale 值为 FALSE 指示。该历元是实现特定的。

B.2 UTC、TAI 和 PTP 历元

TAI 和 UTC 是基于如同在旋转水平面上实现的 SI 时刻的时间国际标准。UTC 由一组原子时钟实现，并形成公共使用的其他时标的守时基础。

UTC 是大多数工程和商业关心的时标。UTC 表示法由 ISO 8601:2004[B17]规定为：用 YYYY-MM-DD 表示日期，用 hh:mm:ss 表示每天的时间。UTC 时间增长速率与 TAI 速率是相同。UTC 与 TAI 的时差是个恒定偏移。该偏移通过加上或减去闰秒来校正。TAI 连续地增长，而由于的闰秒的引入 UTC 则为不连续地增长。

从 UTC 时间 1972 年 1 月 1 日 0 时开始(校正的儒略日(MJD)41317.0)[6)]，世界的标准时间系统启用闰秒实现，以允许仅用整数秒校正 UTC 时刻和 TAI，它们两个都用 d、h、min 和 s 来表示。这天的 TAI 减 UTC 为 10 s。在 1972 年 1 月 1 日以前，UTC 和 TAI 之间偏移的校正以秒的小数部分实现。

应用在 UTC 而不是 TAI 中的闰秒校正法，推荐在六月或十二月的最后一天的 23:59:59 这一时刻后进行。第一个这样的校正，单个正闰秒校正是在 UTC 时间 1972 年 6 月 30 日 23:59:59 后进行的，且在该时刻后 UTC 落后 TAI11s。

注：在 UTC 时间 2006 年 1 月 1 日 0 时，TAI-UTC=+33 s。

在计算机系统中，通用基于 POSIX 时间转换算法典型地用于生成 TAI 和 UTC 正确的 ISO 8601:2004[B17]印刷表示法。UTC 落后 TAI 固定闰秒数。

设置 PTP 历元，以使 POSIX 算法到 PTP 时标时间戳的直接应用，将 PTP 时间戳转换为 ISO 8601:2004[B17]中的 TAI 表示法。PTP 也分发 Announce 报文 currentUtcOffset 字段中的闰秒

6) 儒略日(JD)是后面跟有格林威治平正午经过天数的小数部分的儒略日数字(JDN)。JDN 是包含原点的一天，JD=0 为公元前 4713 年 1 月 1 日格林威治平正午。修正儒略日(MJD)是小于 2400000.5 的儒略日，其原点转移到 1858 年 11 月 17 日午夜。例如，1900 年 1 月 1 日 0 时，JD=2415020.5 且 MJD=15020。

〈currentLeapSeconds〉的当前数量。在应用 POSIX 算法之前，用 PTP 时间戳减去〈currentLeapSeconds〉可得 ISO 8601:2004 中的 UTC 表示。相反地，应用 POSIX 逆算法并加上〈currentLeapSeconds〉，可将 ISO 8601:2004 中 UTC 格式转换到生成 PTP 时间戳要求的格式。

例如，应用于 PTP 时间戳值为 8 s 的 POSIX 算法得到 00:00:08 1970:01:01(TAI 时间 1970 年 1 月 1 日午夜以后 8 s)。此时，currentUtcOffset 的值大约是 8 s。PTP 时间戳值 8 减去 8 s 得到 0。应用于值为 0 的 POSIX 算法生成 00:00:00 1970:01:01(UTC 时间 1970 年 1 月 1 日第一秒的开始)，其为 UTC 的期望值。见 7.2.2，PTP 历元比该时间提前约 8 s。因此，POSIX 算法到 PTP 时标时间戳的直接应用得到该时间的 TAI 印制格式。

B.3 标准时间源

有两个标准时间源在 PTP 系统的实现中特别关注，在该 PTP 系统中 UTC 可溯源时间为应用要求的。

第一个时间源是实现 NTP 协议的系统集，广泛用于同步校园内和世界范围内的计算机系统。维护与 NTP 客户端同步的 NTP 服务器集。这些服务器本身与可溯源到国际标准的时钟服务器同步。来自 NTP 系统的 UTC 时钟精度通常在毫秒级。NTP 提供当前时间、当前闰秒数(仅在 NTP 第 4 版中支持)，以及标记引入闰秒校正的警告标志，该闰秒放在 UTC 当天最后。NTP 历元生成一个闰秒校正时，NTP 校正 NTP 秒数(换句话说，NTP 时钟在闰秒时刻期间有效地停止，并且一旦插入，闰秒占用的时间间隔被有效地“遗忘”)。NTP 历元是 1900 年 1 月 1 日 0 时。将 1972 年 1 月 1 日 0 时的 NTP 设置为 2272060800.0，以达到与 UTC 一致。通常，NTP 将秒表示为 32 位无符号整型。因此 NTP 每 2^{32} s ≈ 136 年翻转一次，第一个这样的翻转大约发生在 2036 年。

第二个关注的系统是美国国防部维护的全球卫星定位系统(GPS)。GPS 系统的 UTC 时间精度通常在 10 ns～100 ns 的范围内。GPS 系统传输表示时间为{GPS Weeks，GPS SecondsInLastWeek}，即从 GPS 历元开始的周数和从当前周开始的秒数。可计算出 GPS 秒，即从 GPS 历元开始的秒数。GPS 提供当前时间，闰秒的当前数量，和标记引入闰秒校正的警告标志。通过 GPS 时间，UTC 和 TAI 时间可用 GPS 传输中的信息进行计算。GPS 历元开始于 1980 年 1 月 6 日 0 时(MJD 44 244)。GPS 周以卫星传播模 1 024 周＝19.7 年来表示。第一个这样的翻转发生在 1999 年 8 月 15 日和 8 月 22 日周之间。相信一些但不是全部的商业系统已正确处理该翻转。

可以方便地使用这些系统的任意一个来给 clockClass 为 6 的时钟提供时间。在每个系统中对于关键时刻，讨论的时标和时间示例之间的关系见表 B.1。表 B.1 中，PTP 秒涉及 PTP 时标分发时间秒的部分，并且注意参考的是 TAI 时间 1970 年 1 月 1 日。

表 B.1 时标间的关系

始　于	到	公　式
NTP 秒	PTP 秒	PTP 秒＝NTP 秒－2 208 988 800＋currentUtcOffset
PTP 秒	NTP 秒	NTP 秒＝PTP 秒＋2 208 988 800－currentUtcOffset
GPS 秒＝(GPS 周×7×86 400)＋ GPSSecondsInLastWeek (GPS 周数必须包含 1 024×翻转次数)	PTP 秒	PTP 秒＝GPS 秒＋315 964 819
PTP 秒	GPS 秒	GPS 秒＝ PTP 秒－315 964 819

附 录 C
（资料性附录）
驻留时间和不对称校正实例

C.1 概述

本附录提供了几个实例来阐明时间报文的交换和透明时钟内驻留时间、路径延时及不对称的校正应用。

本附录给出时钟间的事件报文传输时间和透明时钟内的驻留时间，且不假定它们在两方向上是相同的。

在每个案例中，图中仅包括时间报文的关键字段。图中左边的时钟总是假设为主时钟，或在测量链路延时的情况下，为点到点响应方。

代表每个时钟的框中显示的时间，表示设备中的本地时间。在图中时间表示为：秒：纳秒.纳秒的小数部分。例如，144:7.3是144.000 000 007 3 s。值得注意的是，报文的时间戳字段不能保留纳秒的小数部分。纳秒的小数部分只能保存在correctionField，在图中表示为纳秒.纳秒小数部分。

给出设备中时钟的关系，使得如果需要能计算出相对于主时钟的时间。该关系用Time＝Tm＋offset的形式表示，其中Tm是主时钟时间，offset是相应时钟和相应主时钟之间的偏移。在报文框显示的时间是应由发送报文时钟输入的时间。例如，在图C.1中，当Sync报文由主时钟发送，通过端到端透明时钟到达从站的过程中，Sync报文的进入时间戳和离开时间戳为：144:7.3，(114:7.3＋0.65＋100.3)，(144:7.3＋0.65＋100.3＋207.4)和(144:7.3＋0.65＋207.4＋0.5＋25.2)＝144:241.05。第一个离开主时钟的离开时间戳 t_1。第二个是透明时钟的进入时间戳，通过计算 t_1 和0.65的和得到，0.65是主时钟和透明时钟之间的传输时间；100.3是主时钟的本地时间和透明时钟的本地时钟之间的假设偏移量。该计算会得到透明时钟产生的进入时间戳。其他项的计算是类似的。Delay_Req报文的进入和离开时间戳用相同的方法计算。值得注意的是，相对于从时钟的从时钟离开时间是144:651.1，相对于主时钟是144:651.1－25.2＝144:625.9。

从站或请求时钟中的计算表示结合时间戳、correctionField和不对称校正来计算偏移和路径延时的过程。这些值总是与图中所用的假设值做比较来阐明协议的运行。

图中的字母标注参考标准的具体条款，以指示被说明的要点。

除图C.1外，所有的示例都图示对驻留时间和不对称的校正。

注：为了清楚表示，本附录中的十六进制数字用0x开始的数字表示。

C.2 用延时请求-响应机制计算

C.2.1 给出驻留时间校正的主时钟、端到端透明时钟和所有单步从时钟

图C.1给出了在由一个端到端的透明时钟分离的两个普通时钟、一个主时钟和一个从时钟组成的系统中，meanPathDelay和offsetFromMaster的测量和计算。系统中所有的时钟都是单步时钟。在图C.1中，没有给出不对称校正。

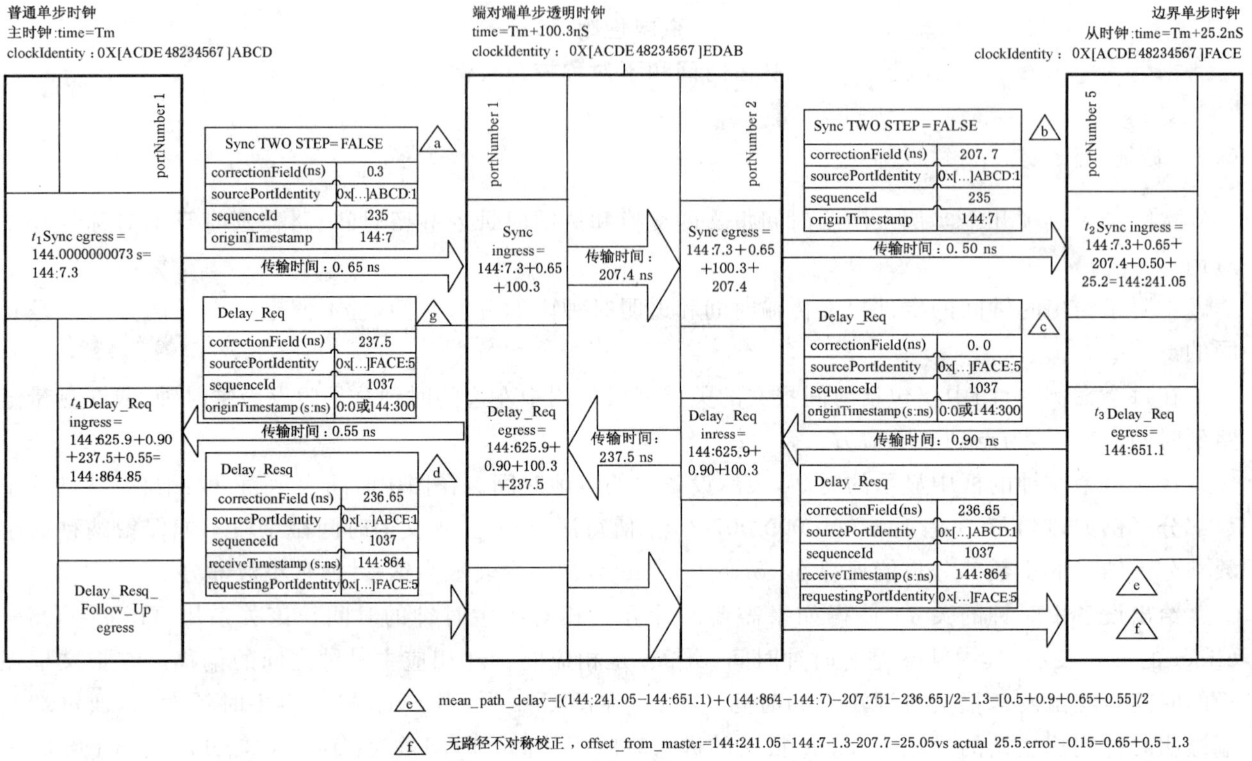

图 C.1 不带不对称校正的主时钟、端到端时钟和单步从时钟

表 C.1 中给出对图 C.1 关键值的解释。

表 C.1 图 C.1 关键值的解释

关键值	参考条款	注　释
a	9.5.9.3 和 11.3.2	时间戳和 correctionField 的和是 t_1
b	11.5.2.1	驻留时间(207.4)已经加到 correctionField
c	11.3.2	时间戳设置为 0 或离开时间戳的估计(144:300)。correctionField 设置为 0
d	11.3.2	注意:requestingPortIdentity 和 sequenceId 是从时钟的对应字段。receiveTimestamp 是不包含纳秒小数部分的 t_4。correctionField 是 Delay_Req 报文的 correctionField(该值在透明时钟中增加驻留时间(见 11.5.3.2),并减去 t_4 的纳秒小数部分(0.85)
e	11.3.2	第一项是差值(t_2-t_3)。第二项是接收时间戳和原始时间戳的差值。最后两项是 correctionField。注意:计算的 meanPathDelay 与图中实际假设的平均路径延时值相当
f	11.2	按顺序排列的项是 t_2,originTimestamp、meanPathDelay 和 Sync correctionField。注意:由于没有校正传输时间的不对称,计算的偏移误差为−0.15
g	11.5.3.2	驻留时间(237.5)已由透明时钟加到 correctionField

C.2.2 给出驻留时间和不对称计算的主时钟、点到点透明时钟和所有单步从时钟

图 C.2 所示为时钟集,但在该图中,给出了不对称校正。

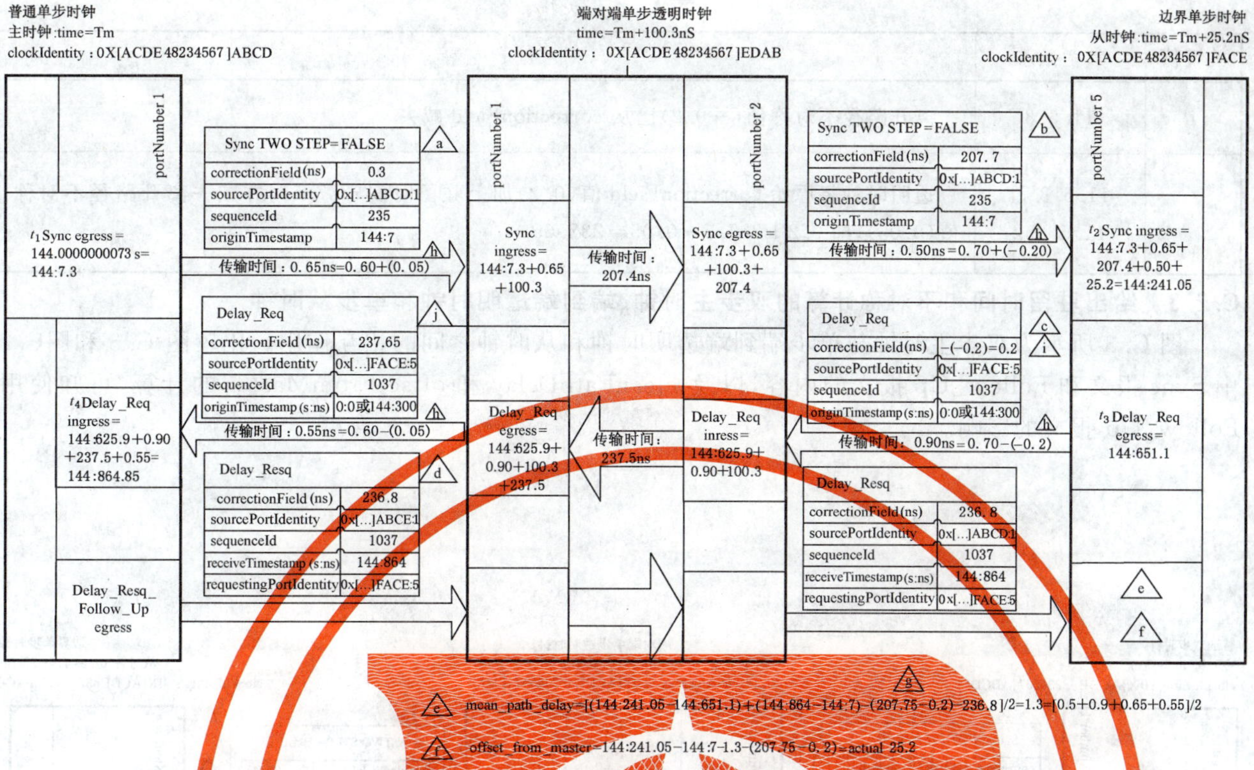

图 C.2 带不对称校正的主时钟、端到端时钟和单步从时钟

在表 C.2 中给出对图 C.2 中关键值的解释。

表 C.2 图 C.2 关键值的解释

关键值	参考条款	注释
a	9.5.9.3 和 11.3.2	时间截和 correctionField 的和是 t_1
b	11.5.2.1 和 11.6.2	驻留时间(207.4)和进入路径不对称(0.05)已经加到 correctionField
c	11.3.2	时间戳设置为 0 或离开时间戳的估计(144:300)。correctionField 见“i”
d	11.3.2	注意 requestingPortIdentity 和 sequenceId 是从时钟的对应字段。receiveTimestamp 是不包含纳秒小数部分的 t_4。correctionField 是减去 t_4 的纳秒小数部分(0.85)的 Delay_Req 报文的 correctionField
e	11.3.2	第一项是差值(t_2-t_3)。第二项是接收和源时间戳的差值。最后两个项是在“g”中解释的校正过的 correctionField。注意:计算的 meanPathDelay 与图中实际假设的路径延时平均值相当
f	11.2	按顺序的项是 t_2、originTimestamp、meanPathDelay 和 Sync correctionField(按“g”中的解释进行修改)。注意:由于不对称校正的应用,计算的偏移十分接近假设值
g	11.6.2	在 Sync 报文的 correctionField 被用于任何计算之前,将接收 Sync 报文的端口路径的进入不对称(−0.20)加到 correctionField 中。因此,加入到 Sync 报文的 correctionField(207.75)的该项(−0.20)在两个计算中出现
h	7.4.2	传输时间不对称按 7.4.2 中的定义模型化。因此,在主时钟和透明时钟之间的路径,平均传输时间是 0.60 ns。主时钟到从时钟的方向,实际传输时间是 0.65 ns=0.60+(0.05),表示准确不对称值是 0.05。与其他路径相比,主-从方向较短(0.7 与 0.9 相比),产生负不对称值(−0.2)

表 C.2（续）

关键值	参考条款	注　释
i	11.6.3	离开路径不对称值(−0.2)已从 correctionField 减去
j	11.6.3 和 11.5.3.2	透明时钟将原始 correctionField 值(0.2)加上驻留时间(237.5)，并减去离开路径不对称值(0.05)，即 0.2+237.5−0.05=237.65

C.2.3 给出驻留时间和不对称计算的双步主时钟、端到端透明时钟和单步从时钟

图 C.3 所示为双步主时钟与单步端到端透明时钟和从时钟之间的相互作用。比较图 C.3 和图C.2 中 Sync 报文和 Follow_Up 报文的内容，以及 meanPathDelay 和 offsetFromMaster 的计算，可知使用 Follow_Up 报文的影响。

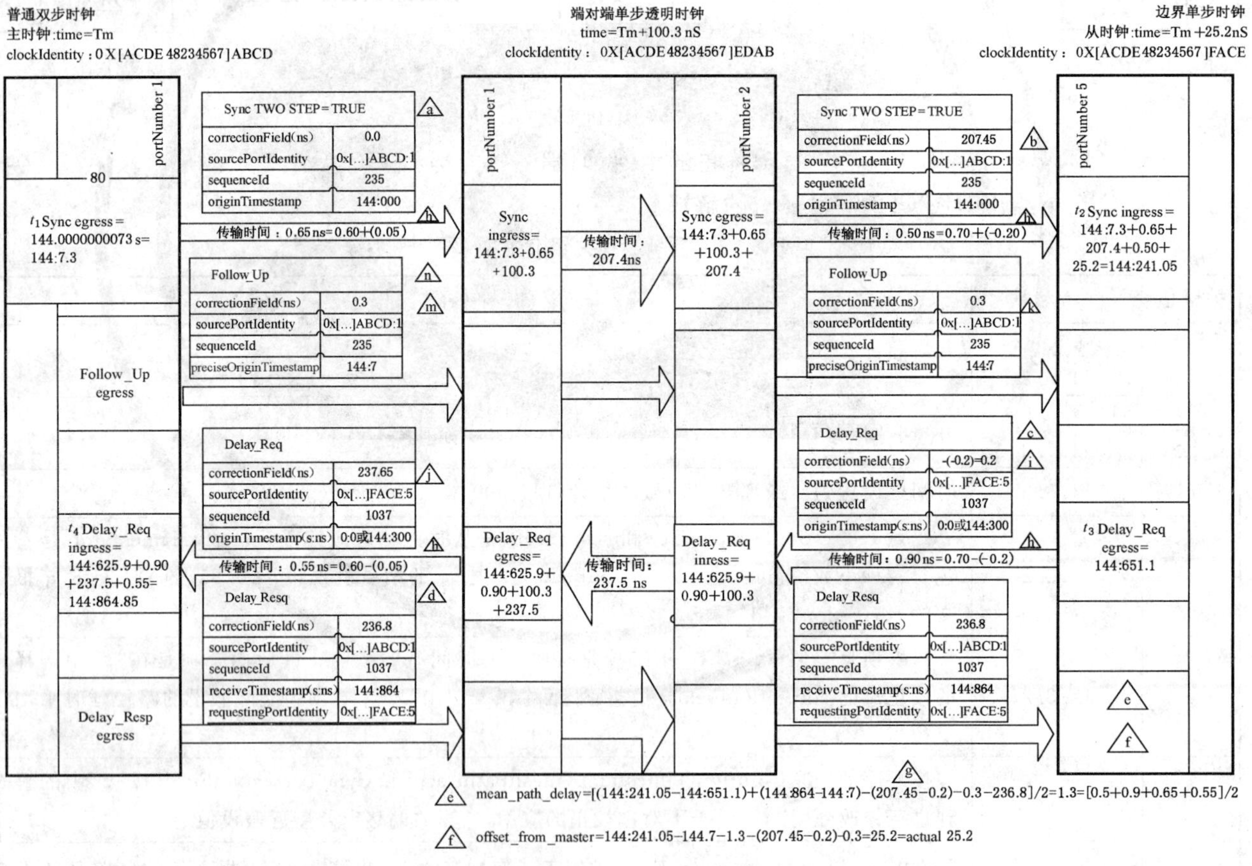

图 C.3　带不对称校正的双步主站、端到端透明时钟和单步从时钟

在表 C.3 中给出对图 C.3 关键值的解释。

表 C.3　图 C.3 关键值的解释

关键值	参考条款	注　释
a	9.5.9.4 和 11.3.2	OriginTimestamp 是 t_1 的估计(144:0),correctionField 为 0
b	11.5.2.1 和 11.6.2	驻留时间(207.4)和进入路径不对称值(0.05)已经加到 correctionField
c	11.3.2	时间戳设置为 0 或离开时间戳的估计(144:300)。correctionField 见“i”
d	11.3.2	注意:requestingPortIdentity 和 sequenceId 是从时钟的对应字段。receiveTimestamp 是不包含纳秒小数部分的 t_4。correctionField 是减去 t_4 的纳秒小数部分(0.85)的 Delay_Req 报文的 correctionField
e	11.3.2	第一项是差值(t_2-t_3)。第二项是接收时间戳和 preciseOrigin 时间戳的差值。最后三项是按“g”中解释进行修改的 Sync 报文的 correctionField,以及 Follow_Up 和 Delay_Resp 报文的 correctionField。注意:计算的 meanPathDelay 与图中实际假设的平均路径延时相当
f	11.2	按顺序的项是 t_2、preciseoriginTimestamp、meanPathDelay、Sync correctionField(根据“g”中解释进行修改)和 Follow_Up correctionField。注意:由于不对称校正的应用,计算的偏移十分接近假设值
g	11.6.2	在 Sync 报文中的 correctionField 用于任何计算前,将接收 Sync 报文的端口路径的进入不对称值(−0.20)加到 Sync 报文的 correctionField 中。因此,加到 Sync 报文中 correctionField(207.45)的该项(−0.20)出现在两个计算中
h	7.4.2	传输时间不对称按 7.4.2 中的定义模型化。因此,在主时钟和透明时钟之间的路径,平均传输时间是 0.60 ns。主时钟到从时钟的方向,实际传输时间是 0.65 ns=0.60+(0.05),表示准确不对称值是 0.05。与其他路径相比,主-从方向路径较短(0.7 与 0.9 相比),产生负不对称值(−0.2)
i	11.6.3	离开路径不对称值(−0.2)已经从 correctionField 减去了
j	11.6.3 和 11.5.3.2	透明时钟将源 correctionField 值(0.2)加上驻留时间(237.5),并减去离开路径不对称值(0.05),即 0.2+237.5−0.05=237.65
k	11.5.2.1	Follow_Up 没有校正
m	9.5.10	correctionField 和 preciseOriginTimestamp 的和是离开时间 t_1
n	9.5.10	SequenceId 和 sourcePortIdentity 字段与 Sync 报文的这些对应字段相当

C.2.4　给出驻留时间和不对称计算的主时钟、端到端透明双步时钟和单步从时钟

图 C.4 所示为一个双步主时钟与一个端到端透明双步时钟和一个单步从时钟之间的相互作用。比较图 C.4、图 C.3 和图 C.2 中 Sync 报文和 Follow_Up 报文的内容,以及 meanPathDelay 与 offsetFromMaster 的计算,可知使用 Follow_Up 报文的影响。

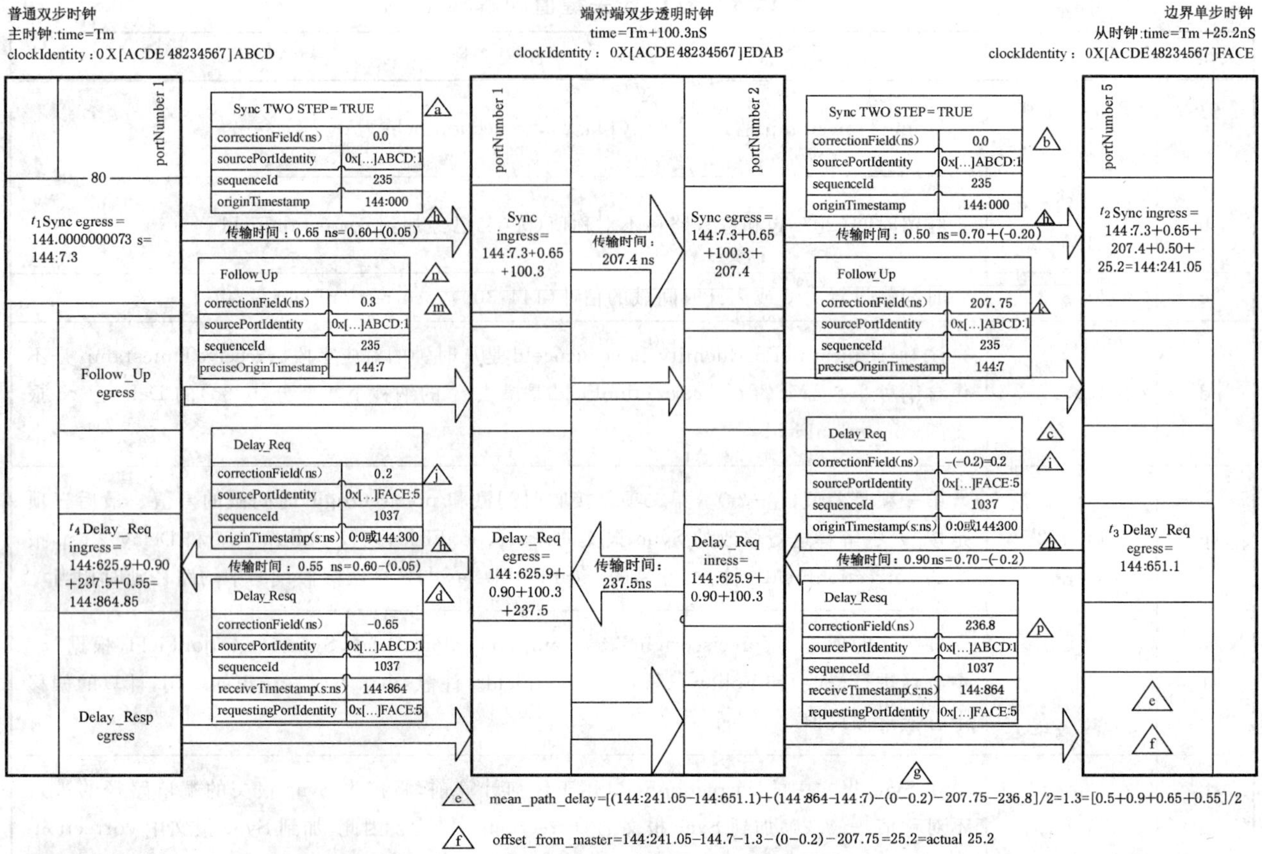

图 C.4 带不对称校正的主时钟、端到端透明双步时钟和单步从时钟

在表 C.4 中给出对图 C.4 关键值的解释。

表 C.4 图 C.4 关键值的解释

关键值	参考条款	注 释
a	9.5.9.4 和 11.3.2	originTimestamp 是 t_1 的估计值(144:0),correctionField 为 0
b	11.5.2.2 和 11.6.2	在 Follow_Up 报文中实现驻留时间(207.4)和进入路径不对称(0.05)的校正,见“k”
c	11.3.2	时间戳设置为 0 或离开时间戳的估计(144:300)。correctionField 见“i”
d	11.3.2	注意:requestingPortIdentity 和 sequenceId 是从时钟的对应字段。receiveTimestamp 是不包含纳秒小数部分的 t_4。correctionField 等于 Delay_Req 报文的 correctionField(0.2)减去 t_4 的小数纳秒部分(0.85)
e	11.3.2	第一项是差值(t_2-t_3)。第二项是接收时间戳和 preciseOrigin 时间戳的差值。最后三项是按“g”的解释已修改的 Sync 报文的 correctionField,以及 Follow_Up 和 Delay_Resp 报文各自的 correctionField。注意:计算的 meanPathDelay 与图中实际假设的平均路径延时相当
f	11.2	按顺序的项是 t_2、preciseOriginTimestamp、meanPathDelay、Sync 报文的 correctionField(按“g”解释已修改)和 Follow_Up 报文的 correctionField。注意:由于不对称校正的应用,计算的偏移十分接近假设值
g	11.6.2	在 Sync 报文的 correctionField 用到任何计算之前,将接收 Sync 的端口的进入路径不对称(−0.20)加到 Sync 报文的 correctionField。因此,加入到 Sync 报文的 correctionField(0.0)的该项(−0.20)出现在两个计算中

表 C.4（续）

关键值	参考条款	注释
h	7.4.2	传输时间不对称按 7.4.2 的定义模型化。因此，在主时钟和透明时钟之间的路径，平均传输时间是 0.60 ns。主时钟到从时钟的方向，实际传输时间是 0.65 ns=0.60+(0.05)，表示准确不对称值是 0.05。与其他路径相比，主-从方向较短（0.7 与 0.9 相比），产生负不对称值（−0.2）
i	11.6.3	离开路径不对称值（−0.2）已从 correctionField 减去
j	11.6.3 和 11.5.3.3	不对 Delay_Req 报文进行校正。驻留时间和离开不对称校正见“p”
k	11.5.2.2 和 11.6.2	将驻留时间（207.4）和进入路径不对称（0.05）校正加到 Follow_Up 报文的 correctionField（0.3）
m	9.5.10	correctionField 和 preciseOriginTimestamp 的和是离开时间 t_1
n	9.5.10	SequenceId 和 sourcePortIdentity 字段与 Sync 报文的对应字段相当
p	11.6.3 和 11.5.3.3	透明时钟将 Delay_Resp 的初始 correctionField 值（−0.65）加上相关 Delay_Req 报文的（237.5）的驻留时间，并减去离开路径不对称（0.05），即−0.65+237.5−0.05=236.8

C.2.5 给出驻留时间和不对称计算的单步主时钟、端到端透明双步时钟和单步从时钟

图 C.5 所示为一个单步主时钟与一个双步端到端透明时钟和一个单步从时钟之间的相互作用。比较图 C.5、图 C.4、图 C.3 和图 C.2 中 Sync 报文和 Follow_Up 报文的内容，以及 meanPathDelay 和 offsetFromMaster 的计算，可知使用 Follow_Up 报文的影响。

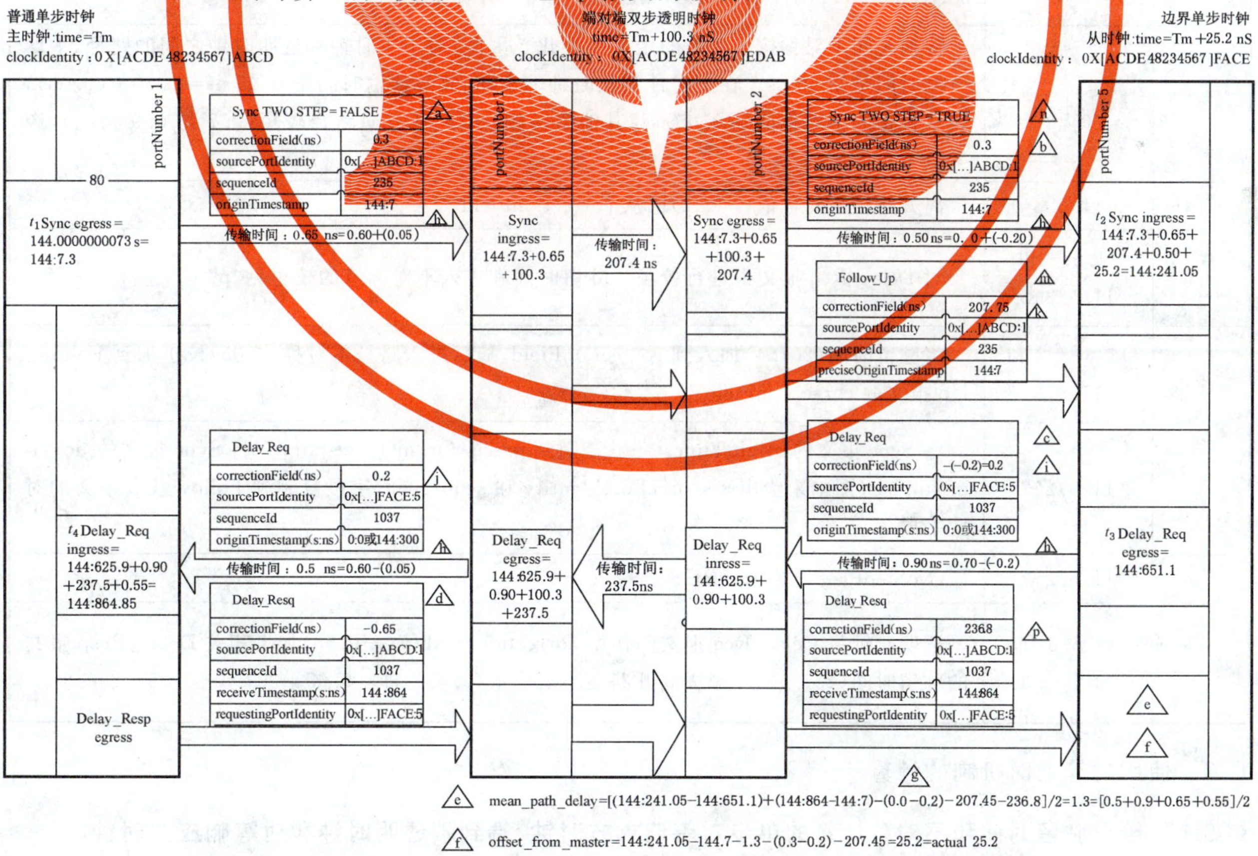

图 C.5 带不对称校正的单步主时钟、双步端到端透明时钟和单步从时钟

在表 C.5 中给出对图 C.5 关键值的解释。

表 C.5 图 C.5 关键值的解释

关键值	参考条款	注释
a	9.5.9.3 和 11.3.2	时间戳和 correctionField 的和是 t_1
b	11.5.2.2 和 11.6.2	在 Follow_Up 报文中实现驻留时间(207.4)和进入路径不对称值(0.05)的校正,见“k”
c	11.3.2	时间戳设置为 0 或离开时间戳的估计(144:300)。correctionField 见“i”
d	11.3.2	注意:requestingPortIdentity 和 sequenceId 是从时钟的对应字段。receiveTimestamp 是不包含纳秒小数部分的 t_4。correctionField 是 Delay_Req 报文(0.2)的减去 t_4 的纳秒小数部分(0.85)的 correctionField
e	11.3.2	第一项是差值(t_2-t_3)。第二项是接收时间戳和 preciseOrigin 时间戳的差值。最后三项是按“g”中解释已修改的 Sync 报文校正的 correctionField,以及 Follow_Up 和 Delay_Resp 报文各自的 correctionField。注意:计算的 meanPathDelay 与图中实际假设的平均路径延时匹配
f	11.2	按顺序的项是 t_2、preciseoriginTimestamp、meanPathDelay、Sync 报文的 correctionField (按“g”解释已修改)和 Follow_Up 报文的 correctionField。注意:由于不对称值校正的应用,计算的偏移十分接近假设值
g	11.6.2	在 Sync 报文的 correctionField 用到任何计算之前,将接收 Sync 报文的端口的进入路径不对称(−0.20)加到 Sync 报文的 correctionField。因此,加入到 Sync 报文的 correctionField 的该项(−0.20)出现了在两个计算中
h	7.4.2	传输时间不对称按 7.4.2 的定义模型化。因此,对于主时钟和透明时钟之间的路径,平均传输时间是 0.60 ns。在主时钟到从时钟的方向,实际传输时间是 0.65 ns=0.60+(0.05),表示校正的不对称值是 0.05。与其他路径相比,主-从方向路径较短(0.7 与 0.9 相比),产生负不对称值(−0.2)
i	11.6.3	离开路径不对称值(−0.2)已从 correctionField 减去
j	11.6.3 和 11.5.3.3	对 Delay_Req 报文不进行校正。驻留时间和进入不对称值的校正见“p”
k	11.5.2.2 和 11.6.2	将驻留时间(207.4)加入到 correctionField,随后进入路径不对称(0.05)校正加到 Follow_Up 报文的 correctionField
m	11.5.2.2	将 Sync 报文的 originTimestamp 复制到 preciseOriginTimestamp。将 Sync 报文的 domainNumber(图中未给出)、sourcePortIdentity 和 sequenceId 字段复制到 Follow_Up 报文的对应字段
n	11.5.2.2	twoStepFlag 设置为 TRUE
p	11.6.3 和 11.5.3.3	透明时钟将 Delay_Req 报文的初始 correctionField 值(−0.65)加上相关 Delay_Resp 报文的驻留时间(237.5),并减去离开路径不对称值(0.05),即−0.65+237.5−0.05=236.8

C.3 使用对等延时机制的计算

C.3.1 给出驻留时间和不对称计算的单步对等请求方时钟、端到端透明时钟和对等响应方时钟

图 C.6 所示为一个单步对等请求方时钟与一个单步端到端透明时钟和对等响应方时钟之间的相互作用。

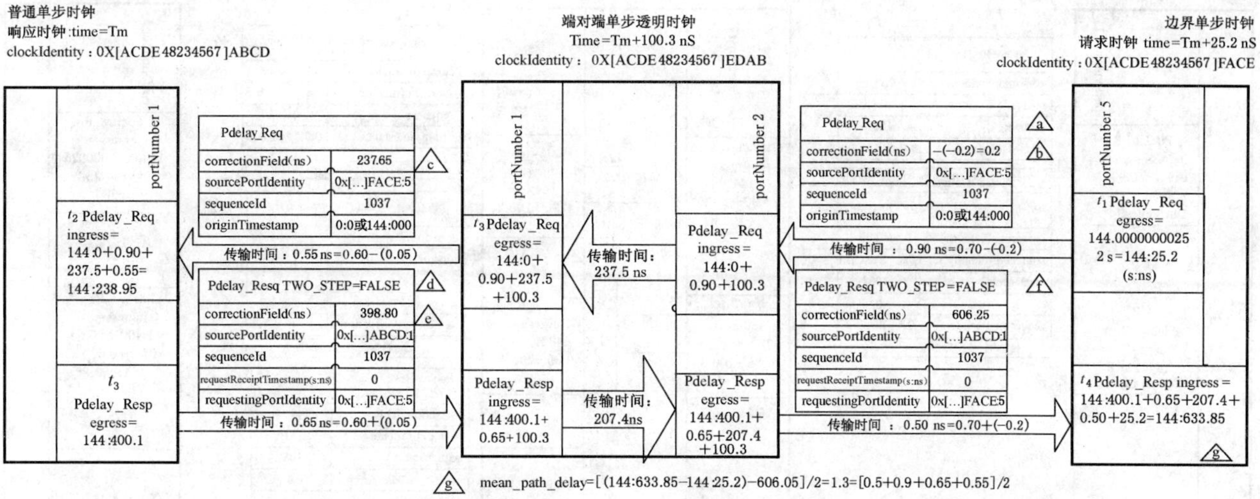

图 C.6 带不对称校正的单步对等响应方时钟、端到端透明时钟和对等请求方时钟

在表 C.6 中给出图 C.6 关键值的解释。

表 C.6 图 C.6 关键值的解释

关键值	参考条款	注 释
a	11.4.3	originTimestamp 是 0 或者离开时间戳 t_1 的估计
b	11.4.3 和 11.6.4	correctionField 等于 0－(－0.2)＝0.2,(－0.2)是离开路径的不对称值
c	11.5.4.2 和 11.6.4	通过在端到端透明时钟中加上驻留时间,并减去离开路径不对称值来修改 correctionField。0.2＋237.5－(0.05)＝237.65
d	11.4.3	requestReceiptTimestamp＝0。将 Pdelay_Req 报文的 sourcePortIdentity 和 sequenceId 字段复制到 requestingPortIdentity 和 sequenceId 字段
e	11.4.3	correctionField 等于 Pdelay_Req 报文的 correctionField 和周转时间(t_3-t_2)的和,即 237.65＋(144:400.1－144:238.95)＝398.80
f	11.5.4.2 和 11.6.5	通过在初始 correctionField 上加上驻留时间 207.4 和进入不对称 0.05 来修改 correctionField。398.80＋207.4＋0.05＝606.25
g	11.4.3 和 11.6.5	在计算 meanPathDelay 之前,通过加上进入不对称 0.2 来校正 Pdelay_Resp 报文的 correctionField。即 606.25＋(－0.2)＝606.05。meanPathDelay＝[(t_4－ t_1)－Pdelay_Resp 的 correctionField]/2＝[(144:633.85－144:25.2)－606.05]/2＝1.3

C.3.2 给出驻留时间和不对称计算的单步对等请求方时钟、双步端到端透明时钟和单步对等响应方时钟

图 C.7 所示为一个单步对等请求方时钟与双步端到端透明时钟和单步对等响应方时钟相互作用。

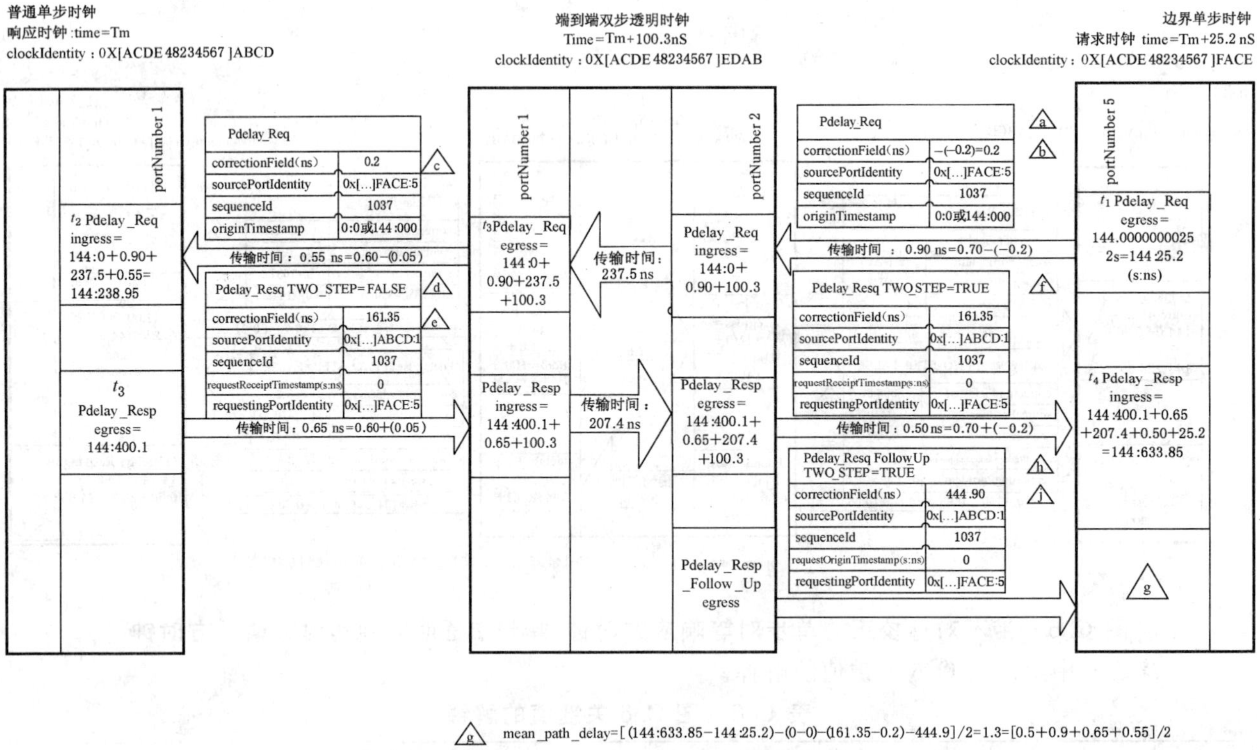

图 C.7 带不对称校正的单步对等响应方时钟、双步端到端透明时钟和单步对等请求方时钟

在表 C.7 中给出图 C.7 关键值的解释。

表 C.7 图 C.7 关键值的解释

关键值	参考条款	注 释
a	11.4.3	OriginTimestamp 是 0 或者离开时间戳 t_1 的估计
b	11.4.3 和 11.6.4	correctionField 等于 0−(−0.2)=0.2,(−0.2)是离开路径的不对称
c	11.5.4.2 和 11.6.4	不修改 correctionField。对 Pdelay_Req 的驻留时间和进入路径不对称的校正见“j”
d	11.4.3	requestReceiptTimestamp=0。将 Pdelay_Req 报文的 sourcePortIdentity 和 sequenceId 字段复制到 requestingPortIdentity 和 sequenceId 字段
e	11.4.3	correctionField 是 Pdelay_Req 报文的 correctionField 与周转时间(t_3-t_2)的和,即 0.2+(144:400.1−144:238.95)=161.35
f	11.5.4.3 和 11.6.5	除设为 TRUE 的 twoStepFlag 以外,不修改 Pdelay_Resp 的 PTP 字段,将其设置为 TRUE。Pdelay_Resp 报文的驻留时间和进入路径不对称的校正见“j”
g	11.4.3 和 11.6.5	在计算 meanPathDelay 之前,通过加上进入不对称 0.2 来修改 Pdelay_Resp 报文的 correctionField。即 161.35+(−0.2)=161.05。meanPathDelay= [(t_4-t_1)−(responseOriginTimestamp−requestReceiptTimestamp)−Pdelay_Resp 报文的 correctionField−Pdelay_Resp_Follow_Up 报文的 Pdelay_Resp]/2=[(144:633.85−144:25.2)−(0−0)−(161.35−0.2)−444.90]/2=1.3
h	11.5.4.3	将 Pdelay_Resp 报文的 sourcePortIdentity、sequenceId 和 requestingPortIdentity 字段复制到 Pdelay_Resp_Follow_Up 报文的对应字段。TWOSTEP 标志设置为 TRUE。responseOriginTimestamp 设置为 0
j	11.5.4.3,11.6.4 和 11.6.5	correctionField 等于 Pdelay_Req 与 Pdelay_Resp 报文驻留时间的和,减去 Pdelay_Req 的离开不对称值,加上 Pdelay_Resp 报文的进入不对称值,即 237.5+207.4−(0.05)+(0.05)=444.90

C.3.3 给出驻留时间和不对称计算的单步对等请求方时钟、双步端到端透明时钟、双步对等响应方时钟——选项 1

图 C.8 所示为一个单步对等请求方时钟与双步端到端透明时钟和双步对等响应方时钟之间相互作用。双步响应方时钟用 11.4.3 的第一个选项生成 Pdelay_Resp 和 Pdelay_Resp_Follow_Up 报文。

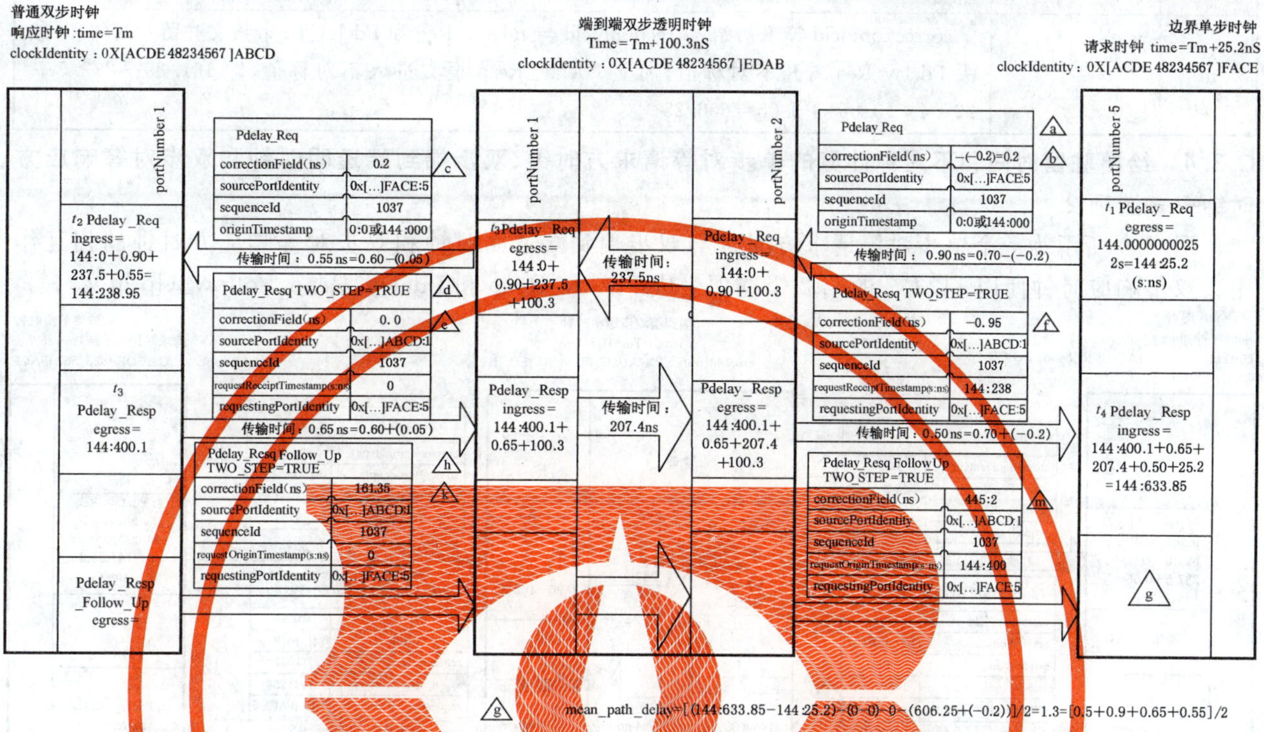

图 C.8 带不对称校正的双步对等响应方时钟、双步端到端透明时钟和单步对等请求方时钟：选项 1

表 C.8 中给出图 C.8 关键值的解释。

表 C.8 图 C.8 关键值的解释

关键值	参考条款	注释
a	11.4.3	originTimestamp 是 0 或者离开时间戳 t_1 的估计
b	11.4.3 和 11.6.4	correctionField 为 0－(－0.2)＝0.2，其中(－0.2)是离开路径的不对称
c	11.5.4.2 和 11.6.4	不修改 correctionField。Pdelay_Req 的驻留时间和离开路径不对称的校正见“m”
d	11.4.3	requestReceiptTimestamp＝0。将 Pdelay_Req 报文的 sourcePortIdentity 和 sequenceId 字段复制到 requestingPortIdentity 和 sequenceId 字段
e	11.4.3	correctionField 设置为 0
f	11.5.4.3 和 11.6.5	不修改 Pdelay_Resp 的 PTP 字段。Pdelay_Resp 报文的驻留时间和进入路径不对称的校正见“m”
g	11.4.3 和 11.6.5	在计算 meanPathDelay 之前，通过加上进入不对称 0.2 来修改 Pdelay_Resp 报文的 correctionField。即 606.25＋(－0.2)＝606.05。meanPathDelay＝［$(t_4－t_1)$－(responseOriginTimestamp－requestReceiptTimestamp)－Pdelay_Resp 报文的 correctionField－Pdelay_Resp_Follow_Up 报文的 correctionField］/2＝［(144:633.85 － 144:25.2)－(0－0)－0－606.05］/2＝1.3
h	11.5.4.3	将 Pdelay_Resp 报文的 sourcePortIdentity、sequenceId 和 requestingPortIdentity 字段复制到 Pdelay_Resp_Follow_Up 报文的对应字段。TWOSTEP 标志设置为 TRUE。responseOriginTimestamp 设置为 0

表 C.8（续）

关键值	参考条款	注　释
k	11.5.4.3,11.6.4 和 11.6.5	CorrectionField 是 Pdelay_Req 报文的 correctionField 和周转时间的和，即（t_3-t_2）.0.2+(144:400.1−144:238.95)=161.35
m	11.5.4.3,11.6.4 和 11.6.5	correctionField 等于初始 correctionField 与 Pdelay_Req 和 Pdelay_Resp 报文驻留时间的和，减去 Pdelay_Req 离开不对称值，加上 Pdelay_Resp 报文进入不对称值，即 161.35+237.5+207.4−(0.05)+0.05=606.25

C.3.4　给出驻留时间和不对称计算的单步对等请求方时钟、双步端到端透明时钟和双步对等响应方时钟——选项 2

图 C.9 所示为一个单步对等请求方时钟与双步端到端透明时钟和双步对等响应方时钟的相互作用。双步响应时钟使用 11.4.3 的第 2 个选项生成 Pdelay_Resp 和 Pdelay_Resp_Follow_Up 报文。

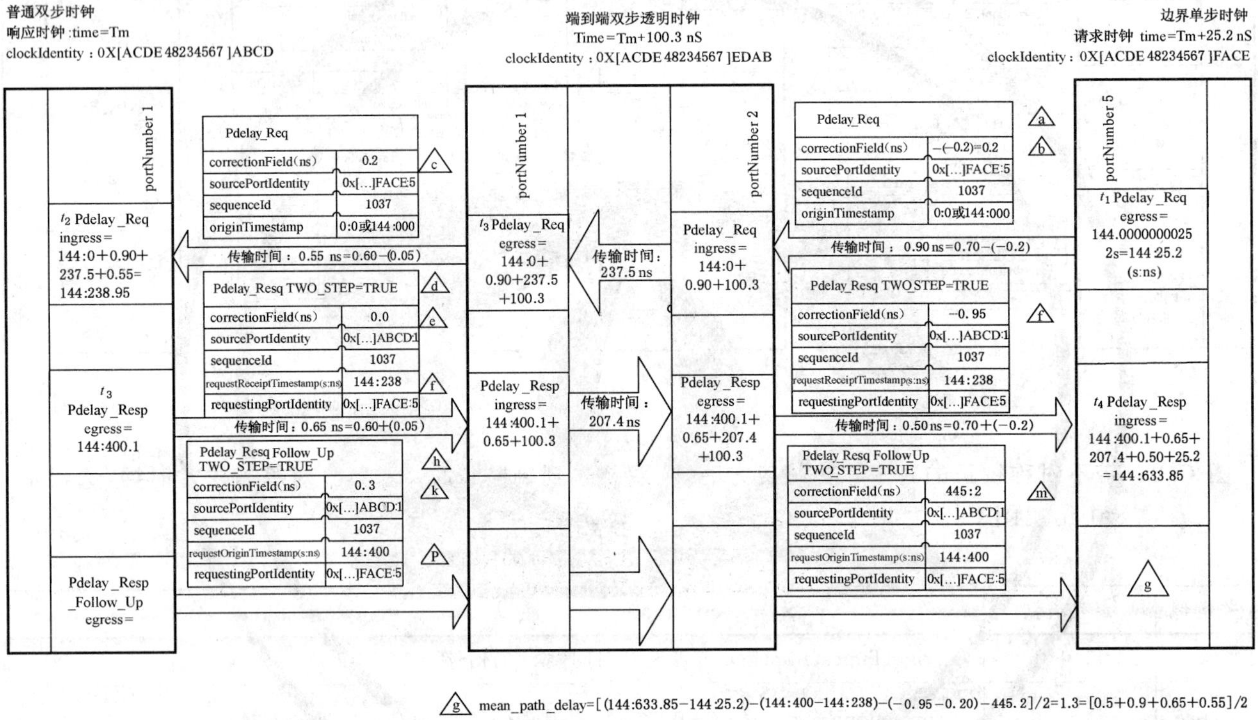

图 C.9　带不对称校正的双步对等响应方时钟、双步端到端透明时钟和单步对等请求方时钟：选项 2

在表 C.9 中给出图 C.9 关键值的解释。

表 C.9　图 C.9 关键值的解释

关键值	参考条款	注　释
a	11.4.3	originTimestamp 是 0 或者离开时间戳 t_1 的估计
b	11.4.3 和 11.6.4	correctionField 是 0−(−0.2)=0.2，其中(−0.2)是离开路径的不对称
c	11.4.3,11.5.4.3 和 11.6.4	不修改 Pdelay_Req 报文的 correctionField
d	11.4.3	将 Pdelay_Req 报文的 sourcePortIdentity 和 sequenceId 字段复制到 requestingPortIdentity 和 sequenceId 字段。TWO-STEP 标志设置为 TRUE
e	11.4.3	correctionField 为 0 减去 t_2 的纳秒小数部分，即 0−0.95=−0.95
f	11.4.3,11.5.4.3 和 11.6.5	RequestReceiptTimestamp 设置为 t_2 的秒和纳秒部分，144:238

表 C.9(续)

关键值	参考条款	注　　释
g	11.4.3 和 11.6.5	在计算 meanPathDelay 之前,通过加上进入不对称值 0.2 来修改 Pdelay_Resp 报文的 correctionField。即 −(0.95)+(−0.2)=−1.15。meanPathDelay=[(t_4-t_1)−(responseOriginTimestamp− requestReceiptTimestamp)− Pdelay_Resp 报文的 correctionField − Pdelay_Resp_Follow_Up 报文的 correctionField]/2=[(144:633.85−144:25.2)−(144:400−144:238)−(−0.95+(−0.20))−(445.2)]/2=1.3
h	11.4.3	将 Pdelay_Resp 报文的 sourcePortIdentity、sequenceId 和 requestingPortIdentity 字段复制到 Pdelay_Resp_Follow_Up 报文的相同字段。TWO-STEP 标志设置为 TRUE
k	11.4.3 和 11.6.5	correctionField 设置为 Pdelay_Req 报文的 correctionField 与 t_3 的小数纳秒部分的和,即 0.2+0.1=0.3
m	11.5.4.3,11.6.4 和 11.6.5	correctionField 等于初始 correctionField 与 Pdelay_Req 和 Pdelay_Resp 报文驻留时间的和,减去 Pdelay_Req 离开不对称,加上 Pdelay_Resp 报文进入不对称,即 0.3+237.5+207.4−(0.05)+0.05=445.2
p	11.4.3	responseOrignTimestamp 设置为 t_3 的秒和纳秒部分,144:400

C.3.5 显示驻留时间和不对称计算的单步对等请求方时钟、单步端到端透明时钟和双步对等响应方时钟——选项 2

图 C.10 所示为一个单步对等请求方时钟与单步端到端透明时钟和双步对等响应方时钟之间相互作用。双步响应方时钟使用 11.4.3 第二个选项生成 Pdelay_Resp 和 Pdelay_Resp_Follow_Up 报文。

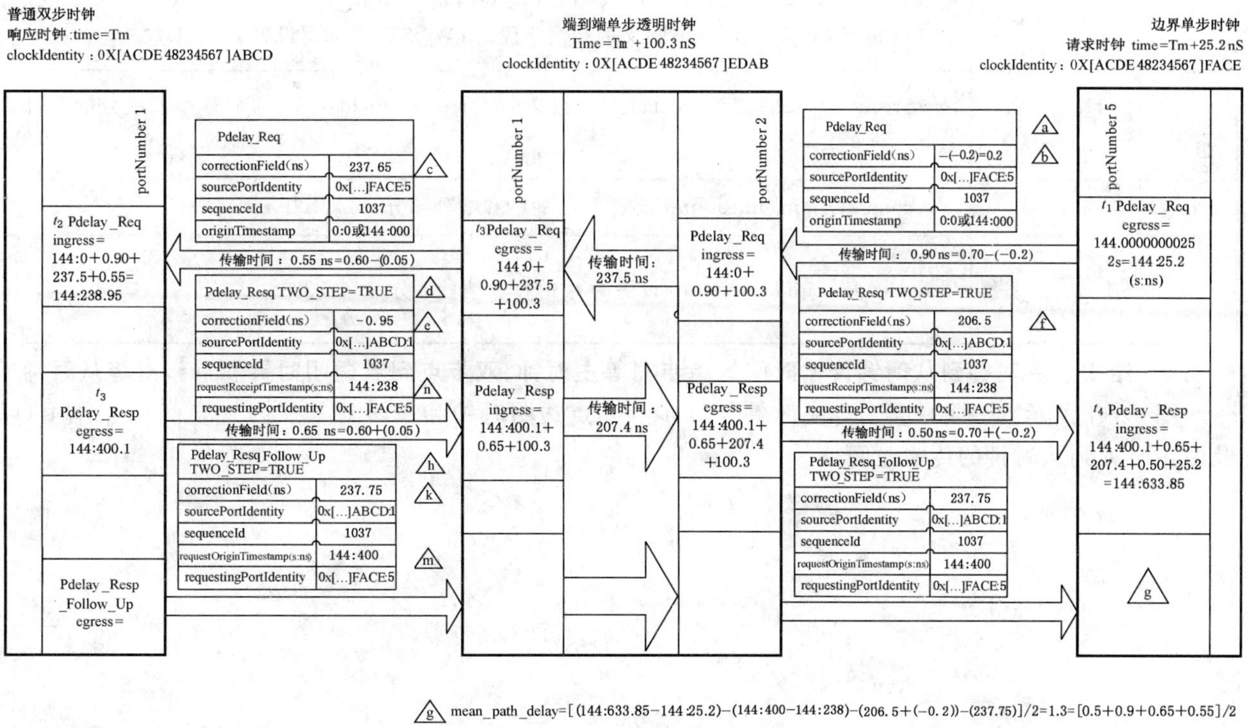

图 C.10 带不对称校正的双步对等响应方时钟、单步端到端透明时钟和单步对等请求方时钟:选项 2

在表 C.10 中给出图 C.10 关键值的解释。

表 C.10 图 C.10 关键值的解释

关键值	参考条款	注释
a	11.4.3	originTimestamp 为 0 或者离开时间戳 t_1 的估计
b	11.4.3 和 11.6.4	correctionField 等于 0－(－0.2)＝0.2，其中(－0.2)是离开路径的不对称值
c	11.5.4.2 和 11.6.4	correctionField 等于 Pdelay_Req 报文的初始 correctionField 和驻留时间的和，减去离开路径不对称，即 0.2＋237.5－0.05＝237.65
d	11.4.3	将 Pdelay_Req 报文的 sourcePortIdentity 和 sequenceId 字段复制到 requestingPortIdentity 和 sequenceId 字段。TWO-STEP 标志设置为 TRUE
e	11.4.3	correctionField 设置为 0 减去 t_2 纳秒的小数部分，＝－0.95
f	11.5.4.2 和 11.6.5	correctionField 是 Pdelay_Resp 报文的初始 correctionField 与驻留时间的和，加上 Pdelay_Resp 报文的进入不对称。－0.95＋207.4＋(0.05)＝206.5
g	11.4.3 和 11.6.5	在计算 meanPathDelay 之前，通过加上进入不对称—0.2 来修改 Pdelay_Resp 报文的 correctionField。即 206.5＋(－0.2)＝206.3。meanPathDelay＝[(t_4－t_1)－(responseOriginTimestamp－requestReceiptTimestamp)－Pdelay_Resp 报文的 correctionField－Pdelay_Resp_Follow_Up 报文的 correctionField]/2＝[(144:633.85－144:25.2)－(144:400－144:238)－(206.5＋(－0.2))－(237.75)]/2＝1.3
h	11.4.3	将 Pdelay_Resp 报文的 sourcePortIdentity，sequenceId 和 requestingPortIdentity 字段复制到 Pdelay_Resp_Follow_Up 报文的相同字段。TWOSTEP 标志设置为 TRUE
k	11.4.3 和 11.6.5	correctionField 设置为 Pdelay_Req 报文的 correctionField 与 t_3 的纳秒小数部分的和，即 237.65＋0.1 ＝237.75
m	11.4.3	responseOriginTimestamp 设置为 t_3 的秒和纳秒部分，144:400
n	11.4.3 和 11.6.5	requestReceiptTimestamp 设置为 t_2 的秒和纳秒部分，144:238

C.3.6 给出从主时钟到从时钟传输时间的单步对等主时钟、双步点到点透明时钟和单步对等从时钟

图 C.11 所示为一个单步对等主时钟与双步点到点透明时钟和单步对等从时钟之间相互作用，以及由主时钟到从时钟的传输时间。

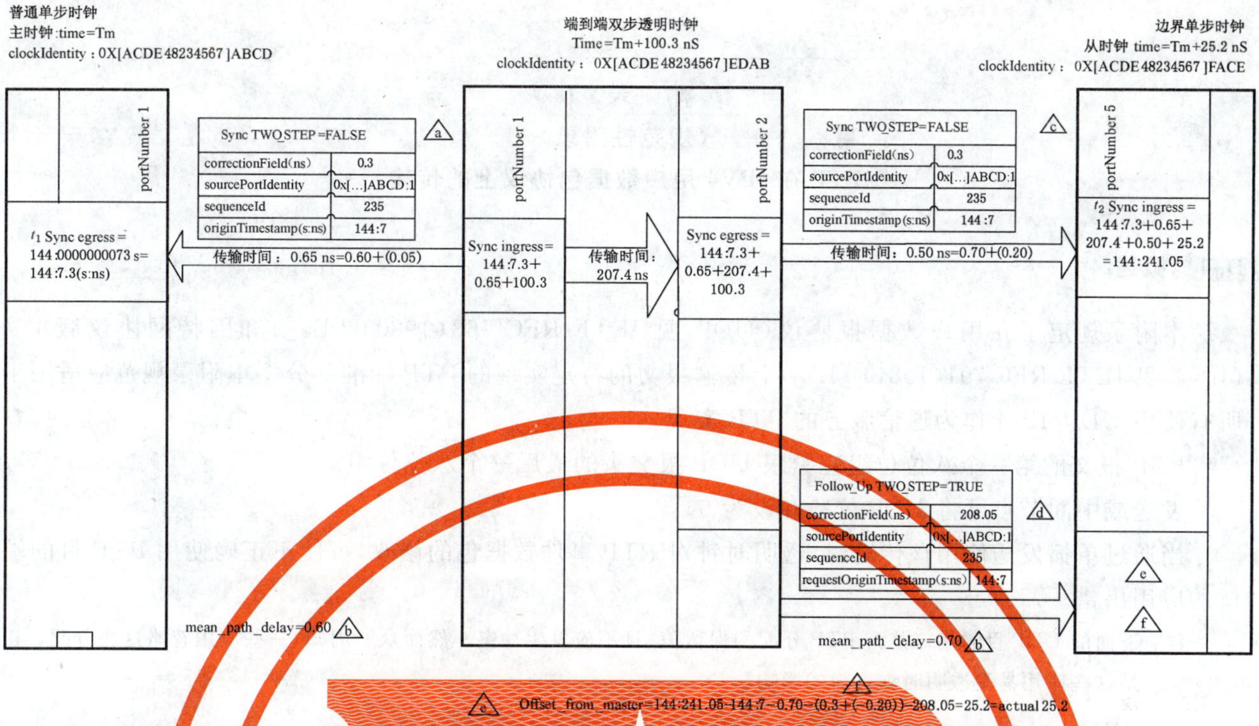

图 C.11 带时间计算的单步对等主时钟、双步点到点透明时钟和单步对等从时钟

在表 C.11 给出图 C.11 关键值的解释。

表 C.11 图 C.11 关键值的解释

关键值	参考条款	注 释
a	9.5.9.3	originTimestamp 是离开时间戳 t_1 的秒和纳秒部分。originTimestamp 和 correctionField 的和是 t_1 的精确值
b	11.4.3	使用对等延时机制的两个链路的 meanPathDelay 值分别确定为 0.60 和 0.70
c	11.5.2.2	在发送 Sync 报文之前，TWO-STEP 标志设置为 TRUE
d	11.5.2.2，11.4.5.1 和 11.6.2	将 Sync 报文的 sourcePortIdentity 和 sequenceId 字段复制到 sourcePortIdentity 和 sequenceId 字段。PreciseOriginTimestamp 字段设置为 originTimestamp 字段的值。首先将 correctionField 设置为 Sync 报文的驻留时间 207.4，然后通过在 Sync 进入端口路径加上 meanPathDelay 来对该值进行校正，即 207.4＋0.6。最后，通过加入 Sync 进入端口路径不对称对该结果进一步校正，即 207.4＋0.6＋0.05＝208.05
e	11.2	offsetFromMaster＝t_2－preciseOriginTimestamp－进入链路的 meanPathDelay－Sync 报文的 correctionField－Follow_Up 报文的 correctionField。 OffsetFromMaster＝ 144:241.05－144:7－0.70－(0.3＋(－0.20))－208.05＝25.2
f	11.6.2	在将 correctionField 用于任何计算“e”(0.3＋(－0.20)＝0.1)之前，通过加上进入路径不对称来修改接收到 Sync 报文的 correctionField

附 录 D
（规范性附录）
PTP在IPV4用户数据包协议上的传输

D.1 概述

本附录规定了在用户数据报协议（UDP，见IETF RFC 768（1980）[B5]）和因特网协议版本4（IPv4，见IETF RFC 791（1981）[B6]）上传输报文的特定实现的PTP标准部分。本附录规范应适用于所有使用UDP/IPv4作为通信服务的PTP实现。

PTP报文的第一个八位位组应紧跟UDP报文头的最后一个八位位组。

发送或中间节点可将UDP校验和设为0。

当通过单播发送使用该传输时，透明时钟对PTP事件数据包的修改，可使不正确使用PTP目的端口的应用出错。

注：下面的UDP目的端口是为PTP分配的保留值，且不应发生冲突。然而众所周知，一些应用忽略这些分配。正是这些应用易受透明时钟行为的影响。

D.2 UDP端口号

事件报文的UDP目的端口应为319[7]。

多播通用报文的UDP目的端口应为320。

对一个时钟寻址的单播通用报文的UDP目的端口应为320。

对一个管理者寻址的单播通用报文的UDP目的端口应为PTP响应报文的UDP源端口值。

D.3 IPv4多播地址

PTP报文应使用表D.1规定的多播报文。

表 D.1 IPv4多播地址

IANA分配的名称[8]	报文类型	地址
PTP-primary	除对等延时机制报文外的所有报文	224.0.1.129
PTP-pdelay	对等延时机制报文	224.0.0.107

对于发送到PTP-pdelay地址的报文，存活时间（TTL）字段应设为1。

D.4 transportSpecific 字段值

transportSpecific字段（见13.3.2.1）应按表D.2的规定进行解释。

7）因特网编码管理局（IANA）为PTP分配的专用端口号；见 http://www.iana.org/assignments/port-numbers.

8）因特网编码管理局（IANA）分配的专用多播地址，连同PTP一起的IANA名称，这些名称出现在IANA列表中表示多播地址和名称。

表 D.2 transportSpecific 字段值

比特	名称	含 义
0	hardwareCompatibility	版本 1 的一些硬件实现，在检查时间戳合格之前要辅助时间戳校验输入数据包的长度，并且要求 PTP 事件报文的 UDP 有效载荷长度至少为 124 个八位位组。注意，使用这样的硬件时，应将从该节点发送的所有 Announce 报文和 PTP 事件报文中的比特 0 设为“1”。 接收任何比特 0 为“1”的 PTP Announce 报文或事件报文的接收方，应对发送给该接收节点的所有 PTP 事件报文的 UDP 有效载荷进行扩展，使得 UDP 有效载荷长度等于 124 个八位位组。填充的八位位组所有比特应为 0。此填充应附加到所有发送给该接收节点的 PTP 事件报文，并且自该节点最后接收到的比特 0 为“1”的 PTP Announce 报文或事件报文时间开始，此填充要持续 portDS. announceReceiptTimeout 秒的时间。填充应不考虑 PTP 事件报文使用多播还是单播模式传输。 如果发送方未请求进行填充，则该比特应以 0 进行发送。除了要求向后兼容一些版本 1 的硬件外，节点应忽略填充的八位位组。 见注
1～3	保留	该比特以 0 进行发送，并被接收方忽略
注：本规范可使节点不要求对正在接收的已填充的事件报文进行填充。		

D.5 可选值

对于 PTP 事件报文，服务类型(ToS)字段中区分服务(DS)字段的值应被设为可用的最高流量类选择器代码点。

注：当第二层传输机制允许多优先级时，推荐事件报文使用最高优先级。

D.6 IPv4 选项

不应使用 IPv4 选项。

D.7 协议地址

当 networkProtocol 成员值是 UDP/IPv4(见 7.4.1)，对数据类型 PortAddress 的任意参量(见 5.3.6)：

——addressLength 成员值应为 4。

——addressField 成员值应是用 4 组 2 个十六进制数字表示的端口的 IPv4 地址。例如，用通常文本符号中表示的 IPv4 地址 207.142.131.235，显示为八位位组数组 $CF8E83EB_{16}$。

附 录 E
（规范性附录）
PTP 在 IPv6 用户数据协议（UDP）上的传输

E.1 概述

本附录规定了在用户数据报协议（UDP，见 IETF RFC 768（1980）[B5]）和因特网协议版本 6（IPv6，见 IETF RFC 2460（1998）[B12]）上传输报文的特定实现的 PTP 标准部分。本附录规范应适用于所有使用 UDP/IPv6 作为通信服务的 PTP 实现。

PTP 报文的第一个八位位组应紧跟 UDP 报文头的最后一个八位位组。

发送节点应扩展所有 PTP 报文的 UDP 有效载荷，通过在 PTP 报文末端增加两个八位位组实现。UDP 校验和字段的内容或 UDP 有效载荷的最后两个八位位组，可通过发起方或一个中间节点来修改，以确保对 PTP 字段的任何修改都可保持 UDP 校验和不被损坏。更新 UDP 校验和的修改可通过使用 IETF RFC 1624（1994）[B9]定义的机制来实现。除了用于计算 UDP 校验和外，接收方应忽略 PTP 字段末尾多出的 UDP 字段内容。

E.2 UDP 端口号

事件报文的 UDP 目的端口值应为 319[9)]。

多播通用报文的 UDP 目的端口值应为 320。

对一个时钟寻址的单播通用报文的 UDP 目的端口值应为 320。

对一个管理者寻址的单播通用报文的 UDP 目的端口值应为 PTP 响应报文的 UDP 源端口值。

E.3 IPv6 多播地址

Ipv6 多播地址见表 E.1。

表 E.1 IPv6 多播地址

IANA 分配的名称	报文类型	地址（十六进制）
PTP-primary	除对等延时机制报文外的所有报文	FF0X:0:0:0:0:0:0:181，见注
PTP-pdelay	对等延时机制报文	FF02:0:0:0:0:0:0:6B
注：在 PTP-primary 地址中，“X”的十六进制值在 IETF RFC 4291（2006）[B14]中有如下定义： 0 保留 1 接口本地范围 2 链路本地范围 3 保留 4 管理本地范围 5 站点本地范围 6 （未分配） 7 （未分配） 8 组织本地范围 9 （未分配） A （未分配） B （未分配） C （未分配） D （未分配） E 全球范围 F 保留		

9) 因特网编码管理局（IANA）为 PTP 分配的专用端口号；见 http://www.iana.org/assignments/port-numbers.

对于发送到 PTP-pdelay 地址的报文,Hop Limit(HL)字段应设为 1。

E.4 transportSpecific 字段值

transportSpecific 字段的所有比特值(见 13.3.2.1)应设为 0 传输,且应被接收方忽略。

E.5 可选值

对于 PTP 事件报文,流量类(TC)字段中区分服务(DS)字段的值应被设为可用的最高流量类选择器代码点。

注 1:当第二层传输机制允许多优先级时,事件报文应使用最高优先级。

注 2:IPv6 扩展报文头的使用超出本标准的范围。

E.6 协议地址

当 networkProtocol 成员值为 UDP/IPv6(见 7.4.1),对数据类型 PortAddress 的任意参量(见 5.3.6):

——addressLength 成员值应为 16。

——addressField 成员值应是用 16 组两个十六进制数字表示的端口的 IPv6 地址。例如,按照 IETF RFC 4291 (2006)[B14],用通常文本符号表示的 IPv6 地址 2001:0DB8:85A3:08D3:1332:8A2E:0270:7225 显示为八位位组数组 20010DB885A308D313328A2E02707225。

附　录　F
（规范性附录）
PTP 在 IEEE 802.3/Ethernet 上的传输

F.1　概述

本附录规定了在以太网帧上直接传输报文（见 IEEE Std 802.3:2005）的特定实现的 PTP 标准部分。

PTP 报文的第一个八位位组应占用客户机数据字段的第一个八位位组。

F.2　Ethertype

本附录规范应适用于直接使用 Ethertype 为 $88F7_{16}$ 的以太网格式数据包进行通信服务的所有 PTP 实现。

F.3　多播 MAC 地址

缺省地，PTP 报文应使用表 F.1 规定的 MAC 地址。

表 F.1　多播 MAC 地址

报文类型	地址（十六进制）
除对等延时机制报文外的所有报文	01-1B-19-00-00-00
对等延时机制报文	01-80-C2-00-00-0E

00-1B-19 的 OUI 值表示由 IEEE/RAC 分配给本标准的值。01-1B-19-00-00-00 的 MAC 地址值表示在地址空间内从多播地址池中获得的一个多播地址。

01-80-C2-00-00-0E 的 MAC 地址表示从 IEEE Std 802.1AB 管理的多播地址池中获得的一个多播地址。然而，如果在 PTP 行规中定义了这样的应用，则允许将地址 01-1B-19-00-00-00 或地址 01-80-C2-00-00-0E 用于所有 PTP 报文。

为确保对由于（快速/多）生成树协议而被阻塞（blocked）的端口进行对等延时测量，保留地址 01-80-C2-00-00-0E 应被用作 PTP 对等延时机制报文的目标 MAC 地址。

注 1：按照 IEEE Std 802.1Q:2005 的 8.6.3，目标地址字段包含保留地址的帧不被网桥传递。

注 2：在 2006 年 7 月 17 日～20 日的会议上，IEEE 802.1 工作组通过了一个提议，其内容包括："重新分配当前被标识用于 802.1AB 的保留地址，使其作为一个地址可被协议使用，该协议要求将地址范围限制在一个单独 LAN 内"和"IEC 61588 应使用的保留多播地址为 01-80-C2-00-00-0E。"此地址不是专门保留供 PTP 使用，而是一个共享地址。

每个端口上，对等延时测量应使用离开端口的 MAC 地址作为 PTP 对等延时机制报文的源 MAC 地址。

F.4　transportSpecific 字段值

transportSpecific 字段（见 13.3.2.1）应被解释为表 F.2 中定义的 Ethertype 的一个子类型。

如果设备识别出该子类型，则报文被传递给 PTP 层。如果设备未识别出该子类型，则报文被处理为具有不被识别的 Ethertype 的任何其他报文。

表 F.2 以太网传输特定字段

枚举	值(十六进制)	规 范
DEFAULT	0	所有 PTP 第 2 层 Ethernet 发送不被其他的列举值覆盖
ETHERNET_AVB	1	该值被保留用来连接由 IEEE 802.1AVB 任务组开发的 P802.1AS 标准
保留	2～F	保留用于本标准将来版本的分配

F.5 可选值

当 Ethernet 传输机制允许多优先级，事件报文应使用最高优先级。

注：对于以太网，IEEE Std 802.1Q:2005 详述了优先级的实现。

F.6 协议地址

当 networkProtocol 成员值为 IEEE 802.3(见 7.4.1)，对数据类型 PortAddress 的任意参量(见 5.3.6)：

——addressLength 成员值应为 6。

——addressField 成员值应是以太网报文头的 6 个八位位组源地址字段。

附 录 G
（规范性附录）
PTP 在 DeviceNET 上的传输

G.1 协议

本附录规定了 DeviceNet 特定实现的 PTP 标准部分。本附录规范应适应于使用 DeviceNet 作为通信网络的所有 PTP 实现。对于 DeviceNet 的其他信息，见 ODVA（开放式 DeviceNet 制造商协会，http://www.odva.org）提供的 DeviceNet 规范。

注：DeviceNet 也包含在 IEC 62026-3:2007 中。

G.2 事件报文时间戳点

事件报文时间戳点（见 7.3.4.1）应为 PTP 事件报文第一个分段数据包的帧结束字段的第六比特下降沿，见图 G.1。

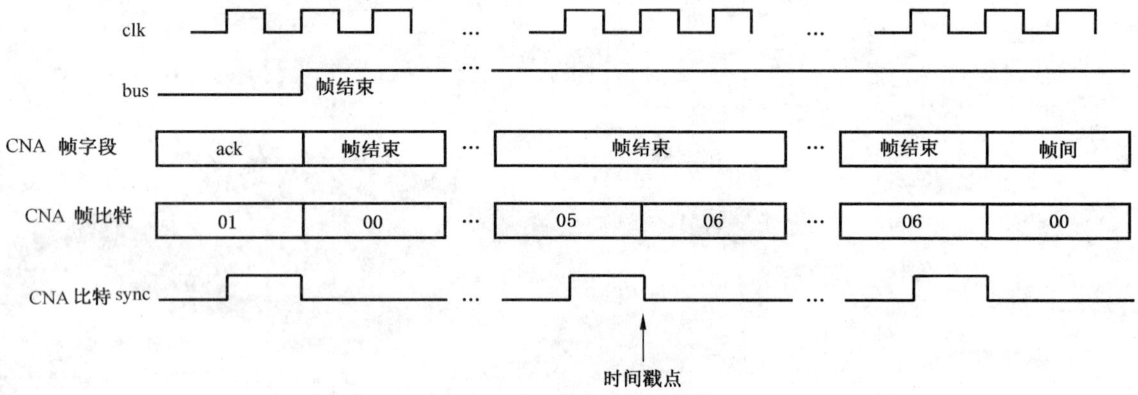

图 G.1 事件报文时间戳点

G.3 clockIdentity

clockIdentity 八位位组[0]～[7]（见 7.5.2.2.3）应为节点制造商标识（制造商 ID）和节点相关的惟一序列号的组合。

示例：

X 公司的制造商 ID 是 $AC7B_{16}$。如果 X 公司希望开发 DeviceNet 设备，则 clockIdentity 的合法值是：$0201AC7BF22235C01_{16}$，其中的 4 个八位位组数组 $F2235C01_{16}$，由 X 公司确保其在 X 公司分配的所有 DeviceNet 编号中是惟一的。

表 G.1 描述了 clockIdentity 的八位位组 2～7 的赋值，八位位组[0]和[1]在 7.5.2.2.3 中规定。

表 G.1 DeviceNet 的 clockIdentity 八位位组 0～7

技术		制造商 ID		序列号				字段
0	1	2	3	4	5	6	7	八位位组顺序
02	01	AC	7B	F2	23	5C	01	十六进制
00000010	00000001	10101100	01111011	11110010	00100011	01011100	00000001	比特

最高有效字节　　最低有效字节

最高有效位　　最低有效位

G.4 PTP 报文格式

PTP 报文的传输首先传输数据类型的最高有效字节，随后按照字节有效性递减的顺序依次传输。PTP 报文的第一个八位位组应紧跟在 DeviceNet 报文头的最后一个八位位组之后。

这些数据通过多个 DeviceNet 数据包(帧)进行发送，符合标准 DeviceNet 显式报文分组逻辑。所有 PTP 报文在 DeviceNet 上进行分段。所有数据包中都包含 DeviceNet 报文头。

表 G.2 规定了用于所有 PTP 报文数据包的 DeviceNet 报文头。该报文头出现在 PTP 报文的每个 DeviceNet 帧中。

表 G.2 用于所有 PTP 报文数据包的 DeviceNet 报文头

八位位组 0	八位位组 1	八位位组 2	类型 (资料性)	字段名
h_0h_1	j_0j_1	k_0k_1	八位位组| 八位位组| 八位位组	Fragment=1,XID=0,Souce MACID| Fragment Type,Fragment Count| R/R=1,Service Code=UCMM Servic Code

G.5 PTP 的 DeviceNet 寻址

所有 PTP 报文，应通过具有无连接报文管理器(UCMM)能力的设备将其作为无连接响应报文(Message Group 为 3,Message ID 为 5)进行发送，以及通过仅组 2(Group 2 Only)的服务器将其作为无连接响应报文(Message Group 为 2,Message ID 为 3)进行发送。因此，子网上的每个节点都有其自身惟一的多播地址(控制器局域网(CAN)标识符)。所有域使用相同的多播地址。

所有 PTP 报文应将 DeviceNet 报文头中的请求/响应位设为 TRUE。

PTP 多播地址被其他 DeviceNet 功能共享，其中一些功能是点到点报文。为识别一个 PTP 报文，发送节点应将 DeviceNet 报文头中的目的节点字段设为它自己的节点地址。这样，报文进而被 UCMM 服务码标识为 PTP 报文。

事件类报文的 UCMM 服务码字段应为 88(58_{16})，普通类报文的 UCMM 服务码字段应为 89(59_{16})。

当 networkProtocol 成员值是 DeviceNet 时(见 7.4.1)，对数据类型 PortAddress 的任意参量(见 5.3.6)：

——addressLength 成员值应为 2。

——addressField 成员值应是 DeviceNet mac ID。

G.6 transportSpecific 字段值

transportSpecific 字段的所有比特(见 13.3.2.1)应设为 0 被发送，且被接收方忽略。

附 录 H
（规范性附录）
PTP 在 ControlNET 上的传输

H.1 协议

本附录规定了ControlNet特定实现的PTP标准部分。本附录规范应适用于使用ControlNet作为通信网络的所有PTP实现。关于ControlNet的其他信息，见ControlNet国际组织[10]提供的ControlNet规范。

注：ControlNet也包含在IEC 61158中类型2中。

H.2 clockIdentity

clockIdentity八位位组[2]～[7]（见7.5.2.2.3）应为节点制造商ID和节点相关的惟一序列号的组合。

示例：

X公司的制造商ID是$AC7B_{16}$。如果X公司希望开发ControlNet设备，则clockIdentity的合法值是：$0202AC7BF22235C01_{16}$，其中的4个八位位组数组$F2235C01_{16}$，由X公司确保其在X公司分配的所有ControlNet编号中是惟一的。

表H.1描述了clockIdentity的八位位组2～7的赋值，八位位组[0]和[1]在7.5.2.2.3中规定。

表 H.1 ControlNet 的 clockIdentity 八位位组 2～7

技术		制造商 ID		序列号				字段
0	1	2	3	4	5	6	7	八位位组顺序
02	02	AC	7B	F2	23	5C	01	十六进制
00000010	00000010	10101100	01111011	11110010	00100011	01011100	00000001	比特

最高有效字节　最高有效位　　　　最低有效字节　最低有效位

H.3 PTP 报文格式

PTP报文的传输首先传输数据类型的最高有效字节，随后按照字节有效性递减的顺序依次传输。PTP报文的第一个八位位组应紧跟在ControlNetLPacket报文头的最后一个八位位组之后。

H.4 PTP 的 ControlNet 寻址

PTPL数据包的目的地址字段应为255（FF_{16}）（广播）。

对事件报文，PTPLPacket的固定Tag字段应为141（$8D_{16}$）；对普通报文，PTPLLPacket的固定Tag字段应为142（$8E_{16}$）。

当networkProtocol成员值是ControlNet时（见7.4.1），对数据类型PortAddress的任意参量（见5.3.6）：

——addressLength成员值应为2；

——addressField成员值应是设备的controlNet节点号。

H.5 transportSpecific 字段值

transportSpecific字段的所有比特（见13.3.2.1）应设为0被发送，且被接收方忽略。

10） http://www.controlnet.org

附 录 I
（规范性附录）
PTP 在 IEC 61158 类型 10 上的传输

I.1 背景

PROFINET(IEC 61158 类型 10)规定了一种现场总线通信系统。关于该现场总线通信系统如何被用来在系统中实现互操作的更多特定信息，在通信行规 IEC 61784-1:2007 和 IEC 61784-2:2007 中给出。

IEC 61784-1:2007 和 IEC 61784-2:2007 规定了通信行规簇(CPF)，并且在一个 CPF 内有一个或多个通信行规(CP)。CP 对应于 IEC 61158 的类型。IEC 61784-1:2007 规定了各种现场总线。IEC 61784-2:2007 规定了各种实时以太网现场总线。PROFIBUS™[11)]和 PROFINET 在 CPF3 中规定。CP3/4、CP3/5 和 CP3/6 规定了 IEC 61784-2:2007 中的 PROFINET。

IEC 61158 类型 10 协议在 IEC 61158-6-10:2007 中规定。IEC 61158 类型 10 的服务在 IEC 61158-5-10:2007 中规定。

本附录规定了 IEC 61784-2:2007 的 CP3/4、CP3/5 和 CP3/6(即众所周之的 PROFINET)第 2 层上的协议。这些 CP 参见 IEC 61158-5-10:2007、IEC 61158-6-10:2007 和其他标准。

图 I.1 示出了一个 PTP 区域和一个 IEC 61158 类型 10 区域。使用边界时钟进行两个区域间的协议转换。

本附录协议功能上等同于本标准主要条款和附录中第 2 层上的 PTP 透明时钟和普通时钟的功能。然而，本附录协议具有不同的 PTP 报文编码，以满足 IEC 61158 内 IEC 61784-2:2007 的 CP3/4、CP3/5 和 CP3/6 的编码规范。本附录不适用于 IEC 61784-1:2007 的 CP3/1、CP3/2 和 CP3/3。

注：现有 ASIC 支持 IEC 61784-2:2007 的 CP3/4、CP3/5 和 CP3/6 在第 2 层的 PTP。

本附录的编码应用于满足 IEC 61158 内 IEC 61784-2:2007 的 CP3/4、CP3/5 和 CP3/6 的编码规范要求的实现。

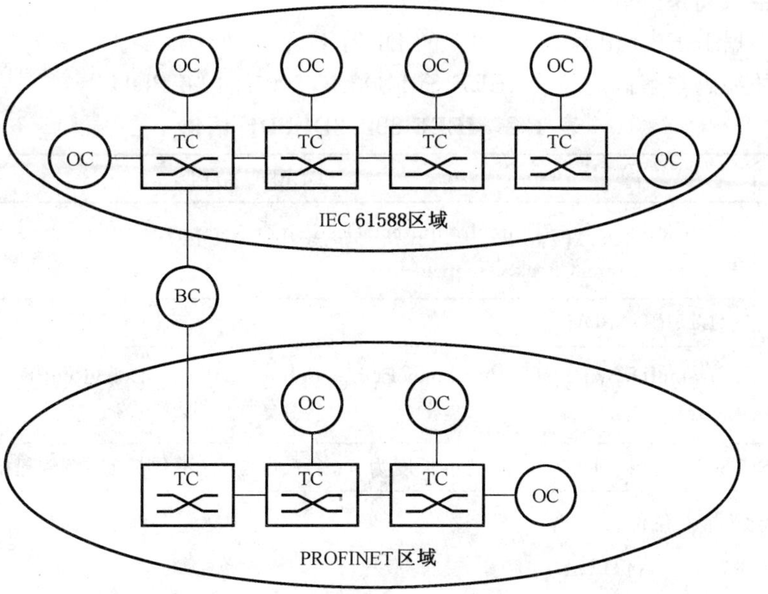

图 I.1 PROFINET 区域与其他域结合

11) PROFIBUS™是非盈利组织 PROFIBUS 用户组织(PNO)的商标名。该信息用来方便本标准的用户，不表示对 IEEE 这些产品的认可。如果等效产品能够显示可获得相同结果，则可以使用。

I.2 报文规范

不同报文名的映射见表 I.1。

表 I.1 报文映射

PROFINET 名称	PTP 名称
SyncPDU	Sync
FollowUpPDU	Follow_Up
AnnouncePDU	Announce
未使用	Delay_Req
未使用	Delay_Resp
DelayReqPDU	Pdelay_Req
DelayResPDU	Pdelay_Resp
DelayFuResPDU	Pdelay_Resp_Follow_Up
未使用	Signaling
未使用	Management

PROFINET 报文的编码及所用的首字母缩写词、缩略语和约定应按照 IEC 61158-5-10:2007 和 IEC 61158-6-10:2007 使用。

当 networkProtocol 成员值是 PROFINET 时(见 7.4.1),对数据类型 PortAddress 的任意参量(见 5.3.6):

——addressLength 成员值应为 6;

——addressField 成员值应为以太网报文头的 6 个八位位组源地址。

I.3 IEC 61158 类型 10 的 DLPDU

I.3.1 DLPDU 的抽象句法

表 I.2 给出了根据 IEEE Std 802.3:2005 的 DLPDU 抽象语法概要。

表 I.2 中字段的编码与解码应符合 IEEE Std 802.3:2005 的 DLPDU。

表 I.2 IEEE 802.3DLPDU 语法

DLPDU 名称	DLPDU 结构
DLPDU	Preamble[a]、StartFrameDelimiter、DestinationAddress、SourceAddress、DLSDU[b]、DLPDU_Padding[c]、FrameCheckSequence
DLSDU	LT、FIDAPDU
FIDAPDU	frameID,SyncPDU ˆ AnnouncePDU ˆ FollowUpPDU ˆ DelayReqPDU ˆ DelayResPDU ˆ DelayFuResPDU
注:根据 IEEE Std 802.3:2005,DLPDU 的最小长度为 64 个八位位组(不包括前导码,起始帧定界符)。	
[a] 该字段至少包含 7 个八位位组。 [b] DLSDU 最小长度是 2 个八位位组。 [c] 填充的八位位组个数应在 0～46 的范围内,取决于 DLSDU 的长度。填充的值应设置为 0。	

I.3.2 DLPDU 字段目标地址的编码

DLPDU 字段应编码为数据类型 Octec[6]。目标地址字段的值应为 IEEE 802 的 MAC 地址。

对 PROFINET-PDU 中的 PTP,其值应根据表 I.3 设置。

表 I.3 多播 MAC 地址

组 MAC 地址	含义
01-0E-CF-00-04-00	与 AnnoucePDU 和 FrameID(=$FF00_{16}$)联合用于时钟同步
01-0E-CF-00-04-01	与 AnnoucePDU 和 FrameID(=$FF01_{16}$)联合用于时间同步
01-0E-CF-00-04-XX	与 AnnoucePDU 和 FrameID(=$FFxx_{16}$)联合用于同步
01-0E-CF-00-04-1F	与 AnnoucePDU 和 FrameID(=$FF1F_{16}$)联合用于同步
01-0E-CF-00-04-20	与有 follow up 的 SyncPDU 和 FrameID(=0020_{16})联合用于时钟同步
01-0E-CF-00-04-21	与有 follow up 的 SyncPDU 和 FrameID(=0021_{16})联合用于时间同步
01-0E-CF-00-04-XX	与有 follow up 的 SyncPDU 和 FrameID(=$00xx_{16}$)联合用于同步
01-0E-CF-00-04-3F	与有 follow up 的 SyncPDU 和 FrameID(=$003F_{16}$)联合用于同步
01-0E-CF-00-04-40	与 FollowUpPDU 和 FrameID(=$FF20_{16}$)联合用于时钟同步
01-0E-CF-00-04-41	与 FollowUpPDU 和 FrameID(=$FF21_{16}$) 联合用于时间同步
01-0E-CF-00-04-XX	与 FollowUpPDU 和 FrameID(=$FFxx_{16}$)联合用于同步
01-0E-CF-00-04-5F	与 FollowUpPDU 和 FrameID(=$FF3F_{16}$)联合用于同步
01-0E-CF-00-04-80	与 SyncPDU 和 FrameID(=0080_{16})联合用于时钟同步
01-0E-CF-00-04-81	与 SyncPDU 和 FrameID(=0081_{16}) 联合用于时间同步
01-0E-CF-00-04-XX	与 SyncPDU 和 FrameID(=$00xx_{16}$)联合用于同步
01-0E-CF-00-04-9F	与 SyncPDU 和 FrameID(=$009F_{16}$)联合用于同步
01-80-C2-00-00-0E 见注 3	与 DelayReqPDU 和 FrameID(=$FF40_{16}$),有 follow up 的 DelayResPDU 和 FrameID(=$FF41_{16}$),DelayFuResPDU 和 FrameID($FF42_{16}$)和无 follow up 的 DelayResPDU 及 FrameID($FF43_{16}$)联合用于点到点延时测量

注 1:八位位组 1 包含单独/组地址比特(LSB)

注 2:本表中从 01-0E-CF 开始的地址,是基于 PROFIBUS 用户组织 PNO 拥有的 OUI。

注 3:MAC 地址 01-80-C2-00-00-0E 表示从 IEEE Std 802.1AB 管理的多播地址池中获得的一个多播地址。该地址详见 F.3。

I.3.3 字段 LT 的编码

LT 字段应依据 IEEE Std 802.3:2005(Unsigned 16)的值进行编码。本规范使用符合表 I.4 的值。

表 I.4 LT(长度/类型)

值(十六进制)	含义
8892	PROFINET

I.3.4 字段 FrameID 的编码

FrameID 字段应编码为数据类型 Unsigned 16,其值依据表 I.5。该字段标识 APDU 的结构和类型。

表 I.5 FrameID

值(十六进制)	含　义	用　途
0000～001F	保留	—
0020	SyncPDU	有 follow_up 的 SyncPDU,用于时钟同步(等时同步应用)
0021	SyncPDU	有 follow_up 的 SyncPDU,用于时间同步
0022～00FF	保留	—
0080	SyncPDU	无 follow_up 的 SyncPDU,用于时钟同步(等时同步应用)
0081	SyncPDU	无 follow_up 的 SyncPDU,用于时间同步
0082～00FF	保留	—
FF00	AnnouncePDU(时钟)	AnnoucePDU 用于时钟同步(等时同步应用)
FF01	AnnouncePDU(时间)	AnnoucePDU 用于时间同步
FF02～FF1F	保留	—
FF20	FollowUpPDU(时钟)	FollowUpPDU 用于时钟同步
FF21	FollowUpPDU(时间)	FollowUpPDU 用于时间同步
FF22～FF3F	保留	—
FF40	DelayReqPDU	DelayReqPDU 用于路径延时测量
FF41	DelayResPDU	DelayResPDU 用于具有 follow_up 的路径延时测量
FF42	DelayFuResPDU	DelayFuResPDU 用于路径延时测量
FF43	DelayResPDU	DelayResPDU 用于无 follow_up 的路径延时测量
FF44～FFFF	保留	—

I.3.5 编码规范

网桥能在边沿转换 2 种格式。不同格式、不同参数和属性名称的映射见表 I.6。flagField(见 13.3.2.6)到 PROFINET 的转换见表 I.7。

表 I.6 参数和属性名称的映射

PROFINET 中的名称	报文类型	PTP 版本 2 中的名称
无对应部分	—	transportSpecific
FrameID	SyncPDU FollowUpPDU AnnouncePDU DelayReqPDU DelayResPDU DelayFuResPDU	messageType
无对应部分	—	VersionPTP
无对应部分	—	messageLength
SubdomainUUID	SyncPDU FollowUpPDU AnnouncePDU DelayReqPDU DelayResPDU DelayFuResPDU	domainNumeber

表 I.6（续）

PROFINET 中的名称	报文类型	PTP 版本 2 中的名称
按照表 136	SyncPDU	flagField
SequenceId	SyncPDU FollowUpPDU AnnouncePDU DelayReqPDU DelayResPDU DelayFuResPDU	sequenceId
无对应部分	—	controlField
MasterSourceAddress	SyncPDU FollowUpPDU AnnouncePDU	clockIdentity
在 PROFINET 中规定	—	logMessageInterval
Seconds	SyncPDU	seconds(bit 0～31)
NanoSeconds	SyncPDU	Nanoseconds
EpochNumber	SyncPDU	seconds(bit 32～47)
CurrentUTCOffset	SyncPDU	currentUtcOffset
ClockAccuracy	SyncPDU AnnouncePDU	clockAccuracy
ClockClass	SyncPDU AnnouncePDU	clockClass
MasterPriority 1	SyncPDU AnnouncePDU	Priority 1
MasterPriority 2	SyncPDU AnnouncePDU	Priority 2
ClockVariance	SyncPDU AnnouncePDU	offsetScaledLogVariance
无对应部分	—	stepsRemoved
无对应部分	—	grandmasterIdentity
无对应部分	—	parentPortIdentity
RequestSourceAddress	DelayReqPDU DelayResPDU DelayFuResPDU	clockIdentity
RequestPortID	DelayReqPDU DelayResPDU DelayFuResPDU	portNumber

表 I.7 从 PTP 版本 2 到 PROFINET 的 flagField 转换

PROFINET 中的名称	PTP 版本 2 中的名称
最后 1 min 有 61 s	flagField. leap61
最后 1 min 有 59 s	flagField. leap59
由 AnnouncePDU 通知	flagField. alternateMasterFlag
在 FrameID 中编码	flagField. twoStepFlag
时间同步且 ClockStratum=1 或 2 时为 TRUE	flagField. timeTraceable
ClockStratum=1 或 2 时为 TRUE	flagField. frequencyTraceable
时钟同步时为 FALSE (ARP)。 如果标识符不是 INIT 或 DFLT,时间同步时为 TRUE; 否则为 FALSE	flagField. ptpTimescale
时钟同步时为 FALSE(ARP)。 如果标识符不是 INIT 或 DFLT,时间同步时为 TRUE; 否则为 FALSE	flagField. currentUtcOffsetValid
FALSE	flagField. unicastFlag
设为 FALSE	所有其他 flagField

IEC 61158 类型 10 的参数、属性和使用的首字母缩写词、缩略语以及约定的编码,应根据 IEC 61158-5-10:2007 和 IEC 61158-6-10:2007 进行。

附 录 J
（规范性附录）
缺省 PTP 行规

J.1 概述

每个缺省 PTP 行规规定了选项和属性的一个选择。每个选择规定了一个无需用户配置就可工作的系统。

J.2 通用要求

节点应实现规定了缺省值或选项的相应 PTP 行规的所有要求，使得这些缺省值或选项的应用不需要用户配置，即同制造商交付的一样。

J.3 延时请求-响应缺省 PTP 行规

J.3.1 标识

本 PTP 行规的标识值(见 19.3.3)如下：

PTP 行规

具有延时请求-响应机制的缺省 PTP 行规

版本 1.0

行规标识符：00-1B-19-00-01-00

J.3.2 PTP 属性值

所有节点都应支持取值范围，并且属性应具有如下缺省初始化值：

——defaultDS. domainNumber：缺省初始化值应为 0；

——portDS. logAnnounceInterval：缺省初始化值应为 1，可组态取值范围为 0～4；

——portDS. logSyncInterval：缺省初始化值应为 0，可组态取值范围为 −1～+1；

——portDS. logMinPdelayReqInterval：缺省初始化值应为 0，可组态取值范围为 0～5；

——portDS. announceReceiptTimeout：缺省初始化值应为 0，可组态取值范围为 2～10；

——defaultDS. Priority 1：缺省初始化值应为 128；

——defaultDS. Priority 2：缺省初始化值应为 128；

——defaultDS. slaveOnly：如果该参数是可组态的，则缺省值应为 FALSE；

——transparentClockdefaultDS. primaryDomain：缺省初始化值应为 0；

——τ，见 7.6.3.2：缺省初始化值应为 1.0 s。

每个定义的范围，制造商可自行扩展。

J.3.3 PTP 选项

所有 15.5.4.1.7 和第 17 章的选项都是允许的。缺省地，除非明确地被管理规程激活，这些选项都是非活动的。

节点管理应实现本标准的管理报文机制。

最佳主时钟算法应为 9.3.2 规定的算法。

延时请求-响应机制应为缺省路径延时测量机制。也可实现对等延时机制。

注：每个链路只允许单一机制。边界时钟应在采用不同路径延时机制的链路之间使用。

J.3.4 时钟物理要求

J.3.4.1 频率精度

每个最高级时钟应保持频率偏移不大于 SI 秒的 0.01%。

J.3.4.2 频率调整范围

任何处于 SLAVE 状态的时钟都应能够校正其频率，以匹配满足 J.3.4.1 要求的任何主时钟。

注：频率调整范围应至少为±0.025%。

J.4 点到点缺省 PTP 行规

J.4.1 标识

本 PTP 行规的标识值(见 19.3.3)如下：

PTP 行规

具有对等延时机制的缺省 PTP 行规

版本 2.0

行规标识符：00-1B-19-00-02-00

J.4.2 PTP 属性值

所有节点都应支持取值范围，并且属性应具有如下缺省初始化值：

——defaultDS. domainNumber：缺省初始化值应为 0；

——portDS. logAnnounceInterval：缺省初始化值应为 1，可组态取值范围为 0～4；

——portDS. logSyncInterval：缺省初始化值应为 0，可组态取值范围为－1～＋1；

——portDS. logMinPdelayReqInterval：缺省初始化值应为 0，可组态取值范围为 0～5；

——portDS. announceReceiptTimeout：缺省初始化值应为 3，可组态取值范围为 2～10；

——defaultDS. Priority 1：缺省初始化值应为 128；

——defaultDS. Priority 2：缺省初始化值应为 128；

——defaultDS. slaveOnly：如果该参数是可组态的，则缺省值应为 FALSE；

——transparentClockdefaultDS. primaryDomain：缺省初始化值应为 0；

——τ，见 7.6.3.2：缺省初始化值应为 1.0 s。

每个定义的范围，制造商可自行扩展。

J.4.3 PTP 选项

所有 15.5.4.1.7 和第 17 章的选项都是允许的。缺省地，除非明确地被管理规程激活，这些选项都是非活动的。

节点管理应实现本标准的管理报文机制。

最佳主时钟算法应为 9.3.2 规定的算法。

对等延时机制应为缺省路径延时测量机制。也可实现延时请求-响应机制。

注：每个链路只允许单一机制。边界时钟应在采用不同路径延时机制的链路之间使用。

J.4.4 时钟物理要求

J.4.4.1 频率精度

每个最高级时钟应保持频率偏移不大于 SI 秒的 0.01%。

J.4.4.2 频率调整范围

任何处于 SLAVE 状态的时钟应能够校正其频率，以匹配满足 J.4.4.1 要求的任何主时钟。

注：频率调整范围应至少为±0.025%。

附　录　K
（资料性附录）
安全协议（实验性）

K.1　概述

本附录定义了一个 PTP 的实验性安全扩展，见 14.2。由于本附录不是规范性附录，不使用术语“应”来表示要求，而使用“要求”代替。为了在 PTP 将来版本中本附录成为规范性时能正确实现本扩展，建议本扩展的实现者将本附录中的“要求”解释为“应”。

PTP 安全扩展和协议为 PTP 报文提供了组源认证、报文完整性以及重放攻击保护。

PTP 安全协议由以下两个基本机制构成：

——完整性保护机制，它使用报文认证码来验证接收到的报文是由已认证的源发送的，传输中没有被修改并且是新的（即，不是报文的重放）。重放保护是通过计数器实现的；

——挑战-响应机制，它用来确认新的源的真实性，维护信任关系的新鲜性。

K.2　协议综述

PTP 安全协议使用对称报文认证码功能。它提供组源认证、报文完整性以及重放保护。安全协议不提供认可。协议支持 HMAC-SHA1-96 和 HMAC-SHA256-128，并且允许将来增加其他报文认证码。要求这些算法的实现与参考文献 IETC RFC2104 [B10]、IETF RFC 2404 [B11]、NIST SHS 标准[B20]以及 NIST HMAC 标准[B21]一致。

协议中的参与者共享对称密钥。该密钥可由整个域或域的子集共享。可通过手动配置或自动密钥管理协议来完成密钥分发，这两钟方式 PTP 安全扩展均支持。密钥分发不在本规范的范围内。

PTP 安全协议中的参与者通过安全联盟（SA）进行通信。一个 SA 包含一个源（源端口，协议地址）、一个目的地（目的端口，协议地址）、一个密钥、一个随机 lifetimeId 以及一个重放计数器。SA 是单向的，它保护从源到目的地的流量。每个节点维护一个输入 SA 表，它用于对输入流量的验证；以及一个输出 SA 表，它用来对输出流量的保护。一个 SA 可以由单个发送方和多个接收方共享。发送方持有 SA 的一个单一副本，每个接收方都有其自己的一个副本。接收方的副本可能同时包含 SA 重放保护计数器的不同值，但它们均比同时存储在 SA 的发送方副本中的重放计数器小。

SA 是由发送方创建的，并与接收方通信。发送方可以选择为每个源和所有的目的地创建一个单一的 SA，即，创建一个 SA，源是其接口单播地址之一，目的地为“所有的”；或者可以选择为每一个源和目的地创建一个单一的 SA，即，创建多个具有相同的接口源地址和不同的多播和单播目的地的 SA。这是实现特定的。如果使用一个单一 SA 对应所有目的地，则重放保护计数器的翻转将快的多，这增加 SA 的更新速率。如果使用多个 SA 对应多个目的地，则输出 SA 表将更大。SA 上的报文接收方不关心发送方使用了哪种 SA 实现方法。

完整性校验值（ICV）是将算法 ID 确定的报文认证码功能应用到整个数据包（该数据包含有安全 AUTHENTICATION TLV）的结果，算法 ID 具有用密钥 ID 标识的适当密钥。只有知道共享密钥的节点可以分别修改报文和它的 ICV；因此，没有密钥的攻击者的任何篡改报文企图，在接收方验证 ICV 失败时均可被检测到。

重放保护机制依赖一个随机寿命 ID（lifetime ID）和重放保护计数器，这些都是 SA 的一部分。无论何时有数据包通过该 SA 时，重放计数器都增加 2。接收方验证数据包中的寿命 ID 与其输入 SA 表中发送方 SA 的寿命 ID 是否匹配，以及数据包中的计数器是否比 SA 中存储的值大。

K.3 通用要求

PTP安全协议使用PTP报文头中的一个标志位来指示报文带有安全AUTHENTICATION TLV。PTP报文头的flagField(见13.3.2.6)被扩展1个比特,定义见表K.1。

表 K.1 flagField.SECURE 标志

八位位组	比特	报文类型	名称	描述
0	7	所有	SECURE	如果报文尾部是安全AUTHENTICATION TLV,则为TRUE; 否则为FALSE

要求将每个安全传输的PTP报文的flagField.SECURE标志设为TRUE,并且包含K.15中定义的安全AUTHENTICATION TLV扩展。要求该扩展是附加到PTP报文的最终TLV扩展。

注:为方便安全协议的硬件实现,ICV字段应是报文的最后字段。

在本附录中,某些情况下规定的动作是"安静地丢弃"一个接收到的报文。这表示该报文不被进一步处理而被丢弃,且没有为处理该报文而分配内部或外部资源。然而,可将事件用一个统计计数器记录,或者采取任何其他不分配新系统资源的类似动作。本定义限制了耗尽系统或网络资源的拒绝服务攻击的能力。

有些PTP系统要求支持安全时钟与非安全时钟的混合。例如:一个PTP系统由两个支持安全协议的最高级时钟(一个作为后备)、一组支持安全协议的普通时钟,以及一组不支持安全协议的slave-only时钟构成。该PTP系统的管理者可以允许非安全slave-only时钟同步到安全最高级时钟。正如本附录定义的一样,时钟间的所有通信都必须是安全的。因此,尽管从时钟可以解析最高级时钟发送的Announce和Sync报文,最高级时钟丢弃来自slave-only时钟的非安全Delay_Req报文。期望在行规或PTP下一版本的本附录扩展能引入其他"安全策略",使得安全时钟和非安全时钟混合使用。像这样扩展的例子包括允许在一个有限报文速率下,一个时钟处理并应答非安全Delay_Req和Pdelay_Req报文,或者处理并应答非安全管理Get请求。

K.4 挑战-响应交换

挑战-响应交换是一个三方互相认证的协议,其中两个节点利用该协议确认其真实性与新鲜性。一个节点只有在成功执行了与另一个节点的挑战-响应后,才信任从该节点接收到的完整性与重放信息。

每个时钟都维护一个输入安全联盟列表。输入SA可以是静态的,即提前配置的;或者一旦时钟从一个与当前输入SA集中任何成员的sourcePortIdentity和协议地址不匹配的端口,接收到一个PTP报文时,就立即创建一个输入SA。

一旦时钟初始化和新SA被创建,输入SA的信任状态就被设为UNTRUSTED。信任状态只有在根据K.10成功执行了挑战-响应测试后才被设为TRUSTED。每个输入SA维护一个定时器,该定时器测量自上一次接收到一个认证报文后经过的时间。当该定时器超时,则输入SA信任状态被设为UNTRUSTED。如果SA不是静态的,则一旦超时该SA被丢弃。

当时钟接收到一个来自不信任源的报文时,它启动一个挑战-响应交换。输入报文必须将flagField.SECURE标志设为TRUE,必须包含安全AUTHENTICATION TLV,且必须通过K.6的完整性校验值(ICV)测试。如果接收到的报文不与一个输入SA相匹配,只要资源允许就创建一个新的动态输入SA。输入SA维护挑战状态和一个挑战定时器。当发送了一个挑战请求且一个重放处于挂起时,挑战状态被设为CHALLENGING。只要挑战状态是CHALLENGING,就没有新的挑战请求通过该SA发送。如果未接收到挑战应答,则挑战定时器超时且挑战状态被设为IDLE。

挑战-响应交换使用AUTHENTICATION_CHALLENGE TLV。AUTHENTICATION_

CHALLENGE TLV 包含定义以下挑战类型的一个字段：challengeRequest，challengeResponseRequest 和 challengeResponse。AUTHENTICATION_CHALLENGE TLV 必须附加为安全信号报文的第一个 TLV。要求挑战交换中使用的信号报文仅用于安全协议操作。也启动挑战-响应交换来更新 K.5 中定义的安全联盟参数。

K.5 安全联盟更新交换

重放保护要求重放计数器不翻转。输出 SA 维护当前以及下一个随机产生的非零寿命 ID。当输出 SA 的重放计数器翻转时，SA 从当前寿命 ID 转换到下一个寿命 ID，并产生一个新的下一个寿命 ID。

输入 SA 维护当前以及下一个寿命 ID。一旦接收到安全 AUTHENTICATION TLV 中有下一个寿命 ID 的第一个认证报文，输入 SA 转换到该下一寿命 ID。输入 SA 从 AUTHENTICATION TLV 复制重放计数器的值，并启动一个挑战-响应交换来确定新的下一个寿命 ID。

在挑战-响应报文和挑战-响应-请求报文中使用 SECURITY_ASSOCIATION_UPDATE TLV 来传输下一个寿命 ID。如果响应方为每个与请求方通信的输出地址（单播、多播及 p-多播）都维护一个不同的输出 SA，则需要使用多个 TLV。

一旦一个给定密钥即将过期，安全联盟更新交换包括给交换提供下一个密钥 ID 以更新安全联盟密钥。密钥 ID 应经常更换，更换频率足以保护不受由于寿命 ID 重复使用而引起的重放攻击。因此，共享密钥分发机制必须更新共享密钥以维护足够的有效密钥。

输入 SA 维护当前和下一个密钥 ID。一旦接收到安全 AUTHENTICATION TLV 中有下一个密钥 ID 的第一个认证报文，输入 SA 转换到下一个密钥 ID。输入 SA 启动一个挑战-响应交换以确定新的下一个密钥 ID。下一个密钥 ID 用 SECURITY_ASSOCIATION_UPDATE TLV 在挑战-响应报文与挑战-响应-请求报文中传输。

K.6 完整性校验值（ICV）测试

ICV 是应用报文认证码功能的结果，报文认证码功能是由带有密钥 ID 标识的适当密钥的算法 ID 规定的。算法特定的处理规则见 K.15.7。

对每个从输出安全联盟发送的 PTP 报文，安全 AUTHENTICATION TLV 的 ICV 字段计算如下：

a) 使用输出 SA 的密钥 ID 规定的密钥作为哈希算法（hash algorithm）要求的密钥值；

b) 使用与密钥 ID 相关的、由算法 ID 确定的哈希算法来计算 ICV 值。算法 ID 是从由密钥 ID 索引的密钥列表数据集中找出的；

c) 通过使用所选的哈希算法和保密密钥，在所有 PTP 报文字段上计算 ICV 值，计算从公共报文头的第一个八位位组开始，到安全 AUTHENTICATION TLV 的最后一个八位位组结束，包含最后一个八位位组。在该计算前，ICV 字段的所有比特都须设为 0。

计算输入报文的 ICV，并将其与在安全 AUTHENTICATION TLV 中携带的 ICV 进行比较。校验执行如下：

a) 如果 AUTHENTICATION TLV 中的 keyId 指定的密钥不是有效的或是未知的，则 ICV 校验失败；

b) 如果 AUTHENTICATION TLV 中的 algorithmId 不等于与密钥列表数据集中与 keyId 相关的算法 ID，则 ICV 校验失败；

c) 通过算法选择的报文认证码功能与密钥，在所有 PTP 报文字段上计算 ICV 值，计算从公共报文头的第一个八位位组开始，到安全扩展 TLV 的最后一个八位位组结束，并包含安全扩展 TLV 的最后一个八位位组。在该计算前，AUTHENTICATION TLV 的 ICV 字段所有比特值都须设为 0。如果计算出来的 ICV 与输入报文 AUTHENTICATION TLV 中的 ICV 不匹配,则 ICV 测试失败。

否则,ICV 测试通过。

K.7 安全联盟查找

将接收到的 PTP 报文与输入安全联盟进行匹配,以确定这些报文是否从一个信任源接收到的。如果 PTP 报文头的 sourcePortId 以及源协议地址与输入安全联盟的源端口以及源地址相匹配,并且报文的目的端口(如果规定了)以及目的地址与输入安全联盟的目的端口以及协议地址相匹配,则接收到的报文与该安全联盟相匹配。安全联盟查找指出一个匹配的安全联盟是否存在,并返回该安全联盟的信任状态。

K.8 keyId 检验

本测试验证一个输入报文的 keyId 是否与输入安全联盟值相匹配。将从一个信任源(也通过了 ICV 测试)接收到的 PTP 报文的 keyId 与 SA 的相应值进行比较。

将输入 keyId 与 SA 的 sa. keyId 进行比较。如果两者一样,则测试通过。如果 keyId 与 SA 维护的 sa. nextKeyId 相匹配,则将 SA 的 sa. nextKeyId 复制到 SA 的 sa. keyId,将 sa. nextKeyId 设为 0,并启动一个安全更新交换。与 sa. keyId 或与 sa. nextKeyId 不匹配的报文将被安静地丢弃。

只要输入 SA 的 sa. nextKeyId 为 0,且挑战状态不是 CHALLENGING,则每次 SA 成功接收一个新报文时,输入 SA 联盟均启动一个安全更新交换。

K.9 重放保护机制

重放保护机制依赖这样的事实:sourcePortIdentity、lifetimeId、replayCounter 三元组出现两次的概率极低(几乎为 0)。该概率取决于共享密钥的寿命,密钥交换频率越高则它越低。

lifetimeId 和 replayCounter 字段由输出安全联盟设置。对于通过输出 SA 发送的每个报文,sa. replayCounter 增加 2。当 sa. replayCounter 翻转时,lifetimeId 则由另一个随机的 lifetimeId 代替。sa. replayCounter 和 sa. lifetimeId 的值在安全 AUTHENTICATION TLV 中发送。

重放保护测试是在从一个信任输入 SA 接收到的包上进行的。将输入 lifetimeId 与输入 SA 的 sa. lifetimeId 相比较。如果两者一致,则将输入 replayCounter 字段与输入 SA 的 sa. replayCounter 相比较。如果输入 replayCounter 字段小于或等于输入 SA 的 sa. replayCounter,则报文被安静地丢弃。如果 lifetimeId 字段与输入 SA 维护的 sa. nextLifeTimeId 匹配,则将输入 AUTHENTICATION TLV 中的 replayCounter 字段复制到输入 SA 的 sa. replayCounter,将输入 SA 的 sa. nextLifetimeId 复制到输入 SA 的 sa. lifetimeId,将 sa. nextLifetimeId 设为 0,并启动一个安全更新交换。与 sa. lifetimeId 或与 sa. nextLifetimeId 不匹配的报文将被安静地丢弃。

只要输入 SA 的 sa. nextLifetimeId 为 0,且挑战状态不是 CHALLENGING,则每次 SA 成功接收一个新报文时,输入 SA 均启动一个安全更新交换。

K.10 挑战-响应检验

挑战-响应交换使用随机 nonce 来验证源的真实性与新鲜性。AUTHENTICATION_CHALLENGE TLV 包含一个请求 nonce 和一个应答 nonce。挑战请求和挑战-响应-请求的发送方将请求 nonce 设为一个随机数。挑战-响应或挑战-响应-请求的接收方将它发送的请求中的请求 nonce 与应答进行匹配。如果输入挑战报文中的响应 nonce,与挑战报文的请求 nonce 字段中发送的 nonce 不匹配,则挑战-响应检验失败,挑战报文被安静地丢弃。

挑战报文必须通过 ICV 测试。对于信任源，挑战报文也必须通过重放保护测试。如果这些测试中的任意一个测试失败，则挑战报文被安静地丢弃。

K.11 共享密钥分发

分发共享密钥来增加和更新系统中每个 PTP 节点的安全密钥列表数据集，不在本标准范围内。

K.12 密钥产生

密钥产生不在本标准范围内。下面描述了一个可选的密钥产生机制，该机制与 HMAC-SHA1-96 和 HMAC-SHA256-128 一起使用并增加共享密钥数据集。首先描述一般方法。

假设 H(x)为报文 x 的 n-bit 散列(hash)，k 为要产生的 n-bit 密钥，p 为一个口令，ss 为短期(short-term)salt，sl 为长期(long-term)salt。变量 ss、sl、p 与 x 均为任意字符串。尽管 p 必须保密，但是 ss 和 sl 是公共值。典型地，sl 可以是运行它的网络名或组织名(例如，“物理实验室”)，sl 可以是口令周期的日期或一个密钥名(例如，“2007 年 1 月～6 月”)。| |表示串联，则：

$$k = H(sl||ss||p)$$
$$\text{for } i = 1, 2, \cdots 1000$$
$$k_i = H(k_{(i-1)})$$

k 的最终值即(k_{1000})可以按需截取以形成最终密钥。长期 salt(sl)可在所有的站中初始化一次，并在以后不再改变，这防止为不同名称的另一网络所产生的攻击字典被重新用在本网络中。无论何时密钥被改变，短期 salt 都应被改变，这防止为先前密钥而计算的一个攻击字典被重新用来攻击一个新的密钥。

特别地，对 PTP 安全协议，可以采取下列步骤来产生密钥：

对每个 keyId：

a) 为每个密钥选择一个可变长度的口令；
b) 选择一个长期 salt；
c) 选择一个短期 salt；
d) 将长期 salt、短期 salt 和口令串联成一个单一报文；
e) 使用 SHA-1 对报文进行散列计算；
f) 对得到的报文散列再进行 1000 次散列计算；
g) 通过 SHA-1 得到的输出的 20 个八位位组，就是 K.13.2.3 中定义的 20 个八位位组的共享密钥。

K.13 安全数据集

K.13.1 概述

定义在本条中的安全数据集只用于提供说明，不要求特定的实现。

安全数据集由输入和输出安全联盟列表、密钥列表以及 defaultDS 数据集参数列表构成。除非另有规定，所有成员的缺省值都是 0。

K.13.2 密钥列表

实现安全协议的 PTP 节点必须维护一个密钥列表。每个密钥列表条目由 kl.keyId、kl.algorithmId、kl.securityKey、kl.startTime、kl.expirationTime 和 kl.valid 比特组成。

K.13.2.1 kl.keyId (UInteger 16)

kl.keyId 是密钥的惟一标识符。要求 0 值不用于指示一个有效密钥。

K.13.2.2 kl.algorithmId (UInteger 8)

kl.algorithmId 指示与密钥一起使用的算法。

K.13.2.3　kl.securityKey（Octet[N]）

kl.securityKey 字段保留安全密钥。N 值与使用的算法有关。对 SHA-1 和 SHA-256，N=20。

K.13.2.4　kl.startTime（Timestamp）

kl.startTime 指示密钥激活时间。当将有效性比特设为 TRUE 时激活密钥。密钥不应在 kl.startTime前使用。

K.13.2.5　kl.expirationTime（Timestamp）

kl.expirationTime 指示密钥过期时间。一旦密钥到期，有效性比特设为 FALSE，密钥不再被使用。一个值为 0 的 kl.expirationTime 指示密钥是永久的，因此不会过期。一个永久密钥应分发给所有的时钟。当所有其他时钟与本时钟通信失败时应使用永久密钥，该永久密钥仅限于建立一个安全联盟，然后变为非永久密钥。

K.13.2.6　kl.valid（Boolean）

如果 kl.valid 设为 FALSE，则密钥无效且要求不再被安全协议使用。

K.13.3　安全联盟

安全联盟在两个列表中维护，包括输入安全联盟列表和输出安全联盟列表。每个安全联盟由 sa.srcPort、sa.srcAddress、sa.destPort、sa.destAddress、sa.replayCounter、sa.lifetimeId、sa.keyId、sa.nextLifetimeId、sa.nextKeyId、sa.trustState、sa.trustTimer、sa.trustTimeout、sa.challengeState、sa.requestNonce、sa.responseNonce、sa.challengeTimer、sa.challengeTimeout、sa.responseRequired、sa.challengeRequired 和 sa.typeField 组成，定义如下所述。

K.13.3.1　sa.srcPort（PortIdentity）

将 sa.srcPort 与 PTP 报文头的 sourcePortIdentity 相匹配。对输出 SA，它指示时钟的一个端口；对输入 SA，它等于发送报文的时钟的 portIdentity。对输出 SA，sa.srcPort 的 portNumber 成员可设为全 1 的值以指示该 SA 用于时钟的所有端口。对输入 SA，要求 portNumber 成员或 clockIdentity 成员不为全 1 的值。

K.13.3.2　sa.srcAddress（Octet[N]）

sa.srcAddress 与 PTP 报文的源协议地址相匹配。对输出 SA，sa.srcAddress 可以设为全 1 值以指示该 SA 匹配所有地址。对输入 SA，要求 sa.srcAddress 不等于全 1 值。接收到的 PTP 报文的源协议地址与输入 SA 的 sa.srcAddress 参数相匹配。发送的 PTP 报文的源协议地址与输出 SA 的 sa.srcAddress 参数相匹配。对 Ipv4 封装，N=4；对 IPv6，N=16；对以太网，N=6。

K.13.3.3　sa.destPort（PortIdentity）

对输出 SA，sa.destPort 等于该报文要发送到的端口的 portIdentity；对输入 SA，它等于时钟的其中一个端口的 portIdentity。对输出 SA，可将 sa.destPort 设为全 1 值以指示“所有的时钟和所有的端口”。可将 sa.destPort 的 portNumber 设为全 1 值以指示该 SA 用于“一个特定时钟的所有端口”。例如，将发送到多播地址的 Sync 和 Announce 报文发送给所有的时钟和所有的端口。

K.13.3.4　sa.destAddress（Octet[N]）

sa.destAddress 等于 PTP 报文的目的协议地址。对输出 SA，它是报文要发送到的时钟地址；对输入 SA，它等于时钟的单播地址之一或 PTP 多播地址之一。对输出 SA，sa.destAddress 可设为全 1 值以指示该 SA 匹配所有的地址。对 Ipv4 封装，N=4；对 IPv6，N=16；对以太网，N=6。

K.13.3.5　sa.replayCounter（UInteger 32）

对输出 SA，每次 PTP 报文通过该 SA 发送时，sa.replayCounter 增加 2。对输入 SA，sa.replayCounter 保存最后一个成功认证的输入 AUTHENTICATION TLV 的 replayCounter 字段的值。该值用在重放保护机制中。

K.13.3.6 sa. lifetimeId (UInteger 16)

对输出 SA,sa. lifetimeId 是一个随机数,用于标记通过该 SA 发送的所有包。对输入 SA,将 sa. lifetimeId 与输入 AUTHENTICATION TLV 中的 lifetimeId 字段进行比较。值为 0 指示仍未设置 sa. lifetimeId。

K.13.3.7 sa. keyId (UInteger 16)

sa. keyId 指示用于 ICV 计算的密钥。对输入 SA,在挑战-响应交换期间确定它。

K.13.3.8 sa. nextLifetimeId (UInteger 16)

当输出 SA 的 sa. replayCounter 翻转时,将 sa. nextLifetimeId 的值复制到 sa. lifetimeId,并产生一个新的随机非零值。输入 SA 的 sa. nextLifetimeId 在挑战-响应交换期间确定。值为 0 表示 sa. nextLifetimeId 还未被设置。

K.13.3.9 sa. nextKeyId (UInteger 16)

sa. nextKeyId 指示当前密钥过期后将要使用的密钥。对输入 SA,sa. nextKeyId 在挑战-响应交换期间确定。值为 0 指示 sa. nextKeyId 还未被设置。

K.13.3.10 sa. trustState (Enumeration)

在成功的挑战-响应交换后将输入 SA 的 sa. trustState 设为 TRUSTED,当超时或有初始化事件时将其设为 UNTRUSTED。不使用输出 SA 的 sa. trustState。

K.13.3.11 sa. trustTimer (UInteger 16)

SA 每次接收到一个成功认证的 PTP 报文时,输入 SA 的 sa. trustTimer 设为 sa. trustTimeout 值。每个周期 securityEvent 任务将其减 1。当 sa. trustTimer 减到 0 时,将 SA 的 sa. trustState 设为 UNTRUSTED。输出 SA 的 sa. trustTimer 固定为 0。

K.13.3.12 sa. trustTimeout (UInteger 16)

如果在一个安全事件的 sa. trustTimeout 周期内,没有通过该 SA 接收到已成功认证的报文,则输入 SA 超时。输出 SA 的 sa. trustTimeout 固定为 0。

K.13.3.13 sa. challengeState (Enumeration)

输入 SA 的 sa. challengeState 指示 SA 是否正在等待一个挑战请求的应答。可以将其设为 CHALLENGING 或 IDLE 值。输出 SA 的 sa. challengeState 是固定的。

K.13.3.14 sa. challengeTimer (UInteger 16)

一旦 SA 发送了一个挑战-请求或挑战-响应-请求,则将该输入 SA 的 sa. challengeTimer 设为 sa. challengeTimeout。每个周期 securityEvent 任务将 sa. challengeTimer 减 1。当 sa. challengeTimer 减到 0 时,该 SA 的 sa. challengeState 设为 IDLE。输出 SA 的 sa. challengeTimer 固定为 0。

K.13.3.15 sa. challengeTimeout (UInteger 16)

在 securityEvent 的 sa. challengeTimeout 周期内,如果没有接收到一个挑战-响应或挑战-响应-请求,则将挑战状态改为 IDLE。输出 SA 的 sa. challengeTimeout 固定为 0。

K.13.3.16 sa. requestNonce (UInteger 32)

sa. requestNonce 值是在挑战请求中发送的 requestNonce 字段,并与响应中的 nonce 比较。它是一个用在挑战-响应交换中的随机产生的非零数。

K.13.3.17 sa. responseNonce (UInteger 32)

sa. responseNonce 是接收到的挑战请求中的 requestNonce,并在 SA 中维护,以便于挑战-响应的产生。

K.13.3.18 sa. challengeRequired (Boolean)

当需要发送一个挑战请求以更新输入安全联盟时,将 sa. challengeRequired 设为 TRUE。

K.13.3.19 sa.responseRequired (Boolean)

当需要发送一个挑战-响应时，将 sa.responseRequired 设为 TRUE。

K.13.3.20 sa.typeField (Enumeration)

sa.typeField 可设为 STATIC 或 DYNAMIC 值。静态 SA 是预先配置的联盟，在时钟初始化期间维护，并存储在非易失内存中。如果没提前设置静态 SA，则需创建动态 SA 来与时钟通信。

下列属性在非易失内存和初始化事件中维护：

——输出 SA：sa.srcPort、sa.srcAddress、sa.destPort、sa.destAddress 和 sa.keyId。

——输入 SA：sa.srcPort、sa.srcAddress、sa.destPort、sa.destAddress、sa.trustTimeout、sa.challengeTimeout。

K.13.4 defaultDS 数据集安全变量

defaultDS 数据集包括以下两个安全参数：defaultDS.securityEnabled 和 defaultDS.numberSecurityAssociations。

K.13.4.1 defaultDS.securityEnabled (Boolean)

如果将 defaultDS.securityEnabled 设为 TRUE，要求所有的 PTP 通信使用安全协议扩展。

K.13.4.2 defaultDS.numberSecurityAssociations (UInteger 16)

defaultDS.numberSecurityAssociations 是时钟支持的安全联盟的最大个数，包括所有的输入和输出 SA 以及静态和动态 SA。

K.14 协议操作

K.14.1 概述

本条说明了安全协议的操作，以及对接收到的和发送的 PTP 报文的处理和挑战处理。也描述了处理超时和发送挑战报文的安全事件周期进程。K.14.6 详细说明透明时钟处理规则。

K.14.2 接收报文处理

图 K.1 说明当 defaultDS.securityEnabled 设为 TRUE 时，对输入 PTP 报文的处理。只要测试结果是一致的，本条不要求特定的实现。处理步骤如下：

a) 安静地丢弃接收到的 flagField.SECURE 比特不为 TRUE 的输入报文；
b) 安静地丢弃接收到的没有附加安全 AUTHENTICATION TLV 的输入报文；
c) 安静地丢弃没有通过按照 K.6 的完整性校验验证测试的输入报文；
d) 根据 K.7 查找匹配的输入 SA；
e) 如果没找到匹配的 SA 且有可用的 SA，则产生一个新 SA；如果没有可用的 SA，则安静地丢弃该报文；
f) 如果 sa.trustState 是 UNTRUSTED：
    1) 如果输入报文是一个挑战报文，则按照 K.14.3 中的定义继续处理；
    2) 否则，将 SA 中的 sa.challengeRequired 比特置位，并丢掉报文；
g) 如果信任状态为 TRUSTED：
    1) 如果依据 K.8 的 keyId 测试失败，则将报文安静地丢弃；
    2) 如果依据 K.9 的重放保护测试失败，则将报文安静地丢弃；
    3) 如果输入报文是一个挑战报文，则按 K.14.3 中的定义继续处理；
    4) 如果输入 SA 的 sa.nextLifetimeId 或 sa.nextKeyId 为 0，则将 SA 中的 sa.challengeRequired 比特设为 TRUE；
    5) 触发信任定时器。

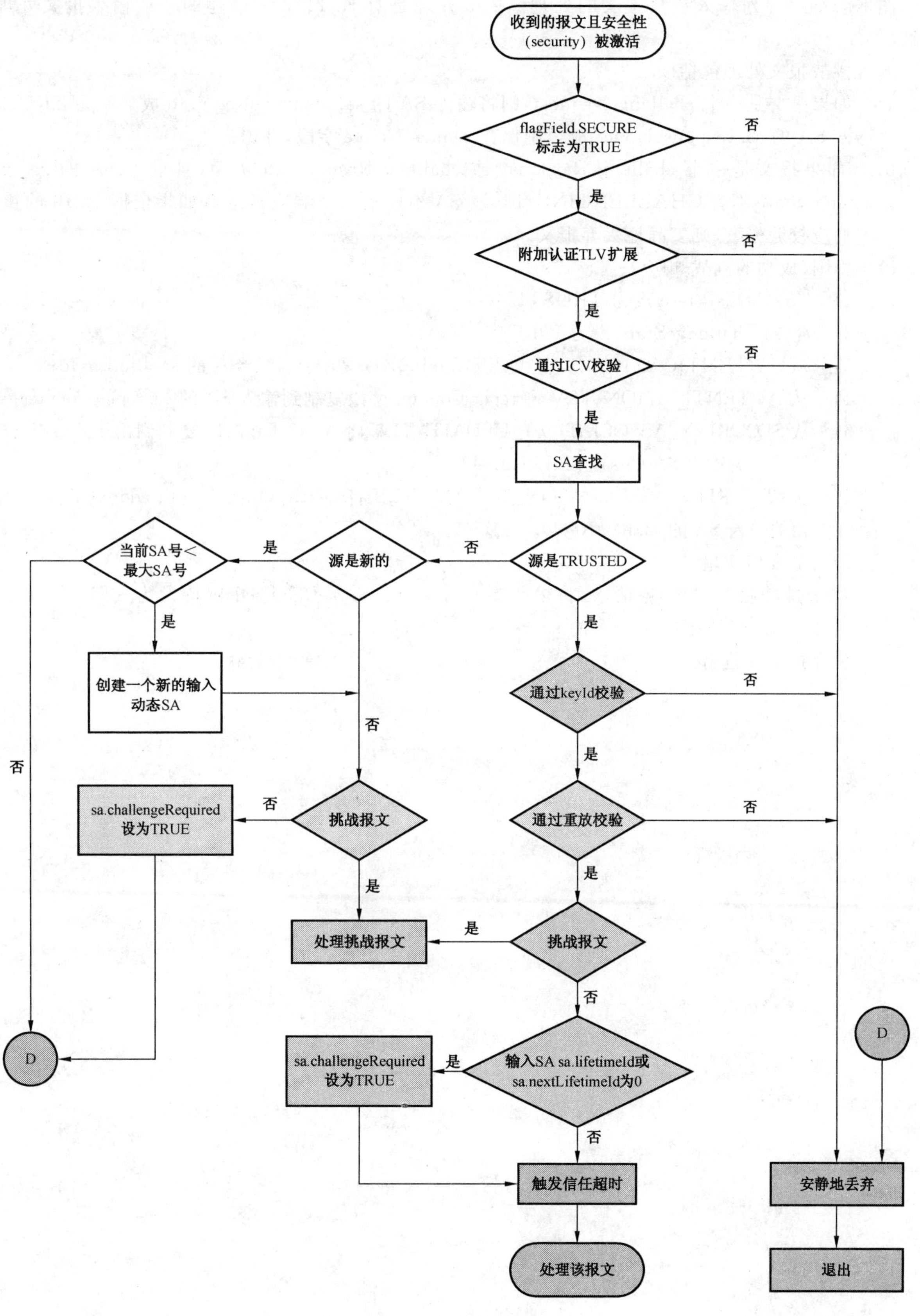

图 K.1 PTP 安全报文处理

K.14.3 挑战处理

图K.2说明了对输入挑战报文的处理。挑战处理是对K.14.2中描述的一般输入报文处理的延续。

输入挑战报文处理包括以下步骤：

a) 如果报文是一个challengeRequest，则将输入SA的sa.responseRequired成员设为TRUE，在该SA的sa.responseNonce成员中保存requestNonce字段，并退出。

b) 如果报文是一个challengeResponse或challengeResponseRequest，且输入SA的sa.challengeState不为CHALLENGING(即，该SA不期望一个响应)，或者如果依据K.10的挑战-响应校验失败，则安静地丢弃报文。

c) 否则(成功的挑战-响应)：

   1) 将sa.trustState设为TRUSTED；

   2) 将sa.challengeState设为IDLE；

   3) 从AUTENTICATION TLV将lifetimeId字段复制到输入SA的sa.lifetimeId；

   4) 从AUTENTICATION TLV将replayCounter字段复制到输入SA的sa.replayCounter；

   5) 从SECURITY_ASSOCIATION_UPDATE TLV将nextLifetimeId复制到由addressType选择的相关输入SA的sa.nextLifetimeId；

   6) 从SECURITY_ASSOCIATION_UPDATE TLV将nextKeyId复制到由addressType选择的相关输入SA的sa.nextKeyId；

   7) 触发信任超时。

d) 如果挑战报文是响应-请求，将输入SA的sa.responseRequired比特设为TRUE，并将requestNonce存储到输入SA的sa.responseNonce字段。

e) 丢弃报文并退出。

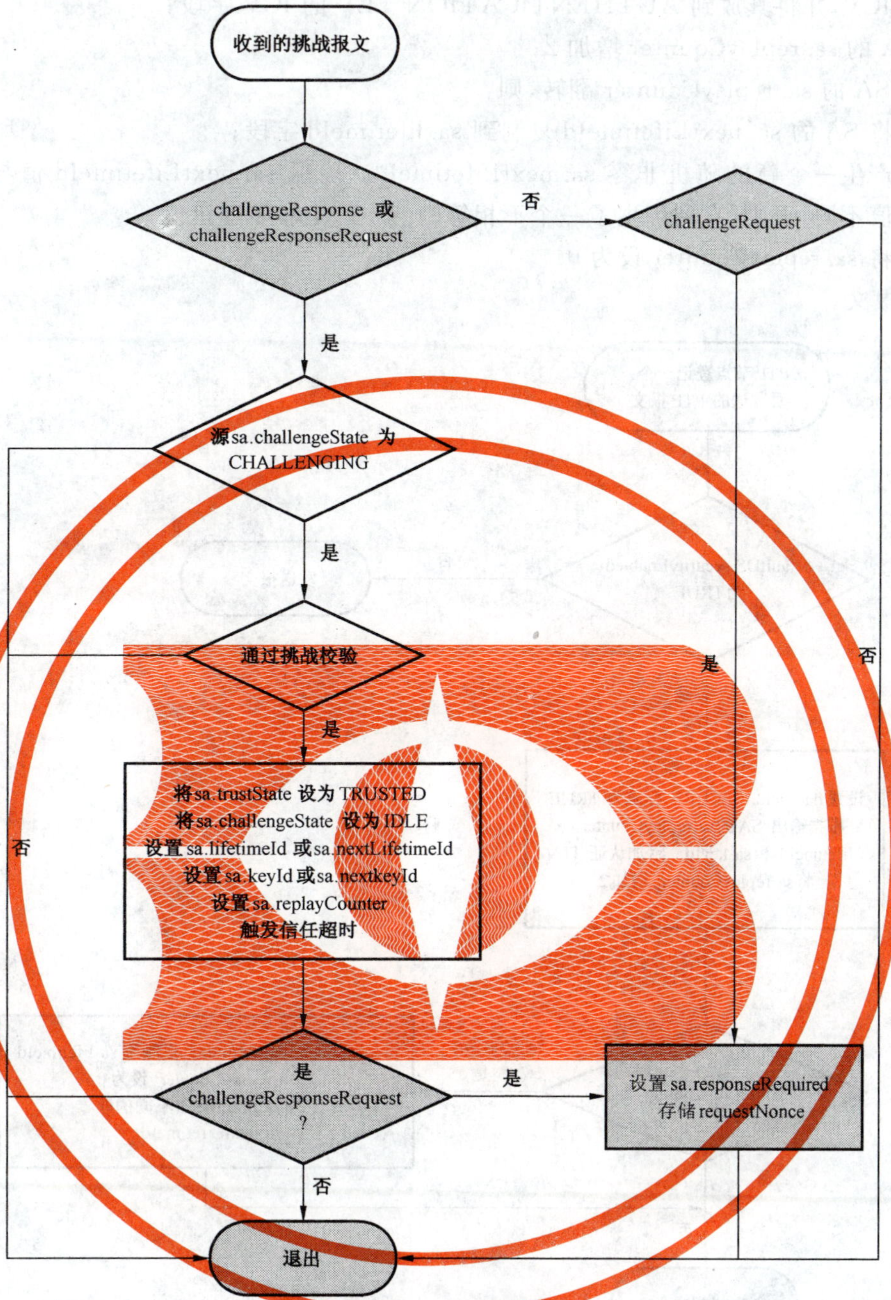

图 K.2　挑战处理

K.14.4　安全传输处理

图 K.3 说明输出 PTP 报文的附加处理。所有报文都附加 AUTENTICATION TLV。要求按 K.6 计算 ICV。步骤包括：

a)　将 flagField.SECURE 标志设为 TRUE；

b)　附加 AUTENTICATION TLV

1)　从输出 SA 将 sa.replayCounter 复制到 TLV 的 replayCounter 字段；

2)　从输出 SA 将 sa.lifetimeId 复制到 TLV 的 lifetimeId 字段；

3)　从输出 SA 将 sa.keyId 复制到 TLV 的 keyId 字段；

4)　从密钥列表数据集将对应于 sa.keyId 的 kl.algorithmId 复制到 TLV 的 algorithmId 字段。

c) 计算 ICV,并将其放到 AUTHENTICATION TLV 的 ICV 字段;

d) 将 SA 的 sa. replayCounter 增加 2;

e) 如果 SA 的 sa. replayCounter 翻转,则:

1) 将 SA 的 sa. nextLifetimeId 复制到 sa. lifetimeId 字段;

2) 产生一个新的随机非零 sa. nextLifetimeId。确保 sa. nextLifetimeId 值与 sa. lifetimeId 值不同,否则,直到产生了一个不相等的值才产生非零随机值;

3) 将 sa. replayCounter 设为 0。

f) 发送报文。

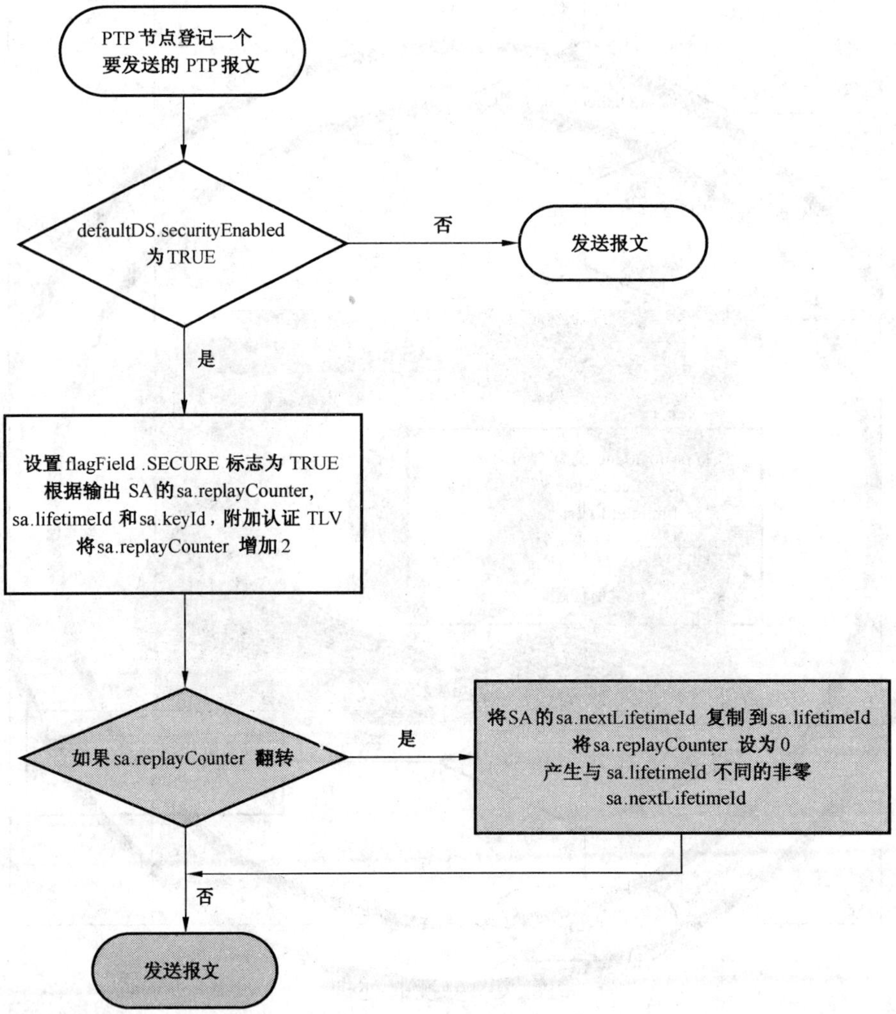

图 K.3 安全传输处理

K. 14. 5 安全事件处理

安全事件是处理超时和发送挑战报文的一个周期性事件。应以足够的频率触发安全事件来处理超时。至少应在判定事件进程每次被触发时,触发安全事件进程。要求安全事件进程原子性地执行,见 3.1.2。

图 K.4 说明对每个输入 SA 的安全事件处理步骤。输入 SA 的安全事件处理如下:

a) 如果 sa. challengeState 是 CHALLENGING,且 sa. challengeTimeout 已经超时,将 sa. challengeState 改为 IDLE。

b) 如果 sa. challengeState 是 IDLE,且 sa. challengeRequired 和 sa. responseRequired 比特均为 TRUE,则:

1) 从所有匹配的输出 SA 构建 SECURITY_ASSOCIATION_UPDATE TLV；

2) 产生随机 sa.requestNonce；

3) 构建 AUTHENTICATION_CHALLENGE TLV。将 SA 的 sa.requestNonce 复制到 TLV 的 requestNonce 字段，将 SA 的 sa.responseNonce 复制到 TLV 的 responseNonce；

4) 将 challengeType 设为 challengeResponseRequest，并发送报文；

5) 将 sa.challengeState 设为 CHALLENGING。

c) 如果 sa.challengeState 是 IDLE，sa.challengeRequired 比特为 TRUE，且 sa.responseRequired 比特为 FALSE，则：

1) 产生随机 sa.requestNonce；

2) 构建 AUTHENTICATION_CHALLENGE TLV。将 SA 的 sa.requestNonce 复制到 TLV 的 requestNonce 字段，将 SA 的 sa.responseNonce 复制到 TLV 的 responseNonce；

3) 将 challengeType 设为 challengeRequest，并发送报文；

4) 将 sa.challengeState 设为 CHALLENGING。

d) 如果 sa.challengeState 为 CHALLENGING，且 sa.responseRequired 比特为 TRUE；或 sa.challengeState 为 IDLE，sa.responseRequired 比特为 TRUE，且 sa.challengeRequired 比特为 FALSE，则：

1) 从所有匹配的输出 SA 构建 SECURITY_ASSOCIATION_UPDATE TLV；

2) 构建 AUTHENTICATION_CHALLENGE TLV。将 TLV 的 requestNonce 字段设为 0，将 SA 的 sa.responseNonce 复制到 TLV 的 responseNonce；

3) 将 challengeType 设为 challengeResponseRequest，并发送报文。

e) 如果 sa.trustTimeout 到期，则设置 sa.trustState 为 UNTRUSTED。

f) 设置 sa.responseRequired 和 sa.challengeRequired 比特为 FALSE。

g) 退出。

安全事件进程也应处理密钥到期、激活与续订。安全事件不应使密钥超时，除非它可以获取准确时间以允许它确定一个密钥是否即将到期或已经到期。一旦到达密钥的开始时间，安全事件进程应激活密钥。只要安全事件进程不能获取足够准确的时间，所有密钥就被激活。安全事件进程通过 K.5 中定义的安全联盟更新交换，保证输出 SA 在密钥到期前交换新的 sa.keyId。当密钥即将到期时，或由于某些原因密钥需要被替代，则安全事件进程将输出 SA 的 sa.nextKeyId 复制到 sa.keyId 字段，并将 sa.nextKeyId 设为当前密钥到期时将要使用的密钥。

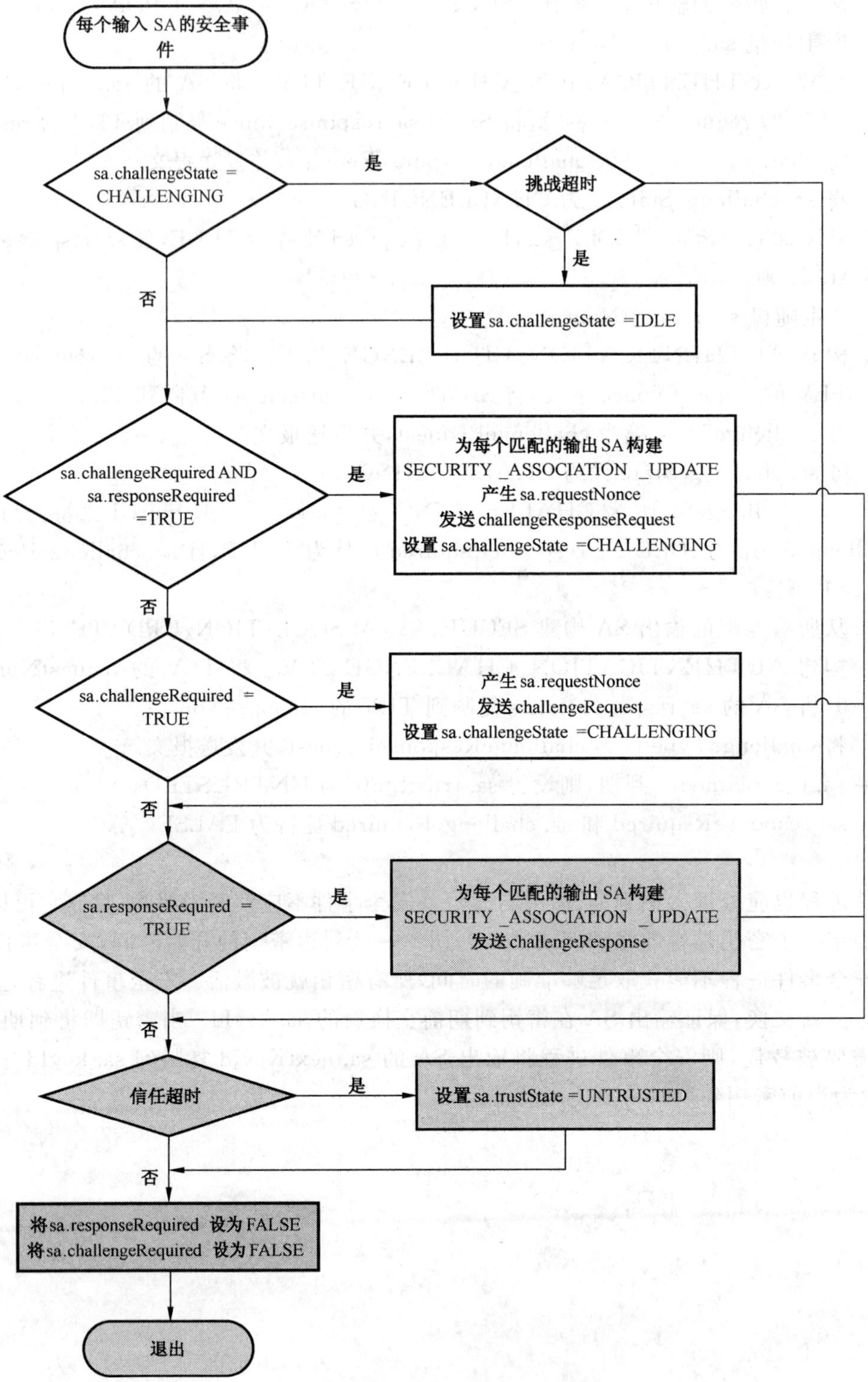

图 K.4 安全事件处理

K.14.6 安全透明时钟处理规则

本条详细描述要求的附加透明时钟处理规则以支持安全PTP通信。PTP透明时钟或是无安全意识的(security-unaware),或是有安全意识的(security-aware),或是有安全能力的(security-capable)时钟,定义如下。

无安全意识的透明时钟忽略报文中的flagField.SECURE标志的值。被一个无安全意识的透明时钟修改的安全PTP报文不能通过PTP接收方的ICV测试,并被安静地丢弃。在安全通信路径中,不可采用无安全意识的透明时钟。

有安全意识的透明时钟不修改 flagField. SECURE 标志为 TRUE 的 PTP 报文。根据网络的寻址规则转发 PTP 安全报文。有安全意识的透明时钟可以用在安全与非安全 PTP 通信共存的环境中(例如,通过不同的域)。

有安全能力的透明时钟,如果 defaultDS 数据集 defaultDS. securityEnabled 被设为 TRUE 时,可以参与 PTP 安全协议;或如果 defaultDS. securityEnabled 被设为 FALSE 时,可以作为一个有安全意识的时钟。要求有安全能力的透明时钟遵循安全协议处理规则,该规则适用于寻址到该透明时钟的以及由它发出的所有 PTP 报文。要求有安全能力的透明时钟遵循第 10 章与第 11 章中定义的透明时钟处理规则。另外,如果 defaultDS. securityEnabled 被设为 TRUE,要求遵循下列附加处理规则:

a) 如果 flagField. SECURE 标志为 FALSE,则要求遵循透明时钟的常规的处理规则。下述进一步的处理规则适用于 flagField. SECURE 标志为 TRUE 的 PTP 报文。
b) 要求透明时钟对所有 PTP 事件报文执行 K. 6 中定义的的 ICV 测试。如果 ICV 测试失败,则要求透明时钟安静地丢弃 PTP 报文。
c) 要求双步透明时钟执行 Delay_Resp 与 Follow_Up 报文的 ICV 测试。如果 ICV 测试失败,则要求透明时钟安静地丢弃 PTP 报文。
d) 要求按 11. 5. 2. 2 产生 Follow_Up 报文的双步时钟,将 Sync 报文的安全 AUTHENTICATION TLV 复制到 Follow_Up 报文。要求双步时钟将 AUTHENTICATION TLV 的 replayCounter 字段增加 1。
e) 在透明时钟根据 K. 6 中定义的程序完成修改 PTP 报文字段(correctionField、twoStepFlag 等)后,要求它重新计算 PTP 报文的 ICV 值。要求透明时钟用已计算的正确 ICV 更新安全 AUTHENTICATION TLV 的 ICV 字段。

另外,如果 defaultDS 数据集的 defaultDS. securityEnabled 属性为 TRUE,则要求透明时钟不与一个主时钟谐振,除非它与那个时钟达到了完全信任的关系。

不要求透明时钟支持出于安全驻留时间与路径延时校正目的的安全联盟数据集。要求有安全能力的透明时钟支持和维护仅用于管理、谐振与点到点报文收发的安全联盟。

K. 15 AUTHENTICATION TLV

K. 15. 1 概述

要求将 AUTHENTICATION TLV 附加到 flagField. SECURE 标志被置位的所有 PTP 报文(见表 K. 2)。要求按本条定义来确定 TLV 的字段值。要求发送时将保留字段设为 0,并在接收时将其忽略。

表 K. 2 AUTHENTICATION TLV

比特								八位位组
7	6	5	4	3	2	1	0	
tlvType=AUTHENTICATION								2
lengthField								2
lifetimeId								2
replayCounter								4
keyId								2
algorithmId								1
保留								1
填充								M
ICV(完整性校验值)								N

K.15.2 tlvType

tlvType 的值为 AUTHENTICATION。

K.15.3 lengthField

TLV 的长度取决于 ICV 和填充长度。对本标准中定义的所有扩展,长度是 26(十进制)。

K.15.4 lifetimeId (UInteger 16)

lifetimeId 是由 SA 确定的一个固定数。lifetimeId 作为重放保护机制的一部分被校验。要求不将 lifetimeId 设为 0。

K.15.5 replayCounter (UInteger 32)

对每个通过 SA 发送的包,将 replayCounter 增加 2。replayCounter 作为重放保护机制的一部分被校验。

K.15.6 keyId (UInteger 16)

密钥标识符(keyId)字段用来选择在许多共享密钥中可能使用哪一个。

K.15.7 algorithmId (UInteger 8)

要求 algorithmId 的可能值取自表 K.3 的枚举。

表 K.3 algorithmId 值

algorithmId	值(十六进制)
NULL	0
HMAC-SHA1-96	1
HMAC-SHA256-96	2
保留	3～80
实现特定的	81～FF

要求所有支持安全扩展的 PTP 节点支持 HMAC1-SHA1-96 算法。

HMAC 处理在 NIST SHS [B20]和 NIST HMAC [B21]中定义。它定义了输出截取与填充过程。SHA1 与 SHA256 都使用大小为 512 比特的块。在散列计算开始前报文用值为零的字节进行填充,以保证被填充的报文是 512 比特的倍数。SHA1 的输出从 160 比特截取为 96 比特,SHA256 的输出从 256 比特截取为 128 比特,以产生 ICV 值。截取选择所产生散列的最左边的比特。

NULL 算法不提供完整性保护,仅出于测试目的而定义。对于 NULL 算法,ICV 字段长度为 0。

K.15.8 填充(Octet[M])

要求将填充字段的值设为 0,且接收时将其忽略。填充字段长度 M 依据表 K.4 所列的 algorithmId。

注:填充字段长度的选择使得,对于 IEC 61588 标准本版本中定义的所有 algorithmId,AUTHENTICATION TLV 长度是固定的。固定长度的 AUTHENTICATION TLV 方便硬件实现。然而,未来的 algorithmId 可以定义“和”不为该固定长度的 ICV 和填充长度。

K.15.9 ICV (Octet[N])

计算 ICV 值的方法在 K.6 中规定。ICV 长度 N 依据表 K.4 所列的 algorithmId。

表 K.4 ICV 和填充长度

algorithmId	ICV 长度(字节)	填充长度(字节)
NULL	0	16
HMAC-SHA1-96	12	4
HMAC-SHA256-128	16	0

K.16 AUTHENTICATION_CHALLENGE TLV

K.16.1 概述

AUTHENTICATION_CHALLENGE TLV 用于认证挑战-响应交换。

表 K.5 说明了该扩展。要求 AUTHENTICATION_CHALLENGE TLV 在信号报文中发送。要求将 AUTHENTICATION_CHALLENGE TLV 附加为报文中的第一个 TLV。

表 K.5 AUTHENTICATION_CHALLENGE TLV

比特								八位位组
7	6	5	4	3	2	1	0	
tlvType=AUTHENTICATION_CHALLENGE								2
lengthField								2
challengeType								1
保留								1
requestNonce								4
responseNonce								4

K.16.2 tlvType

tlvType 字段为 AUTHENTICATION_CHALLENGE。

K.16.3 lenghtField

lenghtField 值为 14。

K.16.4 challengeType (UInteger 8)

要求 challengeType 的可能值取自表 K.6 的枚举。

表 K.6 challengeType 值

challengeType	值(十六进制)
challengeRequest	0
challengeResponseRequest	1
challengeResponse	2
保留	3～FF

K.16.5 requestNonce (UInteger 32)

requestNonce 是由挑战-请求或挑战-响应-请求的发送方产生的一个随机数。requestNonce 在挑战-响应报文中应设为 0。

K.16.6 responseNonce (UInteger 32)

挑战响应方将 challengeRequest 和 challengeResponseRequest 报文中的 requestNonce,复制到挑战-响应-请求和 challengeResponse 中的 responseNonce。ChallengeRequest 报文中的 responseNonce 被设为 0。

K.17 SECURITY_ASSOCIATION_UPDATE TLV

K.17.1 概述

SECURITY_ASSOCIATION_UPDATE TLV 用于传输安全联盟的 lifetimeId 值,一旦当前安全联盟的重放计数器发生翻转时则使用该 lifetimeId 值。nextKeyId 在密钥一旦被替代时使用。要求在挑战-响应和挑战-响应-请求的信号报文中发送安全联盟更新 TLV。该 TLV 可用于传递与所有地址

（单播、多播和 p-延时多播）相关的更新的安全联盟；或者如果挑战响应方维护不同的输出安全联盟，则为一个特定地址传递安全联盟更新信息。在同一个报文中可以发送几个 TLV，每个 TLV 为一个特定地址提供更新的 SA。表 K.7 说明了该扩展。要求在发送时将保留字段设为 0，接收时将其忽略。

表 K.7　SECURITY_ASSOCIATION_UPDATE TLV

比特								八位位组
7	6	5	4	3	2	1	0	
tlvType=SECURITY_ASSOCIATION_UPDATE								2
lengthField								2
addressType								1
保留								1
nextKeyId								2
nextLifetimeId								2

K.17.2　tlvType

tlvType 字段为 SECURITY_ASSOCIATION_UPDATE。

K.17.3　lengthField

lengthField 值为 0。

K.17.4　addressType（UInteger 8）

要求 addressType 的可能值取自表 K.8 的枚举。

表 K.8　addressType 值

addressType	值(十六进制)
所有的	0
多播	1
P-多播	2
单播	3
保留	4～FF

K.17.5　nextKeyId（UInteger 16）

一旦当前密钥到期或被取代时，nextKeyId 指示输出安全联盟将要使用的密钥。nextKeyId 用来更新输入安全联盟。

K.17.6　nextLifetimeId（UInteger 16）

一旦当前输出安全联盟的重放计数器发生翻转时，nextLifetimeId 指示输出安全联盟将要使用的 lifetimeId。nextLifetimeId 用来更新输入安全联盟。

附 录 L
（资料性附录）
累积频标因子偏移的传输（实验性）

L.1 概述

本附录定义了实验性的累积频标因子偏移的PTP扩展，见14.2。由于本附录不是规范性附录，不使用术语“应”来表示要求，而使用“要求”代替。为了在PTP将来版本中本附录成为规范性时能正确实现本扩展，建议本扩展的实现者将本附录中的“要求”解释为“应”。

在一些补偿方案中，不是直接调整边界时钟的相位，而是通过减少相位和频率误差的方式来调整频率。边界时钟使用它从主时钟接收到的连续的时间戳来计算频标因子；特别地，使用主时钟发送每个时间戳(originTimestamp 或 preciseOriginTimestamp)的时间，以及它接收每个时间戳的时间。通过使用该信息，相对于主时钟计算频标因子。然而，如果边界时钟也知道相对于其最高级时钟的累积频标因子，就可以减小在边界时钟所累积的相位误差。本条规定了一个可选的TLV，它可被用于从边界时钟到其从时钟之间传输累积频标因子信息。特别地，TLV积累了频标因子同1之间的累积差。频标因子偏移是指频标因子同1之间的差；累积频标因子偏移是指频标因子偏移在多个边界时钟跳的累积。

L.2 使用累积频标因子的频率补偿方案的描述

Balasubramanian 等[B3]详细描述了频率一种补偿方案，该方案使用频标因子〈frequencyScaleFactor〉。每个相继的边界时钟节点在各个 syncInterval 计算一个频率补偿值，如下：

$$\text{freqCompensationValue}_{k,0}=1$$

$$\text{freqCompensationValue}_{k,n}=F_{k,n}\times\text{freqCompensationValue}_{k,n-1} \quad \cdots\cdots\cdots\cdots(\text{L.1})$$

其中，$F_{k,n}$为节点 k 在 syncInterval n 计算出的〈frequencyScaleFactor〉。调整频率，即补偿频率通过自由运行的本地振荡器频率乘以当前〈freqCompensationValue〉而得到。$F_{k,n}$的计算见L.3。

Wang 等[B25]指出，使用本补偿方案的一串边界时钟的相位误差累积可通过2种途径大大缩减：(1)在相继的边界时钟对之间同步报文交换，使得在主时钟同步到它的主时钟之后，从时钟立刻同其主时钟交换报文并同步；(2)使用〈cumulativeFrequencyScaleFactor〉而非〈frequency ScaleFactor〉来得到补偿的频率。〈cumulativeFrequencyScaleFactor〉，即 $F_{cum,k,n}$，由下式计算(注意，累积是对一串节点而不是时间上的累积)：

$$F_{cum,k,n}=F_{cum,k-1,n}\times F_{k,n} \quad \cdots\cdots\cdots\cdots(\text{L.2})$$

最高级时钟的〈frequencyScaleFactor〉，即 $F_{0,n}$，等于1(因为最高级时钟不通过协议同步到另一个时钟)。这样，

$$F_{cum,k,n}=\prod_{i=1}^{k}F_{i,n} \quad \cdots\cdots\cdots\cdots(\text{L.3})$$

〈frequencyScaleFactorOffset〉被定义为〈frequencyScaleFactor〉同1之间的差，见公式(L.4)。

$$\delta_{k,n}=F_{k,n}-1$$

$$F_{k,n}=1+\delta_{k,n} \quad \cdots\cdots\cdots\cdots(\text{L.4})$$

把公式(L.4)带入公式(L.3)，并有 $\delta_{k,n}\ll 1$(即〈frequencyScaleFactor〉同1非常接近，这可通过L.3中的公式(L.6)或公式(L.8)来减小)，累积频标因子可按公式(L.5)写为：

$$F_{cum,k,n}\cong 1+\sum_{i=1}^{k}\delta_{k,n} \quad \cdots\cdots\cdots\cdots(\text{L.5})$$

公式(L.5)说明了〈cumulativeFrequencyScaleFactor〉可通过频标因子偏移的累积和(而不是频标

因子的累积和)获得。累积和的计算量较小,并通过 L.4 规定的 CUM_FREQ_ SCALE_FACTOR_ OFFSET TLV 进行传递和累积。

L.3 累积频标因子偏移的通用规范

如果一个边界时钟和其主时钟实现了此 TLV,则在接收到附在 Sync 或者 Follow_Up 报文上的 TLV 时,要求该边界时钟计算它的频标因子偏移。

如果该 TLV 附在 Sync 报文上,则〈 frequencyScaleFactorOffset 〉是在接收每个 Sync 报文时进行计算的(由于本条中的所有变量都是参考同一节点,因此为简化而省略节点序号 k),如公式(L.6)和公式(L.7)所示:

$$F_n=\frac{(T_{1,n}-T_{1,n-1})+(T_{1,n}+d_n-T_{2,n})}{T_{2,n}-T_{2,n-1}} \qquad \text{(L.6)}$$

$$\delta_n=F_n-1 \qquad \text{(L.7)}$$

其中:

δ_n 为接收第 n 个 Sync 报文的〈frequencyScaleFactorOffset〉;

F_n 为接收第 n 个 Sync 报文的〈frequencyScaleFactor〉;

$T_{1,n}$为包含在第 n 个 Sync 报文的 originTimestamp;

$T_{2,n}$为接收第 n 个 Sync 报文的时间戳;

d_n 为如下两项之和:

——接收第 n 个 Sync 报文路径上的当前(即第 n 个 Sync 报文的接收时刻)测量的传输时间;

——第 n 个 Sync 报文的 correctionField。

如果 TLV 附在 Follow_Up 报文上,〈 frequencyScaleFactorOffset 〉是在接收每个 Follow_Up 报文时进行计算的,如公式(L.8)和公式(L.9)所示:

$$F_n=\frac{(T_{1,n}-T_{1,n-1})+(T_{1,n}+d_n-T_{2,n})}{T_{2,n}-T_{2,n-1}} \qquad \text{(L.8)}$$

$$\delta_n=F_n-1 \qquad \text{(L.9)}$$

其中:

δ_n 为接收第 n 个 Follow_Up 报文的〈frequencyScaleFactorOffset〉;

F_n 为接收第 n 个 Follow_Up 报文的〈frequencyScaleFactor〉;

$T_{1,n}$为包含在第 n 个 Follow_Up 报文的 preciseOriginTimestamp;

$T_{2,n}$为接收第 n 个 Sync 报文的时间戳;

d_n 为如下三项之和:

——接收第 n 个 Sync 报文和相应 Follow_Up 报文路径上的当前(即第 n 个 Sync 报文的接收时刻)测量的传输时间;

——第 n 个 Sync 报文的 correctionField;

——对应第 n 个 Sync 报文的 Follow_Up 报文的 correctionField。

边界时钟通过把如上计算出的 δ_n 加到最新从主时钟接收到的 CUM_FREQ_SCALE_FACTOR_ OFFSET TLV(见 L.4)的〈cumulativeFrequencyScaleFactorOffset〉的值,来计算相对于最高级时钟的〈cumulativeFrequencyScaleFactorOffset〉。

如果边界时钟实现了此 TLV,但其主时钟未实现此 TLV,则要求边界时钟将其计算的〈cumulativeFrequencyScaleFactorOffset〉设为如上计算的 δ_n。

注:如果一个边界时钟未实现此 TLV,则它仍可使用补偿方案,该补偿方案不使用〈cumulativeFrequencyScaleFactor〉,即 F_n。这种情况下,边界时钟忽略任何它从其主时钟接收到的 CUM_FREQ_SCALE_FACTOR_OFFSET TLV,并且不发送 CUM_FREQ_SCALE_FACTOR _OFFSET TLV 到其从时钟。

如果边界时钟实现了 CUM_FREQ_SCALE_FACTOR_OFFSET TLV,则该 TLV 应在每一个

Follow_Up 报文中发送。仅当通信路径中的所有时钟都支持该扩展,并将 Delay_Req 报文填充为相同长度来避免不对称影响时,CUM_FREQ_SCALE_FACTOR_OFFSET TLV 可在 Sync 报文中发送。

L.4 CUM_FREQ_SCALE_FACTOR_OFFSET TLV 规范

要求 CUM_FREQ_SCALE_FACTOR_OFFSET TLV 格式的规定见表 L.1。

表 L.1 CUM_FREQ_SCALE_FACTOR_OFFSET TLV 格式

比特								八位位组	偏移
7	6	5	4	3	2	1	0		
tlvType								2	0
lengthField								2	2
cumulativeFrequencyScaleFactorOffset								4	4

L.4.1 tlvType

要求 tlvType 的值为 CUM_FREQ_SCALE_FACTOR_OFFSET。

L.4.2 cumulativeFrequencyScaleFactorOffset

cumulativeFrequencyScaleFactorOffset 的值是最新计算出的边界时钟(边界时钟发送了包含该 TLV 的 Sync 报文)相对于最高级时钟的〈cumulativeFrequencyScaleFactorOffset〉,该值乘以 2^{41} 后以 2 的补码形式用 32 位带符号整型数表示。乘以 2^{41} 后,截取〈cumulativeFrequencyOffset〉的任何剩余小数部分,即正的〈cumulativeFrequencyScaleFactorOffset〉由它的最小值代替,负的〈cumulativeFrequencyScaleFactorOffset〉由它的最大值代替。

参 考 文 献

［B1］ Allan D W, Ashby N, Hodge C. "Fine-tuning time in the Space Age," IEEE Spectrum, Mar. 1998.

［B2］ Allan D W, Ashby N, Hodge C C. "The science of timekeeping," Hewlett Packard Application Note 1289, 1997.

［B3］ Balasubramanian S, Harris K R, Moldovansky A. "A frequency compensated clock for precision synchronization using IEEE 1588 protocol and its application to ethernet," Workshop on IEEE 1588, Gaithersburg, MD, 2003.

［B4］ Eidson J C, et al. "Method for recognizing events and synchronizing clocks," U. S. Patent 5,566,180, Oct. 15, 1996.

［B5］ IETF RFC 768 (1980) "User Datagram Protocol," Postel, J., Aug. 1980.

［B6］ IETF RFC 791 (1981) "Internet Protocol," Postel, J., Sept. 1981.

［B7］ IETF RFC 1305 (1992) "Network Time Protocol (Version 3)," Mills, D. L., Mar. 1992.

［B8］ IETF RFC 1589 (1994) "A Kernel Model for Precision Timekeeping," Mills, D. L., Mar. 1994.

［B9］ IETF RFC 1624 (1994) "Computation of the Internet Checksum via Incremental Update," Rijsinghani, A., ed., May 1994.

［B10］ IETF RFC 2104 (1997) "HMAC: Keyed-Hashing for Message Authentication," Krawczyk, H., Bellare, M., and Canetti, R., Feb. 1997.

［B11］ IETF RFC 2404 (1998) "The Use of HMAC-SHA-1-96 within ESP and AH," Madson, C., Nov. 1998.

［B12］ IETF RFC 2460 (1998) "Internet Protocol, Version 6 (IPv6) Specification," Deering, S. and Hinden, R., Dec. 1998.

［B13］ IETF RFC 2783 (2000) "Pulse-Per-Second API for UNIX-like Operating Systems," Mogul, J. and Stone, J., Mar. 2000.

［B14］ IETF RFC 4291 (2006) "IP Version 6 Addressing Architecture," Hinden, R. and Deering, S., Feb. 2006.

［B15］ International Vocabulary of Basic and General Terms in Metrology (VIM), BIPM, IEC, IFCC, ISO, IUPAC, IUPAP, OIML, 2nd ed., 1993, definition 6. 10.

［B16］ ISO/IEC 9945:2003 Information technology Portable Operating System Interface (POSIX®).

［B17］ ISO 8601:2004 Data elements and interchange formats Information interchange Representation of dates and times.

［B18］ Items and pointers on 〈http://tycho. usno. navy. mil/time. html〉, a Web page maintained by the U. S. Naval Observatory.

［B19］ ITU-T Recommendation G. 810, Definitions and Terminology for Synchronization Networks, ITU-T, Geneva, Aug. 1996, Corregendum 1, Nov. 2001.

［B20］ National Institute of Standards and Technology, Secure Hash Signature Standard (SHS) (FIPS PUB 180-2).

［B21］ National Institute of Standards and Technology, The Keyed-Hash Message Authentication Code (HMAC) (FIPS PUB 180-2).

［B22］ Perlman R. Interconnections, Bridges and Routers. Reading, MA: Addison-Wesley, 1992.

［B23］ Service de la Rotation Terrestre, Observatoire de Paris, 61, Av. De 1'Observatoire 75014 PARIS

(France).

［B24］ Sullivan D B, Allan D W, Howe D A, Walls F L eds. "Characterization of clocks and oscillators," NIST Technical Note 1337, Mar. 1990.

［B25］ Wang S, Cho J, Garner G M. "Improvements to boundary clock based time synchronization through cascaded switches," 2006 Conference on IEEE 1588, Gaithersburg, MD, Oct. 2-4, 2006.

ICS 77.140.99
H 57

中华人民共和国国家标准

GB/T 25932—2010

铸造高温合金母合金通用技术条件

General specification of superalloy master alloys for castings

2010-12-23 发布 2011-09-01 实施

中华人民共和国国家质量监督检验检疫总局
中国国家标准化管理委员会 发布

前　言

本标准按照 GB/T 1.1—2009 给出的规则起草。

本标准由中国钢铁工业协会提出。

本标准由全国钢标准化技术委员会(SAC/TC 183)归口。

本标准主要起草单位:钢铁研究总院、冶金工业信息标准研究院。

本标准主要起草人:燕平、袁英、赵明汉、戴强、吴剑涛、栾燕、刘宝石。

引　　言

本标准是铸造高温合金母合金的通用技术条件。不涉及特定合金的应用条件和使用性能，仅对技术要求和检验规则做出一般性规定。本标准应与专用技术文件配套使用，不能单独用于订货。

铸造高温合金母合金 通用技术条件

1 范围

1.1 本标准规定了使用真空或非真空熔炼的铸造高温合金母合金棒(以下简称母合金)产品交货的技术要求、试验方法、检验规则,包装、标志及质量证明书、订货内容等。

1.2 本标准适用于高温合金普通精密铸造铸件、定向凝固柱晶和单晶铸件用铸造母合金。

1.3 当合同协议或专用技术文件中的规定与本标准中的规定不一致时,应以合同或专用技术文件为准。

2 规范性引用文件

下列文件对于本文件的应用是必不可少的。凡是注日期的引用文件,仅注日期的版本适用于本文件。凡是不注日期的引用文件,其最新版本(包括所有的修改单)适用于本文件。

GB/T 223(所有部分) 钢铁及合金化学分析方法

GB/T 228.1 金属材料 拉伸试验 第1部分:室温试验方法(GB/T 228.1—2010,ISO 6892-1:2009,MOD)

GB/T 2039 金属拉伸蠕变及持久试验方法

GB/T 4338 金属材料 高温拉伸试验方法

GB/T 14992—2005 高温合金和金属间化合物高温材料的分类和牌号

GB/T 20066 钢和铁 化学成分测定用试样和制样方法

GB/T 20127(所有部分) 钢铁及合金 痕量元素的测定

YB/T 081 冶金技术标准的数值修约与检测数值的判定原则

HB 5406 铸造高温合金锭浮渣试验方法

HB/Z 131 铸造高温合金选用原材料技术要求

3 术语和定义

GB/T 14992 界定的以及下列术语和定义适用于本文件。

3.1

铸造高温合金母合金 cast superalloy master alloys

供重熔浇注高温合金铸件用的铸棒。

3.2

返回料 revert

浇注铸件后产生的浇冒口、浇道和报废铸件等合金料。同牌号的变形高温合金料块也可视为返回料。

4 技术要求

4.1 材料和熔炼方法

4.1.1 原材料

原材料的使用参照 HB/Z 131 或专用技术文件的规定执行。

4.1.2 返回料

4.1.2.1 返回料应经过净化处理后浇注成料锭，经化学成分分析后再与新料一起熔炼成母合金，不允许将返回料直接与新料混装熔炼母合金。

4.1.2.2 返回料的使用比例应由供需双方协商确定，并在合同中注明。

4.1.3 熔炼方法

4.1.3.1 母合金应按专用工艺技术文件规定的熔炼工艺生产。可以选择供需双方同意的能满足使用条件的其他熔炼方法。所采用的熔炼方法应在合同和质量证明书中注明。

4.1.3.2 当熔炼工艺和铸锭尺寸有变化时，应征得需方同意。

4.2 化学分析

4.2.1 常用的铸造高温合金牌号见 GB/T 14992—2005 的表 2。允许在产品标准或合同中规定较严格的化学成分范围、微量元素、痕量元素、气体和有害元素的指标要求。

4.2.2 当采用同一批原材料熔炼母合金时，第一炉应进行全元素分析，其他炉次不需分析 Bi、Pb、Sn、Sb、As 元素。在主要原材料 Ni、Cr、Co 的生产批次或产地变化时，应抽查三炉进行全元素分析。

4.2.3 在母合金棒上取样进行化学成分分析，其结果应符合需方订单或专用技术文件的规定。

4.3 交货状态

母合金以铸态交货。

4.4 性能测试

4.4.1 受检样

4.4.1.1 普通精密铸造

按专用工艺技术文件铸造成型试棒或其他形式试棒。

4.4.1.2 定向凝固

按专用工艺技术文件经重熔浇注定向凝固试棒或试板。无特殊规定时，切取试样的方向均为纵向。试样的轴线应与晶粒生长轴线平行，允许两轴线的夹角不大于 15°。

4.4.1.3 单晶

按专用工艺技术文件经重熔浇注单晶试棒或试板。切取试样的主应力轴线应平行于晶粒的[001]生长方向，允许两轴线的夹角不大于 15°。

4.4.2 力学性能

力学性能应符合合同或专用技术文件的要求。

4.5 电子空位数

如需方要求，供方应提供每炉母合金的电子空位数。验收标准由供需双方协商确定，并在合同中注明。

4.6 浮渣试验

如需方要求，供方可对母合金进行浮渣试验，验收标准由供需双方协商确定，并在合同中注明。

4.7 尺寸

母合金应铸成圆柱形长棒，通常直径为70 mm～90 mm，长度不小于250 mm。允许有因打磨引起的局部尺寸偏差。若需方对铸棒尺寸有特殊要求，由供需双方协商确定。

4.8 外观质量

4.8.1 铸棒表面不允许有夹渣、非金属夹杂、外来金属及大铸瘤，其表面应经100%打磨或机加工使呈金属光泽，允许进行局部打磨以清除较深的缺陷。

4.8.2 铸棒头部应切除一次缩孔，残留的二次缩孔孔内不应有残渣和污物。直径为70 mm～90 mm的铸棒允许有直径不大于10 mm的残留二次缩孔。

4.9 产品标志

每根母合金棒上部端面均应清楚标注永久性合金牌号(或代号)和炉号，不允许用油漆标记。

5 试验方法

5.1 化学分析取样按GB/T 20066规定进行。痕量元素的分析方法按GB/T 20127规定进行，其他元素的分析方法按GB/T 223规定进行。

5.2 室温拉伸试验按GB/T 228.1的规定进行；高温拉伸试验按GB/T 4338的规定进行。

5.3 持久试验按GB/T 2039的规定进行。

5.4 电子空位数的计算按供需双方协商确定的方法进行。

5.5 浮渣试验按HB 5406的规定进行。

5.6 尺寸测量使用精度1 mm的钢尺或适用的同精度量具，外观质量和标志以目视及相应测量工具进行检验。

6 检验规则

6.1 检查和验收

母合金验收由供方技术监督部门进行，需方有权按专用技术文件规定对母合金进行检查和验收。

6.2 组批规则

母合金应按炉组批提交检验和验收。

6.3 检验项目、取样部位及取样数量

表1概括了高温合金铸造母合金交货常规性能检验项目，以及对应的取样部位和取样数量。其他要求的检验项目，可以按照专用技术文件的规定进行。

表1

序号	检验项目	取样数量/个	取样部位
1	化学成分	1	母合金棒，取样按GB/T 20066要求
2	拉伸[a]	1～2	普通精密铸造铸件：成型试样； 定向凝固柱晶和单晶铸件：试棒或试板
3	持久[a]		

表 1（续）

序号	检验项目	取样数量/个	取样部位
4	电子空位数	1	母合金棒上部
5	浮渣试验		
6	尺寸	逐根	母合金棒
7	外观质量		
8	产品标志		母合金棒端面
每炉母合金应附带足够数量的、与供方受检样同一状态的成型试样或试棒(试板),供需方复验。			
[a] 持久和拉伸性能的试样数量,可经供需双方协商确定并在合同中注明。			

6.4 复验与判定规则

6.4.1 化学成分分析结果不合格时,允许从原母合金棒的上下部各取 1 份试样,对不合格元素重复分析,即使有 1 份试样分析结果不合格,则该炉母合金判为不合格。

6.4.2 力学性能首次试验不合格时,可从同组试样中取双倍数量的试样,对不合格的项目进行复验。若复验仍不合格,允许再从该炉母合金重熔浇注的另一组试样中按首次试验取样进行试验,试验结果应一次合格,否则该炉母合金判为不合格。若试样内部存在明显冶金缺陷,导致试验结果不合格时,该试验结果无效,应重新取样试验。

6.4.3 电子空位数不合格,则该炉母合金判为不合格。

6.4.4 浮渣试验首次不合格时,可在同炉母合金中任一根的上部重新取样,重熔进行浮渣试验。若再不合格,则该炉母合金判为不合格。

6.4.5 尺寸、外观质量不合格时,该根母合金棒判为不合格。

6.4.6 产品标志不合格时,应重新进行标志。

6.5 试验结果无效

由于取样、制样、试验不当而获得的试验结果,应视为无效。

6.6 力学和化学试验结果的修约

除非在合同或产品标准中另有规定,当需要评定试验结果是否符合规定值,所给出的检验或试验结果应修约到与规定值本位数字所标识的数位一致,其修约方法应按 YB/T 081 的规定进行。

7 包装、标志及质量证明书

7.1 包装

按合金牌号、炉号分别包装或按炉号顺序装箱。

7.2 标志

每包(或箱)母合金棒均应带有标牌,注明合金牌号(或代号)和熔炼炉号。

7.3 质量证明书

每批供应的母合金应附有质量证明书。其上注明:

a) 供方名称；

b) 需方名称；

c) 合同号；

d) 采用的标准号；

e) 材料牌号；

f) 熔炼炉号；

g) 规格、数量、重量；

h) 合同或专用技术文件规定的各项检验结果(含复验结果和最终结论)；

i) 质量监督部门印记。

注：当超出上述内容时，由供需双方协商。

8 订货内容

合同或订单中应注明下列内容：

a) 采用标准号；

b) 合金牌号；

c) 规格尺寸；

d) 数量、总重量；

e) 其他技术要求。

ICS 77.120.99
H 68

中华人民共和国国家标准

GB/T 25933—2010

高 纯 金

High-purity gold

2010-12-23 发布　　2011-09-01 实施

中华人民共和国国家质量监督检验检疫总局
中国国家标准化管理委员会　发布

前　言

本标准由全国黄金标准化技术委员会(SAC/TC 379)提出并归口。

本标准由长春黄金研究院负责起草。

本标准由北京达博有色金属焊料有限责任公司、上海黄金交易所、河南中原冶炼厂有限责任公司、长城金银精炼厂、江西铜业股份公司、沈阳造币厂参加起草。

本标准起草人:黄蕊、薛丽贤、陈彪、杜连民、宁联会、张玉明、刘成祥、陈杰、张波、黄绍勇、田晓红、赖茂明、王德雨。

高　纯　金

1　范围

本标准规定了高纯金的要求、试验方法、检验规则、标志、包装、运输、贮存、质量证明书及订货单内容。

本标准适用于经精炼工艺所制得的杂质元素总含量小于 10×10^{-6} 的金。

2　规范性引用文件

下列文件对于本文件的应用是必不可少的。凡是注日期的引用文件，仅注日期的版本适用于本文件。凡是不注日期的引用文件，其最新版本(包括所有的修改单)适用于本文件。

GB/T 25934(所有部分)　高纯金化学分析方法

3　要求

3.1　化学成分

3.1.1　高纯金的金质量分数应不小于 99.999×10^{-2}，杂质元素质量分数总和应不大于 10×10^{-6}，高纯金化学成分应符合表1的要求。

表1　高纯金化学成分

牌号	Au，不小于	杂质元素质量分数/10^{-6}，不大于																					杂质总量，不大于
		Ag	Cu	Fe	Pb	Bi	Sb	Si	Pd	Mg	As	Sn	Cr	Ni	Mn	Cd	Al	Pt	Rh	Ir	Ti	Zn	
Au99.999	99.999×10^{-2}	2	1	2	1	1	1	2	1	1	1	1	1	1	1	1	1	1	1	1	2	1	10×10^{-6}

3.1.2　高纯金中金的质量分数应为100减去表1中杂质元素实测质量分数总和的差值。当杂质元素实测质量分数小于 0.2×10^{-6} 时，可不参与差减。

3.1.3　符合3.1.1要求的高纯金其产品牌号为Au99.999。

3.1.4　需方对高纯金杂质的化学成分有特殊要求时，可由供需双方协商确定。

3.2　产品分类

产品按形状分类：锭状高纯金为高纯金锭；粒状高纯金为高纯金粒。

3.3　物理规格

3.3.1　高纯金锭应为长方形，其锭的厚度不宜大于8 mm。

3.3.2　每块(件)高纯金重：1 kg、3 kg或其他规格。

3.3.3　高纯金粒应呈近似圆形，粒径大小均匀。

3.4　外观质量

3.4.1　高纯金锭表面应平整、洁净；边、角完整，不准许有毛刺。

3.4.2 高纯金锭不准许有空洞、夹层、裂纹、过度收缩和夹杂物。

3.4.3 高纯金粒应表面光整、洁净;不准许有夹杂物。

4 试验方法

4.1 高纯金化学成分的仲裁方法应按 GB/T 25934 的规定进行。

4.2 称量高纯金的天平分度值应满足 $d \leqslant 10$ mg。高纯金重应以单锭(件)表示至 0.1 g。

4.3 高纯金的外观质量可采用目视检查方法。

5 检验规则

5.1 出厂检验和验收

5.1.1 每批高纯金应由供方质量监督部门按本标准规定进行出厂检验,填写质量证明书。

5.1.2 需方应对收到的高纯金按本标准规定进行验收。如检验结果与本标准(或订货单)不符合时,应在收到高纯金之日起 30 天内向供方提出,由供需双方协商解决。如需仲裁,仲裁样品应在需方由供需双方共同取样。

5.2 检验项目

5.2.1 化学成分应按批提交检验。

5.2.2 高纯金重应逐块(件)检验。

5.2.3 高纯金的外观质量应逐块(件)检验。

5.3 取样和制样方法

高纯金检验应按批取样,每炉为一批。可用铸片(棒)、水淬、真空取样、钻取或辗片后剪取等方法制取样品。

5.4 仲裁取样和制样方法

5.4.1 高纯金应按批次取样,每批至少取 2 块(件)。

5.4.2 在抽取的高纯金锭或辗片后的样品表面上作对角线,对角线的中心点及中心点至顶角距离的二分之一处为取样点,共取五个点,用钻取剪取的方法在取样点制取等量样品。

5.4.3 将抽取的高纯金粒倒在清洁的平面上铺成长方形,在平面上作对角线,对角线的中心点及中心点至顶角距离的二分之一处为取样点,共取五个点,用洁净的工具在取样点抽取等量试样。

5.4.4 样品量应不少于 100 g,将试样混匀后,分成三个试样。

5.5 检验结果的判定

5.5.1 化学成分检验结果不符合本标准 3.1 时,判该批为不合格。

5.5.2 物理规格检验结果不符合本标准 3.3 时,判该块(件)为不合格。

5.5.3 外观质量检验结果不符合本标准 3.4 时,判该块(件)为不合格。

6 标志、包装、运输、贮存、质量证明书

6.1 标志

6.1.1 每条块高纯金锭表面应浇铸或打印如下标志:批号、商标、牌号等。

6.1.2 高纯金粒每个包装上应贴有标签，注明：产品名称、牌号、批号、净重、商标、供方名称及生产日期。

6.2 包装

6.2.1 每块高纯金锭应用干净的纸或塑料膜包裹，高纯金粒应用塑料容器密封包装后装入木箱或塑料箱。经供需双方协议可采用其他包装方式。

6.2.2 除非每块（件）高纯金均有质量证明书，每箱包装中应为同批次的产品。

6.3 运输、贮存

运输和贮存时，不准许损坏包装、污染产品。

6.4 质量证明书

每批（块、件）高纯金应附有质量证明书，注明：

a） 产品名称（锭/粒）、执行标准名称及编号；

b） 牌号、批号；

c） 净重、件数；

d） 分析检验结果及质量监督部门印记；

e） 生产企业名称、地址、电话、传真；

f） 生产日期或包装日期。

7 订货单内容

高纯金订货单应包括下列内容：

a） 产品名称（锭/粒）、牌号；

b） 产品规格；

c） 产品数量；

d） 杂质含量的特殊要求；

e） 包装要求；

f） 其他。

ICS 77.040.30
H 15

中华人民共和国国家标准

GB/T 25934.1—2010

高纯金化学分析方法 第1部分:乙酸乙酯萃取分离-ICP-AES法测定杂质元素的含量

Methods for chemical analysis of high purity gold—Part 1: Ethyl acetate extraction separation-inductively coupled plasma-atomic emission spectrometry—Determination of impurity elements contents

2010-12-23 发布　　2011-09-01 实施

中华人民共和国国家质量监督检验检疫总局
中国国家标准化管理委员会
发布

前言

GB/T 25934《高纯金化学分析方法》分为3个部分：

——第1部分：乙酸乙酯萃取分离-ICP-AES法　测定杂质元素的含量；

——第2部分：ICP-MS-标准加入校正-内标法　测定杂质元素的含量；

——第3部分：乙醚萃取分离-ICP-AES法　测定杂质元素的含量。

本部分为第1部分。

本部分由全国黄金标准化技术委员会(SAC/TC 379)提出并归口。

本部分由长春黄金研究院负责起草。

本部分由长春黄金研究院、沈阳造币厂、北京有色金属研究总院、北京矿冶研究总院、长城金银精炼厂、江西铜业股份有限公司、江苏天瑞仪器股份有限责任公司起草。

本部分主要起草人：陈菲菲、黄蕊、陈永红、张雨、王德雨、龙淑杰、刘红、李爱嫦、李万春、于力、陈杰、张波、梁亚群、郭惠、李鹤。

高纯金化学分析方法
第1部分:乙酸乙酯萃取分离-ICP-AES法
测定杂质元素的含量

1 范围

GB/T 25934 的本部分规定了高纯金中杂质元素的测定方法。

本部分适用于99.999%高纯金中杂质元素的测定,测定元素及测定的含量范围见表1。

表 1

元素	含量范围/%	元素	含量范围/%	元素	含量范围/%	元素	含量范围/%
Ag	0.000 02～0.001 00	Al	0.000 02～0.001 00	As	0.000 02～0.000 98	Bi	0.000 02～0.001 00
Cd	0.000 02～0.001 00	Cr	0.000 02～0.000 99	Cu	0.000 02～0.001 00	Fe	0.000 10～0.001 00
Ir	0.000 02～0.001 00	Mg	0.000 10～0.001 00	Mn	0.000 02～0.001 00	Ni	0.000 02～0.000 99
Pb	0.000 02～0.001 00	Pd	0.000 02～0.001 00	Pt	0.000 02～0.000 99	Rh	0.000 02～0.001 00
Sb	0.000 02～0.001 00	Se	0.000 02～0.001 00	Te	0.000 02～0.001 00	Ti	0.000 02～0.000 99
Zn	0.000 10～0.001 00						

2 方法原理

试料用混合酸溶解,在1 mol/L的盐酸介质中,用乙酸乙酯萃取分离金,水相浓缩后制成一定酸度的待测试液,用电感耦合等离子体原子发射光谱仪测定各元素的谱线强度。

3 试剂

除非另有说明,在分析中仅使用确认为优级纯的试剂和二次蒸馏水或相当纯度(电阻率≥18.2 MΩ/cm)的水。

3.1 盐酸(ρ1.19 g/mL),优级纯。

3.2 硝酸(ρ1.42 g/mL),优级纯。

3.3 硫酸(ρ1.84 g/mL),优级纯。

3.4 氢氟酸(ρ1.15 g/mL),优级纯。

3.5 盐酸(1+1)。

3.6 硝酸(1+1)。

3.7 盐酸(1+9)。

3.8 盐酸(1+11)。

3.9 混合酸:以1体积硝酸(3.2)、3体积盐酸(3.1)和3体积水混合均匀。

3.10 乙酸乙酯:用盐酸溶液(3.8)洗涤2～3次后备用。

3.11 标准贮存溶液。

3.11.1 银标准贮存溶液:称取0.100 0 g金属银(质量分数≥99.99%)于100 mL烧杯中,加入10 mL硝酸溶液(3.6),低温加热溶解,挥发氮的氧化物,冷却至室温,移入100 mL容量瓶中,加入25 mL盐酸(3.1),用水稀释至刻度,混匀。此溶液1 mL含1 mg银。

3.11.2　铝标准贮存溶液：称取0.100 0 g金属铝（质量分数≥99.99%）于100 mL烧杯中，加入20 mL盐酸溶液（3.5），低温加热溶解，冷却至室温，用盐酸溶液（3.7）移入100 mL容量瓶中并稀释至刻度，混匀。此溶液1 mL含1 mg铝。

3.11.3　砷标准贮存溶液：称取0.132 0 g三氧化二砷（基准试剂，于100 ℃～105 ℃烘1 h），置于100 mL烧杯中，加入5 mL氢氧化钠溶液（200 g/L），低温加热至完全溶解，加入50 mL水、1滴酚酞乙醇溶液（1 g/L），用硫酸溶液（1+4）中和至红色刚消失再过量2 mL，冷却至室温，移入100 mL容量瓶中，用水稀释至刻度，混匀。此溶液1 mL含1 mg砷。

3.11.4　铋标准贮存溶液：称取0.100 0 g金属铋（质量分数≥99.99%）于100 mL烧杯中，加入20 mL硝酸溶液（3.6），低温加热溶解，挥发氮的氧化物，冷却至室温，移入100 mL容量瓶中，用水稀释至刻度，混匀。此溶液1mL含1mg铋。

3.11.5　镉标准贮存溶液：称取0.100 0 g金属镉（质量分数≥99.99%）于100 mL烧杯中，加入20 mL硝酸溶液（3.6），低温加热溶解，挥发氮的氧化物，冷却至室温，移入100 mL容量瓶中，用水稀释至刻度，混匀。此溶液1 mL含1 mg镉。

3.11.6　铬标准贮存溶液：称取0.282 9 重铬酸钾（基准试剂，于100 ℃～105 ℃烘1 h），置于100 mL烧杯中，加入20 mL盐酸溶液（3.5），低温加热至完全溶解，冷却至室温，移入100 mL容量瓶中，用水稀释至刻度，混匀。此溶液1 mL含1 mg铬。

3.11.7　铜标准贮存溶液：称取0.100 0 g金属铜（质量分数≥99.99%）于100 mL烧杯中，加入20 mL硝酸溶液（3.6），低温加热溶解，挥发氮的氧化物，冷却至室温，移入100 mL容量瓶中，用水稀释至刻度，混匀。此溶液1 mL含1 mg铜。

3.11.8　铁标准贮存溶液：称取0.100 0 g金属铁（质量分数≥99.99%）于100 mL烧杯中，加入20 mL硝酸溶液（3.6），低温加热溶解，挥发氮的氧化物，冷却至室温，移入100 mL容量瓶中，用水稀释至刻度，混匀。此溶液1 mL含1 mg铁。

3.11.9　铱标准贮存溶液：称取0.229 4 g氯铱酸铵（光谱纯）于100 mL烧杯中，加入20 mL盐酸溶液（3.7），低温加热溶解，冷却至室温，移入100 mL容量瓶中，用盐酸溶液（3.7）稀释至刻度，混匀。此溶液1 mL含1 mg铱。

3.11.10　镁标准贮存溶液：称取0.165 8 g预先经780 ℃灼烧1 h的氧化镁（氧化镁的质量分数≥99.99%），置于100 mL烧杯中，加入20 mL盐酸溶液（3.5），低温加热溶解，冷却至室温。将溶液移入100 mL容量瓶中，用水稀释至刻度，混匀。此溶液1 mL含1 mg镁。

3.11.11　锰标准贮存溶液：称取0.100 0 g金属锰（质量分数≥99.99%）于100 mL烧杯中，加入20 mL硝酸溶液（3.6），低温加热溶解，挥发氮的氧化物，冷却至室温，移入100 mL容量瓶中，用水稀释至刻度，混匀。此溶液1 mL含1 mg锰。

3.11.12　镍标准贮存溶液：称取0.100 0 g金属镍（质量分数≥99.99%）于100 mL烧杯中，加入20 mL硝酸溶液（3.6），低温加热溶解，挥发氮的氧化物，冷却至室温，移入100 mL容量瓶中，用水稀释至刻度，混匀。此溶液1 mL含1 mg镍。

3.11.13　铅标准贮存溶液：称取0.100 00 g金属铅（质量分数≥99.99%）于100 mL烧杯中，加入20 mL硝酸溶液（3.6），低温加热溶解，挥发氮的氧化物，冷却至室温，移入100 mL容量瓶中，用水稀释至刻度，混匀。此溶液1 mL含1 mg铅。

3.11.14　钯标准贮存溶液：称取0.100 0 g金属钯（质量分数≥99.99%）于100 mL烧杯中，加入20 mL混合酸（3.9），低温加热溶解，挥发氮的氧化物，冷却至室温，移入100 mL容量瓶中，用水稀释至刻度，混匀。此溶液1 mL含1 mg钯。

3.11.15　铂标准贮存溶液：称取0.100 0 g金属铂（质量分数≥99.99%）于100 mL烧杯中，加入20 mL混合酸（3.9），低温加热溶解，挥发氮的氧化物，冷却至室温，移入100 mL容量瓶中，用水稀释至刻度，混匀。此溶液1 mL含1 mg铂。

3.11.16 铑标准贮存溶液：称取0.359 3 g氯铑酸铵[光谱纯，分子式：$(NH_4)_3RhCl_6$]，加入20 mL盐酸溶液(3.7)，低温加热溶解，冷却至室温，移入100 mL容量瓶中，用盐酸溶液(3.7)稀释至刻度，混匀。此溶液1 mL含1 mg铑。

3.11.17 锑标准贮存溶液：称取0.100 0 g金属锑(质量分数≥99.99%)于100 mL烧杯中，加入20 mL混合酸(3.9)，低温加热溶解，挥发氮的氧化物，冷却至室温，移入100 mL容量瓶中，用水稀释至刻度，混匀。此溶液1 mL含1 mg锑。

3.11.18 硒标准贮存溶液：称取0.100 0 g金属硒(质量分数≥99.99%)于100 mL烧杯中，加入20 mL盐酸溶液(3.5)，低温加热溶解，冷却至室温，移入100 mL容量瓶中，用水稀释至刻度，混匀。此溶液1 mL含1 mg硒。

3.11.19 碲标准贮存溶液：称取0.100 0 g金属碲(质量分数≥99.99%)于100 mL烧杯中，加入20 mL硝酸溶液(3.6)，低温加热溶解，挥发氮的氧化物，冷却至室温，移入100 mL容量瓶中，用水稀释至刻度，混匀。此溶液1 mL含1 mg碲。

3.11.20 钛标准贮存溶液：称取0.100 0 g金属钛(质量分数≥99.99%)于铂皿中，加入1 mL氢氟酸(3.4)、5 mL硫酸(3.3)，加热溶解并蒸发至冒三氧化硫白烟使氟除尽，冷却，加入20 mL水和2 mL硫酸(3.3)，加热溶解盐类，冷却至室温，移入100 mL容量瓶中，用水稀释至刻度，混匀。此溶液1 mL含1 mg钛。

3.11.21 锌标准贮存溶液：称取0.100 0 g金属锌(质量分数≥99.99%)于100 mL烧杯中，加入20 mL硝酸溶液(3.6)，低温加热溶解，挥发氮的氧化物，冷却至室温，移入100 mL容量瓶中，用水稀释至刻度，混匀。此溶液1 mL含1 mg锌。

3.12 混合标准溶液：分别移取1 mL标准贮存溶液(3.11.1～3.11.21)于100 mL容量瓶中，加入20 mL混合酸(3.9)，用水稀释至刻度，混匀。此溶液1 mL含10 μg银、铝、砷、铋、镉、铬、铜、铁、铱、镁、锰、镍、铅、钯、铂、铑、锑、硒、碲、钛和锌。

4 仪器

电感耦合等离子体原子发射光谱仪。

银、铝、砷、铋、镉、铬、铜、铁、铱、镁、锰、镍、铅、钯、铂、铑、锑、硒、碲、钛和锌的分析谱线参见附录A。

5 试样

将试样碾成1 mm厚的薄片，用不锈钢剪刀剪成小碎片，放入烧杯中，加入20 mL乙醇溶液(1+1)，于电热板上加热煮沸5 min取下，将乙醇溶液倾去，用水反复洗涤金片3次，继续加入20 mL盐酸溶液(3.5)，加热煮沸5 min，倾去盐酸溶液，用水反复洗涤金片3次，将金片用无尘纸包裹起来放入烘箱在105 ℃烘干，取出备用。

6 分析步骤

6.1 试料

称取5.0 g高纯金试样(5)，精确至0.000 1 g。独立进行两次测定，取其平均值。

6.2 空白试验

随同试料做空白试验。

6.3 测定

6.3.1 将试料(6.1)分别置于250 mL烧杯中，加入30 mL混合酸溶液(3.9)，盖上表皿，低温加热使试料完全溶解，继续蒸发至试液颜色呈棕褐色(冷却后不应析出单体金)取下，打开表皿挥发氮的氧化物，冷却至室温。

6.3.2 用盐酸溶液(3.8)洗涤表皿并将试液转移至125 mL分液漏斗中定容至40 mL，加入25 mL乙酸乙酯(3.10),振荡 20 s,静置分层。有机相放入另一分液漏斗中,加入 2 mL 盐酸溶液(3.8)轻轻振荡数次,洗涤有机相和漏斗,静置分层,水相合并(有机相保留回收金)。

6.3.3 水相中加入 20 mL 乙酸乙酯(3.10),振荡 20 s,静置分层,水相放入另一分液漏斗中。有机相加入 2 mL 盐酸溶液(3.8)轻轻振荡数次,静置分层,水相合并(有机相保留回收金)。

6.3.4 合并后的水相按 6.3.3 重复操作一次,静置分层后水相均放入原烧杯中。

6.3.5 将试液(6.3.4)低温蒸发至 2 mL～3 mL(切勿蒸干),取下冷却至室温,用盐酸溶液(3.7)按表 2 转移至相应的容量瓶中,稀释至刻度,混匀。

表 2

元素	质量分数/%	试液体积/mL
Ag、Al、As、Bi、Cd、Cr、Cu、Ir、Mn、Ni、Pb、Pd、Pt、Rh、Sb、Se、Te、Ti	0.000 02～0.000 10	10
Fe、Mg、Zn	0.000 10～0.000 20	
Ag、Al、As、Bi、Cd、Cr、Cu、Ir、Mn、Ni、Pb、Pd、Pt、Rh、Sb、Se、Te、Ti	>0.000 10～0.001 00	25
Fe、Mg、Zn	>0.000 20～0.00 100	

6.3.6 在电感耦合等离子体原子发射光谱仪上,测量被测元素的谱线强度,扣除空白值,自工作曲线上查出相应被测元素的质量浓度。

6.4 工作曲线的绘制

6.4.1 分别移取 0.00 mL、1.00 mL、5.00 mL、10.00 mL 含有银、铝、砷、铋、镉、铬、铜、铁、铱、镁、锰、镍、铅、钯、铂、铑、锑、硒、碲、钛和锌的混合标准溶液(3.12),置于一组 50 mL 容量瓶中,用盐酸溶液(3.7)定容至刻度,混匀。

6.4.2 在与试料溶液测定相同的条件下,测量标准溶液中各元素的谱线强度,以各被测元素的质量浓度为横坐标,谱线强度为纵坐标绘制工作曲线。

7 分析结果的计算

按式(1)计算被测杂质元素的质量分数 $w(X)$,数值以%表示:

$$w(X)=\frac{(\rho_X \cdot V_X-\rho_0 \cdot V_0)\times 10^{-6}}{m}\times 100 \quad \cdots\cdots(1)$$

式中:

ρ_X——试料溶液中被测元素的质量浓度,单位为微克每毫升(μg/mL);

V_X——试料溶液的体积,单位为毫升(mL);

ρ_0——空白溶液中被测元素的质量浓度,单位为微克每毫升(μg/mL);

V_0——空白溶液的体积,单位为毫升(mL);

m——试料质量,单位为克(g)。

分析结果保留至小数点后第五位。

8 精密度

8.1 重复性

在重复性条件下获得的两次独立测试结果的测定值,在以下给出的平均值范围内,这两个测试结果的绝对差值不超过重复性限(r),超过重复性限(r)的情况不超过 5%,重复性限(r)按表 3 数据采用线性内插法求得。

表 3

银的质量分数/%	0.000 02	0.000 10	0.001 00
r/%	0.000 01	0.000 02	0.000 15
铝的质量分数/%	0.000 02	0.000 10	0.001 05
r/%	0.000 01	0.000 02	0.000 18
砷的质量分数/%	0.000 02	0.000 10	0.000 98
r/%	0.000 01	0.000 02	0.000 15
铋的质量分数/%	0.000 02	0.000 10	0.001 00
r/%	0.000 01	0.000 02	0.000 10
镉的质量分数/%	0.000 02	0.000 10	0.001 01
r/%	0.000 01	0.000 02	0.000 10
铬的质量分数/%	0.000 02	0.000 10	0.000 99
r/%	0.000 01	0.000 02	0.000 15
铜的质量分数/%	0.000 02	0.000 10	0.001 01
r/%	0.000 01	0.000 02	0.000 10
铁的质量分数/%	0.000 10	0.000 21	0.001 01
r/%	0.000 03	0.000 05	0.000 15
铱的质量分数/%	0.000 02	0.000 10	0.001 00
r/%	0.000 01	0.000 02	0.000 15
镁的质量分数/%	0.000 10	0.000 20	0.001 01
r/%	0.000 03	0.000 05	0.000 15
锰的质量分数/%	0.000 02	0.000 10	0.001 01
r/%	0.000 01	0.000 02	0.000 10
镍的质量分数/%	0.000 02	0.000 10	0.000 99
r/%	0.000 01	0.000 02	0.000 15
铅的质量分数/%	0.000 02	0.000 10	0.001 01
r/%	0.000 01	0.000 02	0.000 15
钯的质量分数/%	0.000 02	0.000 10	0.001 00
r/%	0.000 01	0.000 02	0.000 15
铂的质量分数/%	0.000 02	0.000 10	0.000 99
r/%	0.000 01	0.000 02	0.000 10
铑的质量分数/%	0.000 02	0.000 10	0.001 00
r/%	0.000 01	0.000 02	0.000 15
锑的质量分数/%	0.000 02	0.000 10	0.001 00
r/%	0.000 01	0.000 02	0.000 15
硒的质量分数/%	0.000 02	0.000 10	0.001 02
r/%	0.000 01	0.000 02	0.000 15

表 3（续）

碲的质量分数/%	0.000 02	0.000 10	0.001 02
r/%	0.000 01	0.000 02	0.000 10
钛的质量分数/%	0.000 02	0.000 10	0.000 99
r/%	0.000 01	0.000 03	0.000 15
锌的质量分数/%	0.000 10	0.000 20	0.001 01
r/%	0.000 04	0.000 06	0.000 18

8.2 再现性

在再现性条件下获得的两次独立测试结果的测定值，在以下给出的平均值范围内，这两个测试结果的绝对差值不超过再现性限(R)，超过再现性限(R)的情况不超过5%，再现性限(R)按表4数据采用线性内插法求得。

表 4

银的质量分数/%	0.000 02	0.000 10	0.001 00
R/%	0.000 01	0.000 02	0.000 15
铝的质量分数/%	0.000 02	0.000 10	0.001 05
R/%	0.000 01	0.000 02	0.000 21
砷的质量分数/%	0.000 02	0.000 10	0.000 98
R/%	0.000 01	0.000 02	0.000 20
铋的质量分数/%	0.000 02	0.000 10	0.001 00
R/%	0.000 01	0.000 02	0.000 10
镉的质量分数/%	0.000 02	0.000 10	0.001 01
R/%	0.000 01	0.000 02	0.000 10
铬的质量分数/%	0.000 02	0.000 10	0.000 99
R/%	0.000 01	0.000 02	0.000 15
铜的质量分数/%	0.000 02	0.000 10	0.001 01
R/%	0.000 01	0.000 02	0.000 15
铁的质量分数/%	0.000 10	0.000 21	0.001 01
R/%	0.000 06	0.000 10	0.000 20
铱的质量分数/%	0.000 02	0.000 10	0.001 00
R/%	0.000 01	0.000 02	0.000 15
镁的质量分数/%	0.000 10	0.000 20	0.001 01
R/%	0.000 05	0.000 08	0.000 15
锰的质量分数/%	0.000 02	0.000 10	0.001 01
R/%	0.000 01	0.000 02	0.000 10
镍的质量分数/%	0.000 02	0.000 10	0.000 99
R/%	0.000 01	0.000 02	0.000 15

表 4（续）

铅的质量分数/%	0.000 02	0.000 10	0.001 01
R/%	0.000 01	0.000 02	0.000 18
钯的质量分数/%	0.000 02	0.000 10	0.001 00
R/%	0.000 01	0.000 02	0.000 15
铂的质量分数/%	0.000 02	0.000 10	0.000 99
R/%	0.000 01	0.000 02	0.000 15
铑的质量分数/%	0.000 02	0.000 10	0.001 00
R/%	0.000 01	0.000 02	0.000 15
锑的质量分数/%	0.000 02	0.000 10	0.001 00
R/%	0.000 01	0.000 03	0.000 15
硒的质量分数/%	0.000 02	0.000 10	0.001 02
R/%	0.000 01	0.000 02	0.000 18
碲的质量分数/%	0.000 02	0.000 10	0.001 02
R/%	0.000 01	0.000 02	0.000 15
钛质量分数/%	0.000 02	0.000 10	0.000 99
R/%	0.000 01	0.000 03	0.000 15
锌质量分数/%	0.000 10	0.000 20	0.001 01
R/%	0.000 05	0.000 08	0.000 20

9 质量控制和保证

应用国家级或行业级标准样品（当两者没有时，也可用自制的控制样品代替），每周或两周验证一次本标准的有效性。当过程失控时，应找出原因，纠正错误后，重新进行校核，并采取相应的预防措施。

附 录 A
（资料性附录）
仪器工作参数

使用美国 Themo 公司的 IRIS Intrepid Ⅱ XSP 型电感耦合等离子体原子发射光谱仪[1)]，其测定银、铝、砷、铋、镉、铬、铜、铁、铱、镁、锰、镍、铅、钯、铂、铑、锑、硒、碲、钛和锌的谱线如表 A.1。

表 A.1

元素	波长/nm	元素	波长/nm	元素	波长/nm	元素	波长/nm
Ag	328.068	Al	308.215	As	189.042	Bi	223.061
Cd	228.802	Cr	283.563	Cu	324.754	Fe	259.940
Ir	224.268	Mg	279.553	Mn	257.610	Ni	221.647
Pb	220.353	Pd	324.270	Pt	214.423	Rh	343.489
Sb	206.833	Se	196.090	Te	214.281	Ti	334.941
Zn	213.856						

注：上述各元素的分析谱线针对美国 Themo 公司的 IRIS Intrepid Ⅱ XSP 型电感耦合等离子体原子发射光谱仪，供使用单位选择分析谱线时参考。

1) 给出这一信息是为了方便本标准的使用者，并不表示对该产品的认可。如果其他等效产品具有相同的效果，则可使用这些等效产品。

ICS 77.040.30
H 15

中华人民共和国国家标准

GB/T 25934.2—2010

高纯金化学分析方法 第2部分：ICP-MS-标准加入校正-内标法测定杂质元素的含量

Methods for chemical analysis of high purity gold—Part 2: Inductively coupled plasma mass spectrometry-standard enter emendation-inner standard method—Determination of impurity elements contents

2010-12-23 发布　　　　2011-09-01 实施

中华人民共和国国家质量监督检验检疫总局
中国国家标准化管理委员会　发布

前　言

GB/T 25934《高纯金化学分析方法》分为3个部分：

——第1部分：乙酸乙酯萃取分离-ICP-AES法　测定杂质元素的含量；

——第2部分：ICP-MS-标准加入校正-内标法　测定杂质元素的含量；

——第3部分：乙醚萃取分离-ICP-AES法　测定杂质元素的含量。

本部分为第2部分。

本部分由全国黄金标准化技术委员会(SAC/TC 379)提出并归口。

本部分由长春黄金研究院负责起草。

本部分由长春黄金研究院、国家金银及制品质量及监督检验中心(长春)、北京有色金属研究总院、沈阳造币厂、北京矿冶研究总院、江西铜业股份有限公司、江苏天瑞仪器股份有限责任公司起草。

本部分主要起草人：陈菲菲、黄蕊、陈永红、张雨、刘红、李爱嫦、王德雨、龙淑杰、李万春、冯先进、杨宇东、杨红生、郑建明。

高纯金化学分析方法 第2部分:ICP-MS-标准加入校正-内标法测定杂质元素的含量

1 范围

GB/T 25934 的本部分规定了高纯金中杂质元素的测定方法。

本部分适用于99.999%高纯金中杂质元素的测定,测定元素及测定的含量范围见表1。

表 1

元素	含量范围/%	元素	含量范围/%	元素	含量范围/%	元素	含量范围/%
Ag	0.000 02~0.001 00	Al	0.000 06~0.001 00	As	0.000 05~0.001 00	Bi	0.000 02~0.001 00
Cd	0.000 02~0.001 00	Cr	0.000 11~0.001 00	Cu	0.000 02~0.001 00	Fe	0.000 15~0.001 00
Ir	0.000 02~0.001 00	Mg	0.000 05~0.001 00	Mn	0.000 02~0.001 00	Na	0.000 06~0.001 00
Ni	0.000 02~0.001 00	Pb	0.000 02~0.001 00	Pd	0.000 02~0.001 00	Pt	0.000 02~0.001 00
Rh	0.000 02~0.001 00	Sb	0.000 02~0.001 00	Se	0.000 06~0.001 00	Sn	0.000 12~0.001 00
Te	0.000 02~0.001 00	Ti	0.000 02~0.000 99	Zn	0.000 05~0.001 00		

2 方法原理

样品经混合酸溶解,通过加入内标元素和采用标准加入校正的方式,用电感耦合等离子体质谱仪测定各元素的谱线强度,并计算各元素的质量分数。

3 试剂

除非另有说明,在分析中仅使用确认为优级纯或更高纯度的试剂和二次蒸馏水(电阻率≥18.2 MΩ/cm)或相当纯度的水。

3.1 盐酸(ρ1.19 g/mL),MOS级。

3.2 硝酸(ρ1.42 g/mL),MOS级。

3.3 硫酸(ρ1.84 g/mL),MOS级。

3.4 氢氟酸(ρ1.15 g/mL),MOS级。

3.5 盐酸(1+1)。

3.6 硝酸(1+1)。

3.7 盐酸(1+9)。

3.8 混合酸:以1体积硝酸(3.2)、3体积盐酸(3.1)和4体积水混合均匀。

3.9 标准贮存溶液

3.9.1 银标准贮存溶液:称取0.100 0 g金属银(质量分数≥99.99%)于100 mL烧杯中,加入10 mL硝酸溶液(3.6),低温加热溶解,挥发氮的氧化物,冷却至室温,移入100 mL容量瓶中,加入25 mL盐酸(3.1),用水稀释至刻度,混匀。此溶液1 mL含1 mg银。

3.9.2 铝标准贮存溶液：称取0.100 0 g金属铝（质量分数≥99.99%）于100 mL烧杯中，加入20 mL盐酸溶液（3.5），低温加热溶解，冷却至室温，用盐酸溶液（3.7）移入100 mL容量瓶中并稀释至刻度，混匀。此溶液1 mL含1 mg铝。

3.9.3 砷标准贮存溶液：称取0.132 0 g三氧化二砷（基准试剂，于100 ℃～105 ℃烘1 h），置于100 mL烧杯中，加入20 mL盐酸溶液（3.5），低温加热至完全溶解，冷却至室温，移入100 mL容量瓶中，用水稀释至刻度，混匀。此溶液1 mL含1 mg砷。

3.9.4 铋标准贮存溶液：称取0.100 0 g金属铋（质量分数≥99.99%）于100 mL烧杯中，加入20 mL硝酸溶液（3.6），低温加热溶解，挥发氮的氧化物，冷却至室温，移入100 mL容量瓶中，用水稀释至刻度，混匀。此溶液1 mL含1 mg铋。

3.9.5 镉标准贮存溶液：称取0.100 0 g金属镉（质量分数≥99.99%）于100 mL烧杯中，加入20 mL硝酸溶液（3.6），低温加热溶解，挥发氮的氧化物，冷却至室温，移入100 mL容量瓶中，用水稀释至刻度，混匀。此溶液1 mL含1 mg镉。

3.9.6 铬标准贮存溶液：称取0.282 9重铬酸钾（基准试剂，于100 ℃～105 ℃烘1 h），置于100 mL烧杯中，加入20 mL盐酸溶液（3.5），低温加热至完全溶解，冷却至室温，移入100 mL容量瓶中，用水稀释至刻度，混匀。此溶液1 mL含1 mg铬。

3.9.7 铜标准贮存溶液：称取0.100 0 g金属铜（质量分数≥99.99%）于100 mL烧杯中，加入20 mL硝酸溶液（3.6），低温加热溶解，挥发氮的氧化物，冷却至室温，移入100 mL容量瓶中，用水稀释至刻度，混匀。此溶液1 mL含1 mg铜。

3.9.8 铁标准贮存溶液：称取0.100 0 g金属铁（质量分数≥99.99%）于100 mL烧杯中，加入20 mL硝酸溶液（3.6），低温加热溶解，挥发氮的氧化物，冷却至室温，移入100mL容量瓶中，用水稀释至刻度，混匀。此溶液1 mL含1 mg铁。

3.9.9 铱标准贮存溶液：称取0.229 4 g氯铱酸铵（光谱纯）于100 mL烧杯中，加入20 mL盐酸溶液（3.7），低温加热溶解，冷却至室温，移入100 mL容量瓶中，用盐酸溶液（3.7）稀释至刻度，混匀。此溶液1mL含1mg铱。

3.9.10 镁标准贮存溶液：称取0.165 8 g预先经780 ℃灼烧1 h的氧化镁（氧化镁的质量分数≥99.99%），置于100 mL烧杯中，加入20 mL盐酸溶液（3.5），低温加热溶解，冷却至室温。将溶液移入100 mL容量瓶中，用水稀释至刻度，混匀。此溶液1 mL含1 mg镁。

3.9.11 锰标准贮存溶液：称取0.100 0 g金属锰（质量分数≥99.99%）于100 mL烧杯中，加入20 mL硝酸溶液（3.6），低温加热溶解，挥发氮的氧化物，冷却至室温，移入100 mL容量瓶中，用水稀释至刻度，混匀。此溶液1 mL含1 mg锰。

3.9.12 钠标准贮存溶液：称取0.188 6 g氯化钠（光谱纯，于100 ℃～105 ℃烘1 h），置于100 mL烧杯中，加入50 mL水，低温加热溶解，冷却至室温，移入100 mL聚乙烯容量瓶中，用水稀释至刻度，混匀。此溶液1 mL含1 mg钠。

3.9.13 镍标准贮存溶液：称取0.100 0 g金属镍（质量分数≥99.99%）于100 mL烧杯中，加入20 mL硝酸溶液（3.6），低温加热溶解，挥发氮的氧化物，冷却至室温，移入100 mL容量瓶中，用水稀释至刻度，混匀。此溶液1 mL含1 mg镍。

3.9.14 铅标准贮存溶液：称取0.100 00 g金属铅（质量分数≥99.99%）于100 mL烧杯中，加入20 mL硝酸溶液（3.6），低温加热溶解，挥发氮的氧化物，冷却至室温，移入100 mL容量瓶中，用水稀释至刻度，混匀。此溶液1 mL含1 mg铅。

3.9.15 钯标准贮存溶液：称取0.100 0 g金属钯（质量分数≥99.99%）于100 mL烧杯中，加入20 mL混合酸（3.8），低温加热溶解，挥发氮的氧化物，冷却至室温，移入100 mL容量瓶中，用水稀释至刻度，混匀。此溶液 1 mL 含 1 mg 钯。

3.9.16 铂标准贮存溶液：称取 0.100 0 g 金属铂(质量分数≥99.99%)于 100 mL 烧杯中，加入 20 mL 混合酸(3.8)，低温加热溶解，挥发氮的氧化物，冷却至室温，移入 100 mL 容量瓶中，用水稀释至刻度，混匀。此溶液 1 mL 含 1 mg 铂。

3.9.17 铑标准贮存溶液：称取 0.359 3 g 氯铑酸铵[光谱纯，分子式：$(NH_4)_3RhCl_6$]，加入 20 mL 盐酸溶液(3.7)，低温加热溶解，冷却至室温，移入 100 mL 容量瓶中，用盐酸溶液(3.7)稀释至刻度，混匀。此溶液 1 mL 含 1 mg 铑。

3.9.18 锑标准贮存溶液：称取 0.100 0 g 金属锑(质量分数≥99.99%)于 100 mL 烧杯中，加入 20 mL 混合酸(3.8)，低温加热溶解，挥发氮的氧化物，冷却至室温，移入 100 mL 容量瓶中，用水稀释至刻度，混匀。此溶液 1 mL 含 1 mg 锑。

3.9.19 硒标准贮存溶液：称取 0.100 0 g 金属硒(质量分数≥99.99%)于 100 mL 烧杯中，加入 20 mL 盐酸溶液(3.5)，低温加热溶解，冷却至室温，移入 100 mL 容量瓶中，用水稀释至刻度，混匀。此溶液 1 mL 含 1 mg 硒。

3.9.20 锡标准贮存溶液：称取 0.100 0 g 金属锡(质量分数≥99.99%)于 100 mL 烧杯中，加入 20 mL 盐酸溶液(3.5)，低温加热溶解，冷却至室温，移入 100 mL 容量瓶中，用水稀释至刻度，混匀。此溶液 1 mL 含 1 mg 锡。

3.9.21 碲标准贮存溶液：称取 0.100 0 g 金属碲(质量分数≥99.99%)于 100 mL 烧杯中，加入 20 mL 硝酸溶液(3.6)，低温加热溶解，挥发氮的氧化物，冷却至室温，移入 100 mL 容量瓶中，用水稀释至刻度，混匀。此溶液 1 mL 含 1 mg 碲。

3.9.22 钛标准贮存溶液：称取 0.100 0 g 金属钛(质量分数≥99.99%)于铂皿中，加入 1 mL 氢氟酸(3.4)、5 mL 硫酸(3.3)，加热溶解并蒸发至冒三氧化硫白烟使氟除尽，冷却，加入 20 mL 水和 2 mL 硫酸(3.3)，加热溶解盐类，冷却至室温，移入 100 mL 容量瓶中，用水稀释至刻度，混匀。此溶液 1 mL 含 1 mg 钛。

3.9.23 锌标准贮存溶液：称取 0.100 0 g 金属锌(质量分数≥99.99%)于 100 mL 烧杯中，加入 20 mL 硝酸溶液(3.6)，低温加热溶解，挥发氮的氧化物，冷却至室温，移入 100mL 容量瓶中，用水稀释至刻度，混匀。此溶液 1 mL 含 1 mg 锌。

3.9.24 钪标准贮存溶液：称取 0.153 4 g 三氧化二钪(光谱纯)于 100 mL 烧杯中，加入 10 mL 盐酸(3.5)，低温加热溶解，取下冷却至室温，移入 100 mL 容量瓶中，用水稀释至刻度，混匀。此溶液 1 mL 含 1 mg 钪。

3.9.25 铯标准贮存溶液：称取 0.136 1 g 硫酸铯(优级纯，于 100 ℃～105 ℃烘 1 h)于 100 mL 烧杯中，加入 20 mL 水，低温加热溶解，冷却至室温，移入 100 mL 容量瓶中，用水稀释至刻度，混匀。此溶液 1 mL 含 1 mg 铯。

3.9.26 铼标准贮存溶液：称取 0.100 0 g 金属铼(质量分数≥99.99%)于 100 mL 烧杯中，加入 20 mL 硝酸溶液(3.6)，低温加热溶解，挥发氮的氧化物，冷却至室温，移入 100 mL 容量瓶中，用水稀释至刻度，混匀。此溶液 1 mL 含 1 mg 铼。

3.10 混合标准溶液

3.10.1 分别移取 1 mL 标准贮存溶液(3.9.1～3.9.23)于 100 mL 容量瓶中，加入 20 mL 混合酸(3.8)，用水稀释至刻度，混匀。此溶液 1 mL 含 10 μg 银、铝、砷、铋、镉、铬、铜、铁、铱、镁、锰、钠、镍、铅、钯、铂、铑、锑、硒、锡、碲、钛和锌。

3.10.2 移取 1 mL 混合标准溶液(3.10.1)于 100 mL 容量瓶中，加入 20 mL 混合酸(3.8)，用水稀释至刻度，混匀。此溶液 1 mL 含 0.1 μg 银、铝、砷、铋、镉、铬、铜、铁、铱、镁、锰、钠、镍、铅、钯、铂、铑、锑、硒、锡、碲、钛和锌。

3.11 混合内标溶液

3.11.1 分别移取 1 mL 标准贮存溶液(3.9.24～3.9.26)于 100 mL 容量瓶中,加入 20 mL 混合酸(3.8),用水稀释至刻度,混匀。此溶液 1 mL 含 10 μg 钪、铯和铼。

3.11.2 移取 1 mL 混合标准溶液(3.11.1)于 100 mL 容量瓶中,加入 20 mL 混合酸(3.8),用水稀释至刻度,混匀。此溶液 1 mL 含 0.1 μg 钪、铯和铼。

3.12 金标准贮备液(20 mg/mL):称取高纯金(含金 99.999%以上)10 g(精确至 0.01 g)放入 250 mL 聚四氟乙烯烧杯中,加入混合酸溶液(3.8)50 mL,于可控温电热板上低温(100 ℃左右)加热溶解,用水转入 500 mL 的容量瓶中,补加浓王水 100 mL,用水稀释至刻度,摇匀后立即转入干净的塑料瓶中备用。此溶液含金 20 mg/mL。

4 仪器

电感耦合等离子体质谱仪。

银、铝、砷、铋、镉、铬、铜、铁、铱、镁、锰、钠、镍、铅、钯、铂、铑、锑、硒、锡、碲、钛和锌的质量数参见附录 A 表 A.1。

5 试样

将试样碾成 1 mm 厚的薄片,用不锈钢剪刀剪成小碎片,放入烧杯中,加入 20 mL 的乙醇溶液(1+1),于电热板上加热煮沸 5 min 取下,将乙醇液倾去,用高纯水反复洗涤金片 3 次,继续加入 20 mL 盐酸溶液(3.5),加热煮沸 5 min,倾去盐酸溶液,用高纯水反复洗涤金片 3 次,将金片用无尘纸包裹起来放入烘箱在 105 ℃烘干,取出备用。

6 干扰校正

由于测定元素多,某些元素间存在着一定的谱线干扰,应采取数学方法对其进行校正。需校正的元素有 As75 和 Se82,被校正元素的强度与干扰元素的强度关系式如下:

As75:−3.128 819×Se77+2.734 582×Se82−2.756 001×Kr83

Se82:−1.007 833×Kr83

7 分析步骤

7.1 试料

称取 0.10 g 高纯金试样(5),精确至 0.000 1 g。

独立进行两次测定,取其平均值。

7.2 空白

随同试料进行空白试验。

7.3 测定

7.3.1 将试料(7.1)置于 50 mL 聚四氟乙烯烧杯中,加入混合酸溶液(3.8)2.50 mL,在可控温电热板上低温加热溶解,冷却后用水转入 50 mL 塑料容量瓶中,加入混合内标溶液(3.11.2)2.50 mL,用水定容至刻度,摇匀待测。

7.3.2 将试料溶液和空白溶液分别用 ICP-MS 进行测定,通过得到的被测元素与内标元素的强度比值在各自的校准曲线上查找到相应的浓度值,计算出各元素的质量分数。

7.4 校准

7.4.1 空白校准曲线

于 5 个 50 mL 容量瓶中各分别加入 2.50 mL 混合酸溶液(3.8)和混合内标溶液(3.11.2)

2.50 mL，再分别向其中加入 0.00 mL、0.50 mL、2.50 mL、5.00 mL、10.00 mL 混合标准溶液(3.10.2)，用水稀释至刻度，摇匀后用 ICP-MS 采用标准加入的方式依次进行测定，将测定得到的被测元素与内标元素的强度比值作为纵坐标，被测元素的质量浓度为横坐标绘制空白校准曲线。

7.4.2 样品校准曲线

于 5 个 50 mL 容量瓶中各分别加入金标准贮备液 5.00 mL(3.12)和混合内标溶液(3.11.2) 2.50 mL，再分别向其中加入 0.00 mL、0.50 mL、2.50 mL、5.00 mL、10.00 mL 混合标准溶液(3.10.2)，用水稀释至刻度，摇匀后用 ICP-MS 采用标准加入的方式依次进行测定，将测定得到的被测元素与内标元素的强度比值作为纵坐标，被测元素的质量浓度为横坐标绘制样品校准曲线。

8 分析结果的计算

按式(1)计算被测杂质元素的质量分数 $w(X)$，数值以%表示：

$$w(X)=\frac{(\rho_X \cdot V_X-\rho_0 \cdot V_0)\times 10^{-6}}{m}\times 100 \qquad (1)$$

式中：

ρ_X——试料溶液中被测元素的质量浓度，单位为微克每毫升(μg/mL)；

V_X——试料溶液的体积，单位为毫升(mL)；

ρ_0——空白溶液中被测元素的质量浓度，单位为微克每毫升(μg/mL)；

V_0——空白溶液的体积，单位为毫升(mL)；

m——试料质量，单位为克(g)。

分析结果保留至小数点后第五位。

9 精密度

9.1 重复性

在重复性条件下获得的两次独立测试结果的测定值，在以下给出的平均值范围内，这两个测试结果的绝对差值不超过重复性限(r)，超过重复性限(r)的情况不超过5%，重复性限(r)按表 2 数据采用线性内插法求得。

表 2

银的质量分数/%	0.000 02	0.000 21	0.001 02
r/%	0.000 01	0.000 03	0.000 12
铝的质量分数/%	0.000 06	0.000 23	0.001 10
r/%	0.000 03	0.000 05	0.000 12
砷的质量分数/%	0.000 05	0.000 21	0.001 07
r/%	0.000 02	0.000 03	0.000 14
铋的质量分数/%	0.000 02	0.000 20	0.001 01
r/%	0.000 01	0.000 02	0.000 10
镉的质量分数/%	0.000 02	0.000 20	0.001 02
r/%	0.000 01	0.000 02	0.000 10
铬的质量分数/%	0.000 11	0.000 21	0.001 01
r/%	0.000 02	0.000 03	0.000 10

表 2（续）

铜的质量分数/%	0.000 02	0.000 21	0.001 00
r/%	0.000 01	0.000 03	0.000 11
铁的质量分数/%	0.000 15	0.000 57	0.001 11
r/%	0.000 05	0.000 10	0.000 16
铱的质量分数/%	0.000 02	0.000 20	0.001 00
r/%	0.000 01	0.000 02	0.000 10
镁的质量分数/%	0.000 06	0.000 22	0.001 12
r/%	0.000 02	0.000 06	0.000 14
锰的质量分数/%	0.000 02	0.000 20	0.001 00
r/%	0.000 01	0.000 02	0.000 10
钠的质量分数/%	0.000 06	0.000 23	0.001 11
r/%	0.000 02	0.000 03	0.000 18
镍的质量分数/%	0.000 02	0.000 20	0.001 00
r/%	0.000 01	0.000 03	0.000 10
铅的质量分数/%	0.000 02	0.000 21	0.001 03
r/%	0.000 01	0.000 02	0.000 10
钯的质量分数/%	0.000 02	0.000 20	0.001 00
r/%	0.000 01	0.000 02	0.000 13
铂的质量分数/%	0.000 02	0.000 20	0.001 02
r/%	0.000 01	0.000 02	0.000 10
铑的质量分数/%	0.000 02	0.000 50	0.001 02
r/%	0.000 01	0.000 04	0.000 10
锑的质量分数/%	0.000 02	0.000 20	0.001 01
r/%	0.000 01	0.000 02	0.000 10
硒的质量分数/%	0.000 06	0.000 21	0.001 02
r/%	0.000 02	0.000 04	0.000 10
锡的质量分数/%	0.000 12	0.000 53	0.001 04
r/%	0.000 03	0.000 06	0.000 10
碲的质量分数/%	0.000 02	0.000 20	0.001 02
r/%	0.000 01	0.000 03	0.000 13
钛的质量分数/%	0.000 02	0.000 20	0.000 99
r/%	0.000 01	0.000 03	0.000 15
锌的质量分数/%	0.000 05	0.000 20	0.001 00
r/%	0.000 02	0.000 04	0.000 15

9.2 再现性

在再现性条件下获得的两次独立测试结果的测定值，在以下给出的平均值范围内，这两个测试结果的绝对差值不超过再现性限(*R*),超过再现性限(*R*)的情况不超过5%,再现性限(*R*)按表3数据采用线性内插法求得。

表3

银的质量分数/%	0.000 02	0.000 21	0.001 02
R/%	0.000 02	0.000 03	0.000 12
铝的质量分数/%	0.000 06	0.000 23	0.001 10
R/%	0.000 05	0.000 06	0.000 18
砷的质量分数/%	0.000 05	0.000 21	0.001 07
R/%	0.000 03	0.000 05	0.000 33
铋的质量分数/%	0.000 02	0.000 20	0.001 01
R/%	0.000 01	0.000 03	0.000 12
镉的质量分数/%	0.000 02	0.000 20	0.001 02
R/%	0.000 01	0.000 03	0.000 12
铬的质量分数/%	0.000 11	0.000 21	0.001 01
R/%	0.000 05	0.000 07	0.000 15
铜的质量分数/%	0.000 02	0.000 21	0.001 00
R/%	0.000 01	0.000 04	0.000 18
铁的质量分数/%	0.000 15	0.000 57	0.001 11
R/%	0.000 05	0.000 13	0.000 22
铱的质量分数/%	0.000 02	0.000 20	0.001 00
R/%	0.000 01	0.000 03	0.000 12
镁的质量分数/%	0.000 06	0.000 22	0.001 12
R/%	0.000 03	0.000 07	0.000 25
锰的质量分数/%	0.000 02	0.000 20	0.001 00
R/%	0.000 01	0.000 03	0.000 14
钠的质量分数/%	0.000 06	0.000 23	0.001 11
R/%	0.000 02	0.000 04	0.000 20
镍的质量分数/%	0.000 02	0.000 20	0.001 00
R/%	0.000 01	0.000 04	0.000 13
铅的质量分数/%	0.000 02	0.000 21	0.001 03
R/%	0.000 01	0.000 03	0.000 16
钯的质量分数/%	0.000 02	0.000 20	0.001 00
R/%	0.000 01	0.000 03	0.000 13
铂的质量分数/%	0.000 02	0.000 20	0.001 02
R/%	0.000 01	0.000 03	0.000 12
铑的质量分数/%	0.000 02	0.000 20	0.001 02
R/%	0.000 01	0.000 03	0.000 15

表 3（续）

锑的质量分数/%	0.000 02	0.000 20	0.001 01
R/%	0.000 01	0.000 03	0.000 23
硒的质量分数/%	0.000 06	0.000 21	0.001 02
R/%	0.000 03	0.000 04	0.000 13
锡的质量分数/%	0.000 12	0.000 53	0.001 04
R/%	0.000 07	0.000 12	0.000 20
碲的质量分数/%	0.000 02	0.000 20	0.001 02
R/%	0.000 01	0.000 04	0.000 15
钛的质量分数/%	0.000 02	0.000 20	0.000 99
R/%	0.000 01	0.000 03	0.000 15
锌的质量分数/%	0.000 05	0.000 20	0.001 00
R/%	0.000 02	0.000 05	0.000 20

10 质量控制和保证

应用国家级或行业级标准样品(当两者没有时，也可用自制的控制样品代替)，每周或两周验证一次本标准的有效性。当过程失控时，应找出原因，纠正错误后，重新进行校核，并采取相应的预防措施。

附 录 A
（资料性附录）
仪器参数和内标组划分

A.1 仪器工作参数

使用美国 PerkinElmer 公司的 Elan 9000 型电感耦合等离子体质谱仪[1)]，其测定银、铝、砷、铋、镉、铬、铜、铁、铱、镁、锰、钠、镍、铅、钯、铂、铑、锑、硒、锡、碲、钛和锌的质量数如表 A.1。

表 A.1

元素	质量数	元素	质量数	元素	质量数	元素	质量数
Ag	107	Al	27	As	75	Bi	209
Cd	111	Cr	52	Cu	63	Fe	57
Ir	193	Mg	24	Mn	55	Na	23
Ni	60	Pb	208	Pd	105	Pt	195
Rh	103	Sb	121	Se	82	Sn	118
Te	130	Ti	47	Zn	66		

注：上述各元素的分析谱线针对美国 PerkinElmer 公司的 Elan 9000 型电感耦合等离子体质谱仪，供使用单位选择各元素的质量数时参考。

A.2 仪器优化参数

仪器经优化后，其灵敏度、双电荷离子、氧化物及背景精密度应满足测定需要。以下为 10 ng/mL 标准溶液的测定参考值，供仪器优化时参考：

灵敏度：Mg24≥100 000 cps；

In115≥400 000 cps；

U238≥300 000 cps；

双电荷离子：Ba^{++}(69)/Ba^{+}(138)≤3%；

氧化物：CeO^{+}(156)/Ce^{+}(140)≤3%；

背景 220：RSD≤5%。

A.3 内标组划分

采用^{45}Sc、^{133}Cs及^{187}Re 3 种元素作为内标元素，它们分别校正的元素为：

Sc 内标：Na、Mg、Al、Ti、Cr、Mn、Fe、Ni、Cu、Zn、Se；

Cs 内标：As、Rh、Pd、Ag、Cd、Sn、Sb、Te；

Re 内标：Ir、Pt、Pb、Bi。

1) 给出这一信息是为了方便本标准的使用者，并不表示对该产品的认可。如果其他等效产品具有相同的效果，则可使用这些等效产品。

ICS 77.040.30
H 15

中华人民共和国国家标准

GB/T 25934.3—2010

高纯金化学分析方法 第3部分：乙醚萃取分离-ICP-AES法测定杂质元素的含量

Methods for chemical analysis of high purity gold—Part 3: Ethylether extraction separation-inductively coupled plasma-atomic emission spectrometry—Determination of impurity elements contents

2010-12-23 发布　　　　2011-09-01 实施

中华人民共和国国家质量监督检验检疫总局
中国国家标准化管理委员会　发布

前　言

GB/T 25934《高纯金化学分析方法》分为3个部分：

——第1部分：乙酸乙酯萃取分离-ICP-AES法　测定杂质元素的含量；

——第2部分：ICP-MS-标准加入校正-内标法　测定杂质元素的含量；

——第3部分：乙醚萃取分离-ICP-AES法　测定杂质元素的含量。

本部分为第3部分。

本部分由全国黄金标准化技术委员会(SAC/TC 379)提出并归口。

本部分由河南中原黄金冶炼厂有限责任公司负责起草。

本部分由河南中原黄金冶炼厂有限责任公司、长城金银精炼厂、长春黄金研究院、沈阳造币厂、北京矿冶研究总院、江苏天瑞仪器股份有限责任公司起草。

本部分主要起草人：刘成祥、张波、张玉明、陈杰、黄蕊、陈菲菲、陈永红、赖茂明、王德雨、李华昌、李万春、于力、郑建明。

高纯金化学分析方法
第3部分：乙醚萃取分离-ICP-AES法测定杂质元素的含量

1 范围

GB/T 25934的本部分规定了高纯金中银、铜、铁、铅、锑、铋、钯、镁、锡、铬、镍、锰、铝、铂、铑、铱、锌、钛、镉、硅和砷量的测定方法。

本部分适用于高纯金中银、铜、铁、铅、锑、铋、钯、镁、锡、铬、镍、锰、铝、铂、铑、铱、锌、钛、镉、硅和砷量的测定。测定范围见表1。

表 1

元素	质量分数/%	元素	质量分数/%	元素	质量分数/%	元素	质量分数/%
Ag	0.000 02～0.000 47	Ni	0.000 02～0.000 47	Pt	0.000 02～0.000 48	Zn	0.000 02～0.000 44
Cu	0.000 02～0.000 47	Pd	0.000 02～0.000 49	Sn	0.000 03～0.000 32	Cd	0.000 02～0.000 48
Pb	0.000 05～0.000 48	Al	0.000 05～0.000 45	Ti	0.000 02～0.000 49	Ir	0.000 06～0.000 52
Fe	0.000 02～0.000 48	Mn	0.000 02～0.000 47	Cr	0.000 02～0.000 48	Si	0.000 03～0.000 27
Sb	0.000 04～0.000 43	Mg	0.000 02～0.000 46	Rh	0.000 02～0.000 50	As	0.000 05～0.000 46
Bi	0.000 02～0.000 43						

2 方法提要

试料用混合酸分解，在1 mol/L盐酸介质中，用乙醚萃取分离金，水相浓缩后制成盐酸介质待测溶液，使用电感耦合等离子体原子发射光谱仪测定银、铜、铁、铅、锑、铋、钯、镁、锡、铬、镍、锰、铝、铂、铑、铱、锌、钛、镉、硅和砷的量。

3 试剂

除非另有说明，在分析中仅使用确认为优级纯的试剂和二次蒸馏水或相当纯度（电阻率≥18.2 MΩ/cm）的水。

3.1 盐酸（ρ1.19 g/mL）。

3.2 硝酸（ρ1.42 g/mL）。

3.3 硫酸（ρ1.84 g/mL）。

3.4 氢氟酸（ρ1.15g/mL）。

3.5 盐酸（1+1）。

3.6 硝酸（1+1）。

3.7 硝酸（1+2）。

3.8 盐酸（1+9）。

3.9 盐酸（1+11）。

3.10 盐酸（1+29）。

3.11 混合酸：以1体积硝酸（3.2）、3体积盐酸（3.1）和1体积水混合均匀。

3.12 乙醚：用盐酸溶液（3.9）洗涤2～3次后备用。

警告:使用本标准的人员应有正规实验室工作的经验。本标准并未指出所有可能的安全问题。使用者有责任采取适当的安全和健康措施,并保证符合国家有关法规规定的条件。

3.13 标准贮存溶液

3.13.1 银标准贮存溶液:称取0.100 0 g金属银(质量分数≥99.99%)于100 mL烧杯中,加入10 mL硝酸溶液(3.6),低温加热溶解,冷却至室温,移入100 mL容量瓶中,加入25 mL盐酸(3.1),用水稀释至刻度,混匀。此溶液1 mL含1 mg银。

3.13.2 铝标准贮存溶液:称取0.100 0 g金属铝(质量分数≥99.99%)于100 mL烧杯中,加入20 mL盐酸溶液(3.5),低温加热溶解,冷却至室温,用盐酸溶液(3.8)移入100 mL容量瓶中并稀释至刻度,混匀。此溶液1 mL含1 mg铝。

3.13.3 砷标准贮存溶液:称取0.132 0 g三氧化二砷(基准试剂,于100 ℃～105 ℃烘1 h),置于100 mL烧杯中,加入5 mL氢氧化钠溶液(200 g/L),低温加热至完全溶解,加入50 mL水、1滴酚酞乙醇溶液(1 g/L),用硫酸溶液(1+4)中和至红色刚消失再过量2 mL,冷却至室温,移入100 mL容量瓶中,用水稀释至刻度,混匀。此溶液1 mL含1 mg砷。

3.13.4 铋标准贮存溶液:称取0.100 0 g金属铋(质量分数≥99.99%)于100 mL烧杯中,加入20 mL硝酸溶液(3.6),低温加热溶解,冷却至室温,移入100 mL容量瓶中,用水稀释至刻度,混匀。此溶液1 mL含1 mg铋。

3.13.5 镉标准贮存溶液:称取0.100 0 g金属镉(质量分数≥99.99%)于100 mL烧杯中,加入20 mL硝酸溶液(3.6),低温加热溶解,冷却至室温,移入100 mL容量瓶中,用水稀释至刻度,混匀。此溶液1 mL含1 mg镉。

3.13.6 铬标准贮存溶液:称取0.282 9重铬酸钾(基准试剂,于100 ℃～105 ℃烘1 h),置于100 mL烧杯中,加入20 mL盐酸溶液(3.5),低温加热至完全溶解,冷却至室温,移入100 mL容量瓶中,用水稀释至刻度,混匀。此溶液1 mL含1 mg铬。

3.13.7 铜标准贮存溶液:称取0.100 0 g金属铜(质量分数≥99.99%)于100 mL烧杯中,加入20 mL硝酸溶液(3.6),低温加热溶解,冷却至室温,移入100 mL容量瓶中,用水稀释至刻度,混匀。此溶液1 mL含1 mg铜。

3.13.8 铁标准贮存溶液:称取0.100 0 g金属铁(质量分数≥99.99%)于100 mL烧杯中,加入20 mL混合酸(3.11),低温加热溶解,冷却至室温,移入100 mL容量瓶中,用水稀释至刻度,混匀。此溶液1 mL含1 mg铁。

3.13.9 铅标准贮存溶液:称取0.100 00 g金属铅(质量分数≥99.99%)于100 mL烧杯中,加入20 mL硝酸(3.7),低温加热溶解,冷却至室温,移入100 mL容量瓶中,用水稀释至刻度,混匀。此溶液1 mL含1 mg铅。

3.13.10 镁标准贮存溶液:称取0.165 8 g预先经780 ℃灼烧1 h的氧化镁(氧化镁的质量分数≥99.99%),置于100 mL烧杯中,加入20 mL盐酸溶液(3.5),低温加热溶解,冷却至室温。将溶液移入100 mL容量瓶中,用水稀释至刻度,混匀。此溶液1 mL含1 mg镁。

3.13.11 锰标准贮存溶液:称取0.100 0 g金属锰(质量分数≥99.99%)于100 mL烧杯中,加入20 mL硝酸溶液(3.6),低温加热溶解,冷却至室温,移入100 mL容量瓶中,用水稀释至刻度,混匀。此溶液1 mL含1 mg锰。

3.13.12 镍标准贮存溶液:称取0.100 0 g金属镍(质量分数≥99.99%)于100 mL烧杯中,加入20 mL硝酸溶液(3.6),低温加热溶解,冷却至室温,移入100 mL容量瓶中,用水稀释至刻度,混匀。此溶液1 mL含1 mg镍。

3.13.13 锌标准贮存溶液:称取0.100 0 g金属锌(质量分数≥99.99%)于100 mL烧杯中,加入10 mL水再缓慢加入20 mL盐酸溶液(3.5),低温加热溶解,冷却至室温,移入100 mL容量瓶中,用水稀释至刻度,混匀。此溶液1 mL含1 mg锌。

3.13.14 钯标准贮存溶液：称取 0.100 0 g 金属钯（质量分数≥99.99%）于 100 mL 烧杯中，加入 20 mL 混合酸（3.11），低温加热溶解，冷却至室温，移入 100 mL 容量瓶中，用水稀释至刻度，混匀。此溶液 1 mL 含 1 mg 钯。

3.13.15 铂标准贮存溶液：称取 0.100 0 g 金属铂（质量分数≥99.99%）于 100 mL 烧杯中，加入 20 mL 混合酸（3.11），低温加热溶解，冷却至室温，移入 100 mL 容量瓶中，用水稀释至刻度，混匀。此溶液 1 mL 含 1 mg 铂。

3.13.16 铑标准贮存溶液：称取 0.359 3 g 六氯合铑（Ⅲ）酸铵（光谱纯）于 100 mL 烧杯中，加入 20 mL 盐酸溶液（3.8），低温加热溶解，冷却至室温，移入 100 mL 容量瓶中，用盐酸溶液（3.8）稀释至刻度，混匀。此溶液 1 mL 含 1 mg 铑。

3.13.17 锑标准贮存溶液：称取 0.100 0 g 金属锑（质量分数≥99.99%）于 100 mL 烧杯中，加入 20 mL 混合酸（3.11），低温加热溶解，冷却至室温，移入 100 mL 容量瓶中，用盐酸溶液（3.5）稀释至刻度，混匀。此溶液 1 mL 含 1 mg 锑。

3.13.18 铱标准贮存溶液：称取 0.229 4 g 六氯合铱（Ⅳ）酸铵（光谱纯）于 100 mL 烧杯中，加入20 mL 盐酸溶液（3.8），低温加热溶解，冷却至室温，移入 100 mL 容量瓶中，用盐酸溶液（3.8）稀释至刻度，混匀。此溶液 1 mL 含 1 mg 铱。

3.13.19 锡标准贮存溶液：称取 0.100 0 g 金属锡（质量分数≥99.99%）于 100 mL 烧杯中，加入 20 mL 盐酸溶液（3.5），低温加热溶解，冷却至室温，移入 100 mL 容量瓶中，用盐酸溶液（3.5）稀释至刻度，混匀。此溶液 1 mL 含 1 mg 锡。

3.13.20 钛标准贮存溶液：称取 0.100 0 g 金属钛（质量分数≥99.99%）于铂皿中，加入 1 mL 氢氟酸（3.4）、5 mL 硫酸（3.3），加热溶解并蒸发至冒三氧化硫白烟使氟除尽，冷却，加入 20 mL 水和 2 mL 硫酸（3.3），加热溶解盐类，冷却至室温，移入 100 mL 容量瓶中，用水稀释至刻度，混匀。此溶液 1 mL 含 1 mg 钛。

3.13.21 硅标准贮存溶液：称取 0.213 9 g 二氧化硅（质量分数≥99.99%）于预先加入 3 g 无水碳酸钠的铂坩埚中，覆盖 1～2 g 无水碳酸钠，先于低温处加热，再于 950 ℃熔融至透明，并继续熔融 3 分钟取出冷却，用水浸出聚四氟乙烯烧杯中，移入 100 mL 聚丙烯容量瓶中，用水稀释至刻度，混匀。此溶液 1 mL 含 1 mg 硅。

3.14 标准溶液

3.14.1 标准溶液 A：分别移取 1.000 mL 标准贮存溶液（3.13.1～3.13.13）于 100 mL 容量瓶中，加入 20 mL 混合酸（3.11），用水稀释至刻度，混匀。此溶液 1 mL 含 10 μg 银、铝、砷、铋、镉、铬、铜、铁、镁、锰、镍、铅和锌。

3.14.2 标准溶液 B：分别移取 1.000 mL 标准贮存溶液（3.13.14～3.13.19）于 100 mL 容量瓶中，加入 20 mL 混合酸（3.11），用水稀释至刻度，混匀。此溶液 1 mL 含 10μg 铱、钯、铂、铑、锡和锑。

3.14.3 标准溶液 C：移取 1.000 mL 标准贮存溶液（3.13.20）于 100 mL 容量瓶中，加入 10 mL 混合酸（3.11），用水稀释至刻度，混匀。此溶液 1 mL 含 10 μg 钛。

3.14.4 标准溶液 D：移取 1.000 mL 标准贮存溶液（3.13.21）于 100 mL 聚丙烯容量瓶中，加入 10 mL 混合酸（3.11），用水稀释至刻度，混匀。此溶液 1 mL 含 10 μg 硅。

4 仪器

电感耦合等离子体原子发射光谱仪。

银、铜、铁、铅、锑、铋、钯、镁、锡、铬、镍、锰、铝、铂、铑、铱、锌、钛、镉、硅和砷的分析谱线参见附录 A。

5 试样

将试样制成细碎薄片，放入聚四氟乙烯烧杯中，加入 20 mL 盐酸溶液（3.5），加热煮沸 5 min，倾去盐酸溶液，用水反复洗涤金片3次，烘干备用。

6 分析步骤

6.1 试料

称取5.0 g高纯金试样(5)，精确至0.000 1 g。

独立进行两次测定，取其平均值。

6.2 空白试验

随同试料做空白试验。

6.3 测定

6.3.1 将试料(6.1)置于100 mL石英烧杯中，加入30 mL混合酸溶液(3.11)，盖上表皿，低温加热使试料完全溶解，继续蒸发至试液颜色呈棕褐色(冷却后不应析出单体金)取下，打开表皿挥发氮的氧化物，加入5 mL盐酸(3.5)加热至试液颜色成棕褐色冷却至室温。

6.3.2 用盐酸溶液(3.9)洗涤表皿并将试液转移至125 mL分液漏斗中，定容至20 mL，加入50 mL乙醚(3.12)，振荡20 s，静置分层。水相移入另一分液漏斗中。

6.3.3 有机相用5 mL盐酸(3.9)洗涤，合并两次水相，加入20 mL乙醚(3.12)重复操作一次，将水相放入原烧杯中，此有机相再用5 mL盐酸(3.9)洗涤一次，水相并入原烧杯中。

6.3.4 以5 mL盐酸(3.10)顺序洗涤两个有机相，水相并入原烧杯中(有机相保留回收金)。

6.3.5 加入2 mL混合酸(3.11)，低温将烧杯中的水相浓缩至5 mL，取下冷却至室温，用盐酸(3.9)移入25 mL容量瓶中并稀释至刻度，混匀待测。

6.3.6 在电感耦合等离子体原子发射光谱仪上，测量被测元素的谱线强度，扣除空白值，自工作曲线上查出被测元素的质量浓度。

6.4 工作曲线的绘制

6.4.1 移取0.00 mL、0.50 mL、1.00 mL、5.00 mL含有银、铝、砷、铋、镉、铬、铜、铁、镁、锰、镍、铅和锌的混合标准溶液(3.14.1)，置于一组50 mL容量瓶中，用盐酸溶液(3.9)定容至刻度，混匀。

6.4.2 移取0.00 mL、0.50 mL、1.00 mL、5.00 mL含有铱、钯、铂、铑、锡、锑的混合标准溶液(3.14.2)，置于一组50 mL容量瓶中，用盐酸溶液(3.9)定容至刻度，混匀。

6.4.3 移取0.00 mL、0.50 mL、1.00 mL、5.00 mL含有钛的标准溶液(3.14.3)，置于一组50 mL容量瓶中，用盐酸溶液(3.9)定容至刻度，混匀。

6.4.4 移取0.00 mL、0.50 mL、1.00 mL、5.00 mL含有硅的标准溶液(3.14.4)，置于一组50 mL聚丙烯容量瓶中，用盐酸溶液(3.9)定容至刻度，混匀。

6.4.5 在与试料溶液测定相同条件下，测量标准溶液中各元素的谱线强度。以各被测元素的质量浓度为横坐标，谱线强度为纵坐标绘制工作曲线。

7 分析结果的计算

按式(1)计算被测元素的量，即质量分数$w(X)$，数值以%表示：

$$w(X)=\frac{(\rho_X \cdot V_X-\rho_0 \cdot V_0)\times 10^{-6}}{m}\times 100 \qquad (1)$$

式中：

ρ_X——试液中被测元素的质量浓度，单位为微克每毫升(μg/mL)；

V_X——试液的体积，单位为毫升(mL)；

ρ_0——空白溶液中被测元素的质量浓度，单位为微克每毫升(μg/mL)；

V_0——空白溶液的体积，单位为毫升(mL)；

m——试料质量，单位为克(g)。

分析结果保留至小数点后第五位。

8 精密度

8.1 重复性

在重复性条件下获得的两次独立测试结果的测定值，在以下给出的平均值范围内，这两个测试结果的绝对差值不超过重复性限(r)，以大于重复性限(r)的情况不超过5%为前提，重复性限(r)按表2数据采用线性内插法求得。

表 2

银的质量分数/%	0.000 02	0.000 10	0.000 47
r/%	0.000 01	0.000 02	0.000 05
铝的质量分数/%	0.000 05	0.000 18	0.000 45
r/%	0.000 01	0.000 03	0.000 05
砷的质量分数/%	0.000 05	0.000 19	0.000 46
r/%	0.000 01	0.000 03	0.000 05
铋的质量分数/%	0.000 02	0.000 09	0.000 43
r/%	0.000 01	0.000 02	0.000 05
镉的质量分数/%	0.000 02	0.000 10	0.000 48
r/%	0.000 01	0.000 02	0.000 05
铬的质量分数/%	0.000 02	0.000 10	0.000 48
r/%	0.000 01	0.000 02	0.000 05
铜的质量分数/%	0.000 02	0.000 10	0.000 47
r/%	0.000 01	0.000 02	0.000 05
铁的质量分数/%	0.000 02	0.000 10	0.000 48
r/%	0.000 01	0.000 02	0.000 05
铱的质量分数/%	0.000 06	0.000 22	0.000 52
r/%	0.000 02	0.000 03	0.000 05
镁的质量分数/%	0.000 02	0.000 10	0.000 46
r/%	0.000 01	0.000 02	0.000 05
锰的质量分数/%	0.000 02	0.000 10	0.000 47
r/%	0.000 01	0.000 02	0.000 03
镍的质量分数/%	0.000 02	0.000 10	0.000 47
r/%	0.000 01	0.000 02	0.000 05
铅的质量分数/%	0.000 05	0.000 20	0.000 48
r/%	0.000 01	0.000 03	0.000 05
钯的质量分数/%	0.000 02	0.000 10	0.000 49
r/%	0.000 01	0.000 02	0.000 05
铂的质量分数/%	0.000 02	0.000 10	0.000 48
r/%	0.000 01	0.000 02	0.000 05

表 2（续）

铑的质量分数/%	0.000 02	0.000 10	0.000 50
r/%	0.000 01	0.000 02	0.000 05
锑的质量分数/%	0.000 04	0.000 18	0.000 43
r/%	0.000 01	0.000 03	0.000 05
锌的质量分数/%	0.000 02	0.000 09	0.000 44
r/%	0.000 01	0.000 02	0.000 06
锡的质量分数/%	0.000 03	0.000 13	0.000 32
r/%	0.000 02	0.000 04	0.000 06
钛的质量分数/%	0.000 02	0.000 10	0.000 49
r/%	0.000 01	0.000 02	0.000 03
硅的质量分数/%	0.000 03	0.000 12	0.000 27
r/%	0.000 01	0.000 04	0.000 07

8.2 再现性

在再现性条件下获得的两次独立测试结果的测定值，在以下给出的平均值范围内，这两个测试结果的绝对差值不超过再现性限(R)，以不大于再现性限(R)的情况不超过5%为前提，再现性限(R)按表3数据采用线性内插法求得。

表 3

银的质量分数/%	0.000 02	0.000 10	0.000 47
R/%	0.000 01	0.000 02	0.000 05
铝的质量分数/%	0.000 05	0.000 18	0.000 45
R/%	0.000 02	0.000 04	0.000 08
砷的质量分数/%	0.000 05	0.000 19	0.000 46
R/%	0.000 01	0.000 03	0.000 05
铋的质量分数/%	0.000 02	0.000 09	0.000 43
R/%	0.000 01	0.000 03	0.000 10
镉的质量分数/%	0.000 02	0.000 10	0.000 48
R/%	0.000 01	0.000 03	0.000 06
铬的质量分数/%	0.000 02	0.000 10	0.000 48
R/%	0.000 01	0.000 03	0.000 05
铜的质量分数/%	0.000 02	0.000 10	0.000 47
R/%	0.000 01	0.000 02	0.000 05
铁的质量分数/%	0.000 02	0.000 10	0.000 48
R/%	0.000 01	0.000 03	0.000 05
铱的质量分数/%	0.000 06	0.000 22	0.000 52
R/%	0.000 02	0.000 04	0.000 13

表 3(续)

镁的质量分数/%	0.000 02	0.000 10	0.000 46
R/%	0.000 01	0.000 03	0.000 05
锰的质量分数/%	0.000 02	0.000 10	0.000 47
R/%	0.000 01	0.000 02	0.000 05
镍的质量分数/%	0.000 02	0.000 10	0.000 47
R/%	0.000 01	0.000 02	0.000 05
铅的质量分数/%	0.000 05	0.000 20	0.000 48
R/%	0.000 01	0.000 03	0.000 06
钯的质量分数/%	0.000 02	0.000 10	0.000 49
R/%	0.000 01	0.000 02	0.000 05
铂的质量分数/%	0.000 02	0.000 10	0.000 48
R/%	0.000 01	0.000 02	0.000 05
铑的质量分数/%	0.000 02	0.000 10	0.000 50
R/%	0.000 01	0.000 02	0.000 05
锑的质量分数/%	0.000 04	0.000 18	0.000 43
R/%	0.000 02	0.000 05	0.000 11
锌的质量分数/%	0.000 02	0.000 09	0.000 44
R/%	0.000 02	0.000 05	0.000 12
锡的质量分数/%	0.000 03	0.000 13	0.000 32
R/%	0.000 02	0.000 04	0.000 10
钛的质量分数/%	0.000 02	0.000 10	0.000 49
R/%	0.000 01	0.000 02	0.000 03
硅的质量分数/%	0.000 03	0.000 12	0.000 27
R/%	0.000 02	0.000 05	0.000 10

9 质量控制和保证

应用国家级或行业级标准样品(当两者没有时,也可用控制样品代替),每周或两周校核一次本分析方法标准的有效性。当过程失控时,应找出原因,纠正错误后,重新进行校核,并采取相应的预防措施。

附 录 A
（资料性附录）
仪器工作参数

使用美国PerkinElmer公司的4300DV型电感耦合等离子体原子发射光谱仪[1]（轴向观测），其测定银、铝、砷、铋、镉、铬、铜、铁、铱、镁、锰、镍、铅、钯、铂、铑、锑、硅、锡、钛和锌的谱线如表A.1。

表 A.1

元素	分析谱线/nm	元素	分析谱线/nm	元素	分析谱线/nm	元素	分析谱线/nm
Ag	328.068	Ni	231.604	Pt	265.945	Zn	206.2
Cu	213.597	Pd	340.458	Sn	235.485	Cd	228.802
Pb	283.306	Al	396.153	Ti	334.94	Ir	224.268
Fe	234.349	Mn	257.61	Cr	267.716	Si	251.611
Sb	206.836	Mg	285.213	Rh	343.489	As	193.696
Bi	223.061						

注：上述各元素的分析谱线针对美国PerkinElmer公司的4300DV型电感耦合等离子体原子发射光谱仪，供使用单位选择分析谱线时参考。

[1] 给出这一信息是为了方便本标准的使用者，并不表示对该产品的认可。如果其他等效产品具有相同的效果，则可使用这些等效产品。

ICS 71.120;83.200
G 95

中华人民共和国国家标准

GB 25935—2010

橡胶硫化罐

Rubber autoclave

2010-12-23 发布　　　　　　　　　　　　　　2012-01-01 实施

中华人民共和国国家质量监督检验检疫总局
中国国家标准化管理委员会　发布

前　　言

本标准5.1.1、5.4.1、5.5.1～5.5.3、5.6.1、5.7.2为强制性的，其余为推荐性的。

本标准附录A为资料性附录。

本标准由中国石油和化学工业联合会提出。

本标准由全国橡胶塑料机械标准化技术委员会(SAC/TC 71)归口。

本标准主要起草单位：广东湛江机械制造集团公司。

本标准参加起草单位：益阳橡胶塑料机械集团有限公司、桂林橡胶机械厂、福建华橡自控技术股份有限公司、北京橡胶工业研究设计院。

本标准主要起草人：许木养、黄营珠。

本标准参加起草人：陈晓晨、谢盛烈、曾友平、何成。

橡胶硫化罐

1 范围

本标准规定了橡胶硫化罐(以下简称硫化罐)的术语和定义、型号与基本参数、要求、试验、检验规则、标志、包装运输和贮存。

本标准适用于以蒸汽或热空气为工作介质硫化橡胶制品的硫化罐。

2 规范性引用文件

下列文件中的条款通过本标准的引用而成为本标准的条款。凡是注日期的引用文件,其随后所有的修改单(不包括勘误的内容)或修订版均不适用于本标准,然而,鼓励根据本标准达成协议的各方研究是否可使用这些文件的最新版本。凡是不注日期的引用文件,其最新版本适用于本标准。

GB 150—1998 钢制压力容器

GB/T 191 包装储运图示标志(GB/T 191—2008,ISO 780:1997,MOD)

GB 2894 安全标志及其使用导则

GB 5226.1—2008 机械电气安全 机械电气设备 第1部分:通用技术条件(IEC 60204-1:2005,IDT)

GB/T 12783 橡胶塑料机械产品型号编制方法

GB/T 13306 标牌

GB/T 13384 机电产品包装通用技术条件

HG/T 2113 卧式硫化罐检测方法

HG/T 3120 橡胶塑料机械外观通用技术条件

HG/T 3223 橡胶机械术语

HG/T 3228 橡胶塑料机械涂漆通用技术条件

HG 20582—1998 钢制化工容器强度计算规定

JB/T 4711 压力容器涂敷与运输包装

JB 4732 钢制压力容器—分析设计标准

TSG R0004—2009 固定式压力容器安全技术监察规程

3 术语和定义

HG/T 3223和GB 150—1998确立的以及下列术语和定义适用于本标准。

3.1

直接式硫化罐 immediate autoclave

以饱和蒸汽作为工作介质的硫化罐。

3.2

间接式硫化罐 indirect autoclave

以蒸汽、热油等载热体通过换热装置加热空气作为工作介质的硫化罐。

3.3

电加热式硫化罐 electricity heat autoclave

通过电加热装置加热空气作为工作介质的硫化罐。

3.4

快开门式硫化罐　quick-actuating doors autoclave

罐门与罐体之间采用错齿方式连接的硫化罐。

4　型号与基本参数

4.1　型号

硫化罐的型号的编制方法应符合 GB/T 12783 的规定。

4.2　基本参数

硫化罐的基本参数参见附录 A。

5　要求

5.1　基本要求

5.1.1　硫化罐设计、制造应符合 GB 150—1998 和 TSG R0004—2009 的规定。

5.1.2　硫化罐应符合本标准要求，并按照经规定程序批准的图样及技术文件制造。

5.2　功能要求

5.2.1　硫化罐应有手动控制和自动控制硫化过程中罐内工作压力和温度的功能。

5.2.2　硫化罐应有监测罐内压力和温度的功能。

5.2.3　硫化罐应有冷凝水排放功能。

5.2.4　硫化罐罐门的启闭和锁紧装置应通过机械装置完成，并具有手动或自动控制功能。

5.2.5　轮胎硫化罐液压系统应具有自动补压功能。

5.3　性能要求

5.3.1　硫化罐硫化区最大径向温差应不大于 4 ℃，最大轴向温差应不大于 8 ℃。

5.3.2　硫化罐的电气设备在下列条件下应能正常工作：

a)　交流稳态电压值为 0.9～1.1 倍标称电压；

b)　环境温度 5 ℃～40 ℃；

c)　当温度为 40 ℃，相对湿度不超过 50%时(温度低则允许高的相对湿度，如 20 ℃时为 90%)；

d)　海拔 1 000 m 以下。

5.3.3　间接式硫化罐热风循环装置，空负荷试验 1 h，轴承温升应不大于 20 ℃，且运转平稳，无异常振动和响声。

5.3.4　间接式硫化罐热风循环装置，负荷试验时，电机功率应不大于电机额定功率。

5.3.5　轮胎硫化罐液压系统的工作压力应连续可调，当轮胎硫化罐液压系统达到工作压力时，停止加压 1 h，液压系统的压力降应不大于工作压力的 10%。

5.3.6　快开门式硫化罐罐门开、闭、锁定动作应灵活、准确、可靠。

5.4　压力试验要求

5.4.1　硫化罐罐体应按图样要求进行耐压试验，试验时不应有异常变形和响声，保压时间不小于 30 min，保压期间不应渗漏。

5.4.2　液压缸和柱塞以 1.25 倍设计压力进行液压试验，保压时间不小于 30 min，保压期间不应渗漏。

5.4.3　硫化罐管路系统应按图样规定进行压力试验，保压时间不少于 30 min，保压期间不应渗漏。

5.5　焊接接头外观要求

5.5.1　焊接接头的对口错边量应符合 GB 150—1998 中 10.2.4.1 的规定。

5.5.2　焊接接头形成的棱角应符合 GB 150—1998 中 10.2.4.2 的规定。

5.5.3　受压元件焊缝表面的形状尺寸及外观要求应符合 GB 150—1998 中 10.3.3 的规定。

5.5.4　其他焊缝表面的形状尺寸及外观要求应符合 HG/T 3120 的规定。

5.6 筒体尺寸偏差要求

5.6.1 筒体的圆度应符合 GB 150—1998 中 10.2.4.10 的规定。

5.6.2 筒体长度偏差应符合表 1 的规定。

表 1 长度允许偏差

单位为毫米

长度/L	允许偏差
$L \leqslant 3\ 000$	±6
$3\ 000 < L \leqslant 6\ 000$	±10
$6\ 000 < L \leqslant 10\ 000$	±15
$10\ 000 < L \leqslant 22\ 000$	±20
$22\ 000 < L \leqslant 42\ 000$	±30

5.6.3 筒体内径偏差应符合表 2 的规定。

表 2 内径允许偏差

单位为毫米

内径 D	允许偏差
$D \leqslant 1\ 000$	±4.0
$1\ 000 < D \leqslant 2\ 000$	±5.0
$2\ 000 < D \leqslant 4\ 000$	±7.5
$D > 4\ 000$	±10.0

5.7 安全和环保要求

5.7.1 快开门式硫化罐应有开门安全联锁装置并应具备 TSG R0004—2009 中 3.20 规定的功能，各部件动作应灵敏、准确、可靠。

5.7.2 硫化罐的超压泄放装置应符合 GB 150—1998 中附录 B 的要求。

5.7.3 轮胎硫化罐的液压缸达到工作压力时，系统应能自动停止加压。

5.7.4 硫化罐在负荷工作时，噪声声压级应不大于 80 dB(A)。

5.7.5 硫化罐应有便于吊装的结构。

5.7.6 硫化罐外表面人体可接触的部位最高温度应不高于 60 ℃。

5.7.7 硫化罐罐体外表应填充绝热材料，工作时绝热层外表面温度与环境温度之差应不大于 20 ℃。绝热材料不允许使用含石棉的材料。

5.7.8 硫化罐外露的齿轮、齿条、皮带等传动部件应有安全防护装置。

5.7.9 硫化罐电气设备导体间的绝缘电阻应符合 GB 5226.1—2008 中 18.3 的规定。

5.7.10 硫化罐电气设备的保护联结电路应符合 GB 5226.1—2008 中 8.2 的规定。

5.7.11 硫化罐电气设备耐压试验应符合 GB 5226.1—2008 中 18.4 的规定。

5.7.12 硫化罐应设置相应的安全警示标志，安全警示标志及其使用应符合 GB 2894 的规定。

5.8 其他要求

5.8.1 快开门装置的强度计算应按 HG 20582—1998 第 14 章、第 15 章或 JB 4732 的规定。

5.8.2 产品涂敷质量应符合 JB/T 4711 及 HG/T 3228 的规定。

5.8.3 产品外观质量应符合 HG/T 3120 的规定。

6 试验

6.1 空负荷试验

6.1.1 试验前应按 5.2、5.3.6、5.5、5.6、5.7.2、5.7.5、5.7.8、5.7.12 进行检验，合格后方能进行空负荷试验。

6.1.2 空负荷试验应按5.3.3、5.3.5、5.4、5.7.1、5.7.3、5.7.9～5.7.11进行检验，合格后方能进行负荷试验。

6.2 负荷试验

6.2.1 检查基本参数。

6.2.2 负荷试验应按5.3.1、5.3.4、5.7.4、5.7.6、5.7.7进行检验。

6.3 试验方法

硫化罐应按HG/T 2113进行检测。

7 检验规则

7.1 出厂检验

7.1.1 产品应经制造单位质量检验部门检验合格后方能出厂。

7.1.2 产品出厂前应按6.1进行空负荷运转试验。

7.2 型式检验

7.2.1 型式检验应在下列情况之一进行：

a) 新产品或老产品转厂生产时；

b) 产品在结构、工艺、材料上有较大的改变，可能影响产品性能时；

c) 产品长期停产(相隔3年及3年以上)，恢复生产时；

d) 出厂检验结果与上次型式检验结果有较大差异时；

e) 正常生产时，每年至少抽检一台；

f) 国家质量监督机构提出进行型式检验时。

7.2.2 型式检验应符合本标准第5章的要求。

7.3 抽样方法与判定规则

7.3.1 抽样方法

型式检验每次抽检一台，当检验有不合格时，应再抽检两台，若仍有不合格时，则应对该产品逐台进行检验。

7.3.2 判定规则

型式检验项目全部符合本标准相关条款的规定，则为合格。

8 标志、运输、包装和贮存

8.1 标志

硫化罐应在明显位置固定产品标牌，标牌应符合GB/T 13306的规定，产品标牌的内容至少应包括：

a) 产品标准号；

b) 产品名称及型号；

c) 产品的主要参数；

d) TSG R0004—2009规定的内容。

8.2 包装与运输

8.2.1 硫化罐的包装应符合GB/T 13384的规定。包装储运图示标志应符合GB/T 191的规定。

8.2.2 硫化罐的运输包装应符合运输部门的有关规定。

8.2.3 随机文件应统一装在防水的塑料袋内。随机文件应包括：

a) 产品质量证明书；

b) 使用说明书；

c) 装箱单；

d) 备件单；

e) TSG R0004—2009 规定的出厂文件资料。

8.3 贮存

硫化罐应存放在通风、干燥，无火源、无腐蚀性气(物)体的地方，露天存放应有防雨措施。

附　录　A
（资料性附录）
橡胶硫化罐产品系列与基本参数

橡胶硫化罐产品系列与基本参数见表 A.1。

表 A.1　橡胶硫化罐产品系列与基本参数

类别	结构形式	罐体内径/m	筒体长度/m	罐内的最高工作压力/MPa	最大合模力/kN
轮胎硫化罐	立式	1.4	1.5、3.0	0.45、0.8	3 000
		1.5	1.5、3.0		3 300
		1.6	1.5、3.0		4 500
		1.8	3.0、5.0	0.45、0.6、0.7 0.8、1.2	5 300
		2.0	3.2、4.0		8 500
		2.2	2.9、3.2、4.0		8 500
		2.8	1.85、3.2、4.0、6.0、8.0		11 250
		4.0	2.6		32 000
		4.2	2.6		32 500
		4.5	2.6、2.8		38 000
		4.8	1.6、3.2		36 000
	卧式	4.5	2.6		38 000
其他硫化罐	卧式	0.8、1.0	1.5、3.0、5.0、11.0、22.0、32.0、42.0	0.45、0.8	—
		1.2	1.5、3.0、5.0、11.0		
		1.5	3.0、5.0、7.0	0.45、0.8 1.0、1.2	
		1.7	4.0、6.0、8.0、10.0		
		2.0	4.0、6.0、10.0		
		2.2、2.6 2.8、3.4	5.0、6.0、8.0、10.0、12.0		
		4.0、4.2	5.0、8.0、10.0、12.0		
	立式	0.8	1.5、3.0	0.45、0.8	—
		1.0	1.5、3.0		
		1.2	1.5、3.0		
		1.5	3.0、5.0	0.45、0.8 1.0、1.2	
		1.7	4.0、6.0		
		2.0	4.0、6.0、8.0		
		2.6	4.0、6.0、8.0		
		2.8	4.0、6.0、8.0		
注：硫化罐的内径、筒体长度、罐内的最高工作压力和最大合模力等参数可按用户要求进行设计。					

ICS 71.120;83.200
G 95

GB

中华人民共和国国家标准

GB 25936.4—2010

橡胶塑料粉碎机械 第4部分:团粒机安全要求

Plastics and rubber machines—Size reduction machines—
Part 4:Safety requirements for agglomerators

2010-12-23 发布　　2012-01-01 实施

中华人民共和国国家质量监督检验检疫总局
中国国家标准化管理委员会　发布

前　言

本部分的第5章(除5.4.4)、第6章和第7章(除7.1.6和7.1.8)为强制性的，其余为推荐性的。

GB 25936《橡胶塑料粉碎机械》分四部分：

——第1部分：切刀式造粒机安全要求；

——第2部分：拉丝造粒机安全要求；

——第3部分：切碎机安全要求；

——第4部分：团粒机安全要求。

本部分为GB 25936的第4部分。

本部分修改采用EN 12012-4:2006《橡胶塑料机械　粉碎机械　第4部分：团粒机安全要求》(英文版)。

本部分与EN 12012-4:2006的有关技术性差异用垂直线标识在正文中它们所涉及的条款的页边空白处，并在附录B中列出了这些技术性差异及原因。

为便于使用，本部分做了下列编辑性修改：

——删除了EN 12012-4:2006的前言；

——“EN标准的本部分”改为“GB 25936的本部分”；

——删除了EN 12012-4:2006的引言；

——删除了EN 12012-4:2006的资料性附录ZA；

——删除了EN 12012-4:2006的参考文献。

本部分中的附录A和附录B为资料性附录。

本部分由中国石油和化学工业联合会提出。

本部分由全国橡胶塑料机械标准化技术委员会(SAC/TC 71)归口。

本部分负责起草单位：北京橡胶工业研究设计院、大连塑料机械研究所。

本部分主要起草人：夏向秀、李香兰、何成。

橡胶塑料粉碎机械
第4部分：团粒机安全要求

1 范围

GB 25936 的本部分规定了团粒机最基本的设计和制造安全要求。

本部分适用于粉碎废塑料用的增加废塑料密度、缩小其粒径和/或体积的团粒机。

本部分涉及团粒机从进料口的外边缘或固定喂料装置(例如料斗)的外边缘或喂料系统(例如输送机等)和团粒室之间的接口，到团粒室排料口的外边缘或团粒室和排料系统之间的接口。

本部分不涉及其加工的物料[例如发泡聚苯乙烯(EPS)和发泡聚氨酯(PU)海绵]所引发的危险，这些物料被加热时，有导致火灾和释放毒性气体的危险。

本部分也不涉及上游设备及其下游设备引致的危险。

2 规范性引用文件

下列文件中的条款通过 GB 25936 的本部分的引用而成为本部分的条款。凡是注日期的引用文件，其随后所有的修改单(不包括勘误的内容)或修订版均不适用于本部分，然而，鼓励根据本部分达成协议的各方研究是否可使用这些文件的最新版本。凡是不注日期的引用文件，其最新版本适用于本部分。

GB/T 3767 声学 声压法测定噪声源声功率级 反射面上方近似自由场的工程法(GB/T 3767—1996，eqv ISO 3744：1994)

GB/T 3768 声学 声压法测定噪声源声功率级 反射面上方采用包络测量表面的简易法(GB/T 3768—1996，eqv ISO 3746：1995)

GB 5226.1—2008 机械电气安全 机械电气设备 第1部分：通用技术条件(IEC 60204-1：2005，IDT)

GB/T 6881.2 声学 声压法测定噪声源声功率级 混响场中小型可移动声源工程法 第1部分：硬壁测试室比较法(GB/T 6881.2—2002，ISO 3743-1：1994，IDT)

GB/T 8196—2003 机械安全 防护装置 固定式和活动式防护装置设计与制造一般要求(ISO 14120：2002，MOD)

GB/T 14574 声学 机器和设备噪声发射值的标示和验证(GB/T 14574—2000，eqv ISO 4871：1996)

GB/T 15706.1—2007 机械安全 基本概念与设计通则 第1部分：基本术语和方法(ISO 12100-1：2003，IDT)

GB/T 15706.2—2007 机械安全 基本概念与设计通则 第2部分：技术原则(ISO 12100-2：2003，IDT)

GB/T 16404 声学 声强法测定噪声源的声功率级 第1部分：离散点上的测量(GB/T 16404—1996，eqv ISO 9614-1：1993)

GB/T 16404.2 声学 声强法测定噪声源的声功率级 第2部分：扫描测量(GB/T 16404.2—1999，eqv ISO 9614-2：1996)

GB/T 16538 声学 声压法测定噪声源声功率级 现场比较法(GB/T 16538—2008，ISO 3747：2000，IDT)

GB 16754 机械安全 急停 设计原则(GB 16754—2008,ISO 13850:2006,IDT)

GB/T 16855.1—2008 机械安全 控制系统有关安全部件 第1部分:设计通则(ISO 13849-1:2006,IDT)

GB/T 17248.2 声学 机器和设备发射的噪声 工作位置和其他指定位置发射声压级的测量 一个反射平面上方近似自由的工程法(GB/T 17248.2—1999,eqv ISO 11201:1995)

GB/T 17248.3 声学 机器和设备发射的噪声 工作位置和其他指定位置发射声压级的测量 现场简易法(GB/T 17248.3—1999,eqv ISO 11202:1995)

GB/T 17248.4—1998 声学 机器和设备发射的噪声 由声功率级确定工作位置和其他指定位置的发射声压级(eqv ISO 11203:1995)

GB/T 17248.5 声学 机器和设备发射的噪声 工作位置和其他指定位置发射声压级的测量 环境修正法(GB/T 17248.5—1999,eqv ISO 11204:1995)

GB 17888.1 机械安全 进入机械的固定设施 第1部分:进入两级平面之间的固定设施的选择(GB 17888.1—2008,ISO 14122-1:2001,IDT)

GB 17888.2 机械安全 进入机械的固定设施 第2部分:工作平台和通道(GB 17888.2—2008,ISO 14122-2:2001,IDT)

GB 17888.3 机械安全 进入机械的固定设施 第3部分:楼梯、阶梯和护栏(GB 17888.3—2008,ISO 14122-3:2001,IDT)

GB 17888.4 机械安全 进入机械的固定设施 第4部分:固定式直梯(GB 17888.4—2008,ISO 14122-4:2004,IDT)

GB/T 18153 机械安全 可接触表面温度 确定热表面温度限值的工效学数据

GB/T 18831 机械安全 带防护装置的锁紧装置 设计和选择原则(GB/T 18831—2010,ISO 14119:1998,MOD)

GB/T 19670 机械安全 防止意外启动(GB/T 19670—2005,ISO 14118:2000,MOD)

GB 23821—2009 机械安全 防止上下肢触及危险区的安全距离(ISO 13857:2008,IDT)

3 术语和定义

GB/T 15706.1—2007 确立的以及下列术语和定义适用于 GB 25936 的本部分。

3.1

团粒机 agglomerator

用于将废热塑性塑料在密室内缩小其粒径和体积(有时也称之为增密设备)的机器。物料被切碎、捏合或混合,经摩擦而被加热,并在必要时加水快速冷却后增密。

废料可采用手工或通过喂料系统加入。

3.2

团粒室上的喂料和排料开口 opening in the agglomerator chamber

为喂料、排料、检查团粒室内工艺过程和/或对刀具进行维修保养而设计和制造的开口。

3.3

刀具 blade

用于将被加工物料切碎/捏合和通过摩擦加热的器具,可以是固定的或转动的。

3.4

喂料系统 feed system

团粒机喂料的机动设备(输送带、辊筒加料器、喂料螺杆等)。

3.5

固定喂料装置 fixed feed device

团粒机喂料的非机动设备(料斗和喂料台等)。

3.6

排料系统 discharge system

将物料从团粒室内排出的机动设备，例如挤出机、排料槽等。

4 重大危险列举

4.1 机械危险

下述各项均可产生危险：

——转动刀具和固定刀具或机箱之间可能造成的挤压或剪切；

——转动刀具和固定刀具之间可能造成的切割或切断；

——移动排料系统可能造成的挤压或剪切；

——喂料系统可能造成的挤压或剪切；

——在物料未经预先裁断而被加入团粒机时，被物料缠住而被卷入；

——通过喂料开口跌落进团粒室；

——物料从团粒室弹出。

4.2 热危险

如下的接触可造成热危险：

——热物料从开口喷出或飞落；

——在使用水的场合下，蒸汽从开口喷出；

——团粒室内的热物料；

——团粒室炙热的外表面。

4.3 噪声危险

噪声可以致人失聪、发生生理障碍，并因听觉信号和交流受到干扰而发生事故。

团粒机上的主要噪声源为粉碎过程、电动机和传动部件。

4.4 粉尘、烟气和气体产生的危险

接触或者吸入开口散发出来的粉尘、烟气或气体可造成危险。

4.5 电能导致的危险

电能导致的危险有：

——直接与带电导电部件接触，或者直接接触由于电气故障而带电的部件而导致电击或烧伤；

——静电聚集导致电击。

4.6 意外启动导致的危险

意外启动开关按钮导致操作者受到的机械危险。

4.7 高处跌落危险

在机器的可进出区域的工作平台、台阶或通道上，由于滑倒或绊倒而跌落。

5 安全要求及保护措施

5.1 基本要求

团粒机应遵守本章所规定的安全要求及保护措施。此外，对于本部分未涉及的相关非重要的危险，团粒机的设计应符合 GB/T 15706.2—2007 的原则。

5.2 机械危险

5.2.1 进出团粒室开口可能发生的机械危险

5.2.1.1 无论开口在什么位置，通过团粒室开口进出均应采取以下防护措施：

——应保证开口的尺寸和人体上、下肢的安全距离符合 GB 23821—2009 中表 3 或表 4 和表 7 规定的要求；或

——采用符合 GB/T 8196—2003 中的 3.6 和 GB/T 18831 中所述的带防护锁定的联锁防护装置，予以防护，并使这样的防护在刀具的转动完全停止之前保持关闭和锁紧状态。

5.2.1.2 控制系统有关安全部件应符合 GB/T 16855.1—2008 中的 3 类规定。

5.2.1.3 如果固定喂料装置、喂料系统或带有喂料口的团粒室的部件从原来位置的移开将会导致进入团粒室不符合 GB 23821—2009 中表 3 或表 4 和表 7 规定的人体上、下肢的安全距离的要求，则其应具有 GB/T 8196—2003 中的 3.6 和 GB/T 18831 中所述的带防护锁定的联锁防护的作用，使这样的防护在刀具的转动完全停止之前保持关闭和锁紧状态。控制系统中安全相关的部件应符合 GB/T 16855.1—2008 中的 3 类规定。

5.2.1.4 为防止更换或调节刀具过程中任何运动部件发生任何动作，应配备相应合适的装置或器具予以设防，见 7.1.3、7.1.4、7.1.5、7.1.6 和 7.1.7 的规定。

5.2.2 加入未经预先裁断的物料

5.2.2.1 如果在加工处理特别易于缠绞的物料（如薄膜卷材、纤维卷材、合股线材或类似的物料）的团粒机上安装机动喂料装置，则应在喂料口处配备符合 GB/T 15706.1—2007 中的 3.26.5 规定的机械启动式敏感保护设备（例如压敏垫），以能自动停止物料加入。

5.2.2.2 敏感保护设备应在受到的作用力大于或等于 150 N 时，激活启动。

5.2.2.3 使用信息同样见 7.1.5 的规定。

5.2.3 部件或物料从团粒室内弹出

5.2.3.1 团粒室及其开口的设计和制造应足以防止部件或者物料弹出。

5.2.3.2 可采取的措施，例如有：

——固定检查窗口应设计成能承受部件弹出所形成的冲击力；

——保护板；

——开口配备折射屏。

5.2.3.3 使用信息同样见 7.1.3 的规定。

5.2.4 强度

团粒室应具有承受操作运行应力的强度。

5.3 热危险

5.3.1 开口的设计和定位应确保热物料不被喷出或飞落到团粒室外。应在靠近开口的部位粘贴永久性的固定警告标志，明示团粒室内有炙热物料，见 7.2。

5.3.2 团粒机的设计应设连接配置排放通风系统的接口，以能排除加工过程中产生的蒸汽，见 7.1.10 的规定。

5.3.3 观察口周围的表面温度和喂料口周围的表面温度（如果团粒机采用手动喂料）应不超过 GB/T 18153中规定的限值，见 7.1.8 和 7.2 的规定。

5.4 噪声危险

5.4.1 在设计上从噪声源降低噪声

5.4.1.1 团粒机的设计和制造，应考虑技术进步成果和可以获得并可供使用的降低噪声的工具、手段和途径，特别是从噪声源头将噪声空气发射传播产生的危险降低至最低的水平。

5.4.1.2 在噪声源源头降低噪声，目前可采取以下措施：

——采用低噪声机器部件（电动机、传动系统）；

——在振动面上使用隔振材料；

——使用弹性传动系统，防止结构产生的噪声从振动部件传播到机器的其他部件上。

5.4.2 采用防护措施降低噪声

降低噪声发射可采取以下措施：

——团粒室隔音；

——机器部件设置隔音罩。

5.4.3 预防噪声危险相关的信息

预防噪声危险相关的信息见7.1.3和7.1.9的说明。

5.4.4 噪声的测试

噪声的测试参见附录A。

5.5 粉尘、烟气和气体产生的危险

团粒机的设计应设连接排放通风系统的接口,见7.1.2和7.1.10的规定。

5.6 电能导致的危险

5.6.1 电气设备

5.6.1.1 总则

电气设备应符合GB 5226.1—2008和下述特定的要求。

5.6.1.2 电源切断(隔离)开关

电源切断(隔离)开关应符合下列要求:

——电源切断开关应符合GB 5226.1—2008中5.3.2a)～e)的要求。

——凡电源切断开关为a)型式～d)型式的,则应符合GB 5226.1—2008中的5.3.3要求。

5.6.1.3 防止直接接触

应按GB 5226.1—2008中6.2的要求,防止直接接触。

5.6.1.4 防止间接接触

应按GB 5226.1—2008中6.3的要求,防止间接接触。

5.6.1.5 急停

关于急停的要求及措施如下:

——急停应具有GB 5226.1—2008中9.2.2规定的0类停止的功能。

——应配备一个或多个紧急停止操动器。紧急停止操动器的数目取决于团粒机的规格大小。紧急停止操动器的位置要求以易于就近操控为准。在接近每一个操作位或者工作位处,至少应配备一个紧急停止操动器。

——如是小型团粒机,或者团粒机采用机动喂料和排料系统,控制面板又位于喂料和排料口的邻近位置上,并且可以清晰地看到喂料和排料口,可在控制面板上安装一个单独的紧急停止操动器。

——急停装置应符合GB 16754的要求。急停装置类型应符合GB 5226.1—2008中10.7.2的要求。

——使用信息见7.1.6的规定。

5.6.2 静电聚集

5.6.2.1 团粒机的结构应充分接地,以防止静电聚集。

5.6.2.2 静电引发的危险应通过将电气设备和机器的所有可导电结构件进行联接,并接地予以防止。

5.6.2.3 在团粒机的组装件上装有非永久固定的可活动金属部件时,应为其配备临时连接的接地点。使用信息见7.1.11的规定。

5.7 意外启动导致的危险

对于意外启动导致的危险应按照GB/T 19670的规定予以设防。

电气安全应符合GB 5226.1—2008中5.4的规定。

5.8 高处跌落危险

必须在高处进行操作、清洁或者维修保养时,机器制造商应提供符合GB 17888.1、GB 17888.2、GB 17888.3和GB 17888.4规定的安全工作平台、通道、楼梯、阶梯、护栏以及固定式直梯,以防止滑倒、绊倒或跌落。

6 安全要求及保护措施的符合性验证

按表1的规定进行安全要求及保护措施的符合性验证。

表1 验证方法

标准条款	验证方法			
	表观检查	功能测试[a]	测量[b]	设计确认[c]
5.2.1	●	●	●	●
5.2.2	●	●		●
5.3	●		●	●
5.4	●		●	●
5.5	●			●
5.6	●	●	●	●
5.7	●	●		●
5.8	●		●	●

[a] 功能测试包括以下述依据进行的防护和防护装置的功能和效率的验证：
——使用信息中给出的说明；
——相关安全设计和电路图；
——第5章和其他引用标准所提出的要求。
[b] 噪声发射值测定可按照附录A进行。
[c] 设计确认是对设计是否达到本标准安全规定的验证。

7 使用信息

7.1 使用说明书

7.1.1 使用说明书的内容应符合GB/T 15706.2—2007中6.5的规定。

7.1.2 制造商应注明团粒机不是为加工易燃或有毒物料进行设计的。

7.1.3 制造商应提供有关诸如以下危险的人员防护设备的要求和防护设备使用的说明：
——受噪声危险；
——接触炙热物料和表面的危险；
——受锐利刀具切割切断的危险；
——受喷射物料伤害。

7.1.4 制造商应提供涵盖团粒室打开后进行维修保养和清洁而进行的各种作业的说明。
——制造商应提供刀具更换和调节以及去除团粒室内的残余物料的说明和相应的工具。
——制造商应就更换刀具时可能受到切割伤害提出警告并指明需要使用防护手套。

7.1.5 制造商应对缠绞危险提出警告，特别是在手工加入薄膜、纤维和合股线之类的物料时。使用说明书中应叙述加工这类物料时的安全程序和方法。这样的程序和方法可包括，例如物料加工之前预裁断等。

7.1.6 对使用自动喂料系统和/或排料系统场合，制造商应建议用户安装适用的急停装置，并使其与团粒机的控制系统相接。

7.1.7 制造商应注明从团粒室内排出物料的正确程序和步骤。

7.1.8 制造商应就防止意外接触温度超过GB/T 18153中规定的表面温度而应采取的安全措施，予以说明。

如果团粒机采用手工喂料，制造商应建议用户使用合适的护具(例如防护手套和工作服)。

7.1.9 制造商应注明噪声发射值，其测定应按照附录A进行，并同时注明进行噪声测定的设备的安装类型和作业条件。

7.1.10 制造商应就防止释放出的有害于健康的气体、烟气和粉尘的局部排放通风系统在机器上连接的位置和接头，提供说明。制造商应建议在团粒机工作时使用排放通风系统。

7.1.11 制造商应就电气接地，包括防止静电聚集引致危险的专用接地连接，提供说明。

7.2 标志

团粒机上应标有：

——制造商和供货商的名称和地址；

——设计序号或型号；

——系列号或机器编号；

——制造日期；

——在紧邻开口处粘贴注明团粒室内有热物料的警告标志；

——在表面温度及排放物料温度超过GB/T 18153中规定的限值处粘贴警告标志。

附　录　A
（资料性附录）
噪声测试规程

A.1　范围

A.1.1　本噪声测试规程就团粒机在空气中发射噪声的测定、标示和验证，规定了其有效进行以及在标准化条件下进行的所有应具备的信息。本噪声测试规程规定了噪声测试方法以及测试应使用的操作和基础条件。

A.1.2　噪声发射特性包括工位上发射声压级和声功率级。这些噪声值的测定为以下情况所应用：

——用于团粒机制造商标示该装置噪声值；

——用于用户对投入市场的团粒机的噪声发射情况予以比较；

——用于设计人员在设计阶段针对噪声源噪声予以设防。

A.1.3　本噪声测试规程的使用，可在所使用的空气中噪声发射特性基本测定方法的精度等级所决定的特定限度内，保证其再现性。

A.2　声功率级的测定

A.2.1　基本标准

——A 计权声功率级应采用下述标准之一进行测定：GB/T 6881.2，GB/T 3767，GB/T 3768，GB/T 16538，GB/T 16404 或 GB/T 16404.2；

——在使用 GB/T 3767 或 GB/T 3768 时，测量面应成平行六面体，并且所取的测量距离应等于 1 m；

——只要切实可行，就应使用工程方法；

——在每一扬声器位上至少测定一次。每次测定的持续时间至少 30 s。

A.2.2　测量不确定性

——具体针对测定声功率级的工程方法，其再现性的标准偏差为：$\sigma_{RA}=1.5$ dB。

——如果使用勘查法，则再现性的标准偏差会大得多。

注：GB/T 14574 提供了从再现性标准偏差值推导出总测量不确定性的方法。

A.3　操作者工位上噪声声压级的测定

A.3.1　基本标准

——A 计权声压级采用 GB/T 17248.2、GB/T 17248.3、GB/T 17248.4—1998 或 GB/T 17248.5 之一测定。

——只要切实可行，就应使用工程方法。

——在每一扬声器位上至少测定一次。每次测定的持续时间至少 30 s。

——A 计权声压级，如果是按照 GB/T 17248.4—1998 从 A 计权声功率级推算而得，则应使用下述方法测定：$Q=Q_2$ 和 $d=1$ m。

注：Q 和 d 的定义和确定见 GB/T 17248.4—1998 中 6.2.3。

——在团粒机采用手动喂料时，则应在距离喂料口 1 m 以及距离地面或进出平台 1.6 m 的高度上测定，测定时不应有操作者在场。GB/T 17248.4—1998 标准不合适这种场合。

——在未规定工位或无法确定工位的场合，则声压级应在距离喂料口 1 m 以及距离地面或进出平台 1.6 m 的高度上测定。应注明最大声压的位置和数值。

A.3.2 测定的不确定性

——如果A计权声压级使用工程方法测量而得，则再现性的标准偏差即是：$\sigma_{RA}=2.5$ dB。

——如果使用勘查法，则再现性的标准偏差会大得多。

——如果A计权声压级是按照GB/T 17248.4—1998经计算而得，则再现性的标准偏差为声功率级测定的标准偏差。

注：GB/T 14574提供了从再现性标准偏差值推导出总测量不确定性的方法。

A.4 测定噪声时机器的安装和基础条件

团粒机的安装和基础条件应按7.1.9中所示说明进行。

A.5 操作条件

操作条件应与测定工位上声压级、声功率级和推导声压级的操作条件相同。团粒机应以最高公称产量对应的切刀速度无负荷运行。

注：本条仅规定无负荷操作条件。其原因是团粒机只能在制造商所在地进行无负荷操作，而制造商目前无法在安装新机械的用户所在处测定噪声发射情况的。但是，可以确认团粒机发射的噪声是无负荷下发射出的，其对于负荷下、正常操作时的噪声发射情况，不具代表性。因此建议制造商开始收集负荷下噪声发射数据。该数据可由制造商在用户处新安装的机械上，或在新机械安装阶段进行测量而获得。从该数据，制造商可以逐步具有以下能力：

——评估设计阶段实施的负荷下噪声防治措施的效率；

——向用户提供各种可能负荷下噪声发射值。

可使用以下现行的、现场测量方法在用户所在处测得团粒机负荷下噪声发射值：

——按照GB/T 17248.3或GB/T 17248.5要求，测定工位上A计权声压级；

——按照GB/T 3768或最好按照GB/T 16538要求或GB/T 16404和GB/T 16404.2，测定工位上A计权声功率级。

A.6 应记录和通告的信息

A.6.1 总则

应记录的信息包括：所用的基本标准中要求予以记录的数据，即试验时机械、基础条件、操作条件、声学环境、仪器仪表和声学测定数据的准确证明。

至少应记录A.6.2～A.6.7规定的数据。

A.6.2 团粒机的一般数据

——团粒机机械的类型、编号和制造日期；

——喂料系统的类型(如有)。

A.6.3 团粒室数据

——直径；

——转刀的转速；

——刀数；

——刀具的技术说明。

A.6.4 标准

——测定噪声使用的标准。

A.6.5 噪声数据

——团粒机空负荷运行，转子以最高公称产量的转速运转，所测得的或计算所得的噪声发射值，包括测定不确定性；

——依据制造商在该类机械上所获得的经验，对本产品运行及生产产品、转子以最高公称产量转速运转,所预计的最高噪声发射值。

A.6.6 规定的测试参数

——转子最高转速和最高产量。

A.6.7 安装和操作条件

——对测量噪声时,产品的安装和操作条件等情况加以描述说明。

A.7 噪声发射值的标示和验证

A.7.1 噪声发射值的标示和验证应按照 GB/T 14574 的要求进行。

A.7.2 噪声标示应按 GB/T 14574 的要求标示两项数值,即分别标示测定值和测定不确定性。它应包括以下各项:

——声压级超过 70 dB(A)的操作位上测定的 A 加权时声压级值;如果声压级未超过 70 dB(A),此值应予以明示;

——在 A 计权声压级测定值超过 85 dB(A)的操作位上测定的 A 计权声功率级。

A.7.3 噪声标示应明示:已按本噪声测定规程得到的噪声发射值,并明示所使用的是哪一个基本标准。如果有偏离本噪声测定规程之处和/或偏离所用的基本标准之处,噪声标示应给予清楚地明示。

注:倍频带内其他噪声发射量,如声功率级,也可在噪声公告内给出。在这种情况下,应特别仔细,避免将这些其他噪声发射数据与测定的噪声发射值弄混。

A.7.4 如果是验证性测试,则应采用噪声发射值原初测定所用的相同的基础条件和操作条件进行。

A.7.5 在特定的机器或者类似的机器负荷作业下按照本附录测定噪声,测定的噪声发射数值应作为补充数据在噪声公告中给出。负荷的细节,例如加工的物料的类型、厚度和硬度均应给出。

附 录 B
（资料性附录）
本部分与 EN 12012-4:2006 技术性差异及其原因

表 B.1 给出了本部分与 EN 12012-4:2006 的技术性差异及其原因的一览表。

表 B.1 本部分与 EN 12012-4:2006 技术性差异及其原因

本部分章条编号	技术性差异	原因
范围	增加了“本部分适用于粉碎废塑料用……团粒机”。	根据我国 GB/T 1.1 的写法。
范围	删除了“只有第 4 条所列的、第 5 条所述的重大危害才受本欧洲标准约束”。	根据我国 GB/T 1.1 的写法。
范围	删除了“本欧洲标准不适用于其批准为欧洲标准之日前生产制造的团粒机”。	根据我国 GB/T 1.1 的写法。
2	本标准尽量引用了我国国家标准。	欧洲标准的引用标准，大部分已经转化为我国国家标准，使用方便。
4.6	增加了“意外启动开关按钮导致操作者受到的机械危险。”	欧洲标准仅有标题，没内容。
5.4.1	删除了“EN ISO 11688-1:1998 给出了可用的指导。”和“注：EN ISO 11688-2:1998 给出了机器产生噪声的机理等可用的信息。”	该标准条款属指导性条款，且未转化为我国标准。
5.4.4	增加“噪声的测试参见附录 A”	使噪声测试方法改为推荐性条款。
5.6.2.1	删除了“见欧洲标准化委员会电气委员会 CLC R 044-001:1999 报告”。	接地要求，可直接按我国机电产品规定即可。
表 1	删除了在表 1 中对“附录 A”的符合性验证。	该条属强制性条款，但附录 A 已改为资料性附录。
7.2	删除了欧标中的注释。	根据我国国情，团粒机目前非我国强制性认证产品。
附录 A	本部分将 EN 12012-4 中的附录 A，“规范性附录”改为“资料性附录”。	各单位也可根据我国机械产品的噪声检测方法要求或有关规定进行测试。

ICS 71.120;83.200
G 95

中华人民共和国国家标准

GB/T 25937—2010

子午线轮胎一次法成型机

Radial ply tyre single stage building machine

2010-12-23 发布 2011-07-01 实施

中华人民共和国国家质量监督检验检疫总局
中国国家标准化管理委员会 发布

前　言

本标准的附录A和附录B为资料性附录.

本标准由中国石油和化学工业联合会提出。

本标准由全国橡胶塑料机械标准化技术委员会(SAC/TC 71)归口。

本标准负责起草单位:青岛高校软控股份有限公司。

本标准参加起草单位:天津赛象科技股份有限公司、北京橡胶工业研究设计院、福建建阳龙翔科技开发有限公司、益阳新华美机电科技有限公司、桂林橡胶机械厂、中航工业北京航空制造工程研究所、北京恒驰智能科技有限公司、北京敬业机械设备有限公司、青岛双星橡塑机械有限公司。

本标准主要起草人:徐孔然、程继国、张君峰、贾海玲。

本标准参加起草人:张建浩、司伟、戴造成、陈玉泉、刘建华、梁国彰、李红军、池启演、刘尚勇、李继岭。

子午线轮胎一次法成型机

1 范围

本标准规定了子午线轮胎一次法成型机的术语和定义、型号与基本参数、要求、试验、检验规则、标志、包装、运输和贮存等要求。

本标准适用于轿车、轻型载重汽车和载重汽车子午线轮胎一次法成型机(以下简称成型机)。

2 规范性引用文件

下列文件中的条款通过本标准的引用而成为本标准的条款。凡是注日期的引用文件,其随后所有的修改单(不包括勘误的内容)或修订版均不适用于本标准,然而,鼓励根据本标准达成协议的各方研究是否可使用这些文件的最新版本。凡是不注日期的引用文件,其最新版本适用于本标准。

GB 4208—2008 外壳防护等级(IP 代码)(IEC 60529:2001,IDT)

GB 5083 生产设备安全卫生设计总则

GB 5226.1 机械电气安全 机械电气设备 第1部分:通用技术条件(GB 5226.1—2008,IEC 60204-1:2005,IDT)

GB/T 6326 轮胎术语及其定义(GB/T 6326—2005,ISO 4223-1:2002,Definitions of some terms used in tyre industy—Part 1:Pneumatic tyres,NEQ)

GB/T 7932 气动系统通用技术条件(GB/T 7932—2003,ISO 4414:1998,IDT)

GB/T 8196 机械安全 防护装置 固定式和活动式防护装置设计与制造一般要求(GB/T 8196—2003,ISO 14120:2002,MOD)

GB/T 12783 橡胶塑料机械产品型号编制方法

GB/T 13306 标牌

GB/T 13384 机电产品包装通用技术条件

HG/T 3120 橡胶塑料机械外观通用技术条件

HG/T 3223 橡胶机械术语

HG/T 3228 橡胶塑料机械涂漆通用技术条件

3 术语和定义

GB/T 6326 和 HG/T 3223 中确立的以及下列术语和定义适用于本标准。

3.1

胎体贴合鼓 carcass drum

将轮胎的胎侧、内衬层、胎圈包布和胎体帘布等进行贴合的装置。

3.2

带束层贴合鼓 belt drum

将带束层或带束层和胎面组件进行贴合的装置。

3.3

胎圈定位装置 bead setting device

夹持胎圈,并传递到成型鼓的胎圈锁定位置上的装置。

3.4

胎体传递环 carcass transfer ring

将胎体贴合鼓完成的轮胎半成品部件传递给成型鼓的装置。

3.5

胎圈预置装置 bead loading device

夹持胎圈，并将胎圈送到胎圈定位装置上的装置。

3.6

带束层传递环 belt transfer ring

将带束层贴合鼓完成的轮胎半成品部件传递给成型鼓的装置。

3.7

灯光标尺 guide lights

标识各轮胎半成品部件在成型鼓、胎体贴合鼓、带束层贴合鼓上的用于工艺位置的指示装置。

3.8

胎体贴合鼓驱动箱 carcass drum station

驱动胎体贴合鼓的装置。

3.9

带束层贴合鼓驱动箱 belt drum station

驱动带束层贴合鼓的装置。

3.10

成型鼓驱动箱 building drum station

驱动成型鼓的装置。

3.11

胎体压合装置 carcass stitcher

在胎体贴合鼓上将贴合的轮胎半成品部件进行压合的装置。

3.12

胎面滚压装置 tread stitcher

在带束层贴合鼓上滚压胎面的装置。

3.13

鼓端支撑架 building drum tail stock

成型鼓、胎体贴合鼓轴端的支架。

4 型号与基本参数

4.1 成型机型号编制方法

成型机型号编制方法应符合 GB/T 12783 的规定。型号的组成及其定义参见附录 A。

4.2 基本参数

成型机的基本参数参见附录 B。

5 要求

5.1 基本要求

5.1.1 精度要求

成型机总装后(包括鼓)的主要精度要求见表 1。

5.1.2 功能要求

5.1.2.1 成型机应具有供料、对中、贴合、反包、定型、压合等功能。

5.1.2.2 控制系统应具有手动控制与自动控制无扰动切换功能。

5.1.2.3 控制系统应具有各部分连锁运行，故障实时报警和自诊断功能。

5.1.2.4 控制系统应对以下功能进行数据信息处理：

a) 轮胎规格参数的输入、编辑和调用；

b) 动态监控系统各部分的运行状况；

c) 实时显示成型机运行状态；

d) 具有人机对话界面。

5.1.3 气动系统

成型机气动系统应符合 GB/T 7932 的规定。

5.1.4 管路系统

气动及润滑系统管道和阀门接头应连接可靠。各管路系统干净、畅通。

5.2 安全和环保要求

5.2.1 成型机应符合 GB 5083、GB 5226.1 和 GB/T 8196 规定的安全要求。

5.2.2 成型机的电气控制系统应具有过载保护功能和紧急停机功能；外壳防护等级应符合 GB 4208—2008 规定的 IP54 级要求。

5.2.3 成型机的噪声要求空负荷运转时的噪声声压级应小于 80 dB(A)；负荷运转时的噪声声压级应小于 85 dB(A)。

5.2.4 成型机空负荷运转和负荷运转时，不得有异常振动。

5.3 涂漆和外观要求

5.3.1 涂漆质量应符合 HG/T 3228 的规定。

5.3.2 外观质量应符合 HG/T 3120 的规定。

表 1 主要精度要求

成型机精度要求项目	示意简图	轿车/轻型载重汽车子午线轮胎成型机	载重汽车子午线轮胎成型机
成型鼓轴端径向跳动(鼓有支承)/mm	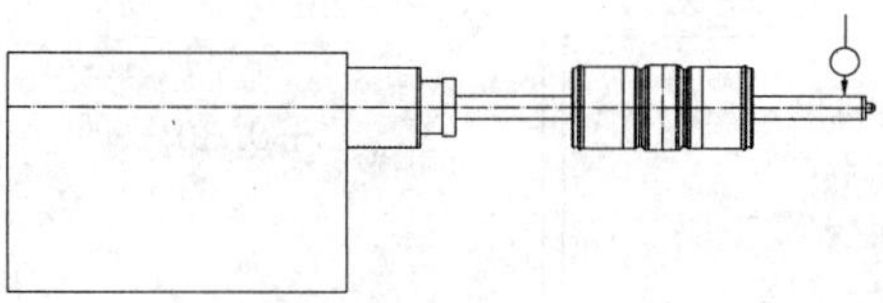	0.20	0.35
带束层贴合鼓轴端径向跳动/mm	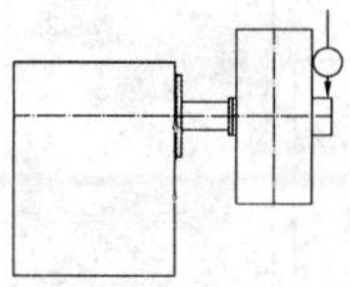	0.10	0.50
胎体贴合鼓轴端径向跳动(鼓有支承)/mm	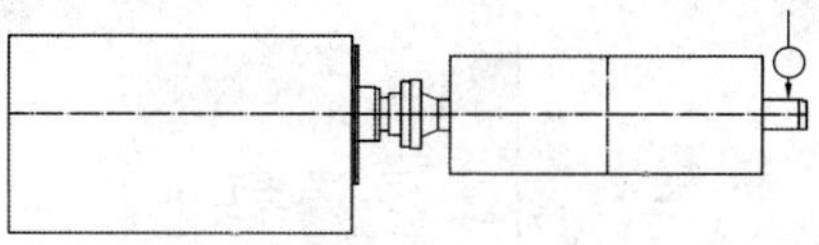	0.20	0.35
带束层贴合鼓周长误差/mm	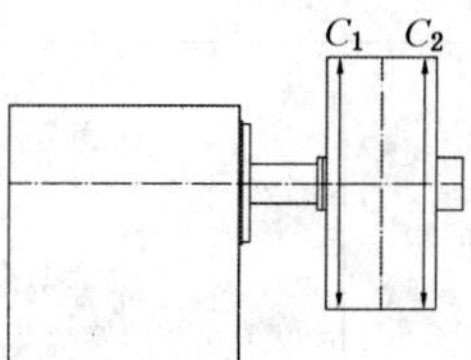	±0.75	±1

表 1（续）

成型机精度要求项目	示意简图	轿车/轻型载重汽车子午线轮胎成型机	载重汽车子午线轮胎成型机
胎体贴合鼓周长误差/mm	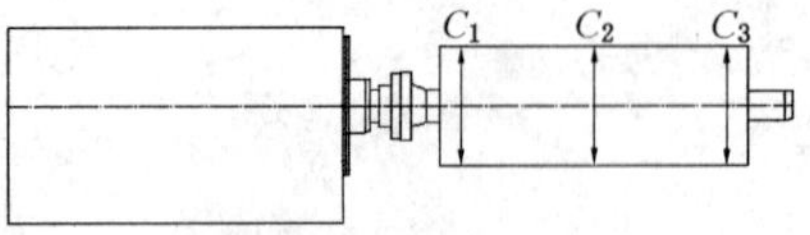	±0.75	±1
鼓与传递环同轴度(鼓带支撑)/mm	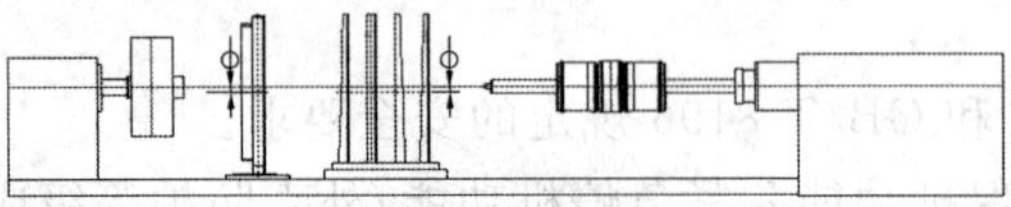	ϕ0.30	ϕ0.50
胎体传递环重复定位精度（鼓中心位置)/mm	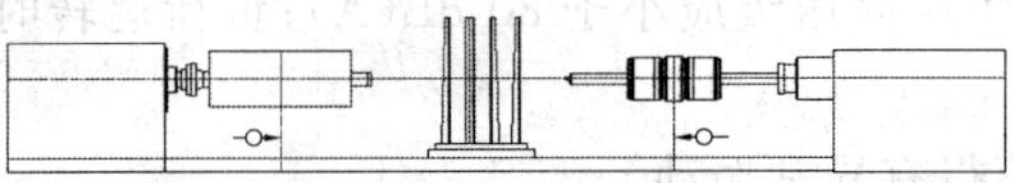	±0.10	±0.10
带束层传递环重复定位精度（鼓中心位置)/mm	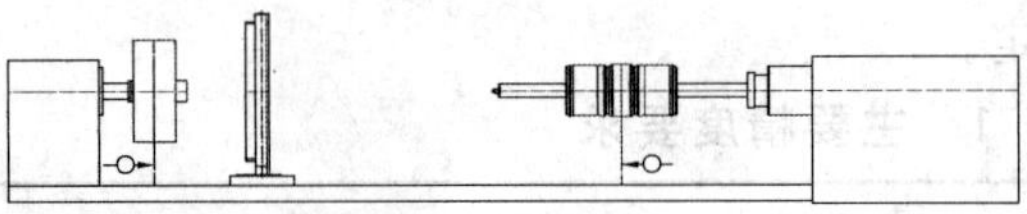	±0.10	±0.10
胎圈定位装置轴向定位精度/mm	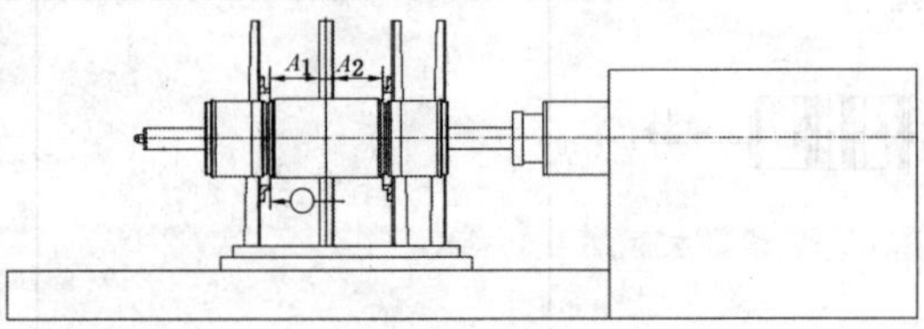	±0.30	±0.50
胎圈定位装置径向定位精度/mm	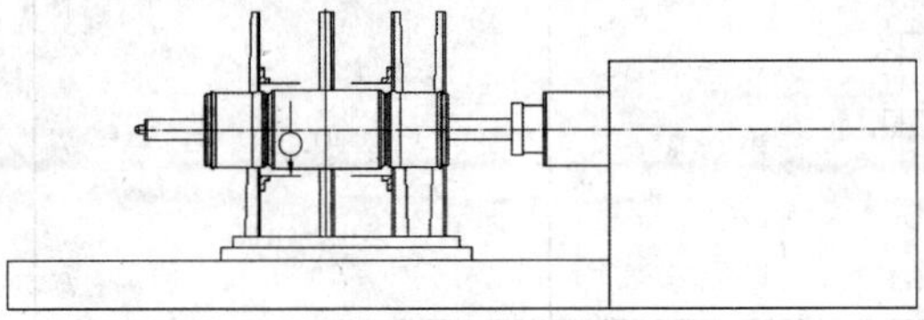	±0.30	±0.50
供料自动定长精度/mm	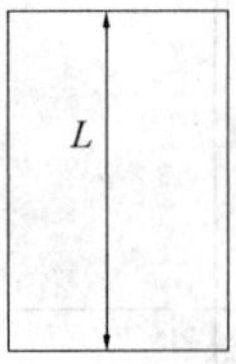	±1.50	±2.0
供料模板对中精度/mm	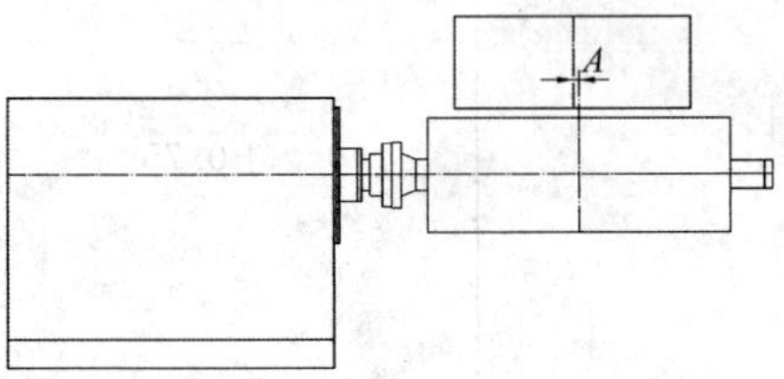	±1.0	±1.5

表 1（续）

成型机精度要求项目	示意简图	轿车/轻型载重汽车子午线轮胎成型机	载重汽车子午线轮胎成型机
鼓旋转角度定位精度/(°)	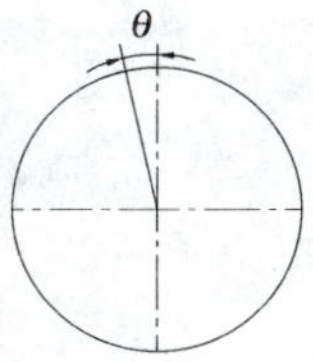	±0.20	±0.50
组合压辊与成型鼓中心线的对称精度/mm	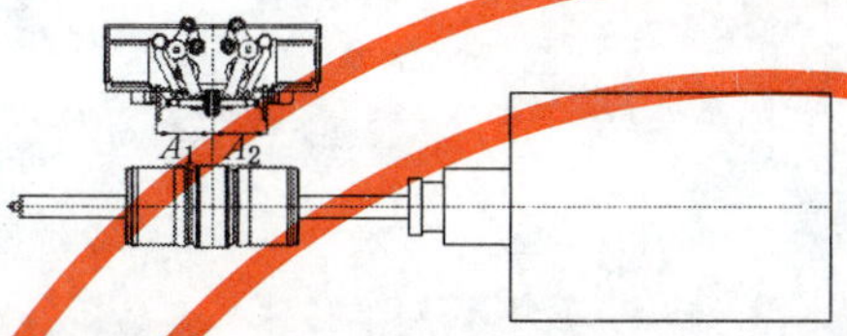	±0.20	±0.50

6 试验

6.1 空负荷运转试验

6.1.1 空负荷运转试验应在装配检验合格后方可进行。

6.1.2 空负荷运转中应进行以下检查：

a) 按照 5.1 检查各项精度和功能要求；

b) 按照 5.2 要求进行安全、环保检查。

6.2 负荷运转试验

6.2.1 应在空负荷运转试验合格后，进行负荷运转试验。

6.2.2 负荷运转试验所用的轮胎半成品部件应为合格品。

6.2.3 负荷运转试验期间，设备应连续累计运转 72 h 无故障，若中间出现故障，故障排除时间不应超过 2 h，否则应重新进行试验。

6.2.4 负荷运转中进行应按照 4.2、5.2.1、5.2.3、5.2.4 进行检查。

7 检验规则

7.1 出厂检验

每台产品出厂前应按 5.1、5.2、5.3 检查，经制造厂质量检验部门检验合格并签发合格证后，方可出厂。

7.2 型式检验

7.2.1 有下列情况之一时，应进行型式检验：

a) 新产品或老产品转厂时；

b) 正式生产后，如结构、材料、工艺有较大变化，影响产品性能时；

c) 产品停产两年以上，恢复生产时；

d) 出厂检验结果与上次型式检验结果有较大差异时；

e) 正常生产时，每三年至少抽检一台；

f) 国家质量监督机构提出进行型式检验要求时。

7.2.2 型式检验应按本标准中的各项规定进行检验。

7.2.3 型式检验项目全部符合本标准规定，则判为合格。型式检验每次抽检一台，若有不合格项时，应再抽二台进行检验,若仍有不合格项时,则应逐台进行检验。

8 标志、包装、运输和贮存

8.1 应在每台成型机的明显位置固定标牌,标牌应符合 GB/T 13306 的规定。标牌的内容如下:

a) 产品名称;

b) 产品型号;

c) 产品编号;

d) 执行标准号;

e) 基本参数;

f) 外形尺寸;

g) 重量;

h) 制造单位名称、商标;

i) 制造日期。

8.2 成型机发货时,应随机附带下列文件:

a) 产品合格证;

b) 产品使用说明书;

c) 装箱单。

8.3 成型机的包装应符合 GB/T 13384 的规定。

8.4 成型机的运输应符合运输部门的有关规定。

8.5 成型机安装前应贮存在防雨、干燥、通风良好的场所,并且妥善保管。

附 录 A
（资料性附录）
产品型号的组成及其定义

A.1 产品型号组成

A.1.1 产品型号由产品代号、规格参数、设计代号三部分组成，三者之间用短横线隔开，产品型号格式如下：

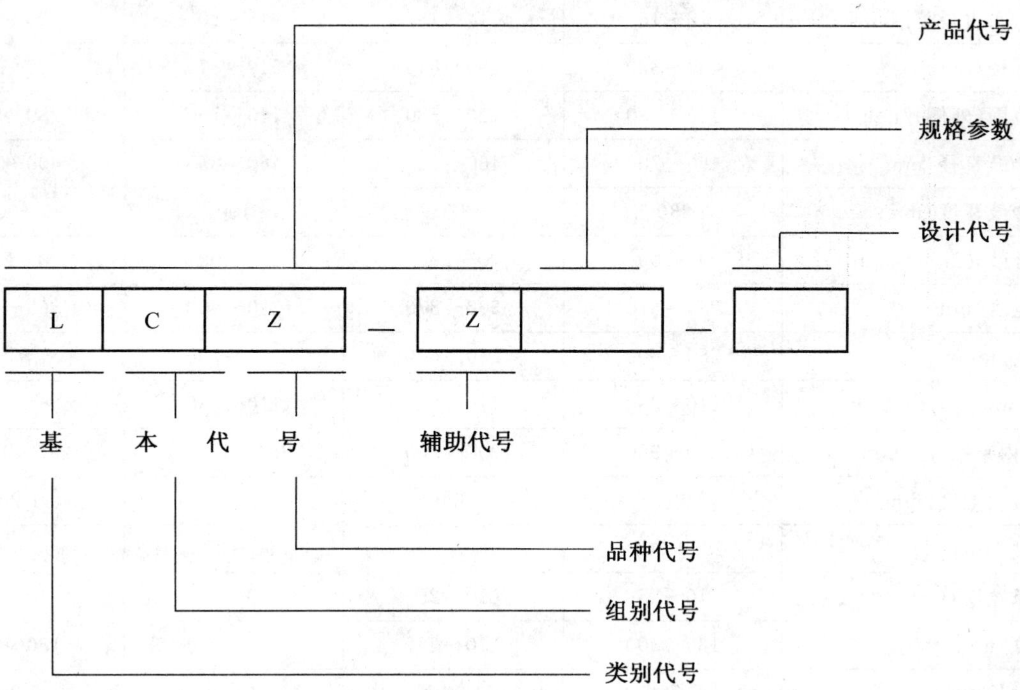

A.1.2 产品代号由基本代号和辅助代号组成，用大写汉语拼音字母表示。

A.1.3 基本代号由类别代号、组别代号、品种代号组成，其定义：类别代号 L 表示轮胎生产机械（轮）；组别代号 C 表示成型机械（成）；品种代号 Z 表示子午线轮胎一次法成型机（子）。

A.1.4 辅助代号用数字与字母组成，其定义企业可自行定义。

例如：第一项为数字，表示鼓工位数；第二项为字母，表示轮胎类别，J 表示轿车轮胎（轿），Z 表示载重汽车轮胎（载）。

A.1.5 规格参数标注成型轮胎的轮辋名义直径范围，用英寸(in)表示。

A.1.6 设计代号在必要时使用，应符合 GB/T 12783 的规定。

A.2 型号示例

成型轮胎的轮辋名义直径范围为 15 in～20 in 的载重汽车子午线轮胎一次法三鼓成型机型号：

L C Z-3Z1520

附 录 B
（资料性附录）
基 本 参 数

B.1 轿车/轻型载重汽车子午线轮胎一次法成型机基本参数见表 B.1。

表 B.1

项目	基本参数			
规格代号	1216	1418	1520	2028
适用轮辋名义直径范围/in	12～16	14～18	15～20	20～28
成型生胎外径/mm	480～820	480～845	510～875	620～960
胎圈定位范围(外侧)/mm	120～580	120～580	140～700	280～750
带束层贴合鼓直径/mm	460～790	460～825	460～855	600～940
带束层贴合鼓宽度/mm	330	370	400	400
带束层贴合鼓转速/(r/min)	0～200	0～200	0～200	0～200
胎体帘布宽度/mm	300～870	300～870	330～900	360～950
内衬层宽度/mm	250～600	250～600	330～700	840
胎侧宽度/mm	110～230	110～230	110～230	60～280
胎侧间距(内)～(外)/mm	200～900	200～900	280～1 100	280～1 200
预复合件最大宽度/mm	900	900	1 100	1 200
带束层宽度/mm	80～305	80～320	90～370	90～370
冠带层胶条宽度/mm	10～25	10～25	10～25	10～25
胎面胶宽度/mm	130～300	130～350	150～350	150～400
胎面胶最大长度/mm	2 750	2 750	2 750	3 200

B.2 载重汽车子午线轮胎一次法成型机基本参数见表 B.2。

表 B.2

项目	基本参数	
规格代号	1520	2024
适用轮辋名义直径范围/in	15～20	20～24.5
成型生胎外径/mm	630～1 060	740～1 250
成型鼓的最高转速/(r/min)	150	150
成型鼓主轴中心高度/mm	1 050	1 050
胎圈定位范围(外侧)/mm	240～800	400～960
带束层贴合鼓直径/mm	550～1 030	890～1 160
带束层贴合鼓宽度/mm	340	450
带束层贴合鼓转速/(r/min)	0～20	0～20
胎体贴合鼓转速/(r/min)	0～60	0～60
胎体贴合鼓最大工作宽度/mm	1 450	1 600

表 B.2（续）

项目	基本参数	
带束层宽度/mm	50～300	50～380
0°带束层宽度/mm	20～60	20～65
0°带束层内间距范围/mm	50～260	50～330
胎侧宽度/mm	180～350	140～410
胎侧间距(内)～(外)/mm	320～1 350	400～1 550
内衬层宽度/mm	380～850	430～1 000
预复合件宽度/mm	650～1 350	1 550
胎体帘布最大宽度/mm	500～960	500～1 050
胎圈包布最大宽度/mm	180	200
胎圈包布间距(内)～(外)/mm	380～800	380～1 100
肩垫胶宽度(内)～(外)/mm	50～150	60～200
肩垫胶间距(内)～(外)/mm	20～270	40～500
胎面胶宽度/mm	160～350	160～450
胎面胶最大长度/mm	3 300	3 800

ICS 71.120;83.200
G 95

中华人民共和国国家标准

GB/T 25938—2010

炼胶工序中小料自动配料称量系统

Automatic weighing system for small chemicals in rubber mixing process

2010-12-23 发布　　2011-07-01 实施

中华人民共和国国家质量监督检验检疫总局
中国国家标准化管理委员会　发布

前　言

本标准的附录A和附录B为资料性附录。

本标准由中国石油和化学工业联合会提出。

本标准由全国橡胶塑料机械标准化技术委员会(SAC/TC 71)归口。

本标准负责起草单位:青岛高校软控股份有限公司。

本标准参加起草单位:北京橡胶工业研究设计院、北京万向新元科技有限公司。

本标准主要起草人:李志华、杭柏林、李路波、李亚莉、刘连生、孙明、王际松、夏向秀。

炼胶工序中小料自动配料称量系统

1 范围

本标准规定了炼胶工序中小料自动配料称量系统的术语和定义、型号与基本参数、要求、试验、检验规则、标志、包装、运输、贮存等要求。

本标准适用于根据炼胶工艺配方设定的小料重量，实现自动称量、收集、校核等功能的配料系统（以下简称“系统”）。

2 规范性引用文件

下列文件中的条款通过本标准的引用而成为本标准的条款。凡是注日期的引用文件，其随后所有的修改单（不包括勘误的内容）或修订版均不适用于本标准，然而，鼓励根据本标准达成协议的各方研究是否可使用这些文件的最新版本。凡是不注日期的引用文件，其最新版本适用于本标准。

GB 4053.1 固定式钢梯及平台安全要求 第1部分：钢直梯

GB 4053.2 固定式钢梯及平台安全要求 第2部分：钢斜梯

GB 4053.3 固定式钢梯及平台安全要求 第3部分：工业防护栏杆及钢平台

GB 4208—2008 外壳防护等级（IP代码）（IEC 60529:2001，IDT）

GB 4655 橡胶工业静电安全规程

GB 5083 生产设备安全卫生设计总则

GB 5226.1 机械电气安全 机械电气设备 第1部分：通用技术条件（GB 5226.1—2008，IEC 60204-1:2005，IDT）

GB/T 8196 机械安全 防护装置 固定式和活动式防护装置设计与制造一般要求（GB/T 8196—2003，ISO 14120:2002，MOD）

GB/T 12783 橡胶塑料机械产品型号编制方法

GB/T 13306 标牌

GB/T 13384 机电产品包装通用技术条件

GB/T 14250 衡器术语

GB 20426 煤炭工业污染物排放标准

HG/T 3120 橡胶塑料机械外观通用技术条件

HG/T 3223 橡胶机械术语

HG/T 3228 橡胶塑料机械涂漆通用技术条件

NB/T 47003.1 钢制焊接常压容器

3 术语和定义

GB/T 14250 和 HG/T 3223 中确立的以及下列术语和定义适用于本标准。

3.1

小料 small chemicals

在炼胶过程中添加的粉粒状化学原料。

3.2

小料自动配料称量系统 automatic weighing system for small chemicals

根据炼胶工艺配方设定的小料重量，实现自动称量、收集、校核等功能的配料系统。

3.3

贮料仓　storage bin

用于存放小料的常压容器。

3.4

给料装置　feeding device

用于向称量单元输送小料的设备。

4　型号与基本参数

4.1　型号

4.1.1　产品型号编制方法应符合 GB/T 12783 的规定。

4.1.2　产品型号的构成及其定义参见附录 A。

4.2　基本参数

4.2.1　系统配料称量基本参数应符合表 1 规定。

表 1　系统配料称量基本参数

项　目	参　数					
物料最大称量/kg	10	15	20	30	40	60
电子秤准确度等级	Ⓘⅲ					
动态允许误差	≤0.2%FS					
贮料仓容积/m^3	0.2～2.0					

4.2.2　常用给料装置基本参数参见附录 B。

5　要求

5.1　基本要求

5.1.1　系统应符合本标准的要求，并按照经过规定程序批准的图样和技术文件制造。

5.1.2　系统使用的压缩空气应是经过除油、除水、过滤的干燥洁净空气。含油小于 0.1 mg/m^3，含尘粒径小于 0.1 μm，露点低于－40 ℃，气源压力应不低于 0.7 MPa。

5.1.3　气动管道和阀门接头应连接可靠。各管路系统干净、畅通。

5.1.4　贮料仓应符合 NB/T 47003.1 的规定。

5.2　功能要求

5.2.1　系统应具有数据信息处理、自动控制给料和称量功能。

5.2.2　系统应具有手动控制模式与自动控制模式无扰动切换功能，具有各部分联锁运行、故障实时报警和自诊断的功能。

5.2.3　系统应具有控制、显示各称量单元运行状态、动态监控各部分的运行状况的功能。

5.2.4　系统应具有配方的输入与修改、小料与工位的对应关系显示功能。

5.2.5　系统应具有自动实现按设定配方进行配料的运行记录、统计物料消耗和月、日、班报表及打印功能。

5.2.6　系统应具有网络功能以及支持与其他设备或系统的网络信息化功能。

5.2.7　系统应具有人机对话界面。

5.3　安全和环保要求

5.3.1　系统应符合 GB 5083、GB 5226.1 和 GB/T 8196 规定的安全要求。

5.3.2　系统的电气控制系统应具有过载保护功能和紧急停机功能；外壳防护等级应不低于 GB 4208—2008 中规定的 IP54 级要求。

5.3.3 系统空负荷运转时噪声声压级小于 80 dB(A),负荷运转时噪声声压级小于 85 dB(A)。

5.3.4 系统空负荷运转和负荷运转时,不得有异常振动。

5.3.5 使用容易产生静电的小料时,应符合 GB 4655 的规定。

5.3.6 车间空气中粉尘含量应不大于 8 mg/m^3;大气污染物的排放应符合 GB 20426 的规定。

5.3.7 操作、维修和安装用钢直梯应符合 GB 4053.1 的要求;操作、维修和安装用钢斜梯应符合 GB 4053.2的要求;操作、维修和安装用防护栏及钢平台应符合 GB 4053.3 的要求。

5.3.8 负荷运转时电机功率应小于额定功率。

5.4 涂漆和外观要求

5.4.1 涂漆质量应符合 HG/T 3228 的规定。

5.4.2 外观质量应符合 HG/T 3120 的规定。

6 试验

6.1 空负荷运转试验

6.1.1 空负荷运转试验应在装配检验合格后方可进行。

6.1.2 空负荷运转时进行以下检查:

a) 按照 4.2 检查基本参数;

b) 按照 5.1.2、5.1.3 和 5.1.4 检查;

c) 按照 5.2 检查各项功能要求,其中与负荷运转试验相关的要求在 6.2 中进行;

d) 按照 5.3.3、5.3.4 检查安全要求。

6.2 负荷运转试验

6.2.1 应在空负荷运转试验合格后,进行负荷运转试验。

6.2.2 负荷运转试验期间,设备应连续累计 72 h 内无故障,若中间出现故障,故障排除时间不应超过 2 h,否则重新进行试验。

6.2.3 负荷运转中应按照 4.2、5.2、5.3 进行检查。

7 检验规则

7.1 出厂检验

7.1.1 每台设备应经制造单位质量检验部门检验合格,并签发产品合格证后方可出厂。

7.1.2 产品出厂前按照 4.2、5.4 和 6.1 进行检验。

7.2 型式检验

7.2.1 有下列情况之一时,应进行型式检验:

a) 新产品或老产品转厂时;

b) 正式生产后,如结构、材料、工艺有较大变化,可能影响产品性能时;

c) 产品停产两年以上,恢复生产时;

d) 出厂检验结果与上次型式检验结果有较大差异时;

e) 正常生产时,每三年至少抽检一台;

f) 国家质量监督机构提出进行型式检验要求时。

7.2.2 型式检验应按本标准中的各项规定进行检验。

7.2.3 型式检验项目全部符合本标准规定,则判为合格。型式检验每次抽检一台,若有不合格项时,应再抽二台进行检验,若仍有不合格项时,则应逐台进行检验。

8 标志、包装、运输和贮存

8.1 应在系统的明显位置固定标牌,标牌应符合 GB/T 13306 的规定。标牌的内容如下:

a) 产品名称；
b) 产品型号；
c) 产品编号；
d) 执行标准号；
e) 基本参数；
f) 外形尺寸；
g) 重量；
h) 制造日期；
i) 制造单位名称、商标。

8.2 系统发货时，应随机附带下列文件：

a) 产品合格证；
b) 产品使用说明书；
c) 装箱单。

8.3 系统的包装应符合 GB/T 13384 的规定。

8.4 系统的运输应符合运输部门的有关规定。

8.5 系统安装前应贮存在防雨、干燥、通风良好的场所，并且妥善保管。

附 录 A
（资料性附录）
产品型号的组成及其定义

A.1 产品型号组成

A.1.1 产品型号由产品代号、规格参数、设计代号三部分组成，三者之间用短横线隔开，产品型号格式如下：

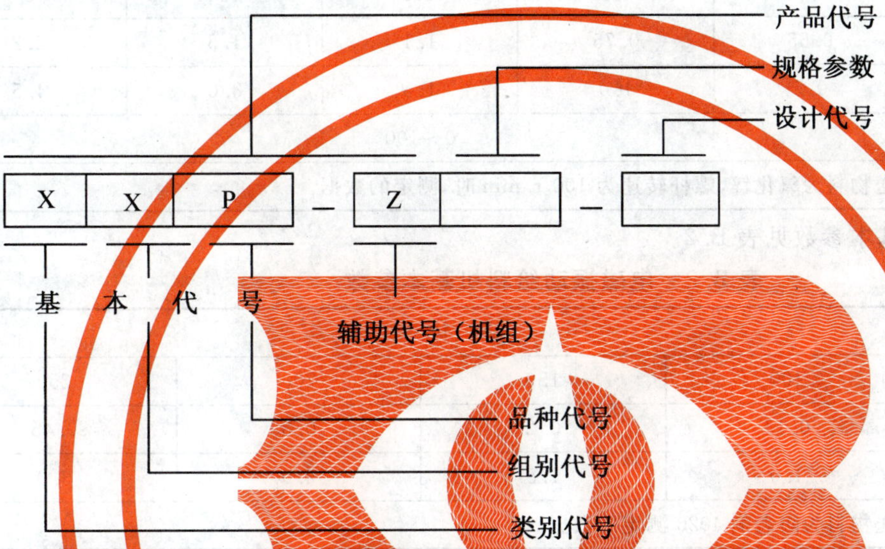

A.1.2 产品代号由基本代号和辅助代号组成，用大写汉语拼音字母表示。

A.1.3 基本代号由类别代号、组别代号、品种代号组成，其定义：类别代号 X 表示橡胶机械（橡）；组别代号 X 表示小料称量机械（小）；品种代号 P 表示配料系统（配）。

A.1.4 辅助代号定义：Z 表示机组（组）。

A.1.5 规格参数用贮料仓数表示。

A.1.6 设计代号在必要时使用，应符合 GB/T 12783 的规定。

A.2 型号示例

贮料仓数为 16，设计顺序号为Ⅲ的小料自动配料称量系统型号示例如下：

X X P—Z 16—Ⅲ

附 录 B
（资料性附录）
常用给料装置基本参数

B.1 螺旋给料机基本参数见表B.1。

表B.1 螺旋给料机基本参数

项 目	基 本 参 数				
螺杆直径/mm	70	90	100	130	150
电机功率/kW	0.55	0.75	1.1	1.5	2.2
给料能力/(t/h)	0.5	1.0	1.5	3.0	4.5
螺杆转速/(r/min)	0～100				
注：给料能力是以输送物料为氧化锌，螺杆转速为100 r/min时，测定的数据。					

B.2 电磁振动给料机基本参数见表B.2。

表B.2 电磁振动给料机基本参数

项 目	基 本 参 数			
料槽宽度/mm	100	150	200	250
有功功率/kW	0.15	0.2	0.3	0.45
给料能力/(t/h)	1.0	1.5	2.0	3.0
注：给料能力是以输送物料为防老剂4020测定的数据。				

ICS 71.120;83.200
G 95

中华人民共和国国家标准

GB/T 25939—2010

密闭式炼胶机上辅机系统

Up-stream equipment system for rubber internal mixer

2010-12-23 发布　　　　2011-07-01 实施

中华人民共和国国家质量监督检验检疫总局
中国国家标准化管理委员会　发布

前　言

本标准的附录A和附录B为资料性附录。

本标准由中国石油和化学工业联合会提出。

本标准由全国橡胶塑料机械标准化技术委员会(SAC/TC 71)归口。

本标准负责起草单位:青岛高校软控股份有限公司。

本标准参加起草单位:北京橡胶工业研究设计院、北京万向新元科技有限公司。

本标准主要起草人:李志华、徐建华、王振峰、徐中洲、刘连生、孙明、夏向秀、朱业胜、姜承法。

密闭式炼胶机上辅机系统

1　范围

本标准规定了密闭式炼胶机上辅机系统的术语和定义、型号与基本参数、要求、试验、检验规则、标志、包装、运输和贮存等要求。

本标准适用于各种规格型号的密闭式炼胶机上辅机系统(以下简称系统)。

2　规范性引用文件

下列文件中的条款通过本标准的引用而成为本标准的条款。凡是注日期的引用文件,其随后所有的修改单(不包括勘误的内容)或修订版均不适用于本标准,然而,鼓励根据本标准达成协议的各方研究是否可使用这些文件的最新版本。凡是不注日期的引用文件,其最新版本适用于本标准。

GB 150　钢制压力容器

GB 4053.1　固定式钢梯及平台安全要求　第1部分:钢直梯

GB 4053.2　固定式钢梯及平台安全要求　第2部分:钢斜梯

GB 4053.3　固定式钢梯及平台安全要求　第3部分:工业防护栏杆及钢平台

GB 4208—2008　外壳防护等级(IP代码)(IEC 60529:2001,IDT)

GB 4655　橡胶工业静电安全规程

GB 5083　生产设备安全卫生设计总则

GB 5226.1　机械电气安全　机械电气设备　第1部分:通用技术条件(GB 5226.1—2008,IEC 60204-1:2005,IDT)

GB/T 8196　机械安全　防护装置　固定式和活动式防护装置设计与制造一般要求(GB/T 8196—2003,ISO 14120:2002,MOD)

GB/T 9707　密闭式炼胶机、炼塑机

GB 10330　车间空气中炭黑粉尘卫生标准

GB/T 12783　橡胶塑料机械产品型号编制方法

GB/T 13306　标牌

GB/T 13384　机电产品包装通用技术条件

GB/T 14250　衡器术语

GB 20426　煤炭工业污染物排放标准

HG/T 3120　橡胶塑料机械外观通用技术条件

HG/T 3223　橡胶机械术语

HG/T 3228　橡胶塑料机械涂漆通用技术条件

NB/T 47003.1　钢制焊接常压容器

3　术语和定义

GB/T 14250和HG/T 3223中确立的以及下列术语和定义适用于本标准。

3.1

气力输送装置　pneumatic conveying device

以压缩气体为动力把炭黑或其他粉料通过密闭式管道进行输送及贮存所需设备的总称。

3.2

压送罐 blowing tank

炭黑及其他粉料通过充压、流态化等过程控制，获得动能，实现输送目的的压力容器。

3.3

贮仓 bin

贮存炭黑或其他粉料的常压容器。

3.4

螺旋输送机 screw feeder

通过螺杆旋转产生的推力，输送炭黑或其他粉料的设备。

3.5

炭黑秤、粉料秤 carbon black scale，powder scale

称量各种炭黑或其他粉料的料斗秤。

3.6

胶片导开机 slab feeder

将折叠胶片导开，向胶料秤供给胶片的设备。

3.7

胶料秤 polymer scale

用于称量胶片、胶块的带输送装置电子平台秤。

3.8

油料秤 oil scale

对油料进行称量的料斗秤。

4 型号与基本参数

4.1 型号

4.1.1 产品型号编制方法应符合 GB/T 12783 的规定。

4.1.2 产品型号的组成及其定义见附录 A。

4.2 基本参数

4.2.1 炭黑秤和粉料秤基本参数见表 1。

表 1 炭黑秤和粉料秤基本参数

项目		密闭式炼胶机容积/L					
		<75	75～90	110～160	190～270	370～400	420～650
炭黑秤 粉料秤	物料最大称量/kg	60		120		200	
	称量时间/s	≤75			≤90	≤100	≤120
	卸料时间 / s	≤20			≤30		≤40
	准确度等级	Ⅲ（圆圈内）					
	动态允许误差	≤0.2%FS					

4.2.2 胶料秤基本参数见表 2。

表 2 胶料秤基本参数

项目		密闭式炼胶机容积/L					
		<75	75~90	110~160	190~270	370~400	420~650
胶料秤	物料最大称量/kg	60	100	200	300	600	1 000
	驱动功率/kW	1.1~2.2			3.0~4.0		
	输送速度/(m/s)	0.25~1.0					
	准确度等级	(Ⅲ)					
	动态允许误差	≤0.2%FS					

4.2.3 油料秤基本参数见表 3。

表 3 油料秤基本参数

项目		密闭式炼胶机容积/L					
		<75	75~90	110~160	190~270	370~400	420~650
油料秤	物料最大称量/kg	10	20	30	50	60	100
	称量时间/s	≤75			≤90	≤100	≤120
	卸油时间/s	≤15			≤20		≤30
	准确度等级	(Ⅲ)					
	动态允许误差	≤0.2%FS					

4.2.4 气力输送装置基本参数参见附录 B 表 B.1~表 B.3。

4.2.5 供料设备基本参数参见附录 B 表 B.4。

5 要求

5.1 基本要求

5.1.1 系统应符合本标准的要求,并按照经过规定程序批准的图样和技术文件制造。

5.1.2 系统使用的压缩空气应是经过除油、除水、过滤的干燥洁净空气。含油应小于 0.1 mg/m^3,含尘粒径应小于 0.1 μm,露点低于 -40 ℃,气源压力应不低于 0.7 MPa。

5.1.3 气动管道和阀门接头应连接可靠。各管路系统干净、畅通。

5.2 功能要求

5.2.1 系统具有数据信息处理、自动称量和投料功能。

5.2.2 对全自动配料方式,系统应具有手动控制模式与自动控制模式无扰动切换、各部分联锁运行、故障实时报警和自诊断的功能。

5.2.3 系统应具有控制和显示各台秤称量不同物料运行状态、动态监控各部分的运行状况的功能。

5.2.4 系统应具有配方的输入与修改、物料与工位的对应关系显示功能。

5.2.5 系统应具有自动实现按设定配方进行配料的运行记录、统计物料消耗和月、日、班报表及打印功能。

5.2.6 系统应具有网络功能以及支持与其他设备或系统的网络信息化功能。

5.2.7 系统应具有人机对话界面。

5.3 制造要求

5.3.1 压送罐应符合 GB 150 的规定。

5.3.2 炭黑、粉料、油料各类贮仓、常压容器应符合 NB/T 47003.1 的规定。

5.4 安全和环保要求

5.4.1 系统应符合 GB 5083、GB 5226.1 和 GB/T 8196 规定的制造、安装、操作和维护的安全要求。

5.4.2 系统的电气控制系统应具有过载保护功能和紧急停机功能；外壳防护等级应不低于 GB 4208—2008 中规定的 IP54 级要求。

5.4.3 空负荷运转时，噪声声压级小于 80 dB(A)，负荷运转时噪声声压级小于 85 dB(A)。

5.4.4 系统空负荷运转和负荷运转时，不得有异常振动。

5.4.5 使用容易产生静电的粉体物料时，应符合 GB 4655 的规定。

5.4.6 车间空气中炭黑粉尘含量应符合 GB 10330 的规定；大气污染物的排放应符合 GB 20426 的规定。

5.4.7 操作、维修和安装用钢直梯应符合 GB 4053.1 的要求；操作、维修和安装用钢斜梯应符合 GB 4053.2的要求；操作、维修和安装用防护栏杆及钢平台应符合 GB 4053.3 的要求。

5.4.8 负荷运转时电机功率应小于额定功率。

5.5 涂漆和外观要求

5.5.1 涂漆质量应符合 HG/T 3228 的规定。

5.5.2 外观质量应符合 HG/T 3120 的规定。

6 试验

6.1 空负荷运转试验

6.1.1 空负荷运转试验应在装配检验合格后方可进行。

6.1.2 空负荷运转时进行以下检查：

a) 按照 4.2 检查基本参数，其中表 1 和表 3 中称量时间和卸料时间的检查除外；

b) 按照 5.1.2 和 5.1.3 检查；

c) 按照 5.2 检查各项功能要求；

d) 按照 5.4.3、5.4.4 检查安全要求。

6.2 负荷运转试验

6.2.1 应在空负荷运转试验合格后，进行负荷运转试验。

6.2.2 负荷运转试验期间，设备应连续累计负荷运转 72 h 无故障，若中间出现故障，故障排除时间应不超过 2 h，否则重新进行试验。

6.2.3 负荷运转中进行以下检查：

a) 按照 4.2 检查基本参数；

b) 按照 5.2 检查各项功能要求；

c) 按照 5.4 检查安全和环保要求。

7 检验规则

7.1 出厂检验

7.1.1 每台设备应经制造单位质量检验部门检验合格，并签发产品合格证后方可出厂。

7.1.2 产品出厂前按照 4.2.1、4.2.2、4.2.3、4.2.5 进行检验，其中表 1 和表 3 中称量时间和卸料时间的检验除外。

7.2 型式检验

7.2.1 有下列情况之一时,应进行型式检验:

a) 新产品或老产品转厂时;

b) 正式生产后,如结构、材料、工艺有较大变化,可能影响产品性能时;

c) 产品停产两年以上,恢复生产时;

d) 出厂检验结果与上次型式检验结果有较大差异时;

e) 正常生产时,每三年至少抽检一台;

f) 国家质量监督机构提出进行型式检验要求时。

7.2.2 型式检验应按本标准中的各项规定进行检验。

7.2.3 型式检验项目全部符合本标准规定,则判为合格。型式检验每次抽检一台,若有不合格项时,应再抽二台进行检验,若仍有不合格项时,则应逐台进行检验。

8 标志、包装、运输和贮存

8.1 应在系统的明显位置固定标牌,标牌应符合 GB/T 13306 的规定。标牌的内容如下:

a) 产品名称;

b) 产品型号;

c) 产品编号;

d) 执行标准号;

e) 基本参数;

f) 外型尺寸;

g) 重量;

h) 制造日期;

i) 制造单位名称和商标。

8.2 系统发货时,应随机附带下列文件:

a) 产品合格证;

b) 产品使用说明书;

c) 装箱单;

d) 随机压力容器的质量证明书。

8.3 系统的包装应符合 GB/T 13384 的规定。

8.4 系统的运输应符合运输部门的有关规定。

8.5 系统安装前应贮存在防雨、干燥、通风良好的场所,并且妥善保管好。

附 录 A
（资料性附录）
产品型号的组成及其定义

A.1 产品型号组成

A.1.1 产品型号由产品代号、规格参数、设计代号三部分组成，三者之间用短横线隔开，产品型号格式如下：

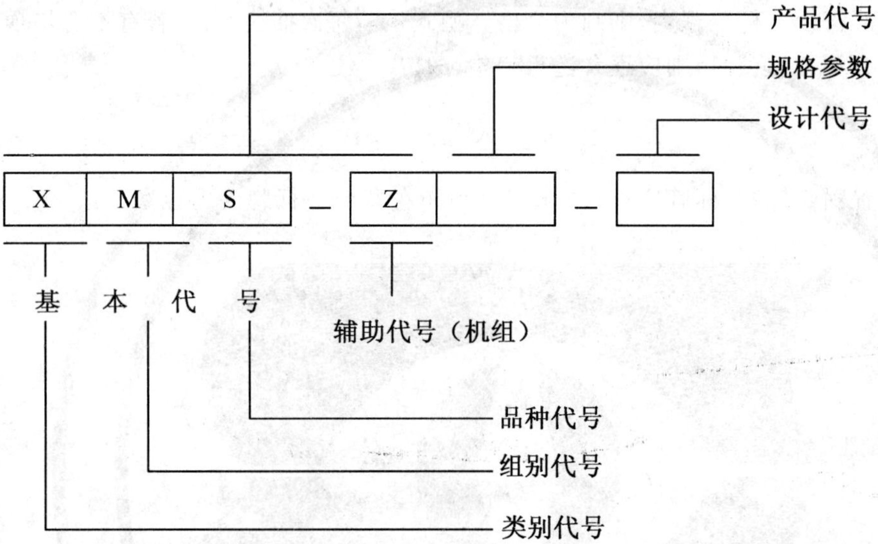

A.1.2 产品代号由基本代号和辅助代号组成，用大写汉语拼音字母表示。

A.1.3 基本代号由类别代号、组别代号、品种代号组成，其定义：类别代号 X 表示橡胶机械（橡）；组别代号 M 表示密闭式炼胶机械（密）；品种代号 S 表示上辅机系统（上）。

A.1.4 辅助代号定义：Z 表示机组（组）。

A.1.5 规格参数按照 GB/T 9707 密闭式炼胶机容积表示。

A.1.6 设计代号在必要时使用，应符合 GB/T 12783 的规定。

A.2 型号示例

为 270 L 密闭式炼胶机配置的，产品设计顺序号为Ⅲ的密闭式炼胶机上辅机系统型号示例如下：

X M S—Z 270—Ⅲ

附 录 B
（资料性附录）
基 本 参 数

气力输送装置基本参数见表 B.1～表 B.3，供料设备基本参数见表 B.4。

表 B.1 压送罐的容积系列

压送罐总容积/m^3	1.5	2.0	2.5	3.0	3.5
压送罐填充系数	0.70～0.85				

表 B.2 气力输送装置的输送能力

输送管公称直径/mm	80	100	125	150	175	200	250
输送能力/(t/h)	1～4	2～6	3～8	4～10	6～15	8～20	10～30

表 B.3 贮仓除尘器处理风量

输送管公称直径/mm	80	100	125	150	175	200	250
除尘器处理风量/(m^3/h)	650～850	750～950	850～1 050	950～1 250	1 150～1 500	1 300～2 000	1 600～2 500

表 B.4 供料设备基本参数

<table>
<tr><td colspan="2" rowspan="2">项目</td><td colspan="6">密闭式炼胶机容积/L</td></tr>
<tr><td><75</td><td>75～90</td><td>110～160</td><td>190～270</td><td>370～400</td><td>420～650</td></tr>
<tr><td rowspan="3">螺旋输送机</td><td>螺杆直径/mm</td><td>75</td><td>100</td><td>150</td><td>200</td><td>250</td><td>300</td></tr>
<tr><td>驱动功率/kW</td><td colspan="2">0.55～1.5</td><td colspan="2">1.1～4.0</td><td colspan="2">2.2～5.5</td></tr>
<tr><td>螺杆转速/(r/min)</td><td colspan="6">0～100</td></tr>
<tr><td rowspan="3">胶片导开机</td><td>适用胶片宽度/mm</td><td>≤500</td><td>≤600</td><td>≤700</td><td>≤800</td><td>≤900</td><td>≤1 000</td></tr>
<tr><td>输送驱动功率/kW</td><td colspan="3">1.1～2.2</td><td colspan="3">3.0～4.0</td></tr>
<tr><td>输送速度/(m/s)</td><td colspan="6">0.25～1.0</td></tr>
<tr><td rowspan="3">带式输送机</td><td>适用胶片宽度/mm</td><td>≤500</td><td>≤600</td><td>≤700</td><td>≤800</td><td>≤900</td><td>≤1 000</td></tr>
<tr><td>驱动功率/kW</td><td colspan="3">1.1～2.2</td><td colspan="3">3.0～5.5</td></tr>
<tr><td>输送速度/(m/s)</td><td colspan="6">0.25～1.0</td></tr>
</table>

ICS 71.120;83.200
G 98

中华人民共和国国家标准

GB/T 25940—2010

定负荷国际橡胶硬度计

IRHD dead-load testers

2010-12-23 发布 2011-07-01 实施

中华人民共和国国家质量监督检验检疫总局
中国国家标准化管理委员会 发布

前　言

本标准由中国石油和化学工业联合会提出。

本标准由全国橡胶塑料机械标准化技术委员会(SAC/TC 71)归口。

本标准起草单位:北京友深电子仪器有限公司、北京橡胶工业研究设计院。

本标准起草人:朱庆华、何成、夏向秀、艾永安、魏红红。

定负荷国际橡胶硬度计

1 范围

本标准规定了定负荷国际橡胶硬度计(以下简称硬度计)结构与尺寸、要求、试验、检验规则、产品标志、包装、运输、贮存等。

本标准适用于测定硫化橡胶及橡胶类材料国际硬度值、测试范围为10 IRHD～100 IRHD的定负荷国际橡胶硬度计。

2 规范性引用文件

下列文件中的条款通过本标准的引用而成为本标准的条款。凡是注日期的引用文件,其随后所有的修改单(不包括勘误的内容)或修订版均不适用于本标准,然而,鼓励根据本标准达成协议的各方研究是否可使用这些文件的最新版本。凡是不注日期的引用文件,其最新版本适用于本标准。

GB/T 191 包装储运图示标志(GB/T 191—2008,ISO 780:1997,MOD)

GB/T 6388 运输包装收发货标志

GB/T 9969 工业产品使用说明书 总则

GB/T 13306 标牌

GB/T 13384 机电产品包装通用技术条件

3 结构与尺寸

3.1 硬度计由压杆和压杆的支撑装置、对压杆施加接触力和压入力的装置、测量由压入力产生的压杆压入深度增量的装置及扁平环形压足等组成。

3.2 压杆和压足的示意图见图1,硬度计的作用力和尺寸应符合表1的规定。

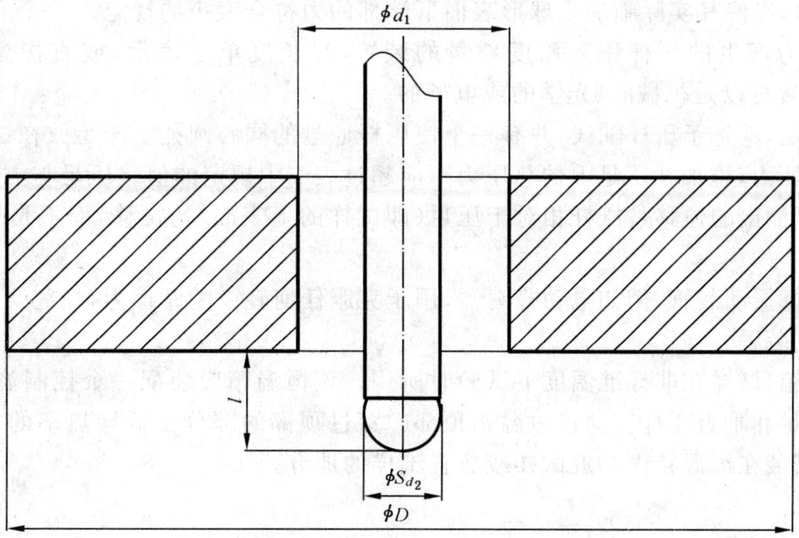

ϕD——压足外直径;

ϕd_1——孔直径;

ϕS_{d_2}——球直径;

l——压入深度。

图1 压杆和压足的示意图

表1 硬度计的作用力和尺寸

试验	直径 mm	球的作用力 N			压足上的力 N
		接触力	压入力	总力	
方法 N (常规试验)	球 d_2:2.50±0.01 压足 D:20±1 孔 d_1:6±1	0.30±0.02	5.40±0.01	5.70±0.03	8.3±1.5
方法 H (高硬度)	球 d_2:1.00±0.01 压足 D:20±1 孔 d_1:6±1	0.30±0.02	5.40±0.01	5.70±0.03	8.3±1.5
方法 L (低硬度)	球 d_2:5.00±0.01 压足 D:22±1 孔 d_1:10±1	0.30±0.02	5.40±0.01	5.70±0.03	8.3±1.5
方法 M (微型试验)	球 d_2:0.395±0.005 压足 D:3.35±0.15 孔 d_1:1.00±0.15	mN 8.3±0.5	mN 145±0.5	mN 153.3±1.0	mN 235±30

注1：在微型试验中，当使用借助弹簧向上顶推试样台的仪器时，压足上的压力值和压足上的作用力在施加总力的过程中都是起作用的。在施加145 mN压入力之前，压足上的作用力大于此值，即等于380 mN±30 mN。

注2：本表中不是所有可能的尺寸和力的组合都符合3.6压力要求。

3.3 在压杆和压杆的支撑装置中，垂直压杆的下端是一个刚性球或球形表面，压杆的支撑装置，使其在施加接触力之前，球形表面下端部稍高于环形压足的基准面。

3.4 对压杆施加接触力和压入力的装置，作用力包括压杆和与其相连的附件的质量，以及一切可能作用于压杆的弹簧力，以使其实际施加于球形表面下端部的力符合表1的规定。

3.5 测量由压入力产生的压杆压入深度增量的装置，以长度单位表示，或直接读出国际橡胶硬度IRHD。该测量装置可以是机械的、光学的或电子的。

3.6 扁平环形压足，垂直于压杆轴线，并有一个使压杆通过的同心圆孔。压足放在试样上，并对其施加30 kPa±5 kPa的压力，施加在压足上的总压力不应超过表1中规定的值。压足与测量压入深度的装置为刚性连接。这样测出的位移是压杆相对于压足(即试样的上表面)的位移，而不是压杆相对于支撑试样的表面的位移。

3.7 硬度计的轻微振动装置，例如电动蜂鸣器，用于克服任何轻微的摩擦力，在完全消除了摩擦力的仪器上可以不装配此装置。

3.8 试样的恒温箱，试样在非标准温度下试验时所用。该恒温箱应装配一个控制温度的装置，控制精确度为±2℃。压足和垂直压杆应穿过恒温箱顶部。穿过顶部的部分由低导热率的材料制成。测量温度的传感装置应安装在恒温箱内靠近试样或放置试样的地方。

4 要求

4.1 工作条件

a) 环境温度：10 ℃～40 ℃；

b) 相对湿度：10%～60%；

c) 周围无腐蚀性气体；

d) 电源：AC220 V±22 V；50 Hz。

4.2 **压杆**

压杆上球的尺寸应符合表1的规定。

4.3 **压足**

压足的尺寸应符合表1的规定。

4.4 **测量由压入力产生的压杆压入深度的装置**

压入深度的允差Δl应在±0.01 mm范围内，其中方法M中的允差Δl应在±0.002 mm范围内。

4.5 **力值**

力值应符合表1的规定。

4.6 **力的施加时间**

总力的施加时间应为30 s±0.3 s，接触力的施加时间应为5 s±0.3 s。

4.7 **仪器的测量范围及最大允许误差**

测量范围及最大允许误差应符合表2的规定。

表2 仪器的测量范围及最大允许误差

试验	测量范围 IRHD	最大允许误差 IRHD
方法N （常规试验）	35～85	0.5
方法H （高硬度）	85～100	0.5
方法L （低硬度）	10～35	0.5
方法M （微型试验）	35～85	0.5

5 试验

5.1 试验条件：试验应在4.1规定的条件下，但环境温度应控制在18 ℃～25 ℃。

5.2 试验使用的工具、量具及仪器包括：

a) 测量显微镜；

b) 游标卡尺；

c) 千分尺；

d) 标准负荷测量仪；

e) 天平；

f) 频率计时器；

g) 标准国际橡胶硬度块。

5.3 用测量显微镜测量压杆下端的刚性球，球直径应符合4.2的规定。

5.4 用游标卡尺测量压足，压足的外径和孔的直径应符合4.3的规定。

5.5 用千分尺测量压入深度，应符合4.4的要求。

5.6 用标准负荷测量仪或天平测量力值，应符合4.5的要求。

5.7 用频率计时器测量力的施加时间，应符合4.6的要求。

5.8 用标准国际橡胶硬度块测量显示装置，测量结果应符合4.7的要求。

6 检验规则

6.1 **检验分类**

产品检验分出厂检验和型式检验。

6.2 出厂检验

6.2.1 每台产品应经检验合格后，并附有合格文件方能出厂。

6.2.2 出厂检验应符合5.6、5.7和5.8的要求。

6.3 型式检验

6.3.1 型式检验应符合5.3～5.8的要求。

6.3.2 在下列情况应进行型式检验：

a) 试制的新产品(包括老产品转产)；

b) 产品设计、工艺或所使用的材料及配套元、器件有重大变更；

c) 成批生产的产品进行定期抽查；

d) 同类产品的质量鉴定。

6.4 抽样

定期抽查进行型式检验，一般每年抽查一次，每次至少2台。

6.5 判定规则

6.5.1 在出厂检验时，若有不合格项，可进行一次修复，重新送检。若仍有不合格项，则判定该台产品为不合格品。

6.5.2 在型式检验时，若有一台不合格，可进行一次修复；若同一个项目有两台不合格则判定该批产品为不合格品。

7 标志、包装、使用说明、运输和贮存

7.1 标志

每台硬度计应在明显位置固定产品标牌。标牌型式、尺寸和技术要求应符合GB/T 13306的规定。产品标牌应有下列内容：

a) 产品名称、型号及执行标准号；

b) 产品的主要技术参数；

c) 制造厂名称和商标；

d) 制造日期和产品编号。

7.2 包装

7.2.1 硬度计包装应符合GB/T 13384的规定。包装运输应符合运输部门的有关规定，包装箱上应有下列内容：

a) 产品名称及型号；

b) 制造厂名；

c) 出厂编号；

d) 外形尺寸；

e) 毛重；

f) 生产日期。

7.2.2 在硬度计包装箱的明显位置注明“随机文件在此箱”内容；随机文件应统一装在防水的塑料袋内；随机文件应包括下列内容：

a) 产品合格证；

b) 使用说明书；

c) 装箱单；

d) 备件清单；

e) 安装图。

7.3 使用说明

使用说明书应符合 GB/T 9969 的规定。

7.4 运输和贮存

7.4.1 硬度计包装箱储运图示标志应符合 GB/T 191 的规定;包装箱收发货标志应符合 GB/T 6388 的规定。

7.4.2 硬度计的运输应符合运输部门的有关规定。

7.4.3 硬度计应贮放在干燥通风处,避免受潮腐蚀,不能在有腐蚀性气(物)体环境中存放,露天存放应有防雨措施。

ICS 71.120;83.200
G 95

中华人民共和国国家标准

GB/T 25941—2010

塑料真空成型机

Plastic vacuum forming machine

2010-12-23 发布 2011-07-01 实施

中华人民共和国国家质量监督检验检疫总局
中国国家标准化管理委员会 发布

前　　言

本标准的附录 A 为资料性附录。

本标准由中国石油和化学工业联合会提出。

本标准由全国橡胶塑料机械标准化技术委员会(SAC/TC 71)归口。

本标准起草单位:安徽鲲鹏装备模具制造有限公司、南京扬子鲲鹏装备模具制造有限公司、中国扬子集团滁州扬子模具制造有限公司、大连塑料机械研究所。

本标准主要起草人:胡德云、庄元兵、宗海啸、高宗贵、李香兰。

塑料真空成型机

1 范围

本标准规定了塑料真空成型机的术语和定义、产品分类、型号及基本参数、技术要求、试验及检测方法、检验规则、标志、包装、运输和贮存。

本标准适用于热塑性塑料制品的塑料真空成型机(以下简称成型机)。

2 规范性引用文件

下列文件中的条款通过本标准的引用而成为本标准的条款。凡是注日期的引用文件,其随后所有的修改单(不包括勘误的内容)或修订版均不适用于本标准,然而,鼓励根据本标准达成协议的各方研究是否可使用这些文件的最新版本。凡是不注日期的引用文件,其最新版本适用于本标准。

GB/T 191 包装储运图示标志(GB/T 191—2008,ISO 780:1997,MOD)

GB/T 1184—1996 形状和位置公差 未注公差值

GB/T 3766—2001 液压系统通用技术条件(eqv ISO 4413:1998)

GB 5226.1—2008 机械电气安全 机械电气设备 第1部分:通用技术条件(IEC 60204-1:2005,IDT)

GB/T 6388 运输包装收发货标志

GB/T 9969 工业产品使用说明书 总则

GB/T 11336 直线度误差检测

GB/T 12783—2000 橡胶塑料机械产品型号编制方法

GB/T 13306 标牌

GB/T 13384 机电产品包装通用技术条件

HG/T 3228 橡胶塑料机械涂漆通用技术条件

JB/T 5438 塑料机械 术语

3 术语和定义

JB/T 5438 确立的以及下列术语和定义适用于本标准。

3.1

压空 air pressure

通过加入压缩空气使密封箱内产生一定的正压,从而使加热软化的塑料片(卷)材更好地贴附在模具表面上的工艺方法。

3.2

重料 multi sheet

是指叠放在一起的两张或两张以上料片。

3.3

垂料 drooping sheet

是指加热后下垂的料片。

4 产品分类、型号及基本参数

4.1 产品分类

4.1.1 成型机按工位数可分为单工位、双工位和多工位成型机。

4.1.2 成型机按自动化程度可分为自动、半自动和手动三种结构型式成型机。

4.2 型号

成型机的型号应符合 GB/T 12783—2000 的规定。

4.3 基本参数

成型机基本参数应符合表 1 的规定。

表 1 成型机基本参数

项目		基本参数							
最大成型面积/(mm×mm)		850×640	1 250×1 100	1 600×800	1 800×800	2 000×1 000	2 200×1 200	2 400×1 300	3 000×2 000
片材最大尺寸/(mm×mm)		950×740	1 350×1 200	1 700×900	1 900×900	2 100×1 100	2 300×1 300	2 500×1 400	3 100×2 100
最大成型深度/mm		150		550	650	700	750	800	900
片材最大厚度/mm		0.6		3	6			4	
真空度/MPa		0.070～0.092							
单循环周期/s	半自动	10～20		40～180	40～180	40～180	45～190	60～200	80～300
	自动	3～10		15～90	15～90	15～90	20～95	25～100	30～120
注 1：真空度为真空表上的指示值，只表示真空度的相对值，不表示真空度的绝对值。 注 2：成型机参数也可根据需要定制。									

5 技术要求

5.1 基本要求

成型机应符合本标准的要求，并按规定程序批准的图样及技术文件制造。

5.2 整机技术要求

5.2.1 成型机的模具更换应便于装卸。

5.2.2 运动部件导柱、导轨、导向滑块运行中应无卡滞现象。

5.2.3 成型机上下模台与运动导向面的垂直度应不低于 GB/T 1184—1996 附录 B 的表 B3 中规定的公差等级 8 级。

5.2.4 成型机上下模台与导套、齿条安装架与底座等重要的固定接合面，应用塞尺检验。

5.2.5 成型机的液压、真空、润滑、水路系统在正常工作条件下运行良好，应无渗漏。

5.2.6 成型机噪声(声压级)应不大于 85 dB(A)。

5.3 主要单机技术要求

5.3.1 上料装置

5.3.1.1 按采用的原材料不同分为片材和卷材两种上料型式。卷材自动上料采用主动开卷和被动开卷两种型式。

5.3.1.2 自动上料应稳定、可靠。

5.3.1.3 料片分料装置工作应平稳、顺畅，对中机构的对中精度应小于 3 mm。

5.3.1.4 自动上料系统应有可靠的料片缺料、重料检测和报警装置。

5.3.1.5 取料机械手应有高度限位安全锁紧装置。

5.3.2 加热装置

5.3.2.1 加热部分根据制品工艺需要可分为一次加热和多次加热。

5.3.2.2 每个加热部分根据制品工艺需要可分为单面加热和双面加热。

5.3.2.3 加热区应有可靠的垂料检测装置。

5.3.2.4 当采用石英加热器或陶瓷加热器时，其规格参数参见附录 A。

5.3.2.5 加热器固定板宜采用不锈钢板或铝板，应不生锈。

5.3.2.6 为满足制品成型工艺要求，加热应分区控制，料片表面温度控制精度应不大于 3 ℃。

5.3.2.7 下加热器上面应设置可靠的防护装置。

5.3.2.8 加热区料片周边夹紧机构应有可靠的冷却装置，工作时料片应不脱落。

5.3.3 成型装置

5.3.3.1 密封箱分为上置式和下置式两种。

5.3.3.2 密封箱应密封良好。带压空功能的密封箱承压 0.3 MPa 时，密封箱应无漏气现象。

5.3.3.3 成型部分应有可靠的夹片框。

5.3.3.4 制品在模具上应冷却良好，脱模时应不变形。

5.3.3.5 上下模台应运行平稳，并应有安全防护装置。

5.3.3.6 成型部分应有换模装置，模具应定位准确、装夹可靠。

5.3.4 输送装置

5.3.4.1 料片输送可采用带齿链条或夹钳机构方式。输送宽度应可调，调整应方便、灵活。

5.3.4.2 采用链条输送应有齿隙调整机构，调整应方便、灵活。托(压)料零件表面粗糙度 $Ra \leqslant 0.8\ \mu m$。

5.3.4.3 采用夹钳输送，上、下夹钳打开后退时，夹钳应不接触料片表面。

5.3.4.4 输送导轨的直线度应不低于 GB/T 1184—1996 附录 B 的表 B1 中规定的公差等级 10 级。

5.3.4.5 加热工位处输送导轨应有可靠的冷却装置。

5.3.5 切边装置

5.3.5.1 切边机可分为单切边和双切边两种。

5.3.5.2 制品切边后，切边应平直，无明显毛刺。

5.3.5.3 切刀应更换方便。

5.3.6 下料装置

5.3.6.1 下料分为手动和自动两种型式。

5.3.6.2 取料装置调节应方便、灵活。

5.3.6.3 自动下料应有可靠的高度限位安全锁紧装置。

5.4 安全要求

5.4.1 短接的动力电路与保护电路的绝缘电阻 $R \geqslant 1\ M\Omega$。

5.4.2 加热器的冷态绝缘电阻 $R \geqslant 1\ M\Omega$。

5.4.3 保护导线端子与电路设备任何裸露导体零件的接地导体电阻 $R \leqslant 0.1\ \Omega$。

5.4.4 控制柜、加热器等电气设备应进行耐压试验，工作电压为 110 V 的设备 1 min 内平稳加压至 1 000 V，工作电压为 220 V 的设备 1 min 内平稳加压至 1 500 V，工作电压为 380 V 的设备 1 min 内平稳加压至 2 000 V，持续耐压 1 min，工作电流 10 mA，不得有闪络与击穿。

5.4.5 对人身安全有危险的部位，如联轴节、带轮、加热、切割、移动等部位，应有安全防护装置。

5.4.6 在成型机的上料、成型及下料部位，应设置急停按钮，并应符合 GB 5226.1—2008 中 10.7 的规定。

5.4.7 成型机应有可靠的联锁保护措施和报警装置。

5.4.8 电气系统联锁保护应符合 GB 5226.1—2008 中 9.3 的规定。

5.4.9 液压系统保护应符合 GB/T 3766—2001 中 10.2.3、10.5.4 及 10.6.1 的规定。

5.4.10 在危险区域应有安全标志。

5.5 控制系统要求

5.5.1 控制系统宜有故障报警及自诊断功能。

5.5.2 控制系统宜有加热器断线检测功能。

5.5.3 控制系统宜有制品参数存储功能。

5.6 外观要求

5.6.1 各外露焊接件应平整，不允许存在焊渣及明显的凹凸粗糙面。

5.6.2 非涂漆的金属及非金属表面应保持其原有本色。

5.6.3 漆膜应色泽均匀，光滑平整，不允许有杂色斑点、条纹及粘附污物、起皮、发泡及油漆剥落等影响外观的质量的缺陷，并应符合 HG/T 3228 的规定。

5.7 说明书

使用说明书内容应符合 GB/T 9969 的规定。

6 试验及检测方法

6.1 目测项目

对于第 5 章中的要求，在本章中没有规定具体试验方法的，可通过目测及操作演示方法进行检测。

6.2 基本参数的检测

6.2.1 最大成型深度

按表 1 中最大厚度的 HIPS 塑料片材，在最大成型面积内真空成型后用卷尺检测。

6.2.2 真空度

关闭真空截止阀，启动真空泵，用精度等级 1.6 的真空表检测真空度。

6.2.3 单循环周期

按表 1 中最大厚度的 HIPS 塑料片材，在最大成型面积内真空成型最大深度，各取连续 5 次成型时间的平均值。

6.3 整机技术要求

6.3.1 成型机上下模台与运动导向面的垂直度用 1 级直角尺配合塞尺检测。

6.3.2 成型机上下模台与导套、齿条安装架与底座等重要的固定接合面，用 0.05 mm 塞尺检验，塞尺塞入深度应不大于接触面宽的 1/4，接触面间可塞入塞尺部位累计长度应不大于周长的 1/10。

6.3.3 水路、油路进行 1.5 倍设计压力的耐压试验，保压 30 min。

6.3.4 用声级计在操作者位置、离机体外包络面 1 m、高 1.5 m 处测量噪声声压级。

6.4 单机技术要求

6.4.1 上料装置

6.4.1.1 料片分料试验

在堆料装置上堆放 300 mm 高度的料片，依次取料，料片应能正常分开。

6.4.1.2 料片对中试验

a) 片材：将一张料片放在对中装置上，启动对中装置，待料片送入夹钳或带齿链条后再取出，用钢直尺测量料片上两侧夹痕到料片两边缘的距离。

b) 卷材：将卷材一端引入带齿链条内再退出，用钢直尺测量料片上两侧夹痕到料片两边缘的距离。

6.4.1.3 缺料、重料检测试验

在托架或夹钳机构上人工放置两张或两张以上料片启动设备或在托架上取下所有料片，系统应能正确发出故障报警；按设定节拍，在托架或夹钳机构上放置单张料片，启动设备，系统应能正常运行。

6.4.1.4 上述试验调试正常后，应连续运转5次。

6.4.2 加热装置

6.4.2.1 垂料检测试验

遮挡垂料检测装置的检测区域，设备应报警，加热器退至待机位置。

6.4.2.2 料片温度试验

料片输送至加热处，将料片周边夹紧，开启加热器对料片加热。在达到规定的时间后，用精度等级1 ℃的测温仪检测料片表面温度。

6.4.3 密封箱气密试验

向密封箱内加入压缩空气，调整进气压力，观察压力表表值达到0.3 MPa时，用涂液法检验密封箱有无漏气现象。

6.4.4 输送装置

6.4.4.1 托(压)料零件表面粗糙度用粗糙度仪检测。

6.4.4.2 输送导轨的直线度按GB/T 11336的规定检测。

6.5 安全要求

6.5.1 短接的动力电路与保护电路导线(成型机外壳体)之间的绝缘电阻，用500 V兆欧表测量。

6.5.2 加热器应先进行加热干燥，然后在冷态(室温)时，用500 V兆欧表测量其绝缘电阻。

6.5.3 保护导线端子与电路设备任何裸露导体零件的接地导体电阻，用1级接地电阻仪测量。

6.5.4 控制柜、加热器等电气设备在冷态(室温)时进行耐压试验，并用5级耐压测试仪测量。

6.5.5 成型机工作时，打开任何一个防护门，系统应进行联锁保护并通过报警器报警。

6.6 空运转试验

整机检验合格后，应连续进行不少于1 h的空运转试验。

6.7 负荷试验

整机空运转试验合格后，应连续进行不少于2 h的负荷试验。

7 检验规则

7.1 检验分类

成型机的检验分为出厂检验和型式检验。

7.2 出厂检验

7.2.1 每台成型机须经制造厂质量检验部门检验合格后，并附有产品合格证方可出厂。

7.2.2 出厂检验项目见表2。

表2 出厂检验和型式检验的项目内容

序号	项目	要求	出厂检验	型式检验	备注
1	基本参数	4.3(表1)	●	●	
2	运动导向面的垂直度	5.2.3	●	●	
3	重要的固定接合面	5.2.4	●	●	
4	噪声	5.2.6		●	
5	料片对中试验	5.3.1.3	●	●	
6	料片分料试验	5.3.1.3	●	●	

表 2(续)

序号	项目	要求	出厂检验	型式检验	备注
7	缺料、重料检测试验	5.3.1.4	●	●	
8	垂料检测试验	5.3.2.3	●	●	
9	料片温度试验	5.3.2.6	●	●	
10	密封箱气密试验	5.3.3.2	●	●	
11	托(压)料零件表面粗糙度	5.3.4.2		●	
12	输送导轨的直线度	5.3.4.4	●	●	
13	绝缘电阻	5.4.1、5.4.2	●	●	
14	接地导体电阻	5.4.3	●	●	
15	耐压试验	5.4.4		●	
16	控制系统	5.5	●	●	
17	外观	5.6	●	●	
18	说明书	5.7	●	●	
19	空运转试验	6.6	●	●	
20	负荷试验	6.7		●	

7.3 型式检验

7.3.1 型式检验的项目内容见表 2。

7.3.2 型式检验应在下列情况之一时进行:

a) 新产品或老产品转厂生产的试制定型鉴定;

b) 正式生产后,如结构、材料和工艺有较大改变,可能影响产品性能时;

c) 正常生产时,每年最少抽试 1 台;

d) 产品长期停产后,恢复生产时;

e) 出厂检验结果与上次型式检验有较大差异时;

f) 国家质量监督机构提出进行型式检验的要求时。

7.4 判定规则

7.4.1 型式检验的样品应在出厂检验合格的产品中随机抽取 1 台。

7.4.2 经型式检验若有不合格项时,需进行复检,复检若仍有不合格项时,则判定为不合格。

8 标志、包装、运输和贮存

8.1 标志

每台成型机应在适当的明显位置固定产品标牌。标牌型式、尺寸及技术要求应符合 GB/T 13306 的规定。产品标牌应有下列内容:

a) 产品名称、型号;

b) 产品的主要技术参数;

c) 制造厂名称和商标;

d) 制造日期和产品编号。

8.2 包装

8.2.1 成型机包装应符合 GB/T 13384 的有关规定。包装箱内应装有技术文件(装入防水袋内):

a) 产品合格证;

b） 使用说明书，其内容应符合 GB/T 9969 的规定；

c） 装箱单；

d） 备件清单；

e） 安装图。

8.2.2 包装储运图示标志应符合 GB/T 191 的规定。

8.2.3 在保证产品质量和运输安全的前提下，可按供需双方的约定实施简易包装。

8.3 运输

成型机运输应符合 GB/T 191 和 GB/T 6388 的有关规定。

8.4 贮存

成型机应贮存在干燥通风处，避免受潮腐蚀，不能与有腐蚀性气（物）体存放，露天存放应有防雨措施。

附 录 A
（资料性附录）
加热器规格参数

加热器规格参数应符合表 A.1 的规定。

表 A.1 加热器规格参数

加热器尺寸/(mm×mm)	加热器功率/W
250×60	250～1 000
125×125	250～1 000
125×60	125～500
60×60	60～250
注 1：加热器尺寸可变化，加热功率应在(0.016～0.069)W/mm^2 之间。 注 2：根据制品工艺，可采用其他形式的加热器。	

ICS 77.120.99
H 68

中华人民共和国国家标准

GB/T 25942—2010

核级银-铟-镉合金棒

Nuclear grade silver-indium-cadmium rods

2010-12-23 发布　　2011-09-01 实施

中华人民共和国国家质量监督检验检疫总局
中国国家标准化管理委员会　发布

前　言

本标准按照 GB/T 1.1—2009 给出的规则起草。

本标准由全国有色金属标准化技术委员会(SAC/TC 243)归口。

本标准负责起草单位:西部金属材料股份有限公司。

本标准参加起草单位:中核建中核燃料元件有限公司、西北有色金属研究院。

本标准主要起草人:陈昊、韩吉庆、毛利权、周亚波、贾勇、唐进、郑学军、杨军红、任宇洪、杜维谊、陈伟、胡平。

核级银-铟-镉合金棒

1　范围

本标准规定了核级银-铟-镉合金棒的要求、试验方法、检验规则及标志、包装、运输和贮存、质量证明书和合同(或订货单)内容。

本标准适用于核级银-铟-镉合金棒。

2　规范性引用文件

下列文件对于本文件的应用是必不可少的。凡是注日期的引用文件,仅注日期的版本适用于本文件。凡是不注日期的引用文件,其最新版本(包括所有的修改单)适用于本文件。

GB/T 1423　金属密度测定方法

GB/T 6394　金属平均晶粒度测定方法

GB/T 15077　贵金属及其合金材料几何尺寸测量方法

GB/T 23514—2009　核级银铟镉合金化学分析方法

3　要求

3.1　化学成分

化学成分应符合表1的规定。

表1　核级银-铟-镉合金的化学成分

%

元素	主元素(质量分数)			杂质质量分数,不大于										
	Ag	In	Cd	Pb	Bi	Cu	Fe	Mg	Mn	Ni	Si	Sn	Zn	总量
含量	79.50~80.50	14.75~15.25	4.75~5.25	0.03	0.03	0.03	0.03	0.03	0.03	0.03	0.03	0.03	0.03	0.25

3.2　牌号及供货状态

棒材牌号为Ag80InCd;供货状态为退火态(M)。

3.3　尺寸规格及允许偏差

棒材直径、长度及允许偏差由供需双方协商解决。

3.4　标记

标记示例:牌号为Ag80InCd、退火态、直径为8.75 mm、长度为2 700 mm的核级银-铟-镉合金棒标记为:

棒 Ag80InCd　M　ϕ8.75×2 700　GB/T 25942—2010。

3.5　外观质量

棒材表面应无氧化膜、润滑剂、油污及其他外来物质,应无裂纹、折叠、气孔等影响使用的缺陷。

3.6 表面粗糙度

棒材表面粗糙度应满足 *Ra* 值不大于 1.6 μm。

3.7 直线度

棒材直线度应小于 0.25 mm/300 mm。

3.8 密度

棒材密度应满足(10.12～10.22)g/cm^3。

3.9 缺陷

每根棒材应进行涡流探伤检查，应无裂纹、孔洞、划伤、压坑等其他冶金缺陷，所用参考缺陷的面积是棒材横截面积的 3%。

3.10 晶粒度

棒材平均晶粒度应满足 4 级～6 级。

4 试验方法

4.1 化学成分

铸锭和成品棒材的主元素化学分析按 GB/T 23514—2009 的规定进行，杂质元素化学分析按附录 A 的规定进行。

4.2 尺寸偏差

尺寸测量按照 GB/T 15077 规定的方法进行测定。

4.3 外观质量

目视检查外观质量。

4.4 表面粗糙度

采用粗糙度仪进行测量。

4.5 直线度

将棒材平放于水平校准后的检测平台上，滚动棒材，用厚度为 0.25 mm 塞尺进行测定。

4.6 密度

密度测量按照 GB/T 1423 的规定进行。

4.7 缺陷

缺陷检查按照附录 B 规定的方法进行。

4.8 晶粒度

晶粒度测量按 GB/T 6394 规定的方法进行测定。

5 检验规则

5.1 检查和验收

5.1.1 产品应由供方进行检验，保证产品质量符合本标准及合同（或订货单）的规定，并填写质量证明书。

5.1.2 需方应对收到的产品按本标准的规定进行检验。检验结果与本标准及合同（或订货单）的规定不符时，应以书面形式向供方提出，由供需双方协商解决。属于表面质量及尺寸偏差的异议，应在收到产品之日起一个月内提出，属于其他性能的异议，应在收到产品之日起三个月内提出。如需仲裁，可委托供需双方认可的单位进行，并在需方共同取样。

5.2 组批

棒材应成批提交验收。每批由同一牌号、炉号、制造方法、规格和状态的棒材组成。

5.3 检验项目

每个铸锭及每批成品棒材均应进行化学成分的检验。

每支棒均应进行外观质量、尺寸、直线度、表面粗糙度和缺陷的检验。

每批棒材应进行晶粒度和密度的检验。

5.4 取样

取样应符合表2的规定。

表2 检验项目的取样及检验规定

检验项目	取样规定	要求章条号	试验方法的章条号
铸锭化学成分	每个铸锭上、中、下部各取一个样测试主元素，混合1个试样测试杂质含量	3.1	4.1
成品化学成分	从每批成品棒截取的边料上取1个样	3.1	4.1
成品棒长度	逐根测量	3.3	4.2
成品棒直径	每根成品棒上任意取6点进行测量	3.3	4.2
外观质量	逐根测量	3.5	4.3
表面粗糙度	每批任取三个棒头进行测量	3.6	4.4
直线度	逐根测量，测量间距两点间不大于300 mm	3.7	4.5
密度	从每批成品棒截取的边料上任取1个样	3.8	4.6
缺陷	逐根测量	3.9	4.7
晶粒度	每批热处理后从棒端部截取一个试样	3.10	4.8

5.5 检验结果的判定

5.5.1 铸锭化学成分不合格，判该铸锭不合格。

5.5.2 表面粗糙度检验有一个不合格时，判该批产品不合格。

5.5.3 晶粒度、成品化学成分、密度有一项不合格时，先判该件产品不合格，再对该批的其余产品另取双倍数量的试样对不合格项进行重复试验，若重复试验结果仍有一个试样不合格，则判该批产品不合格。

5.5.4 尺寸、直线度、缺陷、外观质量有一项检验不合格，判该件产品不合格。

6 标志、包装、运输和贮存

6.1 标志

产品除附有检查标志外，在每个包装箱上应系有标签或标牌，其上注明：

a) 合同号；
b) 棒材规格；
c) 炉批号；
d) 包装箱毛重；
e) 净重；
f) 皮重；
g) 制造厂名称。

6.2 包装、运输和贮存

6.2.1 每根棒材需用聚乙烯(PE)塑料套包装，套中放入硅胶干燥剂，并抽真空封装。

6.2.2 每根包装好的棒材，放在干燥的木箱内，每根棒材之间用木质或泡沫塑料支架分开，填充材料塞紧，防止窜动。

6.2.3 包装箱外应注明“防潮”、“轻放”等字样或标志。

6.2.4 运输和贮存时，要防止碰伤、受潮和活性化学试剂的侵蚀。

6.3 质量证明书

每箱产品应附有出厂合格证及制造质量证明文件。其上说明：化学成分、密度、每箱棒重、晶粒度、表面质量、涡流探伤、尺寸及直线度检查的结果。

每批产品应附有质量证明书。其上注明：

a) 供方名称、地址；
b) 产品名称；
c) 产品牌号、规格和状态；
d) 产品批号；
e) 净重和件数；
f) 各项分析检验结果及质量监督部门印记；
g) 执行标准；
h) 检验日期(或包装日期)。

7 订货单(或合同)内容

本标准所列材料的订货单(或合同)应包括下列内容：

a) 产品名称；
b) 牌号、规格和状态；
c) 表面状态；

d） 尺寸允许偏差的精度等级；

e） 产品净重或张数；

f） 包装要求；

g） 执行标准；

h） 其他。

附 录 A
（规范性附录）
核级 Ag-In-Cd 合金杂质元素的载体蒸馏光谱分析方法

A.1 适用范围

本方法适用于检验核级 Ag-In-Cd 合金杂质元素。

A.2 意义和使用

Ag-In-Cd 合金用于作核反应堆中的控制材料。为满足其核使用目的，该材料杂质元素含量必须符合标准的要求。该方法用于检验被验材料是否满足本标准中表 1 对杂质的规定和要求。

A.3 试剂的纯度

A.3.1 所有检测中应该使用试药纯级的试剂。除非另行说明，所有试剂必须符合美国化学学会分析试剂委员会的要求规定。在证明试剂具有足够少量的杂质且保证其使用不会降低检测精度的情况下，其他级别的试剂可以被使用。

A.3.2 水的纯度——除非另有说明，在分析中仅使用确认为优级纯的试剂和蒸馏水或相应纯度的水。

A.4 取样

取有代表性、均匀性，厚度不大于 1 mm 屑状的试样。

A.5 检测方法概要

A.5.1 清洗样品，称量若干溶于硝酸溶液。加入等质量量的石墨，在 85 ℃±5 ℃温度下蒸发干燥。在残留物种加入少量水，形成浆状混合物。加入稀释后的盐酸，充分混合。在 85 ℃±5 ℃温度下的暗光环境中将浆状混合物蒸发干燥。

A.5.2 将干燥后的样品与氟化钡-石墨载体调和，称量后装入石墨电极帽，用 d-c 电弧感光。用相机记录光谱，与标准谱线进行对比。

A.6 装置

A.6.1 光谱摄制仪——推荐使用能够分辨 220 nm～400 nm 范围内光谱线的光谱摄制仪。仪器的互反线性离差应小于 0.3 nm/mm。

A.6.2 感光源——维持 12-A d-c 电弧的电弧源。

A.6.3 感光台——普通可调节水冷电极夹。

A.6.4 天平——精度 0.5 mg，量程大于 1.0 g 的扭矩天平。

A.6.5 粉碎搅拌器——具有塑料小瓶和小球的力学搅拌器。

A.6.6 比较仪——普通型。

A.6.7 相片处理仪器——遵守 E115 准则。

A.6.8 水蒸气制备浴——普通型。

A.6.9 干燥皿——普通型,不锈钢材料。

A.6.10 烧杯——25 mL 或 50 mLTFE 碳氟树脂材料。

A.6.11 搅拌棒——TFE 碳氟树脂材料。

A.6.12 电极——ASTM S-1,S-2 和 C-1 型。

A.7 试剂

A.7.1 氟化钡(BaF_2)——纯度大于 99.90%,粒度小于 10 μm。

A.7.2 氟化钡-石墨载体——将 BaF_2 和石墨以 5∶95 比例放入有塑料球的塑料瓶中,用机械混合器均匀化。

A.7.3 镉——金属镉,纯度大于 99.99%。

A.7.4 石墨——光谱纯度,200 目,非微粒型。

A.7.5 盐酸(6 mol/L)——用二次蒸馏水稀释 500 mL 复蒸馏盐酸(相对密度 1.19)至 1 L。

A.7.6 铟——金属铟,纯度大于 99.99%。

A.7.7 硝酸(8 mol/L)——用二次蒸馏水稀释复蒸馏硝酸(相对密度 1.42)至 1 L。

A.7.8 银——金属银,纯度大于 99.99%。

A.8 操作过程

A.8.1 标样准备

A.8.1.1 至少准备四份标样,每份含有杂质元素 1 μg/g～1 000 μg/g,和具有已知杂质氧化物或盐类的石墨载体混合,进行检测。

A.8.1.2 取银 20.00 g,铟 3.75 g 和镉 1.25 g,溶解于 75 mL 8 mol/L 硝酸中。在长颈瓶中冷却并用二次蒸馏水稀释至 200 mL。

A.8.1.3 分别吸取 2 mLAg-In-Cd 溶液(见 A.8.1.2)注入 5 只 TFE 碳氟树脂烧杯中(容量 25 mL),称取 250 mg±1 mg 石墨加入一烧杯中,分别称取 250 mg±1 mg 石墨标准样(见 A.8.1.1)加入其余四个烧杯。

A.8.1.4 用 TFE 碳氟树脂搅拌棒使各个溶液充分混合,然后从 A.8.2.5 开始按程序准备试样。

A.8.2 试样准备

A.8.2.1 用锉刀清洁 0.5 g～1.0 g 试样,用有机溶剂洗净,晾干。

A.8.2.2 称量 1 mg 试样,放入 25 mL 的 TFE 碳氟树脂烧杯中。

A.8.2.3 加入 5 mL 8 mol/L 硝酸,让试样完全溶解。

A.8.2.4 称量与试样等量的石墨,误差±1 mg,加入烧杯中。用 TFE 碳氟树脂棒搅拌混合。

A.8.2.5 在水浴中蒸发干燥。

A.8.2.6 冷却试样后加入 1 mL 二次蒸馏水,用 TFE 碳氟树脂棒搅拌至浆状。

A.8.2.7 加入 3 mL 6 mol/L 盐酸,搅拌均匀。

A.8.2.8 在蒸发浴中用暗光或无光环境蒸发干燥。

A.8.2.9 将烧杯置于干燥箱中,无光环境下 85 ℃±5 ℃放置 3 h。

A.8.2.10 冷却后在 TFE 碳氟脂棒在烧杯中树研磨试样。

A.8.2.11 将 100 mg 试样和 100 mgBaF_2-石墨载体在有塑料球的塑料瓶中用混合器混合 30 s。

注:载体实际为 BaF_2 和 AgCl 的混合物。如果银在试样中没有转化为 AgCl,那么用 BaF_2-石墨是不充分的。

A.8.2.12　称量两份 50 mg 的试样和标样物料，置于 ASTM S-2 型阳极帽中。

A.8.2.13　拍打阳极帽使物料溢出，用以下条件进行激发。

A.8.3　光谱拍摄——激发和曝光条件见表 A.1。

表 A.1　激发和曝光条件

放电	直流电弧
电流/A	10
电极帽/mm	3
预烧/s	5
曝光/s	40
光门宽度/μm	10
波长范围/nm	210～440
光传播 总滤镜 分滤镜	 25%T 100/10%T
感光剂	SA#1

A.8.4　拍摄过程——按 ASTM E115 准则进行。

A.9　计算

用肉眼比较试样杂质谱线和标准谱线的黑度。用表 A.2 中的谱线估计杂质浓度。

表 A.2　谱线

元素	波长/nm	浓度范围/(μg/g)
Al	256.80,308.22,309.27	10～500
As	234.98	50～500
B	249.68,249.77	1～100
Be	234.86	1～100
Bi	306.77	1～100
Ca	393.37,422.67	50～1 000
Co	240.72,304.40	1～100
Cr	283.56	10～1 000
Cu	324.75,327.40	1～100
Fe	283.56,302.06	10～500
Mg	279.55,280.11	10～500
Mn	279.83,280.11	10～500
Mo	317.04,313.26	10～500
Na	330.23	50～500

表 A.2(续)

元素	波长/nm	浓度范围/μg/g
Ni	305.08,300.25	10～500
P	255.33	100～1 000
Pb	283.31,261.42	5～100
Si	251.61,251.43	10～500
Sn	284.00,317.50	5～100
Ti	334.90,322.35	10～500
V	318.34,318.40	5～100
Zn	334.50,330.26	10～500
Zr	339.20,334.82	100～1 000

A.10 精度和误差

A.10.1 精度——用肉眼比较试样谱线和标样谱线，有经验的分析人员的分析结果误差在两个指数范围内，即杂质试剂浓度的 50%～200%。

A.10.2 误差——由于没有关于该方法误差的可信文献材料，所以无法确定误差范围。

附 录 B
（规范性附录）
涡流探伤检测方法

B.1 检测方法

核级银-铟-镉棒采用涡流穿过式检测法进行检测。

B.1.1 使用设备

管棒材涡流检测仪。

B.1.2 检测探头

涡流检测采用差动式探头，要求填充系数为85%～95%。

B.1.3 检测参数

激励频率 142 kHz；送进速度 10 m/min。
相位：162；滤波：HP 25 LP15 ；增益：60 dB。

B.1.4 人工伤标样

用于校准仪器和评定缺陷大小的人工伤对比标样应选用材质为Ag80InCd、几何尺寸、表面状态及热处理工艺与核级银-铟-镉合金棒完全一致。人工伤对比标样长度应不小于1 200 mm，每种规格对比标样上应加工有3个缺陷尺寸为(0.61±0.01)mm深×(0.40 ±0.02)mm宽的横向切槽，间距应不小于200 mm，且周向按120°间隔分布。

B.1.5 判定标准

不允许存在大于参考缺陷幅值的当量缺陷。

B.1.6 设备调试、检验步骤和记录填写

B.1.6.1 传动设备调试

根据受检试样直径，选用并安装符合检测要求的涡流探头及导向套。调节探头对中架、驱动压轮及测长编码器压轮位置，使检测线圈中心与被检试样中心一致，且试样送进平稳，运行自如，然后锁紧固定螺栓。

B.1.6.2 探伤调试

电源电压稳定在(220±5%)V的情况下，启动涡流操作系统开关，并打开探伤仪开关，预热15 min～20 min后进行调试或检验。在机械传动设备运行正常的情况下，将人工伤标样通过探头，选择仪器激励频率、增益dB、相位、滤波、噪声等检测参数，使仪器显示出清晰可辨的人工缺陷信号；微调探头架上下位置，使人工伤标样上3个同尺寸、周向间隔120°分布的人工伤显示幅度基本一致，其相差不大于平均幅度值的±10%。

在检测条件、参数完全相同的情况下，人工伤标样应不少于3次连续通过检测线圈。检测设备对

3个同尺寸的人工缺陷必须100%报警,且检测系统自动测长、超标缺陷(起点)自动定位显示(记录)值与实际值误差均应不大于±10 mm,检测结果重复性应良好。

B.1.6.3 检测

保持检测系统的状态不变,对试样逐支100%检验,检验时一律从试样的编号端开始。

在检验过程中应对设备的检验状态进行定期校验。校验时机为每班或每批的开始和结束,及在检验过程中每两小时必须用人工伤参考样棒校验仪器的工作状态。

校验时应连续测3次人工伤参考样棒,如果仪器对人工缺陷的检测值不低于判废基准值,说明设备状态正常,产品检验结果有效,可继续检验。否则须重新调整设备,并对上次校验后所检测的管材重新复检。

每次校验设备的时间和校验情况应在原始记录中加以注明。

B.2 检验要求

B.2.1 检验人员须经过专业培训,取得相应的Ⅰ级或Ⅰ级以上超声探伤资格,熟悉技术标准、工艺规程及检验规程,具有独立操作的能力。

B.2.2 检测报告必须由具有Ⅱ级或Ⅱ级以上人员审核签字后方可生效。

ICS 73.060.40
H 30

中华人民共和国国家标准

GB/T 25943—2010/ISO 10277:1995

铝土矿 检验取样精度的实验方法

Aluminium ores—Experimental methods for checking the precision of sampling

(ISO 10277:1995,IDT)

2010-12-23 发布　　2011-09-01 实施

中华人民共和国国家质量监督检验检疫总局
中国国家标准化管理委员会　发布

前　言

本标准按照 GB/T 1.1—2009 给出的规则起草。

本标准使用翻译法等同采用 ISO 10277:1995《铝土矿　检验取样精度的实验方法》。

本标准附录 A 为规范性附录。

本标准由全国有色金属标准化技术委员会(SAC/TC 243)归口。

本标准起草单位:中国铝业股份有限公司山东分公司、中国有色金属工业标准计量质量研究所。

本标准主要起草人:安坤、邵静、滕晓峰、杨开国、裴存燕、王刚、宗丽华。

铝土矿
检验取样精度的实验方法

1 范围

本标准规定了检验铝土矿取样精度的实验方法，并按照 GB/T 25945—2010(ISO 8685)规定，以标准偏差的形式表示。本标准适用于检验铝土矿的取样精度。

注 1：这些方法也适用于检验样品制备的精度并在 GB/T 25949—2010(ISO 6140)中做出规定。

2 规范性引用文件

下列文件对于本文件的应用是必不可少的。凡是注日期的引用文件，仅注日期的版本适用于本文件。凡是不注日期的引用文件，其最新版本(包括所有的修改单)适用于本文件。

GB/T 25944—2010 铝土矿 批中不均匀性的实验测定 (ISO 6139:1993,IDT)

GB/T 25945—2010 铝土矿 取样程序(ISO 8685:1992,IDT)

GB/T 25949—2010 铝土矿 样品制备(ISO 6140:1991,IDT)

3 符号

本标准采用下列符号：

d_2：给定范围内标准偏差值估算系数(对于一对测定值，$d_2=1.128$)；

n：份样的数量；

R_1：副样 A 与副样 B 测定值之差的绝对值；

$\overline{R}_1$：对于取样单元 n_s，副样 A 与副样 B 测定值之差的绝对平均值；

R_2：缩分后的副样 B_1 与 B_2，其测定值之差的绝对值；

$\overline{R}_2$：对于取样单元 n_s，缩分后的副样 B_1 与 B_2 测定值之差的绝对平均值；

R_3：同时缩分后的副样 B_2，其测定值之差的绝对值；

$\overline{R}_3$：对于取样单元 n_s，同时缩分后的副样 B_2 测定值之差的绝对平均值；

X：副样值；

$\overline{X}$：质量特性平均值；

X_1：副样 A 的测量值；

X_2：副样 B 的测量值；

X_3：缩分后的副样 B_1 的测量值；

X_4：缩分后的副样 B_2 的测量值；

X_i：第 i 对无关值；

X_{ri}：第 i 对相关值；

$\hat{\sigma}_S$：取样标准偏差；

$\hat{\sigma}$：σ 的估算值；

$\hat{\sigma}_M$:测量的标准偏差估算值;

$\hat{\sigma}_P$:样品制备的标准偏差估算值;

$\hat{\sigma}_{PM}$:样品制备和测量的标准偏差估算值;

$\hat{\sigma}_S$:取样的标准偏差估算值;

$\hat{\sigma}_{SPM}$:取样、样品制备和测量的总标准偏差估算值。

4 一般条件

4.1 总则

取样精度的确定依据于批中的平行取样方法,如果试样制备及分析也是平行进行,除由于取样方法引起的误差外,还应确定那些参数的误差。

4.2 实验批的数量

为了取得可信的最终结果,建议在同样类型的铝土矿中取大于20批次进行实验。如不可行,则至少取10批且每批应分为几份,以满足实验规定的大于20份的要求。根据GB/T 25945—2010(ISO 8685)要求,每一份视为单独的一批,每一份都应进行实验。

4.3 份样及总样数量

实验要求的最小份样数应符合GB/T 25945—2010(ISO 8685)标准规定的双倍量的要求,对于常规取样方法,如果份样的数量是 n,并组成一个总样;则实验要求的最小份样是 $2n$,并组成2个总样。

注2:如不可行,则可取 n 个份样并缩分为两份,每一份由 $n/2$ 个份样组成。

4.4 样品制备和测试

样品制备应符合GB/T 25949—2010(ISO 6140)的规定,样品的测试应根据有关的国际标准中规定的方法进行。

4.5 实验的重复性

在一系列实验完成后,如果矿石质量有变化,按规律间隔重复进行实验。当设备或供应商有变化时也应进行重复实验。

由于这种方法导致很大的工作量,工作步骤作为常规取样方法和测量方法的一部分来进行。

5 实验

5.1 平行样

将每个交替的初始份样累计,以组成总样A和总样B。按照常规取样方法,应抽取出相同数量的初始份样,图1是总样A和总样B取样方案的示例。

5.2 样品缩分与测试

根据5.1的规定取出的两个总样A和B应单独分开,并应分别符合5.2.1、5.2.2或5.2.3所规定的测试类型1、类型2或类型3。

5.2.1 缩分——测试类型1(见图2)

5.2.1.1 将两个总样A和B缩分,分别制备出两个最终样品。

5.2.1.2 平行测试4个最终样品A_1,A_2和B_1,B_2,试样总数为8。随机排列测试顺序。

注3:在测试类型1中,分别得到取样方法、样品制备和测量的标准偏差。

5.2.2 缩分——测试类型2(见图3)

5.2.2.1 将总样A缩分,制备出两个最终样品A_1与A_2,从总样B中制备出一个最终样品。

5.2.2.2 平行测试最终样品A_1,分别测试另一个最终样品A_2和B。

注4:在测试类型2中,分别得到取样方法、样品制备和测量的标准偏差。但这些标准偏差的估算精度将低于测试类型1。

5.2.3 缩分——测试类型3(见图4)

5.2.3.1 从每个总样A和B中,制备出一个最终样品。

5.2.3.2 分别测试两个最终样品A和B。

注5:在测试类型3中,仅能得出取样、样品制备和测量的标准偏差。

6 实验数据分析

实验数据分析步骤应根据所选缩分——测试类型,并按6.1~6.3或附录A的规定进行。

包括处理含有不真实结果的数据的程序(见第6章)。当数据不含假值时,可以使用附录A的方法。

6.1 缩分——试验类型1(见图2和表2)

根据下面给出的步骤在95%可能性情况下计算取样、样品制备和样品测试的标准偏差。

a) 从两总样A和B中制备出一对平行样品,以一对四个测量值的方式(例如三氧化二铝的质量百分比)表示出来,即X_{111},X_{112},X_{121},X_{122}和X_{211},X_{212},X_{221},X_{222}。

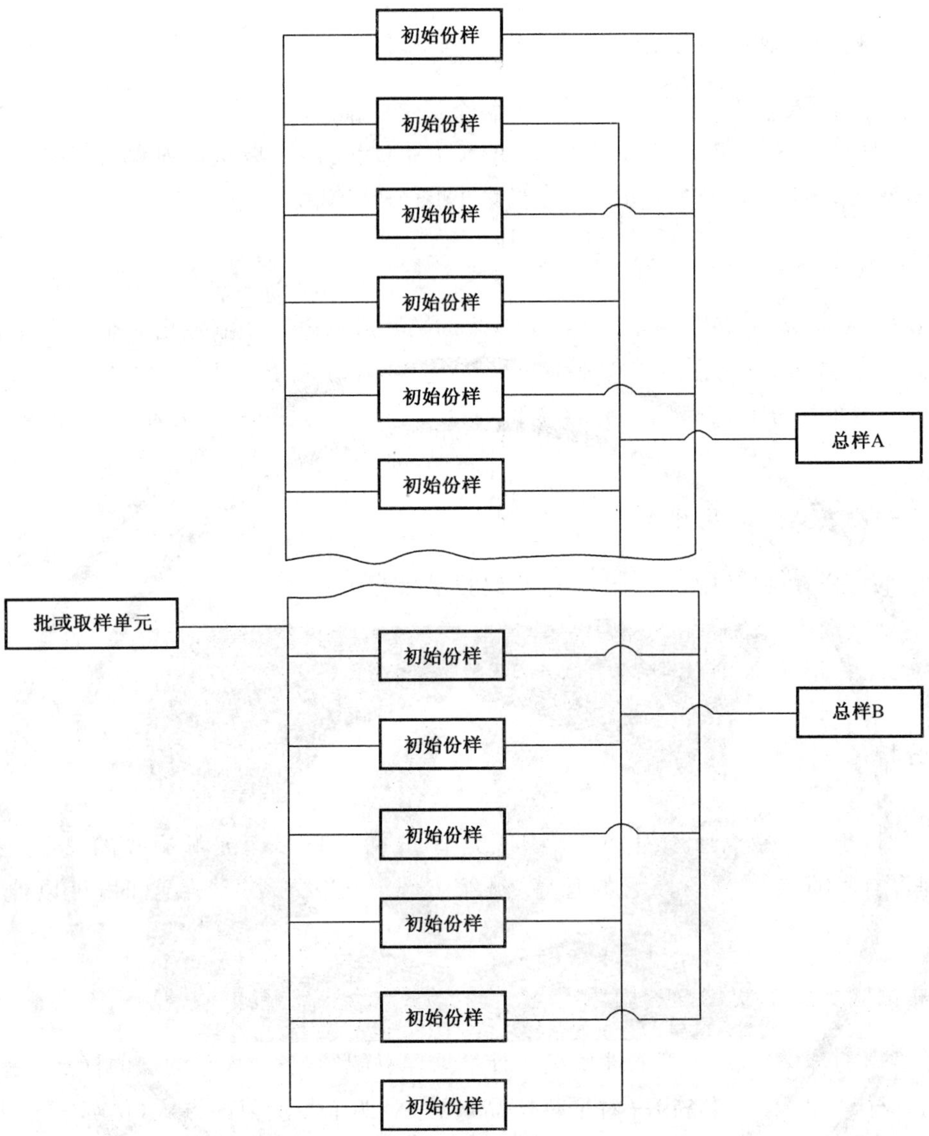

图 1　平行取样示意图

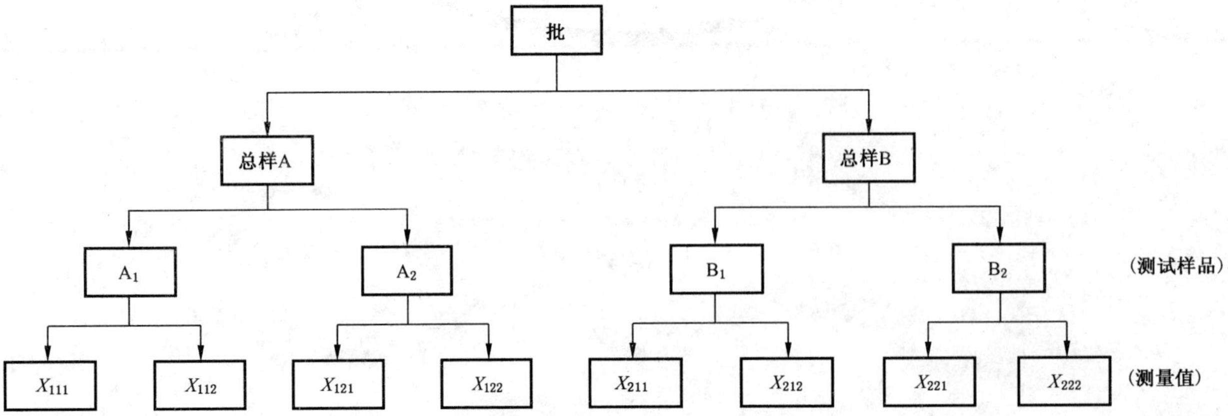

图 2　缩分——测试类型 1 的过程图

b) 计算均值并计算每对平行测量值的极差范围：

$$\bar{X}_{ij}=\frac{1}{2}(X_{ij1}+X_{ij2}) \quad \cdots\cdots(1)$$

$$R_1=|X_{ij1}-X_{ij2}| \quad \cdots\cdots(2)$$

式中：

i=1 和 2，分别代表总样 A 和 B；

j=1 和 2，分别代表最终样品 A_1，A_2 和 B_1，B_2。

c) 计算每对平行样品的均值和极差范围

$$\bar{\bar{X}}_i=\frac{1}{2}(\bar{X}_{i1}+\bar{X}_{i2}) \quad \cdots\cdots(3)$$

$$R_2=|\bar{X}_{i1}-\bar{X}_{i2}| \quad \cdots\cdots(4)$$

d) 计算每对总样 A 和 B 的均值和极差范围

$$\bar{\bar{X}}=\frac{1}{2}(\bar{X}_1+\bar{X}_2) \quad \cdots\cdots(5)$$

$$R_3=|\bar{\bar{X}}_1-\bar{\bar{X}}_2| \quad \cdots\cdots(6)$$

e) 计算所有测量值的均值和所有极差的均值($\bar{R}_1$，$\bar{R}_2$ 和 $\bar{R}_3$)

$$\bar{\bar{\bar{X}}}=\frac{1}{k}\sum\bar{\bar{X}} \quad \cdots\cdots(7)$$

$$\bar{R}_1=\frac{1}{4k}\sum R_1 \quad \cdots\cdots(8)$$

$$\bar{R}_2=\frac{1}{2k}\sum R_2 \quad \cdots\cdots(9)$$

$$\bar{R}_3=\frac{1}{k}\sum R_3 \quad \cdots\cdots(10)$$

式中：

k——批量。

计算控制限值，以便建立均值和极差的控制图。

$\bar{X}$——控制图的控制限值：

$$\bar{\bar{\bar{X}}}\pm A_2\bar{R}_1,\ \bar{\bar{\bar{X}}}\pm A_2\bar{R}_2,\ \bar{\bar{\bar{X}}}\pm A_2\bar{R}_3 \quad \cdots\cdots(11)$$

R——控制图上限：

$$D_4\bar{R}_1(\text{对于 }R_1),\ D_4\bar{R}_2(\text{对于 }R_2),\ D_4\bar{R}_3(\text{对于 }R_3) \quad \cdots\cdots(12)$$

式中：

$A_2=1.880$，$D_4=3.267$(每对测量值)。(见第 9 章)

f) 用极差的均值计算测量($\hat{\sigma}_M^2$)、样品制备($\hat{\sigma}_P^2$)和取样方法($\hat{\sigma}_S^2$)估算值的差异。

$$\hat{\sigma}_M^2=(\bar{R}_1/d_2)^2 \quad \cdots\cdots(13)$$

$$\hat{\sigma}_P^2=(\bar{R}_2/d_2)^2-\frac{1}{2}(\bar{R}_1/d_2)^2 \quad \cdots\cdots(14)$$

$$\hat{\sigma}_S^2=(\bar{R}_3/d_2)^2-\frac{1}{2}(\bar{R}_2/d_2)^2 \quad \cdots\cdots(15)$$

式中：

$1/d_2=0.886$(每对测量值)。(见第 8 章)

注 6：根据 4.3 中注 2 的规定，取份样 n，将其缩分为两份，式(15)中 $\hat{\sigma}_S^2$ 应除以 2，并与规定的变化值$(\hat{\sigma}_S)^2$ 进行比较。使用此方法获得的值将在下列 h)一节中进行比较，并表示出来。

g) 计算测试($\hat{\sigma}_M$)、样品制备($\hat{\sigma}_P$)和取样($\hat{\sigma}_S$)标准偏差的估算值。

h) 将得到的 $\hat{\sigma}_S$ 值与 GB/T 25945—2010(ISO 8685)给出的取样的标准偏差(σ_S)进行比较。

6.2 缩分——试验类型 2(见图 3)

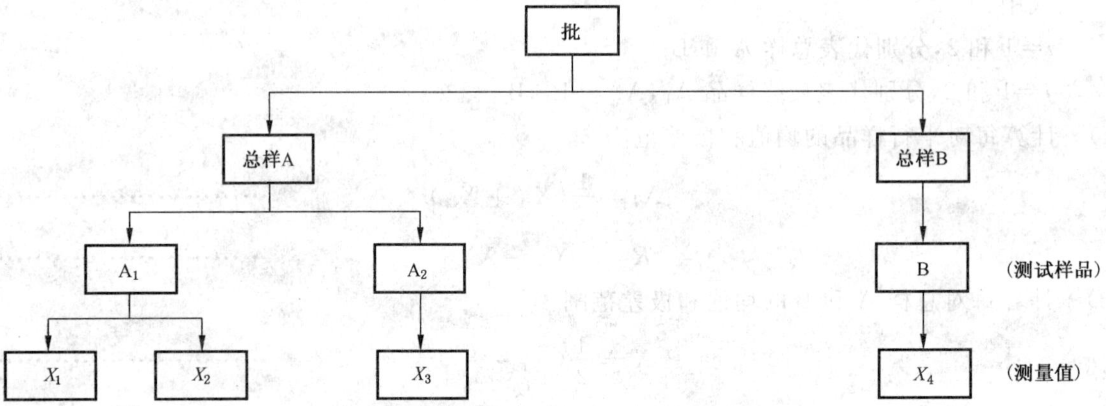

图 3 缩分——测试类型 2 的过程图

按照下列步骤的规定计算标准偏差的估算值:

a) 用下列四个测量值表示:

X_1、X_2:从总样 A 中制备的最终样品 A_1 两个平行测量值;

X_3:从总样 A 中制备的最终样品 A_2 单个测量值;

X_4:从总样 B 中制备的最终样品 B 单个测量值。

b) 计算每对平行测量值的均值和偏差范围:

$$\overline{X} = \frac{1}{2}(X_1 + X_2) \quad \cdots\cdots(16)$$

$$R_1 = | X_1 - X_2 | \quad \cdots\cdots(17)$$

c) 以任意选择的方式,计算所选的一对测量值的均值和极差,X_1 和 X_3,或 X_2 和 X_3:

$$\overline{\overline{X}} = \frac{1}{2}(X_1 + X_2) \text{ 或 } \frac{1}{2}(X_2 + X_3) \quad \cdots\cdots(18)$$

$$R_2 = | X_1 - X_3 | \text{ 或 } | X_2 - X_3 | \quad \cdots\cdots(19)$$

d) 以任意选择的方式,计算每对总样 A 和 B 的均值和极差:

$$\overline{\overline{\overline{X}}} = \frac{1}{2}(X_1 + X_4), \frac{1}{2}(X_2 + X_4) \text{ 或 } \frac{1}{2}(X_3 + X_4) \quad \cdots\cdots(20)$$

$$R_3 = | X_1 - X_4 |, | X_2 - X_4 | \text{ 或 } | X_3 - X_4 | \quad \cdots\cdots(21)$$

e) 计算总均值和极差的均值($\overline{R}_1$,$\overline{R}_2$ 和 $\overline{R}_3$)

$$\overline{\overline{\overline{X}}} = \frac{1}{k} \sum \overline{\overline{\overline{X}}} \quad \cdots\cdots(22)$$

$$\overline{R}_1 = \frac{1}{k} \sum R_1 \quad \cdots\cdots(23)$$

$$\overline{R}_2 = \frac{1}{k} \sum R_2 \quad \cdots\cdots(24)$$

$$\overline{R}_3 = \frac{1}{k} \sum R_3 \quad \cdots\cdots(25)$$

式中:

k——批量。

计算控制限值以便建立均值及极差的控制图。

$\overline{X}$——控制图的控制限值：

$$\overline{\overline{X}} \pm A_2\overline{R}_1, \overline{\overline{X}} \pm A_2\overline{R}_2, \overline{\overline{X}} \pm A_2\overline{R}_3 \quad \cdots\cdots (26)$$

式中：

R——控制图上限：

$$D_4\overline{R}_1, D_4\overline{R}_2, D_4\overline{R}_3 \quad \cdots\cdots (27)$$

式中：

$A_2=1.880, D_4=3.267$（每对测量值）。（见第8章）

f) 用范围值计算测量($\hat{\sigma}_M^2$)、样品制备($\hat{\sigma}_P^2$)和取样方法($\hat{\sigma}_S^2$)估算值的差异。

$$\hat{\sigma}_M^2=(\overline{R}_1/d_2)^2 \quad \cdots\cdots (28)$$

$$\hat{\sigma}_P^2=(\overline{R}_2/d_2)^2-(\overline{R}_1/d_2)^2 \quad \cdots\cdots (29)$$

$$\hat{\sigma}_S^2=(\overline{R}_3/d_2)^2-(\overline{R}_2/d_2)^2 \quad \cdots\cdots (30)$$

式中：

$1/d_2=0.886$（每对测量值）。（见第8章和6.1中的注6）

g) 计算测试($\hat{\sigma}_M$)、样品制备($\hat{\sigma}_P$)和取样($\hat{\sigma}_S$)标准偏差的估算值。

h) 将得到的($\hat{\sigma}_S$)值与GB/T 25945—2010(ISO 8685)给出的取样的标准偏差(σ_S)进行比较。

6.3 缩分——试验类型3（见图4）

此情况下，不能分别得到取样、制样和测量标准偏差的估算值，试验类型3给出了总标准偏差($\hat{\sigma}_{SPM}$)：

$$\hat{\sigma}_{SPM}^2=\hat{\sigma}_S^2+\hat{\sigma}_P^2+\hat{\sigma}_M^2 \quad \cdots\cdots (31)$$

总标准偏差估算值根据下列步骤计算。

a) 计算均值和每对测量值的极差

$$\overline{X}=\frac{1}{2}(X_1+X_2) \quad \cdots\cdots (32)$$

$$R=|X_1-X_2| \quad \cdots\cdots (33)$$

式中：

X_1, X_2——最终样品A和B各自的测量值。

b) 计算总均值和极差的均值

$$\overline{\overline{X}}=\frac{1}{k}\sum\overline{X} \quad \cdots\cdots (34)$$

$$\overline{R}=\frac{1}{k}\sum R \quad \cdots\cdots (35)$$

式中：

k——批量。

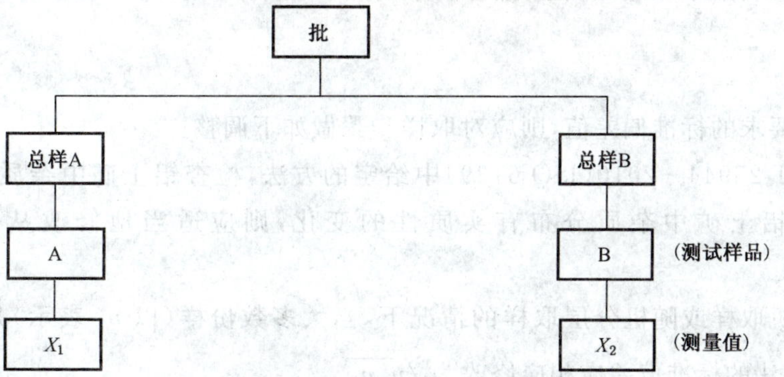

图4 缩分——测试类型3的过程图

c) 计算控制限值以便建立均值和极差的控制图

$\overline{X}$——控制图的控制限值：

$$\overline{\overline{X}} \pm A_2\overline{R} \tag{36}$$

R——控制图上限：

$$D_4\overline{R} \tag{37}$$

式中：

$A_2=1.880$，$D_4=3.267$（用于一对测量值）。（见第8章）

d) 计算所有方差的估算值（$\hat{\sigma}^2_{SPM}$）：

$$\hat{\sigma}^2_{SPM}=(\overline{R}/d_2)^2 \tag{38}$$

e) 计算所有标准偏差的估算值（$\hat{\sigma}_{SPM}$）。

7 结果判断和对应操作

7.1 判断

7.1.1 不含假值的数据

按照6.1和6.2计算出的所有R_3、R_2和R_1值，当这些值均落在控制图的控制限度内时，则表明取样方法、样品缩分和测量的这些常规步骤均是受控的，这里R控制图是依据6.1e)和6.2e)建立的。

按照6.3计算所有R值，如果这些值落在根据6.3c)建立的R曲线的控制限度内，则表明取样方法、样品缩分和测量的这些所有步骤均是受控的。

如果根据6.1和6.2计算出的R_3、R_2和R_1的任一值及根据6.3计算的R值超出各自控制上限，则该步骤（如取样、样品制备或测试）未受控，应检查并发现非偶然问题所在。

7.1.2 含假值的结果

如果根据6.1计算的$\overline{X}_{ij}$或$\overline{\overline{X}}_i$值，根据6.2计算的$\overline{X}$或$\overline{\overline{X}}$值以及根据6.3计算的$\overline{X}$值多数落在各自对应的$X$——控制图控制限以外，则表明测量的标准偏差或样品制备的标准偏差是充分合理的。

如果根据6.1和6.2计算的$\overline{\overline{X}}$值或根据6.3计算$\overline{X}$值大多数落在各自对应的X——曲线控制限内，取样的标准偏差是不充分的，则无法检测到所实验批次铝土矿的质量特性变化，在这种情况下，应重新评估取样、样品制备和测量的方法，并进行调整。（见8.2）

注7：上述测试必须确保测量的标准偏差或样品制备的标准偏差充分，以便识别其他操作的误差可能。

7.2 对应操作

如果得不到所要求的标准偏差值，则应对取样步骤做如下调整。

a) 按照GB/T 25944—2010(ISO 6139)中给定的方法，检查铝土矿中杂质分布的变化，如果确定在这个铝土矿中杂质分布有实质性的变化，则应适当地修改从一批中抽取份样的数量（n_1）。

在系统随机取样或随机分层取样的情况下，当大多数份样（以n_1表示）是由同一批次中抽取时，取样方法的标准偏差应相应修改为$\sqrt{n/n_1}$。

b) 增加份样质量。但在一定限度内增加份样的质量不会明显影响取样方法的标准偏差。

8 实验样品

下列实验样品是按照缩分——试验类型1的定期系统法抽取，由一家铝土矿用户完成。试验结果见表1、表2和图5。

表1列出了实验细节和氧化铝(A1203)测量值的分析结果。

表2例示了A1203含量和$\hat{\sigma}_M$、$\hat{\sigma}_P$和$\hat{\sigma}_S$的计算步骤。

图5显示了$\overline{X}$,$\overline{\overline{X}}$,$\overline{\overline{\overline{X}}}$和$R_1$,$R_2$,$R_3$的平均值和范围的控制曲线。

为了避免疏忽和失误，并为今后参考使用，可使用例示中的标准格式详细记录试验细节。

数据点落于3σ控制限度以外的情况记录在表2的底部空白处，同时对表中相应数据用*号作标志(见7.1)。

本次试验的测量、制备和取样的标准偏差估算值，如下表示：

测量标准偏差：

$\hat{\sigma}_M = 0.077$[%(质量分数)Al_2O_3]

样品制备标准偏差：

$\hat{\sigma}_P = 0.17$[%(质量分数)Al_2O_3]

取样标准偏差：

$\hat{\sigma}_S = 0.23$[%(质量分数)Al_2O_3]

三项中，$\hat{\sigma}_S$最大。

表 1　实验细节记录样本

（公司及工厂名称）

抽样准确度检测报告

试验日期：……………………………………

试验地点：……………………………………

检测指标：氧化铝质量分数

批次检测

矿石来源及类型：……………………………………

装船地点：……………………………………

运输方式：船运

批次数量：20

批次质量：平均 9 920 t，最小 70 000 t 最大 130 000 t

抽样细节

批次最大粒径：110 mm

份样类型：皮带传送器指定矿流长度上整个横断面的矿石单位质量

份样标称质量：25 kg

份样数量：在指定矿石卸货吨位间隔时停止皮带传送，并在指定位置用铲子收集矿石得到一个 25 kg 份样

样品制备

总样集成方法：将单个份样连续交替放入容器 A 和 B 中，组成总样 A 和 B，每个总样各包含 50 个份样

总样质量：平均 1 250 kg 最小 1 220 kg 最大 1 285 kg

总样缩分类型：缩分——测试类型 1（平行取样）

氧化铝的检测[%(质量分数)]

统计结果	试验结果	工业测试	装填点结果
平均	51.10	—	—
最小	49.90	—	—
最大	53.02	—	—

抽样准确率的评估[氧化铝的%(m/m)]

$\hat{\sigma}_M = 0.07$　$\hat{\sigma}_{SPM} = 0.29$

$\hat{\sigma}_P = 0.17$

$\hat{\sigma}_S = 0.23$

评论和建议……………………………………

日期：……………………　　报告人：……………………

[试验负责人]……………………

表 2　记录值示例(见 6.1 和图 5)

铝土矿的来源和类型：………………………………　　　　　　日期：………………………

测量特性：三氧化二铝含量　　　　　　　　　　　　　　　　批数：20

实验日期：………………………………

批号		1	2	3	4	5	6	7	8	9	10	11	12	13	14	15	16	17	18	19	20	总计	平均
取样日期																							
批重		12 100	7 300	10 700	13 000	11 500	10 000	11 200	9 700	8 600	9 300	8 300	10 500	8 200	10 600	9 100	10 400	7 900	11 200	11 800	7 000	198 400	9 920
份样数量	A	50	50	50	50	50	50	50	50	50	50	50	50	50	50	50	50	50	50	50	50	1 000	50
	B	50	50	50	50	50	50	50	50	50	50	50	50	50	50	50	50	50	50	50	50	1 000	50
A_1	X_{111}	50.92	50.88	50.82	51.40	52.04	52.70	50.94	50.90	51.20	50.94	49.94	50.08	50.38	51.10	52.00	50.72	51.50	51.08	51.15	51.54	1 022.23	51.11
	X_{112}	50.99	50.87	50.76	51.30	52.00	52.92	50.98	50.87	51.00	51.07	49.90	50.04	50.23	51.00	51.93	50.78	51.42	50.94	51.30	51.32	1 021.62	51.08
	$\overline{X}_{11}$	50.96	50.88*	50.79*	51.35*	52.02*	52.81*	50.96	50.88*	51.10	51.00	49.92*	50.06*	50.30	51.05	51.96*	50.75*	51.46*	51.01	51.22	51.43*	1 021.91	51.10
	R_1	0.07	0.01	0.06	0.10	0.04	0.22	0.04	0.03	0.20	0.13	0.04	0.04	0.15	0.10	0.07	0.06	0.080	0.14	0.15	0.22	1.95	0.10
A_2	X_{121}	50.98	51.02	50.96	51.40	52.27	52.90	50.80	51.02	51.08	51.00	50.02	50.14	50.30	51.00	52.32	51.14	52.02	51.04	51.10	51.50	1 024.01	51.20
	X_{122}	51.01	51.02	50.88	51.25	52.44	52.72	50.85	51.00	51.08	51.00	50.09	50.26	50.30	51.02	52.27	51.14	52.07	50.96	51.08	51.26	1 023.70	51.18
	$\overline{X}_{12}$	51.00	51.02	50.92*	51.32*	52.36*	52.81*	50.82*	51.01	51.08	51.00	50.06	50.20*	50.30*	51.01	52.30*	51.14	52.04*	51.00	51.09	51.38*	1 023.86	51.19
	R_1	0.03	0.00	0.08	0.15	0.17	0.18	0.05	0.02	0.00	0.00	0.07	0.12	0.00	0.02	0.05	0.00	0.05	0.08	0.02	0.24	1.33	0.07
A	$\overline{X}_1$	50.98	50.95	50.86	51.34	52.19*	52.81*	50.89	50.94	51.09	51.00*	49.99*	50.13*	50.30*	51.03	52.13*	50.94*	51.75*	51.00	51.16	51.40	122.88	51.14
	R_2	0.04	0.14	0.13	0.030	0.34	0.00	0.14	0.13	0.02	0.00	0.14	0.14	0.00	0.04	0.34	0.39	0.58	0.01	0.13	0.05	2.79	0.14
B_1	X_{211}	51.40	50.27	50.70	51.94	51.92	53.02	51.14	50.90	50.88	51.00	49.96	50.52	50.28	50.84	51.80	50.82	51.06	50.78	52.00	51.86	1 023.09	51.15
	X_{212}	51.34	50.10	50.67	51.97	51.77	52.94	51.20	50.88	50.64	51.00	50.02	50.60	50.18	50.66	51.74	50.74	51.04	50.80	52.05	51.60	1 021.94	51.10
	$\overline{X}_{21}$	51.37*	50.18*	50.68*	51.96*	51.84*	52.98*	51.17	50.89*	50.76*	51.00	49.99*	50.56*	50.23*	50.75*	51.77*	50.78*	51.05	50.79*	52.02*	51.73*	1 022.50	51.12
	R_1	0.06	0.17	0.03	0.03	0.15	0.08	0.06	0.02	0.24	0.00	0.06	0.08	0.10	0.18	0.06	0.06	0.02	0.02	0.05	0.26	1.75	0.08
B_2	X_{221}	51.28	50.04	50.82	51.60	52.51	52.98	50.94	50.70	50.60	49.95	49.98	50.46	50.29	51.12	51.74	50.56	51.16	50.88	51.21	51.66	1 020.48	51.02
	X_{222}	51.35	49.93	50.60	51.43	52.52	52.92	51.03	50.50	50.55	49.87	49.90	50.35	50.32	50.96	51.71	50.38	51.25	50.89	51.12	51.58	1 019.16	50.96
	$\overline{X}_{22}$	51.32*	49.98*	50.71*	51.52*	52.52*	52.95*	50.98	50.60*	50.58*	49.91*	49.94*	50.40*	50.30*	51.04	51.72*	50.47*	51.20	50.88*	51.16	51.62*	1 019.80	50.99
	R_1	0.07	0.11	0.22	0.17	0.01	0.06	0.09	0.20	0.05	0.08	0.08	0.11	0.03	0.16	0.03	0.18	0.09	0.01	0.09	0.08	1.92	0.10

表 2（续）

批号		1	2	3	4	5	6	7	8	9	10	11	12	13	14	15	16	17	18	19	20	总计	平均
B	$\overline{X}_2$	51.34*	50.08*	50.70*	51.74*	52.18*	52.96*	51.08	50.74	50.67*	50.46*	49.96*	50.48*	50.26*	50.90	51.74*	50.62*	51.12	50.84	51.59*	51.68*	1 021.14	51.06
	R_2	0.05	0.20	0.03	0.44	0.68	0.03	0.19	0.29	0.18	1.09	0.05	0.16	0.07	0.29	0.05	0.31	0.15	0.09	0.86	0.11	5.32	0.26
$\overline{\overline{X}}$		51.16	50.52	50.78	51.54	52.18*	52.86*	50.98	50.84	50.86	50.73	49.98*	50.30*	50.78*	50.96*	51.94*	50.78	51.44	50.92	51.38	51.54	1 022.01	51.10
R_3		0.36	0.67	0.16	0.40	0.01	0.15	0.19	0.20	0.42	0.54	0.03	0.35	0.04	0.13	0.39	0.32	0.63	0.16	0.43	0.28	6.06	0.30

计算

$\hat{\sigma}^2_M=(0.886\,5R_1)^2=0.005\,9$　　$(0.886\,5\overline{R}_2)^2=0.032\,3$　　$(0.886\,5\overline{R}_3)^2=0.072\,1$　　$\overline{\overline{\overline{X}}}=51.10$　　$\overline{R}_1=0.087$　　$3.267\overline{R}_1=0.204$

$\hat{\sigma}_M=0.077$　　$\hat{\sigma}^2_P=0.032\,3-\frac{0.005\,9}{2}=0.029\,4$　　$\hat{\sigma}^2_S=0.072\,1-\frac{0.032\,3}{2}=0.056\,0$　　$\overline{R}_2=0.203$　　$3.267\overline{R}_2=0.664$

$\hat{\sigma}_P=0.171$　　$\hat{\sigma}_S=0.237$　　$\overline{R}_3=0.303$　　$3.267\overline{R}_3=0.991$

$\overline{\overline{\overline{X}}}\pm1.880\overline{R}_1=51.10\pm0.164$(51.26 和 50.94)；　$\overline{\overline{\overline{X}}}\pm1.880\overline{R}_2=51.10\pm0.382$(51.48 和 50.72)；　$\overline{\overline{\overline{X}}}\pm1.880\overline{R}_3=51.10\pm0.570$(51.67 和 50.53)；

计算值的调整

个别 Al_2O_3 的质量分数在控制限值 3σ 以外，用 * 表示。

在控制限值以外的 Al_2O_3 质量分数的数量为

R_1:80 个数据中有 0 个（简化为 0/80）。R_2:3/40，R_3:0/20，$\overline{X}$:57/80，$\overline{\overline{X}}$:21/40，$\overline{\overline{\overline{X}}}$:7/20

$\hat{\sigma}^2_M=0.005\,9$

$\hat{\sigma}_M=0.077$

R_2 的初次调整

$\overline{R}'_2=0.148$

$3.267\overline{R}'_2=0.484$（一个点落在 UCL 外）

R_2 的第二次调整

$\overline{R}''_2=0.136$

$3.267\overline{R}''_2=0.445$（无落在 UCL 以外的点）

$(0.886\,5\overline{R}''_2)^2=0.001\,45$

$\hat{\sigma}_P=0.107\,5$

$(0.886\,5\overline{R}'_3)^2=0.060\,7$

$\hat{\sigma}_S=0.231\,2$

注释和备注

报告人：

检验人：

实验监督人姓名：

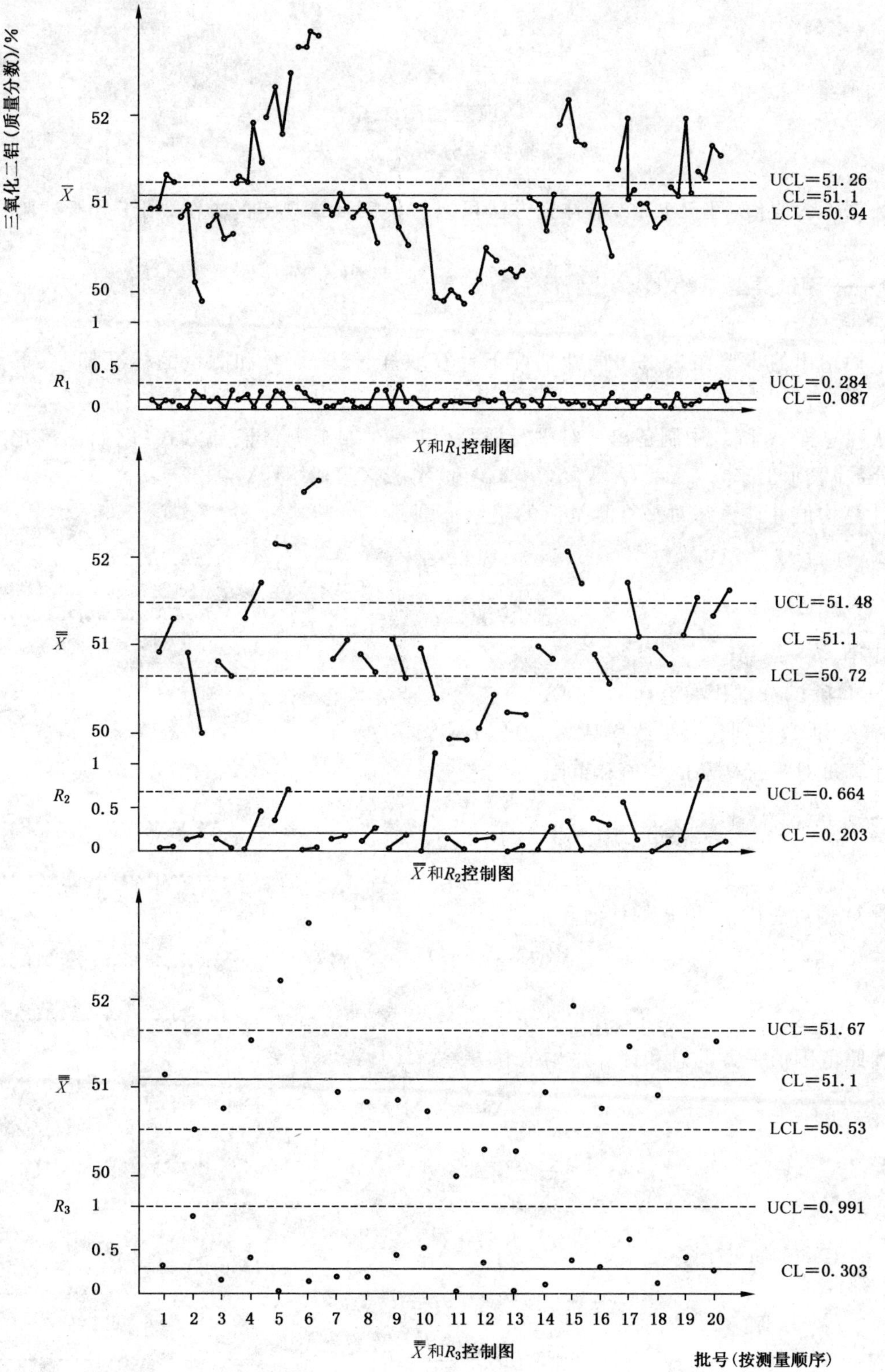

关键：控制限外的数据

CL：中心线

UCL：上控制限

LCL：下控制限

图5 均值和范围控制曲线示例(数据图解见表2)

附 录 A
(规范性附录)
实验数据分析补充方法

如果数据不含假值(见 7.1.1),本补充方法可以替换第 6 章规定的方法,用于分析试验数据。

A.1 缩分——测试类型 1

根据下面给出的步骤在 95%可能性情况下计算取样方法、缩分和测量的标准偏差(下文简称标准偏差)。

a) 从两总样 A 和 B 中制备出一对平行样品,以一对四个测量值的方式(例如三氧化二铝的质量分数)表示出来,即 X_{111},X_{112},X_{121},X_{122} 和 X_{211},X_{212},X_{221},X_{222}。

b) 计算均值并计算每对平行测量值的偏差范围:

$$\overline{X}_{ij}=\frac{1}{2}(X_{ij1}+X_{ij2}) \qquad \text{(A.1)}$$

$$R_1=|X_{ij1}-X_{ij2}| \qquad \text{(A.2)}$$

式中:

i=1 和 2,分别代表总样 A 和 B;

j=1 和 2,分别代表最终样品 A_1,B_1 和 A_2,B_2。

c) 计算每对平行样品的均值和范围

$$\overline{\overline{X}}_i=\frac{1}{2}(\overline{X}_{i1}+\overline{X}_{i2}) \qquad \text{(A.3)}$$

$$R_2=|X_{i1}-X_{i2}| \qquad \text{(A.4)}$$

d) 计算每对总样 A 和 B 的均值和范围

$$\overline{\overline{X}}=\frac{1}{2}(\overline{X}_1+\overline{X}_2) \qquad \text{(A.5)}$$

$$R_3=|\overline{X}_1-\overline{X}_2| \qquad \text{(A.6)}$$

e) 按照范围值平方的总和计算总均值和方差:

$$\overline{\overline{\overline{X}}}=\frac{1}{k}\sum\overline{\overline{X}} \qquad \text{(A.7)}$$

$$\sum R_1^2=|\overline{X}_{ij1}-\overline{X}_{ij2}|^2 \qquad \text{(A.8)}$$

$$\sum R_2^2=|\overline{X}_{i1}-\overline{X}_{i2}|^2 \qquad \text{(A.9)}$$

$$\sum R_3^2=|\overline{\overline{X}}_1-\overline{\overline{X}}_2|^2 \qquad \text{(A.10)}$$

$$\hat{\sigma}_1^2=\frac{1}{8k}\sum R_1^2 \qquad \text{(A.11)}$$

$$\hat{\sigma}_2^2=\frac{1}{4k}\sum R_2^2 \qquad \text{(A.12)}$$

$$\hat{\sigma}_3^2=\frac{1}{2k}\sum R_3^2 \qquad \text{(A.13)}$$

式中:

k——批次数量。

f) 计算测量、制备和取样的方差估算值,分别以($\hat{\sigma}_M^2$)、($\hat{\sigma}_P^2$)和($\hat{\sigma}_S^2$)表示。

$$\hat{\sigma}_M^2=\hat{\sigma}_1^2 \qquad \text{(A.14)}$$

$$\hat{\sigma}_P^2 = \hat{\sigma}_2^2 - 1/2\hat{\sigma}_M^2 \quad \cdots\cdots (A.15)$$

$$\hat{\sigma}_S^2 = \hat{\sigma}_3^2 - 1/2\hat{\sigma}_2^2 \quad \cdots\cdots (A.16)$$

g) 计算测试($\hat{\sigma}_M$),样品制备($\hat{\sigma}_P$)和取样($\hat{\sigma}_S$)标准偏差的估算值。

h) 将得到的 $\hat{\sigma}_S$ 值与 ISO 8685 给出的取样的标准偏差(σ_S)进行比较。

A.2 缩分——测试类型 2

按照下列步骤的规定计算标准偏差的估算值:

a) 用下列四个测量值表示:

X_1、X_2:从总样 A 中制备的一个最终样品 A_1 的一对平行测量值;

X_3:从总样 A 中制备的一个最终样品 A_2 的单个测量值;

X_4:从总样 B 中制备的一个最终样品 B 的单个测量值。

b) 计算每对平行测量值的均值和范围:

$$\overline{X} = \frac{1}{2}(X_1 + X_2) \quad \cdots\cdots (A.17)$$

$$R_1 = | X_1 - X_2 | \quad \cdots\cdots (A.18)$$

c) 以任意选择的方式,计算所选的一对测量值的均值和范围,X_1 和 X_3,或 X_2 和 X_3

$$\overline{X} = \frac{1}{2}(X_1 + X_3) \text{ 或 } \frac{1}{2}(X_2 + X_3) \quad \cdots\cdots (A.19)$$

$$R_2 = | X_1 - X_3 | \text{ 或 } | X_2 - X_3 | \quad \cdots\cdots (A.20)$$

d) 计算任意选择的每一对总样 A 和 B 的均值和范围值:

$$\overline{\overline{X}} = \frac{1}{2}(X_1 + X_4), \frac{1}{2}(X_2 + X_4) \text{ 或 } \frac{1}{2}(X_3 + X_4) \quad \cdots\cdots (A.21)$$

$$R_3 = | X_1 - X_4 |, | X_2 - X_4 | \text{ 或 } | X_3 - X_4 | \quad \cdots\cdots (A.22)$$

e) 按照范围值平方的总和计算总均值和方差:

$$\overline{\overline{\overline{X}}} = \frac{1}{k} \sum \overline{\overline{X}} \quad \cdots\cdots (A.23)$$

$$\hat{\sigma}_1^2 = \frac{1}{2k} \sum R_1^2 \quad \cdots\cdots (A.24)$$

$$\hat{\sigma}_2^2 = \frac{1}{2k} \sum R_2^2 \quad \cdots\cdots (A.25)$$

$$\hat{\sigma}_3^2 = \frac{1}{2k} \sum R_3^2 \quad \cdots\cdots (A.26)$$

式中:

k——批量。

f) 计算测量($\hat{\sigma}_M^2$),制备($\hat{\sigma}_P^2$)和取样($\hat{\sigma}_S^2$)方差的估算值:

$$\hat{\sigma}_M^2 = \hat{\sigma}_1^2 \quad \cdots\cdots (A.27)$$

$$\hat{\sigma}_P^2 = \hat{\sigma}_2^2 - \hat{\sigma}_M^2 \quad \cdots\cdots (A.28)$$

$$\hat{\sigma}_S^2 = \hat{\sigma}_3^2 - \hat{\sigma}_2^2 \quad \cdots\cdots (A.29)$$

g) 计算测试($\hat{\sigma}_M$),样品制备($\hat{\sigma}_P$)和取样($\hat{\sigma}_S$)标准偏差的估算值。

h) 将得到的 $\hat{\sigma}_S$ 值与 ISO 8685 给出的取样标准偏差(σ_S)进行比较。

A.3 缩分——测试类型 3

此情况下,不能分别得到取样、制备和测量标准偏差的估算值,试验类型 3 给出了总标准偏差($\hat{\sigma}_{SPM}$):

$$\hat{\sigma}_{SPM}^2 = \hat{\sigma}_S^2 + \hat{\sigma}_P^2 + \hat{\sigma}_M^2 \qquad (A.30)$$

总标准偏差估算值根据下列步骤计算。

a） 计算每对测量值的均值和范围：

$$\overline{X} = \frac{1}{2}(X_1 + X_2) \qquad (A.31)$$

$$R_1 = | X_1 - X_2 | \qquad (A.32)$$

式中：X_1，X_2——最终样品 A 和 B 各自的测量值。

b） 按照范围值平方的总和计算总均值和总方差的估算值

$$\overline{\overline{X}} = \frac{1}{k} \sum \overline{X} \qquad (A.33)$$

$$\hat{\sigma}_{SPM}^2 = \frac{1}{k} \sum R^2 \qquad (A.34)$$

式中：

k——批次数。

c） 计算总标准偏差（$\hat{\sigma}_{SPM}$）的估算值。

ICS 73.060.40
H 30

中华人民共和国国家标准

GB/T 25944—2010/ISO 6139:1993

铝土矿 批中不均匀性的实验测定

Aluminium ores—
Experimental determination of the heterogeneity of distribution of a lot

(ISO 6139:1993,IDT)

2010-12-23 发布　　2011-09-01 实施

中华人民共和国国家质量监督检验检疫总局
中国国家标准化管理委员会　发布

前　言

本标准按照 GB/T 1.1—2009 给出的规则起草。

本标准使用翻译法等同采用 ISO 6139:1993《铝土矿　批中不均匀性的实验测定》。

本标准由全国有色金属标准化技术委员会(SAC/TC 243)归口。

本标准起草单位:中国铝业股份有限公司郑州研究院、中国有色金属工业标准计量质量研究所。

本标准主要起草人:石磊、张树朝、吴豫强、李瑾。

铝土矿
批中不均匀性的实验测定

1 范围

本标准规定了为确定初始份样最小数及取样方案而评估铝土矿分布不均匀性的实验方法。

本标准适用于铝土矿批中不均匀性的测定。

2 规范性引用文件

下列文件对于本文件的应用是必不可少的。凡是注日期的引用文件，仅注日期的版本适用于本文件。凡是不注日期的引用文件，其最新版本(包括所有的修改单)适用于本文件。

GB/T 25943—2010 铝土矿 检验取样精度的实验方法(ISO 10277:1995,IDT)

GB/T 25945—2010 铝土矿 取样程序(ISO 8685:1992,IDT)

3 总则

3.1 分布不均匀性的起因

分布不均匀性是对铝土矿分布差异的测量，即测量铝土矿颗粒在整批中的分布状态。它与开采的铝土矿本身的差异、是否混合均匀以及后续处理状况有关。通过充分混合可以减小其不均匀性，但不可能完全消除。与铝土矿成分不同，分布不均匀性与试样质量没有函数关系。它对取样方差的作用只能通过增加取样份数来减小。

3.2 分布不均匀性的评估方法

表征分布偏差的分布不均匀性是通过取样方差的测量试验来确定的。然而，由于成分偏差(V_C)和分布偏差(V_D)都对测量取样方差有影响，所以必须分开这两种因素。可以通过对两个不同质量的份样分别测量其取样方差来实现。

本标准允许使用两种数据分析方法。

第一种(见5.1)是基于使用分类统计的维斯曼取样理论。这种方法给出了取样方差的保守评估，并由此得出分布偏差。

第二种方法(见5.2)是基于对相邻份样进行系列相关计算得出与份样间的间隔偏差图。取样方差评估方法比较好，并可用于优化取样方案。

在这两种情况下，样品制备偏差和分析偏差应分别按GB/T 25943—2010进行确定，并从测量偏差中减去。

3.3 测量特性

测量分布不均匀性所选品质特性应是那些与取样过程密切相关的特性。对铝土矿而言，品质特性为：

——铝含量，用 Al_2O_3 质量分数表示；

——硅含量，用 SiO_2 质量分数表示；
——水分。

4 数据收集

无论使用哪种方法，都要求数据相同。收集数据的步骤如下：

a) 按 GB/T 25945—2010 中 6.1 的要求计算没有偏差的试样初始份样的最小质量。

b) 从每个批中至少抽取 30 个份样，最好与建议的取样间隔接近。

c) 分别制备和分析每个份样。

d) 大量增加份样质量（例如：10 倍），重复 b) 和 c) 步骤。

5 分布偏差的计算

5.1 份样偏差法

取样方差 $\sigma_S{}^2$：

$$\sigma_S{}^2 = \sigma_{QE1}{}^2 + \sigma_{QE2}{}^2 \quad\cdots\cdots(1)$$

式中：

$\sigma_{QE1}{}^2$——窄幅品质波动方差；

$\sigma_{QE2}{}^2$——宽幅品质波动方差。

用成分偏差（V_C）和分布偏差（V_D）来表示 $\sigma_S{}^2$ 时：

$$\sigma_S{}^2 = \frac{V_C}{nm_1} + \frac{V_D}{n} \quad\cdots\cdots(2)$$

式中：

V_C——1 kg 试样的成分偏差；

V_D——分布偏差；

n——份样数量；

m_1——份样质量，kg。

式(2)中第一项（V_C/nm_1）仅影响 $\sigma_{QE1}{}^2$，而第二项（V_D/n）对 $\sigma_{QE1}{}^2$ 和 $\sigma_{QE2}{}^2$ 都有影响。

单个的分析偏差（V_e）为：

$$V_e = \frac{\sum_{i=1}^{x}(x_i - \bar{x})^2}{n-1} \quad\cdots\cdots(3)$$

式中：

x_i——份样 i 的分析值；

$\bar{x}$——所有份样的平均值；

n——份样数量。

由于只是取样，要获得份样偏差 V_1，试样制备偏差 V_{PM} 应与分析偏差 V_e 相减如下：

$$V_1 = V_e - V_{PM} \quad\cdots\cdots(4)$$

从而得出估测的取样方差：

$$\sigma_S{}^2 = \frac{V_1}{n} \quad\cdots\cdots(5)$$

或者，为了计算出给出取样方差 $\sigma_S{}^2$ 的份样数，式(5)可移项成以下等式：

$$n = \frac{V_1}{\sigma_S{}^2} \quad\cdots\cdots(6)$$

若份样质量发生变化，则份样偏差应通过试验重新确定或采集两个不同质量份样的数据重新计算出来。

合并式(2)和式(5)得出：

$$V_1 = \frac{V_C}{m_1} + V_D \qquad (7)$$

采集两个不同质量份样的数据 m_{11} 和 m_{12}，则式(7)变化为：

$$V_{11} = \frac{V_C}{m_{11}} + V_D \qquad (8)$$

$$V_{12} = \frac{V_C}{m_{12}} + V_D \qquad (9)$$

求解式(8)和式(9)得：

$$V_C = \frac{m_{11} m_{12} (V_{11} - V_{12})}{m_{12} - m_{11}} \qquad (10)$$

$$V_D = \frac{m_{12} V_{12} - m_{11} V_{11}}{m_{12} - m_{11}} \qquad (11)$$

已知 V_C 和 V_D，就可以用等式(7)重新计算出任意质量份样的 V_1。

5.2 偏差图法

用公式(12)计算间隔 t(质量或时间单位)时的试验偏差图的值 $V_e(t)$：

$$V_e(t) = \frac{\sum_{i=1}^{n} (x_{i+t} - x_i)^2}{2N_t} \qquad (12)$$

式中：

x_i ——份样 i 的分析值；

x_{i+t}——份样 $i+t$ 的分析值；

N_t ——间隔 t 对应的成对份样数。

建议用 t 为 1 至 20 之间的值计算 $V_e(t)$。

为了得到只符合取样程序的修正偏差图，试样的制备偏差 V_{PM} 必须与分析偏差 $V_e(t)$ 相减如下：

$$V(t) = V_e(t) - V_{PM} \qquad (13)$$

标准的试验偏差图见图 1。

实际的经验表明，事实上出现的偏差图是从非常小的 t 值到至少两倍份样间隔距离近似一条直线。即：

$$V(t) = A + Bt \qquad (14)$$

式中：

A ——修正偏差图偏差的任意部分(交点)；

B ——偏差图的倾斜度(或斜率)。

通过连接修正偏差图的最初两个点作直线估计 A 和 B 值如下：

(1) 如果 $V(1) > V(2)$，则

$$A = V(1) \qquad (15)$$

$$B = 0 \qquad (16)$$

式中：

$V(1)$——时滞 1 时偏差图的值；

$V(2)$——时滞 2 时偏差图的值。

(2) 如果 $V(1)<V(2)$，则 A 和 B 为

$$A=2V(1)-V(2) \tag{17}$$

$$B=\frac{V(2)-V(1)}{\Delta t} \tag{18}$$

式中：

Δt——份样间隔。

(3) 如果式(17)估出的 A 为负数，则

$$A=0 \tag{19}$$

$$B=\frac{V(1)}{\Delta t} \tag{20}$$

测定 A 和 B 后，对于系统取样，取样方差可从式(21)计算出来：

$$\sigma_S{}^2=\frac{A}{n}+\frac{BQ}{6n^2} \tag{21}$$

式中：

Q——批的质量；

A——修正偏差图的交点；

n——份样数。

第一项(A/n)相当于在式(1)中的 $\sigma_{QE1}{}^2$，同时第二项$(BQ/6n^2)$相当于 $\sigma_{QE2}{}^2$。

可以通过式(21)的移项计算出得到取样方差 $\sigma_S{}^2$ 要求的份样数，求得 n；

$$n=\frac{A+\sqrt{A^2+\frac{2}{3}BQ\sigma_S{}^2}}{2\sigma_S{}^2} \tag{22}$$

如果质量份样发生改变，修正偏差图上的交点 A 必须通过试验重新测定或用对两个不同质量份样采集的数据重新计算。

交点 A 可以根据它的成分偏差 V_C 和分布偏差 V_r 组成的式(23)来表示：

$$A=\frac{V_C}{m_1}+V_r \tag{23}$$

式中：

V_C——1 kg 试样对应得成分偏差；

V_r——窄幅分布偏差。

因此，式(21)变为

$$\sigma_S{}^2=\frac{V_C}{nm_1}+\frac{V_r}{n}+\frac{BQ}{6n^2} \tag{24}$$

从分布偏差导出式(24)最后两项，即：

$$V_D=V_r+\frac{BQ}{6n^2} \tag{25}$$

采集两个不同的质量份样数据改写式(23)成：

$$A_1=\frac{V_C}{m_{11}}+V_r \tag{26}$$

$$A_2=\frac{V_C}{m_{12}}+V_r \tag{27}$$

合并这两个等式：

$$V_C=\frac{m_{11}m_{12}(A_1-A_2)}{m_{12}-m_{11}} \tag{28}$$

$$V_r = \frac{m_{l2}A_2 - m_{l1}A_1}{m_{l2} - m_{l1}} \quad \cdots\cdots (29)$$

若 V_C 和 V_r 已知，则对应于任意份样质量的 A 可用公式(23)重新计算出来。

6 数字实例

表 1 和图 2 中给出的铝土矿的氧化铝含量数据是份样间隔为 100t 时，分别对每一份样进行分析而得出的。试样制备误差和分析误差是通过另一个的试验估算出来的，其值为 0.2% Al_2O_3。

6.1 份样偏差的计算

表 1 中带入式(3)的数据为：V_e=0.388。

另外，$V_{PM}=(0.2)^2=0.04$。

将上述数值代入式(4)中为：

$V_1=V_e-V_{PM}=0.388-0.04=0.348$。

把表 1 中 60 个分析数据的平均值所得的取样方差 $\sigma_S{}^2$ 代入式(5)：

$\sigma_S{}^2=\frac{V_1}{n}=\frac{0.348}{60}=0.005\ 8$。

因此：$\sigma_S=0.076\%$ Al_2O_3。

或者，如果要求取样误差 σ_S 为 0.1% Al_2O_3，则式(6)给出的份样数如下：

$n=\frac{V_1}{Q_S{}^2}=\frac{0.348}{(0.1)^2}=35$。

6.2 偏差图的计算

把表 1 中数据代入式(12)得出图 1 偏差图。所得数值见表 2。

式(13)、(17)和(18)得出修正偏差图的交点 A 和斜率 B 如下：

$$A=2V(1)-V(2)-V_{PM}$$
$$=2\times0.264-0.266-0.04$$
$$=0.222$$

$$B=\frac{V(2)-V(1)}{\Delta t}=\frac{0.266-0.264}{100}=2\times10^{-5}$$。

把表 1 中 60 个分析数据的平均值估算的取样方差 $\sigma_S{}^2$ 代入式(21)得出系统取样，即：

$$\sigma_S{}^2=\frac{A}{n}+\frac{BQ}{6n^2}=\frac{0.222}{60}+\frac{2\times10^{-5}\times6\ 000}{6\times60^2}=0.003\ 7$$

因此：$\sigma_S=0.061\%$ Al_2O_3。

或者，如果对于 10 000t 的批要求取样误差为 0.1% Al_2O_3，式(22)得出所要的份样数如下：

$$n=\frac{A+\sqrt{A^2+\frac{2}{3}BQ\sigma_S{}^2}}{2\sigma_S{}^2}=\frac{0.222}{2\times(0.1)^2}+\frac{\sqrt{(0.222)^2+\frac{2}{3}\times2\times10^{-5}\times10\ 000\times(0.1)^2}}{2\times(0.1)^2}$$

$$=\frac{0.222+\sqrt{0.049\ 3+0.001\ 3}}{0.02}=22$$

该值明显小于用份样偏差法计算出的份样数。

表 1 间隔为 100*t* 的铝土矿单个份样的氧化铝含量

份样数	氧化铝含量/%	份样数	氧化铝含量/%
1	56.4	31	56.3
2	56.1	32	56.0
3	55.8	33	56.3
4	56.7	34	56.4
5	56.4	35	56.3
6	56.5	36	56.1
7	56.4	37	57.5
8	57.3	38	56.6
9	57.4	39	56.5
10	56.4	40	56.4
11	56.8	41	56.6
12	56.3	42	56.5
13	56.8	43	56.2
14	57.9	44	57.2
15	56.5	45	56.7
16	57.1	46	56.6
17	55.5	47	56.4
18	56.0	48	56.6
19	56.9	49	55.7
20	56.2	50	55.4
21	55.8	51	57.0
22	56.1	52	56.0
23	55.9	53	57.1
24	56.5	54	55.5
25	56.8	55	55.6
26	56.4	56	55.4
27	56.3	57	55.8
28	56.2	58	53.9
29	56.5	59	55.4
30	56.5	60	55.7

表 2　表 1 数据对应的试验偏差点

间隔	偏差	间隔	偏差
1	0.264	11	0.331
2	0.266	12	0.394
3	0.280	13	0.411
4	0.275	14	0.361
5	0.284	15	0.328
6	0.303	16	0.331
7	0.322	17	0.357
8	0.311	18	0.327
9	0.312	19	0.355
10	0.323	20	0.366

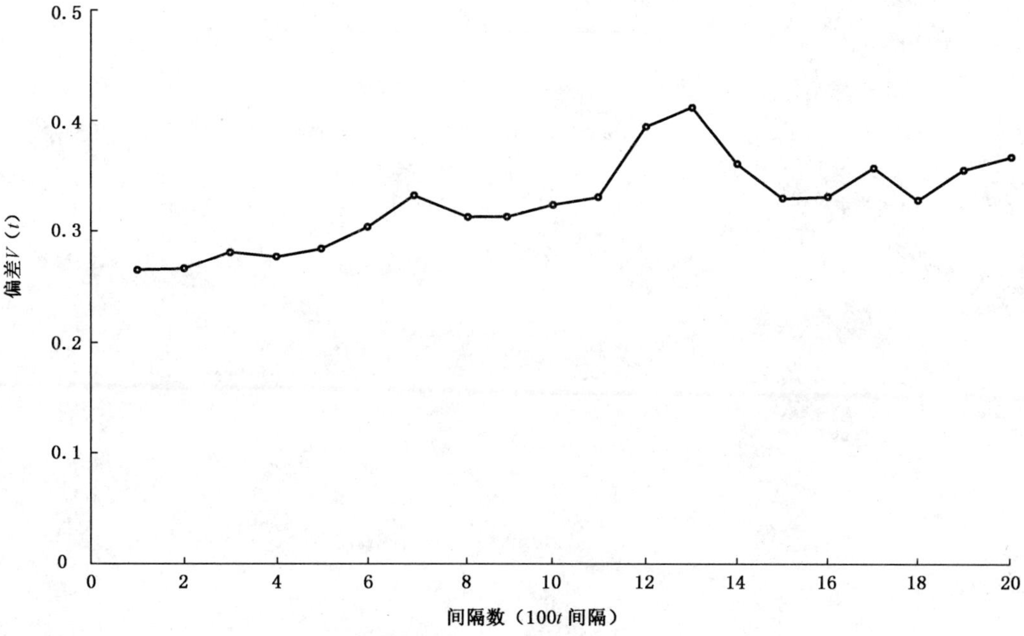

图 1　氧化铝含量试验偏差图

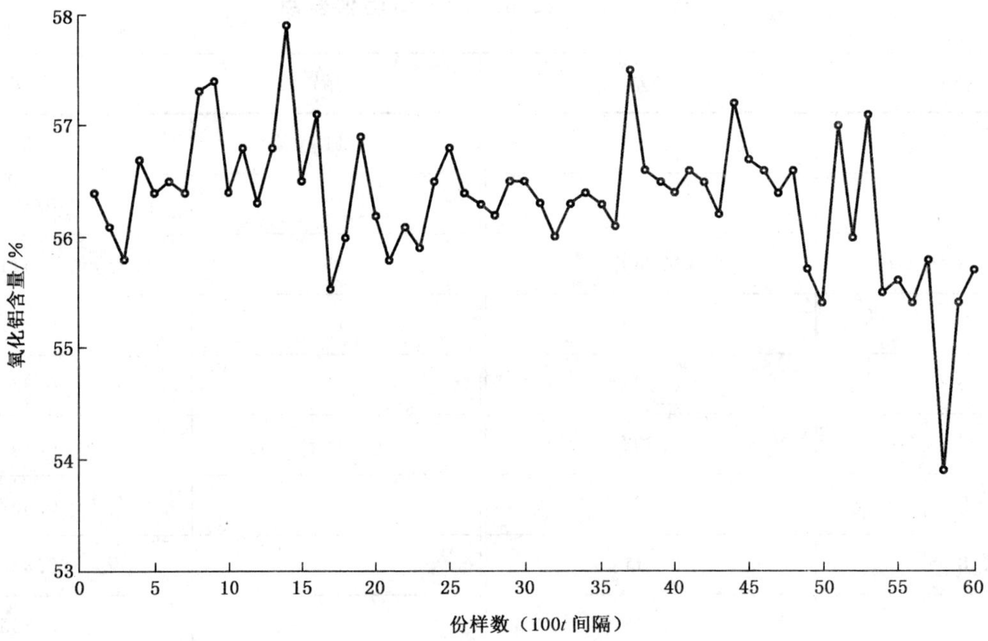

图 2　间隔为 100t 的铝土矿单个份样的氧化铝含量

ICS 73.060.40
H 30

中华人民共和国国家标准

GB/T 25945—2010/ISO 8685:1992

铝土矿 取样程序

Aluminium ores—Sampling procedures

(ISO 8685:1992,IDT)

2010-12-23 发布　　2011-09-01 实施

中华人民共和国国家质量监督检验检疫总局
中国国家标准化管理委员会　发布

前　言

本标准按照 GB/T 1.1—2009 给出的规则起草。

本标准使用翻译法等同采用 ISO 8685:1992《铝土矿　取样程序》。

本标准附录 A、附录 B、附录 C 和附录 D 为资料性附录。

本标准由全国有色金属标准化技术委员会(SAC/TC 243)归口。

本标准起草单位:中国铝业股份有限公司山东分公司、中国有色金属工业标准计量质量研究所。

本标准主要起草人:王昭文、李林海、邵静、安坤、裴存燕、杨开国、李红。

铝土矿　取样程序

1　范围

本标准规定了铝土矿取样的必要条件，从流动矿流中和在静置状态下，包括在限动传输带上，取得样品制备用的总样。与其他取样程序相比较，限动传输带上取样是样品收集的参考方式。从移动物流中取样是优先采用的方法。只有当无法从流动矿流中取样时才能考虑静态取样。本标准中规定的静态取样程序只是为了减小某些取样误差。

本标准适用于所有流动铝土矿矿流取样。所推荐程序或许对某些极端偏析情况不适用，如非常湿的粘性物料，或非常干易产生粉尘的物料。在这种情况下或许有必要转换为限动传输带上取样。

2　规范性引用文件

下列文件对于本文件的应用是必不可少的。凡是注日期的引用文件，仅注日期的版本适用于本文件。凡是不注日期的引用文件，其最新版本(包括所有的修改单)适用于本文件。

GB/T 3358.1　统计学词汇及符号　第1部分：一般统计术语与用于概率的术语

GB/T 25943—2010　铝土矿　检验取样精度的实验方法(ISO 10277:1995, IDT)

GB/T 25944—2010　铝土矿　批中不均匀性的实验测定(ISO 6139:1993, IDT)

GB/T 25946—2010　铝土矿　取样偏差的检验方法(ISO 10226:1991, IDT)

GB/T 25947—2010　铝土矿　散装料水分含量的测定(ISO 9033:1989, IDT)

GB/T 25949—2010　铝土矿　样品制备(ISO 6140:1991, IDT)

GB/T 25950—2010　铝土矿　成分不均匀性的实验测定 (ISO 6138:1991, IDT)

ISO 565:1990　试验筛　金属网、多孔金属板和电成型板　标称孔径

3　术语和定义

GB/T 3358.1界定的定义(包括术语精度和准确度)以及下列术语和定义适用于本文件。

3.1

偏差　bias

测得值持续高于或低于真值的趋势。换句话说，是真值与大量测试数据平均值之间的差值。

3.2

定量缩分　constant mass division

样品缩分方法——单个份样保留部分的质量一致。

3.3

通过　out

取样装置通过矿石流的一次操作。

3.4

缩分份样　divided increment

为减少质量，份样缩分后获得的矿量。

3.5

缩分 division

减少样品质量的程序(不改变样品组成部分的颗粒尺寸)。保留有代表性的样品,同时剔除残留物。

3.6

定比缩分 fixed rate division

样品缩分方法——单个份样的保留部分与原有质量的比例恒定。

3.7

重复抽样 duplicate sampling

为评估从多个批次或取样单位中取样的平均精度而重复取样的特殊情况(仅有两个重复抽样样品)。

3.8

总样 gross sample

抽取或单独制备后,达到样品分离特定阶段的所有初始份样或副样按实验室样品制备的正确比例混合而成的样品。

3.9

份样 increment

相同取样装置、单个批次、单次操作抽取的物料量。

3.10

批 lot

在同一时间交货的矿石量,用来进行质量特性检测。

注1:一个或多个取样单位可构成一个批。

3.11

独立批 isolated lot

未知取样特性的待抽样批次。

3.12

人工取样 manual sampling

使用手工工具,人为将份样组成副样和总样的取样操作。

3.13

质量系统取样方法 mass-basis sampling

从批或取样单元中按均等质量间隔抽取份样的方法。

3.14

机械取样方法 mechanical sampling

用取样机将份样组成副样和总样的取样操作。

3.15

最大标称尺寸 nominal top size

(符合 ISO 565:1990 的规定),至少有 95%(质量分数)的物料可以通过的最小筛分孔径。

3.16

随机分层取样 random stratified sampling

在恒定的时间、质量或空间间隔内,不规则间隔地抽取份样。

3.17

破碎 reduction(in particle size)

减小构成样品料的颗粒尺寸而不改变质量或成分。

3.18

重复取样方法　replicate sampling

在同等时间、质量或空间间隔内从同批中抽取份样。

注 2：将份样放置在不同的转动容器中，以提供多个近似等质量的重复样品。

3.19

取样单元　sampling unit

组成批次的独立单位(例如，火车、传送带的区段、日产量)。

3.20

层　strata

根据时间、质量或空间间隔，批次或取样单元的近似等份。

3.21

二次抽样　subsample

从批次部分料中抽取的多个份样组成的矿石量；也可以是多个(如果有必要)单独制备的份样的组合。

3.22

系统分层取样方法　systematic stratified sampling

在恒定时间、质量或空间间隔范围内，规则间隔抽取份样。

3.23

时间系统取样　time-basis sampling

在均等时间间隔，对整批或整个取样单元抽取份样的方法。

4 设立抽样方案

4.1 总则

正确取样方案的基本要求是所有矿流颗粒被选取和进入最终总样分析的机会均等。任何与基本要求相背离的操作都将导致无法接受的准确度和精度的缺失。因此，只有正确的取样方案才能提供有代表性的样品。

只有当证明不会因质量或数量的周期性变化与指定的取样间隔的倍数相符或相近而引起系统误差时，才能够根据质量(见第 8 章)或时间(见第 9 章)系统取样法进行取样。

例如，使用初级截取器从矿石流中截取抽样，该矿石流是用勺轮回收装置从库存料中挖取形成的。当勺轮贯穿库存料表面时，(因偏析)勺轮两端的矿石特性或许与料堆中部不同。很有可能每次当初级截取器截取抽样时，截取面刚好是勺轮端点处矿石，由此产生系统误差。

这一条款也同样适用于缩分的第二阶段和后续阶段。因为在这些阶段，由于矿石的处理方式和缩分装置的供料方式，也有可能会出现系统误差。

在这种情况下，强烈建议在固定质量或时间间隔范围内，进行随机分层取样(见第 10 章)。

副样取样方法和样品制备方法取决于最终取样方案的选择及在后续缩分阶段尽量减少可能出现系统误差的必要步骤。

4.2 操作人员安全

当采用静态取样方法时，应正确考虑操作人员的安全。应遵守适用的安全法规。

4.3 取样的一般过程

以下是取样的一般过程：

a) 确定取样目的。例如,监控生产性能,用于买卖;

b) 明确待测试的质量特性和规定总精度及取样精度;

c) 确定待取样批或批次的一部分;

d) 确认矿石的最大标称尺寸和颗粒密度,以便确定总样的最小质量、初始份样质量,以及使用机械取样器时取样器开口和采用人工取样时取样铲的尺寸;

e) 确定份样偏差 V_1,或如果考虑质量特性使用变量图时确定变量图的参数(见 GB/T 25944—2010(ISO 6139));

f) 确定颗粒质量特性之间的偏差系数 C_V(见 GB/T 25950—2010(ISO 6138));

g) 确定达到规定取样精度所需的初始份样 n 和取样单元 k 的最小数量(见第 5 章);

h) 确定达到规定取样偏差的最小总样质量(见第 6 章);

i) 确定最小初始份样质量(见第 7 章);

j) 确定质量系统取样方法中以吨为单位的取样间隔(见第 8 章)和在固定质量间隔范围内的分层取样方法,或确定时间系统取样方法中以分钟为单位的取样间隔(见第 9 章)和在固定时间间隔范围内的分层取样方法(见第 10 章);

k) 在整个批处理期间,按阶段 j)确定的间隔抽取初始份样;

l) 将份样(见 8.5 或 9.5)混合成副样或总样(见图 1 示例);

m) 副样通常分别制备和分析以提高总体精度;副样也可以为以下目的而制备:

1) 为方便物料处理;

2) 为提供矿石批次质量改进的情况;

3) 缩分之后提供标准或保留样品;

4) 为减少因气候条件影响的水分缺失(或增加),造成大批次水分含量测试结果的偏差。

允许在阶段 l)将份样组合为总样或副样前对份样进行缩分,保证被缩分的份样质量超过阶段 i)规定的最小质量。如果为进一步缩分将全部初始份样或缩分初始份样进行破碎,需要用被破碎的矿石最大标称尺寸重新计算总样和缩分初始份样的最小质量。

注 3:当从孤立批取样时,因不知道份样偏差(或变量图)和颗粒质量特性之间的偏差系数 C_V,不可能制定保证达到规定取样精度的取样方案。在这种情况下,所取份样数量和质量应由协议方商议。当独立批取样全部完成后,用 GB/T 25943—2010(ISO 10277)规定的适用方法或许可以确定达到的总精度。

4.4 总方差

每个质量特性测试平均值的总方差用 σ_{SPM}^2 表示,由三部分组成,即取样偏差、样品制备偏差和分析偏差。关系如下:

$$\sigma_{SPM}^2=\sigma_S^2+\sigma_P^2+\sigma_M^2 \qquad (1)$$

式中:

σ_S^2——取样偏差;

σ_P^2——样品制备偏差;

σ_M^2——分析偏差。

测定 σ_S^2、σ_P^2、σ_M^2 的测定方法见 GB/T 25946—2010(ISO 10226)。

取样偏差由小范围质量波动偏差 σ_{QE1}^2 和大范围质量波动偏差 σ_{QE2}^2 两部分组成。关系如下:

$$\sigma_S^2=\sigma_{QE1}^2+\sigma_{QE2}^2 \qquad (2)$$

小范围质量波动偏差也是由两部分组成:

$$\sigma_{QE1}^2=\sigma_{FE}^2+\sigma_{GE}^2 \qquad (3)$$

其中：

σ_{FE}^2——基本误差方差；

σ_{GE}^2——偏析误差方差。

因此

$$\sigma_S^2 = \sigma_{FE}^2 + \sigma_{GE}^2 + \sigma_{QE2}^2 \quad \cdots\cdots\cdots(4)$$

基本误差方差取决于总样质量，其他两部分取决于矿石的不均匀性分布和份样的数量。在本标准中，选定最小总样质量(见6.1)，则

$$\sigma_{FE}^2 \leqslant \frac{\sigma_S^2}{2} \quad \cdots\cdots\cdots(5)$$

在公式(1)中，总方差 σ_{SPM}^2 的主要部分常常是由于取样误差引起的。但是，当需要非常精确的试验结果，并且已尽量减小取样误差后，应考虑增加样品制备和/或分析的数量，以便减少总方差的组成部分。

通过对总样多次测试或最好将批次划分成多个取样单元，并在每一取样单元中制备和分析一个副样(见图1)，就能达到上述目的。

总方差计算方法如下：

a) 当一个总样由一个批次构成并对总样进行 r 次重复测试时：

$$\sigma_{SPM}^2 = \sigma_S^2 + \sigma_P^2 + \frac{\sigma_M^2}{r} \quad \cdots\cdots\cdots(6)$$

b) 当制备和分析 k 个副样，每个副样由等数量的份样组成，且在每个副样上进行 r 次重复测试时：

$$\sigma_{SPM}^2 = \sigma_S^2 + \frac{\sigma_P^2 + \frac{\sigma_M^2}{r}}{k} \quad \cdots\cdots\cdots(7)$$

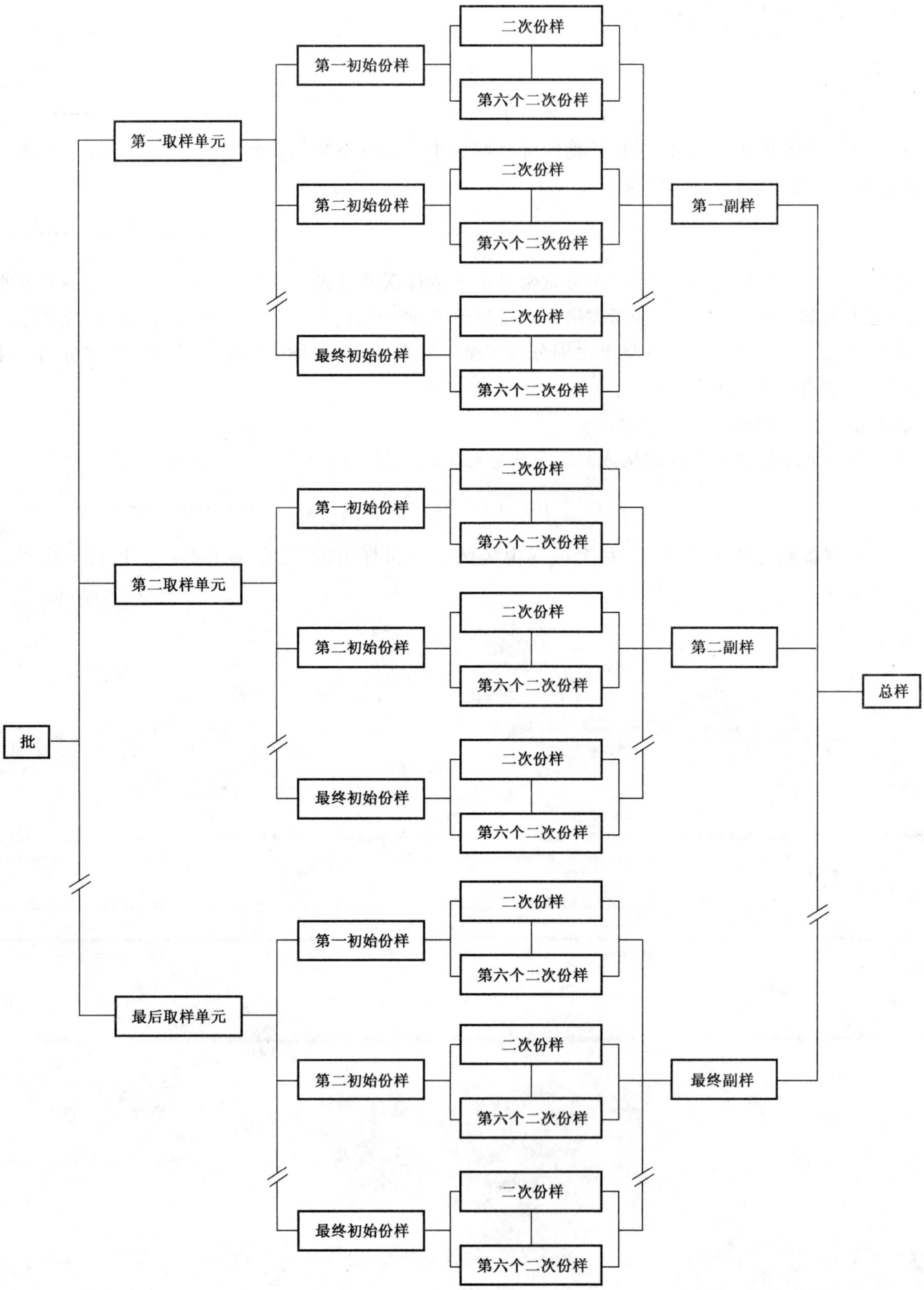

图 1　包括 6 个二次份样的取样流程图示例(为简明起见,省略了混合、破碎和缩分)

5 初始份样和取样单元的数量

5.1 总则

为达到规定的取样方差,从一批中或取样单元中所取的初始份样数是被测特性变量的函数。特性变量取决于矿石的偏析程度,矿石的颗粒尺寸范围和批次或取样单元的质量。试验测试每种类型的矿石,并按份样偏差 V_1 或按 GB/T 25944—2010(ISO 6139)变量图截距 A 和斜度 B 表示。

注意:由于样品在抽取期间,保持样品的完整性极为困难。因此,要求特别关注水分的测试。在这种情况下,可能会出现偏差。通过采用高于根据某种精度简单计算取样单元份样数量得出的间隔频率抽取水分样品,才能够克服这种偏差。由此,建议在大量的副样上进行水分测试并记录称重试验结果的平均值。这样将会减小由于气侯条件导致水分损失(或增加)而引起的误差。也会获得良好的精度。

5.2 计算初始份样数

当完成了矿石变量测试后,在所需取样精度条件下,从批次中抽取初始份样的数量由式(8)计算。

5.2.1 份样方差法

$$n=\frac{V_1}{\sigma_S^2} \qquad \cdots\cdots(8)$$

其中:

n ——初始份样的数量;

V_1——份样偏差;

σ_S^2 ——规定取样偏差。

举例:

不同 V_1 和 σ_S 值的最小初始份样数。

表 1 规定最小初始份样数量

V_1	取样标准偏差 σ_S						
	0.1	0.2	0.5	0.75	1	2	3
0.25	25	7	1	1	1	1	1
1	100	25	4	2	1	1	1
4	400[1)]	100	16	8	4	1	1
9	900[1)]	225	36	16	9	2	1
25	2 500[1)]	625[1)]	100	50	25	6	3
100	10 000[1)]	2 500[1)]	400[1)]	200	100	25	11

1) 以上数值表明实际操作时可能无法达到规定精度。在这种情况下必须采用比 4.3b)规定稍差的取样精度。

5.2.2 变量图表法

a) 系统取样

$$n=\frac{A+\sqrt{A^2+\frac{2}{3}Bm_1\sigma_S^2}}{2\sigma_S^2} \qquad \cdots\cdots(9)$$

式中：

n ——初始份样的数量；

A ——校正的变量图截距；

B ——变量图的斜度；

m_1——批次的质量；

σ_S^2 ——规定取样偏差。

b) 分层任意取样

$$n=\frac{A+\sqrt{A^2+\frac{4}{3}Bm_1\sigma_S^2}}{2\sigma_S^2} \qquad \cdots\cdots(10)$$

举例：

假设采用系统取样，按照 GB/T 25944(ISO 6139)测试的 Al_2O_3 含量的变量图参数如下：

$A=0.3$

$B=0.000\ 1$

$m_1=30\ 000$ t

$\sigma_S=0.1\%Al_2O_3$（质量分数）

于是：

$$n=\frac{0.3+\sqrt{0.09+\frac{2}{3}\times0.000\ 1\times30\ 000\times(0.1)^2}}{2\times0.01}$$

$$=\frac{0.3+\sqrt{0.09+0.02}}{0.02}$$

$$=\frac{0.63}{0.02}$$

$$=32$$

5.3 计算副样数量

当已知样品制备和测量偏差时，可按式(11)计算副样数 k：

$$k=\frac{\sigma_p^2+\frac{\sigma_m^2}{r}}{\sigma_{spm}^2-\sigma_S^2} \qquad \cdots\cdots(11)$$

式中 σ_{spm}、σ_S、σ_p、σ_m 和 r 与前面定义相同。

可能需要多次重复才能找到正确 σ_s 与 k 的结合点。

6 总样和副样的质量

6.1 总样的最小质量

保证总样的最小质量是为了达到规定取样偏差，这一点非常重要。如果总样质量太小即使按 5.2 的计算要求抽取足够的份样，也达不到规定的取样偏差。

下述试验公式（见附录 A）给出了总样的最小质量：

$$m_G=\left(\frac{C_V}{\sigma_S}\right)^2\rho gD^3\times10^{-6} \qquad \cdots\cdots(12)$$

式中：

m_G——最小总样质量，单位为千克(kg)；

C_V——颗粒质量特性间的偏差系数(按 ISO 6138);

σ_S ——规定的相对取样误差(标准方差);

ρ ——矿石颗粒的密度(不是松装密度),单位为吨每立方米(t/m^3);

g ——表 2 给出的尺寸范围系数;

D ——该批矿石的标称最大尺寸,单位为毫米(mm)。

表 2 颗粒尺寸范围的系数

尺 寸 范 围	g 值
大颗粒($D/D'>4$)	0.25
中颗粒($4\geqslant D/D'\geqslant 2$)	0.50
小颗粒($D/D'<2$)	0.75
均匀颗粒($D/D'=1$)	1.00

D 为矿石最大标称尺寸。

D'是保留 95%铝土矿的筛孔尺寸。

最大标称尺寸和总样最小质量的变量关系 C_V/σ_S 各种偏差值在图 2 和图 3 中给出(假设 ρ=2.5 t/m^3)。

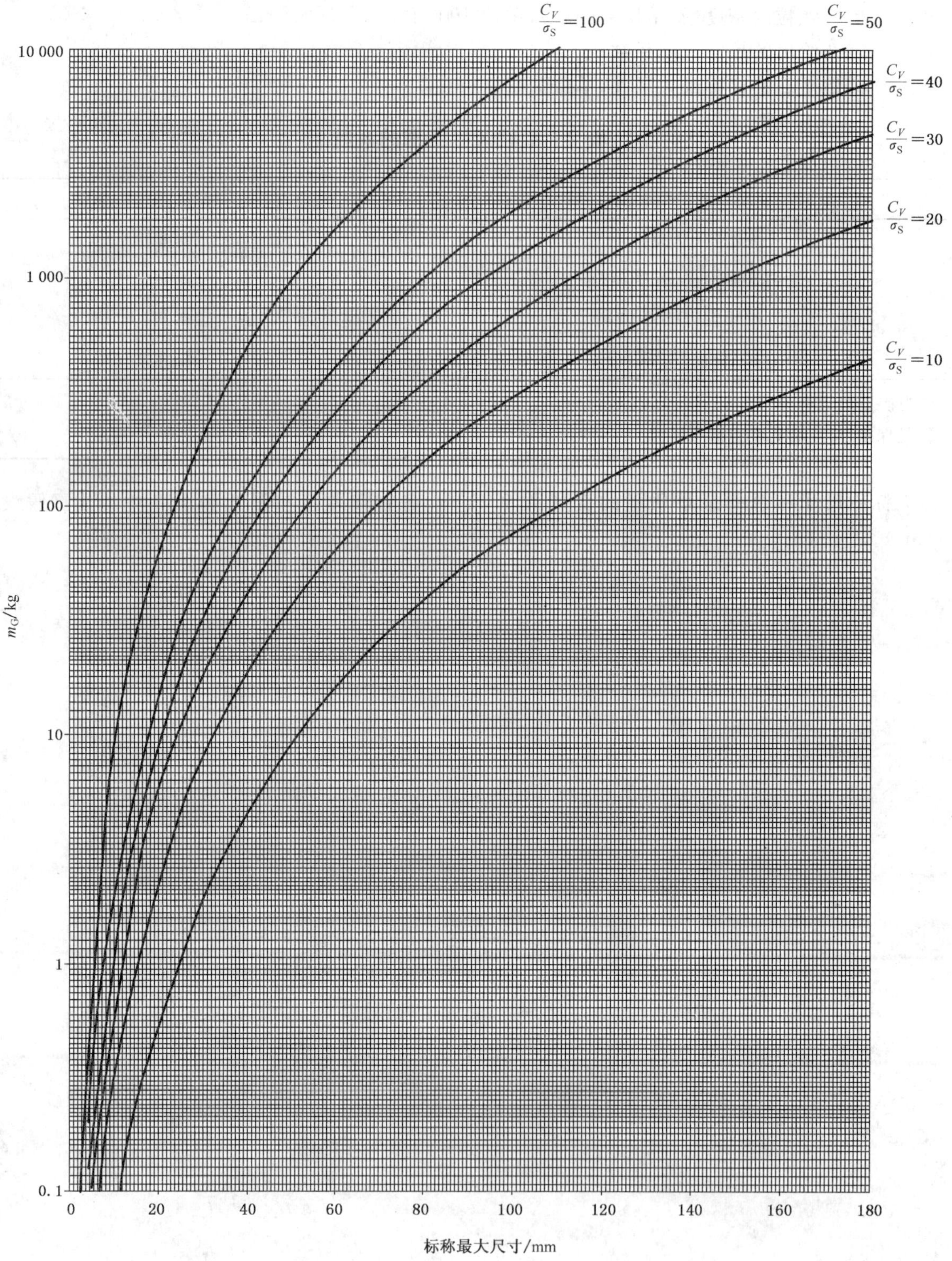

图 2　作为 C_V/σ_S 标称最大尺寸函数的最小总样质量(密度 2.5 t/m^3,$g=0.25$)

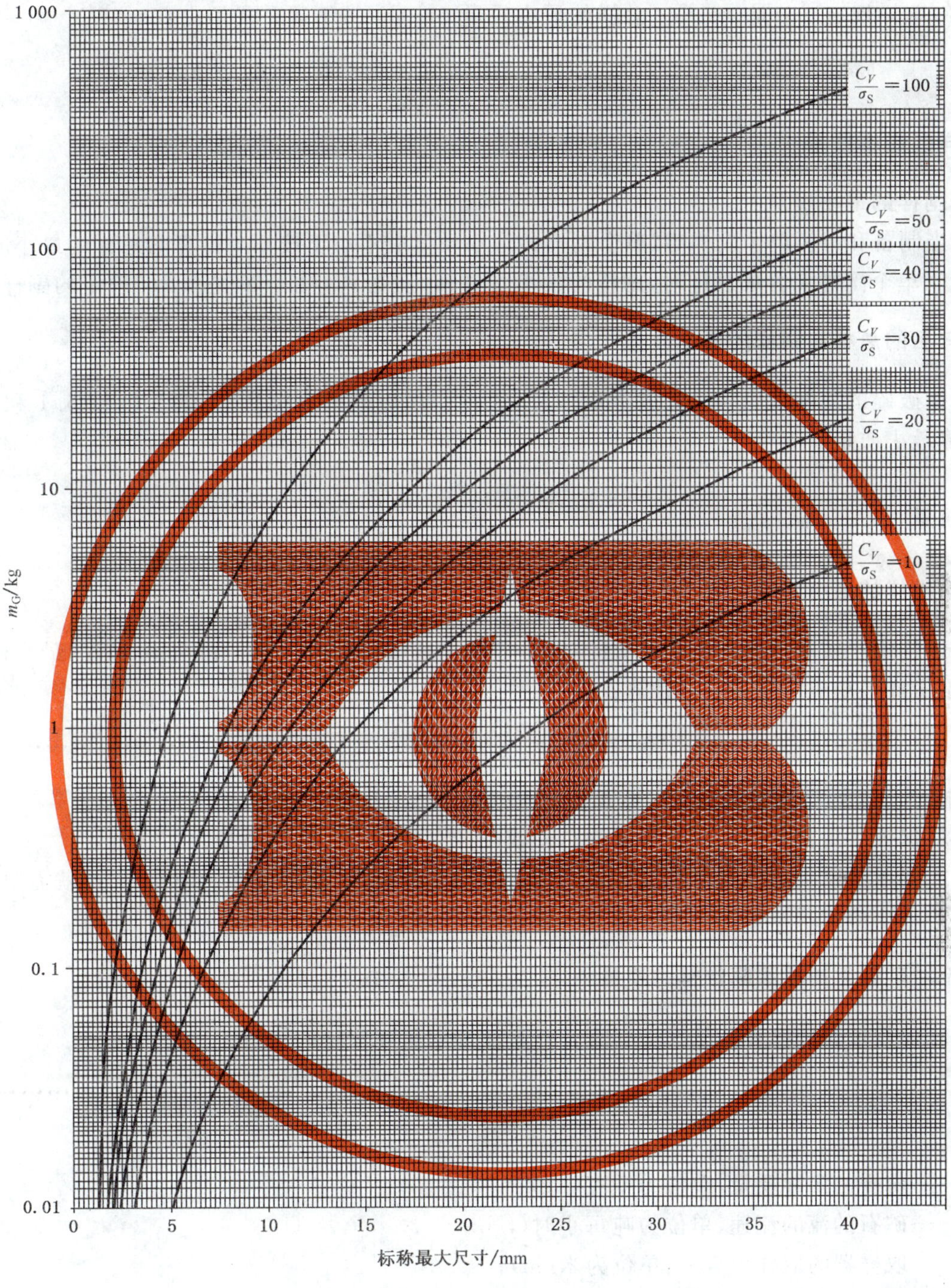

图 3　作为 C_V/σ_S 标称最大尺寸函数的最小总样质量(密度 2.5 t/m³，$g=0.25$)

举例：

以标称最大尺寸为 22.4 mm，颗粒密度为 2.5 t/m³ 铝土矿取样为例。假设是大尺寸范围，偏差系数是 20%，取样规定误差是 0.5%。总样的最小质量（重量）按下述公式给出：

$$m_G=\left(\frac{20}{0.5}\right)^2\times 2.5\times 0.25\times (22.4)^3\times 10^{-6}=11.2\ \text{kg}$$

6.2 副样的最小质量

单个副样的最小质量

a) 当制备和分析单个副样时，单个副样的最小质量应不小于按 6.1 计算的总样的最小质量。

b) 当单个副样混合成总样时，副样的最小质量 m_S 应为 m_G/K。K 是 4.3b)确定的副样数量。

6.3 破碎后的总样和副样的最小质量

如果被破碎的总样或副样允许进一步缩分，通过引用破碎矿石标称最大尺寸，按 6.1 和 6.2 的公式，可计算最小质量。

7 份样质量

7.1 初始份样的最小质量

尽管份样最小质量的概念不是绝对的，但份样最小质量必须超过 6.1 和 6.2 规定的最小样品质量。由此，初始份样最小质量按式(13)计算：

$$m_1=\frac{m_G}{n}=\left(\frac{C_V}{\sigma_S}\right)^2\frac{pgD^3}{n}\times 10^{-6} \qquad (13)$$

n 是按照 5.2 计算的初始份样的数量。

这样就保证了由初始份样混合构成的总样或副样总是具有足够的质量。

如果需要单独制备副样或分离总样或副样进行化学分析、水分测试和物理检测时，就需要相应增加初始份样的最小质量或数量。

7.2 从流动矿流上抽取实际份样的质量

可用式(14)计算用取样器从流动矿流的卸料端抽取实际份样的质量：

$$m_A=\frac{q_m b_c}{3.6v_c} \qquad (14)$$

式中：

m_A ——份样的实际质量，单位为千克(kg)；

q_m ——矿石的流的流速，单位为吨每小时(t/h)；

b_c ——取样器的取样口直径，单位为米(m)；

v_c ——取样器的截取速度，单位为米每秒(m/s)。

当流速快时，初始份样的实际质量总是大大超过 7.1 中公式(13)获得的值。事实上，初始份样的实际质量是由 11.3.1 确定的最小取样口直径和 11.3.2 规定的最大取样器速度决定的。除非遵守这两个条件，否则份样不具备所取矿石的代表性。

7.3 大量初始份样的再次缩分

8.10 和 9.8 规定了大量份样的再次缩分方法。

缩分装置可自动与机械取样设备连接。但是，样品抽取之后，所有程序包括贮存，都应在密封的和防干燥的条件下进行,以减少水含量的变化。

在线二次和连续缩分器的工作频率各有不同,且与初始取样机不同,在整个取样期间,缩分器将连续工作。

7.4 破碎份样的最小质量

如果将初始份样破碎后进一步缩分,可以通过引用破碎矿石标称最大尺寸,按7.1中公式(13)计算缩分后初始份样的最小质量。

注4:任何份样的最小质量都不能小于100 g,以保证份样在通过取样系统的过程中保持完整。

8 质量系统取样方法

8.1 总则

质量系统取样方法是不考虑流速偏差的。当从进料速率偏差较宽的流动矿流上取样时(即与标准速率偏差大于20%),质量系统取样方法是优先采用的取样方法。

质量系统取样方法有以下两个步骤:

a) 扩大被取矿量每一等吨位要求抽取的初始份样数量。

b) 在初始(优选)或二次缩分阶段,从每一吨位间隔抽取近似等量矿石,为总样或副样提供近似等量的样品。

"近似等量"意指份样质量的偏差系数应不大于20%。例如,当份样的平均质量30 kg抽取份样的方式是95%的份样量在24 kg和36 kg之间波动,平均值为30 kg。

如果单个初始份样的质量偏差系数大于20%:

1) 每个初始份样应分别进行缩分(根据缩分规则)并测试质量特性;

2) 初始份样在混合成副样或总样前,应经过定量缩分。

8.2 取样间隔

质量取样方法抽取初始份样的间隔由式(15)确定:

$$\Delta m_1 < \frac{m_1}{n} \qquad \cdots\cdots(15)$$

式中:

Δm_1 ——抽取份样的质量间隔,单位为吨(t);

m_1 ——批次或取样单元的质量,单位为吨(t);

n ——根据5.2计算的初始份样的数量。

8.3 取样器

可采用下述任一种取样器:

a) 定速取样器。在整批矿石处理期间,取样速度恒定;

b) 可变速取样器。切割矿流时取样速度恒定,但根据输送带的流速,能够对份样逐个调整取样速度。

8.4 抽取初始份样

采用取样装置一次通过的方式抽取每一初始份样,以便抽取到矿流的整个断面。

首次抽取的初始份样的质量应为小于Δm_1的任意量(见8.2)。

由此,应按质量系统分层取样方法,即在固定质量间隔Δm_1抽取规定数量的初始份样。这种固定质量间隔在一个批次的取样期间不应改变。

初始份样之间的质量间隔应小于由5.2初始份样数量计算出的间隔，以便保证所取数量或初始份样大于规定的最小数量。

如果所取初始份样已达到计划量，但处理还没有完成，应继续在相同的质量间隔抽取额外的份样，直至完成操作。

8.5 总样或副样的构成

总样应由所有初始份样或副样组成。这些样品或是直接抽取的样品或是单独制备之后进入样品制备特殊阶段的样品，然后按正确的比例混合。

如果初始份样的质量偏差系数大于20%，初始份样将不能混合成副样或总样，并应遵守8.1b)[1)和2)]规定的要求。

副样应由连续的初始份样组成。这些样品或是直接抽取的样品或是单独制备之后进入样品制备特殊阶段的样品，然后按正确的比例混合。每一批次的任一系列副样应有等数量的连续初始份样组成。

注意：应注意某一批次试验结果的精度不能单纯依赖于由以上方式取得的个别初始份样或副样的试验结果。个别初始份样或副样的试验结果不能用于表示批次或取样单元的特性。

8.6 缩分方法

定量缩分法是获取近似等量$C_V<20\%$的缩分副样或总样而不考虑缩分前质量差异的一种方法。可变切割速度的缩分器能够用于这类缩分。

定速缩分是缩分后副样或总样的质量与待缩分的不同质量成比例的一种缩分方法。旋转样品缩分器或开槽输送带能够用于这类缩分。

8.7 份样缩分

当份样缩分并构成副样或总样时，应按以下方法进行缩分：

a) 如果份样的质量偏差系数大于20%，应采用定量缩分法对份样逐个进行缩分；

b) 如果份样的质量偏差系数不大于20%，既可采用定量缩分法，也可采用定速缩分法。

缩分取样次数和最小质量应符合8.10的规定。

8.8 副样缩分

当副样缩分并构成总样时，应按以下方法进行缩分：

a) 当副样的质量偏差系数不大于20%，且副样是由等数量份样组成时，定量缩分法和定速缩分法都可采用；

b) 如果副样是由不同数量的份样组成时，应采用定速缩分法。

取样次数和最小质量应符合8.10的规定。

8.9 总样缩分

通常总样要按照GB/T 25949—2010(ISO 6140)规定的程序进行样品制备。但是，在线缩分总样时，取样次数和最小质量应符合8.10的规定。

8.10 缩分取样次数

最少取样次数和最小质量应符合下列规定：

a) 将一个批次或取样单元的所有份样或副样混合成一个总样：按最小质量$m_G/20$最少取样

20 次，m_G 是按 6.1 中公式(12)规定的最小总样质量。

b) 将若干份样混合成一个副样进行分析：按最小质量 $m_G/10$ 最少取样 10 次。

c) 将单个初始份样进行缩分：按最小质量 $m_G/6n$ 最少取样 6 次，n 为初始份样的数量。

d) 将独立的二次份样和后续份样进行缩分：每个二次或后续份样按最小质量 m_G/np 最少取样一次。其中 n 是初始份样的数量，p 是每个初始份样连续取样的最终数量。

对于定量缩分，应按照 8.2 的原则根据待缩分的总样、副样或份样的质量，制定不同的取样间隔。在第一个质量间隔范围内，任意进行首次取样。

对于定速缩分，根据 9.2 的原则，不用考虑将要缩分的总样、副样或份样的质量，其取样间隔恒定。在第一个时间间隔范围内，任意进行首次取样。

注 5：在任何阶段，已缩分的总样、副样或份样在小于最小质量的情况下再缩分时，要求在缩分之前减小颗粒尺寸。那么，应按照 6.3 的规定，重新计算最小总样质量 m_G。

9 时间系统取样方法

9.1 总则

当从进料速率偏差不大的流动矿石流上取样时，可采用时间系统取样方法。即，进料速度偏差不大于标称速度偏差的 20%。

9.2 取样间隔

按时间系统取样方法抽取初始份样的间隔应由式(16)确定：

$$\Delta t \leqslant \frac{60 m_1}{q_m n} \qquad (16)$$

式中：

Δt ——抽取初始份样的时间间隔，单位为分(min)；

m_1 ——批次的质量，单位为吨(t)；

q_m ——输送带加载速度，单位为吨每小时(t/h)；

n ——按 5.2 计算的初始份样的数量。

9.3 取样器

取样器应为定速取样器。在处理整批矿石期间，取样速度恒定。

9.4 初始份样的抽取

每一初始份样应采用取样装置一次通过方式抽取。第一个初始份样应在小于 Δt(见 9.2 中公式(16))任意时间内抽取。

因此，初始份样的规定数量应按时间系统分层取样方法抽取，即在批次取样的全过程，固定时间间隔 Δt 不变。

初始份样之间的时间间隔应小于根据 5.2 初始份样数量计算得出的初始份样时间间隔，以保证抽取的初始份样数量大于规定的初始份样最小数量。

如果初始份样数量已达到计划量，但处理还没有完成，应继续在相同的时间间隔抽取额外的份样，直至完成操作。

9.5 总样或副样的构成

初始份样可按下述任一方法混合成总样或副样：

a） 所取初始份样，在不考虑质量偏差的情况下，可混合成副样或总样。

注6：当被分析副样用于确定批次的质量特性时，应测试副样的质量或测试抽取副样的取样单元质量以便获得批次质量特性的加权平均值。

b） 如果缩分份样的质量与初始份样的质量成比例，可用定速缩分方法缩分初始份样并且通过混合已缩分的份样制备总样或副样，以便保持批次质量特性的加权平均值。

9.6 份样和副样的缩分

按时间系统取样之后，应采用定速缩分法进行份样或副样的缩分。取样次数和最小质量应符合9.8的规定。

9.7 总样的缩分

总样通常要按照GB/T 25949—2010(ISO 6140)规定的程序进行制备。但是，如果对总样进行在线缩分时取样次数和最小质量应符合9.8的规定。

9.8 缩分用取样次数

缩分和取样的次数和最小质量应符合下列规定：

a） 当一个批次或取样单元的所有份样或副样混合成一个总样：按最小质量 $m_G/20$ 最少要进行20次取样，m_G 是按6.1规定计算得出的最小总样质量。

b） 当几个份样已混合成一个副样：按最小质量 $m_G/10$ 最少要进行10次取样。

c） 将单个初始份样进行缩分：最少要进行6次取样，取样最小质量 $m_G/6n$，n 是初始份样的数量。

d） 缩分二次或多次抽取的单个份样：每个二次或多次抽取份样最少要取样1次，最小质量为 m_G/np，n 是初始份样的数量，p 是从每个初始份样中多次抽取份样的最终数量。

对于定速缩分，按照9.2的原则，切割间隔恒定，不用考虑将要缩分的总样、副样或份样的质量。在首次确定的间隔范围内，任意开始首次取样。

注7：在任何阶段，已缩分总样、副样或份样在小于最小质量的情况下再缩分时，要求在缩分之前减小颗粒尺寸。并应按照6.3的规定，重新计算最小总样质量 m_G。

10 固定质量或时间间隔的任意分层取样方法

10.1 固定质量间隔任意分层取样的通用程序

除质量间隔已经设定，样品缩分器或取样器在质量间隔范围内任一点任意抽取一个初始份样的程序外，取样程序应符合第8章的规定。使用任意数据发生器，在质量间隔范围内（由8.2确定）可随时设置任意质量数据，当取样质量与设定数据一致时可驱动取样装置。

10.2 固定时间间隔任意分层取样的通用程序

除时间间隔已经设定，样品缩分器或取样器在时间间隔范围内任一点任意抽取一个初始份样程序外，取样程序应符合第9章的规定。使用任意数据发生器，在时间间隔范围内（由9.2确定）可随时设置任意时间数据，当时间与设定数据一致时可驱动取样装置。

11 流动矿石流机械取样方法

11.1 总则

机械取样装置有很多种，因此，不可能规定专用于取样的特定型号。附录B给出的常用取样装置的实例。并以此作为选择适用设备的指南。

本标准仅涉及一次通过矿石流整个横断面的机械取样机。最好不使用一次操作仅取到部分矿石流的机械取样装置。

11.2 取样系统的设计

11.2.1 取样设备的位置

应按下述标准选择取样设备的位置：

a) 取样设备置于能够接近整个矿石流的地点；

b) 取样点应尽可能接近物料处理系统中要求对矿石成分进行测定处(例如,装船前直接取样)；

c) 取样点应设置在处理系统中。该点位的物料流应没有明显可见的偏析且没有因物料输料速度或成分的系统偏差引起的明显误差风险；

d) 为了核实11.2.3规定的精度和偏差,应制做相邻于自动取样机的固定皮带取样装置；

e) 取样地点应位于操作者易于工作的地点,应优先考虑尽可能接近最后缩分阶段的地点。

11.2.2 重复取样的准备

推荐通过交替混合份样,用初始份样组成成对的副样A和副样B。在相应的国际标准中规定了重复取样程序。

11.2.3 精密度和偏差的校核系统

当机械装置投产运行或主要部件改变时,应对整体装置进行精密度和偏差校核试验。

与第13章规定的固定输送带取样方法相比较,应优先选用GB/T 25943—2010(ISO 10277)和GB/T 25946—2010(ISO 10226)分别规定的精密度和偏差的校核方法。

11.2.4 减小样品偏差

按以下方式设计装置来减小：

a) 样品损耗。

b) 样品的物料通过设备的流动阻力。

c) 残余料的保留。

d) 样品的污染。

e) 如果所取样品用于检测颗粒尺寸时,组成颗粒的破碎。

f) 水含量的变化。

在线二次和后续样品缩分器的缩分频率应不同于初始取样机的取样频率。

11.2.5 取样系统的布局

设备应布置成有利于主要设备能够独立进行试验和维修的格局。

11.3 样品取样器

11.3.1 设计标准

为了减小份样取样偏差,取样器除要符合11.2.4的规定外,还要达到下述标准：

a) 样品取样器应为自洁型。

b) 除样品之外,没有任何其他物料进入样品取样器。尤其来自输送带刮板上的物料和在堆场的取样器上聚集的尘土。

c) 取样器应能够切割矿石流的整个断面,前缘和托板应同时一次性截取矿流。

d) 取样器应沿矿石流的平面或弧形轨迹切割矿石流,标准是按矿石流的预定轨迹截取。

e) 取样器穿过矿石流的速度应稳定在±5%。

f) 取样器孔径的几何形状应能够使矿石流每一点的取样时间稳定在±5%以内。

g) 取样器孔径的最小尺寸至少应是取样矿石标称最大颗粒尺寸的三倍。

h) 任何取样器的最小孔径应为 30 mm。

i) 取样器应具有足够的容量容纳最大矿石流速下获取的份样质量。

11.3.2 取样器的速度

在设计机械取样装置时,最重要的设计参数之一就是取样器的速度。取样器的速度太快就会因大颗粒的偏移造成样品的偏差,也会导致冲击载荷问题及切割矿石流时保持速度稳定的困难。应避免产生过量的紊流,减少弹回颗粒和尘土引起样品偏差的风险。

GY 进行的试验工作表明,对于在低负载(矿流密度)输送带上颗粒尺寸分布非常窄的不均匀矿流中取样,当取样器速度超过 0.6 m/s 或取样器孔径小于三倍的矿石标称最大尺寸时,可产生明显的偏差。

根据此试验的验证,对于取样器孔径 b_c 等于矿石标称最大尺寸三倍,且与矿石流成直角切割取样器(见图 4),取样器速度不应超过 0.6 m/s。如果“取样器有效孔径”b_c 最小是标称最大尺寸的三倍,最大取样器速度同样也适用于与矿石流不成直角切割(见图 5)的取样器。成直角切割的取样器可在任一方向或两个方向进行切割。不成直角切割的取样器仅可在一个方向进行切割。对于孔径 b_c 超过标称最大尺寸 D 三倍的取样器,按照下述公式可增加最大允许速度 v_c:

$$v_c = 0.3(1 + b_c/b_1)$$

式中:

v_c——最大速度,单位为米每秒(m/s);

b_c——取样器孔径的实际宽度;

b_1——等于 3 倍的标称最大尺寸($b_1 = 3D$)。

但是,最大速度不能超过 1.5 m/s。

注 8:只有在试验证明没有产生明显的偏差时,3D 孔径取样器才有可能采用超过 0.6 m/s 的速度。

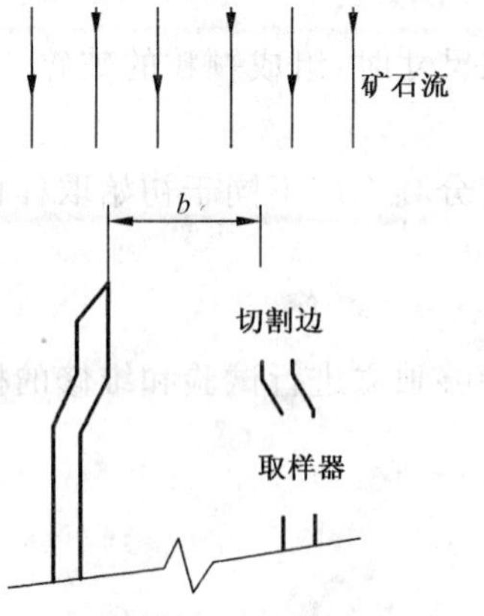

图 4 切割边与矿石流成直角的取样器

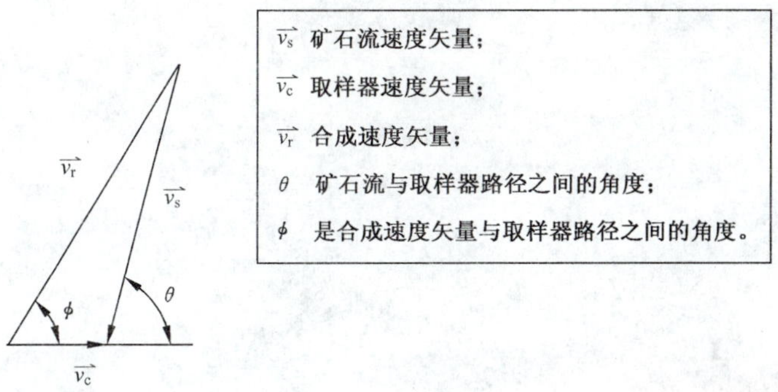

a) 矢量图

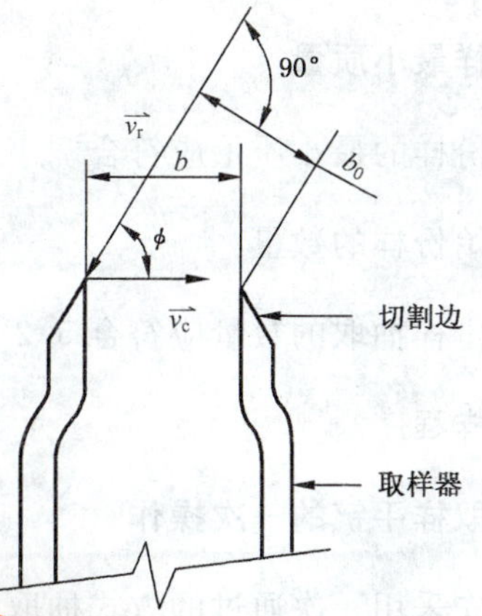

b) 切割边与取样器路径成直角的取样器

图 5 取样时,切割边与矿石流不成直角的取样器

11.4 份样的质量

在各种情况下,通过样品取样器一次获得的每一份样的最小质量都应符合 7.1 的规定。

11.5 份样的数量

份样数应符合 5.2、8.10 和 9.8 的规定。

11.6 常规校核

应定期进行设备维修和检查。当进行任何改造或怀疑有变化时应进行校核。

12 流动矿石流的人工取样方法

12.1 总则

推荐使用流动矿石流的机械取样方法,因为机械取样法比人工取样法所提供的数据更可靠。但是在没有机械取样装置的情况下,如果能够接近整个矿流且操作人员没有安全风险,可以进行人工取样。有关操作人员的安全问题,应遵守主管部门的相关规定。

注 9:对于标称最大尺寸大于 31.5 mm 的矿石,不应采用流动矿石流人工取样方法。在这种情况下,应采用固定输送带取样方法。

12.2 选择取样位置

取样位置应:

a) 能够保证所有操作人员的安全;

b) 能够保证接近整个矿石流;

c) 矿石流的偏析最小,例如,尺寸分布或水含量;

d) 尽可能接近测试质量的装料或卸料点。

对于绝大多数输送系统,能够满足以上要求的取样位置仅有转运点。任何时候都应避免在流动运输带的上表面取样。

12.3 取样工具

使用附录 C 规定的取样平铲进行取样。所选工具的容量应符合第 7 章和表 C.1 的要求。

12.4 份样最小质量

每一份样的最小质量应符合7.1的要求。

12.5 初始份样的数量

初始份样抽取的数量应符合5.2的要求。

12.6 取样程序

12.6.1 取样平铲的一次操作

应优先采用一次通过的方式抽取份样,即取样平铲以均匀的速度穿过矿石流整个宽度并要注意在取样铲离开矿石流前,不要使矿石溢出。另一个份样应在相反方向穿过矿石流抽取。

1	6	3	8
5	2	7	4

图6 人工抽取份样时推荐位置和顺序的矿石流平面图

12.6.2 取样平铲的多次操作

在某些情况下,取样铲不能够一次通过矿石流的整个横断面抽取矿石。在这种情况下,应将取样平铲推置矿石流一定深度,以便按顺序多次穿过整个矿石流抽取样品。见图6示例。假设取样平铲一次只能取到矿石流八分之一的代表量(见图6给出的1至8的任何面积),取样平铲应按顺序移至后续依次取样的每一剩余面积,以便8次操作之后取到矿石流整个横断面的矿石,获得一个份样。

为了从泻落矿石流的整个横断面获得份样,有可能会规定实际的操作次数。实际操作次数取决于矿石流的几何形状、密度和取样平铲的尺寸。

取样平铲应头向下插入矿石流中,朝上翻转装满矿石,然后从矿石流中抽出平铲。

除以上要求外,人工抽取样品仍要遵守以下两条注意事项:

a) 当副样是由很多份样构成时,每一副样或总样应包括代表整个矿石流横断面的份样(即每一总样本身为一整体,不应只代表矿石流的一部分)。

b) 取样平铲不应溢出,因为这种情况会导致样品出现偏差(即大颗粒容易从取样铲的堆尖上滚下)。

13 固定运输带取样方法

与其他取样程序相比较固定运输带取样方法是抽取标准样品优先采用的取样方法。应按以下程序从固定运输带上抽取样品:

a) 确定取样参数;

b) 按预先确定的时间和质量间隔,使运输带停止运动;

c) 在每一次停机阶段,将最小内尺寸是矿石标称最大尺寸三倍的成型取样框架(见附录D)横放在固定运输带的整个宽度上,并插入矿石中,以便在整个宽度与输送带紧密接触;

d) 如果有大块矿石阻碍取样框架的插入,将左手边的矿石推入份样中,将右手边的矿石推出;

e) 取出取样框架中的矿石,通过打扫运输带,保证份样中包括这一面积的所有颗粒并将每一份样贮存在适当容器中。如果份样用于水分测试,容器应密闭,以防止由于气候原因导致水分损失或增加；

f) 按以下方式混合份样：

1) 时间系统取样方法。抽取的份样可混合成副样或总样而不用考虑份样的质量偏差。如果份样的质量太大，份样在混合之前应采用定速缩分法进行缩分。

2) 质量系统取样方法。如果份样质量的偏差系数大于20%，所取份样不应混合成副样或总样。每一份样应单独进行缩分和质量特性测试，或在混合成副样或总样之前的某一缩分阶段，份样采用定量缩分法进行缩分。

g) 按照第15章规定将副样或总样贮存在贴有标签的容器中。

14 静止状态取样

14.1 总则

本条款规定了从料堆、敞篷车和轮船上的铝土矿的取样程序。在这种情况下，批次或取样单元将分成 n 个按位置或质量均匀间隔的层次（n 是根据5.2计算的份样数）。

只有能够表明不会因质量或数量的周期性变化与指定的取样间隔的倍数一致或近似而引起系统偏差时，才可用系统的取样方法。

如果有可能因质量或数量的周期性变化引起系统误差时，建议采用任意分层取样方法。

在某些情况下，如果将所有的份样进行混合，但混合份样的总量很大，因而份样在混合成副样或总样前有必要进行缩分。在这种情况下，有关第6章的要求应符合GB/T 25949—2010(ISO 6140)规定的份样缩分程序。

14.2 初始份样质量的一致性

混合总样或副样的所有初始份样应具有基本一致的质量，即质量偏差不超过20%。

14.3 偏差试验

校核取样偏差的程序见GB/T 25946—2010(ISO 10226)。

14.4 料堆、敞篷车和轮船上的铝土矿取样工具

14.4.1 取样铲

用取样铲取样通常会产生样品偏差，这是因为用取样铲取样不能贯彻整个批次等量取样的基本原则。由于暴露、偏析和其他原因，料堆或敞篷车顶层的矿石总是不同于其余的矿石。因此，尽量不推荐使用取样铲取样。以下程序仅为了减小误差。

必须使用取样铲取样的地方，应在被取样的矿石表面尽可能均匀间隔的位置抽取份样，保证每一份样含有能够代表取样矿料的所有颗粒尺寸。推荐取样铲的尺寸见表D.1。

用取样铲抽样的程序应按照以下方式进行：

a) 在矿床上挖一个至少300 mm深的洞，保证挖出的矿石抛离洞穴。应选择洞口角度，防止矿石从洞口滚下，进一步加大样品的偏差。

b) 用取样铲一次或多次从洞穴的底部抽取适当质量的份样。

c) 将份样放入第15章规定的带有标签的容器中。

保证取样铲绝对不溢出。每一洞穴挖好之后，应将取样铲近似水平的插入矿石的顶层，以防止取样铲全部埋入矿石中。自然成锐角将取样铲插入矿石中。应避免将取样铲抬起或提出，因为这样做必然会导致矿样溢出。

注 10：任何时候都应尽可能选用可一次性抽取份样的取样铲尺寸。

注 11：当份样太大，使用最大尺寸的取样铲也无法一次完成份样的抽取时，可以通过多次操作抽取份样。

14.4.2 取样钎

当从料堆上抽取初始份样时，也可使用取样钎这些工具。但是像使用取样铲一样，由于不能保证等量选取各种颗粒尺寸的矿石，因此，采用取样钎容易产生样品偏差。获取的样品最多只能代表钻取深度的矿石。使用取样钎能够引起颗粒破碎，因而影响矿石样品的颗粒尺寸分布和散装密度。因此，尽量不使用取样钎取样。

取样钎的直径至少应是矿石标称最大尺寸或 30 mm 的三倍，无论哪一个更大。

当取样矿石的标称最大尺寸小于 25 mm 时，可用取样钎抽取份样，但必须小心操作，保证取出整个矿柱并在取出钻头时无颗粒损失。

当取样矿石的标称最大尺寸大于 25 mm 时，只有采用机械设备才能进行取样钎取样。

使用机械设备时，抽取的物料量通常要超过规定要求。在这种情况下，需要按 14.4.1 的规定程序抽取份样。

使用取样钎的取样程序应符合以下规定：

a) 应在被取样的矿石表面尽可能均匀间隔的位置抽取份样，保证每一份样能够代表该部分取样矿料的所有颗粒尺寸。

b) 当取样工具拔出时，应保证含水矿石不会粘在工具的外表面。当抽取份样时，应保证含水矿石不会粘在工具的内表面。不能用加热取样钎的方式消除含水矿石的粘结。

c) 将份样放入第 15 章规定的带有标签的容器中。

14.4.3 取样平铲

取样平铲仅可用于泻落矿石流的取样。平铲的应用程序见 12.6。

14.5 料堆取样

14.5.1 总则

从料堆中获取有代表性的铝土矿样品通常具有一定的困难，因此，这一程序是不推荐的程序。仅从料堆顶部或边部抽取的样品不能代表整个料堆，尤其是由多个矿源的矿石组成的料堆。

料堆矿石取样唯一真实有效和推荐的方法是在料堆堆积或拆除时取样。但是，如果使用的取样装置能够穿透料堆每一取样点的整个深度并抽取整个矿柱，就能够从料堆中取到有代表性的样品。但这种可行性很小，对此要有充分的认识。在各种的情况下，都必须牢记样品仅代表抽取矿石的部分和深度。例如，用仅能够钻入 2 m 深度的取样钎抽取的份样，样品的检测试验结果仅代表料堆中该深度的矿石质量。实际上，只完成了对 2 m 厚壳的取样。因此，如果用这种工具对高 20 m 的料堆取样，最终结果将只可能对料堆顶部 2 m 的矿石有效。

某些取样工具可能会引起矿石的偏析，应注意确保关键的矿石特性不受取样工具的影响。

14.5.2 选择取样点

确认料堆的布局，并制作平面图。在平面图上将料堆划分成大致质量相等的多个区域，并用数字标注。这些区域大小应便于在料堆上定位。

14.5.3 方法

按下述方式从料堆中抽取样品：

a) 确定 4.3 规定的取样参数。

b) 14.4.1或14.4.2方法之一抽取样品。

14.6 敞篷车和卡车的取样方法

警示:为了安全起见,从敞篷车顶部取样必须非常小心的进行。关键是取样期间敞篷车不移动。

尽量不在敞篷车或卡车的顶部取样:但是,如果没有其他方法,应按下述方法进行:

a) 确定4.3规定的取样参数。

b) 按14.4.1或14.4.2方法之一抽取样品。

14.7 敞篷车底部卸料或卡车后挡板卸料的取样方法

应按照第11章规定的程序优先选择在卸料时取样。但如果做不到,矿石应卸到易于采样的位置(通常在料堆)。按照14.4.1或14.4.2规定的矿石取样程序之一抽取样品。

14.8 轮船矿料的取样方法

尽量不在轮船矿料上取样;但是,如果没有其他方法,应按14.4.1规定的程序进行。

15 样品包装和标志

为后续样品制备、水分测试或分析抽取的样品将在远离取样的地方进行制备和测试,因此,样品应装在空气密闭的容器中。在标签和放在容器中的卡上给出相关的信息内容。规定的信息内容举例如下:

a) 矿石的类型、等级和标称最大尺寸及批的名称(轮船或火车标志);

b) 批次或取样单元的质量;

c) 该样品所代表的批次或取样单元的样品号或比例;

d) 取样地点和日期;

e) 水含量(如果已知);

f) 取样方法(即,质量系统、时间系统、人工或机械取样);

g) 样品的标称最大尺寸;

h) 抽取样品的目的或试验(例如,偏差试验、颗粒尺寸分析)。

附 录 A
（资料性附录）
最小总样质量推导公式

设定 S 为每一矿石颗粒间规定质量特性的标准方差，以下等式给出了由 N 个颗粒组成的样品的质量特性偏差 V_S。

$$V_S = \frac{S^2}{N} \quad \cdots\cdots (A.1)$$

此偏差与选择的 N 个颗粒有关。

由于组分不均匀，以相对误差百分比表示基本误差方差 σ_{FE}^2，即：

$$\sigma_{FE}^2 = \frac{S^2}{Nc^2} \times 10^4 \quad \cdots\cdots (A.2)$$

此处 C 是质量特性值，即浓度。

设定整个取样操作程序中以百分数表示的总体相对误差为 σ_S。则依据 4.4 的假设：

$$\sigma_{FE}^2 \leqslant \frac{\sigma_S^2}{2} \quad \cdots\cdots (A.3)$$

将等式（公式 A.2）与条件（公式 A.3）组合，给出：

$$\frac{S^2}{Nc^2} \times 10^4 \leqslant \frac{\sigma_S^2}{2} \quad \cdots\cdots (A.4)$$

得出

$$N \geqslant \frac{2S^2}{c^2\sigma_S^2} \times 10^4 \quad \cdots\cdots (A.5)$$

总样的颗粒数量必须超过条件（公式 A.5）给出的最小数量。

为了计算最小样品质量 $m_G$kg，假设每立方米吨中，颗粒为直径 D(mm)的球形密度为 ρ，那么：$m_G = N\frac{4}{3}\pi\rho\left(\frac{D}{2}\right)^3 \times 10^{-6}$

即：

$$m_G = N\frac{\pi}{6}\rho D^3 \times 10^{-6} \quad \cdots\cdots (A.6)$$

将条件（公式 A.5）和等式（公式 A.6）组合，给出：

$$m_G \geqslant \frac{2\pi\left(\frac{s}{c} \times 100\right)^2}{6\sigma_S^2}\rho D^3 \times 10^{-6}$$

即：

$$m_G = \frac{2\pi}{6}\left(\frac{C_V}{\sigma_S}\right)^2 \rho D^3 \times 10^{-6} \quad \cdots\cdots (A.7)$$

式中：

m_G ——总样的最小质量，单位为千克(kg)；

$C_V = s/c \times 100$，即每一颗粒间规定质量特性的偏差系数；

ρ ——颗粒密度，单位为吨每立方米(t/m^3)；

D ——标称最大尺寸，单位为毫米(mm)。

由此，

$$m_G \approx \left(\frac{C_V}{\sigma_S}\right)^2 \rho D^3 \times 10^{-6} \quad \cdots\cdots (A.8)$$

近似公式(公式 A.8)是假设样品的所有颗粒都具有标称最大尺寸。由于这种情况很少出现,因而得到的是样品质量守恒值。参照 GY[见 11.3.2 的刊注 2)和表 2],引入尺寸范围系数 g 可以解决这一问题。因此,近似公式(公式 A.8)变为:

$$m_G \approx \left(\frac{C_V}{\sigma_S}\right)^2 \rho g D^3 \times 10^{-6} \quad \text{(A.9)}$$

附 录 B
（资料性附录）
机械取样装置

B.1 范围

本附录绘制了从流动铝土矿中机械取样的典型装置。

B.2 机械取样装置的类型

各种类型的机械动力取样机可在工业中使用。图 B.1 示出了各种装置的一般使用原理。

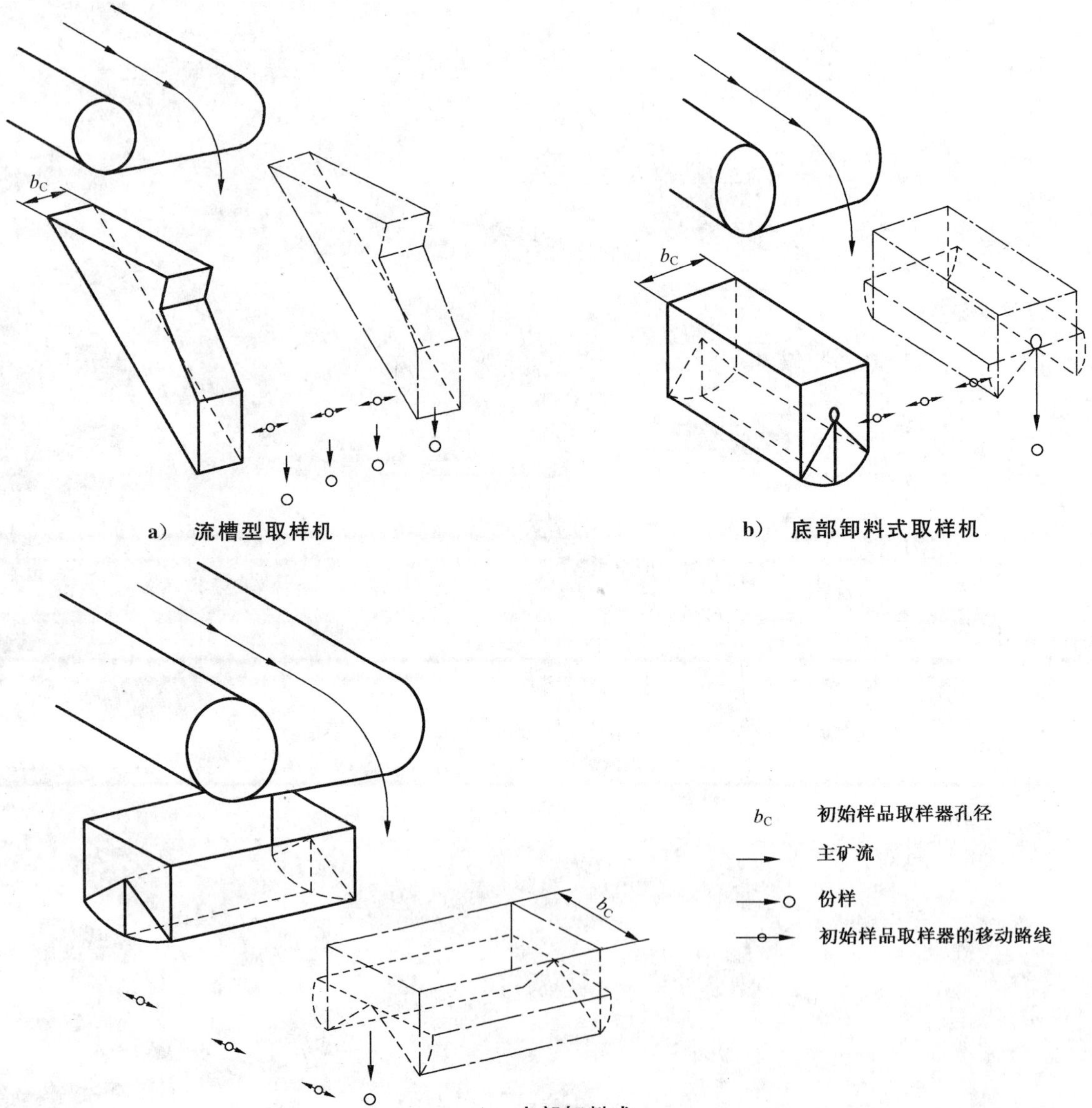

a) 流槽型取样机

b) 底部卸料式取样机

c) 底部卸料式

图 B.1 切割型采样器图解示例

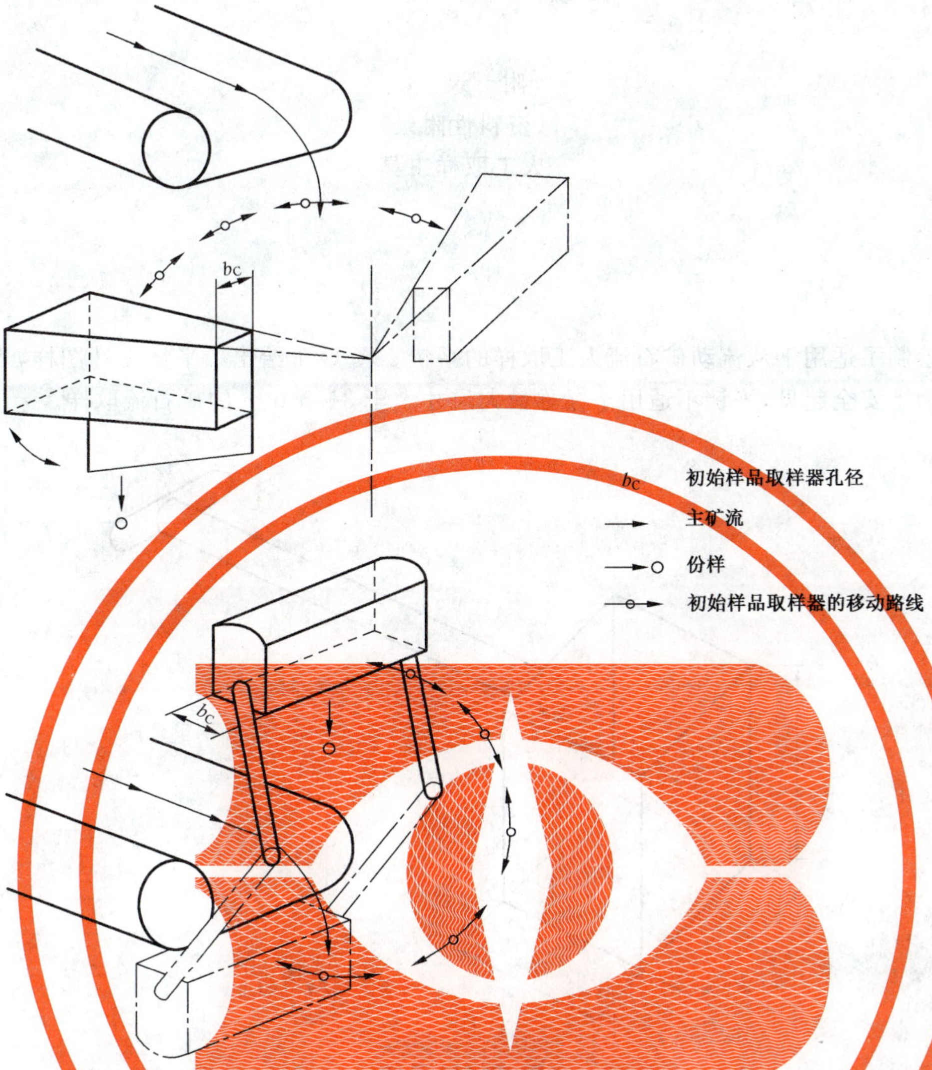

d） 摆臂型

图 B.1（续）

附　录　C
（资料性附录）
人工取样工具

C.1　范围

本附录绘制了适用于从流动矿石流人工取样的平铲。图 C.1 给出了平铲设计图样，表 C.1 给出了推荐尺寸。为了安全起见，平铲不适用于标称最大尺寸大于 31.5 mm 的矿石流取样。

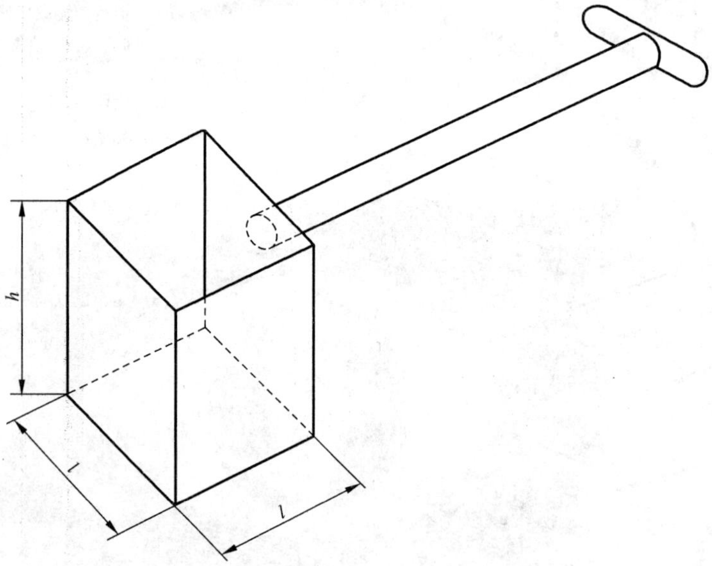

图 C.1　平铲

表 C.1　推荐平铲尺寸

标称最大尺寸/mm	近似矿石质量/kg	推荐尺寸/mm	
		l	*h*
11.2	0.14	40	50
16.0	0.41	55	75
22.4	1.09	80	95
31.5	3.05	110	140
注：假定散装密度为 1.8 t/m^3。			

注：假设底部最小尺寸是表 C.1 给出的 $l \times h$ 值并且锥形边均匀朝外伸向顶部，能够保持方形断面也可以使用锥形平铲。

附　录　D
（资料性附录）
静止状态的人工取样工具

D.1　范围

本附录规定了静止状态的人工取样工具装置。

D.2　取样构造

适合于固定运输带(见第13章)的取样构造见图D.1。

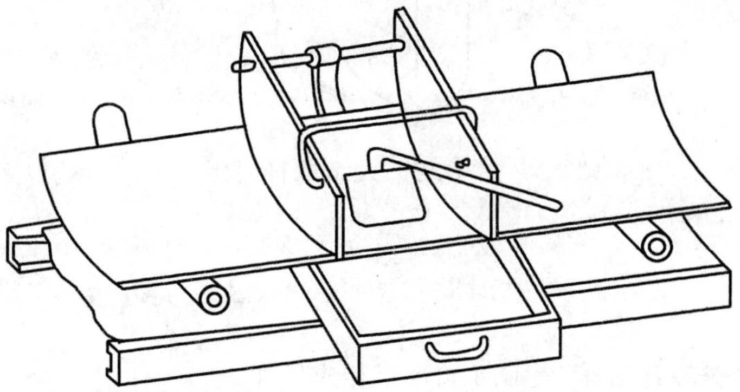

图 D.1　取样框架

D.3　取样钎

适合于料堆、卡车或船上取样的取样钎见图D.2。

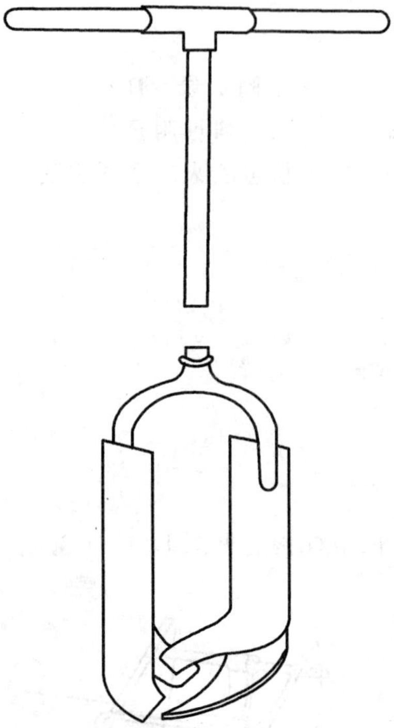

图 D.2 人工取样钎

D.4 取样铲

图 D.3 给出了取样铲设计图样，表 D.1 给出了相应尺寸。

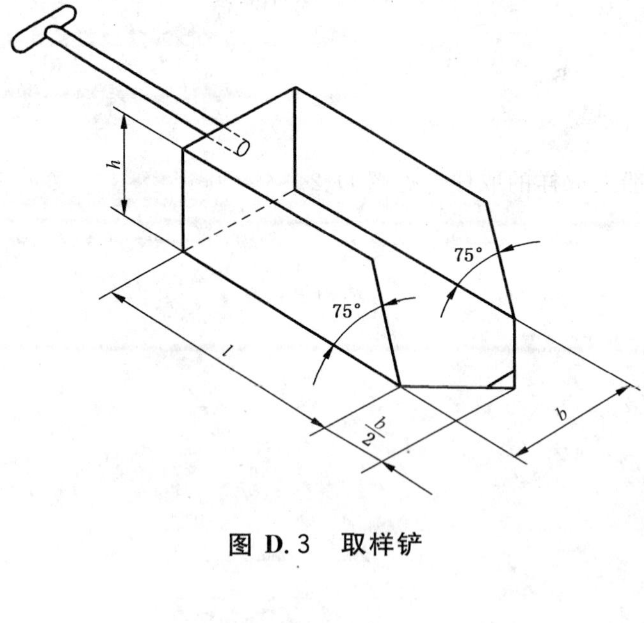

图 D.3 取样铲

表 D.1 取样铲尺寸

矿石标称尺寸/mm	份样的质量/kg	尺寸/mm		
		l	*b*	*h*
11.2	0.14	75	35	30
16.0	0.40	110	50	40
22.4	1.10	170	70	50
31.5	3.00	220	95	80
45	8.70	300	135	120

ICS 73.060.40
H 30

中华人民共和国国家标准

GB/T 25946—2010/ISO 10226:1991

铝土矿 取样偏差的检验方法

Aluminium ores—
Experimental methods for checking the bias of sampling

(ISO 10226:1991,IDT)

2010-12-23 发布　　2011-09-01 实施

中华人民共和国国家质量监督检验检疫总局
中国国家标准化管理委员会　发布

前　言

本标准使用翻译法等同采用ISO 10226:1991《铝土矿　取样偏差的检验方法》。

本标准由全国有色金属标准化技术委员会(SAC/TC 243)归口。

本标准负责起草单位:中国铝业股份有限公司郑州研究院、中国有色金属工业标准计量质量研究所。

本标准主要起草人:石磊、李跃平、张洁、张炜华、李瑾。

铝土矿
取样偏差的检验方法

1 范围

本标准规定了按照 GB/T 25945—2010/ISO 8685:1992 程序规定取样时，对铝土矿取样偏差的检验方法。

本标准适用于对铝土矿取样偏差的检验。

注：这些方法也适用于按照 GB/T 25949—2010/ISO 6140:1991 的规定进行样品制备时，对标准样品制备的偏差检验。

2 规范性引用文件

下列文件对于本文件的应用是必不可少的。凡是注日期的引用文件，仅注日期的版本适用于本文件。凡是不注日期的引用文件，其最新版本(包括所有的修改单)适用于本文件。

GB/T 25945—2010 铝土矿 取样程序(ISO 8685:1992,IDT)

GB/T 25949—2010 铝土矿 样品制备(ISO 6140:1991,IDT)

3 总则

3.1 在本标准给出的试验方法中，把被检验方法(称为方法 B)所得的结果与标准方法(称为方法 A)的结果进行比较，从技术和经验上看，认为方法 A 的试验结果没有产生偏差。

从统计学角度讲，在方法 B 和方法 A 获得的结果没有明显的差异的情况下，方法 B 可作为常规方法。

注：在本标准中，用 t 分布(单峰)在 5% 显著性水平下评定偏差，确定方法 B 和方法 A 之间试验结果的差异是随机偶然差异或是统计差异。

成对的测试样品数量不少于 20 组。所要求数据组的数量取决于 20 组数据差值的标准偏差和根据第 6 条款测定的偏差值 δ。品质特性可以采用任何化学量或者物理量，最常用的是氧化铝、二氧化硅和水分。不能总是测定某一个参数的偏差，而要测定多个参数的偏差，尤其是那些以后比较受关注的一些参数应确保不出现偏差。要检测的品质特性需在试验开始前确定。当方法 A 和方法 B 的份样取自邻近铝土矿堆时，样品的制备和试验应该在每一个缩分的份样上分别进行。

本标准不适用于对份样、次样或总体样本的混合数据进行比较。

第 6 条款描述的试验数据分析方法也适用于在不同地点(如装料地和卸料地)采集的同一批料的样品结果可能出现的明显偏差。

3.2 在进行系列的试验之后，还应每隔一定的时间和在铝土矿品质有变化时，进行重复试验；当设备或铝土矿供应有变化时，也需要进行重复试验。

4 取样和样品制备方法

4.1 取样

检验取样偏差的标准方法(方法 A)是传送带静态取样法。用相同的材料将方法 B 与方法 A 进行比较。

例如:机械取样方法(GB/T 25945—2010/ISO 8685)

方法 A:传送带静态取样法;

方法 B:用机械取样器从传送带上动态抽取每一份样。

4.2 样品制备

组成样品对的方法、样品的制备和试验应符合 4.2.1 和 4.2.2 中的规定。

4.2.1 按照方法 A 和 B 从同一批铝土矿中获取的份样组成两个样品 A 和 B。

4.2.2 按照 GB/T 25949—2010/ISO 6140:1991 的规定,用同样的方式制备样品 A 和 B,分别按照相关标准的规定进行分析测试,得到一对测试数据。上述试验程序是在 20 对或更多对的样品(见 3.1)上进行的。

5 试验数据分析

5.1 确定差值的标准偏差

5.1.1 记录按方法 A 和方法 B 获得的单一测量值分别为 X_{A_i}……X_{B_i}。

5.1.2 用式(1)计算 X_{A_i} 和 X_{B_i} 之间的差值 d_i:

$$d_i = X_{B_i} - X_{A_i} \quad \cdots\cdots(1)$$

式中:

$i=1,2,3\cdots,\cdots,k$;

k——数据组的组数。

5.1.3 按式(2)计算差值得平均值 $\overline{d}$,比测量值多保留一位小数。

$$\overline{d} = \frac{1}{k}\sum d_i \quad \cdots\cdots(2)$$

5.1.4 按式(3)和式(4)计算差值得平方和 SS_d 和标准偏差 s_d:

$$SS_d = \sum d_i^2 - \frac{1}{k}(\sum d_i)^2 \quad \cdots\cdots(3)$$

$$s_d = \sqrt{SS_d/(k-1)} \quad \cdots\cdots(4)$$

5.2 确定试验数据组数 n_r

用式(5)计算标准差值 D:

$$D = \frac{\delta}{s_d} \quad \cdots\cdots(5)$$

在表 1 中查找相应的 D 值,确定 n_r。

当 $n_r \leqslant k$ 时,按 5.3 进行;

当 $n_r > k$ 时,在 $(n_r - k)$ 个数据组上进行附加试验。

重复本步骤直至数据组数等于或大于表 1 规定的 n_r 值为止。

表 1 用标准差值 D 确定要求的数据组数量 n_r

标准差值范围(D)	要求的数据组数量(n_r)	标准差值范围(D)	要求的数据组数量(n_r)
$0.30 \leqslant D < 0.35$	122	$0.95 \leqslant D < 1.00$	14
$0.35 \leqslant D < 0.40$	90	$1.00 \leqslant D < 1.10$	13
$0.40 \leqslant D < 0.45$	70	$1.1 \leqslant D < 1.2$	11
$0.45 \leqslant D < 0.50$	55	$1.2 \leqslant D < 1.3$	10
$0.50 \leqslant D < 0.55$	45	$1.3 \leqslant D < 1.4$	8
$0.55 \leqslant D < 0.60$	38	$1.4 \leqslant D < 1.5$	8
$0.60 \leqslant D < 0.65$	32	$1.5 \leqslant D < 1.6$	7
$0.65 \leqslant D < 0.70$	28	$1.6 \leqslant D < 1.7$	6
$0.70 \leqslant D < 0.75$	24	$1.7 \leqslant D < 1.8$	6
$0.75 \leqslant D < 0.80$	21	$1.8 \leqslant D < 1.9$	6
$0.80 \leqslant D < 0.85$	19	$1.9 \leqslant D < 2.0$	5
$0.85 \leqslant D < 0.90$	17	$2.0 \leqslant D$	5
$0.90 \leqslant D < 0.95$	15	—	—

注：本表源自 1956 年 Owen. L. Davies 出版的《工业设计试验与分析》第 606 页和第 607 页。表中对应于 D 的 n_r 值的置信度 $\alpha=0.05$，$\beta=0.05$。α 是假设没有统计偏差的可能性(即，单峰 t 分布的置信度)。β 是假设出现偏差 δ 时没有统计偏差的可能性。

5.3 统计试验

计算保留 t_0 值至第三位小数，修约至第四位小数：

$$t_0 = \frac{\bar{d}}{s_d / \sqrt{k}} \qquad \cdots\cdots(6)$$

当 t_0 的绝对值小于表 2 中相应组数 k 的 t 值时，其结论为差值不明显，方法 B 可以作为常规方法。

表 2 5％置信度时的 t 值(单峰 t 分布)

成对数据组数量(k)	t	成对数据组数量(k)	t
20	1.729	39	1.686
21	1.725	40	1.685
22	1.721	41	1.684
23	1.717	42	1.683
24	1.714	43	1.682
25	1.711	44	1.681
26	1.708	45	1.680

表 2（续）

成对数据组数量（k）	t	成对数据组数量（k）	t
27	1.706	46	1.679
28	1.703	47	1.679
29	1.701	48	1.678
30	1.699	49	1.677
31	1.697	50	1.677
32	1.696	51	1.676
33	1.694	61	1.671
34	1.692	81	1.664
35	1.691	121	1.658
36	1.690	241	1.651
37	1.688	∞	1.645
38	1.687	—	—

注：表 2 源自《计算机应用的统计表与公式》（日本标准协会，东京，1972）。

6 试验的数据示例

6.1 数据示例 1（δ：0.2% 氧化铝含量）

表 3 给出的数据示例是按照 4.1 机械取样器得到的试验结果。试验测得偏差值为 0.2% 氧化铝含量。

表 3 数据示例 1

数据组号	氧化铝含量/%		$d_i = X_{B_i} - X_{A_i}$	d_i^2
	X_{B_i}	X_{A_i}		
1	59.20	59.00	0.20	0.040 0
2	59.75	59.67	0.08	0.006 4
3	62.00	61.74	0.26	0.067 6
4	62.62	63.16	−0.54	0.291 6
5	62.96	63.26	−0.30	0.090 0
6	60.02	59.92	0.10	0.010 0
7	63.17	63.11	0.06	0.003 6
8	63.91	63.87	0.04	0.001 6
9	59.98	60.42	−0.44	0.193 6
10	61.21	61.13	0.08	0.006 4
11	61.26	61.30	−0.04	0.001 6

表 3（续）

数据组号	氧化铝含量/%		$d_i=X_{B_i}-X_{A_i}$	d_i^2
	X_{B_i}	X_{A_i}		
12	58.98	59.22	−0.24	0.057 6
13	58.95	59.09	−0.14	0.019 6
14	61.97	61.89	0.08	0.006 4
15	59.36	58.88	0.48	0.230 4
16	63.74	64.24	−0.50	0.250 0
17	62.74	63.14	−0.40	0.160 0
18	60.47	60.33	0.14	0.019 6
19	62.55	63.03	−0.48	0.230 4
20	63.80	63.94	−0.14	0.019 6
总量			−0.17	1.706 0

$$\bar{d}=\frac{1}{k}\sum d_i=\frac{-1.70}{20}=-0.085$$

$$SS_d=\sum d_i^2-\frac{1}{k}(\sum d_i)^2=1.706\ 0-\frac{(-1.70)^2}{20}=1.561\ 5$$

$$s_d=\sqrt{SS_d/(k-1)}=\sqrt{1.561\ 5/19}=0.287$$

$$D=\frac{\delta}{s_d}=\frac{0.2}{0.287}=0.696$$

表 1 中给出 $n_r=28$，则试验中数据组数不够。因此，应增加采集 8 组数据，然后对所有 28 组数据进行有效试验。

6.2 数据示例 2（δ：0.15% 氧化铝含量）

表 4 给出的数据示例是按照 4.1 机械取样器获得的试验结果。试验测得的偏差值为 0.15% 氧化铝含量。

表 4 数据示例 2

数据组号	氧化铝含量/%		$d_i=X_{B_i}-X_{A_i}$	d_i^2
	X_{B_i}	X_{A_i}		
1	49.50	49.00	0.50	0.250 0
2	50.05	49.67	0.38	0.144 4
3	52.10	51.74	0.36	0.129 6
4	53.32	53.16	0.16	0.025 6
5	53.26	53.06	0.20	0.040 0
6	50.32	49.92	0.40	0.160 0
7	53.47	53.11	0.36	0.129 6

表 4（续）

数据组号	氧化铝含量/%		$d_i = X_{B_i} - X_{A_i}$	d_i^2
	X_{B_i}	X_{A_i}		
8	53.91	53.57	0.34	0.115 6
9	50.28	50.02	0.26	0.067 6
10	51.51	51.13	0.38	0.144 4
11	51.56	51.30	0.26	0.067 6
12	49.28	49.02	0.26	0.067 6
13	48.95	48.75	0.20	0.040 0
14	51.97	51.59	0.38	0.144 4
15	49.36	48.88	0.48	0.230 4
16	54.04	53.75	0.29	0.084 1
17	53.04	52.80	0.24	0.057 6
18	50.77	50.42	0.35	0.122 5
19	52.85	52.62	0.23	0.052 9
20	53.80	53.53	0.27	0.072 9
总量			6.30	2.146 8

$$\bar{d} = \frac{1}{k}\sum d_i = \frac{+6.30}{20} = +0.315$$

$$SS_d = \sum d_i^2 - \frac{1}{k}(\sum d_i)^2 = 2.146\,8 - \frac{6.30}{20} = 1.162\,3$$

$$s_d = \sqrt{SS_d/(k-1)} = \sqrt{1.162\,3/19} = 0.092$$

得出：

$$D = \frac{\delta}{s_d} = \frac{0.15}{0.092} = 1.63$$

表 1 中给出的 $n_r = 6$，因此，试验数据组数充足。

$$t_0 = \frac{\bar{d}}{s_d/\sqrt{k}} = \frac{+0.315}{0.092/\sqrt{20}} = +15.312$$

$$|t_0| > t$$

由此可以得出结论：方法 B 有明显的偏差，应采取措施消除这种偏差。

6.3 数据示例 3（δ：0.3%水分含量）

表 5 给出的最终数据示例是颗粒尺寸和试样品重量对水分含量影响的试验结果。在本试验中，把重量小于 1 kg 和颗粒尺寸小于 10 mm 的样品（方法 B）与重量小于 5 kg 和颗粒尺寸小于 22.4 mm 的样品（方法 A）进行了比较。

试验测得的偏差值为 0.3% 水分含量。

$$\bar{d} = \frac{1}{k}\sum d_i = \frac{-0.57}{20} = -0.028$$

$$SS_d = \sum d_i^2 - \frac{1}{k}(\sum d_i)^2 = 1.609\,5 - \frac{(-0.57)^2}{20} = 1.593\,3$$

$$s_d=\sqrt{SS_d/(k-1)}=\sqrt{1.5933/19}=0.290$$

得出：

$$D=\frac{\delta}{s_d}=\frac{0.3}{0.290}=1.03$$

表 1 给出的 $n_r=13$，因此，试验数据组数充足。

$$t_0=\frac{\overline{d}}{s_d/\sqrt{k}}=\frac{-0.028}{0.290/\sqrt{20}}=-0.432$$

$t=1.729$(查表 2 中 $k=20$ 时)，

$|t_0|<t$。

因此在 5%置信度下，差值 $d=-0.028$ 不明显，可以忽略不计。方法 B 可以作为常规方法。

表 5 数据示例 3

数据组号	水分含量/%		$d_i=X_{B_i}-X_{A_i}$	d_i^2
	X_{B_i}	X_{A_i}		
1	12.64	12.99	−0.35	0.122 5
2	11.47	11.60	−0.13	0.016 9
3	12.35	12.27	0.08	0.006 4
4	12.70	12.75	−0.05	0.002 5
5	10.64	10.59	0.05	0.002 5
6	11.78	11.63	0.15	0.022 5
7	10.55	10.91	−0.36	0.129 6
8	12.92	13.29	−0.37	0.136 9
9	12.75	12.85	−0.10	0.010 0
10	12.09	12.36	−0.27	0.072 9
11	13.73	13.38	0.35	0.122 5
12	12.93	12.83	0.10	0.010 0
13	12.37	12.68	−0.31	0.096 1
14	12.09	12.27	−0.18	0.032 4
15	11.94	12.02	−0.08	0.006 4
16	12.24	11.54	0.70	0.490 0
17	12.11	11.62	0.49	0.240 1
18	10.36	10.46	−0.10	0.010 0
19	11.80	12.07	−0.27	0.072 9
20	12.14	12.06	0.08	0.006 4
总量			−0.57	1.609 5

ICS 73.060.40
H 30

GB

中华人民共和国国家标准

GB/T 25947—2010/ISO 9033:1989

铝土矿 散装料水分含量的测定

Aluminium ores—Determination of the moisture content of bulk material

(ISO 9033:1989,IDT)

2010-12-23 发布　　2011-09-01 实施

中华人民共和国国家质量监督检验检疫总局
中国国家标准化管理委员会　发布

前　　言

本标准使用翻译法等同采用 ISO 9033:1989(E)《铝土矿　散装料水分含量的测定》。

本标准的附录 A、附录 B 均为规范性附录。

本标准由中国有色金属工业协会提出。

本标准由全国有色金属标准化技术委员会归口。

本标准由中国铝业股份有限公司郑州研究院、中国有色金属工业标准计量质量研究所负责起草。

本标准由中国铝业股份有限公司郑州研究院起草。

本标准主要起草人:张元克、张树朝、路霞、龙志华。

铝土矿 散装料水分含量的测定

1 范围

本标准规定了铝土矿中水分含量的测定。

本标准适用于从散装铝土矿(例如舱料和堆料)中所取样品水分含量的测定。

本标准附录A规定了由于样品的粘结或潮湿而难于筛分、压碎和分离时所用的方法。在这种情况下,可对样品进行预干燥直到能顺利进行处理为止,预干燥后样品的水分可按附录A规定的步骤测定。附录B规定了对于铝土矿交货中遇到洒水和/或降雨时的校正方法。在货物受到雨淋和/或洒水控制扬尘的情况下,铝土矿的水分可按附录B对加入的水分予以校正。

2 规范性引用文件

下列文件对于本文件的应用是必不可少的。凡是注日期的引用文件,仅注日期的版本适用于本文件。凡是不注日期的引用文件,其最新版本(包括所有的修改单)适用于本文件。

GB/T 25945—2010 铝土矿 取样程序(ISO 8685:1992, IDT)

GB/T 25949—2010 铝土矿 样品制备(ISO 6140:1991, IDT)

3 原理

在强制空气循环的鼓风干燥箱中,控制温度在105 ℃±5 ℃,干燥试样至质量恒定。测量质量损失。

4 仪器、设备或装置

4.1 干燥盘。

4.2 鼓风干燥箱:强制空气循环,能够控制温度105 ℃±5 ℃。

4.3 称量设备:能精确称量试样质量至0.01%。

5 取样和试样

试样应分别按GB/T 25945—2010/ISO 8685:1992和GB/T 25949—2010/ISO 6140:1991中规定的步骤取样和制备。水分试样的制备存在以下两种可能的方式:

a) 对由单份试样或二次抽样制备的水分试样独立的进行制备和分析;

b) 将由单份试样或二次抽样制备的水分试样混合成总体试样进行分析。

6 步骤

6.1 试料

按 GB/T 25949—2010/ISO 6140:1991 规定的步骤制备的试料应装入密闭容器，并具有表 1 规定的最小质量。

当鼓风干燥箱(4.2)不能容纳较大量的试料时，试料可分成几份进行干燥。试料分的份数尽可能最少，注意避免水分的变化。

注：一份试料的最小质量不应小于 1 kg。

另一种方法是，如果所有试样或二次抽样的质量总和超过表 1 中给定的试料质量，为避免把大试料拆分干燥，可以对单份试样或二次抽样水分测定分别进行。

6.2 测定次数

水分测定可按以下方法之一进行：

a) 分别对单份试样或二次抽样的水分试料进行分析时，应对每个二次抽样进行一次水分测定；

注：如果每批货物少于四个二次抽样，每个二次抽样应制备双倍试料并进行分析。

b) 把每个二次抽样的水分试料混合成总体水分试料时，应制备四份试料，拿出两份试料进行水分测定，同时两份试料备留。

6.3 试料的干燥

打开密闭容器之前应称量容器和铝土矿试样的质量总和，称量清洁干燥的干燥盘(4.1)，把铝矿石放入干燥盘中，并摊平矿石使之深度不超过表 1 中的规定。

把装有矿石的干燥盘、容器、盖和附着的矿石颗粒一起放入鼓风干燥箱(4.2)中，并按表 1 规定的最短干燥时间内保持温度 105 ℃±5 ℃。

注：干燥盘应放在炉内架子上，不能放在炉底，并不应触到炉壁。

从鼓风干燥箱中取出容器、盖、干燥盘和矿石并马上称量。将容器、盖、干燥盘和矿石放回鼓风干燥箱中，并保持温度 105 ℃±5 ℃继续干燥 2 h。

再从鼓风干燥箱中取出容器和盖、干燥盘和矿石并马上称量。这两次称量结果之差应在表 1 规定的限定范围内。否则，则应重复干燥 2 h 和称量，直至达到本标准的要求为止。当质量在规定范围内时，记录干燥容器和盖、干燥盘及干燥矿石的质量，刷去容器上附着的矿石，并称量干燥容器和盖的质量。

表 1 水分测定的要求

矿石的最大尺寸 /mm	层厚 /mm	最小质量 /kg	干燥样品连续称量之间的最大允许差/g	称量精度 /g	最小干燥时间 /h
63.0	70	110	110	10	16
45.0	50	40	40	4	12
31.5	35	14	14	1	8
22.4	25	5	5	0.5	6
16.0	20	2	2	0.2	4
11.2	13	1	1	0.1	4

7 分析结果的计算

7.1 试样的水分

按式(1)计算试样的水分 w_i(以质量分数表示):

$$w_i=\frac{(m_1+m_2-m_3)}{(m_1-m_4)}\times 100 \quad \cdots\cdots(1)$$

式中:

m_1——容器、盖和试样的原始质量,单位为千克(kg);

m_2——干燥盘的质量,单位为千克(kg);

m_3——容器、盖、干燥盘和试样干燥后质量,单位为千克(kg);

m_4——容器和盖的质量,单位为千克(kg)。

质量应精确到 1 g,但当样品质量达到 110 kg 时,应精确到 10 g。

7.2 货物的水分

7.2.1 分别分析的每个份样或二次抽样的水分试样

按式(2)计算货物的水分 w:

$$w=\frac{\sum_{i=1}^{k}u_iw_i}{\sum_{i=1}^{k}u_i} \quad \cdots\cdots(2)$$

式中:

k ——货物缩分后的二次抽样数;

u_i ——第 i 个二次抽样的质量,单位为吨(t);

w_i ——第 i 个二次抽样(试样)水分的质量分数,%。

7.2.2 混合成总体样品的水分样品

如果对 6.2 b)中双倍试样的每一份试样测定的水分差不大于 0.3%(质量分数)时,可以不保留试样,并用式(3)计算货物的水分(w):

$$w=\frac{w_{i1}+w_{i2}}{2} \quad \cdots\cdots(3)$$

式中 w_{i1} 和 w_{i2} 分别为试样 1 和试样 2 的水分,用质量分数(%)表示。

如果 w_{i1} 和 w_{i2} 的差值大于 0.3%(质量分数)时,则对保留的两个试样进行重复测定(6.3)。如果这些结果在 0.3%(质量分数)以内合格的话,货物的水分按双份测定结果的平均值计算。

如果这两个结果差都不在 0.3%(质量分数)以内时,则取四个结果,去掉最高值和最低值,并按保留的两个结果的平均值计算货物的水分。

7.3 降雨或洒水的校正

降雨或洒水的校正应按附录 B 的规定步骤进行。

7.4 最终结果的计算

7.2.1 或 7.2.2 中得到的结果应计算至第三位小数,并修约至第一位小数如下:

a) 当第二位小数的数字小于 5 时,舍去此数并保留第一位小数的数字不变;

b) 当第二位小数的数字为5且第三位小数的数字不为0时，或第二位小数的数字大于5时，则第一位小数的数字加1；

c) 当第二位小数的数字为5且第三位小数的数字为0时，舍去5并且当第一位小数的数字为0、2、4、6、8的数字时保留不变，当第一位小数的数字为1、3、5、7、9时则加1。

8 试验报告

试验报告应包括以下内容：

a) 样品必要的详细说明；

b) 本标准编号；

c) 试验结果；

d) 结果参考数；

e) 测定中注意到的任何特征和可能影响结果的本标准中未规定的任何操作。

附　录　A
（规范性附录）
粘结或潮湿铝土矿的水分测定

A.1　总则

由于样品的粘结或潮湿而难于筛分、压碎和分散时，可对样品预干燥直到能顺利处理为止。

矿石的干燥度不应超过吸潮点，过分干燥容易在随后处理过程中重新吸潮。对于每一种铝土矿都应通过试验测定这个吸潮点。

A.2　步骤和结果

测定试样的初始质量，均匀摊开试样，并晾干或在温度不高于105 ℃干燥容器中干燥。干燥后，再测定试样的质量并用式(A.1)计算预干燥水分质量分数 w_p：

$$w_p = \frac{m_5 - m_6}{m_5} \times 100 \quad \cdots\cdots\cdots\cdots (A.1)$$

式中：

m_5——试样的初始质量，单位为克(g)；

m_6——预干燥后试样的质量，单位为克(g)。

根据第6章中预干燥试样制备水分测定的试样，然后根据第7章测定试样的干燥损失。根据7.3计算额外的水分的质量分数(%)。

A.3　用式(A.2)计算总水分 w_j：

$$w_j = w_p + \frac{100 - w_p}{100} \times w_i \quad \cdots\cdots\cdots\cdots (A.2)$$

式中：

w_j——试样的总水分的质量分数，%；

w_p——试样预干燥水分的质量分数，%；

w_i——预干燥后根据7.1得到的额外水分的质量分数，%。

用式(A.3)计算货物的水分 w：

$$w = \frac{\sum_{j=1}^{k} u_j w_j}{\sum_{j=1}^{k} u_j} \quad \cdots\cdots\cdots\cdots (A.3)$$

式中：

w ——货物水分的质量分数，%；

k ——货物缩分后的二次抽样数；

u_j ——第 j 个二次抽样(试样)预干燥水分校正的水分的质量分数，%。

附 录 B
（规范性附录）
铝土矿交货中遇到洒水或降雨时的校正

B.1 范围

本附录涉及为防止铝土矿交货中装运扬尘进行洒水后的水分校正。按照洒水前、后的水分测定，水分的校正将分为负值或正值。

本附录也包括铝土矿交货中淋雨后的水分校正。

在以下情况下可以洒水：

a） 在装货或卸货港口环境管理要求粉尘控制的地方。

b） 由于矿石的特性、条件、装运设备等所致难以装运而洒水的地方。

在货物的水分受降雨影响很大的情况下使用对降雨的校正，需要校正的影响程度可由有关双方协商。

B.2 洒水的校正

B.2.1 洒水

洒水指的是在水分测定和吨位测定之间掺入的水。

B.2.2 洒水的质量测定

洒水的体积测定应用米表示并精确到±5%，所得体积应乘以水的密度值换算成质量，以吨计。

注：假设新水密度为 1 t/m³。

B.2.3 用于水分校正值测定的货物质量

货物的质量以吨计，应通过计算初始和最终设计勘察吨位之差来测定。

B.2.4 装货洒水时水分校正的计算

按式(B.1)计算最终的水分质量分数 w_s：

$$w_s = w + (100 - w) \times \frac{m_7}{m_8} \times f \qquad \cdots\cdots(B.1)$$

式中：

w ——7.2 中测定的水分平均值的质量分数，%；

m_7——洒水的质量，单位为吨(t)；

m_8——货物的质量，单位为吨(t)；

f ——洒水过程中失水因子。f 值由有关双方的贸易协定决定，$f=1$ 则表示无水分流失。

B.2.5 卸货洒水时水分校正的计算

按式(B.2)计算最终的水分质量分数 w_s：

$$w_s = w - (100 - w) \times \frac{m_7}{m_8} \times f \qquad \cdots\cdots(B.2)$$

式中：

w ——7.2 中测定的水分平均值的质量分数，%；

m_7 ——洒水的质量，单位为吨(t)；

m_8 ——货物的质量，单位为吨(t)；

f ——洒水过程中失水因子。f 值由有关双方的贸易协定决定，$f=1$ 则表示无水分流失。

B.3 降雨的校正

B.3.1 原理

考虑到降雨对船的货舱和装卸装置的影响，允许用试验所得水分来测定货物的水分。

B.3.2 暴露于雨中的有效区域

暴露于雨中的有效区域应把 B.3.2.1 和 B.3.2.3 中规定的区域加起来计算，精确至 1 m^2。

B.3.2.1 货舱

货物暴露于雨中的货舱露天区域，以平方米计，应在提供的货船甲板图纸基础上计算出。

B.3.2.2 缓冲送料斗

转移货物用送料斗暴露于雨中的露天区域，以平方米计，应在送料斗图纸的基础上计算出。

B.3.2.3 皮带传送装置

皮带传送装置的露天区域，以平方米计，应通过船的货舱和水分测定取样点间货物转移过程中暴露于雨中的长度乘以皮带有效宽度计算出。

B.3.3 降水的持续时间

降水的持续时间应从开始设计勘查到取样完成的时间来测定。

B.3.4 降水的测定

降水应用经核准的降水计量器放在靠近装货或卸货点测定。降水测量应精确至 0.1 mm。

B.3.5 降水的质量

降水的质量按式(B.3)计算，并修约至整数：

$$m_R = A \times R \times \frac{1}{1\,000} \times \rho \qquad \cdots\cdots(B.3)$$

式中：

m_R ——降水的质量，单位为吨(t)；

A ——B.3.2 中计算出的面积，单位为平方米(m^2)；

R ——B.3.4 中得到的降水深度，单位为毫米(mm)；

ρ ——降水的密度，单位为吨每立方米(此处 $\rho=1\ t/m^3$)。

B.3.6 装货降雨时水分校正的计算

按式(B.4)计算货物的水分质量分数 w_R：

$$w_R = w + (100 - w) \times \frac{m_R}{m_8} \quad \text{(B.4)}$$

式中：

w ——7.2 中测得的水分平均值的质量分数，%；

m_R——降水的质量，单位为吨(t)；

m_8——货物的质量，单位为吨(t)。

B.3.7 卸货降雨时水分校正的计算

按式(B.5)计算货物的水分质量分数 w_R：

$$w_R = w - (100 - w) \times \frac{m_R}{m_8} \quad \text{(B.5)}$$

式中：

w ——7.2 中测得的水分平均值的质量分数，%；

m_R——降水的质量，单位为吨(t)；

m_8——货物的质量，单位为吨(t)。

B.4 对洒水和降雨的校正

B.4.1 对装货洒水和降雨的校正

按式(B.6)计算暴露在洒水和降雨中的货物的校正水分 w_0：

$$w_0 = w + (100 - w) \times \frac{(m_7 \times f + m_R)}{m_8} \quad \text{(B.6)}$$

式中符号的定义同上。

B.4.2 对卸货洒水和降雨的校正

按式(B.7)计算暴露在洒水和降雨中的货物的校正水分 w_0：

$$w_0 = w - (100 - w) \times \frac{(m_7 \times f + m_R)}{m_8} \quad \text{(B.7)}$$

式中符号的定义同上。

ICS 73.060.40
H 30

中华人民共和国国家标准

GB/T 25948—2010/ISO 10213:1991

铝土矿 铁总量的测定 三氯化钛还原法

Aluminium ores—Determination of total iron content—Titanium trichloride reduction method

(ISO 10213:1991,IDT)

2010-12-23 发布 2011-09-01 实施

中华人民共和国国家质量监督检验检疫总局
中国国家标准化管理委员会 发布

前　言

本标准使用翻译法等同采用ISO 10213:1991(E)《铝土矿　铁总量的测定　三氯化钛还原法》。

本标准的附录A、附录B为规范性附录。

本标准由中国有色金属工业协会提出。

本标准由全国有色金属标准化技术委员会归口。

本标准由中国铝业股份有限公司郑州研究院、中国有色金属工业标准计量质量研究所负责起草。

本标准由中国铝业股份有限公司郑州研究院起草。

本标准主要起草人:路霞、张爱芬、张元克、赵广开。

铝土矿　铁总量的测定 三氯化钛还原法

1　范围

本标准规定了铝土矿中铁总量无汞污染的测定方法。

本标准适用于铝土矿中以三氧化二铁表示的铁总量的测定。测定范围:2%～50%。

2　规范性引用文件

下列文件对于本文件的应用是必不可少的。凡是注日期的引用文件,仅注日期的版本适用于本文件。凡是不注日期的引用文件,其最新版本(包括所有的修改单)适用于本文件。

GB/T 6379.2—2004　测量方法与结果的准确度(正确度与精密度)　第2部分:确定标准测量方法重复性与再现性的基本方法(ISO 5725-2:1994)

ISO 8558:1985　铝土矿　预干燥试样的制备

GB/T 25945—2010　铝土矿　取样程序(ISO 8685:1992,IDT)

GB/T 25949—2010　铝土矿　样品制备(ISO 6140:1991,IDT)

3　原理

利用过氧化钠熔融分解试料,用盐酸溶液融解融块,加入二氯化锡还原大部分铁(Ⅲ),加入三氯化钛还原剩余的铁(Ⅲ),用稀高氯酸氧化过量的还原剂。以二苯胺基磺酸钠作指示剂,用重铬酸钾溶液滴定铁(Ⅱ)。

4　试剂

分析时,使用分析纯试剂,蒸馏水或相当纯度的水。

4.1　过氧化钠:干燥粉状。

警告:过氧化钠储存时必须防潮,当结块时不能使用。

4.2　盐酸(ρ_{20}=1.16 g/mL～1.19 g/mL)。

4.3　盐酸(1+10):用盐酸(4.2)稀释。

4.4　高氯酸(1+1):用高氯酸(72%,ρ_{20}=1.67 g/mL)稀释。

4.5　硫酸-磷酸混合液:将150 mL磷酸(ρ_{20}=1.70 g/mL)边搅拌边加入至约400 mL水中,加入150 mL硫酸(ρ_{20}=1.84 g/mL),用流水冷却,用水稀释至1 L。

4.6　高锰酸钾溶液(25 g/L)。

4.7　二氯化锡溶液(100 g/L):将100 g结晶的二氯化锡二水化合物($SnCl_2 \cdot 2H_2O$)溶解于200 mL盐酸(4.2)中,在水浴中加热溶液,冷却后用水稀释至1 L。此溶液应保存在含有少量锡粒的棕色玻璃瓶内。

4.8　三氯化钛溶液(15 g/L),任意选用一种方法配制,用时现配。

4.8.1　用9份盐酸(1+1)稀释1份三氯化钛溶液(约15%,$TiCl_3$)。

4.8.2 称取 1 g 海绵钛粉于玻璃烧杯中,加入约 30 mL 盐酸(4.2),盖好表皿,在水浴中加热溶解完全,冷却后用水稀释至 250 mL。

4.9 铁标准溶液(0.1 mol/L):称取 5.585 g 纯铁置于 500 mL 锥形瓶中,在瓶颈处放置一个漏斗,缓慢加入 75 mL 盐酸(1+1),加热至溶解,冷却,缓慢加入 5 mL 过氧化氢溶液(3%)进行氧化,加热至沸,蒸发分解多余的过氧化氢并除去氯,移至 1 000 mL 容量瓶(5.3)中,用水稀释至刻度,混匀。

1.00 mL 的本标准溶液相当于 1.00 mL 标准体积的重铬酸钾溶液(4.10)。

4.10 重铬酸钾标准溶液[$c(K_2Cr_2O_7)=1/60\text{mol/L}$]:将约 6 g 的粉状基准重铬酸钾置于称量瓶中,于 140 ℃～150 ℃干燥 2 h,在干燥器中冷却至室温。称取 4.903 5 g 干燥的基准重铬酸钾溶解于水中,冷却至 20 ℃,移入 1 000 mL 容量瓶中,用水稀释至刻度,混匀。

4.11 二苯胺基磺酸钠指示剂溶液:称取 0.2 g 二苯胺基磺酸钠($C_6H_5NHC_6H_4SO_3Na$)溶解于水中,稀释至 100 mL。贮存于棕色玻璃瓶中。

5 仪器

使用一般实验室仪器,及

5.1 坩埚:金属锆或瓷坩埚,容积 25 mL～30 mL。

5.2 滴定管:A 级。

5.3 单刻度容量瓶:1 000 mL。

5.4 马弗炉:适合操作范围为 500 ℃～800 ℃。

6 取样和试样

6.1 取样方法

按照 GB/T 25949—2010/ISO 6140 和 GB/T 25945—2010/ISO 8685 规定的步骤,制取实验室样品并研磨使其通过 150 μm 标准筛。

6.2 试样的制备

按照 GB/T 25945—2010/ISO 8685 规定的步骤制备在干燥箱内干燥后的测试试样(此为预干燥试样)。

7 测定步骤

7.1 测定次数

对每个试样(6.2)至少进行两次独立测定。

注:"独立"的意思是第二个和任何后面的结果不受以前结果的影响。对于此项特别的分析方法,应由同一操作人员在不同时间里或者由不同的操作人员进行分析,两种情况下应进行适当重新校准。

7.2 试料

称取几份 0.4 g 试样(6.2),精确至 0.000 2 g。

注:当使用预干燥过的试样时,试料应在干燥试样当天制取,且直接称重,以避免再吸潮。

7.3 空白试验

除不加试料外,用相同质量的每种试剂按相同的步骤进行空白试验。

当同时对几个试样进行分析时,只要步骤相同且使用的试剂来自同一瓶中,空白试验值可以由一个试验表示。

7.4 检验试样

在同样条件下,对矿石进行分析的同时应对同类型矿石的标准物质进行分析。

在同一时间内,当对同类型矿石的几个试样进行分析时,可以使用一个标准物质的分析值。

注1:作为分析试样,标准物质应该是同类型的。如果用于分析的试样与标准物质在性能上有一定差距时,则不能确认这些标准物质是同类型的,并必须改变分析步骤。

注2:标准物质仅用于证实分析操作过程,并不能用来标定重铬酸钾溶液。

7.5 测试

7.5.1 试料的分解

将试料(7.2)置于坩埚(5.1)中,加入5 g±0.1 g的过氧化钠(4.1)并用镍勺混匀,放入马弗炉(5.4)中,在480 ℃～500 ℃熔融45 min,取出熔融物(约30 s),摇动,继续加热2 min。

将坩埚冷却至室温(可以用金属块加快冷却过程),并将坩埚置于400 mL烧杯中,小心加入50 mL水并用表皿盖上烧杯。

当反应停止后,加入30 mL盐酸(4.2),加热至沸,使过氧化物分解完全,将坩埚移出并用水清洗,加水使溶液体积保持在100 mL以下。

7.5.2 用高氯酸氧化过量的三氯化钛

向溶液(7.5.1)中加入3滴～5滴高锰酸钾溶液(4.6),在近沸状态下加热溶液并保持5 min,使砷和有机物氧化。用少量热盐酸(4.3)清洗盖和烧杯内壁,逐滴加入二氯化锡溶液(4.7),摇动直至溶液保持亮黄色。

注:一定要保留一定量的未还原的三价铁。如果不小心还原所有的三价铁,则应滴入高锰酸钾溶液(4.6)重新氧化少量的三价铁。

逐滴滴加三氯化钛溶液(4.8)还原残留的三价铁,直至黄色消失,再加入3滴～5滴,用少量水清洗烧杯内壁并加热至沸,取下,立即加入5 mL高氯酸(4.4),摇匀约5 s,立即用冷水(10 ℃以下)稀释至200 mL,快速冷却至15 ℃以下。

7.5.3 滴定

向冷溶液(7.5.2)中加入30 mL硫酸-磷酸混合液(4.5),用装在滴定管内的重铬酸钾标准溶液(4.10)滴定,用5滴二苯胺基磺酸钠溶液(4.11)作为指示剂。当溶液由绿色变为蓝-绿色并且加1滴重铬酸钾标准溶液显示出紫色时,滴定结束。

7.5.4 空白滴定试验

空白试验(7.3)需用等量的试剂并按相同步骤进行,在操作步骤7.5.2还原前,直接用二氯化锡溶液(4.7),加入1.00 mL铁标准溶液(4.9)并按操作步骤7.5.3进行滴定,记下此时消耗的体积V_0,滴定的空白试验值V_2按式(1)进行计算:

$$V_2 = V_0 - 1.00 \qquad \cdots\cdots (1)$$

注:由于缺铁,二苯胺基磺酸钠指示剂不能与重铬酸盐发生反应,因此有必要加入三价铁溶液,加速指示剂在空白溶液中的反应,允许用折合等同体积的重铬酸盐标准溶液对空白试验进行适当的修正。

8 分析结果的计算

8.1 铁总量的计算

按式(2)计算用三氧化二铁表示的铁总量，以质量分数(%)表示：

$$w(Fe_2O_3)=\frac{V_1-V_2}{m}\times 0.007\,985\times 100 \quad \cdots\cdots(2)$$

式中：

V_1 ——滴定试样消耗的重铬酸钾标准溶液(4.10)的体积，单位为毫升(mL)；

V_2 ——空白试验溶液消耗的重铬酸钾标准溶液(4.10)的体积，单位为毫升(mL)，依据7.5.4加入的铁标准溶液校正；

m ——试料质量，单位为克(g)；

0.007 985——三氧化二铁的相对摩尔质量分数。

8.2 结果处理

8.2.1 精密度

本方法的试验方案共有八个实验室对五种铁含量进行了试验，对每个含量，每个实验室进行了四次测定。

根据GB/T 6379.2—2004/ISO 5725-2:1994的规定，对得到的结果进行了统计处理，综合数据如表1所示。

表1 测定铁的数据精密度

样品	矿石类型	三氧化二铁含量/%	重复性 r/%	再现性 R/%
MT/12/15	—	1.778	0.119 6	0.571 8
MT/12/3	三水铝石、一水软铝石、赤铁矿	5.637	0.171 8	0.459 6
MT/12/4	三水铝石、一水软铝石、赤铁矿	12.893	0.337 3	0.666 8
MT/12/13	勃母石、赤铁矿、绿泥石	26.64	0.361 7	0.725 6
MT/12/2	三水铝石、赤铁矿、针铁矿	43.44	0.363 1	0.650 9

所得结果显示：铁含量、重复性(r)和再现性(R)呈对数关系，如表1所示。

表中精密度数据曲线在附录B中给出。

8.2.2 实验结果的认可(附录A)

当合适的标准样品的分析值与标准值之差在表1所示R值的规定范围之内，并且试样的两次结果之差未超过由表1计算得到的r值，试样的分析值应得到认可。当差值超过r值，应按照附录A的规定进行一个或更多的追加试验，同时要进行一个相应的空白试验和标准样品分析。

当所得到的分析值在表1所示R值的规定之外时，应用一个空白试验同时对一份试样和一个标准样品进行一个追加分析。

标准样品的检测结果可以用来验证样品分析结果的可接受程度。如上，如果得到的标准样品的值仍在规定值之外，应使用另外相同类型的矿石标准样品，重复以上操作，直至得到两个可接受的试样值。

8.2.3 最终结果的计算

最终结果为认可的试验样品或按照附录A规定的操作测定的分析值的算术平均值，按下面规定计算至四位小数，并修约至二位小数。

a） 当第三位小数数值小于5，则忽略，并保持第二位小数数值不变；

b） 当第三位小数数值等于5且第四位小数数值不为0时，或当第三位小数数值大于5时，向第二位小数进一位；

c） 当第三位小数数值为5且第四位小数数值为0没有其他数值时，如果第二位小数是0、2、4、6、8时，第二位小数数值不变，如果是1、3、5、7、9时，则进位。

9 试验报告

试验报告应包括以下内容：

a） 样品必要的详细说明；

b） 本标准编号；

c） 试验结果；

d） 结果参考数；

e） 测定中注意到的任何特征和可能影响结果的本标准中未规定的任何操作。

附 录 A
（规范性附录）
接受试样分析结果的流程图

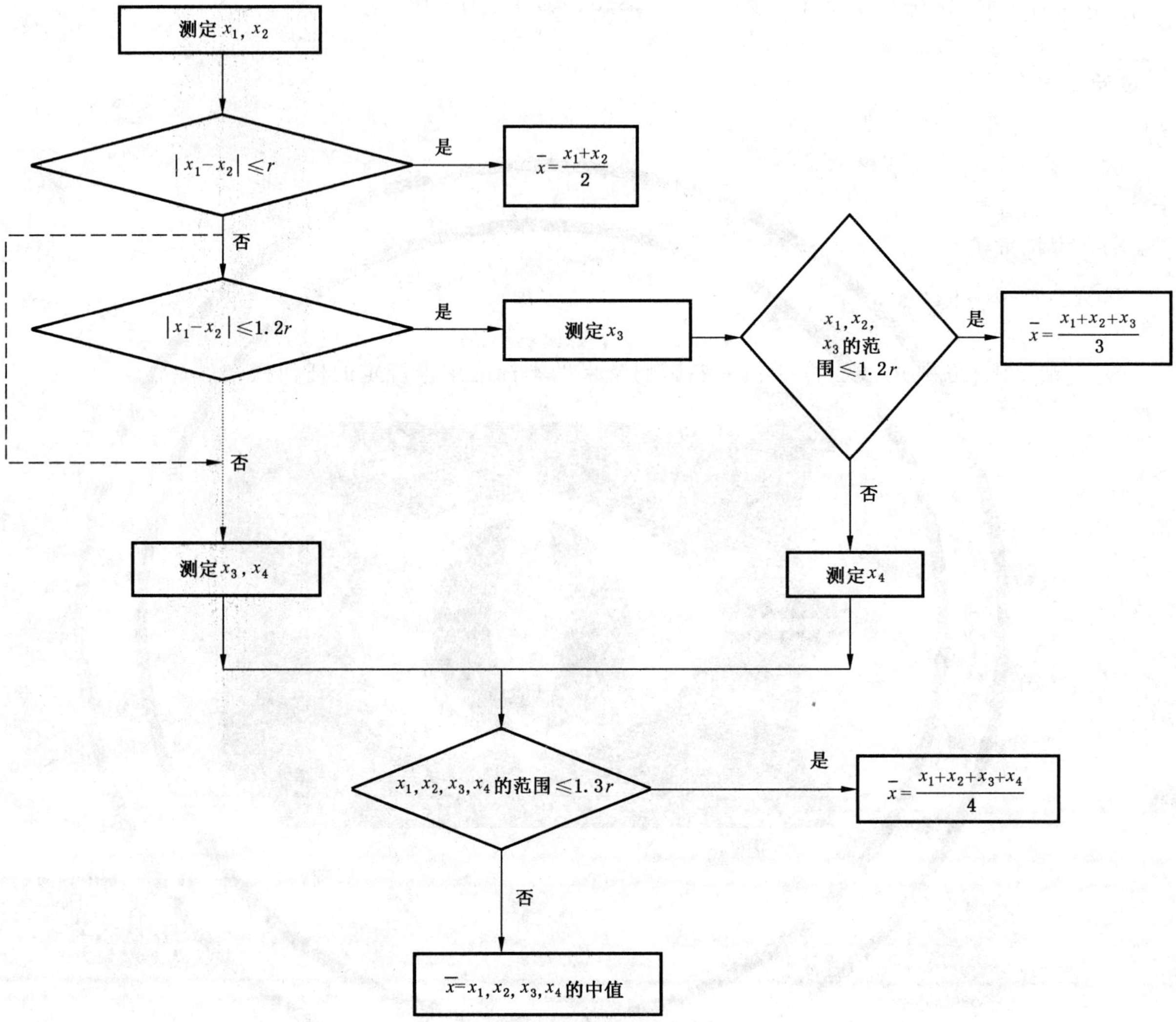

注：定义见 8.2.1。

图 A.1

附　录　B
（规范性附录）
数据的精密度的图形

按以下公式计算数据的精密度。

系数：（Ⅰ）$r=A+B(\ln x)$…………（B.1）

r=重复性

A=0.064 4

B=0.086 6

x=（质量分数）%Fe_2O_3

回归系数=0.948 3

（Ⅱ）$R=A+B(\ln x)$…………（B.2）

R=再现性

A=0.490 3

B=0.052 3

x=（质量分数）%Fe_2O_3

回归系数=0.647 1

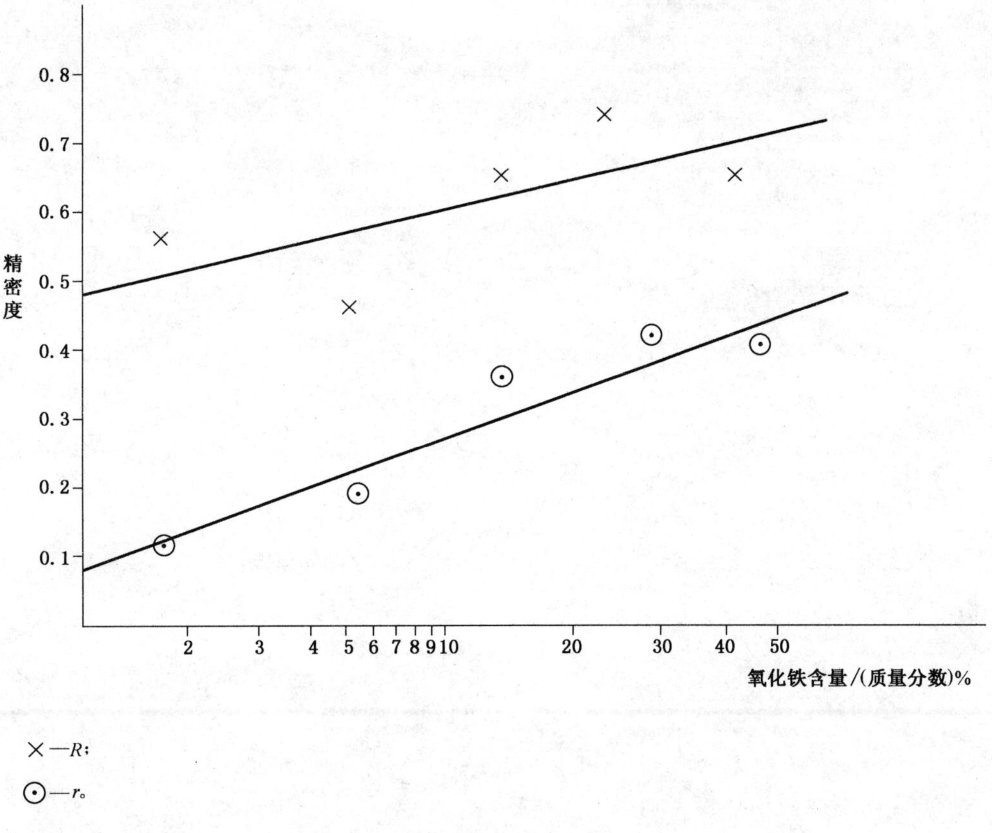

图 B.1

ICS 73.060.40
H 30

中华人民共和国国家标准

GB/T 25949—2010/ISO 6140:1991

铝土矿 样品制备

Aluminium ores—Preparation of samples

(ISO 6140:1991,IDT)

2010-12-23 发布 2011-09-01 实施

中华人民共和国国家质量监督检验检疫总局
中国国家标准化管理委员会 发布

前　言

本标准按照 GB/T 1.1—2009 给出的规则起草。

本标准使用翻译法等同采用 ISO 6140:1991《铝土矿　样品制备》。

本标准附录 A 为规范性附录，附录 B、附录 C、附录 D、附录 E 和附录 F 为资料性附录。

本标准由全国有色金属标准化技术委员会(SAC/TC 243)归口。

本标准负责单位：中国铝业股份有限公司山东分公司、中国有色金属工业标准计量质量研究所。

本标准主要起草人：邵静、蒋涛、王昭文、滕晓峰、孙洪玺、钟沂姝、刘骞。

铝土矿　样品制备

1　范围

本标准规定了用于制备水分测定、化学分析和物理检测的铝土矿总样和副样的处理方法。

本标准适用于各种铝土矿。

2　规范性引用文件

下列文件对于本文件的应用是必不可少的。凡是注日期的引用文件，仅注日期的版本适用于本文件。凡是不注日期的引用文件，其最新版本(包括所有的修改单)适用于本文件。

GB/T 25945—2010　铝土矿　取样程序(ISO 8685:1992, IDT)

GB/T 25947—2010　铝土矿　散装料的水分含量测定(ISO 9033:1989, IDT)

GB/T 25950—2010　铝土矿　成分不均匀性的实验测定(ISO 6138:1991, IDT)

ISO 565:1990　试验筛-金属网、多孔金属板和电成型板—标称孔径

3　术语和定义

下列术语和定义适用于本标准。

3.1

化学分析样品　chemical analysis sample

破碎后并通过 150 μm 筛子的样品，用于测定铝土矿的化学性能。

3.2

缩分　division

减少样品质量的过程(不改变样品组成部分的颗粒尺寸)。通过这一过程弃去多余部分，保留具有代表性的样品。

3.3

总样　gross sample

由取自一批的所有份样或缩分份样、副样或缩分副样组成的铝土矿数量。

3.4

水分样品　moisture sample

用于测定批次或取样单位水分含量的样品。

3.5

最大标称尺寸　nominal top size

最细的筛子孔径(符合 ISO 565:1990 的规定)，至少有 95%的物料(质量分数)可以通过的最小筛分孔径。

3.6

通过　pass

保留物料经过了样品缩分器。

3.7

破碎　reduction

通过粉碎或研磨，减小样品颗粒尺寸而不改变质量或成分的过程。

3.8

物理检测样品　physical testing sample

用于测试物理特性所取的样品。

3.9

阶段　stage

在样品缩分中，由破碎、混合和结束构成的系列操作。样品制备的阶段数目与进行的缩分数目相同。

4　样品制备的基本原则

4.1　概述

样品制备包括几个单独的处理过程。进行这些过程之前有时需先行干燥。具体如下：

a）破碎；

b）混合——以达到成分均匀；

c）缩分。

这三个过程一般认为仅构成了样品制备的一个阶段。

通常，破碎总是在缩分之前进行。但在大量泻落矿流上机械取样除外，并且允许按 GB/T 25945—2010(ISO 8685:1992)的规定缩分大量初始份样。

应选择出现错误机率最少的样品制备程序，并且不至于保留太大的质量。样品制备程序的流程图在附录 A 中给出。

4.2　缩分之后保留样品的最小质量

保留样品的数量取决于该阶段铝土矿的最大标称尺寸。建议样品的制备程序应包括两个或两个以上阶段，每一阶段之后保留的最小铝土矿量不小于 m_G 按式(1)计算。

$$m_G = \left(\frac{c_v}{\sigma_s}\right)^2 \rho g D^3 \times 10^{-6} \qquad \cdots\cdots(1)$$

式中：

m_G ——最小总样质量，单位为千克(kg)；

c_v ——符合 GB/T 25950—2010(ISO 6138:1991)规定的颗粒质量特性间的偏差系数；

σ_s ——规定的相对取样误差(标准方差)；

ρ ——矿石颗粒的密度(不是松装密度)，单位为吨/立方米(t/m^3)；

g ——表 1 给出的尺寸范围系数；

D ——该批矿石的最大标称尺寸，单位为毫米(mm)。

表 1　粒度范围系数

粒度范围	g 值
大颗粒($D/D'>4$)	0.25
中颗粒($4\geqslant D/D'\geqslant 2$)	0.50

表 1（续）

粒度范围	g 值
小颗粒（$D/D'<2$）	0.75
均匀颗粒（$D/D'=1$）	1.00
注：D'是保留 95%铝土矿的筛眼孔径。	

4.3 干燥

除用于水分测定的样品外，其他样品均可进行空气或高温炉干燥，确保物料处理方便，且不会产生损失或污染。样品的加热温度不得高于 105 ℃。水分样品的处理方法见第 7 章的规定。

4.4 颗粒破碎

4.4.1 总则

样品的测定目的决定了在样品制备中是否允许进行颗粒破碎。在 4.4.2～4.4.4 中提供了几个示例。

4.4.2 化学分析样品

铝土矿应进行破碎以满足 8.2.2 的要求。样品也可破碎成适当的尺寸以便进行 4.6 中的缩分过程。

处理用于化学分析的样品时，允许在收货时对物料进行干燥处理，以便提高物料的处理特性。当进行干燥处理时，应注意以下防护措施：

a) 一定要避免污染或物理损失；

b) 样品加热温度不能造成水分或其他挥发成分的损失。任何试料的加热温度不应超过 105 ℃。

4.4.3 水分样品

最大标称尺寸小于 22.4 mm 的矿石样品在水分测定之前不必进行破碎。

当处理矿石颗粒不粘结、湿度不太大且最大标称尺寸大于 22.4 mm 的矿样时，可将矿石颗粒破碎至 22.4 mm 以下。应注意尽量减小水分含量变化。

当处理矿石颗粒不粘结、湿度不太大且最大标称尺寸大于 22.4 mm 的矿样时，所有样品可进行称重和空气干燥。当样品干燥至自由流动状态时，样品应重新称重。然后在样品缩分之前应进行破碎并按 GB/T 25947—2010(ISO 9033:1989)测定残留水分。

当进行了这一程序时，最终水分含量应将空气干燥阶段的水分损失考虑进去。

4.4.4 物理检测样品

当样品用于以下测定时，不允许对样品进行破碎：

a) 测定粒度分布；

b) 测定松装密度。

4.4.5 颗粒破碎设备

本标准中用于破碎的机器均称为“破碎机”。

用于铝土矿样品破碎的破碎机包括：颚式破碎机、辊式破碎机、板式破碎机、锤式破碎机（冲击破碎机)和环形破碎机。环形破碎机是最终阶段将颗粒最大标称尺寸研磨至150 μm优先选用的设备。设备示例在附录F中给出。

设备与铝土矿石接触的部分应为减少污染的耐磨物料。对于测定微量元素的样品,这一点尤为重要。要尽可能地使设备不含有任何被测元素。

样品应均匀装入破碎机中,避免破碎机阻塞或速度改变,导致产品粒度分布出现差异。

如果有尺寸过大的物料存在,会增加样品缩分和分析的误差。应定期检查破碎机性能,保证破碎机加工的产品满足最大标称尺寸的要求。

某些类型的颗粒破碎装置,例如,高速冲击破碎机、环式破碎机和板式破碎机容易发热,因此,不允许将样品长时间保留在机器中,这样做会对样品的质量产生影响。如果破碎机用于系列样品加工,每次操作之间破碎机要进行冷却。

如果样品中出现外来较硬的物料,高速冲击破碎机可能会严重受损。因此必须采取措施防止这种物料进入破碎机中。

因为对铝土矿的磁化率有影响,不允许使用磁选机。

所有破碎机应易于清理,并应在加工每一样品之间进行清理。

4.5 样品混合

4.5.1 总则

样品在缩分之前进行充分混合能够减少样品缩分的误差。当样品由多个矿源构成时,混合样品尤为重要。某些混合方法(如反复制成锥形堆或旋转混合方法)可能会产生与目的相反的效果,导致偏析。因此根据铝土矿的自然特性选择最适合的混合方法尤为关键。

注1:除水分测定的样品以外,不能自由流动的样品在混合前应在≤105 ℃温度下进行干燥。用于水分测定的样品取样,混合过程应越快越好,以便减少水分变化。

4.5.2 混料方法

可使用4.5.2.1~4.5.2.3规定的任何方法进行混合。

4.5.2.1 至少连续三次使样品通过格槽式或旋转式样品缩分器,每次通过后重新将样品混合。

4.5.2.2 矿带式混合。用铲子细心的将铝土矿均匀铺成带条。带条的长宽比不小于10∶1。随机截取一段完整矿带将其铺成一条新矿带。连续随机截取矿带并在前一段铺开的矿带上展开,一层叠一层,直至旧的矿带被完全转换成新的矿带为止。该过程要重复两次。

4.5.2.3 使用机械混样器。附录B给出了机械混样器的示例。

4.6 缩分

4.6.1 总则

样品缩分可用各种机械或人工方法进行。份样数量最少为20。

样品的缩分可能要进行多次,以获得所需的样品缩分质量。例如,当使用格槽缩分器时,需要通过三次获取1/8的份量。

样品缩分装置见附录C。当对水分样品进行缩分时,优先采用的方法是机械缩分(见4.6.2)或份样缩分(见4.6.3.2)。

4.6.2 机械样品缩分法

4.6.2.1 总则

机械样品缩分法的主要优点是缩分样品的份样数量比手工方法多的多。份样的最小数量为20。

机械样品缩分器的设计标准应符合 GB/T 25945—2010(ISO 8685:1992)的规定。

4.6.2.2 机械样品缩分器

机械样品缩分器示意图见 4.6.2.2.1～4.6.2.2.6。

4.6.2.2.1 旋转锥形漏斗(图 C.1)

这种机器由进料斗、开槽旋转锥形漏斗、废料槽和样品管道组成。铝土矿流经进料斗落在旋转锥形漏斗上并转入废料槽。筒上的开槽使矿料在每次旋转至相应位置处时直接落入样品管道。

4.6.2.2.2 旋转样品缩分器(图 C.2)

这种机器由固定在平台上的很多扇形框格和进料装置组成。均匀的矿流流向漏斗出口，通过两个组件的相对旋转，扇形框格的顶端将矿流截住，将样品缩分成有代表性的份样。

4.6.2.2.3 开槽运输带(图 C.3)

连续运输带具有等间距的带刃开槽，这种开槽刃起到取样器的作用。通过进料流槽，铝土矿以均匀的矿流形式落到传送带上。流经每个开槽的铝土矿流形成份样落入样品袋。在主动皮带轮上输送的其他铝土矿被弃去。

4.6.2.2.4 旋转流料槽(图 C.4)

附带一个或多个取样刀口的空心轴在锥形偏心齿轮箱内旋转。进料管固定在旋转取样器上方。经进料管下滑的铝土矿流被取样器截取后通过空心轴形成份样。

4.6.2.2.5 转向式流料槽(图 C.5)

横向流料槽设置在皮带进料器的首段，当矿流由主动皮带轮上卸下时，横流料槽将截住矿流。每次通过流料槽时，形成的份样转向样品袋。

4.6.2.2.6 活底卸料取样器(图 C.6)

带有活底的铲斗状取样器横穿过下滑的铝土矿流，并转运至样品卸料槽上方，打开活底卸出份样。

4.6.3 手工样品缩分法

4.6.3.1 程序

可任选下列程序进行样品缩分：

a) 份样缩分；

b) 锥形四分法；

c) 格槽缩分；

d) 取样铲比例缩分；

e) 矿带混合和分割。

4.6.3.2 份样缩分

将铝土矿充分混合后，在一平板上铺成一个厚度均匀的长方体。厚度取决于矿石最大标称尺寸，其值在表 2 中给出。

表 2　最大标称尺寸、最小份样质量及样品厚度之间的关系

最大标称尺寸/mm	最小份样质量/kg	平整样品厚度/mm
≤11.2	0.14	30～35
16.0	0.40	40～50
22.4	1.10	55～65
31.5	3.00	80～90
45.0	8.70	110～120

在铺开的样品上划出矩阵，最小 5×4(见图 1)。选用附录 D 中给出的合适的取样铲，根据表 2 给出的最小份样质量取得一个份样。垂直向铺开矿体插入刮板，直至与底板接触为止，然后将取样铲插入铺开的矿体底部，通过水平移动平底铲抽取份样，直至取样铲开口端与刮板接触为止。以保证底部平板上的铝土矿全部被收集。同时取出取样铲和刮板，用刮板防止铝土矿从取样铲的开口端遗洒。

如果混合份样的质量小于 4.2 规定测定的质量，应继续抽取全套的份样，直至份样的质量超过最小规定。

注 2：本方法尽管缩分比例较大，即总体样品质量与保留样品质量比例较大，但仍可作为一种精度很高的方法。水分样品的取样推荐采用手工方法。

注 3：该缩分方法可用于最大标称尺寸≤45 mm 的铝土矿。

注 4：应根据表 2 中给出的后续分析所需样品总量，确定划分的矩阵数。长宽比例一定不能大于 5∶4。

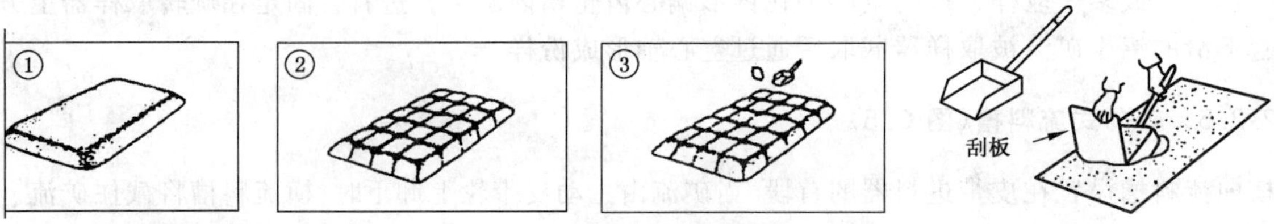

将破碎的总样铺成表2规定厚度的长方体

分成20等份，如：纵向5份，横向4份

将取样铲插入样品层的底部，从20份中任意取出满铲的样品。将20铲的样品混合成一个缩分样品

按③示意，用刮板取出份样的草图

图 1　手工份样缩分示意图(20 等份图例)

4.6.3.3　锥形四分法(见图 2)

将铝土矿展铺在光滑的钢板上。用铲子将铝土矿堆成锥形堆。连续从原料堆周边取足每一铲并不断地直接倒在新堆的顶部。重复两或三次。用铲子刮扒锥形堆顶部物料，首先是形成一个平头圆锥体，然后是扁平圆饼。用钢制十字架将扁平圆饼缩分至四等份。

放置钢制十字架不动，取四等份中对角线相对的两份作为样品，剩余两份弃掉。可任意选择舍或取的两份。

如果要求继续减少样品的质量，可重复此过程，直至获得要求的质量。

注 5：本技术可用于最大标称尺寸小于 45 mm 及样品质量小于 1 t 的铝土矿缩分。

注 6：建议不要使用此方法进行水分样品的取样。

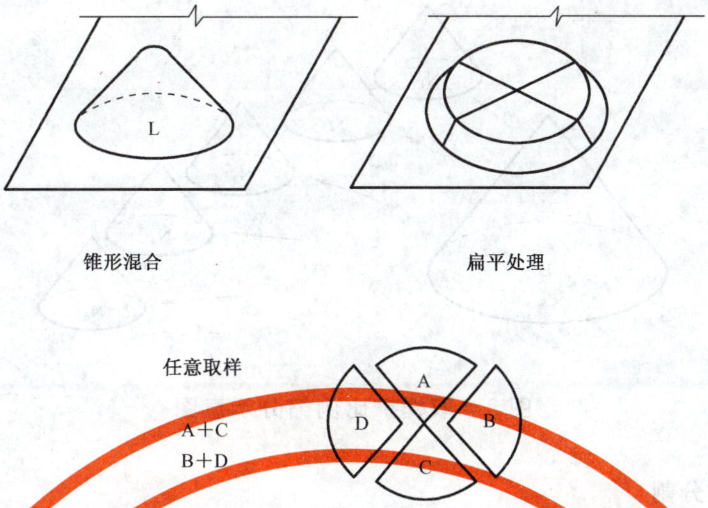

图 2　锥形缩分取样方法

4.6.3.4　格槽缩分

格槽缩分是一种将铝土矿分别流入等分的格槽中并缩分成两等份的样品缩份器。一份保留，另一份舍掉。矿流泻落经一套相同宽度的平行格槽，相邻槽中铝土矿进入相反的容器中。

格槽应对称分布(可从任何一边进样)，铝土矿所有静置平面与垂直方向所形成的角度不应超过30°。收样器紧密固定在格槽缩分器的下面，以使扬尘损失降至最低。使用的槽格与被缩分铝土矿的最大标称尺寸相匹配是非常重要的，因为槽格尺寸太小或数量太少均会产生严重的偏差。格槽的宽度至少为铝土矿颗粒最大标称尺寸的三倍。格槽缩分器的每一半至少应有8个格槽。格槽缩分将按下述方法进行：

混合铝土矿并将其放入进料容器中。在进料容器中将铝土矿沿容器的长度方向上均匀地铺开。倾斜容器，将铝土矿均匀地倒入进料流槽，使铝土矿通过格槽，并将铝土矿收集到两个容器中。可任意选择保留两容器中之一作为样品。

注 7：如果发现铝土矿阻塞格槽缩分器，应在继续操作之前清理缩分器。

注 8：如果要求进一步缩分，保留的样品可再次通过格槽缩分。

当使用格槽缩分器进行缩分时，应小心谨慎。以确保水分样品水分损失最小。可使用密闭的格槽缩分器缩分水分样品或缩分干矿，以防止扬尘损失。格槽缩分器的示例在附录E给出。

4.6.3.5　取样铲比例缩分

混合铝土矿并堆成锥形堆(L)。用图D.2中的合适取样铲，连续从原料堆底部周边铲取足量的矿样。将所铲矿样堆成连续、独立的小堆。小堆的数量由缩分比例确定。例如：如果要求缩分比例是1:5，按图3示意，堆成 N_1 至 N_5 共5个小堆。任意选择需保留的小堆。

注 9：本缩分可用于矿粒的最大标称尺寸≤45 mm的铝土矿。

注 10：建议不要使用本方法进行水分样品的缩分。

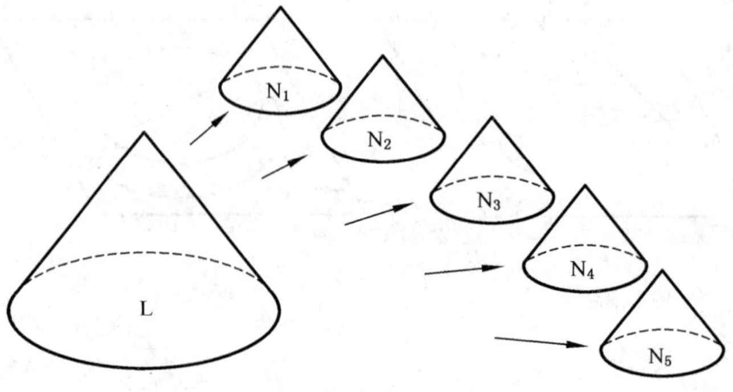

图 3　取样铲比例缩分示意图

4.6.3.6　矿带混合和分割

矿带混合和分割模拟了输送带铝土矿取样的条件。具体方法如下：

用铲子沿带条长度方向将铝土矿细心地铺成尽可能均匀的一条矿带。制备工作应从带条的一端至另一端和两边进行。两端的挡板确保不均匀分布的颗粒仅会出现横向上。带条的整体外观如图 4 所示。然后，将适当的取样框架横向插入带条取出副样，用取样铲(图 D.1)将框架内的铝土矿移出，确保份样中包含所有铝土矿细颗粒。应取足规定份样的数量(最少 20 份)。

注 11：建议不要使用本方法进行水分样品的缩分。

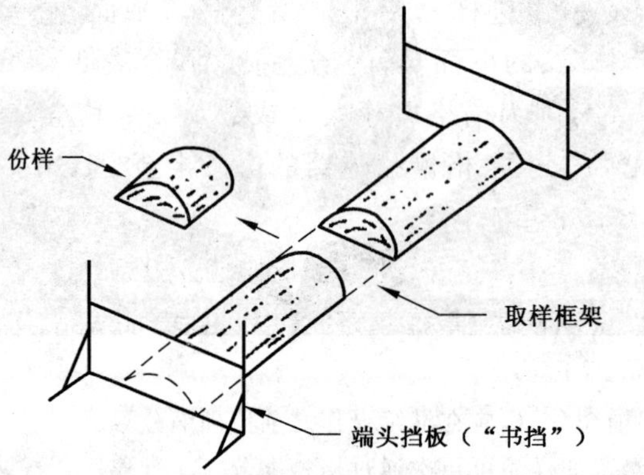

图 4　完整矿带取样示意图

5　样品制备精度

应定期检验样品制备精度，在使用新的方法时也要进行检验。精度测定的程序细节在相关标准中给出。

6　样品制备偏差

应定期检验样品制备偏差，在换用新的方法时也要进行检验。

7 总水分测定的样品制备

7.1 被检验样品的类型

被检验样品可以是以下任意一种：

a) 仅用于水分测定所取的样品；

b) 用来测定水分和其他质量特性的样品。

7.2 防止水分损失

水分测定的主要困难之一是在制备最终样品时尽可能减少样品水分含量的变化。由于采用不适当的容器及在处理很湿的铝土矿时会造成水分蒸发，因此，应采取减少水分含量变化的各种预防措施。所有样品在制备前、后及样品制备阶段之间的间隔时间，都要保存在密闭的容器中并置于阴凉处。当进行样品缩分时，应注意减少湿度的变化并应尽快进行操作。在某些情况下，为了减少水分的变化，或许有必要在每一份样上进行水分含量的测定（见附录 A）。

当出现水分含量快速变化时，应使用 A.2 给出的程序。

7.3 水分测定用样品

测定水分的样品应符合表 3 规定并要按照 GB/T 25945—2010（ISO 8685:1992）规定的程序进行取样和制样。按照 GB/T 25947—2010（ISO 9033:1989）规定的程序进行水分测定。对于最大标称尺寸大于 22.4 mm 的样品可进行 4.4.3 规定的两个阶段的干燥程序。

表 3 测定水分样品的最小质量

铝土矿最大标称尺寸/mm	最小质量/kg
63.0	110
45.0	40
31.5	14
22.4	5
16.0	2
11.2	1

7.4 保留样品

推荐保留两个样品，如果发生异议或在第一次水分测定结果丢失或失效时，可对保留样品进行重新测定。保留样品与最终用来测定水分的样品，其取样方式、取样时间应相同。应使用 4 个样品容器并将样品依次放入每一容器中。

8 化学分析样品的制备

8.1 总则

8.2 规定了化学分析样品制备的程序并在附录 A 中给出了流程图。水分样品干燥之后可作为化学分析样品使用。

8.2 程序

8.2.1 样品制备的第一阶段

如有必要,样品应按4.3进行干燥。所有样品都应通过破碎机的加工(见4.4)、混合,然后缩分(见4.6),将破碎成适当尺寸的铝土矿质量减少至规定值。

8.2.2 样品制备的后续阶段

在样品制备的后续阶段,第一阶段的保留样品应破碎至最大标称尺寸为150 μm(见4.4),然后进行缩分,获取合同要求的样品量。每一份样品量不少于50 g。

化学分析样品应置放在密闭的容器中,加注具有所有必要内容的标签。

9 物理检测样品的制备

9.1 总则

9.2规定了用于测定粒度分布或松装密度物理检测样品的制备程序。允许使用干燥后的水分样品测试粒度分布或测试高温炉烘干后矿料的松装密度。

如果需要在收货时测定铝土矿的松装密度时,应单独取样,但7.2中规定的具体预防措施仍适用。如果需要测定空气干燥后矿料的松装密度,也应单独取样,但无需采取任何措施防止蒸发造成的水分损失。

用于测定粒度分布或松装密度的样品,在样品的任何制备阶段都不允许进行颗粒破碎。物理测试样品的质量应符合4.2中对最小矿样质量的要求。

9.2 程序

9.2.1 用于测定粒度分布的样品制备

用于测定粒度分布的样品制备程序取决于铝土矿的特性。可考虑下述两种类型:

A类——铝土矿中含有大量细的粘土矿,并且干燥中会使小颗粒粘结在一起。即使重新润湿铝土矿,使细小颗粒重新散开,此类细粒的粘结也很难得其粒度分布的准确测定结果。

当处理A类铝土矿时,根据本标准所取的样品应按7.2规定的相似方式保护样品避免水分蒸发。湿法筛分适用于此类铝土矿。

B类——铝土矿中含有少量细的粘土矿。B类铝土矿可置于空气中或用高温炉进行干燥。对B类物料进行粒度分布测定时,可使用先前用于水分测定的样品。

9.2.2 测定松装密度样品的制备

可能要求三种松装密度的测定:

自然含水的到货矿料;

空气干燥矿料;

高温炉干燥矿料。

对到货矿料进行测定时,样品应与7.2的规定水分样品的制备一致。对于空气干燥和高温炉干燥的物料,不必进行上述考虑,而且,如果可能,用来测定水分含量的样品也可用来测定松装密度。由于潜在的污染和失效的原因,不建议对物理检测样品进行反复使用。

10 样品的包装和标识

分发使用的样品应放在密闭的容器中。放在容器中的标签和卡片应包括以下内容：

a) 铝土矿的类型和批的名称(船名、火车名等)；

b) 批重；

c) 样品编号；

d) 取样地点和日期；

e) 批样的水分含量；

f) 样品制备的地点和日期；

g) 样品颗粒的最大标称尺寸；

h) 其他必需的检测项目。

附　录　A
（规范性附录）
样品制备流程图

A.1　总样的样品制备流程图

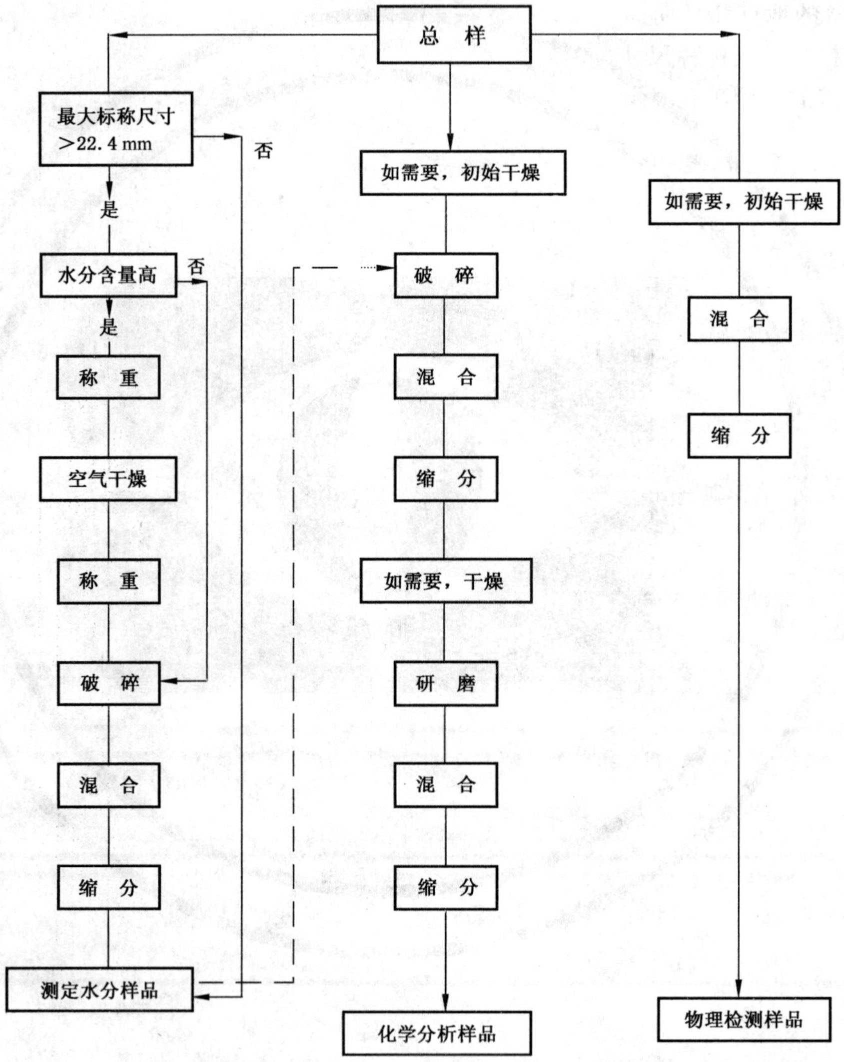

注：如有要求，用于测定水分的样品可用于化学分析。

A.2 份样或副样的样品制备流程图

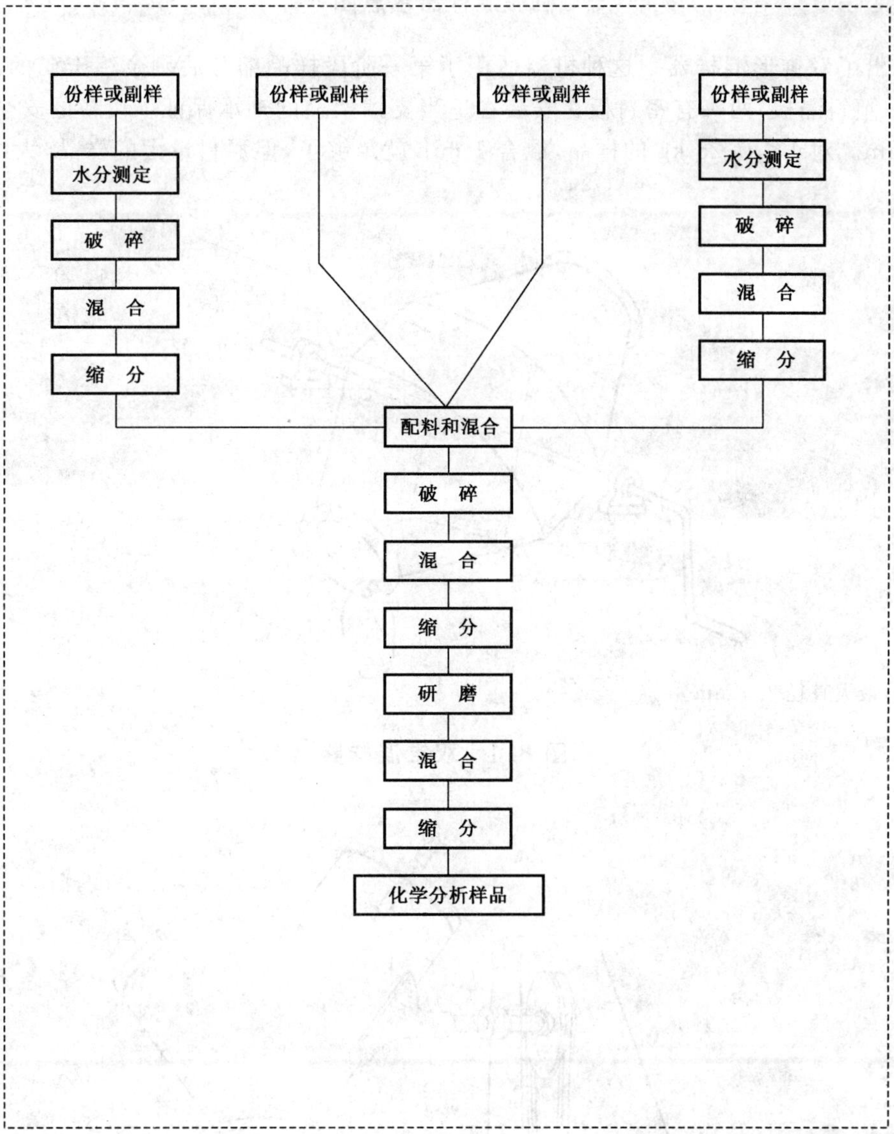

附 录 B
（资料性附录）
机械混样器示意图

图 B.1 示出了双锥形混样器。这种机器适用于第一阶段样品缩分后剩余铝土矿的混合，这种机器缸体短，内有一倾斜隔板，两头有密封板。安装在适当支撑架上的轴承保证了设备的安全。混样器旋转速度约 60 r/min。对于≤0.25 kg 的样品，混合 1 min 就足够了，但混料量大的样品，大约需要 4 min。

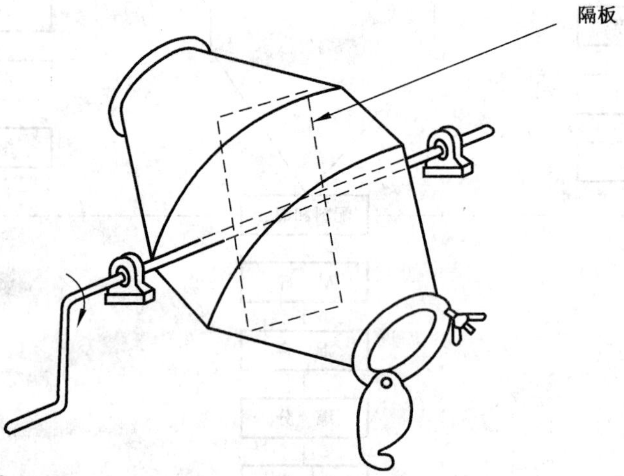

长 400 mm，最大直径 330 mm。

图 B.1 双锥混样器

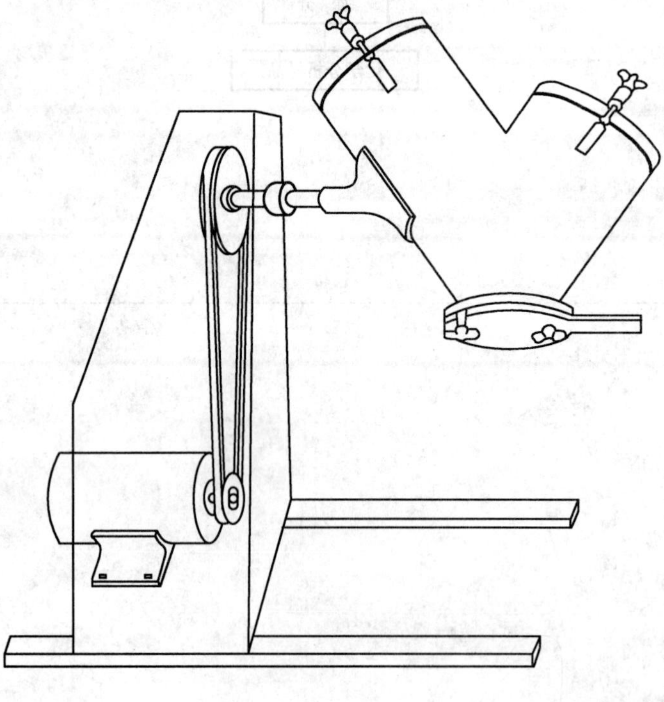

图 B.2 V 型混样器

附 录 C
（资料性附录）
机械样品缩分器

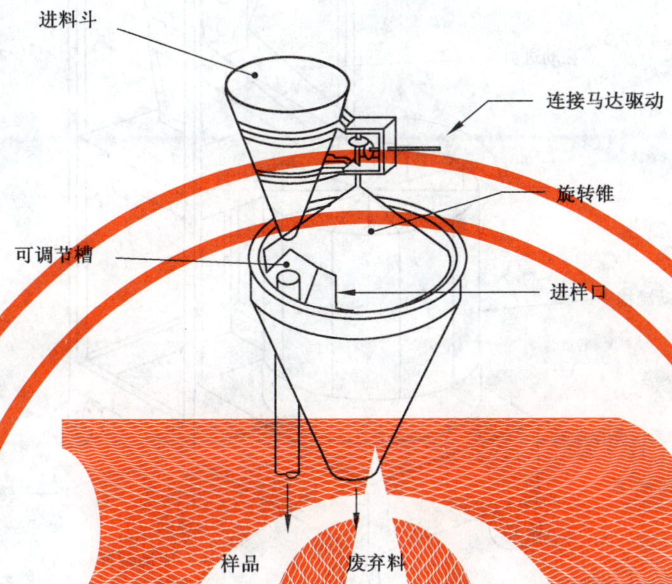

图 C.1 旋转锥体示意图

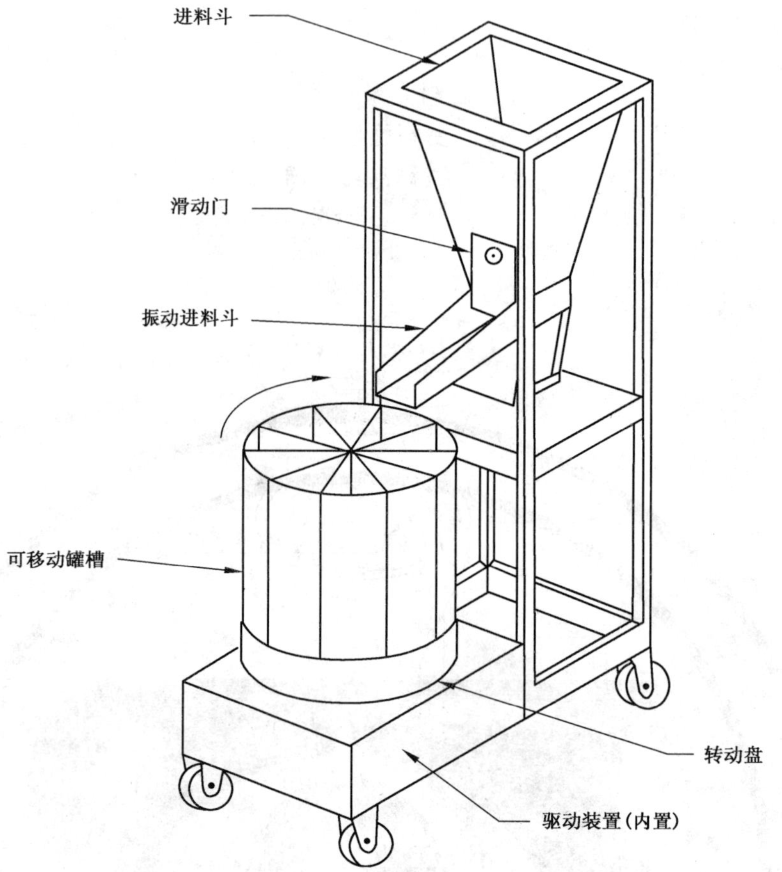

图 C.2 旋转样品缩分器示意图

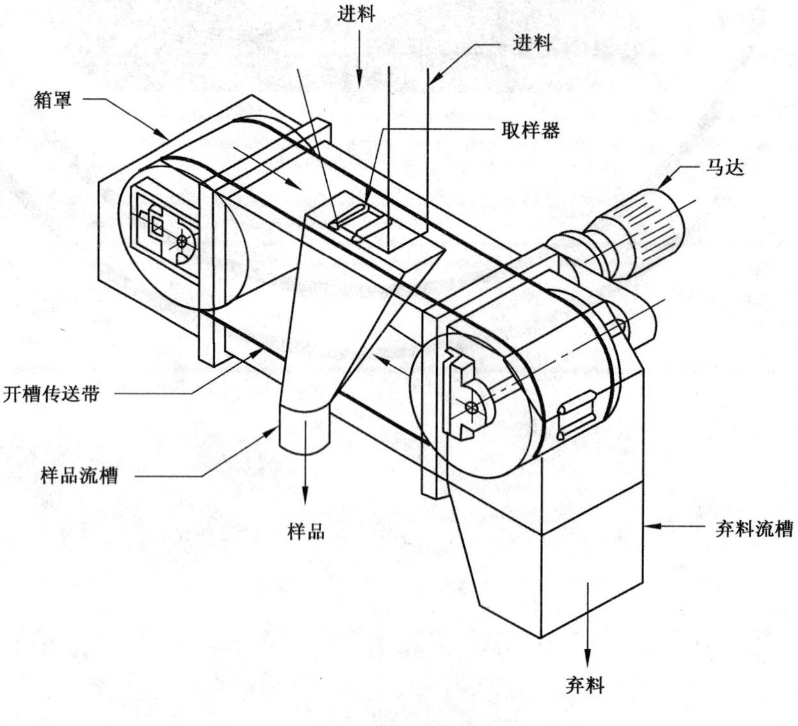

图 C.3 开槽传送带

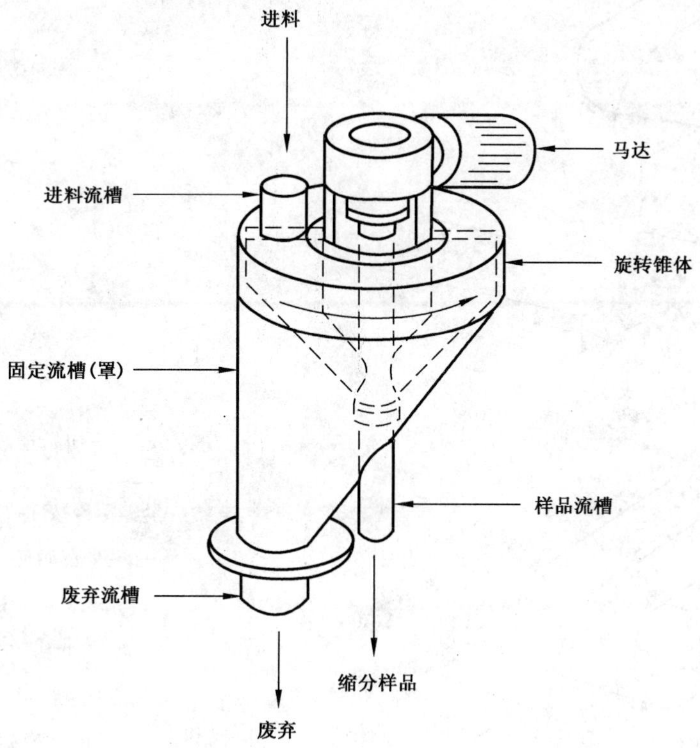

图 C.4 旋转流槽缩分器

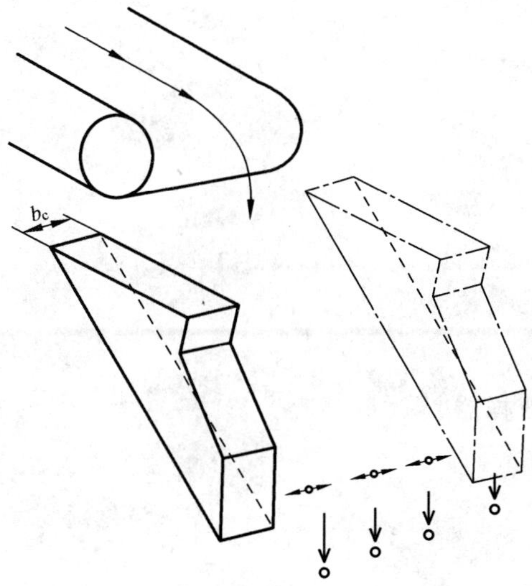

b_c——初始样品取样器孔径；

➔ 主矿流；

➔∘ 份样；

初始样品取样器的移动路线。

图 C.5 转向流槽

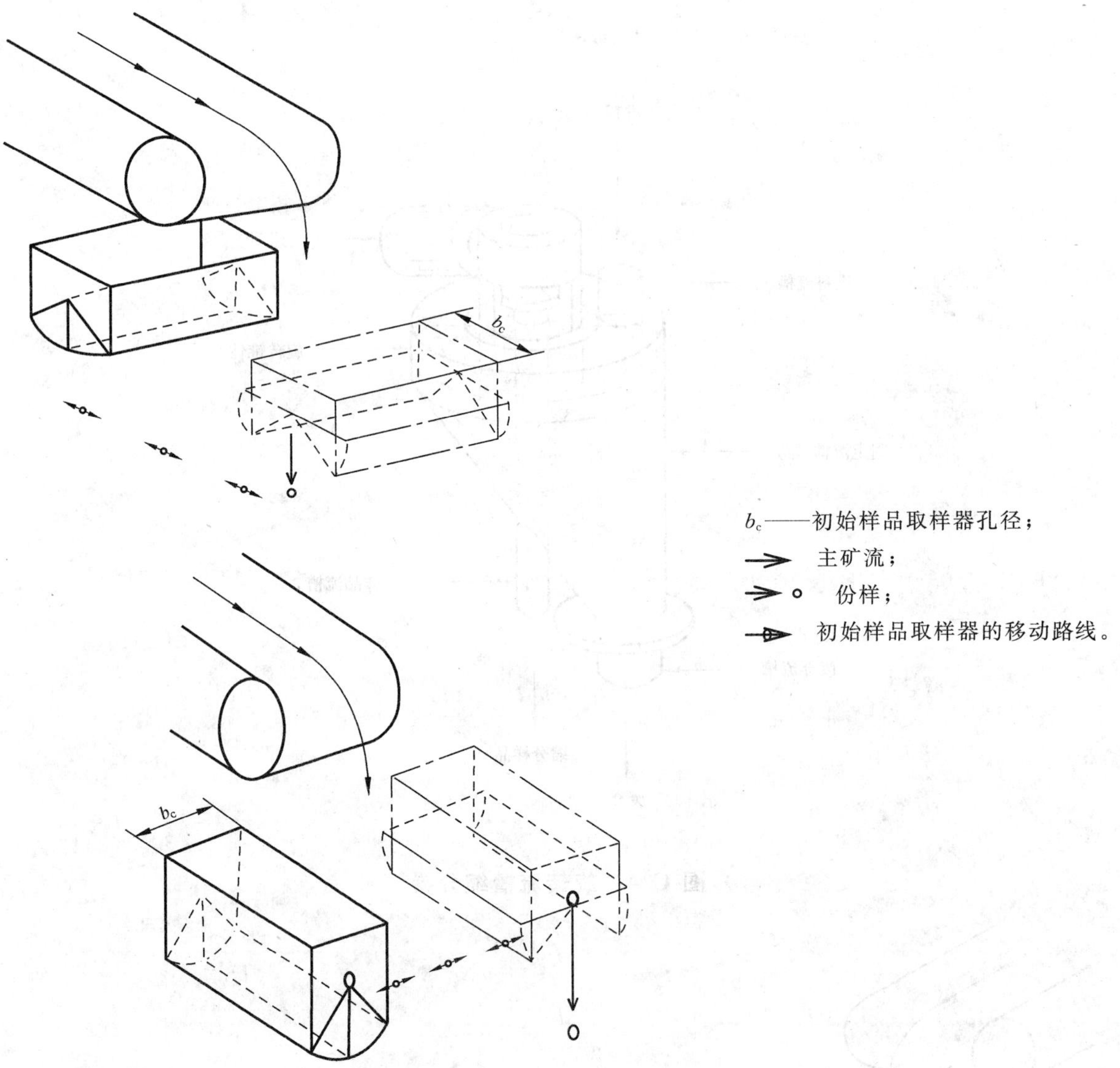

图 C.6　底部堆料取样器

附　录　D
（资料性附录）
手工取样工具

D.1　范围

本附录描述了适用于从静态铝土矿中手工取样的工具。

D.2　取样平铲

图 D.1 给出了取样平铲的推荐设计形式。推荐尺寸在表 D.1 中给出。取样平铲不适用于最大标称尺寸超过 45 mm 的铝土矿取样。

图 D.1　取样平铲

表 D.1　平铲的推荐尺寸

铝土矿最大标称尺寸/mm	份样质量/kg	推荐尺寸/mm		
		l	b	h
11.2	0.14	75	35	30
16.0	0.40	110	50	40
22.4	1.10	170	70	50
31.5	3.00	220	95	80
45.0	8.70	300	135	120

D.3　尖头取样铲

图 D.2 给出了尖头取样铲的设计形式，推荐尺寸在表 D.2 中给出。取样尖头铲不适用于最大尺寸大于 45 mm 的铝土矿取样。

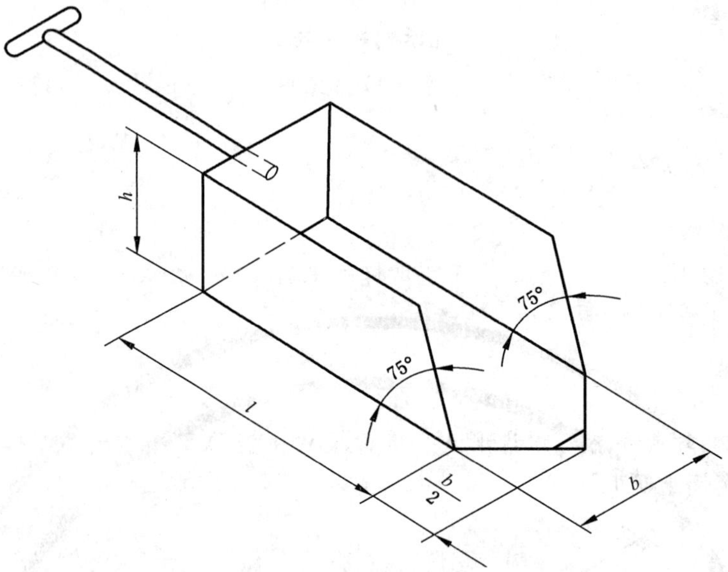

图 D.2　尖头取样铲

表 D.2　尖头取样铲推荐尺寸

铝土矿最大标称尺寸/mm	份样质量/kg	推荐尺寸/mm		
		l	*b*	*h*
11.2	0.14	75	35	30
16.0	0.40	110	50	40
22.4	1.10	170	70	50
31.5	3.00	220	95	80
45.0	8.70	300	135	120

附　录　E
（资料性附录）
格槽缩分示意图

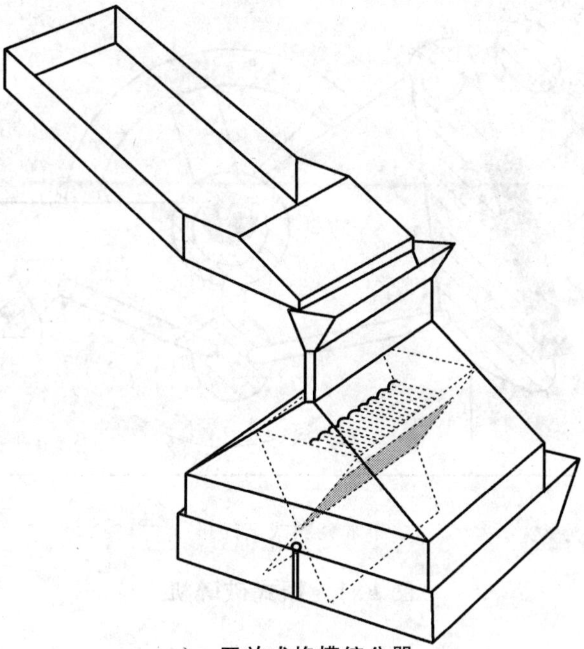

a）　开放式格槽缩分器

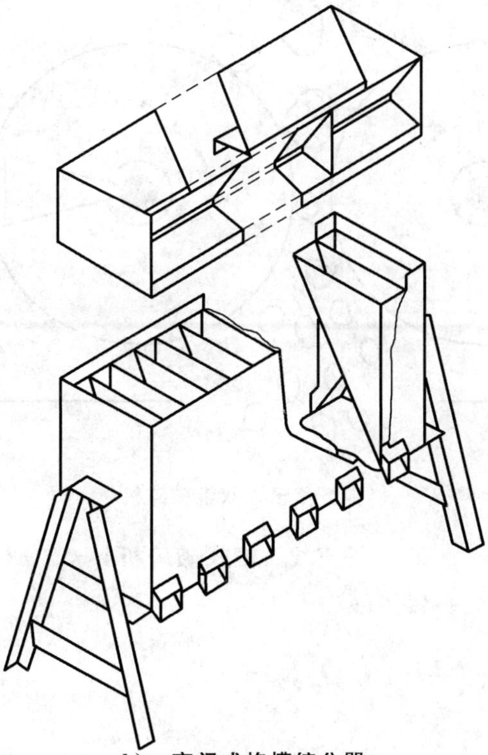

b）　密闭式格槽缩分器

图 E.1　格槽缩分器

附　录　F
（资料性附录）
颗粒破碎设备

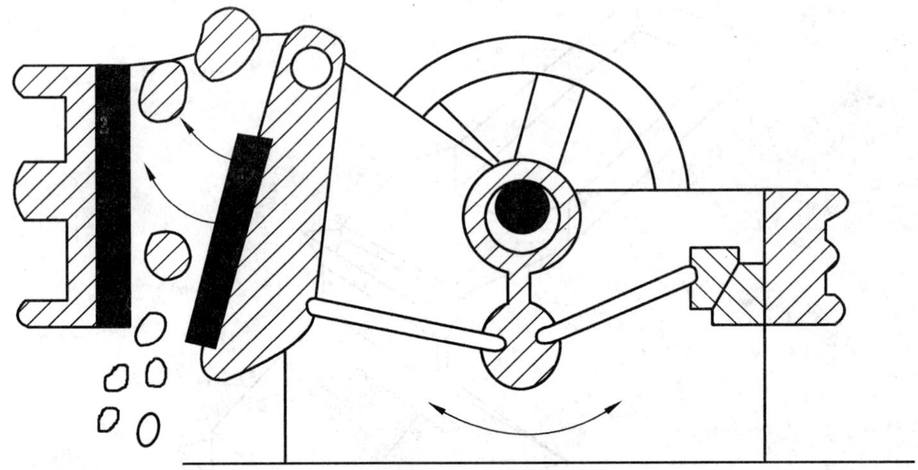

布来克颚式破碎机

图 F.1　颚式破碎机

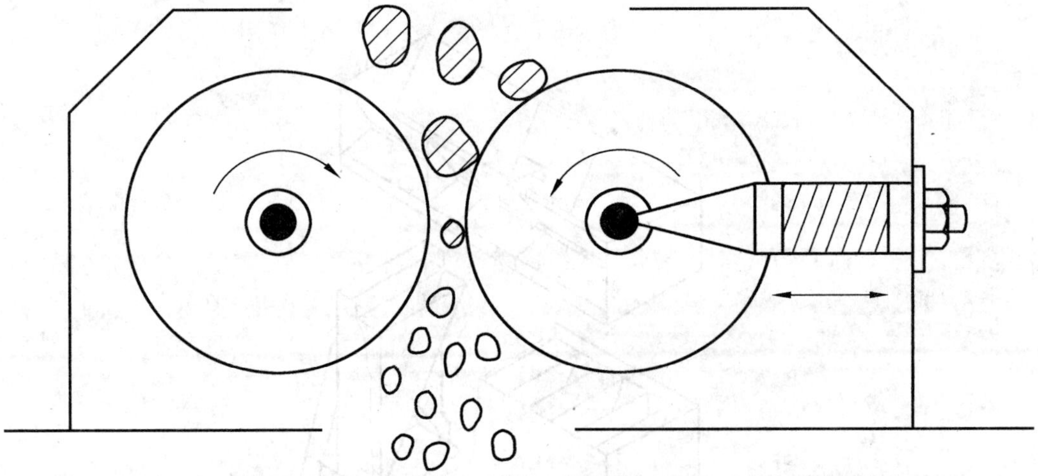

弹簧负辊柱双辊破碎机

图 F.2　辊式破碎机

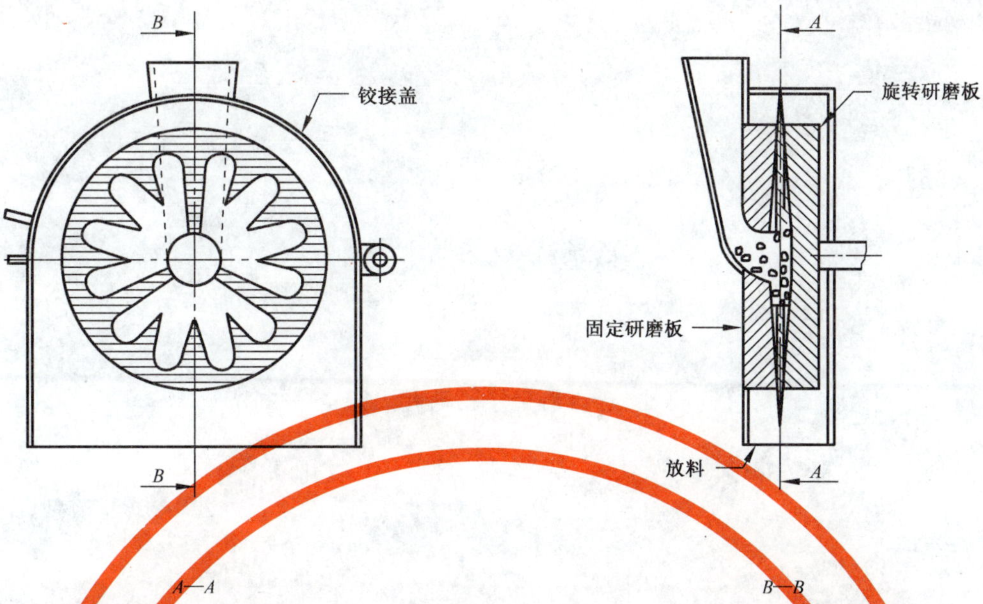

板式破碎机剖面图

图 F.3　板式破碎机

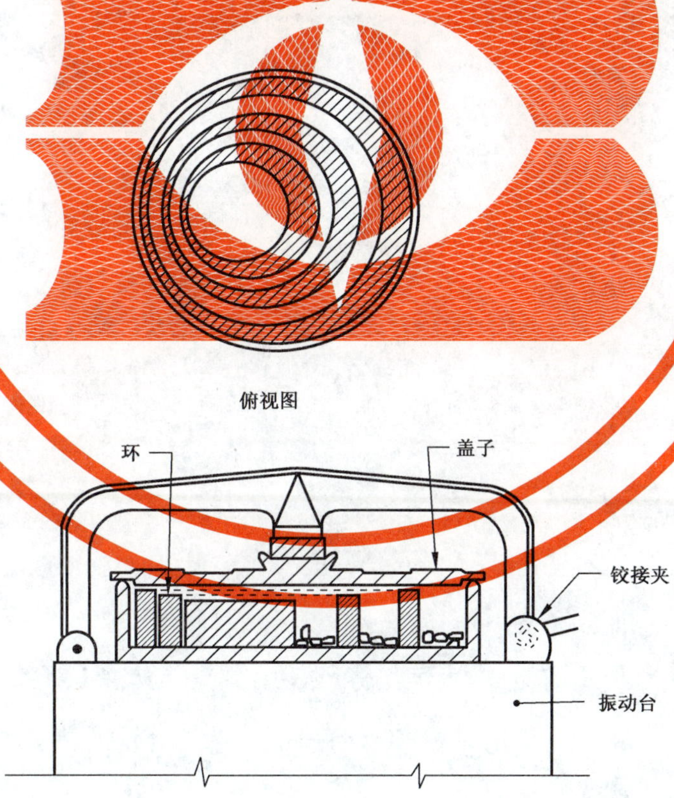

注：铝土矿置入活动环、板壁和中心盘之间。启动紧固在振动台上的磨料仓进行研磨。

图 F.4　环式破碎机剖面图

ICS 73.060.40
H 30

中华人民共和国国家标准

GB/T 25950—2010/ISO 6138:1991

铝土矿 成分不均匀性的实验测定

**Aluminium ores—
Experimental determination of the heterogeneity of constitution**

(ISO 6138:1991,IDT)

2010-12-23 发布　　　　2011-09-01 实施

中华人民共和国国家质量监督检验检疫总局
中国国家标准化管理委员会　发布

前　言

本标准使用翻译法等同采用ISO 6138:1991《铝土矿　成分不均匀性的实验测定》。

本标准由全国有色金属标准化技术委员会(SAC/TC 243)归口。

本标准负责起草单位:中国铝业股份有限公司郑州研究院、中国有色金属工业标准计量质量研究所。

本标准主要起草人:石磊、郭永恒、薛宁、马文民。

铝土矿
成分不均匀性的实验测定

1 范围

本标准规定了铝土矿测定(要求确定最小样品质量)质量特性偏差的试验方法。

本标准适用于铝土矿质量特性偏差的测定。

2 规范性引用文件

下列文件对于本文件的应用是必不可少的。凡是注日期的引用文件,仅注日期的版本适用于本文件。凡是不注日期的引用文件,其最新版本(包括所有的修改单)适用于本文件。

GB/T 25945—2010 铝土矿 取样程序(ISO 8685:1992,IDT)

GB/T 25949—2010 铝土矿 样品制备(ISO 6140:1991,IDT)

3 术语和定义

GB/T 25945—2010/ISO 8685:1992 及下列术语和定义适用于本标准。

3.1

成分不均匀性 heterogeneity of constitution

矿石颗粒间质量特性偏差的测试。

4 估算成分不均匀性

4.1 总则

铝土矿可由成分均匀的相同质量特性的颗粒组成或由不同成分的混合颗粒组成。这样就会产生成分的不均匀性。成分不均匀性可量化为每一颗粒间质量特性的偏差系数。

通常,当颗粒较大时,成分不均匀性会非常大,当颗粒间成分含量有较大的偏差时,导致的成分不均匀性也将非常大。为了定量估算,本标准规定的步骤要求在同一批矿石的代表样品上进行测试。

4.2 估算颗粒间偏差系数

因为 5 种颗粒尺寸范围直接影响每份试样的质量(重量),因此,应该对 5 种颗粒尺寸范围的矿石进行成分不均匀性测试。具体测定步骤如下:

a) 用 10 个标准筛组成筛网孔径逐个递减的一个筛塔。最大筛孔尺寸和最小筛孔尺寸之间应涵盖 95%的样品颗粒尺寸。

b) 样品通过 10 个标准筛进行筛分。舍去最细筛下物。

c) 逐一称量 10 个粒度级的样品的质量(重量)。

d) 混合相近粒度级的样品,获取尽可能等质量(重量)的 5 组试料。

e) 把 5 组试料中的每个组的试料分成近似等质量(重量)(见表 1)的 10 等份 。

f) 仔细研磨每组 n 个颗粒(ϕ<0.15 mm),分别分析确定其质量特性。

g) 用公式(1)估算粒度级的偏差系数 C_V:

$$C_V=\frac{100}{\overline{x}}\sqrt{\frac{n\sum(x_i-\overline{x})^2}{9}} \qquad (1)$$

式中:

x_i ——组测试含量,单位为百分数(%);

$\overline{x}$ ——10 个结果的平均值(百分数),即自由度为 9;

n ——每组颗粒数。

按照 GB/T 25945—2010/ISO 8685:1992 和 GB/T 25949—2010/ISO 6140:1992 的规定,计算最小样品的质量(重量)时,应保留 C_V 最大值。

5 代表性计算示例

测试矿石成分不均匀性的典型计算见表 2。测试参数是 5 个分级矿样的氧化铝的百分含量。

注:计算值是根据 ρ=2.5 t/m³ 假设的计算值。

表 1 每组近似颗粒数或质量

标准筛网孔径 ϕ /mm	该粒径的近似质量 /g	每组近似颗粒数 n
63	650	2
45.0	600	5
31.5	320	8
22.4	150	10
16.0	80	15
11.2	35	20
8	20	30
5.60	12	50
4	6	70
2.8	4	140

表 2 典型计算

试样编号	氧化铝的百分含量/%				
	+9.5 mm	+6.7 mm	+5.6 mm	+4.75 mm	+3.35 mm
1	54.84	55.65	55.43	55.48	54.41
2	57.69	56.16	55.97	55.35	54.30
3	56.17	53.61	55.48	55.42	54.72
4	56.22	54.23	56.59	55.19	54.88

表 2（续）

试样编号	氧化铝的百分含量/%				
	+9.5 mm	+6.7 mm	+5.6 mm	+4.75 mm	+3.35 mm
5	53.47	55.54	56.10	55.67	54.45
6	52.04	54.53	55.45	55.32	54.79
7	52.89	55.71	55.76	55.33	54.92
8	56.28	54.06	55.54	55.18	54.75
9	55.22	53.97	55.76	55.13	55.02
10	53.35	54.33	56.34	55.70	54.82
平均值/%	54.86	54.78	55.84	55.38	54.71
σ	1.818	0.895	0.401	0.195	0.239
样品质量/g	16.0	38.1	43.7	41.1	51.1
估算颗粒数	14	97	190	293	1 038
C_V	12.41	16.09	9.90	6.03	14.07

ICS 77.150.40
H 62

中华人民共和国国家标准

GB/T 25951.1—2010/ISO 6372-1:1989

镍及镍合金 术语和定义 第1部分:材料

Nickel and nickel alloys—Terms and definitions—Part 1:Materials

(ISO 6372-1:1989,IDT)

2010-12-23 发布 2011-09-01 实施

中华人民共和国国家质量监督检验检疫总局
中国国家标准化管理委员会 发布

前　言

GB/T 25951—2010《镍及镍合金　术语和定义》包括以下3个部分：

——GB/T 25951.1—2010《镍及镍合金　术语和定义　第1部分：材料》；

——GB/T 25951.2—2010《镍及镍合金　术语和定义　第2部分：精炼产品》；

——GB/T 25951.3—2010《镍及镍合金　术语和定义　第3部分：加工产品和铸件》。

本部分为第1部分。

本部分等同采用国际标准ISO 6372-1:1989《镍及镍合金　术语和定义　第1部分：材料》。

本部分等同翻译ISO 6372-1:1989。为便于使用，本部分做了下列编辑性修改：

a)“本国际标准”一词改为“本部分”；

b) 用小数点“.”代替在国际标准中作为小数点的逗号“,”；

c) 删除了国际标准中封面、目次、前言和引言；

d) 增加了资料性附录A以指导使用。

本部分由全国有色金属标准化技术委员会(SAC/TC 243)归口。

本部分负责起草单位：金川集团有限公司。

本部分参加起草单位：中国有色金属工业标准计量质量研究所、中铝沈阳有色金属加工有限公司。

本部分主要起草人：林秀英、于晓霞、杨丽娟、王丽、王岭渠。

镍及镍合金　术语和定义
第1部分:材料

1　范围

GB/T 25951的本部分规定了镍及镍合金材料的术语和定义。

本部分适用于镍及镍合金材料。

2　术语和定义

2.1

合金　alloy

由基体金属元素(按质量占优势的元素)和其他元素(如合金元素和杂质)混合组成的一种金属材料。

2.2

合金元素　alloying element

为了使金属具有某种特定的性能而加入或保留在基体金属中的金属或非金属元素。

2.3

杂质　impurity

存在于金属中,但并非有意加入或保留的金属或非金属元素。

2.4

加工合金　wrought alloy

主要用于通过热和(或)冷塑性变形生产加工产品的合金。

2.5

铸造合金　casting alloy

主要用于生产铸件的合金。

2.6

中间合金　master alloy

仅用于为调整成分或控制杂质而加入熔体中的合金。

2.7

重熔合金　alloy for remelting

用于为调整成分而与或不与少量添加合金元素重熔的合金。

2.8

可热处理合金　heat-treatable alloy

通过适当的热处理能够强化的合金。

2.9

不可热处理合金　non-heat-treatable alloy

只能通过冷加工而热处理不能明显强化的合金。

3　镍及镍合金分类

镍及镍合金按下述方法分类。

3.1

镍　Nickel

镍加钴最小含量为99.0%(质量分数)的金属,并规定除镍外其他元素的质量含量不超过表1中规定的极限值。

表1　镍中其他元素极限含量

元素	极限含量(质量分数)/%
Co	1.5
Fe	0.5
O	0.4
每种其他元素	0.3

3.2

镍合金　Nickel alloys

镍合金是镍在质量上占优势,超过每种其他元素的金属材料,并符合:

a)　至少一种其他元素的质量含量大于表1中规定的极限值;

b)　除镍加钴外,其他元素的质量总含量超过1%(质量分数)。

附 录 A
（资料性附录）
本部分章条编号与 ISO 6372-1:1989 章条编号对照

表 A.1 给出了本部分章条编号与 ISO 6372-1:1989 章条编号对照一览表。

表 A.1 本部分章条编号与 ISO 6372-1:1989 章条编号对照

本部分章条编号	ISO 6372-1:1989 章条编号
1	1
2	2
2.1	2.1
2.2	2.2
2.3	2.3
2.4	2.4
2.5	2.5
2.6	2.6
2.7	2.7
2.8	2.8
2.9	2.9
3	3
3.1	3.1
3.2	3.2

ICS 77.150.40
H 62

中华人民共和国国家标准

GB/T 25951.2—2010/ISO 6372-2:1989

镍及镍合金 术语和定义
第2部分:精炼产品

**Nickel and nickel alloys—Terms and definitions—
Part 2:Refinery products**

(ISO 6372-2:1989,IDT)

2010-12-23 发布 2011-09-01 实施

中华人民共和国国家质量监督检验检疫总局
中国国家标准化管理委员会 发布

前　言

GB/T 25951—2010《镍及镍合金　术语和定义》包括以下3个部分：

——GB/T 25951.1—2010《镍及镍合金　术语和定义　第1部分：材料》；

——GB/T 25951.2—2010《镍及镍合金　术语和定义　第2部分：精炼产品》；

——GB/T 25951.3—2010《镍及镍合金　术语和定义　第3部分：加工产品和铸件》。

本部分为第2部分。

本部分等同采用ISO 6372-2:1989《镍及镍合金　术语和定义　第2部分：精炼产品》。

本部分等同翻译ISO 6372-2:1989。为便于使用，本部分做了下列编辑性修改：

a）“本国际标准”一词改为“本部分”；

b）用小数点“.”代替在国际标准中作为小数点的逗号“,”；

c）删除了国际标准中封面、目次、前言和引言；

d）符合中文习惯，将国际标准中“精炼产品（即精炼状态产品和冶金中间产品）”修改为“精炼产品和中间产品”；

e）符合我国现代生产工艺实际，在2.1.1“烧结成形的”后面增加“或熔炼浇注成形的”。

f）增加了资料性附录A以指导使用。

本部分由全国有色金属标准化技术委员会（SAC/TC 243）归口。

本部分负责起草单位：金川集团有限公司。

本部分参加起草单位：中国有色金属工业标准计量质量研究所、中铝沈阳有色金属加工有限公司。

本部分主要起草人：林秀英、于晓霞、杨丽娟、王丽。

镍及镍合金　术语和定义
第2部分:精炼产品

1　范围

GB/T 25951的本部分规定了镍及镍合金精炼产品和冶金中间产品的术语和定义。

本部分适用于镍及镍合金精炼产品和冶金中间产品。

2　术语和定义

2.1

精炼产品　refinery shapes

通过精炼或精炼和铸造过程获得的未加工产品。

2.1.1

坯块　briquette

通过粉末压制和烧结成形的或熔炼浇铸成形的任何形状的精炼产品,如枕块状、波纹板状、丸状。

2.1.2

阴极板　cathode

经电沉积制取的精炼产品。

2.1.3

颗粒　granule

由比较规则的非球形颗粒组成的精炼产品,一般粒度为0.1 mm～5 mm,通常采用湿法冶金或汽化冶金、电解法、雾化法或破碎法生产。

2.1.4

球粒　pellet

近似球形的镍精炼产品,直径通常为1 mm～20 mm,通常采用汽化冶金生产。

2.1.5

粉末　powder

由粒度小于0.1 mm的颗粒组成的精炼产品,通常采用湿法冶金、汽化冶金、电解法、雾化法或破碎法生产。

2.1.6

丸粒　shot

由形状不规则,粒度为2 mm～50 mm的颗粒组成的精炼产品,通常采用喷制、雾化法或破碎法生产。

2.2

镍冶金中间产品　intermediate products of nickel metallurgy

需要进一步精炼的半精炼产品。

2.2.1

高镍锍　nickel matte

由处理镍矿石、镍精矿或其他含镍物料而获得的含镍硫化物的混合物组成的冶金中间产品,通常为铸块、破碎块、颗粒或粉末。

2.2.2

氧化镍　nickel oxide

由处理镍矿或高镍锍而获得的含镍氧化物组成的，通常为粉末状的冶金中间产品。

2.2.3

氧化镍渣　nickel oxide sinter

由处理高镍锍而获得的含镍氧化物和镍组成的冶金中间产品，通常为粉末状、颗粒状、丸状或粒度不大于 50 mm 的碎块。

附 录 A
（资料性附录）
本部分章条编号与 ISO 6372-2:1989 章条编号对照

表 A.1 给出了本部分章条编号与 ISO 6372-2:1989 章条编号对照一览表。

表 A.1 本部分章条编号与 ISO 6372-2:1989 章条编号对照

本部分章条编号	ISO 6372-2:1989 章条编号
1	1
2	2
2.1	2.1
2.1.1	2.1.1
2.1.2	2.1.2
2.1.3	2.1.3
2.1.4	2.1.4
2.1.5	2.1.5
2.1.6	2.1.6
2.2	2.2
2.2.1	2.2.1
2.2.2	2.2.2
2.2.3	2.2.3

ICS 77.150.40
H 62

中华人民共和国国家标准

GB/T 25951.3—2010

镍及镍合金 术语和定义
第3部分：加工产品和铸件

Nickel and nickel alloys—Terms and Definitions—
Part 3: Wrought products and castings

(ISO 6372-3:1989, MOD)

2010-12-23 发布 2011-09-01 实施

中华人民共和国国家质量监督检验检疫总局
中国国家标准化管理委员会 发布

前　言

GB/T 25951—2010《镍及镍合金　术语和定义》包括以下 3 个部分：

——GB/T 25951.1—2010《镍及镍合金　术语和定义　第 1 部分：材料》；

——GB/T 25951.2—2010《镍及镍合金　术语和定义　第 2 部分：精炼产品》；

——GB/T 25951.3—2010《镍及镍合金　术语和定义　第 3 部分：加工产品和铸件》。

本部分为第 3 部分。

本部分修改采用国际标准 ISO 6372-3:1989《镍及镍合金　术语和定义　第 3 部分：加工产品和铸件》。本部分章条编号与 ISO 6372-3:1989 章条编号对照见本部分附录 B。本部分与 ISO 6372-3:1989 差异参见本部分附录 C，这些差异用垂直单线（|）标识在它们所涉及的条款的页边空白处。

本部分由全国有色金属标准化技术委员会（SAC/TC 243）归口。

本部分负责起草单位：金川集团有限公司。

本部分参加起草单位：中国有色金属工业标准计量质量研究所、中铝沈阳有色金属加工有限公司。

本部分主要起草人：林秀英、于晓霞、杨丽娟、王丽、王岭渠。

镍及镍合金　术语和定义
第3部分：加工产品和铸件

1　范围

GB/T 25951的本部分规定了镍及镍合金加工产品和铸件的术语和定义。

本部分适用于镍及镍合金加工产品和铸件。

2　术语和定义

2.1

加工产品　wrought products

通过热和(或)冷塑性变形方法(如挤压、锻造、热轧、冷轧或拉制，单独或联合采用)获得的产品。

加工产品有棒材、线材、管材、型材、板材、带材、箔材、锻件等。

注：加工产品的定义说明见附录A。

2.1.1

棒材　rod/bar

沿整个长度横截面均匀的实心加工产品，以直条供货。

横截面为圆形、椭圆形、方形、矩形、等边三角形或规则多边形(参见图1)。方形、矩形、三角形或多边形横截面的产品，沿其整个长度可以有圆倒角。

注：对于矩形棒：

——厚度超过宽度的十分之一；

——术语"矩形棒"包括"扁圆棒"(flattened circles)和"近矩形棒"(modified rectangles)，其两对边为凸弧形，另两对边为等长并平行的直边。

2.1.2

线材　wire

沿其整个长度横截面均匀的实心加工产品，以成卷供货。

横截面为圆形、椭圆形、方形、矩形、等边三角形或规则多边形(参见图1)。方形、矩形、三角形或多边形横截面的产品，沿其整个长度可以有圆倒角。

注：对于矩形线：

——厚度超过宽度的十分之一；

——术语"矩形线"包括"扁圆线"(flattened circles)和"近矩形线"(modified rectangles)，其两对边为凸弧形，另两对边为等长并平行的直边。

2.1.3

管材　tube

沿其整个长度横截面均匀的，只有一个封闭空腔，并且壁厚均匀的空心加工产品，以直条或成卷供货。

横截面为圆形、椭圆形、方形、矩形、等边三角形或规则多边形(参见图2)，沿整个长度可以有圆倒角的方形、矩形、等边三角形或规则多边形横截面的空心产品，倘若同一横截面的内外多边形是同心的，并有同样的形状和取向，可以认为是管材。

注1：管材也可通过穿孔或将板材、带材经成形、焊接而形成。

注2：由上述定义的一般形状的管材，经弯曲、车制螺纹、镗孔、减径、扩径和呈锥形的空心产品归为管材一类。

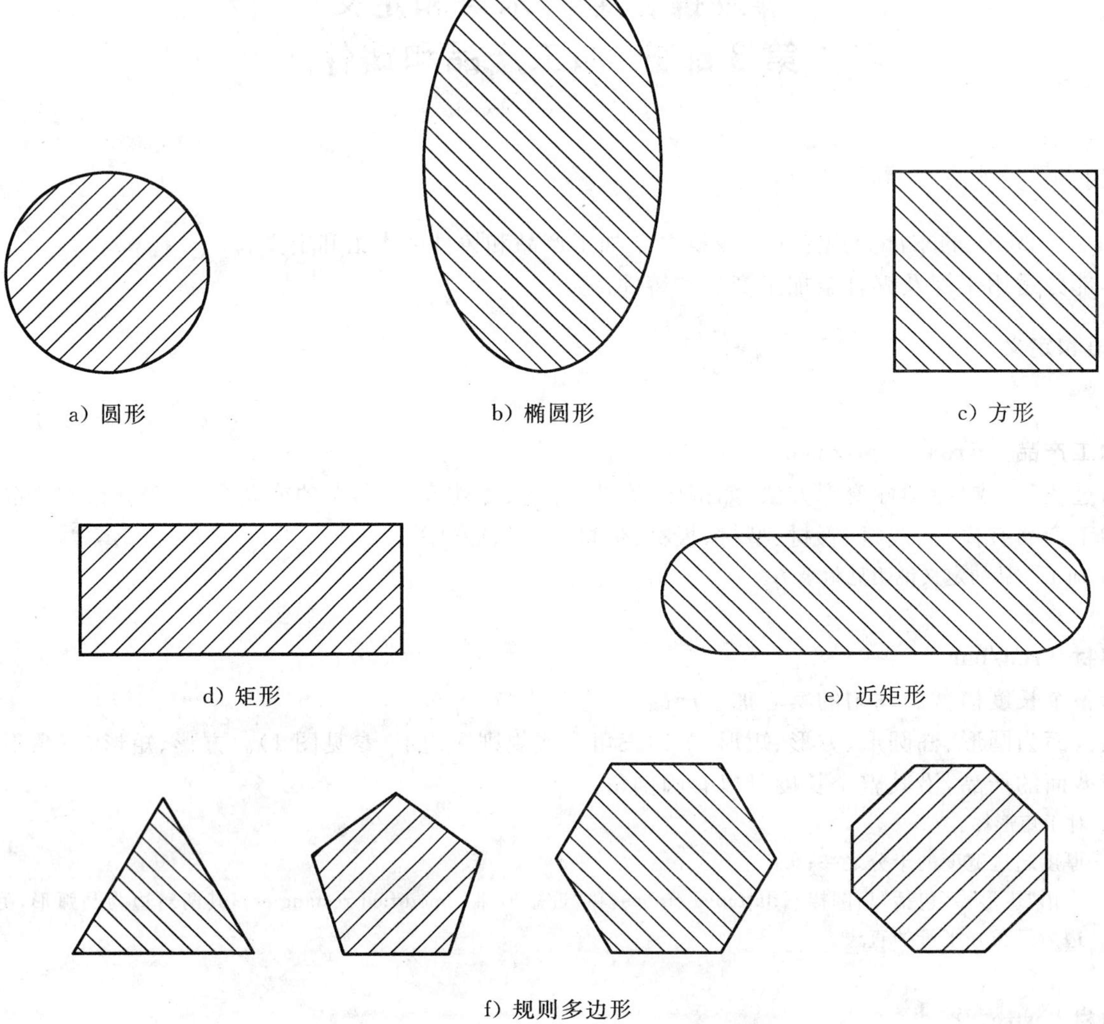

图 1 棒材和线材的横截面示意图

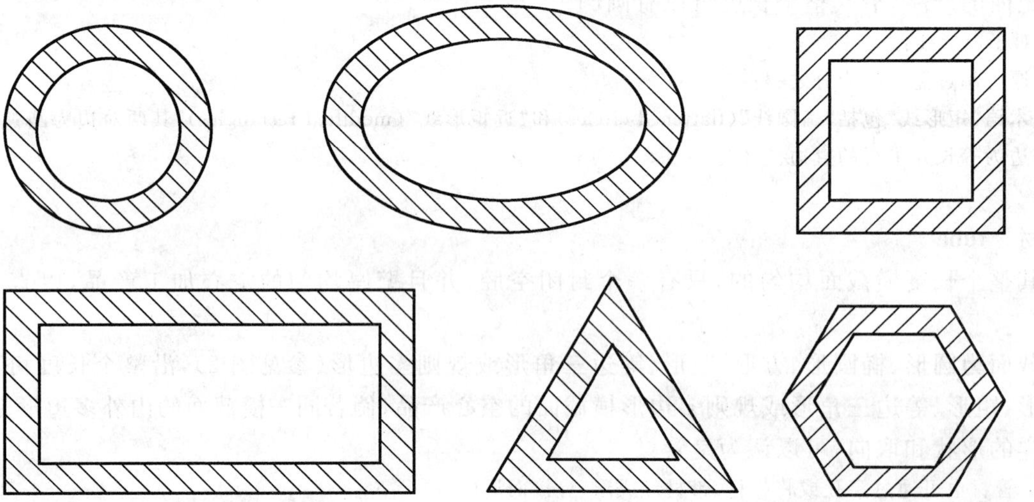

图 2 管材的横截面示意图

2.1.4

型材 profile

横截面不同于棒材、线材、管材、板材、带材或箔材，沿整个长度横截面均匀的加工产品，以直条或成卷供货。

2.1.5

厚板材 plates

横截面为矩形，厚度均匀并大于 4 mm 的扁平轧制产品，以平直状（即扁平状）供货，厚度不超过宽度的十分之一。

注：由上述定义的一般形状厚板材，经轧波纹、压花、镀层、修边和冲孔的产品归为厚板材一类。

2.1.6

薄板材 sheet

横截面为矩形，厚度均匀并且最小为 0.10 mm，最大为 4 mm（即扁平状）的扁平轧制产品，通常为剪切边或锯边，厚度不超过宽度的十分之一。

注：由上述定义的一般形状板材，经轧波纹、压花、镀层、修边和冲孔的产品归为薄板材一类。

2.1.7

带材 strip

横截面为矩形，厚度均匀并且最小为 0.10 mm 的扁平轧制产品，通常纵向切边，以成卷供货，厚度不超过宽度的十分之一。

注：由上述定义的一般形状带材，经轧波纹、压花、镀层、修边和冲孔的产品归为带材一类。

2.1.8

箔材 foil

横截面为矩形，厚度均匀并且小于 0.10 mm 的扁平轧制产品。

注：为了特殊用途，箔材也可用加工以外的方法（如电解沉积）来生产。

2.1.9

锻件 forging

通过锤锻或压锻而成的加工产品，通常在热状态下在开模（自由锻）或闭模（模锻）里进行。

2.1.10

坯料 blank

取自加工产品，用于后续深加工（如弯曲、冲压、深冲或成形）的，形状规则或不规则的金属坯料。

2.1.11

圆坯 circle

圆形饼坯。

2.1.12

冲挤坯 slug

取自铸造或加工产品，厚度均匀，形状规则或不规则的，通常用于冲挤的金属坯料。

提供的冲挤坯可以有中心孔或无中心孔。

2.2

中间产品

2.2.1

坯锭 billet

用于进一步加工的，横截面为圆形、方形或矩形的，通过热加工获得的产品。

注：坯锭也可以是铸造产品。

2.2.2

铸锭　ingot

用于进一步加工的铸造产品。

2.2.3

扁锭　slab

矩形坯锭。

2.2.4

线坯(线棒)　drawing stock (wire rod)

沿其整个长度横截面均匀的实心中间加工产品,以成卷供货。

横截面为近似圆形、三角形或规则多边形(参见图3),其最大横截面尺寸通常超过5 mm。

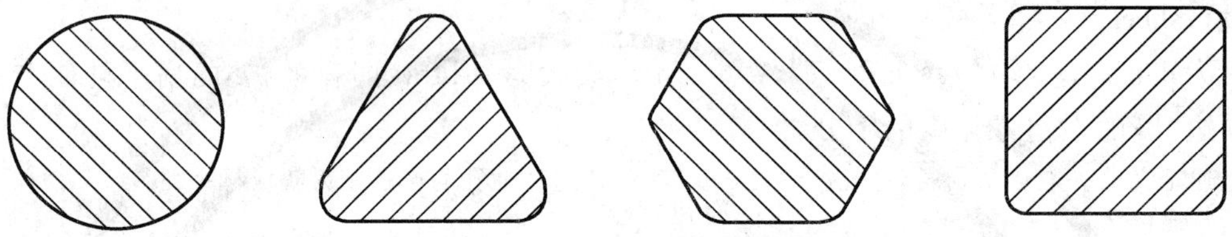

图3　线坯(线棒)的横截面

2.2.5

锻坯　forging stock

用于锻造的经热加工的中间加工产品或铸造产品。

2.3

铸件　castings

用下述方法使熔融金属或合金在模子中凝固成形的,达到或接近最终形状的产品:

砂型铸造、硬模铸造(冷铸)、压模铸造(模铸)、离心铸造、连续铸造、半连续铸造、精密铸造等。

附 录 A
（资料性附录）
关于加工产品定义的说明

A.1 分类原则

为了使定义简化并避免由于技术进一步发展而引起的困难，除轧制的扁平产品外，删去所有尺寸依据，即定义仅以交货的形状为依据。

A.2 分界线

A.2.1 棒材和线材

棒材一般以直条供货而线材成卷供货时，通常的交货形状取代了 CCCN（海关合作理事会关税税则目录）以直径 6 mm 的现行分界线。

A.2.2 管材和空心型材

“管材”和“空心型材”之间的分界线不仅应按均匀壁厚，而且还应按管材“仅有一个封闭的空腔”来划分。此外，已列出管材的横截面图。统一规定不用术语“空心棒”（hollow bar）。

A.2.3 厚板材、薄板材、带材和箔材

为了解决在厚度方面标准规定的各种不同的界限，统一规定如下 4 个术语：

——厚板材（plate）：厚度＞4 mm，平直（扁平状）；

——薄板材（sheet）：厚度≥0.10 mm～4 mm，平直；

——带材（strip）：厚度≥0.10 mm，成卷；

——箔材（foil）：厚度＜0.10 mm。

A.2.4 英文术语“drawing stock”（线坯）

考虑到不同的制造工艺，挤压、热轧、连续铸造后热轧，对于中间产品，选“drawing stock”（线坯）这一术语作为优先术语取代术语“wire rod”（线棒）：

a） 线坯（drawing stock），该术语是由“锻坯”（forging stock）类推而来的，以表示该中间产品是用于拉线的；

b） 线棒（wire rod），在某些国家使用的该术语已根据术语原则予以废弃。

A.2.5 ISO 6372 本部分与 CCCN 术语间的差异

ISO 6372 本部分与 CCCN 第 75 章的差异仅有下述两点：

a） 编辑上的格式，例如，省略“加工产品”的总定义所包括的产品生产方法的说明，以及为了便于日常使用，在编辑上重新编排某些定义；

b） 省略“CCCN 术语结构”所需要的有关其他产品或标题号的相互参照条目。

附 录 B
（资料性附录）
本部分章条编号与ISO 6372-3:1989章条编号对照

表B.1给出了本部分章条编号与ISO 6372-3:1989章条编号对照一览表。

表B.1 本部分章条编号与ISO 6372-3:1989章条编号对照

本部分章条编号	ISO 6372-3:1989章条编号
1	1
2	2
2.1	2.1
2.1.1	2.1.1
2.1.2	2.1.2
2.1.3	2.1.3
2.1.4	2.1.4
2.1.5	2.1.5
2.1.6	2.1.6
2.1.7	2.1.7
2.1.8	2.1.8
2.1.9	2.1.9
2.1.10	2.1.10
2.1.11	2.1.11
2.1.12	2.1.12
2.2	2.2
2.2.1	2.2.1
2.2.2	2.2.2
2.2.3	2.2.3
2.2.4	2.2.4
2.2.5	2.2.5
2.3	2.3

附　录　C
（资料性附录）
本部分与 ISO 6372-3:1989 差异及其原因

表 C.1 给出了本部分与 ISO 6372-3:1989 差异及其原因一览表

表 C.1　本部分与 ISO 6372-3:1989 差异及其原因

本部分章条编号	差　异	原　因
封面	删除原国际标准封面	符合国标要求
前言	删除原国际标准目次、引言和前言	本部分内容简单，不必保留目次和引言
1	“本国际标准”修改为“本部分”	编辑性修改，符合国家标准要求
2.1	增加了箔材	符合国我国标准及生产实际
2.1.12	增加铸造产品	符合国内生产实际
2.3	增加“半连续铸造”	符合国内生产实际
附录 A	用括号增加了对“CNNN”的解释	加强对标准的理解

ICS 77.120.01
D 42

中华人民共和国国家标准

GB/T 25952—2010

散装浮选镍精矿取样、制样方法

Methods for sampling and sample preperation of flotation nickel conentrates in bulk

2010-12-23 发布　　2011-09-01 实施

中华人民共和国国家质量监督检验检疫总局
中国国家标准化管理委员会　发布

前　言

本标准由中国有色金属工业协会提出。

本标准由全国有色金属标准化技术委员会归口。

本标准由金川集团有限公司、中国有色金属工业标准计量质量研究所负责起草。

本标准由南通出入境检验检疫局参加起草。

本标准主要起草人：闫文彬、韩庆东、张发志、赵军锋、林秀英、胡风萍、文占杰、张喆文、刘润红、侯晋。

散装浮选镍精矿取样、制样方法

1 范围

本标准规定了散装浮选镍精矿的取样、制样和水分测定的程序和方法。

本标准适用于散装浮选镍精矿化学成分、水分及其他物理项目检测用试样的取样、制样和水分测定。

2 规范性引用文件

下列文件对于本文件的应用是必不可少的。凡是注日期的引用文件，仅注日期的版本适用于本文件。凡是不注日期的引用文件，其最新版本(包括所有的修改单)适用于本文件。

GB/T 8170 数值修约规则与极限数值的表示和判定

GB/T 14260—2010 散装重有色金属浮选精矿取样、制样通则

3 术语和定义

本标准采用 GB/T 14260 中的术语和定义。

4 要求

4.1 不同检验批量的取样、制样及测定的总精度(β_{SPM})和取样精密度(β_S)如表 1。

表 1 不同检验批镍精矿应取的最小份样数

检验批量 N/t	品质波动类型			β_{SPM}/%	β_S/%
	小	中	大		
	$\sigma_w<0.3$	$0.3\leqslant\sigma_w<0.6$	$\sigma_w\geqslant0.6$		
≤60	6	18	28	0.300	0.287
>60～240	12	36	56	0.193	0.173
>240～600	20	58	90	0.159	0.134

注：如检验批品质波动过大，达不到规定精度时，可按公式 $n=\left(\frac{2\sigma_w}{\beta_S}\right)$ 计算份样数。

4.2 本标准中 5.5.1 系统取样法为无系统偏差法。

4.3 本标准以镍的含量(质量分数)作为镍精矿的品质特性。

4.4 按本标准规定的方法进行取样和制样，根据需要进行品质波动、精密度校核试验。

4.5 交货批大于 600 t 以上时协商检验批。

4.6 遇条件限制，可采用本标准以外的取样方法。但须进行取样误差校核试验，确认无显著性差异后，方可使用。

4.7 成分试样保存不少于 3 个月(国际贸易保存 6 个月)，以备核查，或合同另行约定保存期。

4.8 取样、制样所用设备、工具和盛样容器必须保持清洁、干燥、耐用。盛样容器应有较好的密封性，防

止试样变质。

4.9 品质波动试验方法、精密度校核试验方法及取样系统误差校核试验方法分别按 GB/T 14260—2010 中附录 A、附录 B、附录 C 进行。

4.10 整个取样、制样过程遵守有关的安全操作规程。

5 取样

5.1 取样工具

5.1.1 取样钎(取样探针),材料耐锈蚀,内径为 20 mm,长 1 000 mm,其规格尺寸见图 1。也可根据需要改变取样钎规格尺寸。

单位为毫米

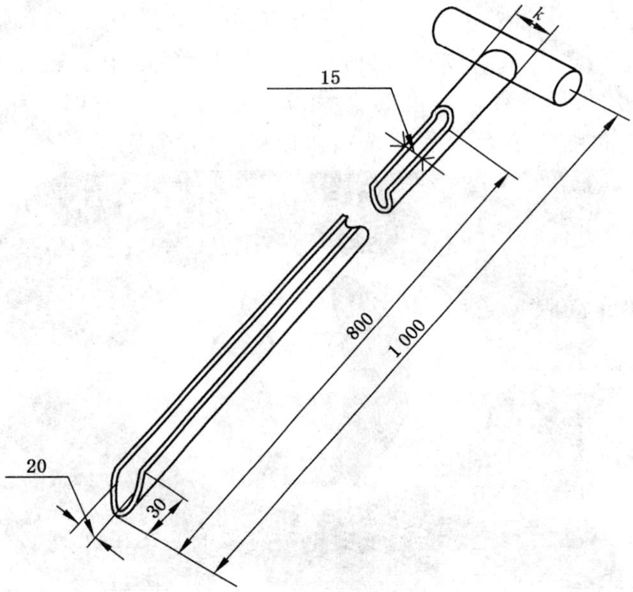

图 1 取样钎示意图

5.1.2 取样铲规格尺寸满足所需份样量需要,见图 2 及表 2。

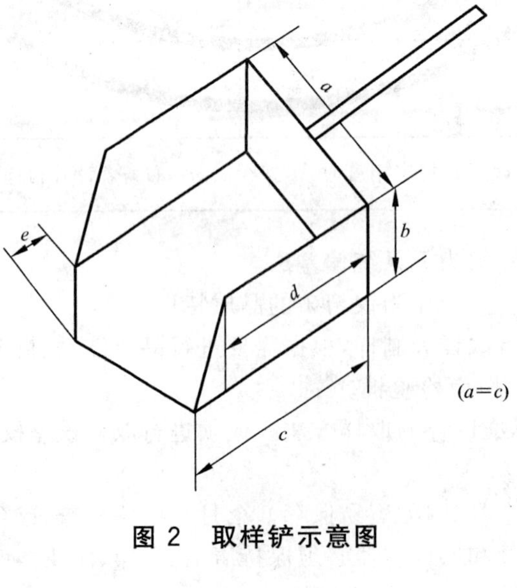

图 2 取样铲示意图

表 2 取样铲规格

最大粒度/mm	取样铲尺寸/mm					容量/mL
	a	*b*	*c*	*d*	*e*	
20	80	45	80	70	35	约 270
15	70	40	70	60	30	约 180

5.1.3 钢锹和铁锤。

5.1.4 内衬塑料袋的布袋或带盖盛样桶。

5.2 取样程序

5.2.1 验明检验批及副批的质量。

5.2.2 根据检验批量大小、品质波动类型确定应取的最少份样数和确定份样分布。

5.2.3 确定取样方法、工具及份样量。

5.2.4 确定份样组合方式。根据需要按图 3、图 4 组成大样或副样。

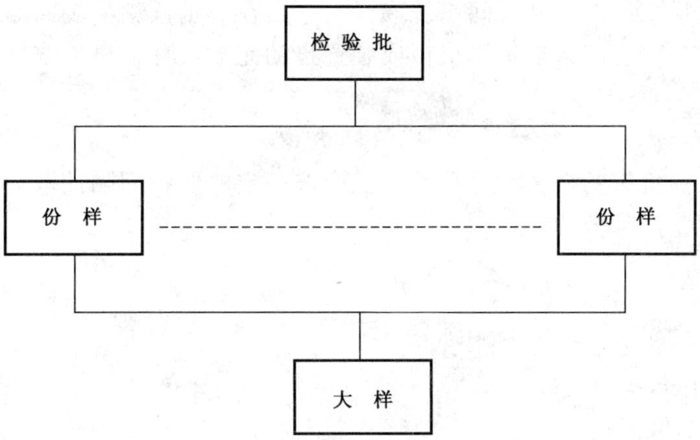

图 3 检验批的全部份样组成大样

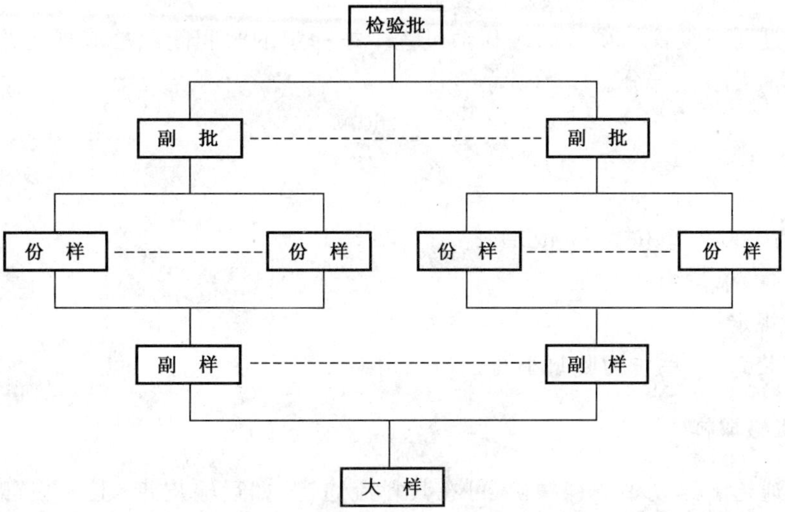

图 4 各副批的全部份样组成副样合并组成大样

5.2.5 检验批中各副批水分差异显著或其他异常情况时，重新划分检验批。

5.3 份样数

5.3.1 不同检验批量应取最少份样不少于表1的规定。组成副样的份样数按副批量的权重比例分布。

5.3.2 当镍精矿的品质波动类型不明时，应按品质波动“大”的类型来选取份样数。但应尽早进行品质波动试验以确定其类型。

5.4 份样量

5.4.1 用取样铲取样，应根据所需用量，选用适当容量的取样铲。如遇结块，需砸碎后取样。份样量不少于300 g。

5.4.2 用取样钎取份样，份样量约400 g。

5.4.3 所取份样量应基本一致，其质量变异系数不大于20%。

5.5 取样方法

5.5.1 系统取样法

系统取样法分为质量系统取样和时间系统取样。它是在一批镍精矿装卸等移动过程中按一定的质量或时间间隔采取份样。份样的采取依靠机械或装置自动完成时称为机械取样。

5.5.1.1 质量系统取样

质量系统取样是在一批镍精矿装卸等移动过程中按一定的质量间隔抽取规定的份样。取样间隔按式(1)计算，遇小数保留整数部分。

$$T_1 \leqslant \frac{N_1}{n} \qquad \cdots\cdots(1)$$

式中：

T_1——取样质量间隔，单位为吨(t)；

N_1——检验批量，单位为吨(t)；

n ——标准中规定的份样数。

5.5.1.2 时间系统取样

时间系统取样是在一批镍精矿装卸等移动过程中按一定的时间间隔抽取规定的份样。取样间隔按式(2)计算，遇小数舍去小数部分。

$$T_2 \leqslant \frac{60N_1}{G \cdot n} \qquad \cdots\cdots(2)$$

式中：

T_2——取样时间间隔，单位为分(min)；

N_1——检验批量，单位为吨(t)；

n ——标准中规定的份样数；

G ——每小时装卸量，单位为吨每小时(t/h)。

5.5.1.3 截流式机械取样

对在一定运输通道上运动中的镍精矿，可在其料流通道(如运输皮带)上安装符合抽取份样要求的取样机械或装置，即在精矿料流通道上安装能整段截取精矿料流作为份样的自动取样机械，完成取样操作。

截流式机械取样应在精矿流全宽度范围内整段截取，避免只取其中某一部分，用于较湿精矿取样时，应注意样品的黏结。所取份样数和份样量符合本标准规定。取样时按需抽取的份样数设定时间间隔，时间间隔按式(2)计算，遇小数舍去小数部分。

初次使用机械取样，取样前应进行取样误差校核试验，确定无显著性差异时方可用于日常取样。取样机械使用中需及时维护和修理，长期使用后需重新做取样误差校核试验，确保其工作正常。

系统取样法的第一个份样，可在第一间隔内随机取样，但不可在第一间隔的起点处取样，以后按计算的间隔采取份样。按固定间隔已经取完检验批应取份样数，而该批精矿装卸仍在进行，应继续按计算间隔取样，直至该批精矿装卸完为止。

精矿在装卸、堆垛过程中，应在装卸或堆垛过程新露出的精矿面取样；在装卸工具中取样，取样点应均匀分布在整批精矿的各个部位。

5.5.2 分层取样法

把一批镍精矿在装卸等移动过程中分数层(不得少于3层)取样，根据每层的质量，按比例在新露出的面上均匀布点取样。每层应取的份样数按式(3)计算，遇小数则进为整数。

$$n_i \geqslant \frac{n \cdot N_i}{N_1} \qquad \cdots\cdots\cdots\cdots (3)$$

式中：

n_i —— 每层应取的份样数；

n ——标准中规定份样数；

N_i——每层质量，单位为吨(t)；

N_1——检验批量，单位为吨(t)。

如检验批由多个部分(或车箱)组成，应先按各部分的质量成正比例计算应取的份样数，再按式(3)计算对应部分(或车厢)每层应取的份样数。

5.5.3 货车取样法

当一批镍精矿用火车或汽车交货时，在车厢内均匀布点，扒去表层不少于20 mm，用取样钎从新露出的精矿面垂直插入底部，旋转后采取份样。应避免只从表层或某一局部采取。多节货车取样时，按货车装载质量成正比例分配要抽取的份样数。份样的采取依靠机械或自动装置来完成时，称为机械取样。

5.5.3.1 火车交货取样

火车交货时，日常取样可根据镍精矿品质波动类型和检验批量，按表1规定的份样数取样。当检验批由多辆货车组成时，每车应取的份样数按式(4)计算，遇小数则进为整数。

$$n_2 \geqslant \frac{n}{M} \qquad \cdots\cdots\cdots\cdots (4)$$

式中：

n_2——每车应取的份样数；

n ——标准中规定的份样数；

M——检验批总车数。

5.5.3.2 汽车交货取样

汽车交货时，如检验批量小于基本批量，可按同一产地、同一波动类型、同一品级的精矿进行组批，形成基本批量，按表1规定的份样数取样；也可直接按式(5)计算应取的份样数取样，遇小数进为整数；

如果检验批量不小于基本批量，可按 GB/T 14260 中规定的份样数采取。

$$n_1 \geqslant n\sqrt{\frac{N_1}{N}} \qquad \cdots\cdots(5)$$

式中：

n_1 ——汽车应取的最少份样数；

n ——标准中规定的最少份样数；

N_1——检验批量，单位为吨(t)；

N ——基本批量，单位为吨(t)。

当检验批由多辆汽车组成时，每辆汽车应取的份样数参照公式(4)进行计算。遇小数进为整数。

5.5.3.3 静止料堆取样

不具备在货车上直接取样时，可将精矿卸到指定场地，堆成规则的几何体，均匀布点，按表 1 中规定的份样数取份样。

5.5.3.4 螺旋钻式机械取样

对交货的火车、汽车车厢，也可根据精矿的堆存状态设计符合抽取精矿份样要求的取样机械(或装置)，实现机械取样，即在车厢或精矿堆的正上方合理安装用于钻取精矿份样的自动取样机械。

螺旋钻式机械取样时，取样方位应顾及整个精矿范围。所取的份样数和份样量符合本标准规定。取样点在整个精矿料堆随机分布，取样钻应距四周及底部都不小于 200 mm 钻取份样。

螺旋取样头应用不锈钢或其他耐锈蚀材料制作，长度满足精矿厚度需要。取样前应先用钻取的方法清洁取样头，再进行取样操作；取样后应观察取样头，并及时清理。用于较湿精矿取样时，应注意样品的黏结。

初次使用此法取样，取样前应进行取样误差校核试验，确定无显著性差异时方可用于日常取样。取样机械使用中需及时维护和修理，长期使用后需重新做取样误差校核试验，确保其工作正常。

注：用集装厢交货时可参照货车取样法取样。

6 制样

6.1 主要制样设备及工具

6.1.1 制样研磨机或圆盘粉碎机。

6.1.2 恒温鼓风干燥箱。

6.1.3 份样铲(见表 3 及图 5)。

6.1.4 缩分板及分样板。

表 3 样品粒度、样品层厚度及份样铲规格和尺寸

样品最大粒度/mm	份样铲尺寸/mm				料层厚度/mm	容量/mL
	a	*b*	*c*	*d*		
5	50	30	50	40	20～30	约 70
3	40	25	40	30	15～25	约 35
1	30	20	30	25	10～20	约 16

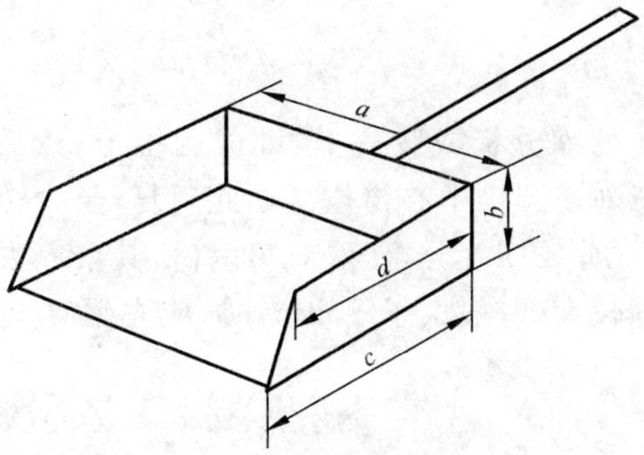

图 5　份样铲示意图

6.1.5　标准筛(0.15 mm)。

6.1.6　毛刷。

6.1.7　样刀。

6.1.8　盛样容器及成分试样袋。

6.2　制样要求

6.2.1　在制样过程中，应防止试样成分的变化和粘污。

6.2.2　在制备水分试样时，应小心操作，避免试样中的水分发生变化。

6.2.3　当试样过湿发粘难于制备成分试样时，可在不高于 105 ℃±5 ℃的恒温鼓风干燥箱中或空气中干燥至制样不发生困难为止。

6.2.4　制样工器具、设备制样后不能残留试样。

6.2.5　试样缩分过程应充分混匀，方可进行缩分操作。

6.2.6　应注意避免研磨时因过热而引起精矿成分的变化，必要时可采取降温措施。

6.3　混匀缩分

6.3.1　份样缩分

将试样置于平整、洁净、无锈的磨矿板或胶皮上，铺成厚度均匀的长方形平堆。将平堆划成等分的网格。缩分大样不得少于 20 格，缩分副样不得少于 12 格(见图 6)。根据平堆厚度选用合适的份样铲及挡板，从每一网格的任意部位垂直插入，铲取等量的一铲集合为缩分试样，如果缩分后的试样质量小于需用量，应增加每铲的质量或网格数重新进行缩分操作。

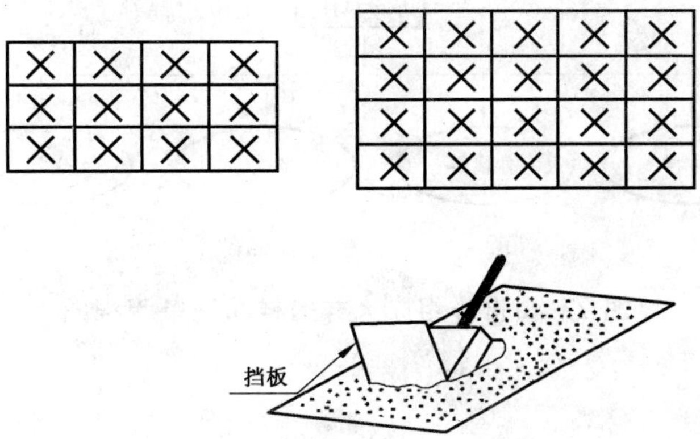

图 6　份样缩分示意图

6.3.2　**圆锥四分缩分**

将试样置于洁净、平整、无锈的缩分板或胶皮上，堆成圆锥形，然后转堆。自圆锥底部顺次铲取试料，每铲沿圆锥顶均匀撒落，注意勿使圆锥中心错位。如此反复，至少转堆三次，待试样充分混匀后将锥顶压平，用分样板自上而下将试样分成四等分，任取对角两份，其余弃去。重复上述操作数次，缩分至所需要用量。样品粒度由于结块等较大(一般大于 1 mm)时，应先碾碎至较小粒度才能用此法进行缩分。

6.4　制样流程

6.4.1　制样程序按样品组合方式选择图 7、图 8 中对应程序进行。

6.4.2　水分试样的制备应采用份样缩分法，试样量不少于 1 000 g。

6.4.3　水分测定试样可重用于制备成分试样。

6.4.4　每份制备试样不少于 100 g。

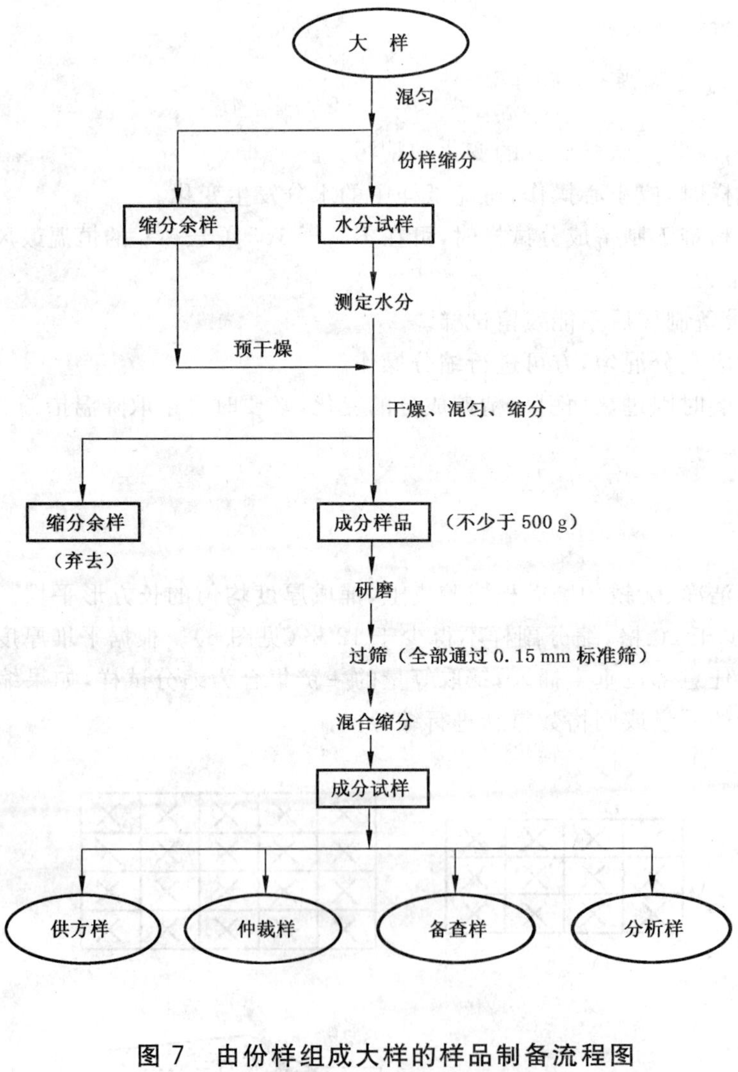

图 7　由份样组成大样的样品制备流程图

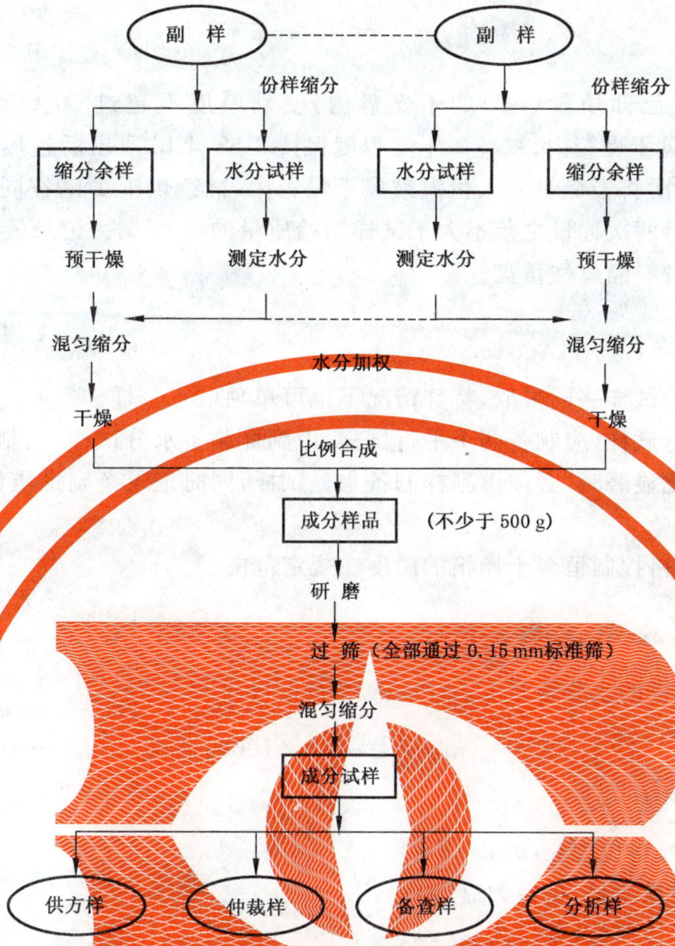

图 8 由副样组成大样的样品制备流程图

6.5 样品的保存和标签

6.5.1 水分样品取样后应及时装入不吸水的容器,尽快送检测定水分。

6.5.2 成分样品应装入干燥、清洁及能密闭的样品袋中。

6.5.3 样品应注明以下事项:

a) 样品名称或种类;

b) 批量或取样单元;

c) 编号;

d) 车号或船号;

e) 检测项目;

f) 取样、制样人员;

g) 取样、制样日期及天气状况。

7 水分测定

7.1 设备及工具

7.1.1 电子天平。其感量要求≤0.01 g。

7.1.2 搪瓷或不锈钢干燥盘,要求表面光洁、耐热、耐蚀。

7.2 测定步骤

将水分试样平铺于已知质量(m_1)的干燥盘内,使其厚度不超过 30 mm,立即称量(m_2),放入 105 ℃±5 ℃的恒温鼓风干燥箱内,视精矿干湿程度保持 2 h～4 h,取出后趁热立即称量或在干燥箱中冷却至室温后称量。再次将干燥盘放入恒温鼓风干燥箱内,继续烘干 1 h,按同样方法再次称量。重复上述操作步骤,直至最后两次称量之差不大于试样初始质量的 0.05%。记录最后一次质量(m_3)。热称量时,应用适当的隔热材料隔离称量盘。

7.3 测定要求

7.3.1 水分试样与成份试样一同采取,特殊情况下也可单独取水分样。

7.3.2 由大样制备水分试样,应制备两个平行试样;由副样制备水分试样,只制备一个试样。

7.3.3 检验批水分变化显著时,必须由副样制备水分试样,同时记录备副批质量,按副批权重计算水分含量。

7.3.4 样品干燥时,严格控制恒温干燥箱的温度在规定范围。

7.4 计算

7.4.1 按式(6)计算试样的水分含量 w。

$$w = \frac{m_2 - m_3}{m_2 - m_1} \times 100\% \quad \cdots\cdots (6)$$

式中:

m_1——干燥盘质量,单位为克(g);

m_2——干燥盘加湿样质量,单位为克(g);

m_3——干燥盘加干样质量,单位为克(g)。

7.4.2 当制备平行水分试样时,检验批的水分含量 w 按式(7)计算。

$$w = \frac{w_1 + w_2}{2} \quad \cdots\cdots (7)$$

式中:

w_1、w_2——分别为两个平行水分试样的水分含量(质量分数),%。

w_1、w_2 的差值绝对值大于 0.20%,应重新测定水分。

7.4.3 当由多个副样制备水分试样测定水分时,检验批的水分含量 w 按式(8)计算。

$$w = \frac{\sum_{i=1}^{K} m_i w_i}{\sum_{i=1}^{K} m_i} \times 100\% \quad \cdots\cdots (8)$$

式中:

K——副批数;

w_i——第 i 个副批的水分含量(质量分数),%;

m_i——第 i 个副批的质量,单位为克(g)。

注:以上计算数值按 GB/T 8170 数值修约规则 3.2 的规定修约至小数点后第二位。

ICS 73.060.10
D 31

中华人民共和国国家标准

GB/T 25953—2010

有色金属选矿回收铁精矿

Nonferrous metals mineral processing and iron concentrate recovering

2010-12-23 发布　　　　2011-09-01 实施

中华人民共和国国家质量监督检验检疫总局
中国国家标准化管理委员会　发布

前　言

本标准由中国有色金属工业协会提出。

本标准由全国有色金属标准化技术委员会归口。

本标准由铜陵有色金属集团控股有限公司负责起草。

本标准由大冶有色金属公司参加起草。

本标准主要起草人：卜少田、毕建明、张亚海、彭康、毛荐新、查晓明、张代林、王志勇、张永红。

有色金属选矿回收铁精矿

1 范围

本标准规定了有色金属选矿回收铁精矿(以下简称铁精矿)的要求、检验方法、检验规则、包装、运输和质量预报单及合同(或订货单)内容。

本标准适用于有色金属共生磁性铁矿经选矿分离后回收得到的全铁(TFe)含量不小于55%,供炼铁用的铁精矿。

2 规范性引用文件

下列文件对于本文件的应用是必不可少的。凡是注日期的引用文件,仅注日期的版本适用于本文件。凡是不注日期的引用文件,其最新版本(包括所有的修改单)适用于本文件。

GB/T 2460 硫铁矿和硫精矿 采样与样品制备方法

GB/T 6730.2 铁矿石 化学分析方法 重量法测定水分含量

GB/T 6730.5 铁矿石 全铁含量的测定 三氯化钛还原法

GB/T 6730.9 铁矿石 硅含量的测定 硫酸亚铁铵还原-硅钼蓝分光光度法

GB/T 6730.11 铁矿石 铝含量的测定 EDTA滴定法

GB/T 6730.16 铁矿石 化学分析方法 硫酸钡重量法测定硫量

GB/T 6730.18 铁矿石 磷含量的测定 钼蓝光度法测定

GB/T 6730.35 铁矿石 化学分析方法 双环己酮草酰二腙光度法测定铜量

GB/T 6730.36 铁矿石 化学分析方法 原子吸收分光光度法测定铜量

GB/T 6730.45 铁矿石 砷含量的测定 砷化氢分离-砷钼蓝分光光度法

GB/T 6730.46 铁矿石 砷含量的测定 蒸馏分离-砷钼蓝分光光度法

GB/T 6730.56 铁矿石 铝含量的测定 火焰原子吸收光谱法

GB/T 8170 数值修约规则与极限数值的表示和判定

3 要求

3.1 产品分类

铁精矿按TFe含量分为一级品、二级品和三级品。

3.2 化学成分

铁精矿化学成分应符合表1的规定。

表 1

品级	化学成分(质量分数)/%						
	TFe 不小于	杂质含量,不大于					
		S	P	SiO_2	Al_2O_3	As	Cu
一级	65	0.60	0.04	6	1.0	0.05	0.10
二级	60	0.70	0.06	8	1.5	0.10	0.20
三级	55	0.80	0.08	10	2.0	0.15	0.30
注:对杂质元素和含量如有特殊要求,可在合同中另行约定。							

3.3 铁精矿中水分不得大于12%,冰冻期应不大于8%。

3.4 铁精矿中不应混入其他外来夹杂物,同批精矿应均匀。

4 检验方法

4.1 铁精矿中水分含量的测定按 GB/T 6730.2 的规定进行。

4.2 铁精矿中全铁含量的测定按 GB/T 6730.5 的规定进行。

4.3 铁精矿中二氧化硅含量的测定按 GB/T 6730.9 的规定进行。

4.4 铁精矿中三氧化二铝含量的测定按 GB/T 6730.11 或 GB/T 6730.56 的规定进行,仲裁按 GB/T 6730.11 的规定进行。

4.5 铁精矿中硫含量的测定按 GB/T 6730.16 的规定进行。

4.6 铁精矿中磷含量的测定按 GB/T 6730.18 的规定进行。

4.7 铁精矿中铜含量的测定按 GB/T 6730.35 或 GB/T 6730.36 的规定进行,仲裁按 GB/T 6730.36 的规定进行。

4.8 铁精矿中砷含量的测定按 GB/T 6730.45 或 GB/T 6730.46 的规定进行,仲裁按 GB/T 6730.45 的规定进行。

5 检验规则

5.1 检查和验收

铁精矿由供方检验部门负责检验后运到需方指定地点,也可由供需双方商定交验地点和检验方。供方应确保产品质量符合本标准或合同(或订货单)的规定。当供需一方对检验结果有异议时由供需双方协商解决。如需仲裁,以仲裁结果为最终判定依据。

5.2 组批

铁精矿应成批提交检验,每批应由同一品级组成,批重应不大于 800 t。

5.3 取样和制样

5.3.1 取样、制样按 GB/T 2460 规定的程序和方法进行。

5.3.2 将所制样品分成 3 份:一份为供方样,一份需方样,一份仲裁样保存期为 2 个月,如供需一方对验收分析结果有异议,应在仲裁样保存期内提出。

5.4 检验结果的判定

5.4.1 同一批内，发现不同品级混装则按较低品位作为判定结果。

5.4.2 同一批内，发现掺杂或含有其他外来夹杂物，则判该批不合格。

5.4.3 检验结果的数值按 GB/T 8170 中的规定修约、表示和判定。

6 包装、运输和质量预报单

6.1 铁精矿为散装。

6.2 铁精矿可火车(船)或汽车运输，装车后，应将铁精矿表面扒平。

6.3 每批铁精矿发运时，供方应附有质量预报单，其上注明：

a) 供方名称；
b) 产品名称；
c) 品级；
d) 重量；
e) 车号；
f) 发货日期和发货地点；
g) 本标准编号。

7 订货单(或合同)内容

本标准所列铁精矿的订货单(或合同)应包括下列内容：

a) 产品名称；
b) 品级；
c) 杂质含量的特殊要求；
d) 数量；
e) 本标准编号；
f) 其他。

ICS 77.150.60
H 69

中华人民共和国国家标准

GB/T 25954—2010

钴及钴合金废料

Scraps of cobalt and cobalt alloy

2010-12-23 发布　　2011-09-01 实施

中华人民共和国国家质量监督检验检疫总局
中国国家标准化管理委员会　发布

前　言

本标准由中国有色金属工业协会提出。

本标准由全国有色金属标准化技术委员会归口。

本标准由深圳市格林美高新技术股份有限公司负责起草。

本标准由金川集团有限公司参加起草。

本标准主要起草人:韩红涛、许开华、张翔、林秀英、关乐忠、钟积龙。

钴及钴合金废料

1 范围

本标准规定了钴及钴合金废料(以下简称废钴)的分类、要求、试验方法、检验规则和包装、标志、运输及贮存。

本标准适用于废钴的国内外贸易、再生有色金属熔炼企业,也适用于加工制造企业使用的废钴。

2 规范性引用文件

下列文件对于本文件的应用是必不可少的。凡是注日期的引用文件,仅注日期的版本适用于本文件。凡是不注日期的引用文件,其最新版本(包括所有的修改单)适用于本文件。

GB/T 4180 稀土钴永磁材料

GB/T 5124.3 硬质合金化学分析方法 电位滴定法测定钴量

GB/T 15679.1 钐钴永磁合金粉化学分析方法 钐、钴量的测定

GB 16487.2 进口可用作原料的固体废物环境保护控制标准 冶炼渣

GB 16487.7 进口可用作原料的固体废物环境保护控制标准 废有色金属

GB 16487.8 进口可用作原料的固体废物环境保护控制标准 废电机

GB/T 18376(所有部分) 硬质合金牌号

SH/T 0345 加氢精制催化剂中钴含量测定法

3 废钴的分类

废钴按照物理形态及存在方式分为七大类,即Ⅰ类:纯钴废料;Ⅱ类:钴盐废料;Ⅲ类:钴合金废料;Ⅳ类:电池材料废料;Ⅴ类:催化剂废料;Ⅵ类:钴渣废料;Ⅶ类:其他钴废料。按照每类废钴的牌号、名称及化学成分来区分不同级别,具体见表1所示。

表 1 钴及钴合金废料的分类

类别	废钴名称	级别
Ⅰ类:纯钴废料	金属钴块	包括废钴锭、废钴片、废钴管等。 1级:Co≥95%,无其他夹杂物。 2级:90%≤Co<95%,无其他夹杂物
	金属钴屑	包括废钴粒、废钴丝、纯钴加工碎屑等。 1级:Co≥95%,无其他夹杂物。 2级:90%≤Co<95%,无其他夹杂物
	金属钴粉	包括废弃的钴粉、纯钴加工产生的粉末等。 1级:Co≥95%,无其他夹杂物。 2级:90%≤Co<95%,无其他夹杂物

表 1（续）

类别	废钴名称	级别
Ⅱ类：钴盐废料	钴盐	包括钴盐、钴氧化物、钴氢氧化物等。 1 级：Co≥50%，无其他夹杂物。 2 级：30%≤Co＜50%，无其他夹杂物。 3 级：10%≤Co＜30%，无其他夹杂物
Ⅲ类：钴合金废料	硬质合金废料	废耐磨零件（顶锤、压缸、辊环），模具，切削刀片及刀具，钢结硬质合金，硬质合金磨削料、地沟料等。 1 级：同一牌号的合金，Co≥5%，无其他夹杂物。 2 级：同一名称的合金，Co≥5%，无其他夹杂物。 3 级：混合型合金，Co≥5%，无其他夹杂物
	超级合金废料	包括废金刚石工具，废汽轮机部件（叶轮、叶片、导管），喷焊或喷涂废料，废高温发动机、涡轮机废件等含钴合金废料。 1 级：同一类型的合金，Co≥5%，无其他夹杂物。 2 级：混合型合金，Co≥5%，无其他夹杂物
	含钴磁性材料废料	包括铝镍钴、铁铬钴、钐钴稀土合金废料等。 1 级：同一牌号的含钴磁性合金，无其他夹杂物。 2 级：同一类型的含钴磁性合金，无其他夹杂物。 3 级：混合型含钴磁性合金，无其他夹杂物。
Ⅳ类：电池材料废料	废电池	包括废旧锂离子电池、聚合物电池、镍氢电池等。 1 级：同一类型的废旧电池，型号不限，无其他夹杂物。 2 级：混合型废旧电池，型号不限，无其他夹杂物
	废极片	包括锂离子电池、聚合物电池、镍氢电池的废极片等。 1 级：Co≥40%，无其他夹杂物。 2 级：20%≤Co＜40%，无其他夹杂物。 3 级：5%≤Co＜20%，无其他夹杂物
	电池边角料	包括锂离子电池、聚合物电池、镍氢电池的边角料、废次材、切头、切尾料等。 1 级：Co≥20%，无其他夹杂物。 2 级：10%≤Co＜20%，无其他夹杂物。 3 级：5%≤Co＜10%，无其他夹杂物
Ⅴ类：催化剂废料	含钴催化剂废料	包括废弃钴锰催化剂、钴钼催化剂、油墨催干剂等。 1 级：同一类型的催化剂，Co≥15%，无其他夹杂物。 2 级：同一类型的催化剂，5%≤Co＜15%，无其他夹杂物。 3 级：混合型催化剂，5%≤Co＜15%，无其他夹杂物

表 1（续）

类别	废钴名称	级别
Ⅵ类：钴渣废料	含钴矿渣	包括含钴的矿渣等。 1 级：Co≥10%，无其他夹杂物。 2 级：5%≤Co<10%，无其他夹杂物。 3 级：0.5%≤Co<5%，无其他夹杂物
	冶炼渣	包括镍钴渣、锰钴渣、锌钴渣等冶炼渣。 1 级：Co≥20%，无其他夹杂物。 2 级：5%≤Co<20%，无其他夹杂物。 3 级：0.5%≤Co<5%，无其他夹杂物
Ⅶ类：其他钴废料	废钴泥	包括颜釉料（钴黑，钴蓝等），粘合剂等废料。 1 级：Co≥15%，无其他夹杂物。 2 级：5%≤Co<15%，无其他夹杂物。 3 级：0.5%≤Co<5%，无其他夹杂物
	废钴屑	包括钴玻璃碎片等屑状废弃物。 1 级：Co≥10%，无其他夹杂物。 2 级：5%≤Co<10%，无其他夹杂物。 3 级：0.5%≤Co<5%，无其他夹杂物
	废钴液	包括镀钴废水、含钴槽液等电镀废料。 1 级：Co≥5%的废钴液。 2 级：1%≤Co<5%的废钴液。 3 级：0.1%≤Co<1%的废钴液

4 要求

4.1 钴合金废料的牌号由供需双方协商确定，并在合同中注明。如供需双方对牌号有异议时，可参照 GB/T 18376（所有）、GB/T 4180 执行。

4.2 表 1 中未列出的其他废钴，可归入相近的类别中。

4.3 钴及钴合金块状废料的最大外形尺寸不作具体规定，但可在不妨碍运输的情况下，由供需双方协商确定，并在合同中注明。

4.4 废钴中不允许混有易燃、易爆、有毒、有腐蚀性或带有放射性的物品，不允许混有医疗废物或密封容器。

4.5 废钴表面的杂物应尽量予以清除。

4.6 废旧武器零部件应由供方做安全检查后方可供货。

4.7 混入废钴中的国家文物，应按照国家有关规定处理。

5 试验方法

5.1 废钴的形状与洁净程度通过目视检验。

5.2 如果需对本标准中规定的各种废钴进行化学成分分析，由供需双方协商确定，并在合同中注明；未确定分析方法时，根据废料类型，可参照 GB/T 15679.1、GB/T 5124.3、SH/T 0345 等的规定进行。

5.3 废钴中对环境造成影响的夹杂物和放射性污染物的控制按照 GB 16487.2、GB 16487.7、GB 16487.8 的规定进行。

5.4 废钴中杂质的扣除方法、废钴外形尺寸及单块重量的测量方法等未规定的试验方法由供需双方协商确定。

6 检验规则

6.1 检查和验收

6.1.1 废钴宜供方质量检验部门进行检验，也可委托其他检验部门进行检验，保证其质量符合本标准或订货单（或合同）的规定，并填写质量证明书。

6.1.2 需方应对收到的废钴按照本标准或订货单（或合同）的规定进行检验，如检验结果与本标准或订货单（或合同）的规定不符时，应单独封存，并在收到之日起 30 天内向供方提出，由供需双方协商解决。

6.2 组批

废钴应成批提交检验，每批应由同一类别，同一名称和同一级别的废钴组成，批重不限。

7 标志、包装、运输和贮存

7.1 标志

每批废钴宜附有标签，其上注明：

a) 供方名称；

b) 废钴名称；

c) 废钴类别、级别；

d) 批号；

e) 批重；

f) 本标准编号。

7.2 包装

7.2.1 经供需双方协商确定，废钴可以打包或压块方式供货，钴及钴合金屑、钴渣均应包装后交货。

7.2.2 包装方式、尺寸和重量由供需双方协商确定，并在合同中注明。

7.3 运输和贮存

7.3.1 不同类别的废钴在运输过程中不应混装。

7.3.2 废钴在运输、装卸、堆放过程中，严禁混入爆炸物、易燃物、垃圾、腐蚀物和有毒、放射性物品，也不得用被以上物品污染的装卸工具装运，有特殊要求时，应有防雨、防雪、防火设施。

7.4 质量证明书

废钴交货时，必须附有质量证明书，其上注明：

a) 供方名称；

b) 废钴名称、类别、级别；

c）批号及批重；

d）检验结果；

e）发货日期；

f）质量检验部门的印记；

g）本标准编号。

ICS 77.150.99
H 63

GB

中华人民共和国国家标准

GB/T 25955—2010

钽及钽合金废料

Scraps of tantalum and tantalum alloy

2010-12-23 发布 2011-09-01 实施

中华人民共和国国家质量监督检验检疫总局
中国国家标准化管理委员会 发布

前　言

本标准由中国有色金属工业协会提出。

本标准由全国有色金属标准化技术委员会归口。

本标准由宁夏东方钽业股份有限公司负责起草。

本标准由西部金属材料股份有限公司、宝钛集团有限公司参加起草。

本标准主要起草人:颉维平、刘振远、白掌军、霍红凤、杨军红、黄永光。

钽及钽合金废料

1 范围

本标准规定了钽材、钽制品及钽设备生产制造过程中产生的，或废旧设备拆解的钽及钽合金废料的分类、要求、试验方法、检验规则、标志、包装、运输和贮存。

2 规范性引用文件

下列文件对于本文件的应用是必不可少的。凡是注日期的引用文件，仅注日期的版本适用于本文件。凡是不注日期的引用文件，其最新版本(包括所有的修改单)适用于本文件。

GB/T 3629 钽及钽合金板材、带材和箔材

GB/T 8182 钽及钽合金无缝管

GB/T 14841 钽及钽合金棒材

GB/T 15076(所有部分) 钽铌化学分析方法

GB 16487.7 进口可用作原料的固体废物环境保护控制标准 废有色金属

3 术语和定义

下列术语和定义适用于本标准。

3.1

小块状废料 scrap of small block

小块状废料是指尺寸小于 100 mm 或重量小于 2 kg 的各类废料。

3.2

大块状废料 scrap of large block

大块状废料是指尺寸大于等于 100 mm 或重量为 2 kg～20 kg 的各类废料。

3.3

屑状废料 scrap of borings and turnings

屑状废料是指在生产过程中所产生的机械加工屑，如车屑、刨铣屑及锯屑等。

4 分类

4.1 钽及钽合金废料的牌号包括 GB/T 3629、GB/T 8182、GB/T 14841 中的所有牌号。

4.2 钽及钽合金废料按形状分为块状废料和屑状废料两类，废料按组别分为 8 组，按质量分为三级，具体见表 1 所示。

表 1　钽及钽合金废料的分类

类别	组别	一级	二级	三级
Ⅰ类：块状废料	锻造废料	① 锻件和板坯、棒坯、管坯的锻造切头、口条； ② 尺寸、表面、性能、组织、探伤等不合格的锻造废品、边角料等； ③ 经酸碱洗、喷砂或表面机加工的废料	同左，但表面氧化或有热加工氧化皮的废料	化学成分不合格的锻造废品及其切头、口条等残料
Ⅰ类：块状废料	棒材废料	① 轧棒、锻棒、挤棒的切头、切尾； ② 尺寸、表面、性能和组织、探伤等不合格的棒、丝材废品； ③ 经酸碱洗、喷砂或表面机加工的废料； ④ 经酸洗的挤压棒压余	同左，但表面氧化或有热加工氧化皮的废料	① 化学成分不合格的棒、丝材废品及其切头、切尾； ② 阳极块丝头
Ⅰ类：块状废料	板材废料	① 冷轧板、带的切边、切头；尺寸、表面、性能、组织、探伤等不合格的冷轧板、带废品； ② 热轧板的切边、切头；尺寸、表面、性能、组织、探伤等不合格的，但经过碱酸洗或喷砂的热轧板废品	同左，但表面氧化的废料	化学成分不合格的板、带材废品及其切边、切头
Ⅰ类：块状废料	管材废料	① 冷轧管的切头、切尾；尺寸、表面性能及探伤等不合格的冷轧管废品； ② 挤压、穿孔的管材、管坯的切头、切尾、穿孔残料；尺寸、表面、性能、组织及探伤等不合格的，经过酸洗或喷砂的挤压管废品； ③ 经过酸洗的挤压管压余	同左 2，但表面氧化的废料	化学成分不合格的管材废品及其切头、切尾
Ⅰ类：块状废料	铸锭废料	铸锭的切头、切尾	同左，但表面氧化的废料	化学成分不合格的铸锭废品
Ⅰ类：块状废料	物检试样废料	① 测试后的常温性能试样； ② 加工试样时的块状废料及机加工报废的试样	测试后的高温性能试样	不同牌号的试样混料
Ⅰ类：块状废料	各种旧废料	废旧设备拆下来的板、管等，不包括复合材	同左，但表面氧化或有氧化皮的废料	不同牌号的小块混料
Ⅱ类：屑状废料	屑状废料	① 重熔铸锭的扒皮车屑； ② 各类半成品、成品、制品及钽铸件、钽设备等车刨屑； ③ 化学分析的剩余样品	同左，但表面氧化或有热加工氧化皮的废料	① 化学成分不合格的铸锭及其加工材的机械加工屑； ② 不同牌号的混屑； ③ 熔炼喷溅物

5 要求

5.1 钼及钼合金废料应按本标准规定的类别、组别、级别，分牌号进行回收、保管和供应，不得混杂。未列入标准的牌号，应按原牌号单独收集和保管。不同牌号废料不应相混。

5.2 各牌号的一、二级钼及钼合金废料（除铸件外）的化学成分应符合 GB/T 14841、GB/T 8182 和 GB/T 3629 中相应牌号的规定；铸件废料的化学成分应符合铸件相关标准中牌号的规定。

5.3 一、二级废料表面应洁净，无油污，应清除表面润滑剂以及包覆层等。

5.3.1 一级钼及钼合金铸锭废料应去除表面氧化层，但允许有表面气孔存在。

5.3.2 一、二级钼及钼合金废料不应有酸液残余及金属夹杂。

5.3.3 各级废料表面污染的要求应符合表 1 的规定，但不得有钎焊、电镀、涂层等引起的污染。

5.4 各级废料中不允许混入其他金属或非金属异物，特别是高密度夹杂。

5.5 钼及钼合金屑状废料应经剪切破碎，长度不大于 100 mm。供需双方协商也可不经破碎。

5.6 大块状废料应具备可追溯性。

5.7 废旧设备拆解的钼及钼合金废料及国外进口的废料，应符合 GB 16487.7 的相关规定要求，并应进行放射性污染等检验。

6 试验方法

6.1 钼及钼合金废料的类、组和级别采用目视检查与化学成分检验。

6.2 钼及钼合金废料的化学成分分析按 GB/T 15076 的规定进行。

6.3 钼及钼合金废料的表面质量用目视检查。

6.4 钼及钼合金废料的尺寸用相应精度的量具进行测量。

6.5 废料中对环境造成影响的夹杂物和放射性污染的检验按照 GB 16487.7 的规定进行。

7 检验规则

7.1 检查和验收

7.1.1 废料应由供方进行检验，保证其质量符合本标准的规定，并填写质量证明书。

7.1.2 需方应对收到的废料按本标准的规定进行验收，如果验收结果与本标准规定不符时，应在收到废料之日起 3 个月内向供方提出，由供需双方协商解决。

7.2 组批

钼及钼合金废料应成批提交检验，每批应由同一类别、组别、同一牌号和同一级别组成。每批重量不大于 5 000 kg。对于块状废料，大、小块不能混为一批。

7.3 检验项目

每批废料均应核对标识，并进行类别、组别和级别检查及化学成分、表面质量和尺寸的检验。

7.4 取样规定

7.4.1 废料的类别、组别和级别按批检查。

7.4.2 废料的化学成分按照表 2 的规定进行。

表 2

废料类别	取样规定
大块状废料	从每批中每个单独包装中任取 3 块进行取样，将所有样品碎屑混合后取两组试样检验
小块状废料	从每批中的每箱(桶)中任取两份试样进行取样，每份 50 g，将所有样品碎屑混合后取两组试样检验
屑状料	从每批中的每箱(桶)中任取两份试样进行取样，将所有样品碎屑混合后取两组试样检验

7.4.3 表面质量：大块状废料应逐块进行；屑状废料和小块状废料应逐批进行。

7.4.4 废料的尺寸检验采用抽查的方式。

7.5 检验结果的判定

7.5.1 化学成分不合格，判为三级。

7.5.2 表面质量不合格(除表面有氧化层的废料外)，判该批不合格。

7.5.3 放射性污染检验不合格，判该批不合格。

8 标志、包装、运输、贮存和质量证明书

8.1 标志

废料应分别按组别、级别和牌号装箱保管和存放，并在包装箱上进行标记，标明类别、组别、牌号和级别。

8.2 包装

大块状废料的包装由供需双方协商确定包装方式。钽及钽合金屑状和小块状废料用有盖的铁皮箱或铁桶包装或由供需双方协商确定包装方式。箱、桶具备防水、防潮措施。每箱或每桶重量不得超过 100 kg。

8.3 运输

8.3.1 装运钽及钽合金废料的车厢、船舱等应保持清洁、干燥、无污染物，严禁将钽及钽合金废料同活性化学物品及潮湿性材料同装在一个车厢(船舱)内运输。

8.3.2 运输时要防止碰撞和活性化学物品的侵蚀。

8.3.3 产品在车站、码头中转时，应堆放在库房内。露天堆放时，必须用防雨、雪苫布盖好，同时下边要用木方等垫好，垫高不小于 100 mm。

8.3.4 产品在车站、码头中转或终点卸下时，应采用适当的方式装卸，防止将包装箱摔坏。

8.4 贮存

所有产品均应放在干燥、清洁的库房内，室内不得有酸、碱等易挥发物或腐蚀性气体。

8.5 质量证明书

每批废料应附有质量证明书，其上注明：

a) 供方名称；

b) 废料名称；

c) 废料牌号、类别、组别和级别；

d) 批重；

e) 检验结果及质量检验部门印记；

f) 本标准编号；

g) 检验日期。